AF524120

SAP®-Geschäftspartner und Customer-Vendor-Integration

SAP PRESS ist eine gemeinschaftliche Initiative von SAP SE und der Rheinwerk Verlag GmbH. Unser Ziel ist es, Ihnen als Anwendern qualifiziertes SAP-Wissen zur Verfügung zu stellen. SAP PRESS vereint das Know-how der SAP und die verlegerische Kompetenz von Rheinwerk. Die Bücher bieten Ihnen Expertenwissen zu technischen wie auch zu betriebswirtschaftlichen SAP-Themen.

Damit Sie nach weiteren Titeln Ihres Interessengebiets nicht lange suchen müssen, haben wir eine kleine Auswahl zusammengestellt.

Densborn et al.
Migration nach SAP S/4HANA
714 Seiten, 4., aktualisierte und erweiterte Auflage, 2023, geb.
ISBN 978-3-8362-9364-8
www.sap-press.de/5654

Stefan Huber
SAP S/4HANA – Systemadministration
748 Seiten, 2022, geb.
ISBN 978-3-8362-8775-3
www.sap-press.de/5444

Emily Celen, Lutz Rosenpflanzer
Custom-Code-Migration nach SAP S/4HANA
446 Seiten, 2020, geb.
ISBN 978-3-8362-7632-0
www.sap-press.de/5105

Saueressig et al.
SAP S/4HANA Cloud
Funktionen, Nutzen, Erfolgsfaktoren
620 Seiten, 2022, geb.
ISBN 978-3-8362-8896-5
www.sap-press.de/5500

Antje Diekhoff, Mathias Cararo

SAP®-Geschäftspartner und Customer-Vendor-Integration

Liebe Leserin, lieber Leser,

ich freue mich, dass Sie sich für ein Buch von SAP PRESS entschieden haben.

Mit Einführung des Geschäftspartners in SAP S/4HANA hat SAP eine effiziente Lösung entwickelt, Kunden- und Lieferantenstammdaten als eine einzige Entität abzubilden. Effizient bedeutet auch, dass der Aufwand der Stammdatenpflege für Sie erheblich reduziert wird, denn mit dem Konzept des Geschäftspartners läuft die Pflege der Stammdaten zentral ab. Die Umstellung auf den Geschäftspartner erfolgt durch die Customer-Vendor-Integration. Wie bei jeder Umstellung oder Neueinführung gibt es auch bei dem vorliegenden Thema einige Stolpersteine, die es zu meistern gilt. Doch seien Sie zuversichtlich!

Antje Diekhoff und Mathias Cararo zeigen Ihnen in diesem umfassenden Handbuch, was sich hinter dem Geschäftspartner-Konzept verbirgt und wie die Customer-Vendor-Integration gelingt. Dabei legen sie besonderen Wert auf Praxisnähe. Anhand zahlreicher und anschaulicher Beispiele werden Sie Schritt für Schritt durch alle wichtigen Prozesse auf dem Weg zum Geschäftspartner geführt.

Ich möchte mich herzlich bei Antje Diekhoff und Mathias Cararo für die angenehme Zusammenarbeit bedanken, die nicht nur von einem fachlich versierten, sondern auch durchweg von einem freundlichen und konstruktiven Austausch geprägt war.

Wir freuen uns stets über Lob, aber auch über kritische Anmerkungen, die uns helfen, unsere Bücher zu verbessern. Scheuen Sie sich nicht, sich bei mir zu melden. Ihr Feedback ist jederzeit willkommen.

Ihre Katharina Ruhm
Lektorat SAP PRESS

katharina.ruhm@rheinwerk-verlag.de
www.rheinwerk-verlag.de
Rheinwerk Verlag · Rheinwerkallee 4 · 53227 Bonn

13 Der Geschäftspartner bei einer Neueinführung von SAP S/4HANA 469

Auf einen Blick

Wir hoffen, dass Sie Freude an diesem Buch haben und sich Ihre Erwartungen erfüllen. Ihre Anregungen und Kommentare sind uns jederzeit willkommen. Bitte bewerten Sie doch das Buch auf unserer Website unter **www.rheinwerk-verlag.de/feedback**.

An diesem Buch haben viele mitgewirkt, insbesondere:

Lektorat Katharina Ruhm
Korrektorat Annette Lennartz, Bonn
Herstellung Arkin Keskin
Typografie und Layout Vera Brauner
Einbandgestaltung Silke Braun
Coverbild 1354698008 © VTT Studio
Satz SatzPro, Krefeld
Druck Beltz Grafische Betriebe GmbH, Bad Langensalza

Dieses Buch wurde gesetzt aus der TheAntiquaB (9,35/13,7 pt) in FrameMaker.
Gedruckt wurde es mit mineralölfreien Farben auf chlorfrei gebleichtem, FSC®-zertifiziertem Offsetpapier (90 g/m²).
Hergestellt in Deutschland.

Bibliografische Information der Deutschen Nationalbibliothek:
Die Deutsche Nationalbibliothek verzeichnet diese Publikation in der Deutschen Nationalbibliografie; detaillierte bibliografische Daten sind im Internet über *http://dnb.dnb.de* abrufbar.

ISBN 978-3-8362-8958-0

1. Auflage 2023, 1., korrigierter Nachdruck 2023

Informationen zu unserem Verlag und Kontaktmöglichkeiten finden Sie auf unserer Verlagswebsite **www.rheinwerk-verlag.de**. Dort können Sie sich auch umfassend über unser aktuelles Programm informieren und unsere Bücher und E-Books bestellen.

Inhalt

5 Customizing des Geschäftspartners in SAP S/4HANA 185

TEIL III Vorbereitung und Durchführung der Stammdatensynchronisation

11 Durchführung der Stammdatensynchronisation 413

12 Fehlerbehandlung und Besonderheiten bei der Synchronisation 449

TEIL IV Weitere Einstellungen und Empfehlungen

16 Projektplan für ein CVI-Projekt 537

Anhang 547

Einleitung

Der Geschäftspartner und die damit einhergehende Stammdatensynchronisation stellen alle, die mit dem SAP-System arbeiten, vor neue Herausforderungen. Zwar ist der Geschäftspartner in bestimmten Komponenten bereits seit über 20 Jahren im Einsatz, in anderen klassischen Modulen wie Einkauf, Vertrieb- und Finanzwesen hingegen spielte er bisher keine Rolle.

Das hat sich in den vergangenen Jahren geändert und wird sich auch zukünftig kontinuierlich weiterentwickeln. Der Geschäftspartner ist das substanzielle Element und die Grundlage für alle zukünftigen SAP-Lösungen, wie z. B. der Automatisierung und Machine Learning. Der Geschäftspartner ist eine Investition in die Zukunft. Er wird sich mit jedem SAP-S/4HANA-Release weiterentwickeln, und seine Integration in die Prozesse der klassischen Komponenten wird weiter ausgebaut. Der Geschäftspartner sowie die davon abhängigen Prozesse werden sich in den kommenden Jahren kontinuierlich wandeln.

Bedeutung der Stammdaten

Die Stammdaten sind die Grundlage aller darauffolgenden Prozesse. Die Qualität Ihrer Kunden- und Lieferantenstammdaten ist ausschlaggebend für die Qualität aller daraus resultierenden Prozesse. Mit der Verwendung des Geschäftspartners können Sie die Qualität Ihrer Stammdaten auf ein neues Level heben.

Dieses Buch hat das Ziel, Sie auf Ihrem Weg zum Geschäftspartner zu begleiten und zu unterstützen. Wir möchten Ihnen eine stabile und kompakte Wissengrundlage geben, damit Sie für diese Neuerungen in der Zukunft gerüstet sind. Dafür beschreiben wir die zwei grundlegenden Szenarien im Bereich Ihrer Kunden- und Lieferantenstammdaten, die in diesem Umfeld essenziell sind.

Brownfield-Migration

Im ersten Szenario betrachten wir die Customer-Vendor-Integration (CVI) im Rahmen einer Brownfield-Migration. Hierbei ist die CVI ein erforderliches Vorprojekt. Wir begleiten Sie durch den kompletten Ablauf und erklären die Voraussetzungen, die im Vorfeld eines solchen Projekts erfüllt sein müssen. Außerdem zeigen wir Ihnen die notwendigen Customizing-Einstellungen in den Bereichen Geschäftspartner sowie der Stammdatensynchronisation auf. Die vollständige Synchronisation Ihrer Kunden- und Lieferantenstammdaten wird anhand des CVI-Cockpits ausführlich beschrieben. Daneben erhalten Sie weitere Informationen zu verschiedenen Themen wie der Projektplanung inklusive eines Beispielprojektplans und hilfreiche Tipps und Tricks aus unserer langjährigen praktischen Erfahrung.

Anhand von Praxisbeispielen und Screenshots führen wir Sie Schritt für Schritt durch die CVI auf einem SAP-ERP-System. Am Ende des Buches haben Sie das notwendige Wissen, um eine CVI zu planen, durchzuführen und erfolgreich abzuschließen.

Greenfield-Migration

Im zweiten Szenario betrachten wir den Geschäftspartner im Rahmen einer Greenfield-Migration, also einer Neueinführung von SAP S/4HANA. Das Buch gibt Ihnen einen umfassenden Überblick zum Geschäftspartner als zukünftig führendem Stammdatenobjekt. Wir vermitteln Ihnen grundlegende Kenntnisse im Bereich des Customizings des Geschäftspartners und der Stammdatensynchronisation.

Verwendete Releasestände

Die im Buch beschriebenen Szenarien werden einerseits auf SAP ERP 6.0 als Quellsystem beschrieben und andererseits im Rahmen einer Neueinführung auf einem aktuellen SAP-S/4HANA-System mit Release 2021.

Zielgruppen dieses Buches

Dieses Buch richtet sich an alle, die gute SAP-Kenntnisse im Bereich Stammdaten und Prozesse haben und die Interesse daran haben, eine Customer-Vendor-Integration (CVI) zu verstehen, zu planen und auch durchzuführen. Es richtet sich ebenso an alle Personen, die den Geschäftspartner unter SAP S/4HANA im Detail kennenlernen möchte.

Wir möchten auch alle Mitglieder der IT-Abteilung ansprechen, die in Unternehmen arbeiten, die SAP nutzen, da die CVI neben der fachlichen Anwendung auch ein technisches Thema ist.

Aufbau dieses Buches

Das Buch ist in vier Teile gegliedert. Im Folgenden möchten wir Ihnen den Inhalt der einzelnen Kapitel vorstellen:

Geschäftspartner erzeugen

Teil I, »Grundlagen«, führt Sie in das Thema des SAP-Geschäftspartners als führende Stammdatenentität in jedem SAP-S/4HANA-System ein. Sie erhalten einen Gesamtüberblick über die Funktionsweise des Geschäftspartners. Wir klären die wichtigsten Begriffe rund um den Geschäftspartner und der Customer-Vendor-Integration.

In **Kapitel 1**, »Grundkonzept des SAP-Geschäftspartners«, wird das Grundkonzept des Geschäftspartners als führendes Objekt in SAP S/4HANA erklärt. Wir gehen auf die harmonisierte Datenarchitektur über alle SAP-Komponenten hinweg ein. Daneben erläutern wir die wichtigsten Begrifflichkeiten, wie z. B. Geschäftspartner-Rolle und Gruppierung, anhand von Screenshots und Erklärungen.

Vorüberlegungen

In **Kapitel 2**, »Mögliche Fragestellungen im Vorfeld einer Customer-Vendor-Integration«, gehen wir auf Überlegungen ein, die Sie bereits im Vorfeld einer CVI klären sollten. Wir zeigen Ihnen unterschiedliche Möglichkeiten zur Nummernvergabe unter Berücksichtigung Ihrer bisherigen Kunden- und Lieferantennummern auf und beschreiben den optionalen Ansatz, Ihre Kunden- und Lieferantenstammdaten unter einer Geschäftspartner-Nummer zusammenzuführen. Viele SAP-Kunden arbeiten in ihrem System heute mit Ansprechpartnern. Für diese Ansprechpartner, die in SAP ERP unter dem Kunden- oder Lieferantenstamm angelegt wurden, wird es zukünftig eigene Geschäftspartner geben. Wir beschreiben die möglichen Beziehungen und technischen Zusammenhänge zwischen diesen unterschiedlichen Typen von Geschäftspartnern.

Phasen der Synchronisation

In **Kapitel 3**, »Ablauf der Customer-Vendor-Integration«, werden die einzelnen Phasen der Stammdatensynchronisation anhand von Schaubildern beschrieben. Dabei erklären wir, welche Phasen bei einer Synchronisierung durchlaufen werden, von der Vorbereitung (Hardwarebeschaffung und die anwendungsseitige Vorbereitung) über das Customizing und die Synchronisation selbst bis hin zu den notwendigen Nacharbeiten (Post Processing).

In **Teil II**, »Customizing und Erweiterung des Geschäftspartners«, fokussieren wir uns auf das Customizing des SAP-Geschäftspartners und gehen auf die zwei grundlegen Ansätze ein: Zum einem erklären wir das Customizing im Rahmen der Customer-Vendor-Integration auf einem SAP-ERP-System. Zum anderen wird der Geschäftspartner aus Sicht eines SAP-S/4HANA-Systems erläutert. Außerdem stellen wir Ihnen eine Reihe von Tabellen vor und gehen auf die Datenstruktur im Einzelnen ein. Zusätzlich lernen Sie die Erweiterungsmöglichkeiten rund um den Geschäftspartner kennen und erfahren, welche SAP-Fiori-Apps Ihnen bei der Bearbeitung zur Verfügung stehen.

Customizing in SAP ERP

Kapitel 4, »Customizing des Geschäftspartners im Rahmen der Customer-Vendor-Integration«, behandelt das komplette Geschäftspartner-Customizing im SAP-ERP-System als Vorbereitung auf die CVI. Wir beschreiben alle notwendigen Grundeinstellungen, z. B. zu den Geschäftspartner-Rollen, der Geschäftspartner-Art oder den Rollentypen. Darüber hinaus zeigen wir Ihnen, welche Aktivierungsfunktionen es gibt. Zusätzlich werden grundlegende Einstellungen wie Nummernkreise, die Feldmodifikation und Beziehungen erläutert.

Customizing in SAP S/4HANA

In **Kapitel 5**, »Customizing des Geschäftspartners in SAP S/4HANA«, wird das Customizing des Geschäftspartners in einem SAP-S/4HANA-System beschrieben. Der Geschäftspartner bietet unter SAP S/4HANA weitaus mehr Möglichkeiten, als Sie es bisher von Ihrem Kunden- und Lieferantenstamm her kennen. Das Customizing wird anhand von Praxisbeispielen ausführlich beschrieben.

Datenstrukturen

In **Kapitel 6**, »Datenstrukturen des Geschäftspartners«, geben wir Ihnen einen Einblick in die Datenbanktabellen im Geschäftspartner-Kontext. Mit Einführung des Geschäftspartners gibt es eine Fülle an neuen Tabellen. Diese Tabellen werden inklusive ihrer Verknüpfungen mit den bekannten Tabellen, wie der Tabelle `KNA1`, der Tabelle `LFA1`, der Tabelle `KNB1` sowie der Tabelle `LFB1`, und weiteren Abhängigkeiten beschrieben. Außerdem erklären wir, welchen Einschränkungen der Geschäftspartner in einem SAP-ERP-System unterliegt.

Mit Transaktion BP arbeiten

In **Kapitel 7**, »Mit Geschäftspartnern arbeiten«, beschreiben und erklären wir Ihnen die Transaktion BP im Detail. Anhand von Screenshots und eines Praxisbeispiels führen wir Sie durch die Anlage eines neuen Geschäftspartners. In diesem Kapitel gehen wir außerdem auf weitere mögliche Anwendertransaktionen ein.

Erweiterungen

Kapitel 8, »Erweiterung des Geschäftspartners per Business Data Toolset«, beinhaltet die Erweiterungsmöglichkeiten des Geschäftspartners. Viele Kunden nutzen heutzutage in ihren Stammdaten kundenspezifische Felder, die auch weiterhin im Geschäftspartner zur Verfügung stehen sollen. In diesem Kapitel wird der technische Aspekt der Erweiterung mit dem Business Data Toolset (BDT) anhand eines Praxisbeispiels näher erläutert. Ebenso beschreiben wir die wichtigsten Transaktionen des Bereichsmenüs BUPT, des Businesspartner-Einstellungsmenüs.

In **Teil III**, »Vorbereitung und Durchführung der Stammdatensynchronisation«, widmen wir uns der Vorbereitung und der Durchführung der Customer-Vendor-Integration in einem SAP-ERP-System. Erfahrungsgemäß läuft eine CVI selten fehlerfrei ab. Deswegen finden Sie hier nicht nur eine Auflistung der häufigsten Fehler, sondern auch die passenden Lösungen. In einem SAP-S/4HANA-System ist es außerdem notwendig, die Stammdatensynchronisation einzurichten, um die technischen Voraussetzungen und die Verbindung zwischen dem Geschäftspartner und den dazugehörenden Kunden, Lieferanten und Ansprechpartnern herzustellen. Außerdem gehen wir auf weitere wichtige Aspekte ein, die bei einer Neueinführung des Geschäftspartners in einem SAP-S/4HANA-System relevant sind.

In **Kapitel 9**, »Customizing der Stammdatensynchronisation für die Customer-Vendor-Integration«, wird das notwendige Customizing für die Stammdatensynchronisation im Zuge einer CVI in einem SAP-ERP-System im Detail erklärt. Wir gehen unter anderem auf die Nummernvergabe, die Verknüpfung von Kontengruppen zu Rollen oder auch die Festlegungen zu Attributen ein.

Stammdatensynchronisation in SAP ERP

Kapitel 10, »Customizing der Stammdatensynchronisation bei Nutzung des Geschäftspartners«, beschreibt die notwendigen Einstellungen der Stammdatensynchronisation in einem SAP-S/4HANA-System. Auch in einem SAP-S/4HANA-System muss die Stammdatensynchronisation eingerichtet werden. Allerdings geschieht dies nun in die andere Richtung. Aus dem mit der Transaktion BP angelegten Geschäftspartner wird beim Sichern abhängig von den angelegten Rollen, ein Kunde, ein Debitor, ein Lieferant, ein Kreditor oder auch ein Ansprechpartner angelegt. Die dafür notwendigen Einstellungen werden in diesem Kapitel beschrieben.

Stammdatensynchronisation in SAP S/4HANA

In **Kapitel 11**, »Durchführung der Stammdatensynchronisation«, wird die eigentliche Stammdatensynchronisation anhand des CVI-Cockpits ausführlich erklärt. Sie erhalten tiefgehende Informationen zu Prüfreports, und es werden Lösungen für mögliche Synchronisationsfehler aufgezeigt.

CVI-Cockpit

Kapitel 12, »Fehlerbehandlung und Besonderheiten bei der Synchronisation«, beschreibt die häufigsten Fehler und Anforderungen, die auf Kundensystemen auftreten können. In diesem Kapitel behandeln wir die bekanntesten Fehler sowie mögliche Lösungen.

Fehlerbehandlung

In **Kapitel 13**, »Der Geschäftspartner bei einer Neueinführung von SAP S/4HANA«, gehen wir auf weitere Themen ein, die im Rahmen einer Neueinführung unter SAP S/4HANA vorkommen können. Dazu zählen z. B. der Geschäftspartner im Rahmen des SAP Credit Managements, die Migration von Stammdaten und auch Massenänderungen.

Greenfield-Einführung

In **Teil IV**, »Weitere Einstellungen und Empfehlungen für das CVI-Projekt«, zeigen wir Ihnen einen beispielhaften Projektablauf. Wir befassen uns mit dem Thema Berechtigungen und führen Sie durch weitere Besonderheiten, wie den HR-Ministamm. Außerdem zeigen wir, was Sie beachten sollten, wenn Sie ein Retail-System nutzen.

In **Kapitel 14**, »Berechtigungen und Schnittstellen«, beschreiben wir das Thema Berechtigungen nicht nur in Bezug auf den Geschäftspartner im Rahmen der CVI, sondern auch in einem Greenfield-Projekt. Ebenso beschreiben wir Änderungen am Berechtigungskonzept, die durch den Einsatz von SAP Fiori im Zusammenhang mit dem Geschäftspartner auftreten können.

Berechtigungen und Schnittstellen

Subsysteme In **Kapitel 15**, »Besonderheiten weiterer SAP-Systeme im Rahmen der Customer-Vendor-Integration«, gehen wir auf Aspekte ein, die Sie beachten sollten, wenn Sie weitere SAP-Produkte nutzen. Vor einer CVI ist es unerlässlich, alle Ihre Subsysteme zu betrachten. Insbesondere, wenn Sie z. B. ein Retail-System, ein angebundenes CRM-System oder ein HR-System nutzen, ist es im Vorfeld erforderlich, bestimmte SAP-Hinweise zu beachten und vorab in Ihr System einzubauen.

Projektplan In **Kapitel 16**, »Projektplan für ein CVI-Projekt«, stellen wir Ihnen einen beispielhaften Projektplan vor. Die CVI ist ein Projekt, bei dem oftmals die Komplexität unterschätzt und nur der technische Aspekt betrachtet wird. In diesem Kapitel werden Ihnen die Komplexität sowie ein möglicher zeitlicher Ablauf und ein beispielhafter Projektplan vorgestellt. Es werden positive und mögliche negative Einflüsse wie Komplexität der Systemlandschaft, Verfügbarkeit der Fachabteilungen und der IT-Abteilung betrachtet.

In hervorgehobenen Informationskästen sind in diesem Buch Inhalte zu finden, die wissenswert und hilfreich sind, aber etwas außerhalb der eigentlichen Erläuterung stehen. Damit Sie die Informationen in den Kästen sofort einordnen können, haben wir die Kästen mit Symbolen gekennzeichnet:

[»] In Kästen, die mit dem Pfeilsymbol gekennzeichnet sind, finden Sie Informationen zu *weiterführenden Themen* oder wichtigen Inhalten, die Sie sich merken sollten.

[!] Dieses Symbol weist Sie auf *Besonderheiten* hin, die Sie beachten sollten. Es *warnt* Sie außerdem vor häufig gemachten Fehlern oder Problemen, die auftreten können.

[o] Mit diesem Symbol markierte Textstellen fassen wichtige thematische Zusammenhänge für Sie noch einmal *auf einen Blick* zusammen.

Im **Anhang** finden Sie eine Zusammenstellung der im Buch verwendeten:

- Transaktionscodes
- SAP-Fiori-Apps
- Tabellen
- BAdIs
- BAPIs
- Funktionsbausteine
- Lightweight Business Functions
- Reports
- Berechtigungsobjekte

Danksagung

In den letzten Jahren haben wir durch vielfältige Projektbeteiligungen einen reichhaltigen Erfahrungsschatz zum Geschäftspartner, der Kunden-Lieferanten-Integration und auch in CVI-Projekten aufgebaut. Im Herbst 2021 hat uns der Rheinwerk Verlag kontaktiert und uns ermöglicht, einmal die Luft der Autorenwelt zu schnuppern. Dafür möchten wir uns an dieser Stelle bedanken.

Während unserer Arbeit an diesem Buch mussten wir oftmals auf die Hilfe unserer Kollegen zurückgreifen, um bestimmte Themenbereiche in der gewünschten Tiefe beschreiben zu können. Ohne ihre Hilfe wären Teile dieses Werkes nicht in dieser Detailtiefe möglich gewesen. Besonders möchten wir uns hier aber bei Lämmi, Jochen und Marius bedanken!

Unserem Arbeitgeber FIS Informationssysteme und Consulting GmbH möchten wir für die Bereitstellung der SAP-Systeme danken, anhand derer die gezeigten Beispiele entstanden sind.

Zu guter Letzt ein großer Dank an unsere Familien, die in der Entstehungsphase dieses Buches an vielen Abenden und Wochenenden auf uns verzichten mussten. Ohne eure Geduld und eure aufmunternden Worte wäre vieles nicht möglich gewesen.

Antje Diekhoff und **Mathias Cararo**

TEIL I

Grundlagen

Kapitel 1
Grundkonzept des SAP-Geschäftspartners

Der Geschäftspartner übernimmt in SAP S/4HANA die führende Rolle für die Geschäftsobjekte Kunde und Lieferant. In diesem Kapitel erklären wir Ihnen, wie sich das neue Stammdatenkonzept in SAP S/4HANA von dem in SAP ERP unterscheidet und was das für Ihre SAP-S/4HANA-Einführung bedeutet.

In diesem Kapitel erklären wir das Grundkonzept des Geschäftspartners (GP) als führendes Objekt in SAP S/4HANA. In Abschnitt 1.1, »Der Geschäftspartner in SAP S/4HANA«, gehen wir zunächst darauf ein, wie durch dieses Objekt eine harmonisierte Datenarchitektur über alle SAP-Komponenten hinweg realisiert werden kann. Anschließend definieren wir in Abschnitt 1.2, »Grundlegende Begriffe«, die wichtigsten Begrifflichkeiten, mit denen Sie es in diesem Kontext zu tun haben werden, wie z. B. Geschäftspartner-Rolle und -Gruppierung.

1.1 Der Geschäftspartner in SAP S/4HANA

Das Datenobjekt *Geschäftspartner* (engl. Business Partner, kurz GP oder BP) ergänzt die aus SAP ERP bekannten Stammdatenobjekte für Kunden und Lieferanten. Die Idee hinter dem Geschäftspartner ist einfach: Er speichert allgemeine Daten von Kontaktpersonen eines Unternehmens, wie etwa Firmenname, Rechtsform, Adress- und Kommunikationsdaten sowie Bankverbindung und Steuernummern. Diese allgemeinen Daten sind unabhängig davon, ob ein Geschäftspartner als Lieferant, Kunde oder in anderer Funktion auftritt.

Geschäftspartner-Rollen

Tritt der Geschäftspartner beispielsweise als Kunde auf, wird der allgemeine Datensatz um eine sogenannte *Geschäftspartner-Rolle* erweitert. Geschäftspartner-Rollen sind ergänzende Datensätze, unter denen rollenabhängige Merkmale des Geschäftspartners erfasst werden. Handelt es sich um einen Kunden, für den *Vertriebsbereichsdaten* wie Liefer- oder Zahlungsbedingungen gepflegt werden müssen, wird die Geschäftspartner-Rolle **Kunde** hinzugefügt. In dieser Rolle werden dann alle Daten erfasst, die zur logistischen Abwicklung von Kundenaufträgen benötigt werden. Die für buchhalterische Prozesse auf Buchungskreisebene benötigten Daten, wie z. B. Abstimmkonto, Mahnverfahren etc., werden wiederum separat in der Geschäftspartner-Rolle **Debitor** gepflegt.

Entscheidet sich ein Unternehmen, Waren oder Dienstleistungen bei dem besagten Kunden zu beziehen, muss kein separater Lieferantenstammsatz angelegt werden, wie das in SAP ERP bisher der Fall war. Stattdessen wird einfach der Geschäftspartner-Stammsatz, der für diesen Kunden bereits angelegt wurde, um die Geschäftspartner-Rolle **Lieferant** erweitert. In der zu dieser Rolle gehörigen Ansicht können nun einkaufsrelevante Steuerungsdaten eingetragen werden, die für den Bestellprozess benötigt werden. Weitere Daten der Finanzbuchhaltung, die mit der Rolle dieses Geschäftspartners als Lieferant zusammenhängen, wie z. B. Abstimmkonto und Zahlungswege, werden mit der Geschäftspartner-Rolle **Kreditor** hinzugefügt.

Aufbau des Geschäftspartners

Abbildung 1.1 zeigt den schematischen Aufbau des Geschäftspartner-Objekts und die damit verbundenen Daten. Auf die einzelnen Komponenten dieser Architektur gehen wir in Abschnitt 1.2, »Grundlegende Begriffe«, ausführlicher ein.

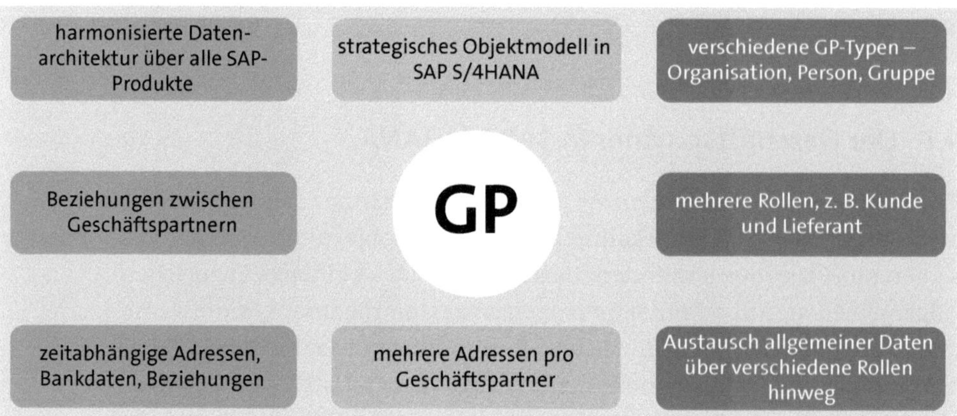

Abbildung 1.1 Aufbau des Geschäftspartners

Geschäftspartner in SAP Business Suite

Zu Release ERP2005 – SAP_APPL 6.0 wurde die bereits in früheren Releases ausgelieferte Debitoren-Kreditoren-Integration neu entwickelt. Seit diesem Zeitpunkt ist die Nutzung des Geschäftspartner-Objekts nach dem in diesem Buch beschriebenen Konzept optional. Weitere Informationen finden Sie in SAP-Hinweis 956054 (BP_CVI: Debitoren-Kreditoren-Integration ab

ERP 6.00). In anderen Produkten der SAP Business Suite, wie z. B. *SAP Customer Relationship Management* (SAP CRM), *SAP Transportation Management* (SAP TM) oder *SAP Extended Warehouse Management* (SAP EWM), wurde der Geschäftspartner bereits vor der Einführung von SAP S/4HANA genutzt. In SAP ERP wird dagegen standardmäßig zwischen Kunden (Debitoren) und Lieferanten (Kreditoren) unterschieden. Diese strikte Trennung erwies sich jedoch als zu unflexibel, da ein und derselbe Geschäftspartner sowohl Kunde als auch Lieferant sein kann. Dieses Datenmodell führte daher zu redundanten Informationen. Beispielsweise mussten Sie bisher alle Daten wie Adresse, Steuernummer, Bankdaten etc. jeweils im Kunden- und im Lieferantenstamm pflegen. Mit dem Geschäftspartner sind Sie dagegen in der Lage, Ihre Stammdaten zentral in einem Stammsatz zu verwalten.

Digital Core

Mit SAP S/4HANA hat SAP verschiedene Lösungen der SAP Business Suite in den sogenannten *Digital Core* übernommen, unter anderem auch die genannten Lösungen, in denen der Geschäftspartner bereits zum Einsatz kam. Der Begriff Digital Core beschreibt die Ausrichtung von SAP S/4HANA hinsichtlich Innovation, Offenheit, Flexibilität und Erweiterbarkeit bei Technologie, Business und IT-Ökosystem. Ein wichtiger Vorteil eines SAP-ERP-Systems mit digitalem Kern ist die Fähigkeit, ein sehr großes Datenvolumen aus einer Vielzahl von Online- und Offlinedatenquellen zu verarbeiten. Deswegen stehen Ihnen integrierte Analysen zur Verfügung. Der Digital Core von SAP S/4HANA bietet Ihnen eine digitalisierungsfreundliche IT-Umgebung.

Um eine einheitliche Stammdatenpflege in allen Anwendungen zu gewährleisten, ist das konsolidierte Datenobjekt des Geschäftspartners in SAP S/4HANA die neue führende Entität für Kunden- und Lieferantendaten.

Abbildung 1.2 zeigt die Evolution des Geschäftspartners in SAP ERP und weiteren SAP-Produkten bis hin zu seiner Nutzung im Digital Core von SAP S/4HANA. Während spezielle Komponenten, wie *SAP Financial Supply Chain Management* (FIN-FSCM), *SAP Treasury and Risk Management*, und einige Branchenlösungen sowie strategische Lösungen der SAP Business Suite, wie SAP CRM, *SAP Supplier Relationship Management* (SAP SRM) und *SAP Global Trade Services* (SAP GTS), bereits den Geschäftspartner nutzen, wurde in der Komponente SD (Sales und Distribution, d. h. der Vertriebskomponente) von SAP ERP mit dem Kunden gearbeitet. Die SAP-ERP-Komponente MM (Materials Management, d. h. die Materialwirtschaft) nutzte den Lieferanten als Stammdatenobjekt, während FI (Financials, d. h. das Finanzwesen) sowohl mit Kunden- als auch mit Lieferantendaten arbeitete. Mit SAP S/4HANA setzen alle diese Komponenten auf den Geschäftspartner.

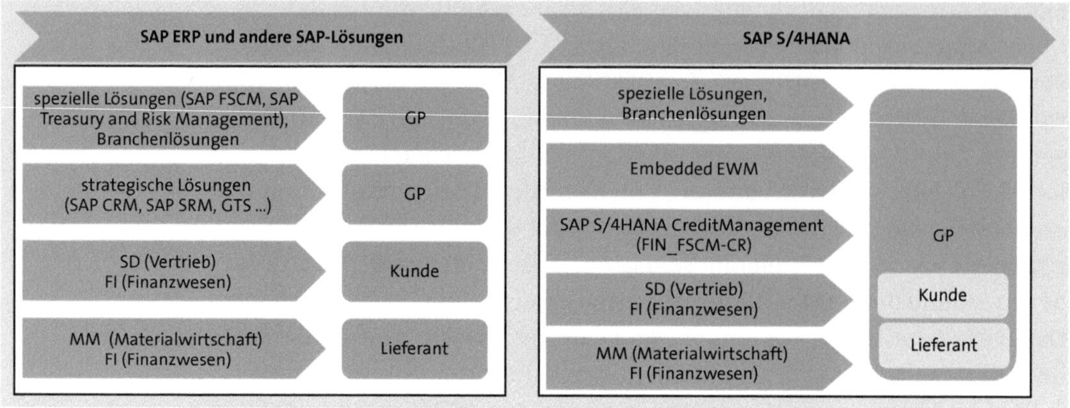

Abbildung 1.2 Vereinheitlichung der Stammdatenobjekte aus verschiedenen Lösungen der SAP Business Suite

Auch wenn in SAP S/4HANA die führende Entität der Geschäftspartner ist, wird in den Komponenten Vertrieb (z. B. bei der Kundenauftragsanlage), Materialmanagement (z. B. bei der Bestellanlage) und Finanzwesen (z. B. beim Zahlungsverkehr) auch weiterhin noch mit den Objekten **Kunde** und **Lieferant** gearbeitet. Den Zusammenhang beschreiben wir in Abschnitt 7.2.1, »Anlage von Geschäftspartnern mit Transaktion BP«.

Verändertes Datenmodell

Die Nutzung des Geschäftspartners in SAP S/4HANA führt zu einem veränderten Datenmodell. Die zentral gepflegten, allgemeinen Daten zu einem Geschäftspartner werden in der Tabelle `BUT000` abgelegt. Die Verknüpfung zwischen einem Geschäftspartner und einem Kunden bzw. Lieferanten findet über die Zuordnungstabellen `CVI_CUST_LINK` (Zuordnung zwischen Kunde und Geschäftspartner)und `CVI_VEND_LINK` (Zuordnung zwischen Lieferant und Geschäftspartner) statt (siehe Abschnitt 1.2.5, »Customer-Vendor-Integration«).

Abbildung 1.3 stellt das zuvor beschriebene Datenmodell und dessen Nutzung noch einmal schematisch dar. Die Anwendungen des Vertriebs und der Beschaffung greifen weiterhin auf Kunden- und Lieferantenstammdaten zu. Die Verbindung zum jeweiligen Geschäftspartner findet über die genannten Geschäftspartner-Daten in einer Verknüpfungstabelle statt.

Der Geschäftspartner wird aufgrund der steten Weiterentwicklung von SAP S/4HANA in immer mehr Prozesse integriert. Mit dem Release SAP S/4HANA 2021 wurde beispielsweise mit der Integration von mehrfachen und zeitabhängigen Adressen in den Vertriebsprozess ein erster Schritt getan, die Möglichkeiten, die der Geschäftspartner bietet, in wichtigen logistischen Prozessen zu nutzen. Auch in anderen Bereichen, wie z. B. in der Beschaffung, soll eine solche Integration erfolgen.

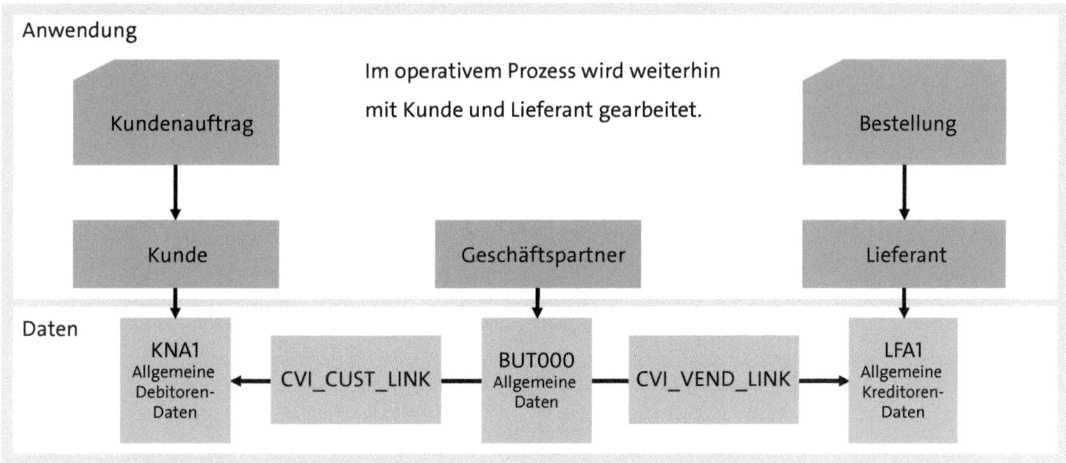

Abbildung 1.3 Verwendung der Stammdatenobjekte im Prozess

SAP Business Network

Abbildung 1.4 beschreibt den Einfluss des *SAP Business Networks* auf die Prozesslandschaft und die daraus folgende Notwendigkeit eines einheitlichen Stammdatenmodells. Das SAP Business Network ist ein Produkt von SAP, mit dem Sie die Zusammenarbeit mit allen Handelspartnern Ihrer Lieferkette optimieren können. Es bietet verschiedene Lösungen in Bezug auf die Beschaffung, die Lieferkette, die Warenlogistik und die Anlagenverwaltung. Da sich in Zukunft Geschäftsprozesse nicht mehr nur auf ein SAP-ERP-System beschränken werden, sind integrale Stammdaten über die verschiedenen Systeme eines Unternehmens und seiner Geschäftspartner hinweg von höchster Bedeutung. Die Integration dieser Systeme und die Erweiterung der Prozesslandschaft sind wichtige Aspekte für die Entscheidung von SAP gewesen, auf den Geschäftspartner als führendes Objekt zu setzen.

Das SAP Business Network sowie Entwicklungen in der *SAP Business Technology Platform* (SAP BTP) ermöglichen Prozesse, die über SAP S/4HANA hinausgehen. Die SAP BTP ist eine Cloud-Plattform von SAP. Sie vereint Datenmanagement, Analysen, künstliche Intelligenz, Anwendungsentwicklung, Automatisierung und Integration in einer einheitlichen Umgebung. Für solche *E2E-Prozessdefinitionen* (End-to-End) müssen Stammdaten zur Verfügung stehen, die einen übergreifenden und konsistenten Prozessfluss sicherstellen können. Hierfür müssen die Stammdaten in den einzelnen Systemen eines unternehmensübergreifenden Netzwerkes gewisse Qualitätsmerkmale erfüllen, die von SAP *Suite Qualities* genannt werden.

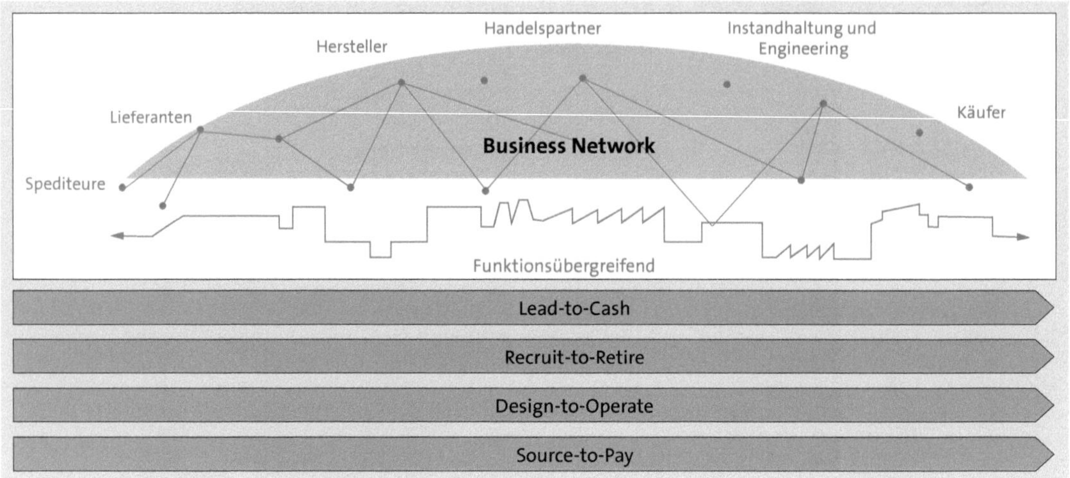

Abbildung 1.4 SAP Business Network

SAP One Domain Model

Besonders hervorzuheben ist hier das *SAP One Domain Model*, also ein abgestimmtes Datenmodell. Es definiert Objekte zentral über den SAP-S/4HANA-Stack hinaus. Der Geschäftspartner dient dabei als führendes Objekt für Lieferanten- und Kundendaten. In SAP S/4HANA ist diese Umstellung bereits erfolgt und wird aktiv genutzt. Alle neuen Lösungen von SAP werden die Definition aus dem SAP One Domain Model übernehmen und ebenfalls den Geschäftspartner verwenden. Dazu gehören beispielsweise die Lösungen der *Industry Cloud*, innovative Branchenlösungen, die von SAP und Partnern in der Cloud entwickelt wurden und auf SAP BTP basieren. Aus dieser *Out-of-the-Box-Integration* der Lösungen ergibt sich der eigentliche Mehrwert der Geschäftspartner-Einführung.

Intelligent Suite

Die Nutzung des Geschäftspartners ist bei der Einführung von SAP S/4HANA verpflichtend. Bei einer Systemkonvertierung auf SAP S/4HANA nach dem Brownfield-Ansatz muss der Geschäftspartner bereits vor der technischen Konvertierung im Ausgangssystem implementiert werden. Wie Sie dieses Projekt angehen und umsetzen können, beschreibt dieses Buch.

1.2 Grundlegende Begriffe

Der Geschäftspartner bildet eine Organisation (Firma, Niederlassung), eine Person oder eine Gruppe von Personen bzw. Organisationen ab, an denen Ihr Unternehmen ein geschäftliches Interesse hat. Dabei kann der Geschäftspartner mehrere Rollen einnehmen. So könnte er beispielsweise als Auftraggeber und Warenempfänger auftreten.

Datenpflege

Ein Geschäftspartner wird über verschiedene Geschäftspartner-Rollen angelegt und kann im Laufe der Geschäftsbeziehung unter Umständen weitere Geschäftspartner-Rollen annehmen. Dabei müssen die allgemeinen Daten zu einem Geschäftspartner, die unabhängig von seiner Funktion oder anwendungsspezifischen Erweiterungen sind, nicht jeweils neu erfasst werden. So vermeiden Sie eine doppelte Datenerfassung und -haltung.

In den folgenden Abschnitten erklären wir die wichtigsten Bestandteile des Geschäftspartners und damit im direkten Zusammenhang stehende Begriffe. In Kapitel 4, »Customizing des Geschäftspartners im Rahmen der Customer-Vendor-Integration«, und Kapitel 5, »Customizing des Geschäftspartners in SAP S/4HANA«, werden wir diese Begriffe zum Teil wieder aufgreifen und die diversen Möglichkeiten der Einflussnahme durch Customizing und Anpassung beschreiben.

1.2.1 Geschäftspartner-Typ

Eigenschaften eines Geschäftspartners

Der *Geschäftspartner-Typ* bezeichnet die Eigenschaften eines Geschäftspartners. Es gibt folgende Typen:

- **Natürliche Person**

  Diesem Typ werden Privatpersonen zugeordnet.

- **Organisation**

  Diesem Typ werden juristische Personen oder Teile einer juristischen Person zugeordnet, z. B. eine Firma, die Abteilung einer Firma, ein Verein oder ein Verband.

- **Gruppe**

  Diesem Typ werden Gruppen natürlicher Personen zugeordnet, z. B. ein Ehepaar oder Gruppen von Organisationen.

Es ist nicht möglich, weitere Geschäftspartner-Typen anzulegen. Die genannten Typen sind fest vorgegeben. Der Geschäftspartner-Typ eines bestehenden Stammsatzes kann nicht nachträglich geändert werden. Die Daten, die für Geschäftspartner-Vorgänge zur Verfügung stehen, sind vom gewählten Geschäftspartner-Typ abhängig.

Auswirkungen der Typzuweisung

Bei der Anlage eines Geschäftspartners muss ein Geschäftspartner-Typ ausgewählt werden, was wir in Kapitel 7, »Mit Geschäftspartnern arbeiten«, im Rahmen der Anlage und Bearbeitung eines Geschäftspartners beschreiben. Jeder Geschäftspartner-Typ gibt eine bestimmte Auswahl von Feldern zur Datenerfassung vor. Folgende Angaben können für die verschiedenen Geschäftspartner-Typen unter anderem erfasst werden:

- **Person**:
  - Anrede
  - Vor- und Nachname
  - weitere Namensbestandteile (z. B. Namensvor- und -zusätze und akademische Titel)
  - Geschlecht
- **Organisation**:
  - Anrede
  - Name
  - Rechtsform
  - Branche
  - Rechtsträger
- **Gruppe**:
  - Anrede
  - zwei Namen
  - Partnergruppenart

Abbildung 1.5 stellt die erforderlichen Daten je Geschäftspartner-Typ gegenüber und verdeutlicht die Unterschiede. Sie bestehen vor allem in typspezifischen Feldern, z. B. dem akademischen Titel bei einer Person oder dem Branchenschlüssel bei einer Organisation.

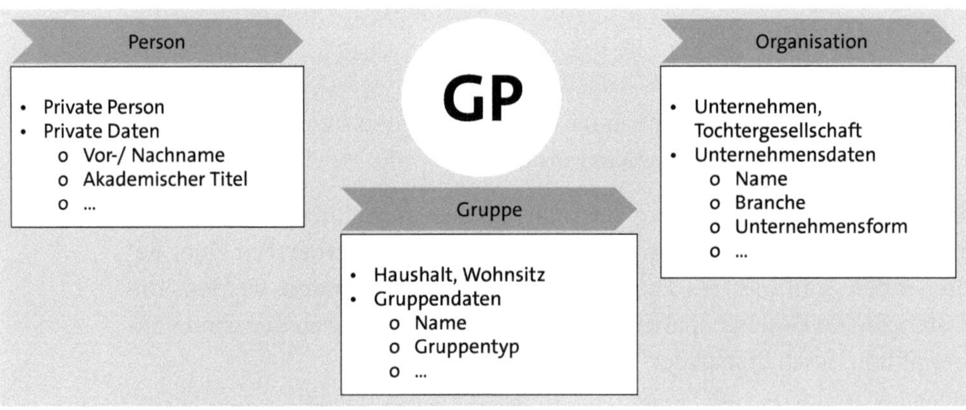

Abbildung 1.5 Geschäftspartner-Typen

1.2.2 Geschäftspartner-Rolle und Geschäftspartner-Art

Geschäftspartner-Rollen

Durch die in Abschnitt 1.1, »Der Geschäftspartner in SAP S/4HANA«, bereits kurz eingeführten Geschäftspartner-Rollen werden Rechte und Pflichten definiert, die ein Geschäftspartner in unterschiedlichen Geschäftsvorgängen übernimmt. Ein Geschäftspartner kann unterschiedliche Geschäftspartner-Rollen übernehmen, die je nach betriebswirtschaftlicher Funktion unterschiedliche Sichten auf die Geschäftspartner-Daten ermöglichen. Die Geschäftspartner-Rolle kann so zur betriebswirtschaftlichen Klassifizierung des Geschäftspartners genutzt werden. Grundlage für die Definition einer Geschäftspartner-Rolle ist stets ein betriebswirtschaftlicher Vorgang. Die Attribute der Geschäftspartner-Rolle sind jeweils an den Erfordernissen ausgerichtet, die sich aus dem jeweiligen Vorgang ergeben. Die Geschäftspartner-Rolle ist also ein wichtiges Kriterium zur Steuerung der Feldmodifikation innerhalb der Geschäftspartner-Pflege.

Allgemeine Daten

Wie bereits erwähnt, kann ein Geschäftspartner eine oder mehrere Rollen aufweisen. Zentrale Daten wie Name, Adresse und Bankverbindungen werden nur einmal gepflegt. Für diese allgemeinen Daten wird die allgemeine Rolle 000000 (**GP Allgemein**) vergeben. Soll der Geschäftspartner als Debitor mit Buchungskreisdaten genutzt werden, müssen Sie die Geschäftspartner-Rolle FLCU00 (**Debitor**) zuordnen. Soll er zudem als Kunde mit Vertriebsbereichsdaten genutzt werden, ordnen Sie zusätzlich die Geschäftspartner-Rolle FLCU01 (**Kunde**) zu. Für einen Kreditor und Lieferanten verfahren Sie analog und ordnen die Geschäftspartner-Rolle FLVN00 (**Kreditor**) bzw. FLVN01 (**Lieferant**) zu.

Bezeichner und Schlüssel

Sie können eine Geschäftspartner-Rolle, wie bei SAP üblich, immer über Ihren Schlüssel, beispielsweise FLCU00, identifizieren. Dieser Schlüssel ist immer eindeutig. Die sprechende Bezeichnung der Geschäftspartner-Rolle muss dagegen nicht eindeutig sein. In den Dialoganwendungen, wie z. B. der Transaktion BP (Geschäftspartner bearbeiten), können Sie durch persönliche Einstellungen entscheiden, ob Sie nur die Bezeichnungen der Rollen oder auch ihre Schlüssel sehen möchten.

Häufig verwendete Rollen

Abbildung 1.6 gibt Ihnen einen Überblick der üblichen Geschäftspartner-Rollen. Neben den dort gezeigten Rollen enthält bereits die Standardauslieferung von SAP S/4HANA viele weitere, die ganz nach Bedarf und Prozessdefinition zum Einsatz kommen können. Wenn erforderlich, können Sie auch eigene Geschäftspartner-Rollen im Customizing anlegen. Dies wird in Abschnitt 4.3.1, »Geschäftspartner-Rollen«, und Abschnitt 5.2, »Geschäftspartner-Rollen«, näher beschrieben.

In Abbildung 1.6 sehen Sie auf der linken Seite die zuvor angesprochenen Rollen für die Kunden- und Lieferantenzuordnung. Die Rolle BUP001 (**Ansprechpartner**) wird verwendet, um die Ansprechpartner*innen eines Kunden- oder Lieferantenunternehmens abzubilden (siehe auch Abschnitt 4.15). Die Rollen auf der rechten Seite werden für spezielle Prozessfunktionen, hier Funktionen aus *SAP Credit Management*, bzw. für die Definition von Funktionen innerhalb einer Organisation genutzt.

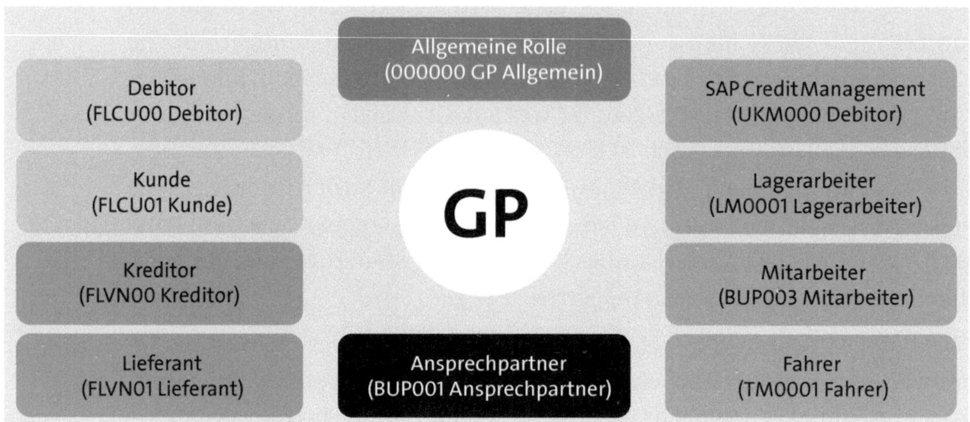

Abbildung 1.6 Beispiele für Geschäftspartner-Rollen

Geschäftspartner-Art

Die *Geschäftspartner-Art* stellt eine im Customizing frei wählbare Gruppierungsmöglichkeit von Geschäftspartnern dar. Mithilfe der Geschäftspartner-Art können Geschäftspartner frei nach individuellen Anforderungen eingeteilt werden. Jedem Geschäftspartner können Sie im Anlagedialog, z. B. über die Transaktion BP (Geschäftspartner bearbeiten), eine Geschäftspartner-Art zuordnen. Die Geschäftspartner-Art nutzen Sie vor allem zur Steuerung der *Feldmodifikation* der innerhalb der Geschäftspartner-Pflege dargestellten Felder. Sie ist neben der Geschäftspartner-Rolle das führende Kriterium für diese Steuerung. Wir empfehlen Ihnen, vor Beginn Ihres Einführungsprojekts ein Konzept zur Feldmodifikation zu erstellen. Im Rahmen eines CVI-Projekts ist der Einsatz der Geschäftspartner-Art in der Regel nicht relevant. Weiterführende Informationen zur Geschäftspartner-Art in Ihrem SAP-S/4HANA-System finden Sie in Abschnitt 5.6., »Geschäftspartner-Art«.

1.2.3 Geschäftspartner-Gruppierung

Jedem Geschäftspartner wird beim Anlegen eine *Gruppierung* zugeordnet. Diese entscheidet über den *Nummernkreis*. Die Zuordnung kann nachträglich nicht mehr geändert werden und ist verpflichtend. In Abschnitt 4.7, »Nummernkreise und Gruppierungen«, haben wir die Zusammenhänge zwischen Gruppierung und Nummernvergabe beschrieben.

[+]

Standardgruppierungen verwenden

Wenn Sie nicht aktiv eine Gruppierung vergeben möchten, können Standardgruppierungen definiert werden, die dann durch das System automatisch zugeordnet werden. Bei diesem Vorgehen können Sie dann jedoch keinen Einfluss auf die Nummernvergabe nehmen.

Gruppierungen pflegen

Im Customizing werden die Gruppierungen mit ihren Bezeichnungen und den zugehörigen Nummernkreisen gepflegt. Außerdem werden hier Standardgruppierungen für interne und externe Nummernvergabe definiert. Legen Sie einen Geschäftspartner neu an, steuert die Gruppierung, wie die Geschäftspartner-Nummer vergeben wird. Hierzu legen Sie ebenfalls im Customizing die benötigten Nummernkreise mit entsprechenden Intervallen an und ordnen diese den definierten Gruppierungen zu. Soll zwischen den Geschäftspartnern und den jeweiligen Kunden oder Lieferanten Nummerngleichheit bestehen, müssen die Nummernkreisintervalle der Gruppierungen und der entsprechenden Kontengruppen identisch sein.

Synchronisationssteuerung

Neben der zuvor beschriebenen Funktion der Steuerung der Nummernvergabe eines Geschäftspartners wird die Gruppierung außerdem noch in der *Synchronisationssteuerung* genutzt. Hierbei wird definiert, wie die Fortschreibung des Debitors oder Kreditors bei der Geschäftspartner-Bearbeitung im Rahmen der Customer-Vendor-Integration ermöglicht wird. Mit der Zuordnung einer Geschäftspartner-Gruppierung wählen Sie aus, ob der jeweilige Stammsatz mit einer Kontengruppe mit interner oder mit externer Nummernvergabe oder aber mit Nummerngleichheit angelegt wird.

In Abschnitt 2.3, »Nummernvergabe«, gehen wir ausführlicher auf dieses Thema ein.

1.2.4 Geschäftspartner-Beziehung

Beziehungsarten

Die *Geschäftspartner-Beziehung* stellt die betriebswirtschaftlich relevante Verbindung zweier Geschäftspartner zueinander dar. Einem Beziehungstyp werden verschiedene Eigenschaften (*Beziehungsarten*) zugeordnet. Durch die Beziehungsart lassen sich so die einzelnen Beziehungstypen weiter untergliedern. So können beispielsweise Geschäftspartner vom Typ »Ansprechpartner« in vertriebliche oder für den Einkauf relevante Ansprechpartner*innen unterschieden werden, obwohl beide denselben Geschäftspartner-Typ besitzen.

Layoutgruppen

Des Weiteren ist es möglich, die Darstellung der Geschäftspartner-Beziehungen in der Geschäftspartner-Pflege durch *Layoutgruppen* individuell zu gestalten. Hierbei ordnen Sie jedem Beziehungstyp eine Layoutgruppe zu, die dann die Darstellung der beziehungsrelevanten Daten in der Geschäftspartner-Pflege steuert.

Dauer einer Geschäftpartner-Beziehung

Die Dauer einer Geschäftspartner-Beziehung kann zeitlich begrenzt werden, indem ein Anfangs- und ein Enddatum erfasst werden. Dadurch ist ein Überblick über die Zeiträume möglich, in denen bestimmte Geschäftspartner z. B. Ansprechpartner*innen eines Unternehmens waren. Beziehungen sind unabhängig von einzelnen Organisationsstrukturen, z. B. einem Vertriebsbereich oder Buchungskreis. Das heißt z. B., dass ein Ansprechpartner oder eine Ansprechpartnerin der Organisation und nicht einem Vertriebsbereich der Organisation zugeordnet ist.

Komponenten einer Geschäftspartner-Beziehung

Eine Geschäftspartner-Beziehung besteht zwischen zwei Geschäftspartnern und ist immer bidirektional. Abbildung 1.7 zeigt ein Beziehungsgeflecht zwischen drei Geschäftspartnern. In unserem Beispiel ist der Geschäftspartner in der Mitte für uns der relevante Geschäftspartner, von dem zwei weitere Beziehungen ausgehen. Links in der Abbildung steht neben unserer Organisation eine weitere, zu der eine Händler-Kunden Beziehung besteht und der ein entsprechender Beziehungstyp zugeordnet ist. Auf der rechten Seite sehen Sie eine Person, die ein Ansprechpartner oder eine Ansprechpartnerin unserer Organisation ist und über einen entsprechenden Geschäftspartner-Beziehungstyp verfügt. Hier besteht die Beziehung aus den beiden Elementen »ist Ansprechpartner« und »hat Ansprechpartner«.

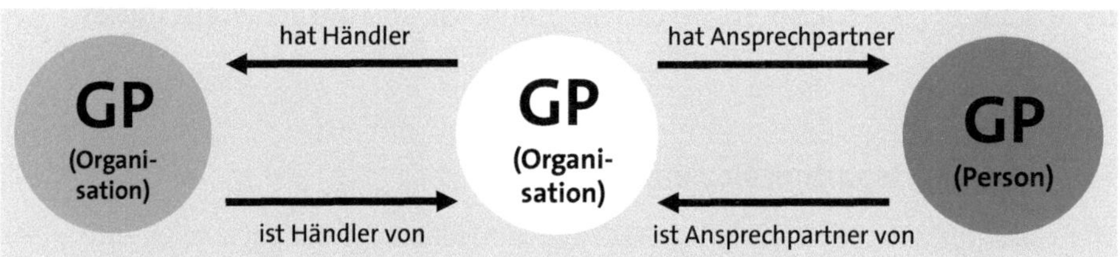

Abbildung 1.7 Beispiel für eine Geschäftspartner-Beziehung

1.2.5 Customer-Vendor-Integration

Um den SAP-Geschäftspartner als führendes Objekt in SAP S/4HANA zu nutzen, muss die *Customer-Vendor-Integration* (CVI) verwendet werden. Die CVI stellt die Synchronisation zwischen dem Geschäftspartner-Objekt und den Kunden-/Lieferantenobjekten dar. Es handelt sich um ein automatisiertes Verfahren, das Kunden- und Lieferantenstammobjekte mit SAP-

Geschäftspartner-Objekten synchronisiert. Das Verfahren ordnet jedes Kunden- und Lieferantenstammdatenobjekt einem neu angelegten SAP-Geschäftspartner-Objekt zu und umgekehrt.

Da der Geschäftspartner in SAP S/4HANA die führende Entität ist, werden dort ausschließlich Geschäftspartner gepflegt. Die CVI sorgt im Hintergrund für die Synchronisation der jeweiligen Kunden- und Lieferantenstammdaten. Beim Sichern eines neuen Geschäftspartners werden die allgemeinen Daten direkt in die entsprechenden Datenbanktabellen, z. B. BUT000 und BUT100, geschrieben. Die CVI-Schnittstellen (Application Programming Interfaces, kurz APIs) sorgen dafür, dass abhängig von den im Geschäftspartner gepflegten Rollen die jeweiligen Tabellen für den Kunden- bzw. Lieferantenstamm (z. B. KNA1 und LFA1) aktualisiert werden.

Abbildung 1.8 stellt den Zusammenhang zwischen der Datenpflege von Geschäftspartnern, Kunden und Lieferanten, den internen APIs und den Datenbanktabellen der drei Objekte dar. Je nach Szenario sorgen die Schnittstellen im Hintergrund für eine Synchronisation der Stammdaten. Zudem zeigt Abbildung 1.8 die möglichen Synchronisationsrichtungen. Abhängig von der gewählten Richtung werden Geschäftspartner entweder direkt angelegt bzw. gepflegt, sodass die CVI im Hintergrund die Kunden- bzw. Lieferantenstammdaten aktualisiert, oder andersherum die gepflegten Kunden- und Lieferantenstammdaten zu Geschäftspartner-Daten konsolidiert.

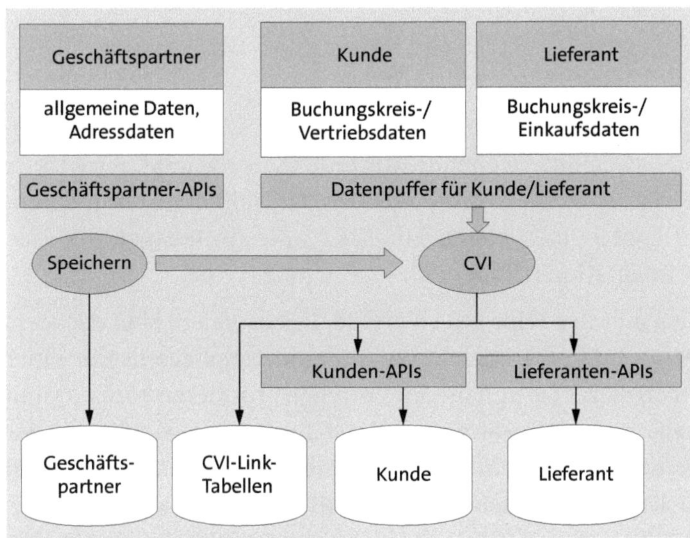

Abbildung 1.8 CVI-Schnittstelle

In SAP ERP können grundsätzlich beide Richtungen der Stammdatenpflege genutzt werden. Nach Einführung der Customer-Vendor-Integration können Sie mit dem Geschäftspartner als führendem Objekt arbeiten. Allerdings folgen wir der Empfehlung von SAP, in SAP ERP weiterhin mit Kunden- und Lieferanten als führenden Objekten zu arbeiten (siehe SAP-Hinweis 2713963). In Abbildung 1.9 sehen Sie die führenden Stammdatenobjekte in einem SAP-ERP-System sowie in einem SAP-S/4HANA-System. Die Pfeile verdeutlichen die jeweilige Synchronisationsrichtung, bei der das jeweilige Hintergrundobjekt wie in Abbildung 1.9 dargestellt, aktualisiert wird.

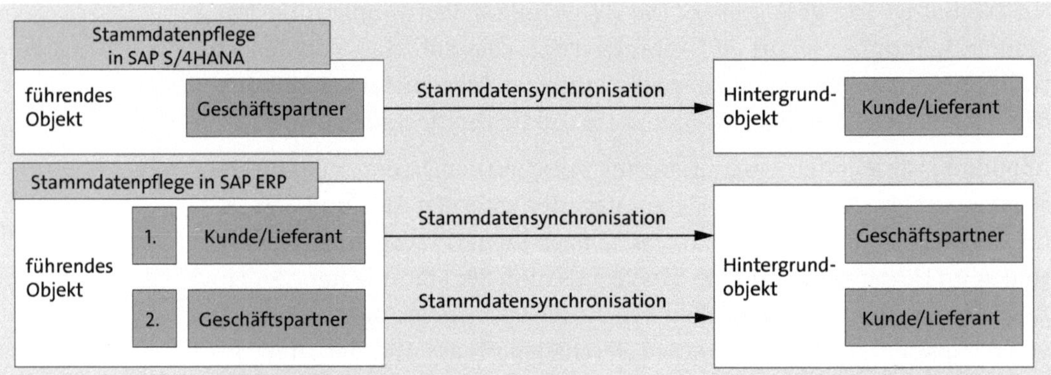

Abbildung 1.9 Synchronisationsrichtungen nach Aktivierung der Customer-Vendor-Integration in SAP ERP

1.3 Fazit

In diesem Kapitel haben Sie den Geschäftspartner, seine wichtigsten Bestandsteile und das dahinterstehende Konzept kennengelernt. Sie wissen, warum der Geschäftspartner in SAP S/4HANA das führende Stammdatenobjekt ist, und haben einen ersten Einblick in die Grundlagen der Customer-Vendor-Integration erhalten.

Der Geschäftspartner hat zahlreiche Vorteile. Insbesondere sind das stets konsistente Daten und eine erleichterte Stammdatenpflege in nur einer Transaktion. Doch damit Sie von diesen Vorteilen profitieren können, sind einige technische und organisatorische Umstellungen notwendig, die wir Ihnen in den folgenden Kapiteln erklären. Diese Konfigurationen in Ihrem System sollten Sie als Investment in die kommende Jahren sehen. Der Geschäftspartner wird sich mit jedem Release weiterentwickeln; gleichzeitig wird SAP die Integration in die Prozesse der klassischen Systemkomponenten weiter vorantreiben. Der Geschäftspartner sowie die davon abhängigen Prozesse werden also in den kommenden Jahren einem kontinuierlichen Wandel unterliegen.

Kapitel 2

Mögliche Fragestellungen im Vorfeld einer Customer-Vendor-Integration

2

Falls Sie sich im Zusammenhang mit einer CVI schon gefragt haben, welche Stolpersteine Sie erwarten, welche Gedanken Sie sich machen sollten und welche Vorbereitungen Sie treffen können, gibt Ihnen dieses Kapitel die Antworten.

In diesem Kapitel behandeln wir Fragen, die Sie bereits im Vorfeld einer Customer-Vendor-Integration (CVI) angehen können. In Abschnitt 2.1, »Grundlagen der Customer-Vendor-Integration«, erklären wir Ihnen, wie Ihnen der SAP Readiness Check bei der Vorbereitung der CVI behilflich sein kann. In Abschnitt 2.2, »Zusammenführung von Kunden und Lieferanten«, erläutern wir den Ansatz, Ihre zusammengehörenden Kunden- und Lieferantenstammdaten unter einer Geschäftspartner-Nummer zusammenzuführen. In Abschnitt 2.3, »Nummernvergabe«, stellen wir die unterschiedlichen Möglichkeiten zur Nummernvergabe des Geschäftspartners gegenüber. Anschließend sehen wir uns in Abschnitt 2.4, »Ansprechpartner«, den Ansprechpartner als zukünftig eigenständigen Geschäftspartner und dessen Beziehungen im Detail an. Schließlich beschreiben wir in Abschnitt 2.5, »Mögliche Vorabvalidierung«, hilfreiche Prüfreports, mit denen Sie die Stammdaten in Ihrem SAP-ERP-System validieren können.

2.1 Grundlagen der Customer-Vendor-Integration

In diesem Abschnitt erläutern wir den groben Ablauf der CVI und gehen auf wichtige Fragestellungen ein, die Sie bereits im Vorfeld klären sollten.

Stammdaten-synchronisation

Eine *Stammdatensynchronisation*, wie sie die CVI vornimmt, war bisher in einem SAP-ERP-System nicht notwendig. Wahrscheinlich haben Sie es daher im Vorfeld einer SAP-S/4HANA-Migration zum ersten Mal mit einer solchen Synchronisation zu tun.

Ablauf einer CVI

In Abbildung 2.1 sehen Sie den Ablauf einer CVI in einem SAP-ERP-System. In diesem System gibt es neben **Kunde** und **Lieferant** auch den **Ansprech-**

partner. Alle diese Stammdatensätze müssen einmalig die CVI durchlaufen, damit sie in das Geschäftspartner-Format übertragen werden können. Durch diesen automatisieren Prozess werden die bestehenden Stammdaten synchronisiert. Den detaillierten Ablauf der CVI beschreiben wir in Kapitel 11, »Durchführung der Stammdatensynchronisation«.

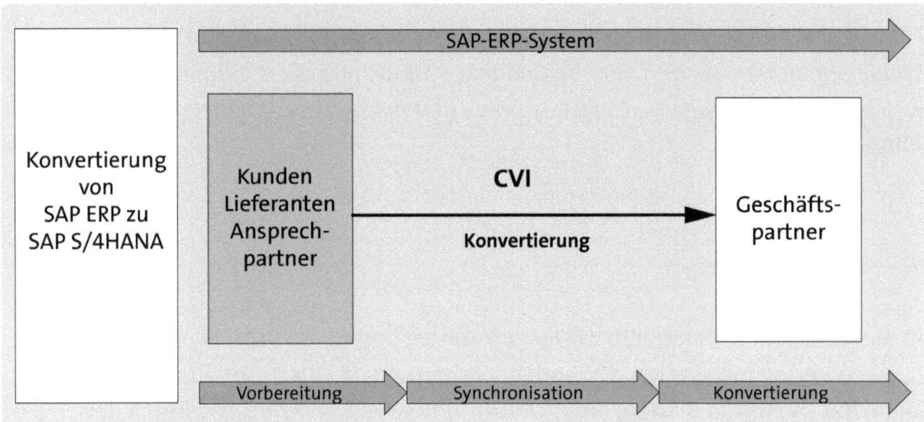

Abbildung 2.1 Ablauf der CVI in einem SAP-ERP-System

Systemlandschaft Die CVI müssen Sie auf jedem Ihrer Systeme durchführen. Bei einer herkömmlichen Drei-System-Landschaft, bestehend aus einem Entwicklungssystem, einem Qualitätssicherungssystem und einem Produktivsystem, führen Sie die CVI also dreimal durch. Wir empfehlen Ihnen jedoch, zunächst mit einem *Sandbox-System* zu arbeiten, das als aktuelle Kopie Ihres Produktivsystems angelegt werden sollte. Auf diesem Sandbox-System nehmen Sie alle notwendigen Customizing-Einstellungen vor, die wir in Kapitel 4, »Customizing des Geschäftspartners im Rahmen der Customer-Vendor-Integration«, und Kapitel 9, »Customizing der Stammdatensynchronisation für die Customer-Vendor-Integration«, im Detail beschreiben. Im Laufe eines Projekts kann es durchaus sein, dass diese Sandbox wiederholt aufgebaut und erneut synchronisiert werden muss, bis Sie mit der CVI eine zufriedenstellende Datenqualität erhalten.

Brownfield-Ansatz Eine Migration nach SAP S/4HANA nach dem *Brownfield-Ansatz* ist nicht möglich, wenn das Ausgangssystem noch nicht auf den Geschäftspartner umgestellt wurde. Unter einer Brownfield-Migration versteht man die technische Eins-zu-eins-Konvertierung Ihres SAP-ERP-Systems in Ihr SAP-S/4HANA-System.

SAP Readiness Check Einer der ersten Schritte in Richtung SAP S/4HANA ist bei den meisten Unternehmen der *SAP Readiness Check*. Der SAP Readiness Check überprüft unter anderem diese Voraussetzung. An dieser Stelle geben wir einen kurzen Einblick in den SAP Readiness Check in Hinblick auf die CVI.

In Abbildung 2.2 sehen Sie das Ergebnis eines SAP Readiness Checks in Bezug auf die Kunden- und Lieferantenstammdaten, wenn noch keine CVI durchgeführt wurde. In diesem Fall ist der Status der CVI **Inaktiv**. Den SAP Readiness Check können Sie im SAP Support Portal über die Kachel **SAP Readiness Check** aufrufen, wenn Sie die notwendigen Berechtigungen dazu besitzen. Wird Ihnen im Rahmen einer Brownfield-Migration der Status **Inaktiv** ausgegeben, ist es unerlässlich, die CVI durchzuführen.

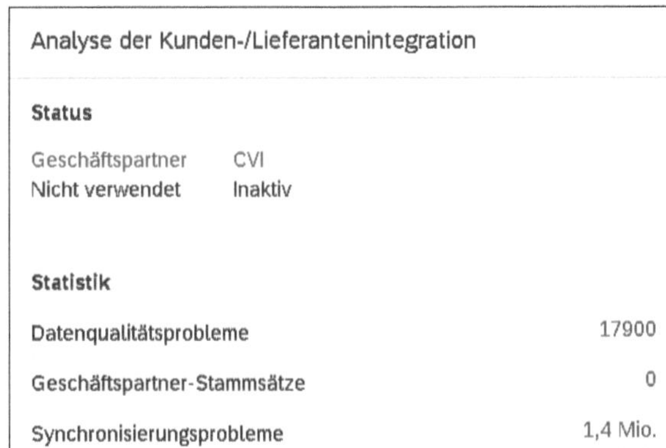

Abbildung 2.2 Analyse der Kunden-/Lieferantenintegration im SAP Readiness Check

CVI-Tabellen

Abbildung 2.2 zeigt die oberste Ebene der Analyse. Sie haben die Möglichkeit, per Doppelklick in die Detailsicht abzuspringen. Dort erhalten Sie weiterführende Informationen zu Ihren Stammdaten, z. B. die Anzahl der zu synchronisierenden Kunden und Lieferanten, wie Sie es in Abbildung 2.3 sehen können. Dazu wird die Anzahl der Einträge in den folgenden CVI-Tabellen angezeigt:

- `CVI_CUST_LINK` (Zuordnung zwischen Kunde und Geschäftspartner)
- `CVI_VEND_LINK` (Zuordnung zwischen Lieferant und Geschäftspartner)
- `CVI_CUST_CT_LINK` (Verbindung zwischen Beziehung und Kontaktpartner des Kunden)
- `CVI_VEND_CT_LINK` (Verbindung zwischen Beziehung und Kontaktpartner des Lieferanten)

Auf diese Tabellen gehen wir in Kapitel 6, »Datenstrukturen des Geschäftspartners«, im Einzelnen ein.

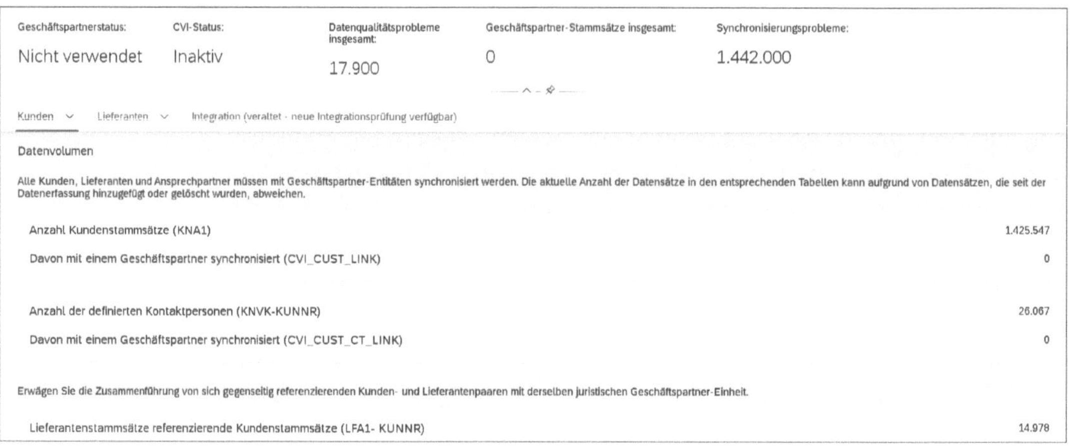

Abbildung 2.3 Anzahl der Stammdaten in den jeweiligen CVI-Tabellen

Darüber hinaus bietet der SAP Readiness Check noch weitere Informationen, zu denen unter anderem die folgenden gehören:

- Datenqualität
- Auflistung der gefunden Qualitätsprobleme im Detail
- Analyse kundeneigener Felder
- Implementierungsaufwand anhand verschiedener Kriterien

Business Partner Conversion Guide

An dieser Stelle möchten wir Sie auf SAP-Hinweis 2265093 (S4TWL-Geschäftspartner-Ansatz) aufmerksam machen. In diesem Hinweis finden Sie wichtige grundlegende Informationen zum Geschäftspartner und im Anhang den *Business Partner Conversion Guide*. Dieses Dokument beschreibt in kompakter Form den Ablauf und die notwendigen Schritte für eine CVI.

Projektablauf

Die CVI wird häufig als kleineres und rein technisches IT-Projekt im Vorfeld einer Brownfield-Migration eingestuft. Sie sollte jedoch als eigenständiges Projekt betrachtet werden, das sich abhängig von den Gegebenheiten über mehrere Monate erstrecken kann. Ferner kann dieses Projekt keinesfalls nur von der IT getragen werden. Neben den IT-Verantwortlichen sollten Kolleg*innen aus den Fachabteilungen, die die relevanten Stammdaten pflegen, involviert werden, um eine erfolgreiche Durchführung der CVI sicherzustellen. Die Fachabteilungen werden im Laufe des Projekts immer wieder hinzugezogen werden, um die Qualität der Stammdaten zu prüfen. Auch hier gibt der SAP Readiness Check einen ersten Aufschluss, wie es um die Stammdatenqualität auf Ihrem System bestellt ist. Abhängig davon ergibt sich der Aufwand zur Datenkorrektur.

Auf einen beispielhaften Projektablauf bzw. Projektplan gehen wir im Detail in Kapitel 16, »Projektplan für ein CVI-Projekt«, ein.

2.2 Zusammenführung von Kunden und Lieferanten

Nummernvergabe für Kunden und Lieferanten

Bevor wir im folgenden Abschnitt auf die Nummernvergabe für die im Rahmen der CVI angelegten Geschäftspartner eingehen, erläutern wir in diesem Abschnitt die Option, Kunden- und Lieferantenstammsätze zu einem Geschäftspartner zusammenzuführen. Diese Zusammenführung kann einen entscheidenden Einfluss auf Ihre Nummernvergabe haben. Besteht bereits *Nummerngleichheit* zwischen Ihren Kunden- und Lieferantenstammsätzen, können Sie diese Nummern als Nummern für die neuen Geschäftspartner-Objekte beibehalten. Weitere Informationen zur Nummernvergabe und Nummerngleichheit erhalten Sie in Abschnitt 4.7, »Nummernkreise und Gruppierungen«. Diese Art der Nummerngleichheit hat in einem SAP-ERP-System aber eher Seltenheitswert. In der Praxis haben Kunden- und Lieferantenstämme normalerweise eigenständige und damit unterschiedliche Nummern.

Getrennte Stammsätze

In einem SAP-ERP-System ist es grundsätzlich möglich, ein Unternehmen abzubilden, das sowohl als Ihr Kunde als auch als Ihr Lieferant auftritt. Hierfür ist es allerdings zunächst nötig, zwei unabhängige Stammsätze anzulegen. Diese beiden Stammdaten werden im Anschluss manuell miteinander verknüpft. Dies geschieht, indem Sie z. B. im Kundenstamm die Lieferantennummer hinterlegen oder im Lieferantenstamm die Kundennummer.

Stammdaten verknüpfen

In Abbildung 2.4 sehen Sie ein Beispiel von verknüpften Stammdaten. Die Verknüpfung wird technisch in der Tabelle `KNA1` (Kundenstamm allgemeiner Teil) in dem Feld `LIFNR` (**Kreditor**) hinterlegt. In der Transaktion XD02 (Kunde ändern) pflegen Sie das Feld **Lieferant** in den **Steuerungsdaten**. Daneben wird in der Tabelle `LFA1` (Lieferantenstamm, allgemeiner Teil) das Feld `KUNNR` (**Debitor**) (Kundennummer) gefüllt. Die Werte dieser Tabellen können Sie als Grundlage heranziehen, um abzuschätzen, wie viele Stammdaten in Ihrem System miteinander verknüpft sind. Das kann Ihnen Aufschluss darüber geben, ob diese Verknüpfung in Ihrem System eine eher untergeordnete Rolle spielt oder einen ausschlaggebenden Faktor für die Zusammenführung von Kunden- und Lieferantendaten darstellt.

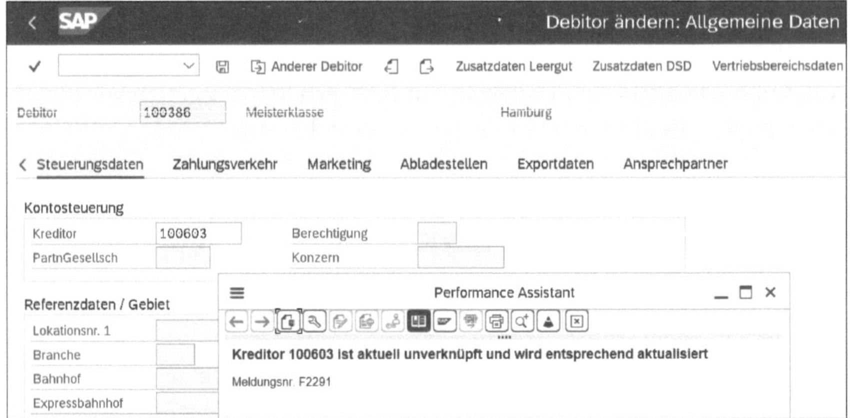

Abbildung 2.4 Beispiel von verknüpften Stammdaten

Ein grundlegender Nachteil ist, dass das SAP-ERP-System keinerlei Abgleich oder Prüfung z. B. der allgemeinen Daten eines Kunden oder Lieferanten durchführt. Es kann also durchaus sein, dass sich ein Kunden- und ein Lieferantenstammsatz zwar auf das gleiche Unternehmen beziehen, die beiden Stammsätze jedoch unterschiedliche Adressen oder Steuernummern aufweisen.

Mehrfachzuordnung

Ebenso prüft das SAP-ERP-System bei der zuvor beschriebenen Verknüpfung nicht auf eine *Mehrfachzuordnung* oder eine falsche Zuordnung der verknüpften Stammdaten. Es kann vorkommen, dass Stammdaten unterschiedlicher Firmen im System miteinander verknüpft sind oder dass ein Stammsatz sogar mehrfach zugeordnet ist. Möglich ist auch, dass ein Stammsatz nur einseitig verknüpft ist. Diese Konstellation kommt zustande, wenn Sie die Verknüpfung in einem bereits angelegten Stammsatz entfernen, ohne diese im verknüpften Stammsatz ebenfalls im Änderungsmodus zu entfernen.

Solche Inkonsistenzen können im Rahmen einer CVI weitreichende und zeitintensive Korrekturen vonseiten der Fachabteilungen erforderlich machen. Bei der Synchronisation der Stammdaten im Rahmen der Zusammenführung von Kunden und Lieferanten durchläuft das System wesentlich schärfere Kontrollen. So führt z. B. die Zusammenführung zu Fehlermeldungen, etwa wenn die Hausnummer innerhalb einer Adresse in einem Stammsatz in dem Feld **Straße** steht und im verknüpften Stammsatz in dem Feld **Hausnummer**.

BAdIs für die Stammdatensynchronisation

SAP-Hinweis 2968536 (Verhaltensharmonisierung beim Verknüpfen von Kunde und Lieferant zu einem einzigen Geschäftspartner) beschreibt die Implementierung des *Business Add-ins* (BAdI) `CVI_MAP_LEGAL_ENTITY` und des komplexeren BAdIs `CVI_CUSTOM_MAPPER`. Diese Implementierung wird bei jeder Stammdatensynchronisation durchlaufen. In diesen beiden BAdIs haben Sie grundsätzlich die Möglichkeit, in die Synchronisation einzugreifen. Welche Eingriffsmöglichkeiten Sie dabei haben, zeigen wir in Abschnitt 9.2, »Customizing zur Customer-Vendor-Integration«, anhand eines Beispiels.

Voraussetzung für die Zusammenführung der Stammdaten

Die folgenden Voraussetzungen müssen erfüllt sein, damit das System technisch in der Lage ist, die Stammdaten unter einer Geschäftspartner-Nummer zusammenzuführen:

- Kunde und Lieferant müssen über das Kundennummernfeld in der Lieferantentabelle und das Feld der Lieferantennummer in der Kundentabelle verknüpft sein.
- Kunde und Lieferant müssen exakt dieselbe Postanschrift haben.
- Kunde und Lieferant müssen über die gleiche Bankverbindung verfügen. Ist dies nicht der Fall, werden die Daten nicht zusammengeführt.
- Steuerdaten und die Steuernummern müssen in den beiden Stammdatensätzen übereinstimmen.

SAP stellt einen Prüfreport zur Verfügung, der diese Diskrepanzen aufdeckt und Ihnen darüber hinaus eine maschinelle Korrektur ermöglicht. Weitere Details zu diesem Prüfreport erfahren Sie in Abschnitt 2.5.2, »Report CVI_LE_DATA_HARMONIZATION«.

In SAP-Hinweis 2716945 (CVI: Consistency error – Message no. R1367) finden Sie eine ausführliche Liste der weiteren Felder, die bei der Zusammenführung geprüft werden. Falls die Prüfung bei gewissen Feldern unterdrückt werden soll, kann dies bei Bedarf über eine kundenspezifische Anpassung erfolgen.

2.3 Nummernvergabe

Mit Einführung des Geschäftspartners als führende Entität kommt zu den bisher bekannten Nummern von Kunden und Lieferanten eine neue, eigenständige Nummer für den Geschäftspartner hinzu. Ihre Aufgabestellung im Rahmen der CVI besteht darin, Ihre bestehenden *Nummernkreise* zu prüfen und abhängig von Ihren Anforderungen in Einklang mit der neuen Geschäftspartner-Nummer zu bringen.

Nummernvergabe steuern

In diesem Abschnitt zeigen wir Ihnen die verschiedenen Möglichkeiten zur Steuerung der Nummernvergabe für den Geschäftspartner auf. Diesen wichtigen Schritt können Sie bereits im Vorfeld Ihres CVI-Projekts angehen.

In Ihrem SAP-ERP-System kennen Sie bereits die Nummernvergabe anhand von *Kontengruppen* für Ihre Kunden- und Lieferanten. Jedem bestehenden Kunden- und Lieferantenstamm ist in dem Fall bereits eine Nummer zugewiesen. Diese Nummer wird auch nach der Durchführung der CVI weiterhin bestehen bleiben. Im Vorfeld der CVI müssen Sie allerdings entscheiden, wie die neue Nummer des Geschäftspartners zukünftig aussehen soll.

[»]

Beibehalten der bekannten Kunden- und Lieferantennummer

In Ihrem SAP-ERP-System bleiben die Nummern Ihres Kunden- bzw. Lieferantenstamms erhalten. Alle daraus resultierenden Prozesse arbeiten weiterhin mit den bekannten Stammdaten und Nummern.

Optionen der Nummernvergabe

In einem SAP-ERP-System ist die Nummernvergabe im Rahmen der Anlage von Kunden und Lieferanten also abhängig von der Kontengruppe. Bei einer internen Nummernvergabe wählen Sie dabei eine Kontengruppe aus, über die das System die entsprechende Nummer für den neuen Stammsatz findet. Bei einer externen Nummernvergabe muss die Person, die den Stammsatz anlegt, manuell die Nummer vorgeben. In Abbildung 2.5 werden die verschiedenen Optionen der Nummernvergabe einander gegenübergestellt:

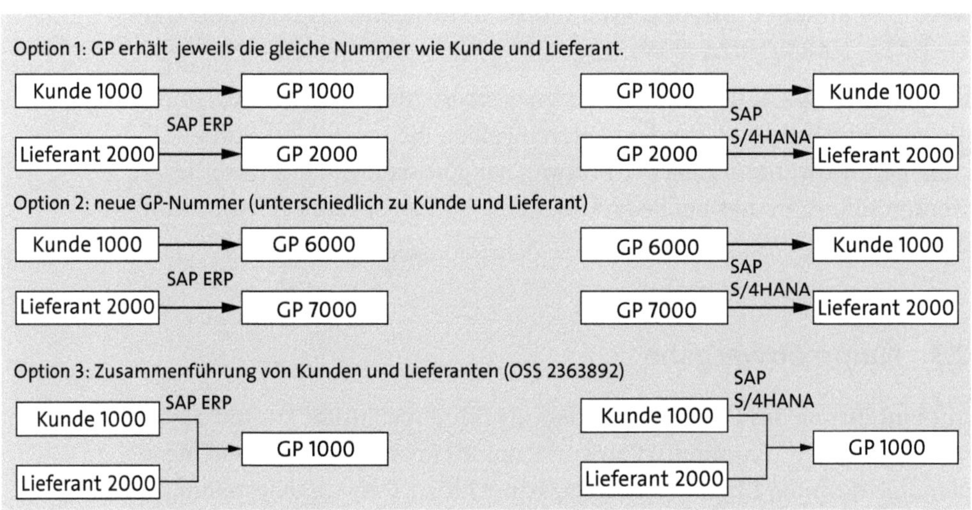

Abbildung 2.5 Optionen der Nummernvergabe für den Geschäftspartner

- Option 1 zeigt die Eins-zu-eins-Übernahme der Kunden- und Lieferantennummern als Geschäftspartner-Nummern. In diesem Fall legen Sie zwei unterschiedliche Geschäftspartner mit jeweils einer eigenständigen Nummer an.

- Option 2 zeigt die Alternative, für Kunde und Lieferant jeweils einen eigenständigen Geschäftspartner in einem komplett neuen Nummernkreis anzulegen.
- Option 3 zeigt die Zusammenführung von Kunde und Lieferant unter der bisherigen Kundennummer.

Bei der Zusammenführung haben Sie nicht nur die Möglichkeit, die Kundennummer beizubehalten, sondern auch zwei weitere Möglichkeiten:

- Vergabe einer neuen Geschäftspartner-Nummer
- Übernahme Ihrer bisherigen Lieferantennummer als übergreifende Geschäftspartner-Nummer

Im Folgenden erläutern wir die genannten Optionen näher. Abbildung 2.6 zeigt ein Unternehmen, das im System als Kunde mit der Nummer 1000 und als Lieferant mit der Nummer 2000 angelegt ist. Jeder Stammsatz hat in diesem Konstrukt also eine eigene, unabhängige Nummer. Diese Art der Verknüpfung ist in den meisten SAP-ERP-Systemen so vorzufinden.

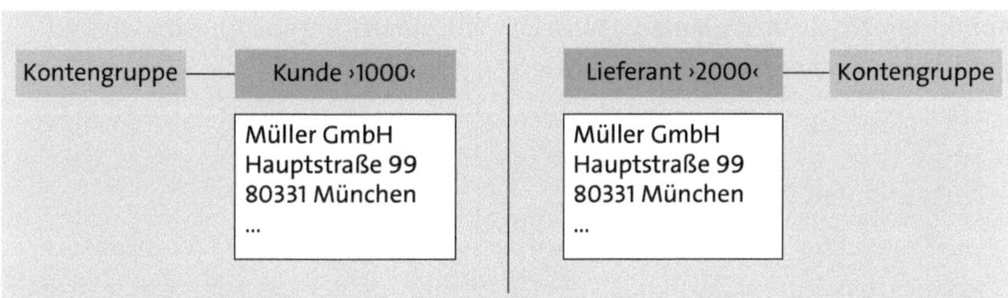

Abbildung 2.6 Nummernvergabe anhand der Kontengruppen in einem SAP-ERP-System

Nachteile der separaten Stammdatenobjekte

Daraus ergeben sich jedoch einige Nachteile, die mit Einführung des Geschäftspartners in SAP S/4HANA zukünftig, der Vergangenheit angehören werden. In einem SAP-ERP-System verwenden Sie unterschiedliche Transaktionen, um einen Kunden oder Lieferanten anzulegen. Damit erhöht sich grundsätzlich der Pflegeaufwand, und die beiden Stammdatenobjekte haben in der Regel unterschiedliche Nummern. Zudem ist es aufwendig und fehleranfällig, zusammengehörende Stammdatensätze miteinander zu verknüpfen.

Gruppierung

Mit dem Geschäftspartner kommt eine komplett neue, bis zu zehnstellige Nummer hinzu. Welchen Nummernkreis Sie für Ihren Geschäftspartner auswählen, hängt von Ihren Systemgegebenheiten sowie Ihren Anforderungen ab. In Abbildung 2.7 sehen Sie anhand der Nummernvergabe das Zusammenspiel von Kontengruppen und Geschäftspartnern. Die Geschäftspartner-Nummer ist abhängig von der *Gruppierung*, die im System für die Synchronisation hinterlegt ist. Die neue zentrale Transaktion BP (Geschäftspartner bearbeiten) zur Stammdatenanlage und Pflege erläutern wir in Kapitel 7, »Mit Geschäftspartnern arbeiten«, im Detail. Nähere Informationen hierzu finden Sie in Abschnitt 1.2.3, »Geschäftspartner-Gruppierung«.

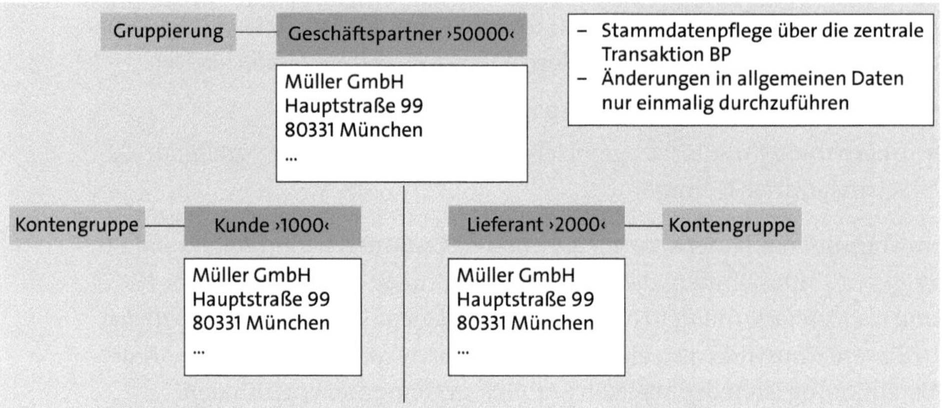

Abbildung 2.7 Zusammenhang zwischen Nummernvergabe für Kunden und Lieferanten und dem Geschäftspartner

[»]

Nutzung von Transaktionen

Die Transaktion BP werden Sie normalerweise erst in Ihrem SAP-S/4HANA-System verwenden. Auch nach der Durchführung der CVI arbeiten Sie in Ihrem SAP-ERP-System weiterhin mit den altbekannten Transaktionen wie XD01, XK01, FD01 und FK01. Falls die Stammdatenanlage bzw. Pflege von Kunden und Lieferanten in unterschiedlichen Abteilungen angesiedelt ist, kann sich aus der CVI auch eine organisatorische Neustrukturierung ergeben.

Auswertung der Kontengruppen

Um einschätzen zu können, welche Nummern in Ihrem System bisher vergeben wurden, empfehlen wir Ihnen, eine Auswertung aller vorhandenen Kontengruppen zu erstellen. Diese Auswertung sollte die dahinterliegenden Nummernkreise sowie die bereits angelegten Nummern umfassen und könnte wie folgt aussehen: Werten Sie zunächst alle relevanten Kontengruppen aus, zu denen Stammdaten in Ihrem System vorhanden sind. In den beiden Stammdatentabellen KNA1 (Kundenstamm, allgemeiner Teil) und LFA1 (Lieferantenstamm, allgemeiner Teil) können Sie hierfür das Feld KTOKD (Kontengruppe) auswerten. In Tabelle 2.1 sehen Sie ein Beispiel für eine mögliche Auswertung ausgewählter Kontengruppen für Debitoren und Kreditoren. So können Sie Ihre gesamten Kontengruppen inklusive der

Nummernkreise auswerten und dies als Grundlage für die zukünftige Nummernvergabe beim Geschäftspartner verwenden.

Objekt	Kontengruppe	Bezeichnung	Nummernkreis	Von	Bis	Externe/ Interne Nummer
Debitor	0001	Debitor allgemein	01	100000	199999	Int.
Debitor	Y001	Warenempfänger	02	200000	299999	Int.
Debitor	Y002	Rechnungsempfänger	02	40000	499999	Int.
Debitor	ZCPD	CpD Kunde	XX	A	ZZZZZ	X
Kreditor	LIEF	Warenlieferant	01	600000	699999	Int.
Kreditor	KOST	Kostenlieferant	02	750000	750999	Int.
Kreditor	ZCPD	CpD Lieferant	XX	A	ZZZZZ	X

Tabelle 2.1 Auswertung von Kontengruppen

Nachdem Sie sich eine vollständige Übersicht über alle Ihre vorhandenen Kontengruppen und die dazugehörenden Nummernkreise erstellt haben, steht nun die Zuordnung aller vorhandenen Stammdaten zu den Geschäftspartner-Gruppierungen an.

Hierbei ist der entscheidende Faktor, wie Sie zukünftig Ihre Nummernvergabe beim Geschäftspartner verwenden möchten. Im folgenden Beispiel sollen die bereits vorhandenen Nummern im Bereich der Debitoren eins zu eins in den Geschäftspartner übernommen werden. Bei den Kreditoren soll die neue Geschäftspartner-Nummer zukünftig bei den beiden Kontengruppen LIEF und KOST eine komplett neue Nummer werden (siehe Tabelle 2.2).

Geschäftspartner-Gruppierung	Bezeichnung	Nummernkreis	Von	Bis	Externe/ Interne Nummer
D001	Debitor allgemein	B1	100000	199999	Ext.
D001	Warenempfänger	B2	200000	299999	Ext.
D002	Rechnungsempfänger	B3	40000	499999	Ext.
DCPD	CpD Kunde	AB	A	ZZZZZ	Ext.
K001	Warenlieferant	B4	800000	899999	Int.

Tabelle 2.2 Geschäftspartner-Gruppierung inklusive der Nummernkreise

Geschäftspartner-Gruppierung	Bezeichnung	Nummern-kreis	Von	Bis	Externe/ Interne Nummer
K001	Kostenlieferant	B4	800000	899999	Int.
KCPD	CpD Lieferant	AB	A	ZZZZZ	Ext.

Tabelle 2.2 Geschäftspartner-Gruppierung inklusive der Nummernkreise (Forts.)

Besonderheiten im Bereich Retail

Aus der Auswertung der Kontengruppen können sich direkte Konsequenzen für Ihre Nummernvergabe ergeben. Grundsätzlich sollten Sie hierbei beachten, dass alle im System vorhandenen Stammdaten im Rahmen der CVI synchronisiert werden müssen. Das kann auch Stammdaten betreffen, die Sie vielleicht seit Jahren nicht mehr verwenden. Die einzige Ausnahme besteht in Handelsbetrieben, die ein *SAP-Retail-System* als Branchenlösung nutzen. Die Synchronisation der Betriebe erfolgt in diesem Fall im *Software Update Manager* (SUM). Auf dieses Thema gehen wir in Kapitel 15, »Besonderheiten weiterer SAP-Systeme im Rahmen der Customer-Vendor-Integration«, näher ein.

Historische Änderungen von Kontengruppen

In der Praxis kommt es auch immer wieder vor, dass Nummernkreise und die Zuordnung zu Kontengruppen im System in der Vergangenheit geändert wurden. Ein Nummernkreis, der heute mit einer bestimmten Kontengruppe verknüpft ist, war zuvor vielleicht einer anderen Kontengruppe zugeordnet. Auch kann es sein, dass ein Nummernkreis, der in der Vergangenheit verwendet wurde, gar nicht mehr existiert. Auch daraus können sich Konsequenzen für die CVI ergeben. SAP stellt daher einen Prüfreport zur Verfügung, der solche Diskrepanzen aufzeigt. In Abschnitt 2.5.2, »Report CVI_LE_DATA_HARMONIZATION«, erläutern wir diesen Report im Detail.

Im Folgenden zeigen wir Ihnen die drei Möglichkeiten der Nummernvergabe im Rahmen der CVI ausführlicher.

Eigenständige Geschäftspartner-Nummer

Als erste Option können Sie für Ihre Geschäftspartner-Nummer einen komplett neuen, eigenständigen Nummernkreis auswählen. Natürlich können Sie bei Bedarf auch mehrere Nummernkreise verwenden. Dies kann gerade im Hinblick auf die Anlage von Mitarbeitern im *HR-Ministamm* sowie bei der Anlage von Ansprechpartnern oder der Abbildung von Kreditsachbearbeiter*innen hilfreich sein. Der HR-Ministamm ist ein rudimentär gepflegter Personalstammsatz im SAP-System, der im Rahmen der CVI für die Geschäftspartner-Integration für Mitarbeiterstammdaten verwendet wird.

Diese Herangehensweise erläutern wir in Kapitel 15, »Besonderheiten weiterer SAP-Systeme im Rahmen der Customer-Vendor-Integration«. In Tabelle 2.3 sehen Sie ein Beispiel für diese Art der Nummernvergabe.

Stammdatenobjekt	Nummer
Geschäftspartner	50000
Debitor/Kunde	1000
Kreditor/Lieferant	2000

Tabelle 2.3 Vergabe einer eigenständigen Nummer für den Geschäftspartner

Kundennummer als Geschäftspartner-Nummer

Wenn in Ihrem Unternehmen die bereits vergebene Kundennummer auch in SAP S/4HANA weiterhin die führende Nummer sein soll, haben Sie die Möglichkeit, Ihre bestehende Kundennummer als Geschäftspartner-Nummer zu übernehmen. Dazu muss jedoch kritisch geprüft werden, ob sich Nummernkreise von Kunden und Lieferanten überschneiden. Gibt es z. B. einen Kunden mit der Nummer 1234 sowie einen Lieferanten mit derselben Nummer, gehören diese beiden Stammsätze jedoch zu verschiedenen Unternehmen, wäre es grundsätzlich möglich, den Kunden unter der Geschäftspartner-Nummer 1234 anzulegen. Da es sich bei dem Lieferanten mit der Nummer 1234 aber um eine andere Firma handelt, sollte dieser als eigenständiger Geschäftspartner mit einer anderen Nummer angelegt werden. In Tabelle 2.4 sehen Sie ein Beispiel für die Möglichkeit, die Kundennummer als Geschäftspartner-Nummer zu übernehmen.

Stammdatenobjekt	Nummer
Geschäftspartner	1000
Debitor/Kunde	1000
Kreditor/Lieferant	2000

Tabelle 2.4 Kundennummer als Geschäftspartner-Nummer übernehmen

Lieferantennummer als Geschäftspartner-Nummer

Wie bereits im vorherigen Absatz erläutert, haben Sie ebenso die Möglichkeit, die bereits vergebene Lieferantenummer als zukünftige Geschäftspartner-Nummer zu verwenden. In der Praxis hat es sich bisher allerdings bewährt, bei dem Geschäftspartner auf einen komplett neuen Nummernkreis zu setzen, gerade, wenn Sie später in Ihrem SAP-S/4HANA-System Nummerngleichheit anstreben. Die Customizing-Einstellungen, mit denen Sie eine Nummerngleichheit erreichen, beschreiben wir in Abschnitt 4.7, »Nummernkreise und Gruppierungen«.

In Tabelle 2.5 sehen Sie ein Beispiel für die Möglichkeit, die Lieferantennummer als Geschäftspartner-Nummer zu übernehmen.

Stammdatenobjekt	Nummer
Geschäftspartner	2000
Debitor/Kunde	1000
Kreditor/Lieferant	2000

Tabelle 2.5 Lieferantennummer als Geschäftspartner-Nummer übernehmen

Geschäftspartner-Nummernkreis

Die neuen Nummernkreise des Geschäftspartners in Ihrem SAP-ERP-System spielen im Rahmen der CVI eine untergeordnete Rolle. Sie sollten allerdings im Hinblick auf Ihr SAP-S/4HANA-System mit Bedacht gewählt werden, falls Sie dort später eine Nummerngleichheit zwischen Geschäftspartner, Kunde und Lieferant anstreben.

2.4 Ansprechpartner

Ansprechpartner werden Geschäftspartner

Eine weitere Neuerung in SAP S/4HANA ist, dass die *Ansprechpartner*, die in den Transaktionen zur Pflege von Kunden und Lieferanten bisher auf der Registerkarte **Ansprechpartner** hinterlegt werden, ebenfalls eigenständige Geschäftspartner werden. Die Ansprechpartner sind in einem SAP-ERP-System in der Tabelle KNVK (Kundenstamm Ansprechpartner) abgelegt. Befinden sich in Ihrem System Einträge in dieser Tabelle, werden diese im Rahmen der Synchronisation als eigenständige Geschäftspartner angelegt. Auch die Ansprechpartner, die im Lieferantenstamm gepflegt werden, sind in dieser Tabelle hinterlegt. Falls Sie also prüfen möchten, ob im Bereich Lieferantenstammsätze bisher Ansprechpartner gepflegt wurden, rufen Sie die Tabelle KNVK in der Transaktion SE16N (allgemeine Tabellenanzeige) auf, und selektieren Sie die Daten des Feldes LIFNR (Kreditor) mit der Selektionsoption »Kreditor ungleich blank«. In Abbildung 2.8 sehen Sie die Auswertungsmöglichkeiten für Ansprechpartner im Kreditorenstamm.

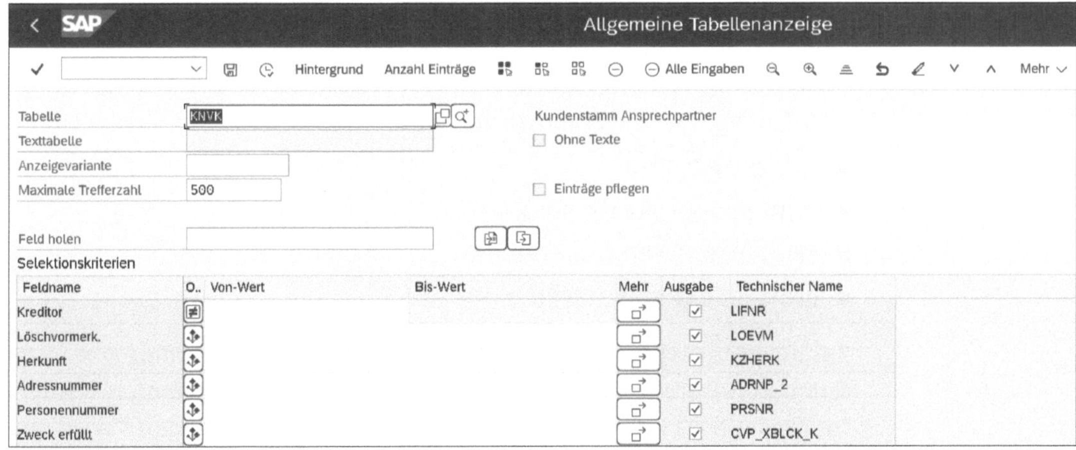

Abbildung 2.8 Selektion in der Tabelle KNVK nach dem Feld »Kreditor ungleich blank«

Gibt Ihnen Ihr System als Ergebnis dieser Selektion eine Liste aus, heißt das, dass in Ihren Kreditorenstammdaten Ansprechpartner hinterlegt sind. In diesem Fall sind einige SAP-Hinweise einzuspielen, damit auch diese kreditorischen Ansprechpartner korrekt als Geschäftspartner angelegt werden. In Abbildung 2.9 sehen Sie einen Ausschnitt der Tabelle KNVK mit den Ansprechpartnern, die aus dem Kreditorenstamm resultieren.

SAP KNVK: Anzeige der gefundenen Einträge

Abbrechen Mehr

Zu durchsuchende Tabelle: KNVK – Kundenstamm Ansprechpartner
Anzahl Treffer: 70
Laufzeit: 0 – Maximale Trefferzahl: 500
Spalte einfügen

Detail

Partner	Debit.	Vorname	Name 1	Ort	Diensta.	Angelegt von	Kreditor	Herku.	Adressnu.
152830		Sven	Marquardt			D044701	5000002	K	
165976		Manuela	Schmidt			DIEKHOFF	100603	K	
16561[illegible]		Paul	Smith			FISCHER	FIO-VEND01	K	
165620		Christine	Myers				FIO-VEND02	K	
165621		Gregory	Pack				FIO-VEND03	K	

Abbildung 2.9 Tabelle KNVK mit Ansprechpartnern aus dem Kreditorenstamm

Support Package

Im Kontext der Ansprechpartner aus den Lieferanten- bzw. Kreditorenstammdaten ist zu beachten, dass die Zuordnung eines solchen Ansprechpartners zu einem Geschäftspartner bis Release 605 der Softwarekomponente SAP_APPL nicht unterstützt wird. Hat Ihr SAP-ERP-System einen niedrigeren Releasestand als SAP ERP 6.0 EHP 5 (SAP_APPL 605), muss sichergestellt werden, dass es im Voraus auf eines der folgenden Support-Package-(SP-)Level aktualisiert wird:

- SAP ERP 6.0 SP20
- EHP2 für SAP ERP 6.0 SP10
- EHP3 für SAP ERP 6.0 SP09
- EHP4 für SAP ERP 6.0 SP11

Zusätzlich muss SAP-Hinweis 2383051 (Entwicklung der Zuordnung von Lieferanten-Ansprechpartnern zu Geschäftspartnern) implementiert werden. In Abschnitt 4.1, »Aktivierung von Business Functions«, finden Sie weitere Information zur Aktivierung der notwendigen Funktionen.

Vom Ansprechpartner abhängige Geschäftsprozesse prüfen

Wenn Sie einen Kunden und einen Lieferanten unter einem Geschäftspartner zusammenführen, werden die Ansprechpartner aufseiten des Kunden und Lieferanten in den Geschäftspartner übernommen. Es ist dann nicht mehr ersichtlich, ob der Ansprechpartner aus dem Kunden- oder dem Lieferantenstamm stammt. Aus diesem Grund ist es wichtig, alle von diesem Ansprechpartner abhängigen Prozesse vor der Zusammenführung zu prüfen.

2.4.1 Nummernvergabe für Ansprechpartner

Optionen für die Nummernvergabe

Die Nummernvergabe für die Ansprechpartner unterscheidet sich von der Nummernvergabe für Debitoren und Kreditoren, da den Ansprechpartnern keine Kontengruppe zugewiesen ist. Es gibt zwei Möglichkeiten, wie Sie die Nummernvergabe beeinflussen können:

- **Standardgruppierung**

  Wenn Ansprechpartner im Rahmen der CVI in einen Geschäftspartner überführt werden, verwendet das System eine interne Geschäftspartner-Nummer. Der interne Nummernkreis ist in diesem Fall der Nummernkreis, der der internen *Standardgruppierung* zugeordnet ist. Diese Standardgruppierung wird in Abschnitt 4.7.2, »Gruppierungen definieren und Nummernkreise zuordnen«, beschrieben.

- **Interne Standardgruppierung**

  Soll der Ansprechpartner in einen eigenen Nummernkreis überführt werden, kann eine eigene Geschäftspartner-Gruppierung mit eigenem

Nummernkreis als interne Standardgruppierung definiert werden. Das hat den Vorteil, dass Sie einen eigenen abgrenzbaren Nummernkreis für die Ansprechpartner haben, wodurch für Anwender*innen auf den ersten Blick ersichtlich ist, dass es sich um einen Ansprechpartner und nicht um Standardkunden bzw. Lieferanten handelt.

Customizing-Einstellungen

In Abbildung 2.10 sehen Sie die Customizing-Sicht, in der der Nummernkreis mit der Standardgruppierung gepflegt wird. Nähere Information zu diesen Customizing-Einstellungen beschreiben wir in Abschnitt 4.7.2, »Gruppierungen definieren und Nummernkreise zuordnen«.

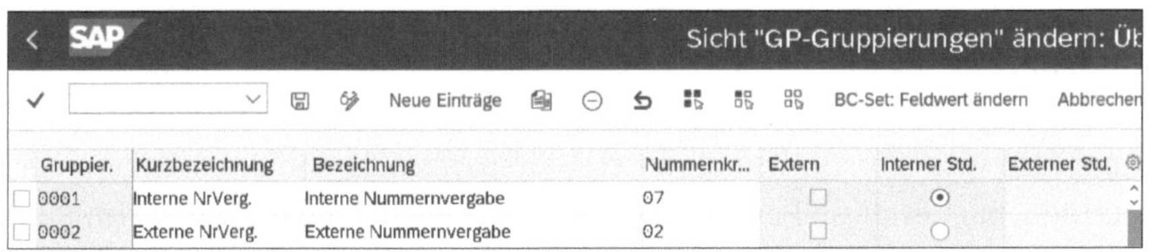

Abbildung 2.10 Geschäftspartner-Nummernvergabe mit interner Standardgruppierung

In Abbildung 2.11 sehen Sie die zweite Option, bei der Sie für den Ansprechpartner einen eigenen Nummernkreis definieren. Wenn Sie diese Möglichkeit wählen, müssen Sie den Nummernkreis explizit im BAdI `CVI_CUSTOM_MAPPER` hinterlegen. Dies beschreiben wir in Abschnitt 9.2, »Customizing zur Customer-Vendor-Integration«.

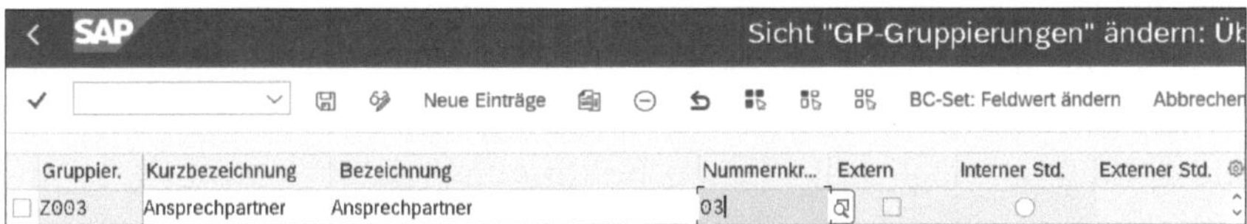

Abbildung 2.11 Geschäftspartner-Nummernvergabe mit eigener Gruppierung für den Ansprechpartner

2.4.2 Beziehungen zwischen Ansprechpartnern

Pflege der Ansprechpartner in SAP ERP

Eine neue Funktionalität ist darüber hinaus die *Beziehung* zwischen Ansprechpartnern und den Geschäftspartnern. In Ihrem SAP-ERP-System gibt es für die Ansprechpartner im Debitoren- bzw. Kreditorenstamm eine eigene Registerkarte, auf der die relevanten Daten erfasst werden. In Abbildung 2.12 sehen Sie beispielsweise einen Ausschnitt aus einem Debitorenstamm mit einem auf der Registerkarte **Ansprechpartner** hinterlegten Ansprechpartner.

Adresse | Steuerungsdaten | Zahlungsverkehr | Marketing | Abladestellen | Ansprechpartner

Ansprechpartner

Anrede	Name	Vorname	Telefon-1	Abt...	Bezeichnung	F...	Bezeichnung
Herr	Müller	Anton		0009	Finanzabteilung	15	Key Account Manager

Abbildung 2.12 Ansprechpartner im Debitorenstamm in einem SAP-ERP-System

In einem SAP-S/4HANA-System gestaltet sich das Zusammenspiel von Ansprechpartner und Kunden bzw. Lieferanten dagegen komplett neu. Da hier für die Ansprechpartner eigene Geschäftspartner gepflegt werden, gibt es Beziehungen zwischen den verschiedenen Geschäftspartnern. Über diese Beziehungen wird etwa der Geschäftspartner in der Rolle des Ansprechpartners, also einer Person, mit dem Geschäftspartner für die Organisation verbunden, bei der diese Person arbeitet. Diese Beziehungen werden im Rahmen der CVI automatisch erstellt.

Geschäftspartner-Beziehungstyp

Eine Beziehung verbindet also zwei Geschäftspartner und ist durch den *Geschäftspartner-Beziehungstyp* gekennzeichnet. Der Geschäftspartner-Beziehungstyp beschreibt den grundsätzlichen Kontext, in dem die Beziehungen zwischen zwei Geschäftspartnern hergestellt wird.

Die Beziehung bildet die betriebswirtschaftlich relevante Verbindung zwischen zwei Geschäftspartnern ab. Einer Beziehung können *Attribute* (z. B. eine Firmenadresse für die Ansprechpartnerbeziehung) zugeordnet werden, wodurch eine redundante Datenhaltung vermieden wird. Eine Beziehung kann außerdem zeitlich begrenzt werden, indem Anfangs- und Enddatum der Beziehung erfasst werden. Dadurch ist auch ein Überblick über die Zeiträume möglich, in denen bestimmte Geschäftspartner z. B. Ansprechpartner eines Unternehmens waren.

SAP liefert eine Reihe von Geschäftspartner-Beziehungstypen aus. In diesem Abschnitt betrachten wir explizit den Beziehungstyp BUR001 (hat den Ansprechpartner/ist Ansprechpartner von), da diese Beziehungen im Rahmen der CVI automatisiert erstellt werden, wenn Sie Ansprechpartner in Ihren Stammdaten hinterlegt haben.

Gerichteter und ungerichteter Beziehungstyp

Der Geschäftspartner-Beziehungstyp beschreibt das Wesen dieser Beziehung und charakterisiert damit, welche Merkmale die Beziehung besitzt. Es wird zwischen einem *gerichteten* und einem *ungerichteten Geschäftspartner-Beziehungstyp* unterschieden.

Der gerichtete Beziehungstyp gibt an, dass die Beziehung von einem Geschäftspartner zu einem anderen nur einseitig existiert. Beispiele für einen gerichteten Beziehungstypen sind Mitarbeiter (Frau Müller ist Mitarbeiterin eines Unternehmens, das Unternehmen aber keine Mitarbeiterin von Frau Müller). Die Ehe hingegen wäre ein Beispiel für einen ungerichteten Beziehungstyp, da hier beide Partner in gleicher Beziehung zueinander stehen (»ist Ehepartner von«).

Der Ansprechpartner ist ein Beispiel für eine gerichtete Beziehung. Der Beziehungstyp ist in diesem Fall **ist Ansprechpartner von**.

Aktivierung von Business Functions für den Ansprechpartner

Wenn der Ansprechpartner als Geschäftspartner genutzt werden soll, ist die Aktivierung einer Business Function erforderlich (siehe Abschnitt 4.1, »Aktivierung von Business Functions«).

2.5 Mögliche Vorabvalidierung

Steuernummertyp

Bei der Stammdatensynchronisation im Rahmen der CVI wird es unweigerlich zu Fehlern kommen, weil schärfere Kontrollmechanismen durchlaufen werden als bei der Stammdatenanlage bzw. Pflege in Ihrem SAP-ERP-System. Diese Fehler müssen Sie korrigieren, um eine komplette CVI durchführen zu können. SAP bietet an dieser Stelle zwei Reports, die Sie bei der Analyse möglicher Fehler unterstützen. In diesem Abschnitt beschreiben wir diese zwei Reports, mit denen Sie Ihre Stammdaten prüfen und zum Teil auch korrigieren können. Sie stehen Ihnen im CVI-Cockpit zur Verfügung, können aber auch explizit über Transaktionscodes aufgerufen werden. In Abschnitt 3.3, »Synchronisation«, beschreiben wir das CVI-Cockpit detailliert.

Um ein Projekt zeitlich zu entzerren, haben Sie mit diesen Reports die Möglichkeit, die Qualität Ihrer Stammdaten im Vorfeld der CVI zu prüfen. Denn die Qualität Ihrer Stammdaten kann entscheidenden Einfluss auf die Laufzeit Ihres CVI-Projekts haben. Da im Rahmen der Synchronisation strengere Prüfungen durchlaufen werden, kann es sein, dass Sie in Ihrem SAP-ERP-System zwar einen Stammsatz problemlos ändern und sichern können, für den gleichen Stammsatz allerdings während der CVI Fehler ausgegeben werden, weil beispielsweise der *Steuernummertyp* nicht gepflegt ist. Der Steuernummertyp wird im Geschäftspartner genutzt, um die unterschiedlichen Steuernummern zu gliedern. Weitere Informationen finden Sie hierzu in Abschnitt 4.11, »Steuernummer«. Der Report zeigt Ihnen mögliche Fehler auf und bietet Ihnen die Möglichkeit, diese Fehler im Vorfeld der CVI in Ihrem SAP-ERP-System zu korrigieren

2.5.1 Report CVI_MIGRATION_PRECHK

Vorabvalidierung

Der Report CVI_MIGRATION_PRECHK führt eine Vorabvalidierung durch und prüft die Konsistenz Ihrer Stammdaten. Er gibt eine Übersicht über die Stammdatenkonsistenz, die Voraussetzung für die Konvertierung in die Geschäftspartner-Stammdaten ist, und bietet die Möglichkeit, Korrekturen vorzunehmen. Sie können diesen Report ausführen, um folgende betriebswirtschaftliche Aspekte zu prüfen:

- Steuercode
- Postleitzahl
- E-Mail-Adresse
- Bankdaten
- Steuerstandort
- Branche
- Transportzone
- Adresse
- Nummernkreise

Prüfungsrelevante Felder

Wenn der Report für Kunden- und Lieferantenstammdaten ausgeführt wird, können nur die Postleitzahl, die E-Mail-Adresse und die postalische Adresse geprüft werden. Daneben ist die Prüfung der Umsatzsteuer-Identifikationsnummer (USt-ID) nur für die EU-Länder verfügbar, da es nur für diese Länder eine USt-ID gibt.

CVI_PRECHK

Vor der erstmaligen Ausführung des Reports ist es in manchen Systemen noch notwendig, ein Nummernkreisintervall für das Nummernkreisobjekt CVI_PRECHK anzulegen. Den Nummernkreis hinterlegen Sie in der Transaktion SNRO (siehe Abbildung 2.13). Dieser Nummernkreis muss vorhanden sein, da jeder ausgeführten Prüfung ein numerischer Schlüssel zugeordnet wird.

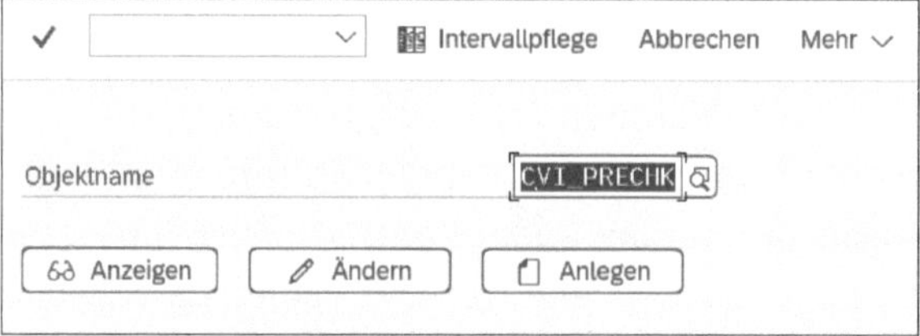

Abbildung 2.13 Objekt »CVI_PRECHK«- Nummernkreis

Über den Button **Intervallpflege** hinterlegen Sie das Nummernkreisintervall »01«, wie in Abbildung 2.14 gezeigt, mit einem beliebigen Nummernkreis.

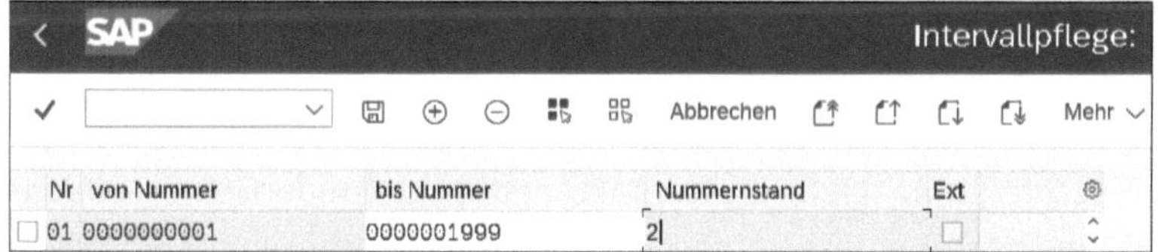

Abbildung 2.14 Nummernkreis »01«

Report wiederholt ausführen

Der Report CVI_MIGRATION_PRECHK kann beliebig oft ausgeführt werden. Dies ist hilfreich, wenn Sie prüfen möchten, ob Ihre Korrekturen der Stammdaten erfolgreich waren. Am Ende aller Bereinigungsaktionen sollte der Report keine Inkonsistenzen mehr ausgeben, es sei denn, es sind Inkonsistenzen, die die erfolgreiche Synchronisation der Stammdaten nicht verhindern. Das könnte z. B. bei Stammdaten der Fall sein, bei denen in der Vergangenheit ein anderer Nummernkreis hinterlegt war, den Sie heute nicht mehr aktiv nutzen und für den Sie festlegen, dass zukünftig keine Neuanlagen mehr möglich sein werden. Diese Art von Stammdaten sollten am besten in einem weiteren Vorprojekt archiviert werden. Ihr Ziel sollte es grundsätzlich sein, alle Fehlermeldungen des Reports CVI_MIGRATION_PRECHK zu eliminieren.

Konsistenzprüfung der Stammdaten

Für den Aufruf des Reports verwenden Sie die Transaktion CVI_PRECHK (CVI: Stammdaten Konsistenzprüfung). Alternativ können Sie den Report auch innerhalb des CVI-Cockpits (siehe Kapitel 11, »Durchführung der Stammdatensynchronisation«) starten. In Abbildung 2.15 sehen Sie das CVI-Cockpit, in dem Sie den Report auf der Registerkarte **Vorbereitung** aufrufen können. Klicken Sie hierzu auf das Ausführen-Symbol (**Ausf.**) neben dem Punkt **Stammdatenkonsistenz**.

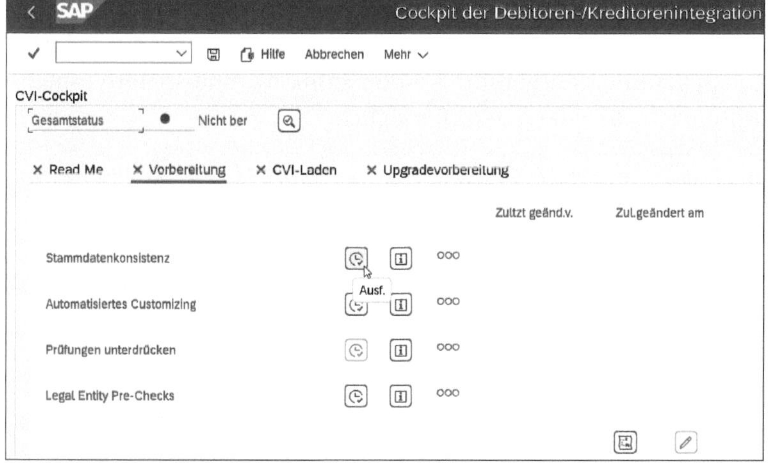

Abbildung 2.15 Aufruf des Reports »CVI_MIGRATION_PRECHK« im CVI-Cockpit

Einstellungen zur Reportausführung

Der Selektionsbildschirm des Reports unterteilt sich in fünf Bereiche:

1. **Allgemeine Auswahl**
   Sie können anhand des Stammdatentyps auswählen, ob Sie Ihre Kunden (**Kunde**), Lieferanten (**Lief.**), die Kontaktperson auf Kundenseite (**Kundenkontaktperson**) oder die Kontaktperson auf Lieferantenseite (**KredAnsprPartner**) prüfen möchten (siehe Abbildung 2.16). Für die erste Analyse ist es sinnvoll, einen Lauf pro vorhandenem Stammdatentyp auszuführen. So erhalten Sie zunächst eine komplette Übersicht über alle Meldungen. Neben der Eingabe von Kunden- oder Lieferantennummer können Sie die Kontengruppe angeben.

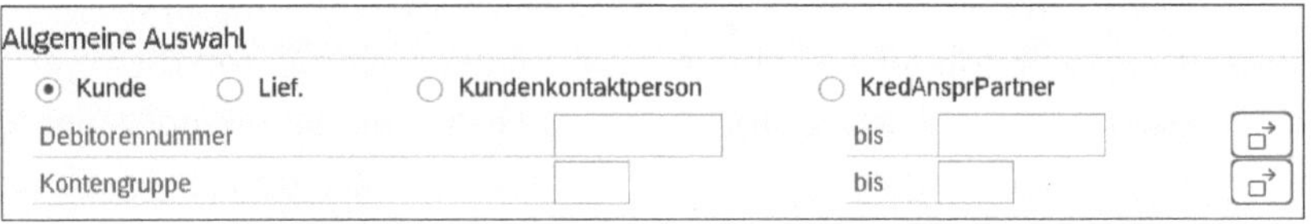

Abbildung 2.16 Report CVI_MIGRATION_PRECHK – allgemeine Selektionskriterien

[»]

Inkonsistenzen bei Kontengruppen

Es kann im Rahmen von Fehlerkorrekturen vorkommen, dass die Kontengruppe angepasst werden muss. Daher kann es bei Auswahl der Kontengruppen zu Inkonsistenzen kommen.

2. **Betriebswirtschaftliche Prüfungen**
   Zunächst sind alle Prüfungen zur Ausführung vorbelegt (siehe Abbildung 2.17), und wir empfehlen Ihnen, alle diese Felder zu prüfen. Bei Bedarf können einzelne Felder auch von der expliziten Prüfung ausgeschlossen werden. Da dieser Report beliebig oft in den unterschiedlichsten Konstellationen ausgeführt werden kann, ist eine spätere erneute Prüfung einzelner Felder jederzeit möglich.

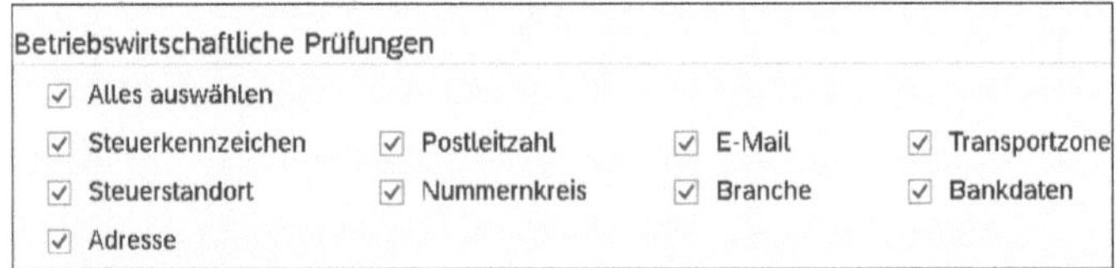

Abbildung 2.17 Report CVI_MIGRATION_PRECHK – mögliche betriebswirtschaftliche Prüfungen

[«]

Prüfungsrelevante Felder

Wenn Sie einen Ansprechpartner selektiert haben, beschränken sich die Prüfungen auf die Adresse, die Postleitzahl und die E-Mail-Adresse.

3. **Optionale betriebswirtschaftliche Prüfungen**

   Sofern in Ihrem System eine *Remote-Function-Call-Verbindung* (RFC-Verbindung) zum *Mehrwertsteuer-Informationsaustauschsystem* (MIAS) installiert ist, können Sie mit dem Report Ihre Umsatzsteuer-Identifikationsnummer (UID) validieren. Eine RFC-Schnittstelle bezeichnet die Freigabe eines ABAP-Funktionsbausteins über das SAP-eigene Protokoll RFC. Dies ermöglicht die Kommunikation sowohl innerhalb von SAP-Systemen als auch zwischen SAP- und Nicht-SAP-Systemen. MIAS ist eine Suchmaschine, deren Eigentümerin die Europäische Kommission ist. Sie ruft Mehrwertsteuer-Registrierungsdaten aus den Datenbanken der EU-Länder ab. Abbildung 2.18 zeigt die Option zur Prüfung der Umsatzsteuer-Identifikationsnummer.

   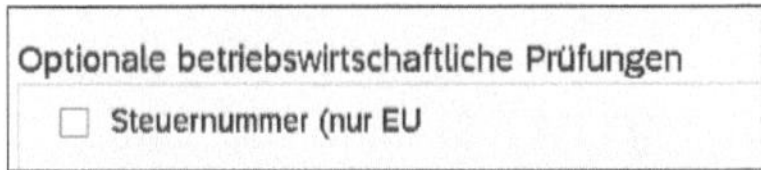

   Abbildung 2.18 Report CVI_MIGRATION_PRECHK – Prüfung der UID-Nummer via RFC-Verbindung

4. **Technische Angaben**

   In diesem Bereich wählen Sie die Servergruppe aus und verfassen eine passende Beschreibung für Ihren Lauf, z. B. »alle Kunden«, »alle Ansprechpartner-Kunden« oder »Kontengruppe XYZ«. Bei dem obligatorischen Feld **Servergruppe** wählen Sie die gewünschte Gruppe für die Parallelverarbeitung über die [F4]-Taste aus (siehe Abbildung 2.19). Da das Ergebnisprotokoll der Auswertung durch Hintergrundprozesse aufbereitet wird, wird die Servergruppe benötigt, um zu definieren, welche Applikationsserver des SAP-Systems im Hintergrund genutzt werden.

   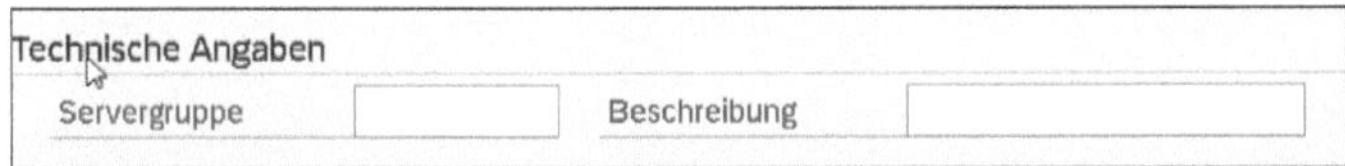

   Abbildung 2.19 Report CVI_MIGRATION_PRECHK – Servergruppe wählen

5. **Laufhistorie**

   Die Ausgabe des Reports enthält den Status jeder ausgeführten Prüfung. Der Abschnitt **Laufhistorie** zeigt die Details des jeweiligen Laufs und führt über einen Link, den Sie über das Feld **Laufnummer** aufrufen können, zur Ausgabe der Ergebnisse der Konsistenzprüfung der Stammdaten.

Haben Sie bereits Läufe durchgeführt, werden Ihnen diese in diesem Bereich angezeigt. Bei sehr vielen Läufen kann die Übersicht verloren gehen, daher haben Sie die Möglichkeit, über den **Status** sowie die Felder **Angelegt am** und **bis** nach bestimmten Läufen zu suchen bzw. die Auswahl einzuschränken. In Abbildung 2.20 sehen Sie die Laufhistorie aller bisher durchgeführten Läufe dieses Reports.

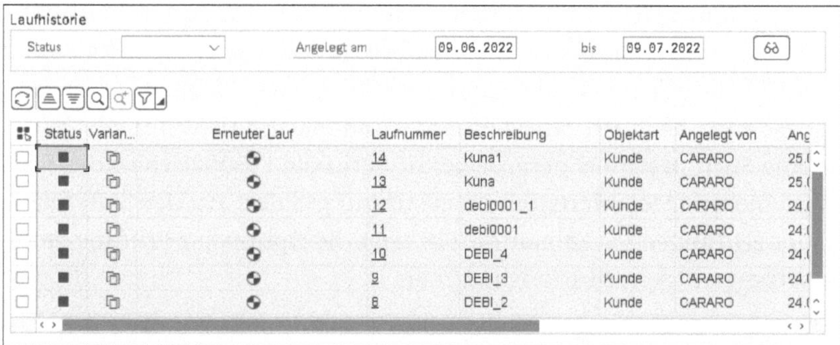

Abbildung 2.20 Report CVI_MIGRATION_PRECHK – Selektion der Läufe anhand des Status und des Datums

Um den Report auszuführen, klicken Sie auf das Ausführungssymbol (**Programm ausführen**) auf dem Selektionsbildschirm bzw. verwenden die F8-Taste. Bei der Ausführung wird ein Hintergrundjob gestartet. In Abbildung 2.21 sehen Sie einen Lauf, der gerade an die Hintergrundverarbeitung übergeben wurde.

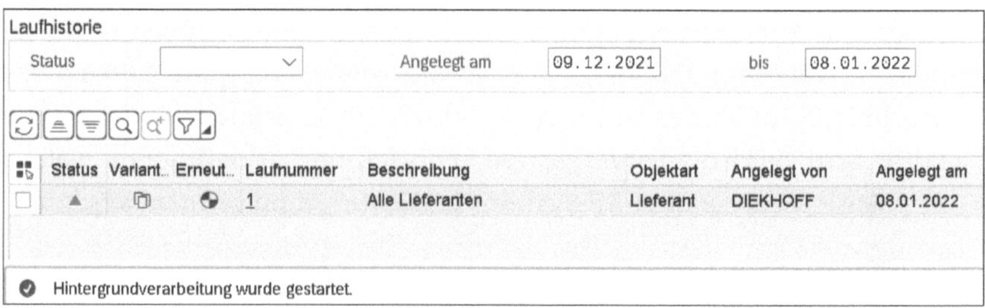

Abbildung 2.21 Start der Hintergrundverarbeitung

Jobstatus

Ist der Job fertig, wird in der Spalte **Status** ein grünes Symbol angezeigt, und der Lauf ist abgeschlossen. Um sich das Ergebnis Ihres Laufs anzuschauen, klicken Sie auf die Laufnummer in der gleichnamigen Spalte.

Ein Lauf kann folgende Status haben:

- Ein grünes Statussymbolzeigt an, dass der letzte Lauf abgeschlossen ist.
- Ein gelbes Statussymbol bedeutet, dass der Lauf noch nicht beendet ist. Bei Bedarf klicken Sie auf den Button (**aktualisieren**).
- Ein rotes Statussymbol bedeutet, dass der Status unbestimmt ist.
- Ein rotes Kreuz bedeutet, dass der Lauf abgebrochen wurde. Mit der Transaktion SM37 können Sie die Gründe für einen solchen Abbruch im Jobprotokoll analysieren.
- Wird ein graues Statussymbol angezeigt, handelt es sich um eine obsolete Lauf-ID, für die keine weiteren Aktionen unterstützt werden. In diesem Fall müssen Sie eine neue Lauf-ID mit den erforderlichen Selektionskriterien erstellen.

In dem Bereich **Konsistenzprüfung Stammdaten: Ergebnisse**, in dem Ihre Läufe angezeigt werden, haben Sie weitere Bearbeitungsmöglichkeiten. Über den Button in der Spalte **Varianten**, können Sie sich die Selektionsdetails jederzeit wieder anschauen. Dies kann hilfreich sein, wenn der Lauf schon etwas älter und unübersichtlich geworden ist und Sie nicht mehr genau wissen, welche Selektionskriterien angewandt wurden.

Detaillierte Fehlerliste

Bei Bedarf können Sie den Lauf über den Button in der Spalte **Erneuter Lauf** wiederholen. Wenn Sie auf die eindeutige Lauf-ID klicken, verzweigen Sie in das Ergebnis der Prüfung. Hier erhalten Sie Ergebnisse auf Detailebene.

[«]

Fehlerliste für Kunden- und Lieferantenansprechpartner

Für Ansprechpartner aufseiten von Kunden und Lieferanten werden nur die Fehler aufgelistet, die mit der Prüfung von Adresse, Postleitzahl und E-Mail-Adresse zusammenhängen.

Sie erhalten eine detaillierte Liste der Fehler, basierend auf den für den Lauf angegebenen Selektionskriterien bzw. ausgewählten Prüfungen (siehe Abbildung 2.22). Im Kopfbereich werden Ihnen die übergreifenden Daten des ausgewählten Laufs angezeigt. Dazu gehören:

- **Laufnummer**
- **Objektart**
- gesamte Anzahl der verarbeiteten Daten (hier: **Gesamt Lieferant Verarbeitet**)
- **Beschreibung** des Laufs
- **Gesamtanzahl identifizierter Fehler**
- **Anzahl nicht behobener Fehler**

Lfd. Nr.	Objektnummer	Betriebswrtschaftl.	Tabell..	Feldname	Feldwert	Fehlerbeschreibung	Tabell..	Neuer Wert	DB-Wert	Nachricht	Korrekturs
199	0000003410	Nummernkreis	LFA1	NUMBER..	0000003410	Lieferantennummer 0000003410 liegt nicht im B..	80000..			Bei dieser Fehlerkategorie wird das Bearbeit..	Nicht korrigie
200	0000003411	Nummernkreis	LFA1	NUMBER..	0000003411	Lieferantennummer 0000003411 liegt nicht im B..	80000..			Bei dieser Fehlerkategorie wird das Bearbeit..	Nicht korrigie
201	0000003411	Branche	LFA1	BRSCH	0002	Branchenzuordnung für 0002 fehlt im Customizi..	80000..		0002		Nicht korrigie
202	0000003411	Steuerstandort	ADRC	TAXJUR..	0217008451	Steuerstandortcode 0217008451 konnte nicht g..	80000..		0217008451		Nicht korrigie
203	0000003411	Steuerkennzeichen	TFKT..	TAXTYPE	US0	Steuerart US0 ist für Land US nicht gepflegt; Ta..				Bei dieser Fehlerkategorie wird das Bearbeit..	Nicht korrigie
204	0000003412	Branche	LFA1	BRSCH	0002	Branchenzuordnung für 0002 fehlt im Customizi..	80000..		0002		Nicht korrigie
205	0000003412	Nummernkreis	LFA1	NUMBER..	0000003412	Lieferantennummer 0000003412 liegt nicht im B..	80000..			Bei dieser Fehlerkategorie wird das Bearbeit..	Nicht korrigie
206	0000003413	Branche	LFA1	BRSCH	0002	Branchenzuordnung für 0002 fehlt im Customizi..	80000..		0002		Nicht korrigie
207	0000003413	Nummernkreis	LFA1	NUMBER..	0000003413	Lieferantennummer 0000003413 liegt nicht im B..	80000..			Bei dieser Fehlerkategorie wird das Bearbeit..	Nicht korrigie
208	0000003414	Branche	LFA1	BRSCH	0001	Branchenzuordnung für 0001 fehlt im Customizi..	80000..		0001		Nicht korrigie
209	0000003414	Nummernkreis	LFA1	NUMBER..	0000003414	Lieferantennummer 0000003414 liegt nicht im B..	80000..			Bei dieser Fehlerkategorie wird das Bearbeit..	Nicht korrigie
210	0000003415	Steuerkennzeichen	TFKT..	TAXTYPE	RU0	Steuerart RU0 ist für Land RU nicht gepflegt; T..				Bei dieser Fehlerkategorie wird das Bearbeit..	Nicht korrigie
211	0000003415	Branche	LFA1	BRSCH	0002	Branchenzuordnung für 0002 fehlt im Customizi..	80000..		0002		Nicht korrigie
212	0000003415	Nummernkreis	LFA1	NUMBER..	0000003415	Lieferantennummer 0000003415 liegt nicht im B..	80000..			Bei dieser Fehlerkategorie wird das Bearbeit..	Nicht korrigie
213	0000003425	Steuerstandort	ADRC	TAXJUR..	0501337101	Steuerstandortcode 0501337101 konnte nicht g..	80000..		0501337101		Nicht korrigie
214	0000003425	Nummernkreis	LFA1	NUMBER..	0000003425	Lieferantennummer 0000003425 liegt nicht im B..	80000..			Bei dieser Fehlerkategorie wird das Bearbeit..	Nicht korrigie

Abbildung 2.22 Ausgabe der Prüfergebnisse

Im unteren Bereich werden Ihnen pro Objekt, in diesem Beispiel pro Lieferant, die zu korrigierenden Fehler angezeigt. Das Layout der Liste können Sie nach Ihren Anforderungen frei konfigurieren.

Auf Zeilenebene stehen Ihnen verschiedene Informationen sowie mögliche Aktionen zur Verfügung:

- **Objektnummer**: Das ist Ihre Kunden- oder Lieferantennummer bzw. die Nummer Ihres Ansprechpartners. Indem Sie auf diese ID klicken, gelangen Sie direkt in den Änderungsmodus, in diesem Fall in die Transaktion XK02 für den Lieferanten oder die Transaktion XD02 für den Kunden. Für Kunden-/Lieferantenansprechpartner leitet Sie der Link zu den entsprechenden Pflegetransaktionen für Kundenansprechpartner, VAP2 (Ansprechpartner Einstieg), bzw. für Lieferantenansprechpartner, MAP2 (Kreditor ändern Ansprechpartner), weiter. In diesen Transaktionen können Sie Korrekturen direkt im Stammsatz vornehmen.

  Die auftretenden Fehler sind zwar kundenspezifisch, aber erfahrungsgemäß gibt es diverse Fehler, die in fast jedem Kundensystem auftreten. So kann es z. B. vorkommen, dass im Laufe der Jahre die Branchen überarbeitet, aber nicht alle Stammdaten korrekt angepasst wurden. Auch kann es sein, dass die Nummern von vorhanden Kunden- und Lieferantenstammdaten nicht mehr dem Intervall entsprechen, das aktuell für die Kontengruppe der Stammsätze vorgesehen ist. Oder Steuernummertypen fehlen und verhindern somit eine erfolgreiche Synchronisation.

- **Betriebswirtschaftliche Prüfung**: Dieses Feld gibt an, welche Prüfung fehlgeschlagen ist. Es hat sich in der Praxis bewährt, hier einen Filter anzuwenden, um alle gleichartigen Fehler zu filtern und zu bearbeiten.
- **Tabelle**: Hier werden die Tabellen aufgeführt, die die fehlerhaften Daten enthalten, bei Adressen z. B. die Tabelle ADRC (Adressen bzw. Business Address Services). Bei Lieferantenstammdaten wäre die Tabelle LFA1 (Lieferantenstamm, allgemeiner Teil) und im Kundenbereich die Tabelle KNA1 (Kundenstamm, allgemeiner Teil) relevant.
- **Feldname**: Hier wird der zu korrigierende Feldname angezeigt.
- **Feldwert**: In dieser Spalte steht der zu korrigierende Wert.
- **Fehlerbeschreibung**: Diese Spalte nennt Ihnen die exakten Beschreibungen der unterschiedlichen Fehlerarten. In der Praxis sind diese Beschreibungen sehr hilfreich, da sie Auskunft darüber geben, welche Tabellen beispielsweise im Customizing nicht gepflegt oder welche Branchen nicht angelegt sind.
- **Tabellenschlüssel**: Wenn Sie auf den Link in dieser Spalte klicken, erhalten Sie Information dazu, um welchen Schlüssel es sich handelt, z. B. Lieferant, Kunde, Adressart etc.
- **Neuer Wert**: Nach Korrektur von Sätzen wird der neue Wert in dieser Spalte angezeigt.
- **DB-Wert**: Zeigt den aktuellen Datenbankwert an.
- **Nachricht**: Zeigt die Korrekturinformationen an.
- **Korrekturstatus**: Zeigt den Lösungsstatus des Fehlers an.

SAP Data Quality Management

Falls Sie das Add-on *SAP Data Quality Management* im Einsatz haben, können Sie die Stammdaten mithilfe dieses Add-ons korrigieren. Für die Korrektur der Adressfehler über die Funktion **Adressänderungen** ist es notwendig, Version 4.1 dieses Add-ons zu installieren.

Die folgenden Spalten werden nur angezeigt, wenn das Add-on SAP Data Quality Management installiert ist. Für die Prüfung der Adressdaten stehen Ihnen die folgenden Möglichkeiten zur Verfügung:

- **Adressprüfungsstatus**: Zeigt den Status der Adressprüfungen, basierend auf der Adressvalidierung mithilfe des Add-ons, an. Die unterschiedlichen Status sind folgende:
  - **Validierte Adresse**: SAP Data Quality Management konnte die Adresse validieren und korrigieren.
  - **Ungültige Adresse**: SAP Data Quality Management konnte die Adresse nicht validieren, da mehrere Adressvorschläge oder keiner vorlagen. Sie müssen die Adresse in diesem Fall manuell korrigieren.

- **Formatierte Adresse**: Klicken Sie bei Adressdatensätzen mit Adressprüfungsstatus C auf das angezeigte Symbol, um die validierten Adressdaten zu den Adressfeldern einzusehen.
- **Vorgeschlagene Adresse**: Gibt an, ob die validierte Adresse akzeptiert oder abgelehnt wurde:
  - Der Wert X gibt an, dass die vorgeschlagene Adresse keine Mehrdeutigkeit aufweist und akzeptiert wurde.
  - Ein leeres Feld gibt an, dass es sich um eine mehrdeutige Adresse handelt, die abgelehnt wurde.

Weiterhin sind folgende Punkte zu beachten:

- Wenn Sie die Adressprüfungen bearbeiten, können Sie die Funktion **Adressänderungen** verwenden. Diese Funktion bietet die Möglichkeit, mehrdeutige Adressen zu korrigieren oder einen Adressvorschlag basierend auf Adressvorschlägen aus SAP Data Quality Management abzulehnen.
- Wenn Sie einen Adressdatensatz auswählen und **Mehrdeutige Adresse korrigieren** selektieren, werden Ihnen eine einzelne validierte Adresse oder mehrere Adressvorschläge angezeigt. Sie können die Adressänderungen prüfen und die validierte Adresse akzeptieren oder die Originaladresse verwenden. Wenn Sie die validierte Adresse akzeptieren, wird sie in der Spalte **Neuer Wert** angezeigt. Der Adressprüfungsstatus wird auf den Wert »C« und die vorgeschlagene Adresse auf »X« gesetzt. Wenn Sie die Originaladresse beibehalten, wird der Adressprüfungsstatus auf den Wert »D« gesetzt, und das Feld für die vorgeschlagene Adresse bleibt leer.
- Wenn Sie die von SAP Data Quality Management vorgeschlagenen Adressdaten (mit dem Adressprüfungsstatus »C« und der vorgeschlagenen Adresse »X«) ändern möchten, wählen Sie die Funktion **Adressvorschlag ablehnen**. Die Spalte **Neuer Wert** wird dann aktiviert, der Adressprüfungsstatus wird auf den Wert »D« gesetzt und das Feld für die vorgeschlagene Adresse bleibt leer.

Prüfung der Umsatzsteuer-Identifikationsnummer

Für die optionale Prüfung der Umsatzsteuer-Identifikationsnummer muss eine RFC-Verbindung zum Portal des Mehrwertsteuer-Informationsaustauschsystems (MIAS) eingerichtet sein. Sollte diese Verbindung noch nicht auf Ihrem System installiert sein, erhalten Sie weitere Informationen zum Einrichten der RFC-Verbindung in SAP-Hinweis 2866929 (EU-Validierung der Umsatzsteuer-Identifikationsnummer von EU-Geschäftspartnern).

Sichern von Vorschlagswerten

Um die Gefahr von Datenverlusten zu minimieren, werden Ihre Vorschlagswerte in der *Entwurfspersistenz* abgelegt, d. h., Daten werden im Entwurfsmodus automatisch gesichert.

Fehler beheben

Kommen wir nun zu den einzelnen Bearbeitungs- und Korrekturmöglichkeiten. Wie bereits beschrieben, haben Sie die Möglichkeit, in der Ergebnisliste auf einzelne Objektnummern zu klicken und die damit verbundenen Stammdaten zu korrigieren. Es gibt aber auch Fehler, die über eine Massenänderung korrigiert werden können. Zum Bearbeiten der Fehler wählen Sie zunächst die Prüfung aus, zu der Sie die Fehler beheben möchten. Stammdatensätze, die bereits im Rahmen einer anderen Lauf-ID oder von einem anderen Benutzer bearbeitet werden, können Sie nicht bearbeiten bzw. korrigieren. Auch bei Nummernkreisfehlern und einigen Steuerkennzeichenfehlern ist keine Bearbeitung möglich. Wenn Sie auf den Button (**Bearbeiten**) klicken, sehen Sie die verschiedenen Bearbeitungsmöglichkeiten. Abbildung 2.23 zeigt Ihnen die Auswahlmöglichkeit **Alle angewendeten Prüfungen** dieses Laufs.

Abbildung 2.23 Auswahlmöglichkeiten bei der Bearbeitung der Prüfungsergebnisse

Beispiel: Postleitzahlen korrigieren

In Abbildung 2.24 zeigen wir Ihnen als Beispiel die Korrektur von Postleitzahlen. Wählen Sie hierzu die gewünschte Fehlerart im Dropdown-Menü aus, in diesem Fall **Postleitzahl**. Es werden Ihnen alle relevanten Fälle angezeigt. Sie können nun auf eine Objektnummer klicken und die Änderung für dieses Objekt vornehmen oder den korrekten Feldwert in die Spalte **Neuer Wert** eintragen. Über die Funktion **Prüfen** können Sie Ihre Daten vor der Sicherung prüfen. Wenn Sie alle Angaben gemacht haben, sichern Sie Ihre Daten. Die Korrekturen werden jedoch nur dann in der Datenbank gespeichert, wenn alle Fehler zu einem Objekt mithilfe des Buttons **Prüfen** validiert wurden und beim Sichern des Objekts kein Fehler über die Standard-API zurückgegeben wurde.

Postleitzahl (9/9)

Lfd. ...	Objektnummer	Betriebswrtschaftl.	Tabell...	Feldname	Feldwert	Fehlerbeschreibung	Tabell...	Neuer Wert	DB-Wert
321	0000004930	Postleitzahl	ADRC	POST_C...	100	100 ist für Land JP nicht gültig.	80000...		100
336	0000005307	Postleitzahl	ADRC	POST_C...		POST_CODE1 fehlt für Land JP.	80000...		
472	0000009007	Postleitzahl	ADRC	POST_C...	12345	12345 ist für Land JP nicht gültig.	80000...		12345
474	0000009008	Postleitzahl	ADRC	POST_C...	12345	12345 ist für Land JP nicht gültig.	80000...		12345
763	0000100354	Postleitzahl	ADRC	POST_C...		POST_CODE2 fehlt für Land SE.	80000...		
809	ADAMS	Postleitzahl	ADRC	COUNTRY		Land ist nicht gepflegt	80000...		
964	HOTELS	Postleitzahl	ADRC	COUNTRY		Land ist nicht gepflegt	80000...		
1077	OTA	Postleitzahl	ADRC	COUNTRY		Land ist nicht gepflegt	80000...		
1185	SP00-FOR	Postleitzahl	ADRC	POST_C...	04500000	04500000 ist für Land BR nicht gültig.	80000...		04500000

Abbildung 2.24 Fehlerhafte Sätze selektiert nach Fehlerart PLZ

Das System fragt Sie an dieser Stelle, ob Sie die Daten über einen Dialog oder über einen Hintergrundjob (per *Batch Job*) verarbeiten möchten. Bei wenigen Datensätzen ist es möglich, die Daten online zu ändern. Wenn Sie Hunderte oder Tausende Datensätze ändern wollen, empfehlen wir die Hintergrundverarbeitung. Nach dem Sichern springt das System wieder zur Gesamtliste zurück. Sie können die Liste nach beliebigen Kriterien filtern, um Ihre Korrekturen nachzuvollziehen. Setzen Sie z. B. den Filter auf die Spalte **Korrekturstatus** mit dem Wert **Korrigiert**, werden Ihnen nur die bereits korrigierten Daten angezeigt. Ebenso reduziert sich die **Anzahl nicht behobener Fehler** im Kopfbereich der Reportausgabe, nachdem Sie Korrekturen vorgenommen haben.

[»]

Massenänderung

Ähnliche Fehler, für die es eine gemeinsame Lösung gibt, können auf einmal korrigiert werden. Wählen Sie hierzu eine Zeile mit dem betreffenden Fehler aus und klicken Sie auf (**Massen-Befüllung**).

Anwendungslog auswerten

Sie können die durchgeführten Änderungen außerdem in der Transaktion SLG1 (Anwendungslog auswerten) nachvollziehen. Geben Sie dort »CVI_PRECHK« im Feld **Objekt** sowie Debitor oder Kreditor im Feld **Unterobjekt** an. Verwenden Sie **Vendor**, **Customer** sowie für die Ansprechpartner **Customercp** und **Vendorcp**. Geben Sie anschließend noch die Lauf-ID als externe ID an, und führen Sie das Protokoll aus. In Abbildung 2.25 sehen Sie das Einstiegsbild der Transaktion SLG1 (Anwendungslog auswerten) mit den Selektionsoptionen für das Objekt **CVI_PRECHK**.

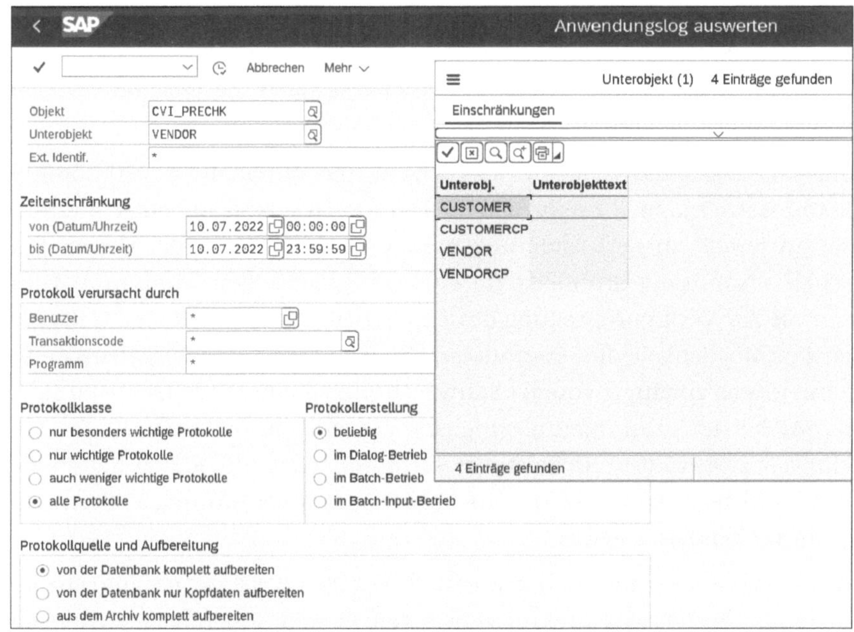

Abbildung 2.25 Selektionsbild der Transaktion SLG1 mit Objekt CVI_PRECHK

2.5.2 Report CVI_LE_DATA_HARMONIZATION

Datenharmonisierung

Seit Dezember 2021 stellt SAP einen weiteren Report zur Verfügung, der Ihnen im Bereich der Datenharmonisierung weitgehende Information und Korrekturmöglichkeiten anbietet. Der Name dieses Reports lautet `CVI_LE_DATA_HARMONIZATION` (Harmonization: Legal Entity Pre-Checks). Dieser Report ist für Sie nur relevant, wenn Sie die optionale Möglichkeit der Zusammenführung von Kunden und Lieferanten in Ihrem SAP-ERP-System anwenden möchten, die wir in Abschnitt 2.2 beschrieben haben. Wenn Sie Ihre Stammdaten unter einer Geschäftspartner-Nummer zusammenführen möchten, ist eine Reihe von Voraussetzungen zu beachten Das System gleicht z. B. die Adressen der zusammengehörenden Stammdaten ab. Weichen diese voneinander ab, ist technisch zunächst keine Zusammenführung möglich, und Sie müssen erst die Daten korrigieren.

In einem SAP-ERP-System erfolgt keinerlei Abgleich von Adressen, wenn Kunden und Lieferanten miteinander verknüpft werden. Sogar die Zuordnung eines komplett anderen Stammsatzes ist möglich. Wollen Sie nun die Stammdaten im Rahmen der CVI zusammenführen, prüft das System, ob die Daten zueinanderpassen. An dieser Stelle kommt es häufig zu Problemen, beispielsweise wenn die Straße in zwei Stammsätzen gleich ist, die

Hausnummer jedoch einmal in dem Feld **Straße** steht und einmal in dem Feld **Hausnummer**. Probleme bei der Zusammenführung entstehen auch, wenn ein Straßenname einmal mit »ß« und einmal mit »ss« geschrieben wurde. Auch hier läuft das System auf Fehler.

Manuelle Harmonisierung

Sie haben grundsätzlich die Möglichkeit, die miteinander verknüpften Stammsätze manuell zu korrigieren. Dazu wechseln Sie in beiden Stammsätzen jeweils in den Änderungsmodus, harmonisieren die Daten und schaffen somit die Grundlage für eine erfolgreiche Synchronisation. Dies war bis zur Verfügungstellung des Reports `CVI_LE_DATA_HARMONIZATION` die einzige Möglichkeit, die Stammdaten zu korrigieren. Diese Vorgehensweise kann jedoch abhängig von der Stammdatenqualität sehr zeitraubend sein, da SAP bei der Zusammenführung eine Vielzahl von Feldern prüft. In SAP-Hinweis 2716945 (CVI: Consistency error – Message no. R1367) finden Sie eine Auflistung der Felder, die SAP bei der Zusammenführung abgleicht. In Summe sind dies 71 Felder.

Voraussetzung für die Reportnutzung

Nun können Sie jedoch den Report `CVI_LE_DATA_HARMONIZATION` zur Harmonisierung und Datenkorrektur verwenden. Er steht Ihnen nach Einspielen diverser SAP-Hinweise mit der Transaktion CVI_LEDH zur Verfügung. Der führende SAP-Hinweis hat die Nummer 3072319 (RE Datenharmonisierungsreport, CVI_ LE_DATA_HARMONIZATION) und verlinkt die weiteren einzuspielenden SAP-Hinweise.

Reportergebnis

Der Report gleicht die folgenden Bereiche miteinander ab:

- Adresse
- Steuernummer
- Bankverbindung

In Abbildung 2.26 sehen Sie ein exemplarisches Ergebnis nach Ausführung des Reports. Es werden alle Kunden und Lieferanten aufgelistet, deren Zusammenführung aufgrund unterschiedlicher abweichender Daten nicht möglich ist.

Das Reportergebnis unterteilt sich in die folgenden Spalten und bietet Ihnen diverse Korrekturmöglichkeiten:

- **Status**: Hier wird die Art der Fehlermeldung beschrieben.
- **Customer**: Über die Kundennummer können Sie direkt in den Stammsatz verzweigen, sich die Stammdaten anzeigen lassen und bei Bedarf Änderungen vornehmen.
- **Vendor**: Hier verzweigen Sie in den Lieferanten und haben die dieselben Korrekturmöglichkeiten wie beim Kunden.

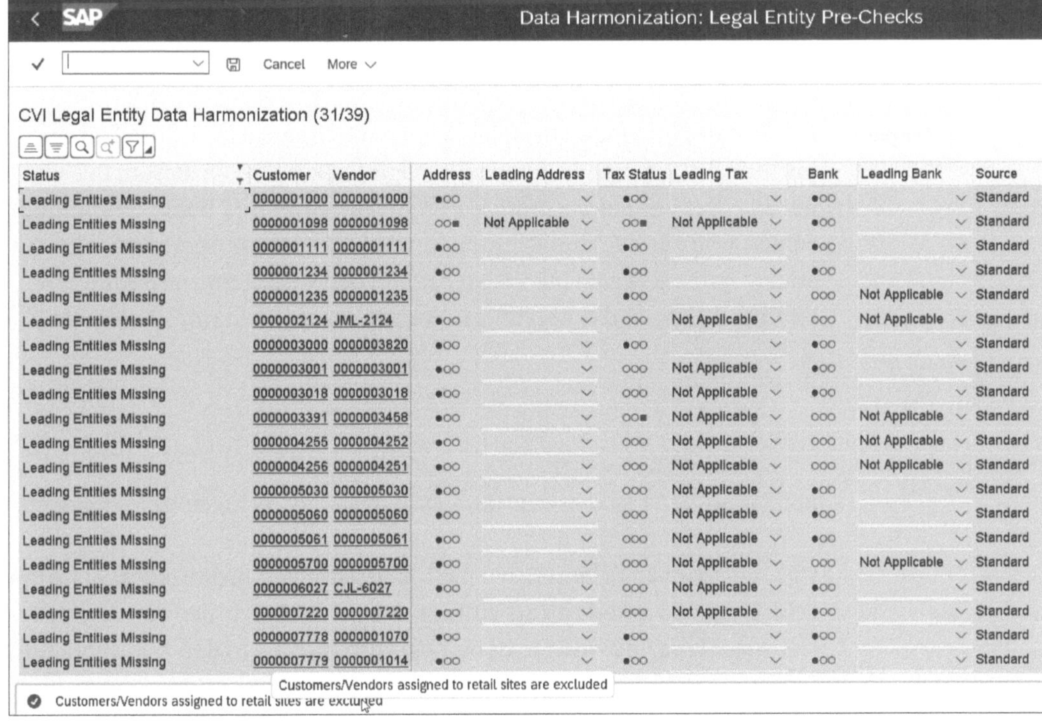

Status	Customer	Vendor	Address	Leading Address	Tax Status	Leading Tax	Bank	Leading Bank	Source
Leading Entities Missing	0000001000	0000001000	●○○		●○○		●○○		Standard
Leading Entities Missing	0000001098	0000001098	○○■	Not Applicable	○○■	Not Applicable	●○○		Standard
Leading Entities Missing	0000001111	0000001111	●○○		●○○		●○○		Standard
Leading Entities Missing	0000001234	0000001234	●○○		●○○		●○○		Standard
Leading Entities Missing	0000001235	0000001235	●○○		●○○		○○○	Not Applicable	Standard
Leading Entities Missing	0000002124	JML-2124	●○○		○○○	Not Applicable	○○○	Not Applicable	Standard
Leading Entities Missing	0000003000	0000003820	●○○		●○○		●○○		Standard
Leading Entities Missing	0000003001	0000003001	●○○		○○○	Not Applicable	●○○		Standard
Leading Entities Missing	0000003018	0000003018	●○○		○○○	Not Applicable	●○○		Standard
Leading Entities Missing	0000003391	0000003458	●○○		○○■	Not Applicable	○○○	Not Applicable	Standard
Leading Entities Missing	0000004255	0000004252	●○○		○○○	Not Applicable	○○○	Not Applicable	Standard
Leading Entities Missing	0000004256	0000004251	●○○		○○○	Not Applicable	○○○	Not Applicable	Standard
Leading Entities Missing	0000005030	0000005030	●○○		○○○	Not Applicable	●○○		Standard
Leading Entities Missing	0000005060	0000005060	●○○		○○○	Not Applicable	●○○		Standard
Leading Entities Missing	0000005061	0000005061	●○○		○○○	Not Applicable	●○○		Standard
Leading Entities Missing	0000005700	0000005700	●○○		○○○	Not Applicable	○○○	Not Applicable	Standard
Leading Entities Missing	0000006027	CJL-6027	●○○		○○○	Not Applicable	●○○		Standard
Leading Entities Missing	0000007220	0000007220	●○○		○○○	Not Applicable	●○○		Standard
Leading Entities Missing	0000007778	0000001070	●○○		●○○		●○○		Standard
Leading Entities Missing	0000007779	0000001014	●○○		●○○		●○○		Standard

Abbildung 2.26 Ergebnis des Harmonisierungsreports

- **Adress**: Hier wird anhand einer Statusampel das Ergebnis des Abgleichs der Adressen innerhalb der Stammdaten dargestellt.
- **Leading Adress**: In dem Dropdown-Menü in dieser Spalte können Sie auswählen, ob die für den Kunden oder die für den Lieferanten gepflegte Adresse die führende Adresse werden soll. Soll der Kundendatensatz die führende Angabe sein, wählen Sie **Customer** aus. Ist die Adresse des Lieferanten korrekt, wählen Sie **Vendor** aus. Die Stammdaten der führenden Entität werden bei der Synchronisation in den Geschäftspartner übernommen.
- **Tax Status**: Hier gleicht das System die in beiden Stammdaten hinterlegten Steuernummern miteinander ab.
- **Leading Tax**: Hier können Sie ebenso wie bei der Adresse festlegen, welcher Stammsatz der führende sein soll.
- **Bank**: Hier gleicht das System die hinterlegten Bankverbindungen miteinander ab.
- **Leading Bank**: Hier entscheiden Sie, welcher Stammsatz bei der Bankverbindung führend sein soll.

- **Source**: Hier zeigt das System an, woher die Information kommt. Die Quelle kann entweder **Standard** sein oder **Custom**. In diesem Fall ist das BAdI `CVI_LE_DATA_HARMONIZATION` im Einsatz.

Beispiel: Adresse prüfen

Anhand des folgenden Beispiels zeigen wir Ihnen, wie Sie Ihre Stammdaten mithilfe des Reports prüfen und korrigieren können. In diesem Beispiel laufen alle drei Vergleiche (Adresse, Steuernummer und Bankverbindung) auf Fehler, und für alle drei Prüfungen wird ein rotes Ampelsymbol als Status angezeigt. Es gibt also Inkonsistenzen in den verknüpften Stammdaten. Abbildung 2.27 zeigt das Ergebnis für ein verknüpftes Stammdatenpaar.

CVI Legal Entity Data Harmonization (32/40)

Status	Customer	Vendor	Address	Leading Address	Tax Status	Leading Tax	Bank	Leading Bank	Source
Leading Entities Missing	0000004586	0000007938	•○○		•○○		•○○		Standard

Abbildung 2.27 Ergebnis des Harmonisierungsreports für ein Stammdatenpaar

Um im Detail zu erfahren, wo die Inkonsistenzen liegen, klicken Sie in das Feld **Status** zum jeweiligen Eintrag. Wir betrachten hier den Abgleich der Adressfelder. Die Felder, in denen ein Unterschied in den Kunden- und Lieferantendaten festgestellt wurde, sind gelb markiert. In diesem Beispiel steht im Debitorenstammsatz die Hausnummer in dem Feld **Hausnummer** (siehe Abbildung 2.28) und im Kreditorensatz in dem Feld **Straße** (siehe Abbildung 2.29).

EXTENS_1	Datenleitung		
EXTENS_2	Telebox		
FLOOR	Stockwerk		
FROM_DATE	von	00010101	00010101
HOMECITYNO	Ortsnummer		
HOME_CITY	Wohnort (abw. vom P...		
HOUSE_NO	Hausnummer	110	

Abbildung 2.28 Hinweis auf eine Abweichung im Feld »Hausnummer« beim Adressenabgleich

PO_CTRYISO	ISO-Code		
PO_W_O_NO	PF		
REGIOGROUP	RegStGrp.		
REGION	Rg		
ROOM_NO	Raumnummer		
SORT1	Suchbegriff 1	KLEINHENZ	KLEINHENZ
SORT2	Suchbegriff 2		
STREET	Straße	Alsterdorfer Straße	Alsterdorfer Strasse 110
STREET_NO	Straßennummer		

Abbildung 2.29 Hinweis auf eine Abweichung im Feld »Straße« beim Adressenabgleich

Der Report bietet Ihnen nun die Option, die Daten zu vereinheitlichen. In der Spalte **Leading Adress** (führende Adresse) haben Sie die Möglichkeit, die im Kunden- oder im Lieferantenstammsatz gepflegte Adresse als führende Adresse auszuwählen (siehe Abbildung 2.30).

Leading Entities Missing	0000004586	0000007938	●○○	
Leading Entities Missing	0000005030	0000005030	●○○	Customer
Leading Entities Missing	0000005060	0000005060	●○○	Vendor

Abbildung 2.30 Auswahlmöglichkeit zur Korrektur der Inkonsistenz

Beispiel: Steuernummer prüfen

Bei Auswahl des Status im Bereich der Steuernummern zeigt Ihnen das System Abweichungen bei den Steuernummern an. Abbildung 2.31 zeigt beispielsweise die unterschiedlichen Umsatzsteuer-Identifikationsnummern, die in beiden Stammdatensätzen in dem Feld **STCEG** hinterlegt sind.

STCD1	Steuernummer 1		
STCD2	Steuernummer 2		
STCD3	Steuernummer 3		
STCD4	Steuernummer 4		
STCD5	Steuernummer 5		
STCD6	Steuernummer 6		
STCEG	Umsatzsteuer-Id.Nr	DE300000699	DE300000069

Abbildung 2.31 Abweichung bei Vergleich der Umsatzsteuer-Identifikationsnummer

Beispiel: Bankverbindung prüfen

Ebenso ist dem System ein Unterschied beim Abgleich der Bankverbindung aufgefallen. Im Bereich der Bankverbindungen wird auch dann ein rotes Ampelsymbol angezeigt, wenn in einem Stammsatz eine Bankverbindung vorhanden ist und der verknüpfte Stammsatz keine Bankverbindung enthält. In Abbildung 2.32 werden die Unterschiede im Bereich der Bankverbindungen dargestellt.

BANKL	Bankleitzahl	20000000	
BANKN	Bankkonto	12345678	
BANKS	Land	DE	
BKONT	KS		
BKREF	Referenzangabe		
BVTYP	BTyp		
IBAN	IBAN	DE37200000000012345678	
IBAN_FROM_DATE	Gültigkeitsbeginn der ...	20220128	00000000
KOINH	Kontoinhaber		
XEZER	Einzugserm.		

Abbildung 2.32 Abweichung beim Vergleich der Bankverbindung

Für jede der drei beschriebenen Abweichungen bietet Ihnen der Report Korrekturmöglichkeiten an. Pro Prüfung können Sie separat auswählen, welcher der beiden Stammsätze führend ist (Kunde oder Lieferant). In dem Beispiel in Abbildung 2.33 ist bei allen drei Korrekturmöglichkeiten der Kunde (**Customer**) als führendes Objekt ausgewählt worden. Sie können aber auch mal Kunde und mal Lieferant auswählen, je nachdem, in welchem Stammsatz die jeweils korrekten Daten hinterlegt sind.

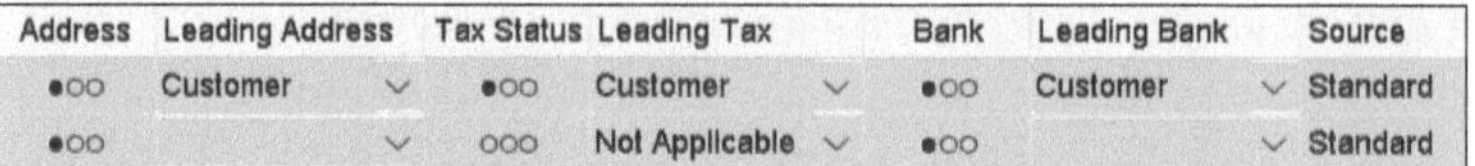

Address	Leading Address	Tax Status	Leading Tax	Bank	Leading Bank	Source
●○○	Customer	●○○	Customer	●○○	Customer	Standard
●○○		○○○	Not Applicable	●○○		Standard

Abbildung 2.33 Kunde als führende Einheit für die Korrektur

Beim Sichern Ihrer Eingaben werden die Informationen zum jeweils führenden Stammsatz gespeichert. Im Rahmen der Synchronisation der Stammdaten werden diese Daten dann in den Stammdatensätzen geändert. Der Geschäftspartner kann somit trotz unterschiedlich gepflegter Stammdaten erfolgreich synchronisiert werden.

Ihr Ziel sollte es sein, jede Zeile der Reportausgabe zu prüfen und die jeweils führende Einheit festzulegen, damit die verknüpften Stammdaten zu einem Geschäftspartner synchronisiert werden können. Falls die Korrekturmöglichkeiten auf oberster Ebene an dieser Stelle für Sie nicht ausreichen, haben Sie die Möglichkeit, über ein BAdI einzugreifen und z. B. eine Harmonisierung pro Kontengruppe durchzuführen.

2.6 Fazit

Sie haben in diesem Kapitel einen ersten Einblick in wichtige Fragestellungen in Bezug auf die CVI erhalten. Wenn Sie diese Themen im Vorfeld bereits angehen, sind Sie gut gerüstet und ersparen sich im weiteren Projektverlauf viel Zeit und Diskussionen. Natürlich können Sie die betreffenden Entscheidungen bzw. die Ausführung der Prüfreports auch erst im Rahmen des CVI-Projekts angehen. Sie sollten dann jedoch eine ausreichende Zeitspanne dafür in Ihrem Projekt einplanen.

Business Scenario Recommendations Report

SAP bietet Ihnen Standardwerkzeuge an, wie z. B. den *Business Scenario Recommendations Report* (BSR) und den SAP Readiness Check, um Ihren persönlichen Mehrwert bei der Einführung von SAP S/4HANA zu erkennen, aber auch, um Problemen, die beim Umstieg auf Sie zukommen können, frühzeitig zu erkennen. In diesem Kapitel haben wir exemplarisch die Anwendung des SAP Readiness Checks in Vorbereitung der CVI beschrieben.

SAP Readiness Check und BSR bieten Ihnen noch wesentlich mehr Informationen, egal, ob Sie eine Brownfield-Transition oder eine Neuimplementierung von SAP S/4HANA anstreben.

Gerade in Bezug auf die Nummernvergabe für die neuen Geschäftspartner ist es schwierig, einen pauschalen Vorschlag zu machen. Die Voraussetzungen und die Prioritäten sind in jedem Unternehmen anders. Wir haben in den vergangenen Jahren jedoch die Erfahrung gemacht, dass eine neue, eigenständige Nummer im Bereich des Geschäftspartners Sinn ergibt und von Anwender*innen am besten nachzuvollziehen ist. In diesem Kontext sollten Sie auch bedenken, dass diese neue Geschäftspartner-Nummer später auch Ihre Kunden- und Lieferantennummer in Ihrem SAP-S/4HANA-System wird, sofern Sie Nummerngleichheit anstreben.

Die Option, Ihre verbundenen Lieferanten- und Kundendaten unter einer Geschäftspartner-Nummer zusammenzuführen, ermöglicht es Ihnen, redundante Stammdaten zu reduzieren und darüber hinaus die Qualität der Daten zu verbessern. Abhängig von der Stammdatenqualität können der Datenabgleich und die Datenkorrektur im Vorfeld der Zusammenführung aber einen erheblichen Zeitaufwand bedeuten. Dies war zumindest in der Vergangenheit der Fall. Mit dem Report `CVI_LE_DATA_HARMONIZATION` können Sie die Stammdaten jedoch automatisiert harmonisieren. Allerdings dürfen Sie auch dabei nicht vergessen, dass eine fachliche Prüfung von Adressen, Steuernummern etc. erforderlich ist, die viel Zeit in Anspruch nehmen kann.

Dass die Ansprechpartner zukünftig als eigene Geschäftspartner im System vorhanden sind, die in Beziehung zu anderen Geschäftspartnern stehen, wird für Sie wahrscheinlich etwas Umdenken erfordern. Auf den Ansprechpartner als eigenständigen Geschäftspartner und die dazu gehörenden Beziehungen sind wir in Abschnitt 2.4, »Ansprechpartner«, eingegangen.

Der Report `CVI_MIGRATION_PRECHK` gibt Ihnen auf einen Blick Informationen dazu aus, auf welche Probleme Sie bei der CVI treffen werden. In neueren Releases bietet der Report `CVI_MIGRATION_PRECHK` auch Korrekturmöglichkeiten an. Im Rahmen der Synchronisation werden allerdings zum Teil wesentlich strengere Prüfungen durchlaufen. So ist es möglich, dass Sie einen Stammsatz in Ihrem SAP-ERP-System zwar ohne Probleme sichern können, dieser bei der CVI aber dennoch einen Fehler verursacht.

Abschließend können wir festhalten, dass es niemals zu früh ist, um mit der Bereinigung der Stammdaten zu beginnen. Unserer Erfahrung nach wird der zeitliche Aufwand, der natürlich von Ihrer Stammdatenqualität abhängig ist, oft unterschätzt. Die Überarbeitung Ihrer Stammdaten können Sie jederzeit starten. Es sollte ein kontinuierlicher Prozess bleiben, bis Sie die CVI durchführen.

Kapitel 3

Ablauf der Customer-Vendor-Integration

In diesem Kapitel behandeln wir den Ablauf eines Customer-Vendor-Integration-Projekts im Zuge einer Brownfield-Migration nach SAP S/4HANA. Der Begriff Customer-Vendor-Integration (CVI) wird dabei sowohl für ein Projekt als auch für den Prozess der Stammdatensynchronisation zwischen Kunden, Lieferanten und dem Geschäftspartner genutzt.

SAP Simplification Item

Wenn Sie eine *Brownfield-Migration*, also den Weg einer Eins-zu-eins-Konvertierung von SAP ERP nach SAP S/4HANA planen, werden Sie im Laufe der Vorbereitungen auf den Begriff *SAP Simplification Item* stoßen. SAP liefert zu jedem SAP-S/4HANA-Release einen Simplification-Item-Katalog aus, in dem alle relevanten SAP-Vereinfachungselemente dokumentiert sind.

In Vorbereitung auf ein Migrationsprojekt nach SAP S/4HANA wird dringend die Durchführung des *SAP Readiness Checks* empfohlen. Der SAP Readiness Check analysiert unter anderem die für Sie relevanten SAP Simplification Items. Nähere Informationen hierzu erhalten Sie im SAP Support Portal durch SAP-Hinweis 3059197 (SAP Readiness Check für SAP-S/4HANA-Upgrades).

Brownfield-Migration

Für eine Brownfield-Migration nach SAP S/4HANA ist das SAP-Vereinfachungselement `SI2: Master Data _BP` zu berücksichtigen und wird bei jedem durchgeführten SAP Readiness Check als relevant ausgewiesen. Mit SAP-Hinweis 2265093 (S4TWL – Geschäftspartner-Ansatz) haben Sie eine zentrale Informationsquelle zum Geschäftspartner-Ansatz. Des Weiteren ist die Durchführung der CVI bei der Brownfield-Migration obligatorisch. Das heißt, wenn Sie den Brownfield-Ansatz gewählt haben, müssen Sie in Ihrer SAP-S/4HANA-Roadmap ein CVI-Projekt einplanen und komplett durchführen. Welche Überlegungen, Entscheidungen und Tätigkeiten für die Durchführung notwendig sind, erläutern wir in den folgenden Abschnitten.

3.1 Grundlagen der Stammdatensynchronisation

Betrachtet man die CVI als technischen Prozess und nicht als Projekt, ist sie das zentrale Element für die Synchronisation zwischen den Stammdatenobjekten von Kunden und Lieferanten und den Geschäftspartnern.

Stammdatensynchronisation

Wie bereits in Abschnitt 1.2.5, »Customer-Vendor-Integration«, dargelegt, hängt die Vorgehensweise bei der Stammdatensynchronisation von dem gewählten Szenario ab. Aktivieren Sie die CVI in einem SAP-ERP-System, sind Sie schon vor der Migration nach SAP S/4HANA in der Lage, den Geschäftspartner als führende Entität zu nutzen und die Stammdatenpflege am Geschäftspartner durchzuführen. Die CVI sorgt im Hintergrund dafür, dass, abhängig von den gepflegten Geschäftspartner-Rollen, die Kunden- oder Lieferantenstammdaten synchronisiert werden. Diese Option wird allerdings weder von SAP noch von Autoren empfohlen. Weitere Informationen zu dieser Empfehlung finden Sie in SAP-Hinweis 2713963 (FAQ: CVI – Customer Vendor Integration for system conversion to SAP S/4HANA).

Sie sollten bei aktivierter CVI weiterhin mit den bekannten Prozessen der Stammdatenpflege von Kunden und Lieferanten arbeiten. Hierbei wird die CVI im Hintergrund einen Geschäftspartner und die gewünschten Geschäftspartner-Rollen synchronisieren. Abbildung 3.1 veranschaulicht die möglichen Synchronisationsoptionen.

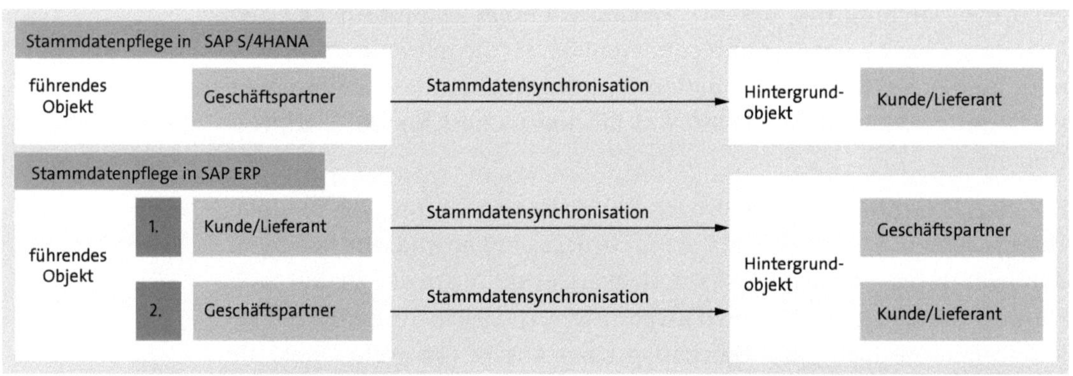

Abbildung 3.1 Mögliche Synchronisationsoptionen bei der CVI

Application Programming Interfaces

Auf technischer Ebene ist die CVI ein Prozess, der zwischen den internen Schnittstellen der Stammdatenpflege, den Application Programming Interfaces (APIs) und den Datenbanktabellen der Stammdaten stattfindet.

Stammdaten verknüpfen

Auf Ebene der Datenbanktabellen findet die Verknüpfung der Stammdaten eines Geschäftspartners mit denen eines Kunden oder Lieferanten über die allgemeinen Daten statt. Es wird also die Tabelle BUT000 (allgemeine Daten GP) mit der Tabelle KNA1 (allgemeine Daten Kundenstamm), der Tabelle LFA1 (allgemeine Daten Lieferantenstamm) oder mit beiden gleichzeitig verknüpft.

Für diese Verknüpfung wird eine Reihe von sogenannten *Verknüpfungstabellen* verwendet. Der Geschäftspartner wird auf Datenbankebene eindeutig über die sogenannte *GP-GUID* (BUT000-Partner_GUID) identifiziert. Die GP-GUID ist ein eindeutiger Schlüssel, der einen Geschäftspartner eindeutig identifiziert.

Dieses Feld existiert nicht in den Tabellen des Kunden- und Lieferantenstamms. Über die Verknüpfungstabellen werden die GP-GUID und die Debitoren- bzw. Kreditorennummer miteinander verbunden.

Abbildung 3.2 beschreibt den Einfluss der aktivierten Synchronisationsoption auf den technischen Ablauf der Stammdatensynchronisation. In diesem Beispiel ist die Synchronisationsoption Geschäftspartner → Kunden/Lieferant aktiviert. Bei der Bearbeitung eines Geschäftspartners werden beim Sichern innerhalb der Transaktion BP die internen CVI-Schnittstellen (APIs) angesprochen, die die Verbuchung des Geschäftspartners und die im Hintergrund sattfindende Synchronisation der Kunden- und Lieferantenstammdaten steuern. In diesem Prozess werden nicht nur die Kunden- und Lieferantendaten synchronisiert, sondern auch die oben beschriebenen Verknüpfungstabellen (cvi_cust_link, cvi_vend_link) versorgt.

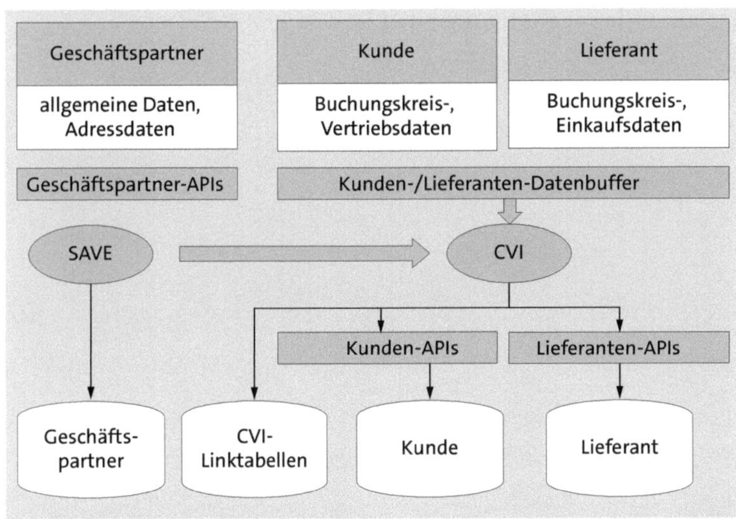

Abbildung 3.2 CVI-Schnittstelle mit möglichen Synchronisationsoptionen

3.2 Vorbereitung

In diesem Abschnitt gehen wir auf die Überlegungen, Entscheidungen und Tätigkeiten ein, die im Vorfeld eines CVI-Projekts im Rahmen einer Brownfield-Migration nach SAP S/4HANA relevant werden.

Um den Erfolg Ihres CVI-Projekts sicherzustellen, sind eine gute Planung und Vorbereitung das A und O. In der Vorbereitungsphase müssen also nicht nur technische Aspekte geklärt und festgelegt werden, sondern Sie müssen sich auch um das Projektmanagement kümmern. In den folgenden Abschnitten beschreiben wir die wichtigsten Tätigkeiten, die in der Vorbereitungsphase eines CVI-Projekts anfallen können.

3.2.1 Projektplanung

Für eine CVI sollten Sie immer einen Projektplan erstellen. Zu Beginn ist es wichtig, alle Beteiligten über das Projekt und den gesamten Ablauf zu informieren. Das Projekt und somit der Zeitaufwand der einzelnen Beteiligten aus den Stammdatenfachbereichen, aus Ihrer IT-Basis und allen weiteren Stakeholdern sollte im Detail geplant werden, um so einen reibungslosen Projektverlauf zu garantieren

Projektplan

Abbildung 3.3 zeigt beispielhaft einen schematischen Phasenplan eines CVI-Projekts unter der Verwendung eines SAP-Sandbox-Systems.

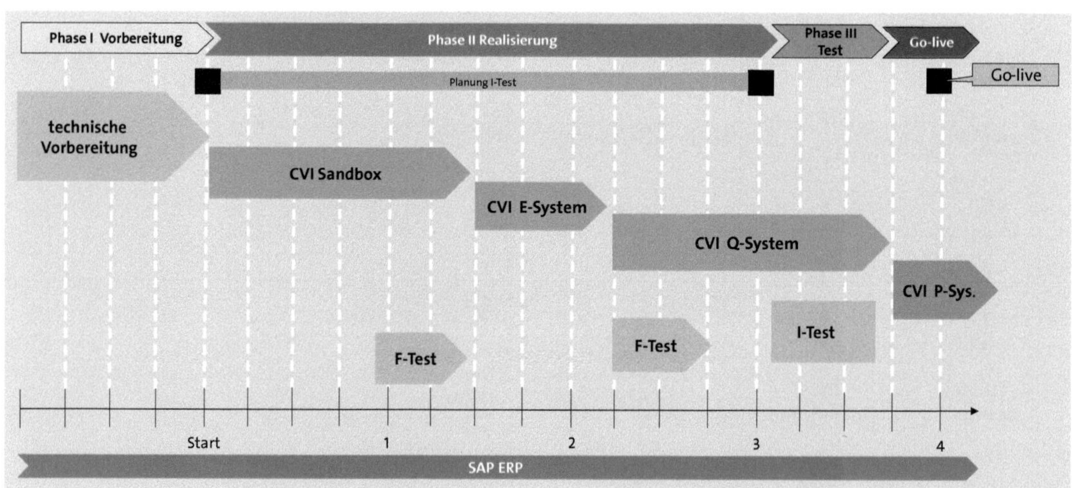

Abbildung 3.3 Phasenplan eines CVI-Projekts

Auf die verschiedenen Vorgehensmodelle in einem CVI-Projekt gehen wir in Abschnitt 3.6, »Umsetzungsoptionen im SAP-System«, genauer ein. Phase I, Vorbereitung, umfasst bereits die wichtigsten technischen Themen, über die Sie sich während dieser Phase Gedanken machen müssen. Diese werden in Abschnitt 3.2.2, »Technische Vorbereitung«, weiter beschrieben.

Wenn Sie nach der Einführung der CVI im SAP-ERP-System mit den gewohnten Prozessen weiterarbeiten, ist eine Projektlaufzeit von ca. zwölf Wochen realistisch. Die zentralen Stellschrauben für eine kurze Projektlaufzeit sind vor allem die interne Kommunikation und Entscheidungsfindung in der eigenen Organisation sowie die Kommunikation mit dritten Parteien. Solche Parteien sind z. B. externe Basisdienstleister, bei denen die SAP-Systeme gehostet werden. Die beiden folgenden Abschnitte beschreiben, wie Sie das Projekt durch eine gute Planung im Vorfeld steuern können.

Projektaufbauorganisation

Projekt aufbauen

Für die Umsetzung Ihres CVI-Projekts müssen Sie Mitarbeiterressourcen bereitstellen, die Erfahrung in der Anlage und Pflege Ihrer aktuellen Kunden- und Lieferantenstammdaten haben.

Während der Synchronisation der Stammdaten kommt es erfahrungsgemäß immer wieder zu Fragestellungen bezüglich bestimmter Bestandteile der Stammdaten. Vor allem seien hier Themen wie Steuercodes, Postleitzahlen, Bankverbindungen oder Adressdaten genannt.

Die zu klärenden Themen sind meist vielfältig. Die Projektteammitglieder sollten aufkommende Fragen beantworten können und die Ansprechpartner*innen für weiterführende Fragestellungen klar bestimmt sein. Diese Zuständigkeiten sollten Sie in der Planung des Projekts definieren und kommunizieren. Außerdem müssen Sie während der Vorbereitung im CVI-Projekt konzeptionelle Arbeit leisten. In Abschnitt 3.2.3, »Konzept«, werden wir die relevanten Punkte näher betrachten. Für die notwendigen Entscheidungen sollten Ihre Projektteammitglieder über entsprechende Befugnisse verfügen bzw. die Kommunikationswege klar definiert sein.

Vielfach wird uns in der Vorbereitung zu CVI-Projekten die Frage gestellt, aus welchen Fachbereichen und wie viele Mitarbeiter*innen dem Projekt zur Verfügung gestellt werden sollten. Unsere Erfahrung hat gezeigt, dass ein großes Projektteam oft nicht notwendig ist. Wenn die mitarbeitenden Personen ausreichend Entscheidungsbefugnis und Kenntnis über Aufbau und Inhalt der eigenen Stammdaten haben und zusätzlich den Zusammenhang zwischen Kontengruppen, Nummernvergabe und gegebenenfalls der Feldsteuerung kennen, reichen oft ein bis zwei Personen aus.

Stakeholder

Wenn Sie das Projektteam aufgestellt haben und die Entscheidungswege im Projekt geklärt sind, haben Sie vermutlich bereits mit den meisten Personen gesprochen, die Interesse an Ihrem Projekt haben werden.

Interessengruppen definieren

Dennoch sollten Sie sich darüber Gedanken machen, wer eventuell. Interesse an dem Projekt haben könnte und wer gegebenenfalls sogar Einfluss darauf nehmen möchte. Ein Werkzeug des klassischen Projektmanagements, um diese Personen in Bezug zum Projekt zu setzen, ist die sogenannte *Stakeholder-Matrix* (siehe Abbildung 3.4).

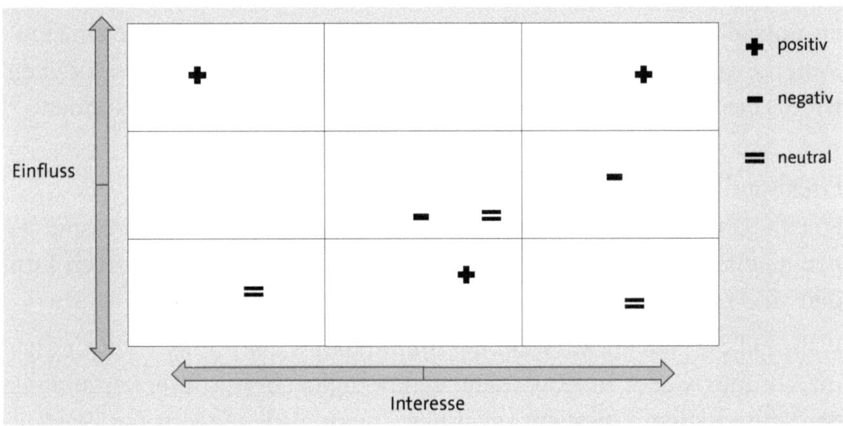

Abbildung 3.4 Stakeholder-Matrix – Beispiel 1

Unterteilen Sie diese Matrix in vier Quadranten, die jeweils den Umfang der Interaktion mit den eingeteilten Stakeholdern beschreiben, sind Sie gut gerüstet, um auf die unterschiedlichen Interessengruppen reagieren zu können (siehe Abbildung 3.5).

Abbildung 3.5 Stakeholder-Matrix – Beispiel 2

Kommunikationsmatrix

Interessengruppen informieren

Während eines CVI-Projekts werden Sie am Herzstück Ihres SAP-Systems, den Stammdaten, Änderungen vornehmen. Meistens ziehen Sie damit die Aufmerksamkeit vieler Personengruppen auf sich. In Ihrer *Stakeholder-Analyse* haben Sie diese bereits identifiziert. Machen Sie sich anschließend Gedanken darüber, wie, über welche Kanäle, wann und wie oft Sie die einzelnen Personengruppen informieren sollten.

Projekt-Kick-off

Offizieller Projektstart

Für den offiziellen Start des Projekts bereiten Sie einen Kick-off-Workshop vor, in dem Sie allen Beteiligten das Projekt, die Hintergründe, die Rollen, die Verantwortlichkeiten und den Projektplan vorstellen. Ziel des Workshops sollte es sein, dass allen beteiligten Personen klar ist, welchen Zweck (hier die Vorbereitung auf eine Migration nach SAP S/4HANA) das Projekt erfüllt. Im Anschluss kann die Projektarbeit beginnen.

3.2.2 Technische Vorbereitung

Für die Durchführung eines CVI-Projekts müssen einige technische Voraussetzungen erfüllt sein, die als Grundlage für eine störungsfreie Durchführung des Projekts dienen.

In Abschnitt 3.2.1 haben wir einen beispielhaften Projektplan dargestellt, der einige der wichtigsten Details in der Vorbereitungsphase zeigt. Auf diese Details werden wir in diesem Abschnitt genauer eingehen. Ebenso basiert dieser Projektplan auf der Annahme, dass während des CVI-Projekts ein SAP-Sandbox-System verwendet wird. Das ist unsere favorisierte Variante und sie wird im weiteren Verlauf dieses Abschnitts beschrieben.

Abschluss offener Entwicklungen am Kunden- und Lieferantenstamm

Offene Entwicklungen abschließen

Während des CVI-Projekts werden diverse Einstellungen im Zusammenhang mit Ihrem Kunden- und Lieferantenstamm und den dazugehörigen Geschäftspartnern vorgenommen. Um den Einfluss durch und auf andere Projekte in diesem Umfeld zu minimieren, sollten Sie nach Möglichkeit dafür sorgen, dass alle weiteren Entwicklungen und Anpassungen am Kunden- und Lieferantenstamm abgeschlossen sind oder zurückgestellt werden.

Abhängig vom Umfang solcher Anpassungen können diese erheblichen Einfluss auf die Entscheidungen und Tätigkeiten im CVI-Projekt haben. Auf die Aufnahme oder Umbenennung eines kundeneigenen Feldes und die

Änderung einzelner Punkte in der Fehlsteuerung einer Kontengruppe können Sie verhältnismäßig einfach reagieren. Großflächige Änderungen an der Nummernkreislogik oder Kontengruppenänderungen an Stammdatenobjekten sind hingegen problematisch und können das CVI-Projekt deutlich behindern.

Bereinigung der Importqueue

Import anstehender Transportaufträge

In Abschnitt 3.6.2, »Systemlandschaft ohne SAP-Sandbox-System«, beschreiben wir den Ablauf einer CVI unter der Verwendung eines separaten SAP-Sandbox-Systems, das durch eine Systemkopie des Produktivsystems aufgebaut werden sollte. Um für dieses Sandbox-System einen konsistenten Stand sicherzustellen, sollten Sie vor der angesprochenen Systemkopie dafür sorgen, dass anstehende Transportaufträge nach Möglichkeit in das Produktivsystem importiert werden.

Da die Grundlage eines erfolgreichen CVI-Projekts bei dieser Herangehensweise die Arbeit im Sandbox-System ist, ist es sinnvoll, dass der Stand dieses Systems so nah wie möglich am Produktivsystem bleibt. Wenn während des CVI-Projekts größere Änderungen am System stattfinden müssen, sollten diese auch im Sandbox-System berücksichtigt werden, um sicherzustellen, dass sie keinen Einfluss auf die CVI haben oder, falls doch, dass auf diesen Einfluss entsprechend reagiert werden kann.

Archivierung von Kunden- und Lieferantenstammdaten

Stammdaten archivieren

Häufig wird uns die Frage gestellt, ob ein CVI-Projekt dazu genutzt werden kann, Stammdaten zu harmonisieren und aufzuräumen. Das ist in unseren Augen nur sehr begrenzt möglich. In Abschnitt 3.2.3, »Konzept«, gehen wir näher auf die Überlegungen ein, wie Kunden- bzw. Lieferantenstämme mit den Geschäftspartnern verknüpft werden können und welche Möglichkeiten es gibt, hierbei für eine gewisse Harmonisierung zu sorgen.

Wozu ein CVI-Projekt nicht genutzt werden sollte, ist z. B. die Bereinigung von Doubletten. Im Zuge einer Brownfield-Migration nach SAP S/4HANA ist das CVI-Projekt aus unserer Sicht nicht mehr als eine technische Voraussetzung, um den Übergang auf SAP S/4HANA zu ermöglichen.

SAP Software Update Manager

Während der Stammdatensynchronisation im Laufe der CVI können Sie beispielsweise nur die Kunden- und Lieferantenstammdaten synchronisieren, also zu einem Geschäftspartner machen, die keine Löschvormerkung haben. Somit treffen Sie im Grunde eine Vorauswahl der benötigen bzw. der nicht mehr benötigten Stammdaten.

Jedoch ist es verpflichtend, alle vorhandenen Stammdaten im Kunden- und Lieferantenumfeld vor der Nutzung des sogenannten *Software Update Managers* (SUM) während der Phase der SAP-S/4HANA-Konvertierung mit einem Geschäftspartner verknüpft zu haben. In Kapitel 6, »Datenstrukturen des Geschäftspartners«, sind die Zusammenhänge der Datenstrukturen beschrieben, mit denen Kunden bzw. Lieferanten mit Geschäftspartnern verknüpft sind.

[«]

Software Update Manager (SUM)

Der Software Update Manager ist das SAP-Werkzeug für die Systemwartung. Für folgende Aktivitäten kann der SUM genutzt werden:

- Releasewechsel (Major Release Change)
- Systemaktualisierung (EHP-Installation)
- Einspielen von Support Packages (SPs)/Support Package Stacks
- Einspielen von Java-Patches
- Korrektur von installierten Softwareinformationen
- kombiniertes Update und Migration auf SAP HANA (DMO, Database Migration Option)
- Systemumstellung von SAP ERP auf SAP S/4HANA

Verknüpfte Stammdaten archivieren

Sollten Sie sich dafür entscheiden, während des CVI-Projekts eine solche Auswahl zu treffen und nur einen Teil Ihrer Lieferanten und Kundenstammdaten zu synchronisieren, müssen Sie vor der SAP-S/4HANA-Konvertierung alle nicht mit einem Geschäftspartner verknüpften Stammdaten aus dem System entfernen. Das kann in der Regel nur durch einen Archivierungsprozess stattfinden. Werden im Umstellungsprozess nach SAP S/4HANA während der SUM-Phase nicht synchronisierte Kunden- oder Lieferantenstammdaten im System ermittelt, stoppt der Prozess mit einer Fehlermeldung. Die nicht synchronisierten Stammdaten müssen zunächst bereinigt werden, bevor der Umstellungsprozess weitergeführt werden kann. Abbildung 3.6 zeigt das Anwendungsprotokoll des SAP-Prüfreports der SAP-Vereinfachungselemente (SAP Simplification Items) in einem System, in dem noch nicht alle Kunden- oder Lieferantenstammdaten mit einem Geschäftspartner verknüpft sind.

SAP-Vereinfachungselemente

Hier wird unter anderem das SAP-Vereinfachungselement `SI2: MasterData_BP` ❶ aufgeführt, das die Notwendigkeit der vollständigen Verknüpfung aller Kunden- und Lieferantenstammsätze mit einem Geschäftspartner beschreibt.

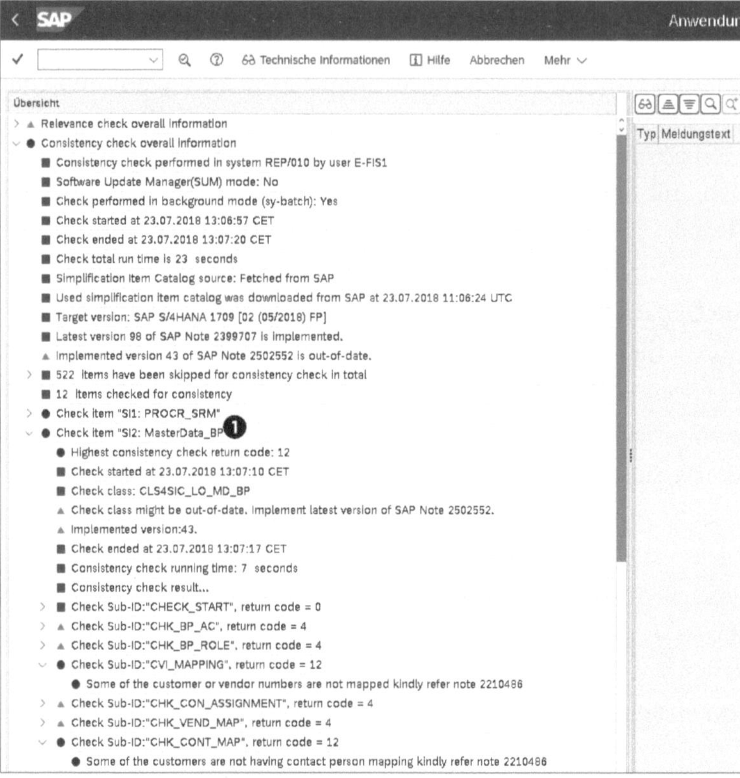

Abbildung 3.6 Anwendungsprotokoll der Prüfung der SAP-Vereinfachungselemente

Den SAP Report /SDF/RC_START_CHECK können Sie im Vorfeld der Konvertierung nutzen, um die Konsistenz der für Sie relevanten SAP-Vereinfachungselemente zu prüfen.

Aufbau des SAP-Sandbox-Systems

SAP-Sandbox-System aufbauen

In Abschnitt 3.6, »Umsetzungsoptionen im SAP-System«, beschreiben wir die gängigsten technischen Umsetzungsvarianten eines CVI-Projekts. Sollten Sie sich für die Variante unter Verwendung eines SAP-Sandbox-Systems entscheiden, fangen Sie frühzeitig an, sich um den Aufbau dieses Systems zu kümmern. In der Regel stellt das Sandbox-System eine aktuelle Kopie Ihres Produktivsystems dar. Je nach Größe Ihres Produktivsystems müssen Sie sogar über die Beschaffung oder Bereitstellung von zusätzlichen Hardwareressourcen nachdenken. Nehmen Sie diese Überlegungen in Ihre Planung auf und leiten Sie notwendige Maßnahmen frühzeitig ein.

Beim Aufbau des Systems achten Sie darauf, dass eine funktionierende Anbindung an die SAP-Hinweissuche über die Transaktion SNOTE eingerichtet wird. In der Regel ist es im Laufe des CVI-Projekts notwendig, diverse SAP-Korrekturen in das System einzuspielen, damit Ihnen, abhängig von Ihrem Releasestand, alle relevanten Hinweise, die für die reibungslose CVI notwendig sind, zur Verfügung stehen.

3.2.3 Konzept

Konzept entwerfen

Sie haben Ihre Projektvorbereitung abgeschlossen, die Planung ist durchgeführt, der technische Weg ist beschrieben und das Projektteam steht nach einem Kick-off-Workshop in den Startlöchern? Nun ist es an der Zeit, sich über die Zusammenhänge zwischen Kunden, Lieferanten und Geschäftspartnern Gedanken zu machen: Wie hängen Kontengruppen mit Gruppierungen und Geschäftspartner-Rollen zusammen, welchen Einfluss hat die Nummernvergabe und was passiert mit ihren Ansprechpartnerdaten?

All diese und weitere Fragestellungen müssen Sie klären, um die korrekten Schlüsse zu ziehen und die richtigen Entscheidungen zu treffen. In Kapitel 2, »Mögliche Fragestellungen im Vorfeld einer Customer-Vendor-Integration«, haben wir Ihnen bereits die Zusammenhänge zwischen Nummernkreisen der Kunden-, Lieferanten- und Geschäftspartner-Stammsätze vorgestellt. Ebenso haben wir über Geschäftspartner-Beziehungen gesprochen und mögliche Hilfsmittel aufgezeigt, die Sie dabei unterstützen, Ihren aktuellen Datenbestand zu validieren.

In den folgenden Abschnitten beschreiben wir die vorbereitenden Validierungen Ihrer Stammdaten und ein mögliches Herangehen an die Entscheidungsfindung. Wir benutzen die Beispiele in unseren CVI- Projekten in der Vorbereitungs- und Abstimmungsphase.

Auswertung relevanter Datenbanktabellen

Stammdaten prüfen

Es ist sinnvoll, in Vorbereitung auf die Entscheidungsfindung die vorhandenen Stammdaten hinsichtlich ihrer Anzahl und der Verwendung von Kontengruppen und Nummernkreisen im System zu prüfen. Dazu können Sie sich die Datenbanktabellen `KNA1`, `LFA`, `NRIV`, `T077D` und `T077K` mithilfe der Exportfunktion der Transaktion SE16N oder der Transaktion SE16H in Excel-Dateien überführen. Im Folgenden zeigen wir diesen Export am Beispiel von Lieferantendaten und einer Beispieldatei. In dem Beispiel haben wir die Transaktion SE16H genutzt.

Tabelle T077K (Kontengruppen Kreditoren)

Kontengruppen und Kreditoren prüfen

Selektieren Sie die Felder **Kontengruppe**, **Nummernkreis**, **CPD_Konto** und **Bedeutung** zur Ausgabe und lassen Sie sich das Ergebnis anzeigen. Abbildung 3.7 zeigt das Ergebnis dieser Selektion und die Funktion des Excel-Exports.

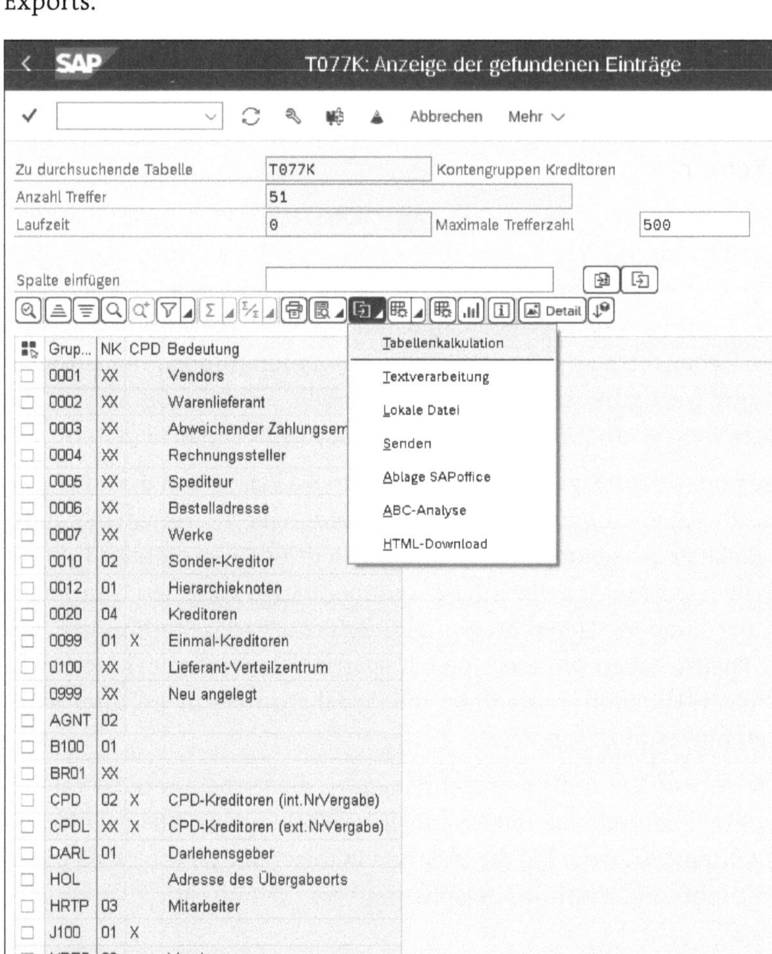

Abbildung 3.7 Tabelle T077K (Kontengruppen Kreditoren) mit der Möglichkeit zum Excel-Export

Tabelle LFA1 nach Kontengruppen gruppiert

Auswertung nach Kontengruppe

Mit der Auswertung der kreditorischen Kontengruppen können Sie feststellen, wie viele Stammdatenobjekte Sie pro Kontengruppe angelegt haben. Selektieren Sie hierzu die Tabelle LFA1 und lassen Sie sich nur das Feld **Kontengruppe** ausgeben, zusätzlich aktivieren Sie die Funktion **Gruppieren**. So werden Ihnen alle Kontengruppen Ihrer Kreditoren mit der jeweiligen

Anzahl an Einträgen angezeigt. Abbildung 3.8 zeigt das Ergebnis dieser Auswertung. Auch diese Auswertung lassen Sie sich in Excel ausgeben.

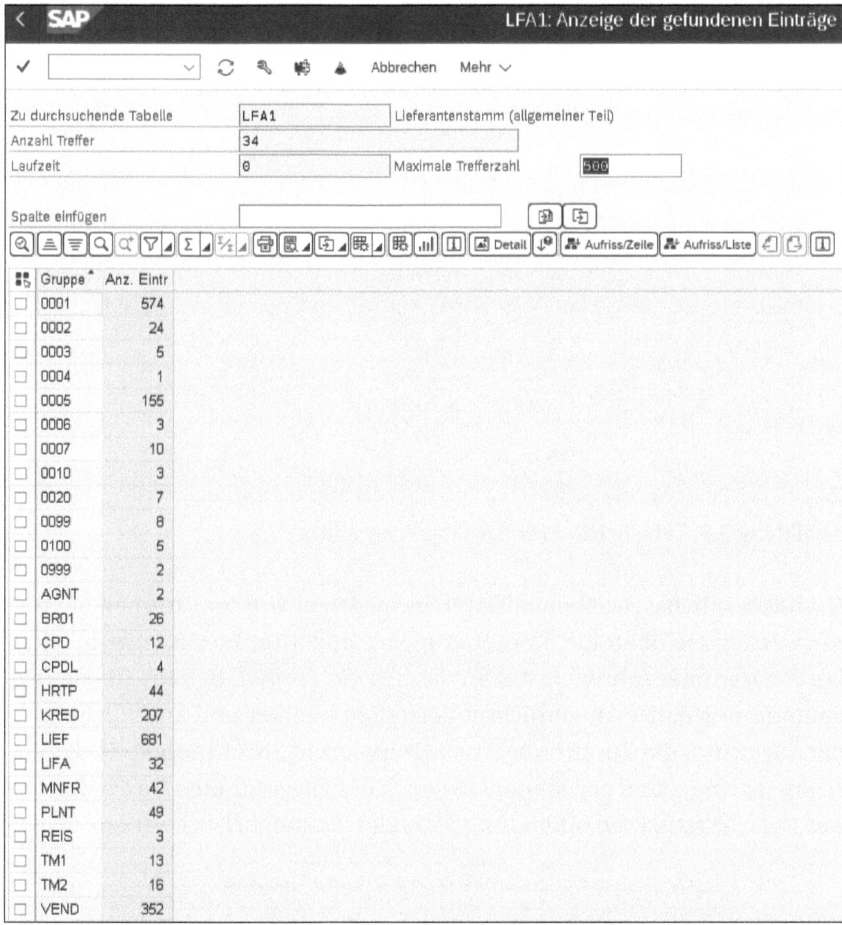

Gruppe	Anz. Eintr
0001	574
0002	24
0003	5
0004	1
0005	155
0006	3
0007	10
0010	3
0020	7
0099	8
0100	5
0999	2
AGNT	2
BR01	26
CPD	12
CPDL	4
HRTP	44
KRED	207
LIEF	681
LIFA	32
MNFR	42
PLNT	49
REIS	3
TM1	13
TM2	16
VEND	352

Abbildung 3.8 Anzahl der Einträge je Kontengruppe in Tabelle LFA1

Tabelle NRIV

Auswertung nach Nummernkreis-intervallen

In der Datenbanktabelle NRIV finden Sie die *Nummernkreisintervalle*. Selektieren Sie hier den Objektnamen **Kreditor**, und lassen Sie sich die Daten ausgeben. Über ein Nummernkreisintervall vergibt das SAP-System beim Speichern eines Datensatzes eine fortlaufende Nummer. Abbildung 3.9 zeigt das Ergebnis dieser Auswertung.

Exportieren Sie anschließend die Daten der Debitoren auf die gleiche Weise. Die Daten finden Sie in den Tabellen T077D, KNA1 und NRIV, selektiert nach dem Objekt **Debitor**.

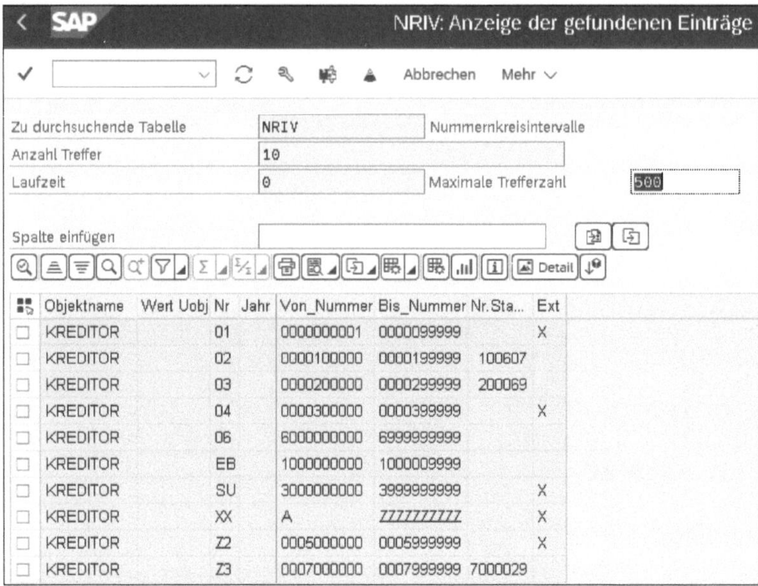

Objektname	Wert Uobj	Nr	Jahr	Von_Nummer	Bis_Nummer	Nr.Sta...	Ext
KREDITOR		01		0000000001	0000099999		X
KREDITOR		02		0000100000	0000199999	100607	
KREDITOR		03		0000200000	0000299999	200069	
KREDITOR		04		0000300000	0000399999		X
KREDITOR		06		6000000000	6999999999		
KREDITOR		EB		1000000000	1000009999		
KREDITOR		SU		3000000000	3999999999		X
KREDITOR		XX		A	ZZZZZZZZZZ		X
KREDITOR		Z2		0005000000	0005999999		X
KREDITOR		Z3		0007000000	0007999999	7000029	

Abbildung 3.9 Tabelle NRIV für das Objekt »Kreditor«

Zusammenführung aller Objekte

Nachdem alle beschriebenen Daten ausgegeben wurden, können Sie Ihre Auswertungen über die Kontengruppen und Nummernkreise in einer Datei zusammenführen. Erstellen Sie sich ein Format, in dem Sie die relevanten Informationen verdichtet darstellen können und anschließend in der Lage sind, die Zuordnungen zu Gruppierung, Nummernkreis des Geschäftspartners und gegebenenfalls noch der zugeordneten Geschäftspartner-Rolle festzuhalten. Abbildung 3.10 zeigt ein mögliches Format.

	Aktuell im SAP ECC Kunden-/Lieferanten- Nummernkreiseinstellungen							
Objekt	Kontengrupp	Beschreibung	Nr.Kreis	Von	Bis	Anzahl	Exte	CPD
KREDITOR	0001	Vendors	01	0000500000	0000690000	7445		
KREDITOR	0002	Warenlieferant	02	0000700000	0000799999	1119		
KREDITOR	0003	Abweichender Zahlungsempf	03	0000400000	0000499999	172		
KREDITOR	0004	Rechnungssteller	01	0000500000	0000690000	45		
KREDITOR	0005	Spediteur	05	0000800000	0000899999	31		
KREDITOR	0006	Bestelladresse	CD	0000690001	0000699989	7		X
KREDITOR	0007	Werke	ZV	0000001000	0000009999	34	X	
KREDITOR	0010	Sonder-Kreditor				1		
DEBITOR	0001	Auftraggeber	01	0000099999	0000399999	4914		
DEBITOR	0002	Warenempfänger	01	0000700000	0000799999	1		
DEBITOR	0003	Regulierer	01	10000	49999	148		
DEBITOR	0004	Rechnungsempfänger	01	0000099999	0000399999	3545		
DEBITOR	0005	Interessent	05	0000001000	0000009999	36	X	
DEBITOR	0006	Wettbewerber	07	390000	399999	17		

Abbildung 3.10 Excel-Vorlage zur Dokumentation der Zuordnungen

Festlegungen zum Geschäftspartner-Mapping

Geschäftspartner-Rollen definieren

Wie in Kapitel 2, »Mögliche Fragestellungen im Vorfeld einer Customer-Vendor-Integration«, beschrieben, müssen Sie Entscheidungen zum Geschäftspartner-Mapping treffen. Dazu gehört die Nummernvergabe des Geschäftspartners. Daneben müssen die erforderlichen Geschäftspartner-Gruppierungen definiert und den bestehenden Kontengruppen zugeordnet werden. Ebenso müssen Sie bestimmen, welche Geschäftspartner-Rollen während der CVI zum Einsatz kommen sollen.

Zuordnung von Gruppierungen und Kontengruppen

Bei der Definition der Geschäftspartner-Gruppierungen denken Sie darüber nach, wie Sie nach der Migration nach SAP-S/4HANA mit der Zuordnung zwischen den Gruppierungen und Kontengruppen verfahren wollen. Es besteht in manchen Konstellationen die Möglichkeit, bei der CVI in SAP ERP Kontengruppen mit gleichem Nummernkreis mit einer Geschäftspartner-Gruppierung zu mappen und somit die Komplexität zu reduzieren. Nach der Umstellung auf SAP S/4HANA werden Sie dann aber nicht ohne Weiteres in der Lage sein, Ihre heutigen Kontengruppen weiter zu nutzen. In Kapitel 9, »Customizing der Stammdatensynchronisation für die Customer-Vendor-Integration«, und Kapitel 10, »Customizing der Stammdatensynchronisation bei Nutzung des Geschäftspartners«, beschreiben wir das Customizing der Stammdatensynchronisation und greifen die Problematik dort noch mal auf.

Überlegen Sie, ob und wie Sie Ihre zukünftigen Geschäftspartner-Rollen für die Feldsteuerung des Geschäftspartners nutzen wollen. Oftmals ist es schon während des CVI-Projekts sinnvoll, die benötigten Geschäftspartner-Rollen anzulegen, die dann für die Feldsteuerung genutzt werden können. In Abschnitt 5.7, »Feldmodifikation«, gehen wir auf die Möglichkeiten der Feldsteuerung am Geschäftspartner ein.

3.3 Synchronisation

Nachdem Sie alle vorbereitenden Maßnahmen durchgeführt haben, die konzeptionellen Themen, wie z. B. Nummernvergabe und Geschäftspartner-Rollen, besprochen und entsprechende Entscheidungen zu Ihrer CVI getroffen haben, kommen wir nun zur eigentlichen Durchführung des Projekts.

Umsetzung im Customizing-System

Im nächsten Schritt führen Sie das eigentliche Customizing im SAP-System durch. Das betrifft zum einen das Customizing des Geschäftspartners und zum anderen das Customizing der Stammdatensynchronisation:

- Customizing des Geschäftspartners im Rahmen der Customer-Vendor-Integration (Kapitel 4)
- Customizing des Geschäftspartners in SAP S/4HANA (Kapitel 5)
- Customizing der Stammdatensynchronisation für die Customer-Vendor-Integration (Kapitel 9)
- Customizing der Stammdatensynchronisation bei Nutzung des Geschäftspartners (Kapitel 10)

Bevor Sie Ihre Stammdaten von Kunden und Lieferanten zum Geschäftspartner überführen können, müssen diese beiden Customizing-Aktivitäten vorgenommen werden.

Abbildung 3.11 zeigt die im Einführungsleitfaden (Implementation Guide; kurz IMG) relevanten Pfade des ❶ Geschäftspartner- und ❷ Stammdatensynchronisations-Customizings.

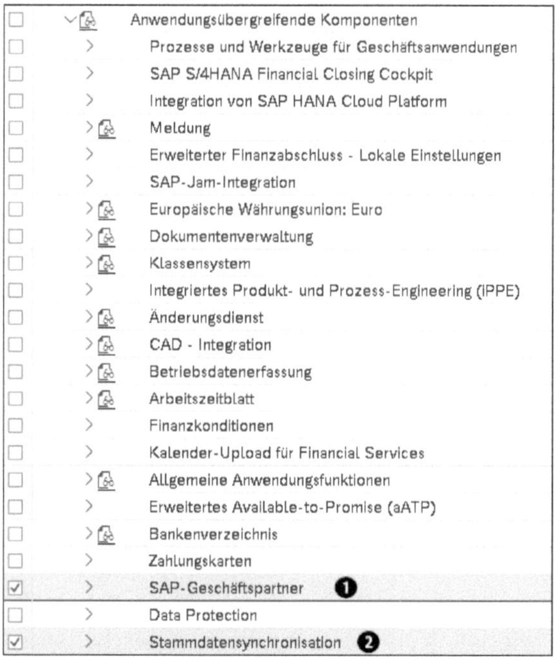

Anwendungsübergreifende Komponenten
- Prozesse und Werkzeuge für Geschäftsanwendungen
- SAP S/4HANA Financial Closing Cockpit
- Integration von SAP HANA Cloud Platform
- Meldung
- Erweiterter Finanzabschluss - Lokale Einstellungen
- SAP-Jam-Integration
- Europäische Währungsunion: Euro
- Dokumentenverwaltung
- Klassensystem
- Integriertes Produkt- und Prozess-Engineering (iPPE)
- Änderungsdienst
- CAD - Integration
- Betriebsdatenerfassung
- Arbeitszeitblatt
- Finanzkonditionen
- Kalender-Upload für Financial Services
- Allgemeine Anwendungsfunktionen
- Erweitertes Available-to-Promise (aATP)
- Bankenverzeichnis
- Zahlungskarten
- SAP-Geschäftspartner ❶
- Data Protection
- Stammdatensynchronisation ❷

Abbildung 3.11 IMG-Pfad für das Geschäftspartner- und Stammdatensynchronisations-Customizing

Um alle Tätigkeiten während der Synchronisation durchführen zu können, müssen diese Einstellungen korrekt und vollständig sein. SAP stellt eine

Anwendung zur Verfügung, die die bekannten Prüfungen und Transaktionen in einem Cockpit vereint und die somit die Durchführung der CVI deutlich vereinfacht. In den folgenden Abschnitten beschreiben wir das sogenannte *CVI-Cockpit* und seine Bedienung im Detail.

CVI-Cockpit

Mit der Anwendung *Cockpit der Debitoren-/Kreditorenintegration* hat SAP alle bekannten Prüfungen und unterstützenden Programme zusammengeführt und deren Bedienung somit deutlich vereinfacht. Dort sind auch die zentralen SAP-Hinweise gesammelt und direkt aufrufbar, sodass Sie Lösungen und Hilfestellungen zu den bekannten Fehlern und Problemen auf einen Blick finden. Die zentralen Funktionen werden in SAP-Hinweis 2832085 (Neues zentrales Cockpit für Debitoren-/Kreditorenintegration [CVI] mit Geschäftspartner) beschrieben. Die Anwendung wird über die Transaktion CVI_COCKPIT gestartet. Das Einstiegsbild des CVI-Cockpits umfasst die vier Registerkarten **Read Me**, **Vorbereitung**, **CVI-Laden** und **Upgradevorbereitung**. Jede dieser Registerkarten umfasst Funktionen zu jeweils einer Phase der Stammdatensynchronisation. Überdies wird der Gesamtstatus der CVI angezeigt, und es besteht die Möglichkeit, den sogenannten Echtzeitstatus der CVI ermitteln zu lassen.

Abbildung 3.12 zeigt das Einstiegsbild der Transaktion und die Beschreibung des aufgerufenen Echtzeitstatus. Zusätzlich ist ersichtlich, dass der Status der ersten beiden Registerkarten nicht mehr dem initialen Stand entspricht. Es wurden bereits Tätigkeiten durchgeführt und zum Teil abgeschlossen. Dieses Vorgehen wird im Folgenden beschrieben.

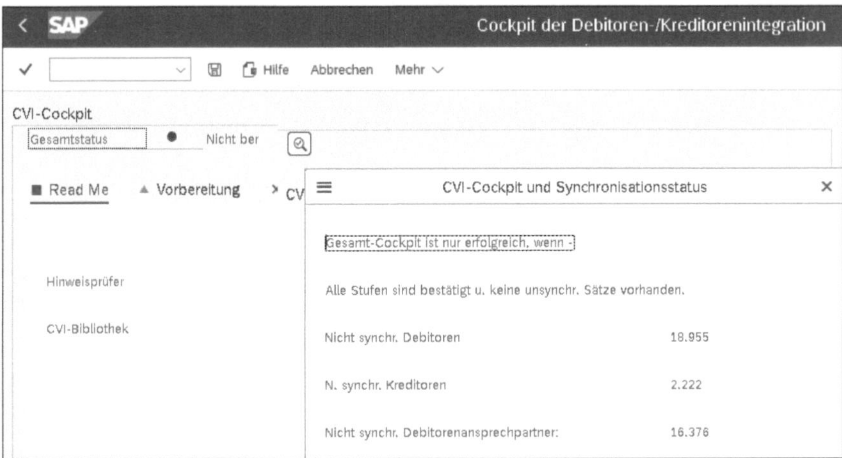

Abbildung 3.12 Einstiegsbild von Transaktion CVI_COCKPIT

CVI-Cockpit aktivieren

Aktivieren Sie die jeweilige Registerkarte, bevor Sie die zugehörigen Einstellungen vornehmen können. Klicken Sie dazu auf den Button [✎] (**Bearbei-**

ten) im unteren rechten Bereich der Registerkarte. Anschließend können Sie die einzelnen Funktionen der Registerkarten bearbeiten. Sie müssen alle Funktionen einer Registerkarte als erledigt kennzeichnen, ehe Sie die nächste Registerkarte nutzen können.

Status setzen

Wenn Sie die Tätigkeiten oder Prüfungen, die zu einer Funktion gehören, bearbeiten oder abgeschlossen haben, nutzen Sie die Ampelschaltfläche hinter jeder Funktion, um den Status zu kennzeichnen. Somit sind Sie jederzeit in der Lage, den momentanen Bearbeitungsstand des CVI-Cockpits zu ermitteln. Dies ist vor allem dann wichtig, wenn mehr als eine Person mit dieser Anwendung arbeitet. Abbildung 3.13 zeigt die Statusbearbeitung des Hinweisprüfers auf der Registerkarte **Read Me** des CVI-Cockpits. Der Status 05 sagt »Ok, erledigt« aus. Sie müssen ebenso immer einen Kommentar verfassen.

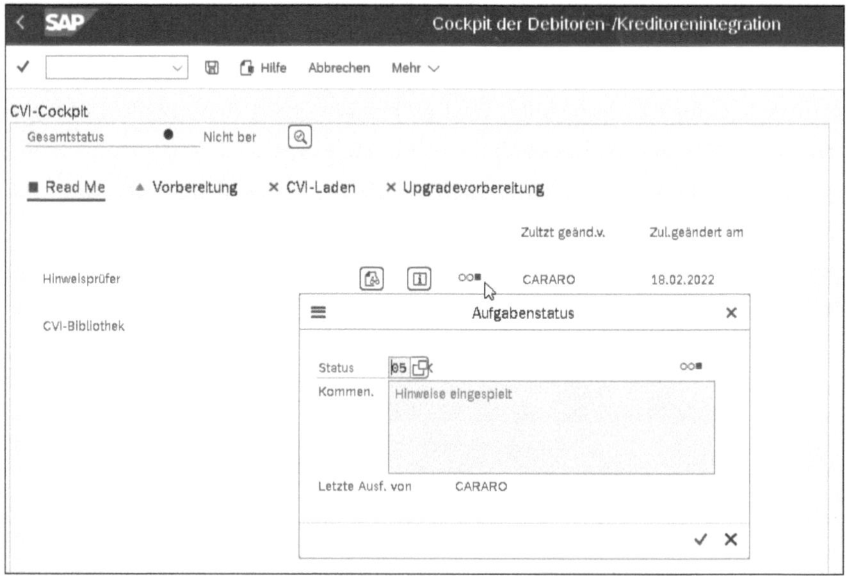

Abbildung 3.13 Statusänderung einer Funktion im CVI-Cockpit

Registerkarten bearbeiten

Sind alle Funktionen einer Registerkarte mit dem Status 05 markiert, wird der Status der gesamten Registerkarte mit einer grünen Ampel als erledigt gekennzeichnet. Um den nächsten Abschnitt bearbeiten zu können, sichern Sie das CVI-Cockpit durch Klicken auf das Speichern-Symbol (**Speichern**) in der Funktionsleiste. Anschließend wechseln Sie in die nächsten Registerkarten und aktivieren, wie oben beschrieben, die Bearbeitung.

Im Folgenden gehen wir auf die einzelnen Registerkarten näher ein.

3.3.1 Registerkarte »Read Me«

Auf der Registerkarte **Read Me** sind die zwei Funktionen **Hinweisprüfer** und **CVI-Bibliothek** zusammengefasst.

Hinweisprüfer

Der Hinweisprüfer führt Sie direkt zum SAP-Support-Launchpad auf den SAP-Hinweis 2951811 (Transportbasierte Korrekturanleitung für die Customer-Vendor-Integration [CVI] in der ECC [SAP_APPL]). In dieser transportbasierten Korrekturanleitung finden Sie zusammengefasst viele relevante Hinweise für die CVI. Mit Einspielen dieser Korrekturanleitung haben Sie einen Grundstock der wichtigsten Hinweise und minimieren so den Aufwand für die Suche nach einzelnen Hinweisen.

CVI-Bibliothek

Die Funktion **CVI-Bibliothek** leitet Sie zu dem folgenden SAP-Beratungshinweis weiter, der diverse Wissensartikel und weiterführende SAP-Hinweise vereint und für Sie somit ein wichtiges Nachschlagewerk darstellt: SAP-Hinweis 2823632 (Beratungshinweis für Geschäftspartner-Ansatz und CVI-Prozess).

3.3.2 Registerkarte »Vorbereitung«

Auf der Registerkarte **Vorbereitung** stehen vier Funktionen zur Verfügung, die Sie beim Customizing und der Prüfung Ihrer Stammdaten unterstützen.

Stammdatenkonsistenz

Mit dem Report **Stammdatenkonsistenz** prüfen Sie die Konsistenz Ihrer Kunden- und Lieferantenstammdaten hinsichtlich der Konvertierung zum Geschäftspartner. Folgende betriebswirtschaftliche Daten werden geprüft:

- Steuercode
- Postleitzahl
- E-Mail
- Bankdaten
- Steuerstandort
- Branche
- Transportzonen
- Adresse
- Nummernkreis

Um die Bearbeitung der Stammdaten aus diesem Report heraus zu gewährleisten, sind folgende *Berechtigungsobjekte* notwendig. Eine Berechtigung ist die grundsätzliche Ermächtigung, eine Aktion im SAP-System ausführen zu dürfen. Jede Berechtigung bezieht sich wiederrum auf ein Berechtigungsobjekt. Das Berechtigungsobjekt definiert einen oder mehrere Werte für einzelne Berechtigungsfelder, die im jeweiligen Objekt enthalten sind.

- C_PRECHECK_M mit der Aktivität 02
- B_MASSMAIN mit der Aktivität MASSOBJTYP und die Werte XD99 und XK99 (dies ist für die Massenpflege notwendig)

Weitere Informationen zu der Stammdatenprüfung und zu allen anderen Funktionen finden Sie jeweils über die Funktion **Performance Assistant**, die Sie je Funktion über den Informationsbutton [i] aufrufen können.

Die Prüfung der Stammdatenkonsistenz wird als Hintergrundoperation ausgeführt und erzeugt pro Lauf ein Ergebnisprotokoll.

Laufhistorie

Abbildung 3.14 zeigt das Selektionsbild der Konsistenzprüfung. Im unteren Teil der Abbildung sehen Sie zwei Einträge im Abschnitt **Laufhistorie**. Diese entstehen nach erfolgreichem Durchlauf der Prüfung und bilden die Grundlage der Korrekturen der aufgezeigten Stammdaten.

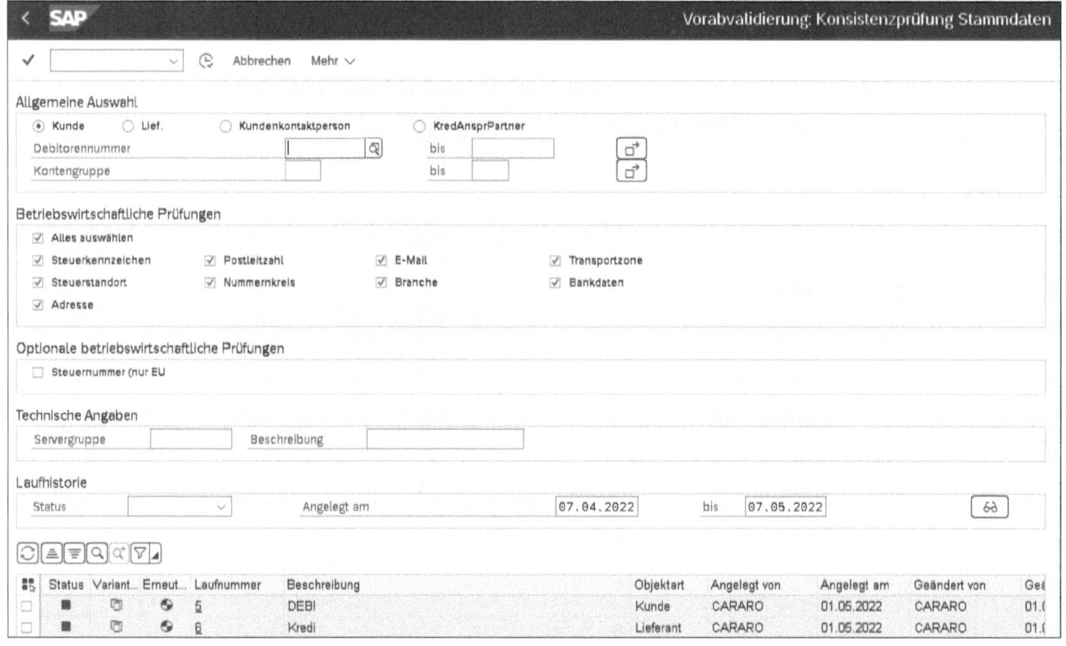

Abbildung 3.14 Selektionsbild und Laufhistorie der Stammdatenprüfung

Performance Assistant

Durch Anklicken der Ziffer in der Spalte **Laufnummer** in der Laufhistorie gelangen Sie in die Ergebnisliste des Laufs, von der aus Sie die Bearbeitung der fehlerhaften Stammdaten durchführen können. In den Informationen des Performance Assistants wird die mögliche Durchführung der Stammdatenkorrektur ausführlich beschrieben. In Abbildung 3.15 zeigen wir die beispielhafte Einzelkorrektur einer fehlerhaften E-Mail-Adresse. Hierbei zeigt das Prüfergebnis die gezeigten Daten an.

Durch das Anklicken der Objektnummer werden Sie direkt in die Pflegetransaktion des jeweiligen Stammdatenobjekts geführt. In diesem Fall ist das die Transaktion XD02, da wir einen Kundenstamm bearbeiten. Hier sind Sie wie gewohnt in der Lage, die fehlerhaften Daten zu korrigieren.

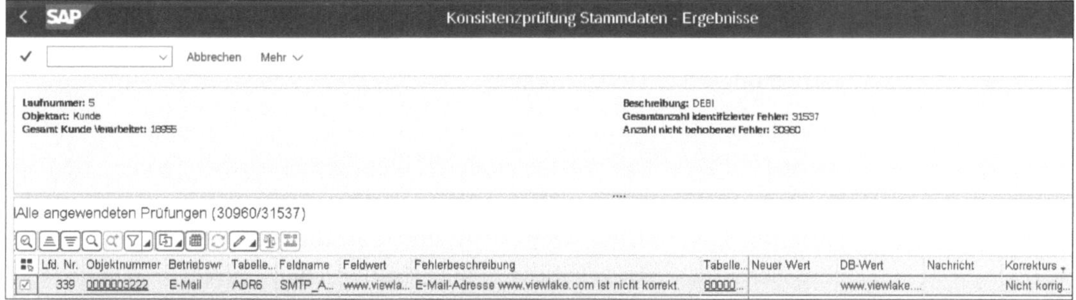

Abbildung 3.15 Ergebnis der Stammdatenkonsistenzprüfung

Eine massenhafte Änderung von Stammdaten ist über [Symbol] (**Bearbeiten**) in der Symbolleiste möglich (siehe Abbildung 3.16). Hier können Sie direkt in der Ergebnisliste die neuen Werte für jedes Stammdatenobjekt pflegen und anschließend ändern.

Massenänderung von Stammdaten

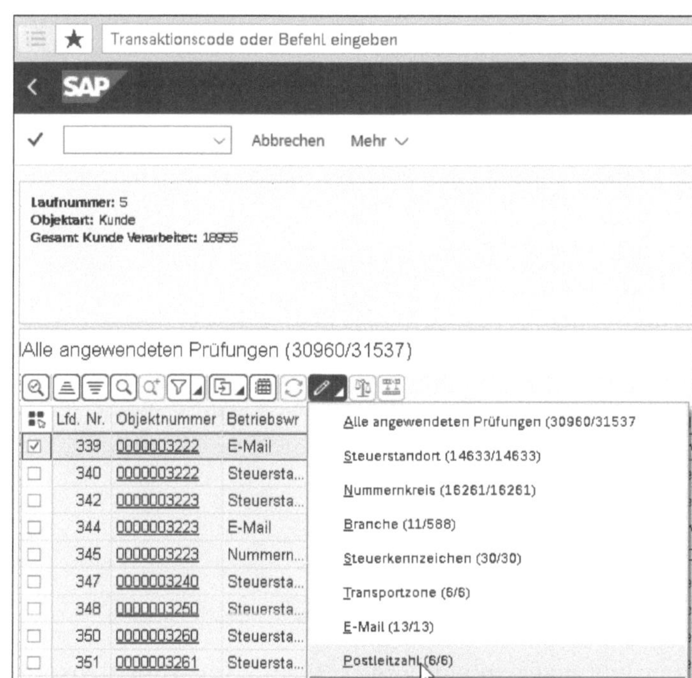

Abbildung 3.16 Aktivierung von Massenkorrekturen

Bevor Sie mit der Stammdatensynchronisation beginnen, sollten Sie alle Fehler korrigieren, da diese sonst während der Synchronisation die Konvertierung des jeweiligen Objekts verhindern.

Automatisiertes Customizing

Mit dem Report **CVI-Customizing-Prüfungen für die Synchronisation** unter dem Punkt **Automatisiertes Customizing** können Sie Ihre kompletten Customizing-Einstellungen überprüfen. Der Report zeigt Ihnen fehlendes oder fehlerhaftes Customizing sowie die mögliche Lösung dafür in dem jeweiligen Mandaten des Systems auf.

Abbildung 3.17 zeigt die Prüfung der Customizing-Zuordnung der Kontengruppe zur Geschäftspartner-Rolle. In diesem Fall wird angezeigt, dass der Kontengruppe 0001 keine Geschäftspartner-Rolle zugeordnet ist. Über die Funktion **Customizing** werden Sie direkt in die entsprechende Customizing-Aktivität weitergeleitet, um die erforderlichen Korrekturen vorzunehmen. Werden keine Fehler angezeigt, sind die Einstellungen konsistent.

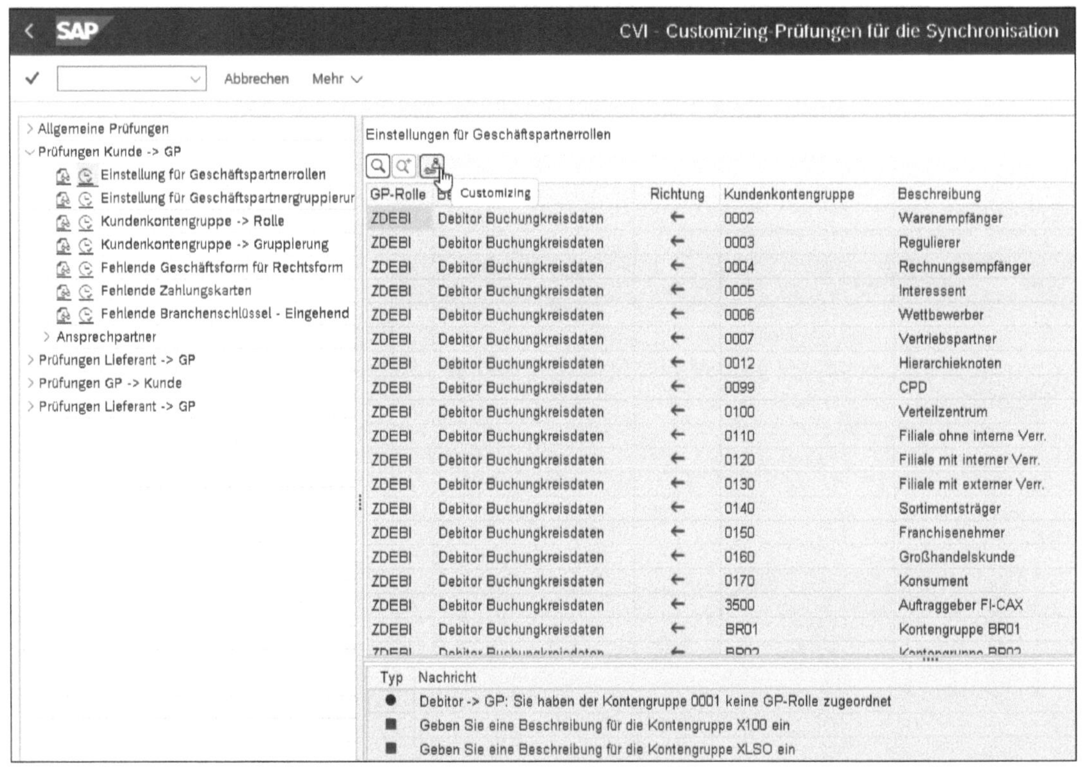

Abbildung 3.17 Prüfung des Customizings

Prüfungen unterdrücken

Mit der Einstellung **Prüfungen unterdrücken** können Sie die Konsistenzprüfung der folgenden Felder unterdrücken:

- Steuerstandort
- E-Mail
- Bank
- Steuernummern
- Region und Postleitzahl
- Geocode

[«]

Prüfungen nicht in produktiven Systemen unterdrücken

Diese Unterdrückung der Prüfung sollte NICHT in produktiven Systemen aktiviert werden. Sie können diese Funktion verwenden, um in Ihrem Entwicklungs- und Qualitätssicherungssystem die Korrektur der Stammdaten in den genannten Feldern zu umgehen. Ebenfalls empfehlen wir, die Unterdrückung der Prüfung nicht im Sandbox-System zu aktivieren. Hier sollte Ihr Ziel sein, alle Fehler, die auch im Produktivsystem auftauchen werden, zu identifizieren und eine Lösung zu erarbeiten.

Legal Entity Pre-Checks

Zum Zeitpunkt der Entstehung dieses Buches war der Report **Legal Entity Pre-Checks** `CVI_LE_DATA_HARMONIZATION` neu und ist für uns eine echte Bereicherung. Wie in Abschnitt 2.2, »Zusammenführung von Kunden und Lieferanten«, beschrieben, lassen sich Kunden und Lieferantenstämme, die die gleiche Entität abbilden, während der CVI gemeinsam zu einem Geschäftspartner synchronisieren.

SAP-Hinweis 2363892 (Verknüpfung von Kunden und Lieferanten mit einem einzelnen Geschäftspartner bei der Erstdatenübernahme vor dem Upgrade auf SAP S/4HANA) beschreibt dabei die Zusammenhänge und das Vorgehen dieses Prozesses. Bisher mussten die im SAP-Hinweis beschriebenen Voraussetzungen erfüllt oder manuell korrigiert werden.

Den Report **Legal Entity Pre-Checks** können Sie direkt über den Transaktionscode CVI_LEDH aufrufen. Er listet Kunden- und Lieferantendatensätze auf, die sich gegenseitig referenzieren und ein Rechtspersonenpaar bilden, aber nicht einem Geschäftspartner zugeordnet sind.

Master Data Synchronization

Während des Synchronisationsprozesses im *Master Data Synchronization (MDS) Load Cockpit* (siehe Abschnitt 3.4, »Das Synchronisationscockpit (Transaktion MDS_LOAD_COCKPIT)«, kann es aufgrund von Inkonsistenzen in den Adress-, Bank- und Steuerdaten zu Fehlern für das Entitätspaar Kunde und Lieferant kommen.

Mit diesem Report können Sie den Kunden oder den Lieferanten als führende Entität für Adress-, Steuer- und Bankdaten auswählen. Das MDS-Load-Cockpit verwendet die Informationen zur führenden Entität aus diesem Report, um das Kunden- und Lieferantenpaar der rechtlichen Entität mit dem Geschäftspartner zu synchronisieren. Dadurch werden die Daten harmonisiert und Fehler bei den Paaren von juristischen Personen vermieden.

Abbildung 3.18 zeigt das Ergebnis der Prüfung. Es werden alle Kunden- und Lieferantenpaare aufgelistet, und bei nicht konsistenten Daten wird die entsprechende Korrekturmöglichkeit angeboten.

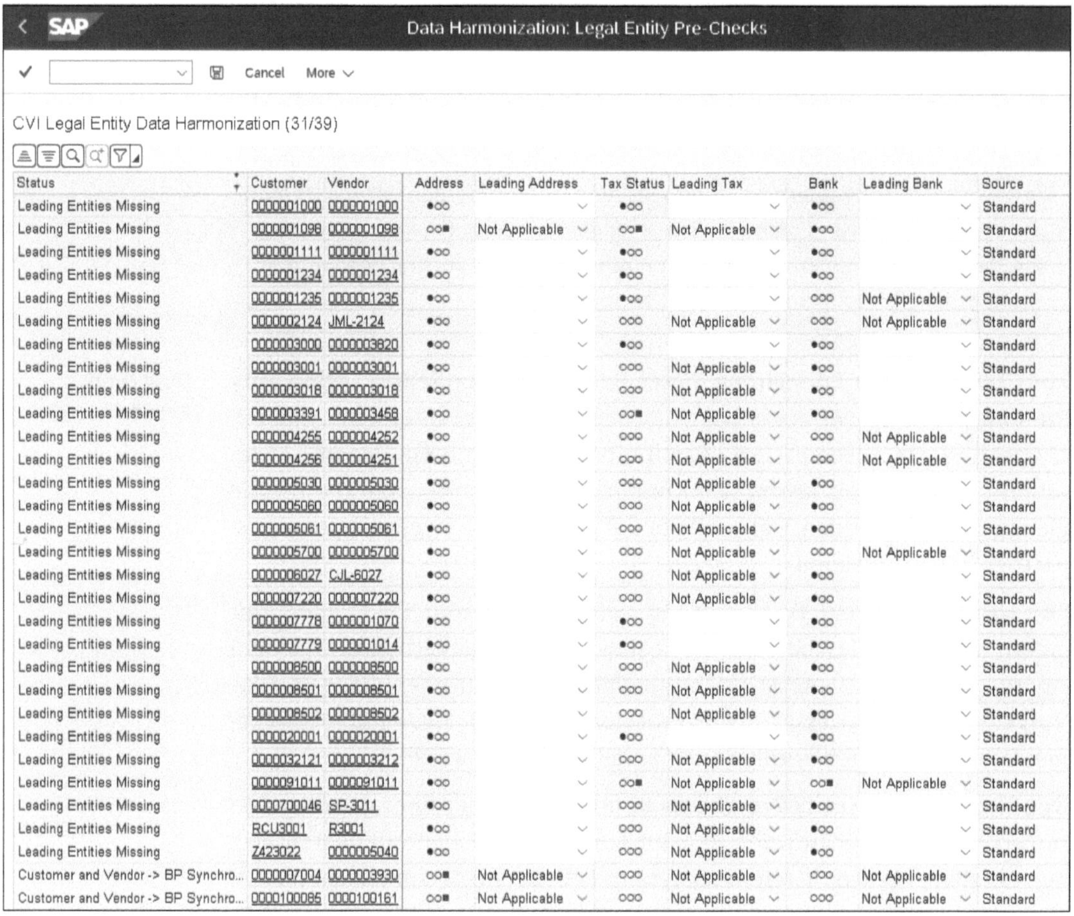

Data Harmonization: Legal Entity Pre-Checks

Cancel More

CVI Legal Entity Data Harmonization (31/39)

Status	Customer	Vendor	Address	Leading Address	Tax Status	Leading Tax	Bank	Leading Bank	Source
Leading Entities Missing	0000001000	0000001000	●○○		●○○		●○○		Standard
Leading Entities Missing	0000001098	0000001098	○○■	Not Applicable	○○■	Not Applicable	●○○		Standard
Leading Entities Missing	0000001111	0000001111	●○○		●○○		●○○		Standard
Leading Entities Missing	0000001234	0000001234	●○○		●○○		●○○		Standard
Leading Entities Missing	0000001235	0000001235	●○○		●○○		○○○	Not Applicable	Standard
Leading Entities Missing	0000002124	JML-2124	●○○		○○○	Not Applicable	○○○	Not Applicable	Standard
Leading Entities Missing	0000003000	0000003820	●○○		●○○		●○○		Standard
Leading Entities Missing	0000003001	0000003001	●○○		○○○	Not Applicable	●○○		Standard
Leading Entities Missing	0000003018	0000003018	●○○		○○○	Not Applicable	●○○		Standard
Leading Entities Missing	0000003391	0000003458	●○○		○○■	Not Applicable	●○○		Standard
Leading Entities Missing	0000004255	0000004252	●○○		○○○	Not Applicable	○○○	Not Applicable	Standard
Leading Entities Missing	0000004256	0000004251	●○○		○○○	Not Applicable	○○○	Not Applicable	Standard
Leading Entities Missing	0000005030	0000005030	●○○		○○○	Not Applicable	●○○		Standard
Leading Entities Missing	0000005060	0000005060	●○○		○○○	Not Applicable	●○○		Standard
Leading Entities Missing	0000005061	0000005061	●○○		○○○	Not Applicable	●○○		Standard
Leading Entities Missing	0000005700	0000005700	●○○		○○○	Not Applicable	○○○	Not Applicable	Standard
Leading Entities Missing	0000006027	CJL-6027	●○○		○○○	Not Applicable	●○○		Standard
Leading Entities Missing	0000007220	0000007220	●○○		○○○	Not Applicable	●○○		Standard
Leading Entities Missing	0000007778	0000001070	●○○		●○○		●○○		Standard
Leading Entities Missing	0000007779	0000001014	●○○		●○○		●○○		Standard
Leading Entities Missing	0000008500	0000008500	●○○		○○○	Not Applicable	●○○		Standard
Leading Entities Missing	0000008501	0000008501	●○○		○○○	Not Applicable	●○○		Standard
Leading Entities Missing	0000008502	0000008502	●○○		○○○	Not Applicable	●○○		Standard
Leading Entities Missing	0000020001	0000020001	●○○		●○○		●○○		Standard
Leading Entities Missing	0000032121	0000003212	●○○		○○○	Not Applicable	●○○		Standard
Leading Entities Missing	0000091011	0000091011	●○○		○○■	Not Applicable	○○■	Not Applicable	Standard
Leading Entities Missing	0000700046	SP-3011	●○○		○○○	Not Applicable	●○○		Standard
Leading Entities Missing	RCU3001	R3001	●○○		○○○	Not Applicable	●○○		Standard
Leading Entities Missing	Z423022	0000005040	●○○		○○○	Not Applicable	●○○		Standard
Customer and Vendor -> BP Synchro...	0000007004	0000003930	○○■	Not Applicable	○○○	Not Applicable	○○○	Not Applicable	Standard
Customer and Vendor -> BP Synchro...	0000100085	0000100161	○○■	Not Applicable	○○○	Not Applicable	○○○	Not Applicable	Standard

Abbildung 3.18 Ergebnis des Reports CVI_LEDH

3.3.3 Registerkarte »CVI-Laden«

Auf der Registerkarte **CVI-Laden** sind die Funktionen zusammengefasst, die für die eigentliche Stammdatensynchronisation verwendet werden. Diese unterteilen sich in drei Bereiche:

- vor dem Laden
- echte Ladeaktivitäten
- nach dem Laden

Einige der Funktionen wiederholen sich in den Abschnitten **vor dem Laden** und **nach dem Laden**, denn die Anordnung der Funktionen gibt die chronologische Reihenfolge der Aktivitäten während der Konvertierung wieder.

Schnittstellen aktivieren/deaktivieren

Mit der Funktion **Aktivieren/Deaktivieren der Interfaces** können sie abhängige Schnittstellen vor dem Synchronisationsprozess deaktivieren. In der Datenbanktabelle CRMC_BUT_CALL_FU werden die Funktionsbausteine zum Datenaustausch von Geschäftspartner-Daten definiert und aktiviert. Über die Anwendung können Sie direkt aus dem CVI-Cockpit in die Pflege der Aktivierung/ Deaktivierung springen.

Anwendungen sperren

Die Funktion **Pflegetransaktionen sperren** ist vor allem bei der Stammdatensynchronisation in einem Produktivsystem sinnvoll. Meist kann im produktiven Betrieb nicht sichergestellt werden, dass während der Synchronisation die Arbeit an Kunden-, oder Lieferantenstammdaten ruht. Um die Fehler durch Datensperren oder Inkonsistenzen zu minimieren, können Sie über diese Funktion die Anwendungen sperren, die von Ihren Benutzer*innen für die Datenpflege genutzt werden. Weitere Informationen zur Sperre von Anwendungen gibt SAP-Hinweis 2234192 (Ergänzung zur Sperrung des Anwendungsstarts).

Weiterführender SAP-Hinweis

Während der Stammdatensynchronisation kann es technisch bedingt zu Inkonsistenzen kommen. Als Beispiel sei hier ein fehlender Eintrag in einer der Verknüpfungstabellen (z. B. CVI_CUST_LINK) genannt. Unter bestimmten Umständen wird bei der Synchronisation eines Kunden der entsprechende Geschäftspartner angelegt, aber nicht auch korrekt mit dem Kundenstamm verknüpft. Unter solchen Umständen wird später die CVI als komplett angezeigt.

Bei der Analyse werden Sie den Kunden (Tabelle KNA1) und einen entsprechenden Geschäftspartner (Tabelle BUT000) finden, es fehlt aber die angesprochene Verknüpfung. Ohne ein technisches Hilfsmittel sind Sie nachträglich nicht in der Lage, diese Verknüpfung herzustellen. Die Funktion **Weitere Infos** leitet Sie zu einem zentralen SAP-Hinweis weiter (SAP-Hinweis 2821676 – Konsolidierungshinweis: Dateninkonsistenzen in den Geschäftspartner-Stammdaten), der die Korrekturen für alle bekannten Konsistenzprobleme enthält. Diese sollten Sie vor dem Start der Synchronisation in Ihr SAP-System einbauen, um etwaige Fehler schnell korrigieren zu können.

Handhabung von rechtlichen Einheiten

Verwenden Sie Ansprechpartner für Kunden- und Lieferantenstammdaten bei Entitäten, die in einen gemeinsamen Geschäftspartner synchronisiert werden, müssen Sie während der Synchronisation sicherstellen, dass diese fehlerfrei mit dem Geschäftspartner verknüpft werden.

Anschließend müssen Sie sicherstellen, dass sämtliche dem Geschäftspartner zugeordneten Ansprechpartner sowohl mit dem Kunden- als auch dem Lieferantenstamm verknüpft sind. Um dies zu erreichen, sollte eine bestimmte Reihenfolge von Schritten während der Synchronisation eingehalten werden. Hier werden Sie zu dem entsprechenden SAP-Hinweis 2883613 (CVI_LOAD: Schritte und Reihenfolge der Synchronisierung für legale Einheit für Debitor und Kreditor) weitergeleitet. Dieser Hinweis enthält eine entsprechende Korrekturanleitung und einen Leitfaden, der zu einer sauberen Synchronisation bei oben beschriebener Konstellation führt.

Ladewerkzeug MDS_LOAD_COCKPIT

Das Ladewerkzeug ist eine zentrale Anwendung während der CVI. Aus diesem Grund behandeln wir diesen Punkt separat in Abschnitt 3.4, »Das Synchronisationscockpit (Transaktion MDS_LOAD_COCKPIT)«. Außerdem wird in Kapitel 11, »Durchführung der Stammdatensynchronisation«, der Ablauf der Stammdatensynchronisation und die Nachbearbeitung mit den wichtigsten, bekannten Fehlern erläutert.

Nachbearbeitung

Mit der Funktion **Nachbearbeitung** wird die Transaktion MDS_PPO2 (Postprocessing Workbench) aufgerufen. Diese zeigt ein Fehlerprotokoll aller, während der Synchronisation aufgetretenen Fehler an und ermöglicht ihre Bereinigung und eine Nachsynchronisation der fehlerhaften Objekte. Das Arbeiten mit dieser Anwendung wird in Abschnitt 3.5, »Nacharbeiten mit Transaktion MDS_PPO2«, genauer beschrieben.

Vollständigkeitsprüfung

Mithilfe der Aktivität **Vollständigkeitsprüfung** können Sie die Liste der Debitoren, Kreditoren und Ansprechpartner aufrufen, die noch nicht in Geschäftspartner umgewandelt wurden. Sie können diese Liste als MS-Excel-Datei herunterladen, die direkt für einen Folgelauf in MDS_LOAD_COCKPIT hochgeladen werden kann. Dieses Vorgehen beschreiben wir genauer in Kapitel 11, »Durchführung der Stammdatensynchronisation«.

Vollständigkeit prüfen

Das Ergebnis der Vollständigkeitsprüfung kann in einem SAP-Retail-System (siehe Kapitel 15, »Besonderheiten weiterer SAP-Systeme im Rahmen der Customer-Vendor-Integration«) zahlenmäßig von den Stammdaten abweichen, obwohl die tabellarische Darstellung keine offenen Objekte anzeigt. Betriebsstämme mit ihren Kunden- und Lieferantenstammdaten sind von dieser Prüfung ausgenommen, da sie aus technischen Gründen erst in der SUM-Phase der SAP-S/4HANA-Konvertierung zu Geschäftspartnern synchronisiert werden.

Aktivitäten nach dem Laden

Sollten Sie vor der Synchronisation in Ihrem Produktivsystem die zuvor beschriebenen Funktionen zum Deaktivieren von Schnittstellen oder zur Sperrung von Pflegetransaktionen genutzt haben, setzen Sie nach Beendigung Ihrer Tätigkeiten diese Einstellungen in den Ursprungszustand zurück, damit Ihr Produktivbetrieb nicht eingeschränkt wird. Die beiden Funktionen **Aktivieren/Deaktivieren von Interfaces** und die Sperren der Pflegetransaktionen sollten Sie nutzen, um Ihre Schnittstellen wieder zu aktivieren und um die Transaktionen für die Pflege wieder zu entsperren.

Upgrade-vorbereitungen

Wenn Sie auf der Registerkarte **CVI-Laden** alle Aktivitäten beendet haben, wenn Sie alle Fehlerprotokolle in der Nachbearbeitung abgearbeitet haben und vor allen Dingen die Vollständigkeitsprüfung keine offenen Stammdatenobjekte mehr anzeigt, dann haben Sie Ihre initiale Stammdatensynchronisation erfolgreich abgeschlossen. Die eingerichteten Mechanismen werden bei zukünftigen Stammdatenänderungen und -anlagen dazu führen, dass im Hintergrund die entsprechenden Geschäftspartner-Daten aktualisiert werden.

Abschließende Vorbereitungen

Wird ein CVI-Projekt mit einem größeren Vorlauf vor einer SAP-S/4HANA-Konvertierung durchgeführt, können sich dennoch über die Zeit einige Stammdateninkonsistenzen und Fehler ansammeln, die zu nicht sauber synchronisierten Geschäftspartner-Daten führen. Um Hilfsmittel zur Verfügung zu stellen, die bei der unmittelbaren Vorbereitung der SAP-S/4HANA-Konvertierung unterstützen können, sind auf dieser Registerkarte nochmals zwei Prüfungen zusammengefasst. Sie unterscheiden sich nicht von den zuvor beschriebenen und bilden an dieser Stelle die chronologische Reihenfolge der Tätigkeiten ab.

Die Transaktion MDS_LOAD_COCKPIT ist die zentrale Anwendung zur Durchführung der Stammdatensynchronisation. Wie zuvor beschrieben, ist sie unter dem Punkt **Ladewerkzeug** auf Registerkarte **CVI-Laden** im CVI-Cockpit eingebunden. Zusammen mit der *Postprocessing Workbench* (Transaktion MDS_PPO2) bildet sie den Dreh- und Angelpunkt in der Durchführung der CVI. Der Synchronisationsprozess mit allen notwendigen Tätigkeiten wird in Kapitel 11, »Durchführung der Stammdatensynchronisation«, detailliert beschrieben. In den folgenden Abschnitten lernen Sie diese Werkzeuge kennen.

3.4 Das Synchronisationscockpit (Transaktion MDS_LOAD_COCKPIT)

Sie können die Transaktion MDS_LOAD_COCKPIT entweder aus dem CVI-Cockpit oder über den direkten Transaktionsaufruf erreichen. In manchen Systemen kann es vorkommen, dass der Selektionsscreen der Transaktion beim ersten Aufruf nicht korrekt angezeigt wird. SAP-Hinweis 3028123 (Selection screen disappeared in MDS_LOAD_COCKPIT) beschreibt die Lösung zu diesem Problem.

Nach dem Aufruf der Anwendung befinden Sie sich auf dem Selektionsbildschirm, der in drei Hauptteile unterteilt ist. Abbildung 3.19 zeigt den Einstiegsbildschirm der Anwendung.

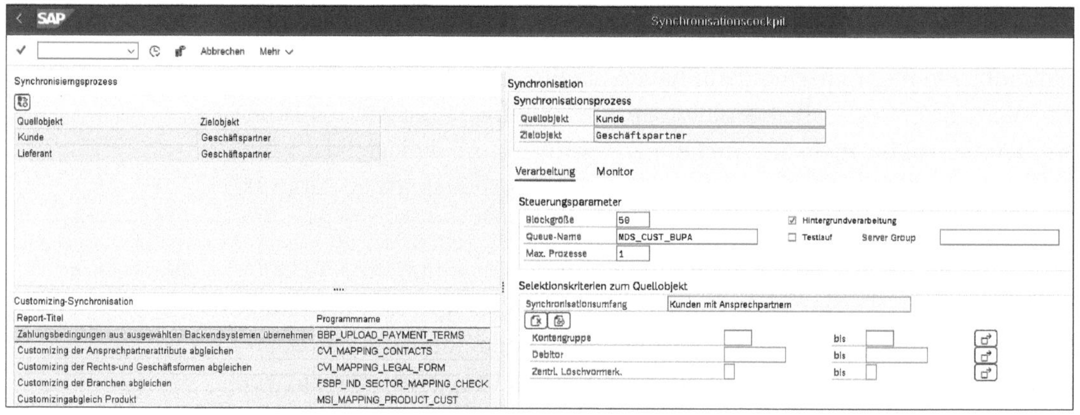

Abbildung 3.19 Einstiegsbild des Synchronisationscockpits

Synchronisationsprozesse anzeigen lassen

Im linken oberen Teil werden die verfügbaren Synchronisationsprozesse für Stammdaten angezeigt. Wir werden hier nur auf die Möglichkeiten eingehen, die für die CVI relevant sind. Mit entsprechendem Customizing können Sie diese Transaktion aber auch für die Synchronisation verschiedener anderer Stammdatenobjekte nutzen. Über die Funktion [icon] (**Inaktive anzeigen/ausblenden**) können Sie sich auch nicht aktive Synchronisationsprozesse anzeigen lassen. In unserem Beispiel sehen Sie nur die beiden aktiven Prozesse Kunde → Geschäftspartner und Lieferant → Geschäftspartner. Die beiden Prozesse Geschäftspartner → Kunde und Geschäftspartner → Lieferant sind zu diesem Zeitpunkt im Customizing nicht aktiviert. In Kapitel 9, »Customizing der Stammdatensynchronisation für die Customer-Vendor-Integration«, wird dieses Customizing eingehend beschrieben.

Im linken unteren Teil besteht die Möglichkeit, einen automatisierten Customizing-Abgleich einiger CVI-relevanter Einstellungen vorzunehmen. Mit dem Report `CVI_MAPPING_CONTACTS` kann das Customizing der Ansprechpartnerattribute abgeglichen und angepasst werden (siehe Abbildung 3.20).

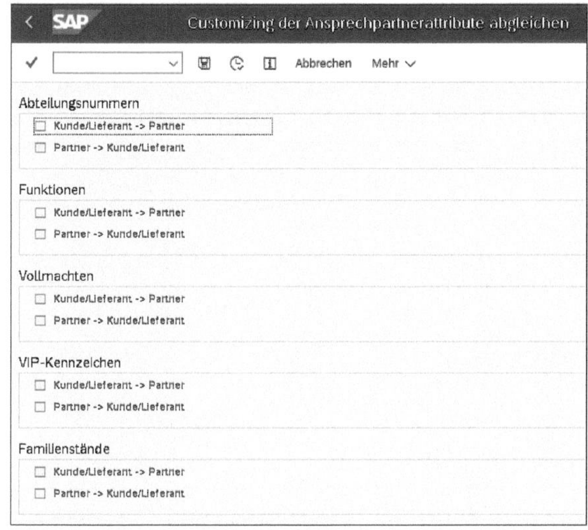

Abbildung 3.20 CVI_MAPPING_CONTACTS

Ansprechpartnerattribut definieren

Diese Funktionen sind nur dann ausführbar, wenn das jeweilige Ansprechpartnerattribut des Debitorenstammsatzes oder das Ansprechpartnerattribut des Geschäftspartners im Customizing definiert ist. Das jeweils bereits eingestellte Objekt stellt ihr Quellobjekt dar.

Außerdem müssen Sie vor Ausführung des Reports sicherstellen, dass im Zielobjekt und im Zuordnungs-Customizing noch keine Einträge vorhanden sind. Sollte das jeweilige Ansprechpartnerattribut bereits in beiden Objekten (Geschäftspartner und Debitor) oder im Zuordnungs-Customizing eingestellt sein, nehmen Sie die Zuordnung dieses Attributs manuell in den entsprechenden Customizing-Aktivitäten vor.

Im rechten Teil des Einstiegsbildes des Synchronisationscockpits finden Sie die Selektion für die Stammdatensynchronisation des ausgewählten Prozesses. Um einen Prozess zu wählen, doppelklicken Sie ihn im linken oberen Teil, es können nur aktivierte Prozesse gewählt werden.

In unserem Beispiel wurde der Prozess Kunde → Geschäftspartner gewählt. Dieser dient bei der CVI dazu, Ihre Kundestammdaten zu Geschäftspartnern zu konvertieren. Nach Auswahl des Prozesses wechselt das Selektionsbild in den Bearbeiten-Modus (siehe Abbildung 3.21). Nun können Sie auf der Registerkarte **Verarbeitung** die Selektion der zu synchronisierenden Stammdaten vornehmen.

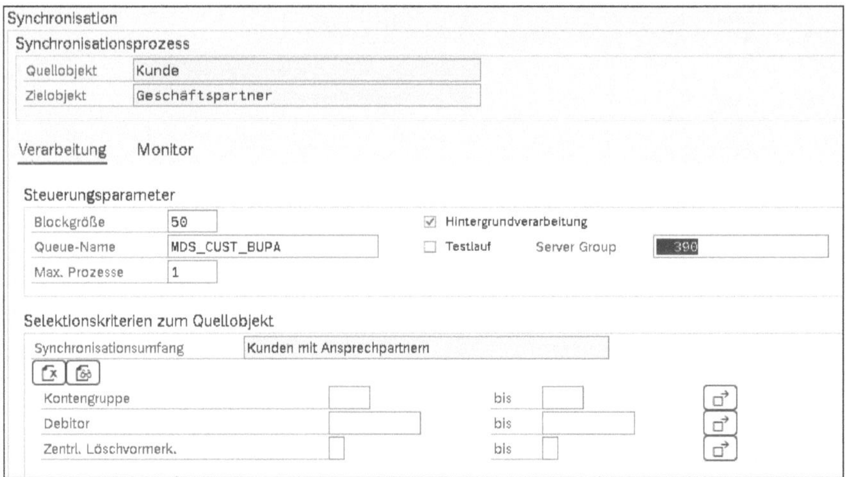

Abbildung 3.21 Selektionsmaske der Synchronisation von Kunde zu Geschäftspartner

Synchronisationsläufe steuern

Der Abschnitt **Steuerungsparameter** enthält die folgenden Parameter zur Steuerung der Synchronisationsläufe:

- Der Parameter **Blockgröße** legt fest, wie viele Stammdatenobjekte pro Paket an die Hintergrundverarbeitung übergeben werden.
- Mit dem **Queue-Namen** können Sie Ihre Synchronisationsläufe bezeichnen, um sie für die spätere Bearbeitung identifizieren zu können.
- Der Parameter **Max. Prozesse** legt fest, wie viele Datenpakete während der Synchronisation parallel verarbeitet werden.
- Mit der Option **Hintergrundverarbeitung** definieren Sie, ob die Synchronisation im Dialog oder als Hintergrundprozess stattfinden soll. Eine Parallelisierung ist nur während der Hintergrundverarbeitung möglich.
- Der Parameter **Server Group** definiert die Servergruppe, die zur Parallelverarbeitung genutzt werden soll.

Selektion der Kundenstämme

Im Abschnitt **Selektionskriterien zum Quellobjekt** findet die eigentliche Selektion der Kundenstämme statt, die an der Synchronisation teilnehmen sollen. Eine Auswahl über die Kontengruppen mit den bekannten Selektionsmechanismen (z. B. Einzelwerte oder Intervalle) steht zur Verfügung. Des Weiteren können konkrete Debitorennummern unter der Verwendung der gleichen Mechanismen selektiert werden. Über die Funktion [icon] (**Download Template**) können Sie ein Excel-Template erzeugen, das Sie anschließend entsprechend ausgefüllt über die Funktion [icon] (**Excel hochladen**) für eine Selektion von definierten Stammdaten nutzen können. Nach der

Selektion der gewünschten Stammdaten starten Sie die Synchronisation durch die Funktion [icon] (**Ausführen**) oder durch Drücken der F8-Taste.

Haben Sie sich für eine Verarbeitung im Hintergrund entschieden, erhalten Sie eine entsprechende Meldung. Durch den Wechsel auf die Registerkarte **Monitor** gelangen Sie in die Übersicht der bereits durchgeführten und momentan aktiven Synchronisationsläufe (siehe Abbildung 3.22).

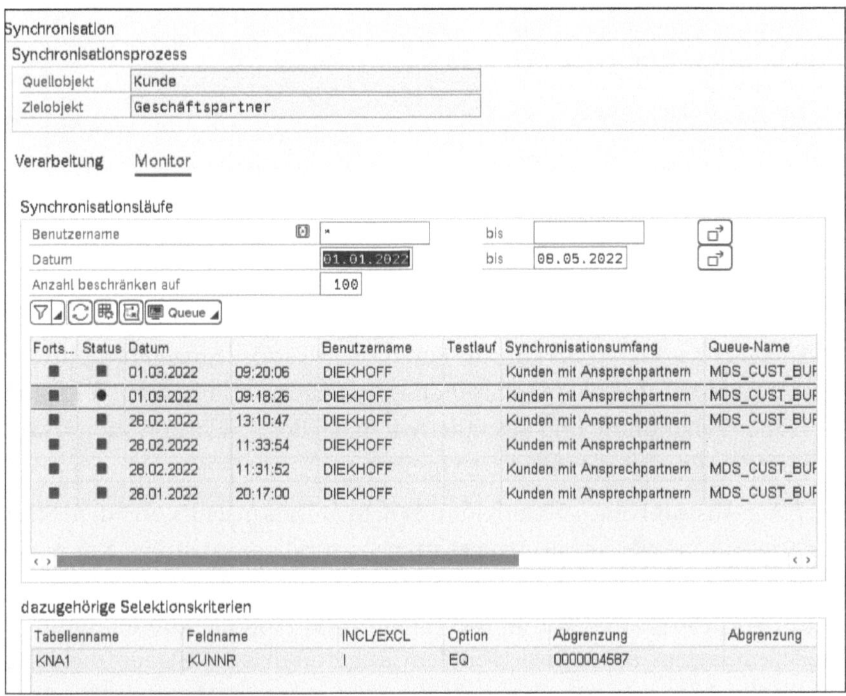

Abbildung 3.22 Monitor der Synchronisationsläufe

Die Selektion ist mit dem eigenen Benutzernamen vorbelegt. Wenn Sie sämtliche Läufe sehen möchten, ändern Sie dies entsprechend ab. Fehlerfreie Läufe werden mit zwei grünen Quadraten dargestellt. Läufe, bei denen es zu Fehlern während der Synchronisation kam, zeigen einen roten Punkt in der Spalte **Status** an. Noch aktive Läufe zeigen ein gelbes Dreieck in der Spalte **Fortschritt**.

3.5 Nacharbeiten mit Transaktion MDS_PPO2

Zur Bearbeitung von fehlerhaften Synchronisationsläufen können Sie die Transaktion MDS_PPO2 verwenden. Sie können diese über das CVI-Cockpit über den Punkt **Nacharbeiten** oder direkt über die Transaktion MDS_PPO2 aufrufen. Außerdem können Sie die Anwendung direkt über die Anzeigesicht der Synchronisationsläufe aufrufen. Dazu klicken Sie auf das Icon (**Aufruf PPO**) in der Menüleiste (siehe Abbildung 3.23). Wählen Sie zuvor einen fehlerhaften Lauf aus der Liste aus.

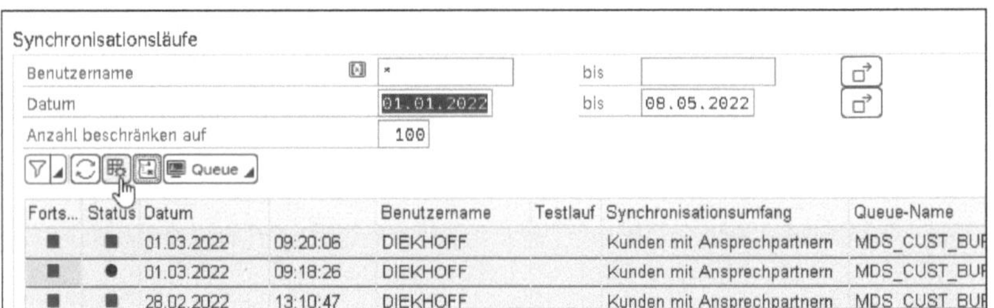

Abbildung 3.23 PPO aus dem Monitor der Synchronisationsläufe aufrufen

Daraufhin gelangen Sie direkt zu den Fehlern des gewählten Synchronisationslaufs, die Sie nachbearbeiten können.

Im Folgenden erklären wir kurz die Funktionsweise der Anwendung. (In Kapitel 11, »Durchführung der Stammdatensynchronisation«, und in Kapitel 12, »Fehlerbehandlung und Besonderheiten bei der Synchronisation«, werden wir den Prozess detailliert beschreiben.)

Protokoll des Synchronisationslaufs

Nach der Auswahl eines fehlerhaften Synchronisationslaufs und dem Start der Anwendung werden alle fehlerhaften Stammdatensätze des Laufs angezeigt. Abbildung 3.24 zeigt das Protokoll eines Laufs, in dem ein fehlerhafter Datensatz protokolliert wurde. Das Hauptobjekt zeigt die Kundennummer des Stammsatzes, bei dem das Problem aufgetreten ist. Die Hauptmeldung beschreibt den Fehler. Werden die Untermeldungen zur Hauptmeldung expandiert, wird hier erkenntlich, dass das Problem bei der Synchronisation eines Ansprechpartners des Kunden auftrat.

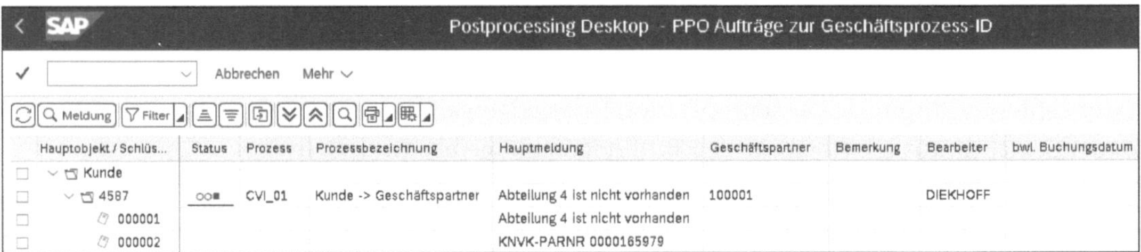

Abbildung 3.24 PPO mit einem bereits korrigierten Fehler

Durch einen Doppelklick auf die Kundennummer werden Sie zur Detailansicht der Meldung weitergeleitet. Dort können Sie über Details zum Auftrag über den Button **Ändern** in den Stammdatensatz im Änderungsmodus verzweigen und die Daten korrigieren. Nach den Korrekturen haben Sie die Möglichkeit, das Stammdatum erneut zu synchronisieren. Treten bei einem Synchronisationslauf Fehler auf, so wird in der Regel das zugehörige Zielobjekt nicht oder nicht korrekt synchronisiert. Das heißt, in unserem Fall ist der fehlerhafte Stammdatensatz des Kundenansprechpartners nicht in einen entsprechenden Geschäftspartner synchronisiert worden. Nach der Korrektur der Stammdaten sollten Sie die Synchronisation für diese Stammdaten nochmals starten. Ein Best-Practice-Vorgehen wird in Kapitel 11, »Durchführung der Stammdatensynchronisation«, beschrieben

[«]

Aktualisierung des Status

Wenn Sie die Bearbeitung eines Fehlerprotokolls abgeschlossen und alle Fehler korrigiert haben, sollten sie den Status des Protokolls entsprechend aktualisieren, damit Sie den Überblick über die noch zu korrigierenden Fehler behalten

3.6 Umsetzungsoptionen im SAP-System

Die Umsetzung eines CVI-Projekts erfordert neben den in Abschnitt 3.2.1, »Projektplanung«, beschriebenen organisatorischen und konzeptionellen Überlegungen auch einen systemischen Ansatz. In diesem Abschnitt beschreiben wir zwei unterschiedliche Ansätze.

Wir empfehlen die Verwendung eines separaten SAP-Sandbox-Systems. Erfahrungsgemäß werden bei einem CVI-Projekt viele Fehler und Stammdateninkonsistenzen identifiziert, die im Vorfeld nicht bekannt waren. Ihren produktiven Stammdatenbestand führen Sie für gewöhnlich aber nur im Produktivsystem. Es bringt eine Reihe von Nachteilen mit sich, wenn Sie während des CVI-Projekts die Fehler des Produktivsystems erst dann erkennen, wenn die getroffenen Einstellungen per Transport dort ankommen. In diesem Fall müssten Sie alle Fehler während des laufenden Betriebs im Produktivsystem korrigieren – viel Arbeit und Aufwand.

Während der Synchronisation kommt es immer wieder vor, dass eine Anpassung des Customizings oder eine Anpassung in der CVI-Logik notwendig ist. Stoßen Sie erst im Produktivsystem auf diese Punkte, bedeutet dies jedes Mal eine Änderung im Entwicklungssystem mit anschließendem Transport und wenig Möglichkeit, die Lösungsvariante sauber zu testen.

3.6.1 Systemlandschaft mit einem SAP-Sandbox-System

Sandbox-System

Wir folgen in der Regel der Empfehlung von SAP und führen CVI-Projekte unter der Verwendung eines separaten *Sandbox-Systems* durch. Diese Systeme werden im optimalen Fall durch eine Systemkopie des Produktivsystems erstellt.

Vor der Systemkopie sollten Sie dafür sorgen, dass alle Entwicklungen und noch nicht importierten Transportaufträge, die sich auf Anpassungen an Kunden- und Lieferantenstammdaten und davon abhängigen Themen beziehen, in das Produktivsystem importiert werden. Außerdem können bereits vor der Kopie alle bekannten notwendigen SAP-Korrekturen für das CVI-Projekt eingebaut werden.

Auf diese Weise starten Sie das CVI-Projekt mit einem konsistenten System und stellen sicher, dass im Laufe des Projekts keine grundlegenden Änderungen vorgenommen werden müssen. Auf dem so entstandenen Sandbox-System werden anschließend alle in diesem Buch beschriebenen Einstellungen vorgenommen und anschließend die Stammdatensynchronisation aller Daten durchgeführt.

Während der Synchronisation werden alle Fehler identifiziert, die dem Stand der Stammdaten zum Zeitpunkt der Systemkopie entsprechen; deswegen ist eine frische Kopie wichtig. Diese Fehler werden dann in der SAP-Sandbox korrigiert und etwaige Anpassungen am System vorgenommen, um zu prüfen, ob der Lösungsweg richtig ist. Anschließend werden alle identifizierten Stammdatenfehler ebenfalls im Produktivsystem korrigiert.

Sind diese Schritte abgeschlossen, wird das Sandbox-System neu aufgebaut. Hierzu sollte eine neue Systemkopie des um die Fehler bereinigten Produktivsystems verwendet werden. Alle Einstellungen der ersten Iteration werden anschließend durch im Vorfeld gesicherte Transportaufträge wieder in das System importiert und die Stammdatensynchronisation wird erneut durchgeführt.

Dieser Zyklus wird so oft wiederholt, bis die Fehlerquote auf dem Sandbox-System einen akzeptablen Wert angenommen hat. Das heißt, Sie haben alle möglichen Fehler erkannt, haben die passenden Lösungen erarbeitet und sind sicher, dass die verbleibenden Fehler eine erfolgreiche CVI nicht verhindern und ohne Probleme im Produktivsystem korrigiert werden können. Wenn dieser Punkt nach Ihrer Einschätzung erreicht ist, werden die Transportaufträge aus der SAP-Sandbox in Ihre eigentliche Systemumgebung importiert, und die CVI wird in allen beteiligten Systemen durchgeführt. Wir empfehlen Ihnen, vor dem Import in das Qualitätssicherungssystem eine weitere Systemkopie des Produktivsystems in das Qualitätssicherungssystem anzulegen. Auf diese Weise kann eine Generalprobe mit aktuellen Daten durchgeführt werden. Abbildung 3.25 zeigt den Ablauf eines CVI-Projekts unter Verwendung eines Sandbox-Systems.

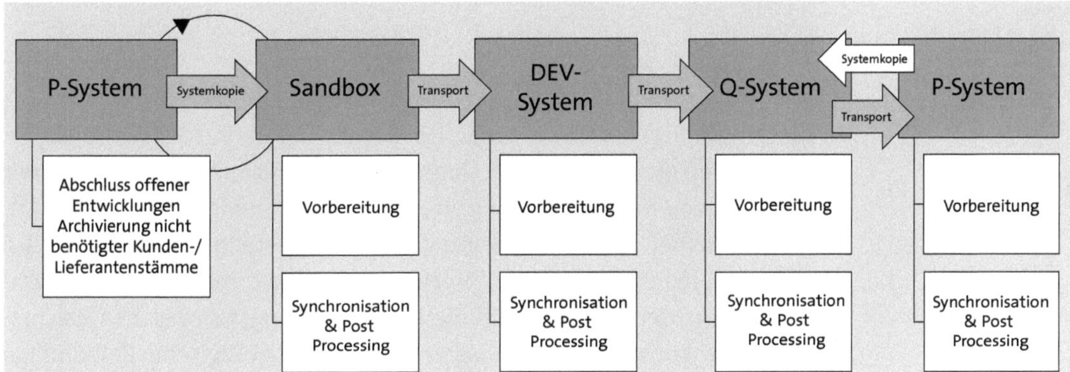

Abbildung 3.25 Ablauf eines CVI-Projekts unter Verwendung einer SAP-Sandbox

Vielleicht fragen Sie sich jetzt, wozu der ganze Aufwand nötig ist. In Kapitel 12, »Fehlerbehandlung und Besonderheiten bei der Synchronisation«, beschreiben wir die Zusammenhänge nochmals im Detail. Zusammengefasst ist das Ziel, im Produktivsystem die Durchführung der CVI mit möglichst wenigen Fehlern abzuschließen, damit der Produktivbetrieb möglichst wenig beeinflusst wird.

3.6.2 Systemlandschaft ohne SAP-Sandbox-System

Ein anderer Ansatz ist die Durchführung des Projekts ohne eine SAP-Sandbox. Auch in diesem Ansatz sollten Sie das Ziel verfolgen, möglichst alle Fehler auszumerzen, bevor Sie mit der CVI das Produktivsystem erreichen. Sie müssen also dafür sorgen, dass Sie Ihren produktiven Datenbestand auf einem Ihrer Systeme zur Verfügung stellen, um den in Abschnitt 3.6.1, »Systemlandschaft mit einem SAP-Sandbox-System«, beschriebenen iterativen Ansatz durchführen zu können. In diesem Ansatz werden dann alle Einstellungen und Anpassungen zur CVI im Entwicklungssystem durchgeführt. Ihren produktiven Datenbestand können Sie entweder auf Ihr Entwicklungs- oder Qualitätssicherungssystem kopieren. In diesem System wird die CVI wiederholt durchgeführt.

Das Problem, das unserer Erfahrung nach am häufigsten diskutiert wird, ist die Behinderung der allgemeinen Instandhaltung (Maintenance) Ihrer Systemlandschaft durch die wiederholten Systemkopien und darüber hinaus die damit notwendige Verwaltung ihrer anderen Systemkonfigurationen. Aus diesem Grund empfehlen wir die Nutzung eines SAP-Sandbox-Systems, sofern es möglich ist.

3.7 Fazit

In diesem Kapitel haben Sie einen Helikopterflug über ein CVI-Projekt erlebt. Sie haben grundlegende Mechanismen der CVI kennengelernt, und wir haben ein paar Überlegungen zum Projektmanagement angestellt. Anschließend haben wir die Überlegungen und Fragestellungen aus Kapitel 2, »Mögliche Fragestellungen im Vorfeld einer Customer-Vendor-Integration«, aufgegriffen und dadurch die Projektplanung, technische Gesichtspunkte und konzeptionelle Ansätze in die chronologische Reihenfolge eines CVI-Projekts gebracht.

Das Customizing, das vor der eigentlichen Stammdatensynchronisation notwendig ist, wird in den folgenden Kapiteln detailliert beschrieben. Des Weiteren haben Sie einen Einblick in das CVI-Cockpit erhalten und gesehen, in welcher Abhängigkeit zueinander die einzelnen Tätigkeiten stehen.

Das Herz der Stammdatensynchronisation, die Anwendung MDS_LOAD_COCKPIT und die Postprocessing Workbench (Transaktion MDS_PPO2), haben wir auf hoher Flughöhe betrachtet. In Kapitel 11, »Durchführung der Stammdatensynchronisation«, gehen wir in den Sinkflug und betrachten die einzelnen Punkte und Tätigkeiten im Detail.

Am Ende des Kapitels haben Sie unsere Empfehlung zur systemischen Umsetzung eines CVI-Projekts erhalten. Sie sollten nun bereit für die Details sein.

TEIL II

Customizing und Erweiterung des Geschäftspartners

Kapitel 4

Customizing des Geschäftspartners im Rahmen der Customer-Vendor-Integration

4

Im zweiten Teil unseres Buches widmen wir uns den neuen Möglichkeiten des Customizings. Wir erläutern Ihnen zunächst die optionalen und erforderlichen Einstellungen im Rahmen der CVI. Anhand der beiden Geschäftspartner-Rollen »Debitor« und »Kunde« sowie der »allgemeinen Geschäftspartner-Rolle« erklären wir Ihnen den Aufbau sowie die Möglichkeiten der Rollen im Detail.

Bevor Sie mit der tatsächlichen Stammdatensynchronisation in Ihrem SAP-ERP-System beginnen, ist es erforderlich, gewisse Customizing-Einstellungen vorzunehmen, um damit die Grundlage für eine reibungslose CVI zu legen. Nachdem Sie bereits eine Nummernvergabe für Ihre Geschäftspartner festgelegt haben (siehe Abschnitt 2.3, »Nummernvergabe«), gehen wir in diesem Kapitel auf die notwendigen Einstellungen für den Geschäftspartner ein. Dazu betrachten wir das neue Konzept der Geschäftspartner-Rollen im Detail.

In einem SAP-ERP-System ist es grundsätzlich erforderlich, sich mit dem Customizing im Bereich des Geschäftspartners zu beschäftigen, auch wenn der Geschäftspartner noch nicht aktiv genutzt wird. Im Normalfall führen Sie zwar die CVI durch, legen aber nicht aktiv Geschäftspartner-Stammdaten an oder ändern diese. Im Rahmen einer Brownfield-Migration ist es zwar notwendig, die CVI durchzuführen, die Empfehlung seitens SAP lautet aber, den Geschäftspartner auf einem SAP-ERP-System nicht aktiv zu nutzen.

Der Vorteil für Sie ist der, dass Sie weiterhin mit den altbekannten Transaktionen zur Anlage bzw. Änderung und Anzeige der Stammdaten arbeiten können. Details finden Sie hierzu in SAP-Hinweis 1025037 (BP_CVI: Funktionsumfang Debitor-Kreditor Integration).

Wir möchten aber hinzufügen, dass es grundsätzlich möglich ist, bereits in einem SAP-ERP-System mit dem Geschäftspartner zu arbeiten. Was Sie dabei beachten sollten, beschreiben wir in Abschnitt 4.16, »Aktive Verwendung des Geschäftspartners in einem SAP-ERP-System«.

4.1 Aktivierung von Business Functions

Bevor wir das Customizing im Detail beschreiben, möchten wir an dieser Stelle näher auf die optionale Aktivierung von *Business Functions* eingehen. Mit einer Business Function werden Ihnen Neuerungen und Erweiterungen in einem abgeschlossen Funktionsumfang für Ihr bestehendes SAP-System bereitgestellt, die Sie gezielt für Ihre verschiedenen Geschäftsprozesse nutzen können.

Business Functions bei Anlage von Ansprechpartnern als Geschäftspartner

Die Aktivierung der Business Functions ist notwendig, wenn Sie die Ansprechpartner der Kreditoren als Geschäftspartner anlegen möchten. Die Aktivierung kann im Einführungsleitfaden (engl. Implementation Guide, kurz IMG) über den Punkt **Business Function aktivieren** oder über die Transaktion SFW5 (Switch Framework: Business Function ändern) direkt erfolgen (siehe Abbildung 4.1). Hier sehen Sie einen Ausschnitt der verfügbaren Business Functions. Steht vor dem Namen der jeweiligen Function das Symbol einer leuchtenden Lampe, bedeutet das, dass diese Funktionen dann im System aktiviert sind. Um nicht aktive Funktionen zu aktivieren, markieren Sie den Schalter in der Spalte **Geplanter Zustand** ❶. Zum Aktivieren der ausgewählten Funktionen nutzen Sie den Button **Änderungen aktivieren** ❷

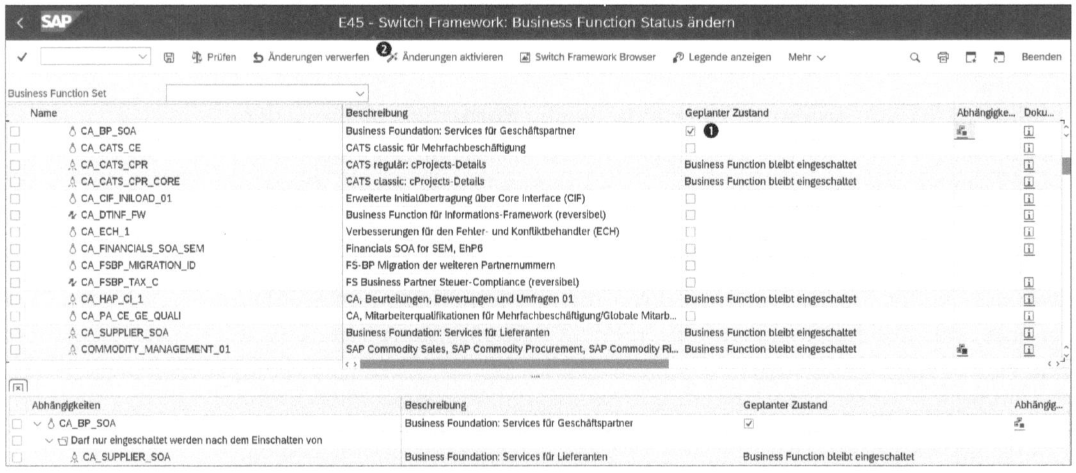

Abbildung 4.1 Business Functions ändern durch die Transaktion SFW5

Business Functions pro System aktivieren

Einzelne Business Functions können nicht explizit transportiert werden. Es werden immer alle Schalter transportiert. Falls Sie in einem Entwicklungssystem zu Testzwecken Business Functions aktiviert haben, die Sie aber nicht in Ihrem Produktivsystem aktivieren möchten, sollten Sie die Business Functions pro System aktivieren und nicht transportieren.

Schalter überprüfen

Die Business Function CA_BP_SOA kann nur aktiviert werden, wenn in der Tabelle KNVK (Kundenstamm Ansprechpartner) auch Ansprechpartner für Kreditoren hinterlegt sind. Die Business Function stellt sicher, dass die Kontaktinformationen des Kreditors in den Geschäftspartner übertragen werden. Beachten Sie dabei, dass die Schalter **Vendor_SFWS_SC1** und **Vendor_SFWS_SC2** aktiv sein müssen, damit die Daten übertragen werden. Weitere Informationen hierzu finden Sie in SAP-Hinweis 1454441 (Entwicklung einer Ansprechpartnerfunktion für Kreditoren).

Prüfen Sie in dieser Business Function, ob die beiden Schalter **VENDOR_SFWS_SC1** (Business Function LOG_ESOA_OPS_2) und **VENDOR_SFWS_SC2** (Business Function CA_BP_SOA) aktiv sind (siehe Abbildung 4.2) und ob **Globaler Status** auf **on** steht.

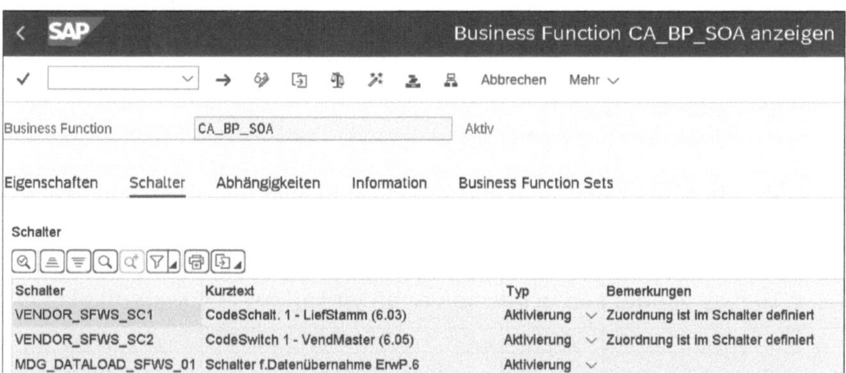

Abbildung 4.2 Schalter überprüfen in der Business Function CA_BP_SOA

In Abbildung 4.3 sehen Sie den aktiven Schalter **VENDOR_SFWS_SC1**. Hier sehen Sie auch, dass **Globaler Status** auf **on** steht.

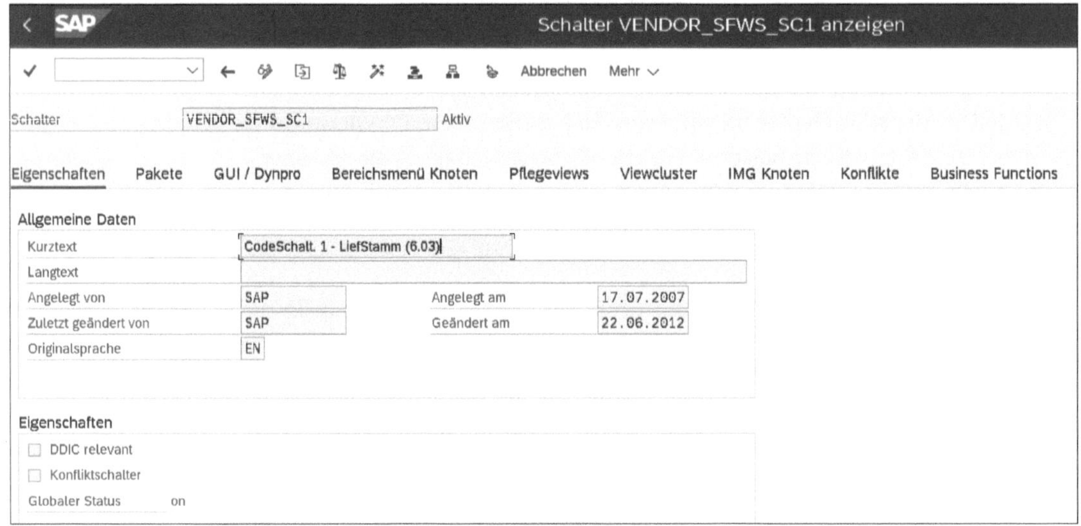

Abbildung 4.3 Aktiver Schalter VENDOR_SFWS_SC1

Für den Schalter **VENDOR_SFWS_SC2** gilt die gleiche Vorgehensweise.

[»]

Manuelle Anlage der Business Function CA_BP_SOA

Ist die Business Function CA_BP_SOA in Ihrem System nicht vorhanden, muss eine neue Business Function im Kundennamensraum angelegt werden. Weitere Informationen hierzu finden Sie in SAP-Hinweis 2569643 (SFW1: Schalter anlegen).

Aktivierung bei SAP_APPL 604

Falls Ihr SAP-ERP-System den Stand SAP_APPL 604 hat, ist es ebenso notwendig, die beiden Business Functions ESOA_OPS1 und LOG_ESOA_OPS_2 zu aktivieren. Weiterführende Informationen finden Sie in SAP-Hinweis 2711712 (How to map vendor contact person to BP for various ECC system release).

4.2 Aktivierung zusätzlicher Geschäftspartner-Funktionen

Den Einstieg in das Customizing finden Sie im Einführungsleitfaden *SAP-Referenz-IMG* unter den **Anwendungsübergreifenden Komponenten**. Der Aufruf erfolgt über die Transaktion SPRO. In Abbildung 4.4 sehen Sie den Einstieg in das Customizing für den SAP-Geschäftspartner.

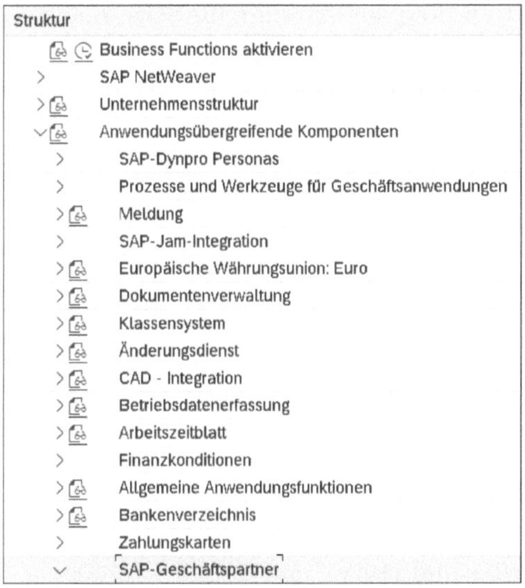

Struktur
- Business Functions aktivieren
- SAP NetWeaver
- Unternehmensstruktur
- Anwendungsübergreifende Komponenten
  - SAP-Dynpro Personas
  - Prozesse und Werkzeuge für Geschäftsanwendungen
  - Meldung
  - SAP-Jam-Integration
  - Europäische Währungsunion: Euro
  - Dokumentenverwaltung
  - Klassensystem
  - Änderungsdienst
  - CAD - Integration
  - Betriebsdatenerfassung
  - Arbeitszeitblatt
  - Finanzkonditionen
  - Allgemeine Anwendungsfunktionen
  - Bankenverzeichnis
  - Zahlungskarten
  - SAP-Geschäftspartner

Abbildung 4.4 IMG-Pfad für den Einstieg in das Customizing

Zusätzliche Funktionen aktivieren

Im Bereich des Geschäftspartners stehen Ihnen verschiedene Funktionen zur Verfügung. Falls Sie diese optionalen Funktionen nutzen möchten, müssen Sie diese explizit aktivieren. Grundsätzlich werden diese Funktionen zunächst inaktiv ausgeliefert. Für die CVI ist die Aktivierung der meisten Funktionen in einem SAP-ERP-System nicht von Bedeutung, da Sie nicht aktiv mit dem Geschäftspartner arbeiten.

IBANONLY aktivieren

Da heute in fast allen SAP-ERP-Systemen die Hinterlegung der Bankverbindung über die Eingabe der IBAN erfolgt, ist es an dieser Stelle normalerweise nur notwendig, die Funktion `IBANONLY` – **IBAN ohne Bankkontonummer aktivieren** zu aktivieren. Wenn Sie diese Funktion nicht aktivieren, werden Ihre Bankverbindungen, bei denen nur die IBAN hinterlegt ist, nicht korrekt mit dem Geschäftspartner synchronisiert.

IBANONLY

Mit der Aktivierung der Funktion IBANONLY können Sie Bankverbindungen ausschließlich über die Eingabe der International Bank Account Number pflegen. Diese Funktion aktivieren Sie im Customizing, oder über die Transaktion OY13 für jedes relevante Land separat. Außerdem pflegen Sie für jedes relevante Land über die Transaktion FISEPA einen Dummy-Bankschlüssel.

In Abbildung 4.5 sehen Sie die Aktivierung der Funktion **IBANONLY**. Setzen Sie hier den Haken bei **IBAN ohne Bankkontonummer aktivieren**, und sichern Sie Ihre Einstellungen in einem Transportauftrag.

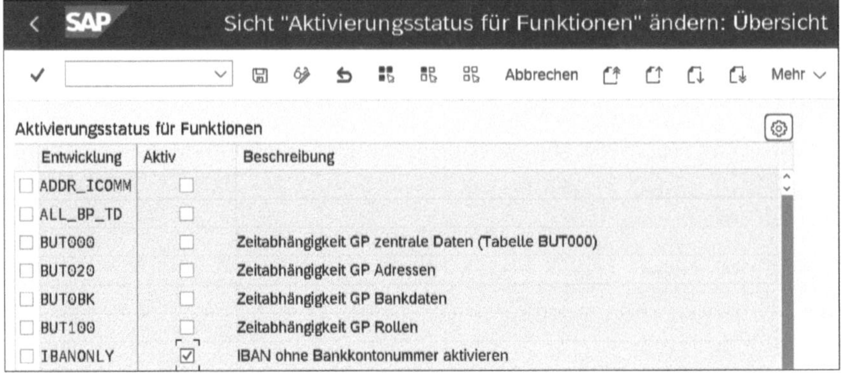

Abbildung 4.5 Aktivierung der Funktion IBANONLY

Zeitabhängige Datenpflege

Eine Neuerung in verschiedenen Bereichen ist es, Daten zeitabhängig zu pflegen. So haben Sie zukünftig die Möglichkeit, neben den zentralen Daten ebenso die Adressen, Bankdaten und die Geschäftspartner-Rollen zeitabhängig zu steuern. Diese Einstellungen sind für die CVI zunächst nicht relevant, wohl aber für den Geschäftspartner unter SAP S/4HANA. In Abschnitt 5.1, »Aktivierungsstatus für Funktionen«, beschreiben wir eine dieser Funktionen, um Geschäftspartner-Rollen zeitabhängig zu steuern.

[»]

Sicherung von Customizing in Transportaufträgen

Wenn Sie mit einem Sandbox-System arbeiten, stellen Sie sicher, dass Ihre *Customizing-* und *Workbench-Transporte* gesichert werden. Das hat den Vorteil, dass Sie dieses Customizing nur einmal durchführen müssen und die Transporte z. B. bei einem Neuaufbau einer Sandbox, oder auf Ihrem Entwicklungssystem wiederverwendet und neu eingespielt werden können.

4.3 Grundeinstellungen

Im IMG-Pfad **Anwendungsübergreifende Komponenten • SAP-Geschäftspartner • Geschäftspartner • Grundeinstellungen** finden Sie die obligatorischen Einstellungen für den Geschäftspartner.

Daneben gibt es auch Einstellungen, die für eine CVI nicht von Bedeutung sind. In den folgenden Abschnitten gehen wir im Detail auf die notwendigen Einstellungen ein. Die für eine CVI nicht notwendigen Einstellungen sind im Detail in Kapitel 5, »Customizing des Geschäftspartners in SAP S/4HANA«, beschrieben. Das Customizing kann je nach Release Ihres SAP-ERP-Systems unterschiedlich aussehen. Da jedes Kundensystem etwas anders eingestellt ist, können sich daraus auch unterschiedliche Anforderungen an das Customizing ergeben.

Wir beschreiben die unserer Erfahrung nach notwendigen Einstellungen, dennoch kann Ihr System hiervon eventuell abweichen. Im CVI-Cockpit, das wir in Kapitel 11, »Durchführung der Stammdatensynchronisation«, beschreiben, gibt es einen Report, der prüft, ob alle notwendigen Customizing-Einstellungen vorgenommen wurden. Wenn der Prüfreport keine Fehler mehr aufweist, können Sie sicher sein, dass alle notwendigen Einstellungen für Ihr System erfolgt sind.

4.3.1 Geschäftspartner-Rollen

Geschäftspartner-Rolle pro Kontengruppe

Eine der grundlegenden Neuerungen in SAP S/4HANA sind die *Geschäftspartner-Rollen*. Sie dienen im Rahmen der CVI dazu, dass Ihre Kunden sowie Lieferanten in der notwendigen Ausprägung korrekt und vollständig mit dem Geschäftspartner synchronisiert werden. Im Rahmen der Stammdatensynchronisation müssen Sie für alle Kontengruppen festlegen, welche Rollen pro Kontengruppe angelegt werden. Diese Einstellungen beschreiben wir in Kapitel 9, »Customizing der Stammdatensynchronisation für die Customer-Vendor-Integration«. Im Grunde genommen kann man sagen, dass die Kontengruppen, die Sie aus Ihrem SAP-ERP-System kennen, letztendlich bestimmen, welche Geschäftspartner-Rollen für den jeweiligen Stammsatz anzulegen sind.

Geschäftspartner-Rolle als betriebswirtschaftliche Funktion

Die Geschäftspartner-Rolle repräsentiert die betriebswirtschaftliche Funktion des jeweiligen Geschäftspartners. Ein Geschäftspartner kann eine oder mehrere Geschäftspartner-Rollen aufweisen. Zentrale Daten wie Name, Adresse und Bankverbindungen werden nur einmal angelegt. Hierfür wird automatisch immer die Rolle 000000 (Geschäftspartner allgemein) bei Anlage eines Geschäftspartners angelegt. Diese Rolle ist unabhängig von den Kontengruppen. Abhängig von seiner Funktion hat der Geschäftspartner darüber hinaus normalerweise weitere Rollen. Diese Rollen dienen dazu, dass Sie den Geschäftspartner überhaupt erst in den klassischen Modulen Finanzwesen, Einkauf und Vertrieb verwenden können.

Geschäftspartner-Rollen im SAP-Standard

Wenn Sie weiterhin hauptsächlich mit den klassischen Modulen arbeiten möchten, werden Sie eine ganze Reihe von ausgelieferten Geschäftspartner-Rollen nicht benötigen, da SAP eine große Anzahl von Standardrollen aus weiteren Geschäftsbereichen ausliefert. Wenn wir mit den zuvor genannten Modulen arbeiten, benötigen wir aber immer die folgenden Rollen:

- FLCU00 (**Debitor**): Diese Rolle enthält die Buchungskreisdaten des Debitors.
- FLCU01 (**Kunde**): Diese Rolle enthält die Vertriebsbereichsdaten.
- FLVN00 (**Kreditor**): Diese Rolle enthält die Buchungskreisdaten des Kreditors.
- FLVN01 (**Lieferant**): Diese Rolle enthält die Einkaufsicht.
- BUP001 (**Ansprechpartner**): Dies sind Ihre Ansprechpartner

Die Geschäftspartner-Rollen finden Sie im IMG über den Pfad **Anwendungsübergreifende Komponenten • SAP-Geschäftspartner • Geschäftspartner • Grundeinstellungen • Geschäftspartnerrollen • Konzept der Geschäftspartnerrollen • GP-Rollen definieren.**

Wenn wir als Beispiel einen Kunden aus Ihrem SAP-ERP-System nehmen, bei dem **allgemeine Daten**, **Buchungskreisdaten** sowie **Vertriebsbereichsdaten** hinterlegt sind, wird dies ein Geschäftspartner mit den folgenden drei Rollen werden:

- Rolle 000000 (**Geschäftspartner allgemein**): Diese Rolle wird automatisch jedem Geschäftspartner zugeordnet.
- Rolle FLCU00 (**Debitor**): Diese Rolle beinhaltet die Buchungskreisdaten.
- Rolle FLCU01 (**Kunde**): Diese Rolle beinhaltet die Vertriebsbereichsdaten.

In Abbildung 4.6 sehen Sie die Rolle **Geschäftspartner allgemein**.

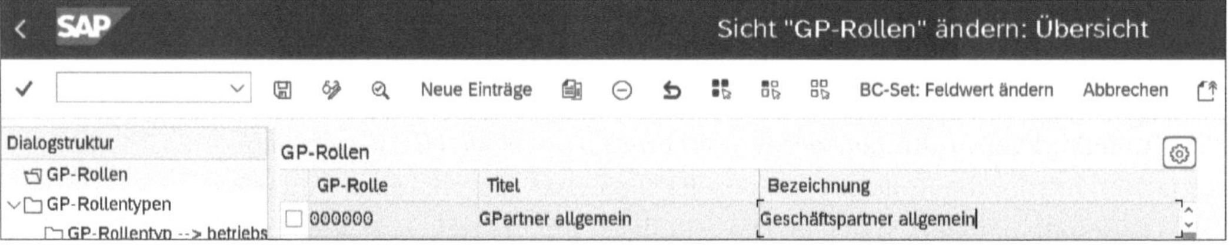

Abbildung 4.6 Übersicht der Geschäftspartner-Rolle 000000 (Geschäftspartner allgemein)

Mit einem Doppelklick auf die Rolle verzweigen Sie in die Detailsicht der Rolle. Diese Detailsicht sehen Sie in Abbildung 4.7 für die Rolle 000000 (**Geschäftspartner allgemein**).

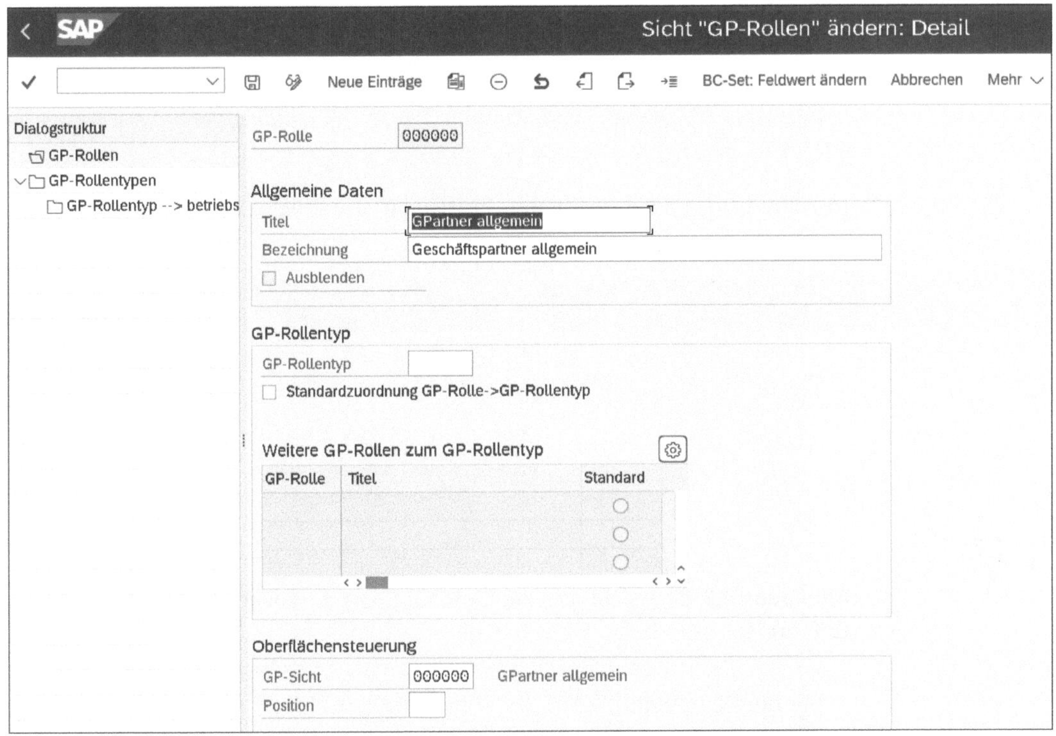

Abbildung 4.7 Detailsicht der Geschäftspartner-Rolle 000000 (Geschäftspartner allgemein)

Geschäftspartner-Rolle 000000 (Geschäftspartner allgemein)

Die Rolle 000000 (**Geschäftspartner allgemein**) können Sie für die CVI übernehmen und hierbei die ausgelieferten SAP-Einstellungen beibehalten. Es sind normalerweise keine Anpassungen an dieser Rolle notwendig.

Im folgenden Beispiel beschreiben wir Ihnen die beiden Rollen **Debitor** und **Kunde** im Detail. Grundsätzlich empfehlen wir, die bereits vorhandenen Rollen zu kopieren und in Ihrem Kundennamensraum entsprechend anzulegen. Das bietet Ihnen den Vorteil, in den Vorlagen bei Bedarf jederzeit auf die Auslieferungseinstellungen zurückgreifen zu können. Sie können einen alphanumerischen, sechsstelligen Schlüssel für die Geschäftspartner-Rolle erfassen. Außerdem können Sie einen Titel als Kurzform und eine Bezeichnung als Langform für den Text zur Rolle wählen.

Ausblenden von Geschäftspartner-Rollen

Geschäftspartner-Rollen, die Sie nicht verwenden, aber auch nicht löschen möchten, können Sie in der jeweiligen Rolle ausblenden.

In Abbildung 4.8 sehen Sie den Einstieg in die Pflege der Geschäftspartner-Rollen.

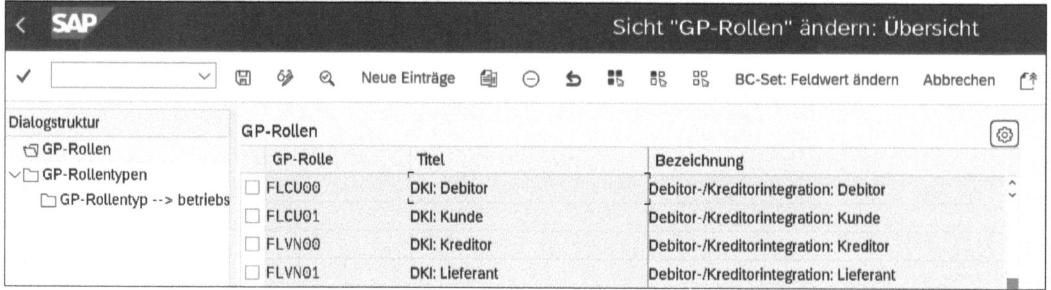

Abbildung 4.8 Übersicht über die Geschäftspartner-Rollen für Kunden und Lieferanten

Mit einem Doppelklick auf die Rolle FLCU00 (**Debitor**) mit der Bezeichnung **Geschäftspartner Debitor** gelangen Sie in die Details der ausgewählten Rolle (siehe Abbildung 4.9). Die einzelnen Teile der Detailsicht beschreiben wir in den folgenden Abschnitten.

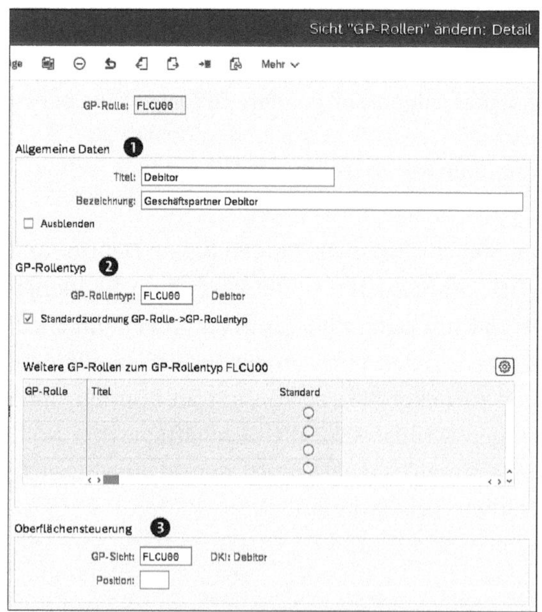

Abbildung 4.9 Detailbild der Geschäftspartner-Rollenpflege im Customizing

4.3.2 Allgemeine Daten

Ausblenden von Geschäftspartner-Rollen

In **Allgemeine Daten** (❶ in Abbildung 4.9) können Sie den Titel und die Bezeichnung der Rolle pflegen. Außerdem können Sie mit dem Haken **Ausblenden** einzelne Rollen ausblenden, sodass Sie bei Anlage des Geschäftspartners nicht mehr in der Auswahlliste erscheinen. Das Ausblenden hilft dabei, bei der Anlage von Geschäftspartnern die Übersicht über relevante Rollen zu behalten, andernfalls kann das Auswahlmenü bei der Anlage des Geschäftspartners schnell unübersichtlich werden. In einem SAP-ERP-System ist dies nicht unbedingt erforderlich, da Sie dort normalerweise nicht aktiv mit den Geschäftspartnern arbeiten. Im Rahmen der CVI müssen die Kollegen aus den Fachabteilungen allerdings die angelegten Geschäftspartner prüfen. Es ist also auch hier hilfreich, nur die tatsächlich relevanten Rollen zu sehen.

Auf die Anlage von Geschäftspartnern mit der Transaktion BP (Geschäftspartner bearbeiten) bzw. auf die SAP-Fiori-App **Geschäftspartnerstammdaten verwalten** (F3163) gehen wir in Abschnitt 7.2.3, »Anlage von Geschäftspartnern mit der SAP-Fiori-App«, im Detail ein. In Abbildung 4.10 sehen Sie ein System, in dem keine Rollen ausgeblendet wurden.

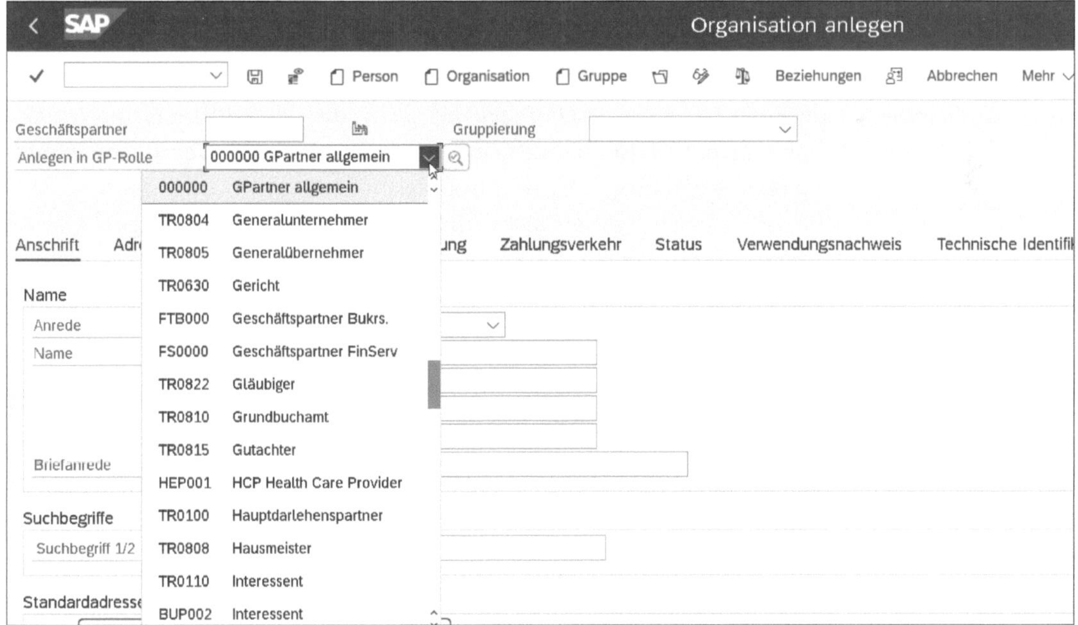

Abbildung 4.10 Auswahl aller Geschäftspartner-Rollen bei Nutzung der Transaktion BP

4.3.3 Geschäftspartner-Rollentyp

Jede Rolle ist einem *Geschäftspartner-Rollentyp* zugeordnet. Wenn Zusatzentwicklungen bei einer Geschäftspartner-Rolle notwendig sind, können Sie diese mit Bezugnahme auf den Geschäftspartner-Rollentyp realisieren.

Jede Rolle sollte einen **GP-Rollentyp** (❷ in Abbildung 4.9) beinhalten. Ohne die Zuordnung eines Rollentyps zu einer Rolle erfolgt keine Fortschreibung in die Tabelle BUT100 (Zuordnung Geschäftspartner-Rolle zu Geschäftspartner). Nicht fortgeschriebene Rollen sind in Prozessen und Programmen nicht nutzbar.

Geschäftspartner-Rolle als Standardrolle festlegen

Einem Rollentyp können mehrere Rollen zugeordnet sein. Dabei müssen Sie eine Geschäftspartner-Rolle als Standardrolle festlegen, sodass beim Programmieren am Rollentyp sichergestellt wird, dass immer genau eine Rolle gelesen werden kann. Sind mehrere Rollen einem Rollentyp zugeordnet, sehen Sie dies in Tabelle TB003 (Weitere Geschäftspartner-Rollen zum Geschäftspartner-Rollentyp). Im Rahmen der CVI können Sie hier die Standardauslieferung beibehalten. Alternativ haben Sie auch die Möglichkeit, einen vorhandenen Rollentyp zu kopieren und in Ihrem Kundennamensraum anzulegen.

4.3.4 Geschäftspartner-Sicht

Oberflächensteuerung

Jede Rolle hat eine *Geschäftspartner-Sicht*, die der Bildsteuerung im Geschäftspartner-Dialog dient. Diese wird im Abschnitt **Oberflächensteuerung** (❸ in Abbildung 4.9) in der Detailsicht des Customizings gepflegt. Mithilfe der Geschäftspartner-Sicht wird unter anderem die Bildfolge sowie die Auswahl der anzuzeigenden Datensets im Rahmen des *Business Data Toolsets* (BDT) festgelegt. Die Geschäftspartner-Sicht wird im Bereichsmenü des Geschäftspartners definiert.

BDT – Business Data Toolset

Das BDT steht für Business Data Toolset und ist ein zentrales Werkzeug zur Pflege von Stammdaten und einfachen Bewegungsdaten. In Kapitel 8, »Erweiterung des Geschäftspartners per Business Data Toolset«, gehen wir ausführlich auf dieses Thema ein.

Positionsnummer

Über das Feld **Position** können Sie steuern, an welcher Position diese Rolle in der Auswahlliste bei Anlage eines Geschäftspartners angezeigt wird. Die Geschäftspartner-Rollen werden in der Auswahlliste im *Geschäftspartner-*

Dialog in alphabetischer Reihenfolge dargestellt. Wenn Sie eine andere Reihenfolge der Geschäftspartner-Rollen wünschen, können Sie in diesem Feld Positionsnummern für die Geschäftspartner-Rollen vergeben und somit eine andere Reihenfolge festlegen. Die mit einer Positionsnummer versehenen Geschäftspartner-Rollen werden in aufsteigender Reihenfolge am Anfang der Auswahlliste aufgeführt. Die Geschäftspartner-Rollen ohne Positionsnummer folgen in alphabetischer Reihenfolge. Die drei Bereiche **Allgemeine Daten**, **GP-Rollentyp** und **Oberflächensteuerung** sehen Sie in Abbildung 4.11 nochmals für die Geschäftspartner-Rolle FLCU00 (**Debitor**).

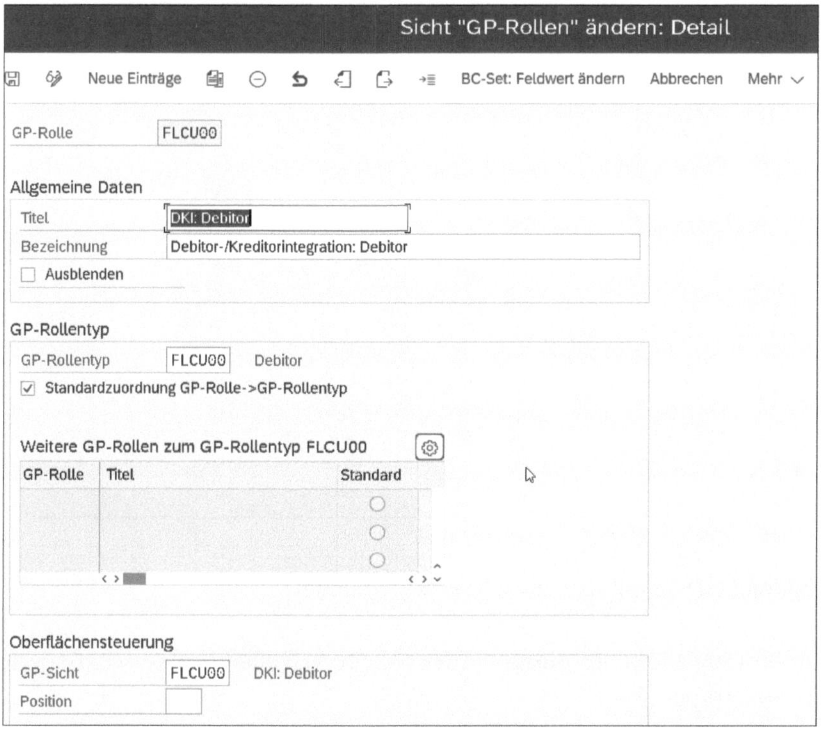

Abbildung 4.11 Detailsicht der Geschäftspartner-Rolle FLCU00 (Debitor)

Analog zum Debitor sehen Sie in Abbildung 4.12 die Detailansicht für die Geschäftspartner-Rolle FLCU01 (**Kunde**). Wie der Debitor hat auch der Kunde, die Vertriebsbereichsdaten, einen eigenen Rollentyp FLCU01 (**Kunde**) und eine eigene Geschäftspartner-Sicht FLCU01 – (**DKI: Kunde**).

Rollentyp und Geschäftspartner-Sicht während der CVI

Die von SAP ausgelieferten Einstellungen für den Geschäftspartner-Rollentyp und die Geschäftspartner-Sicht können Sie im Rahmen der CVI unverändert übernehmen. Bei Bedarf können Sie neue Typen und Sichten anlegen, das ist aber für die CVI nicht notwendig. Für die CVI können Sie die Einstellungen eins zu eins übernehmen.

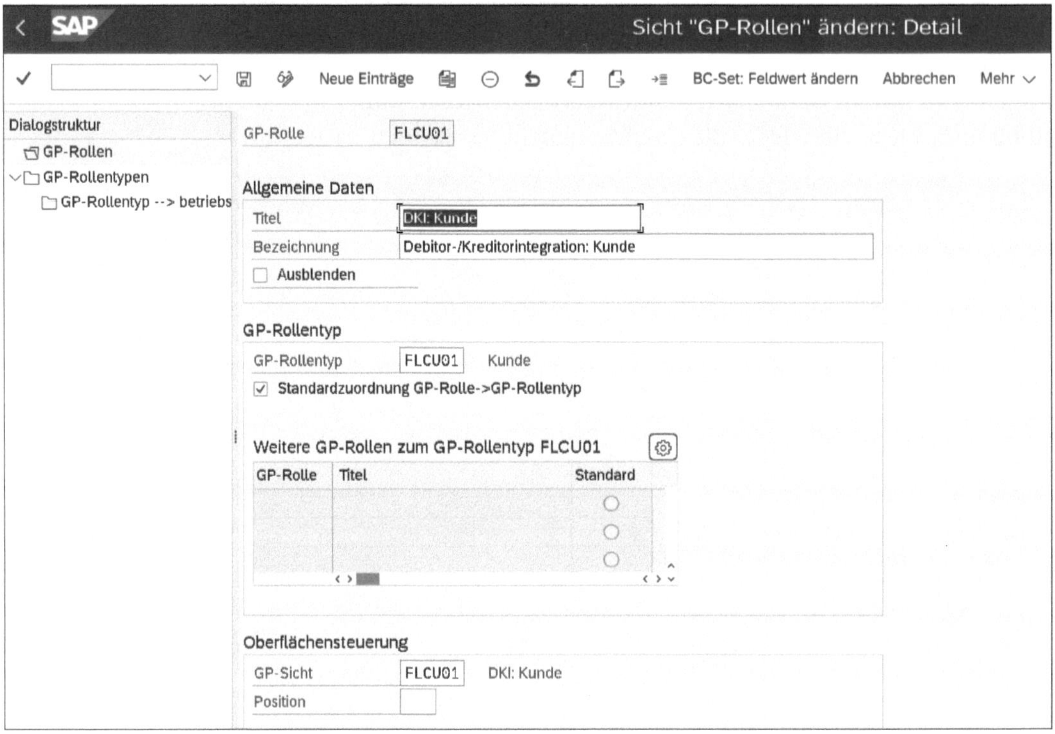

SAP Sicht "GP-Rollen" ändern: Detail
Neue Einträge BC-Set: Feldwert ändern Abbrechen Mehr
Dialogstruktur
GP-Rollen
GP-Rollentypen
GP-Rollentyp --> betriebs
GP-Rolle FLCU01
Allgemeine Daten
Titel DKI: Kunde
Bezeichnung Debitor-/Kreditorintegration: Kunde
Ausblenden
GP-Rollentyp
GP-Rollentyp FLCU01 Kunde
Standardzuordnung GP-Rolle->GP-Rollentyp
Weitere GP-Rollen zum GP-Rollentyp FLCU01
GP-Rolle Titel Standard
Oberflächensteuerung
GP-Sicht FLCU01 DKI: Kunde
Position

Abbildung 4.12 Detailsicht der Rolle FLCU01 (Kunde)

In Abbildung 4.13 sehen Sie eine Auswahl der ausgelieferten Geschäftspartner-Rollentypen.

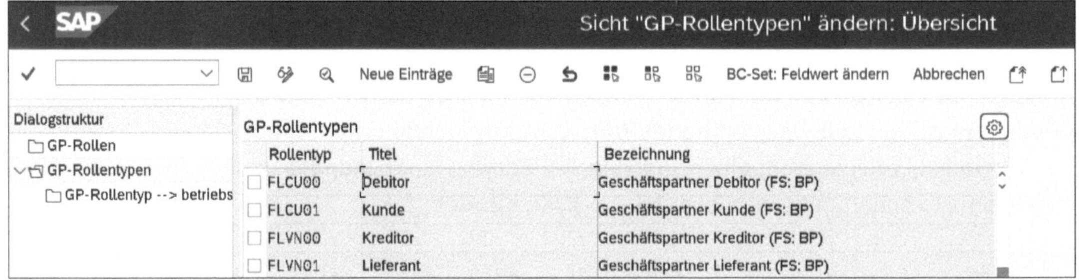

Abbildung 4.13 Übersicht der Geschäftspartner-Rollentypen

Der in der Rolle hinterlegte Geschäftspartner-Rollentyp hat neben einem Titel und einer Bezeichnung einen *Differenzierungstyp*. Der Differenzierungstyp ist eine intern verwendete Angabe, die festlegt, welche Merkmale zur Unterscheidung ansonsten gleicher Objekte herangezogen werden kann. Der Differenzierungstyp stellt eine Kombination aus organisatorischen Einheiten, wie z. B. den allgemeinen Daten, den Buchungskreisdaten oder weiteren differenzierenden Bestimmungsgrößen dar.

Differenzierungstyp

4.3.5 Geschäftspartner-Art

Die *Geschäftspartner-Art* stellt eine weitere, im Customizing frei wählbare, Gruppierungsmöglichkeit von Geschäftspartnern dar. Entsprechend den Erfordernissen der jeweiligen Geschäftspartner-Art gibt es die Möglichkeit, auf Ebene der Geschäftspartner-Art eine eigene Feldmodifikation auszusteuern. Im Rahmen der CVI spielt die Geschäftspartner-Art keine Rolle.

4.3.6 Geschäftspartner-Typ

Neben dem Geschäftspartner-Rollentyp kann ein möglicher *Geschäftspartner-Typ* festgelegt werden. Hier gibt es drei Möglichkeiten:

Geschäftspartner-Typ

- **Organisation**: Wenn Sie den Haken bei **Organisation** setzen, wird beim Anlegen eines Geschäftspartners dieser Geschäftspartner-Typ dann auf dem Einstiegsbild angeboten. Als Organisation legen Sie Ihre Standardkunden und -lieferanten an.
- **Person**: Wenn Sie den Haken bei **Person** setzen, wird beim Anlegen eines Geschäftspartners dieser Geschäftspartner-Typ dann auf dem Einstiegsbild angeboten. Als Person legen Sie z. B. Ihre Ansprechpartner an.
- **Gruppe**: Wenn Sie den Haken bei **Gruppe** setzen, wird beim Anlegen eines Geschäftspartners dieser Geschäftspartner-Typ dann auf dem Einstiegsbild angeboten. Ein Beispiel für eine Gruppe kann etwa ein Ehepaar sein.

In Abbildung 4.14 sehen Sie das Detailbild des Geschäftspartner-Rollentyps FLCU00 (**Debitor**) im Customizing.

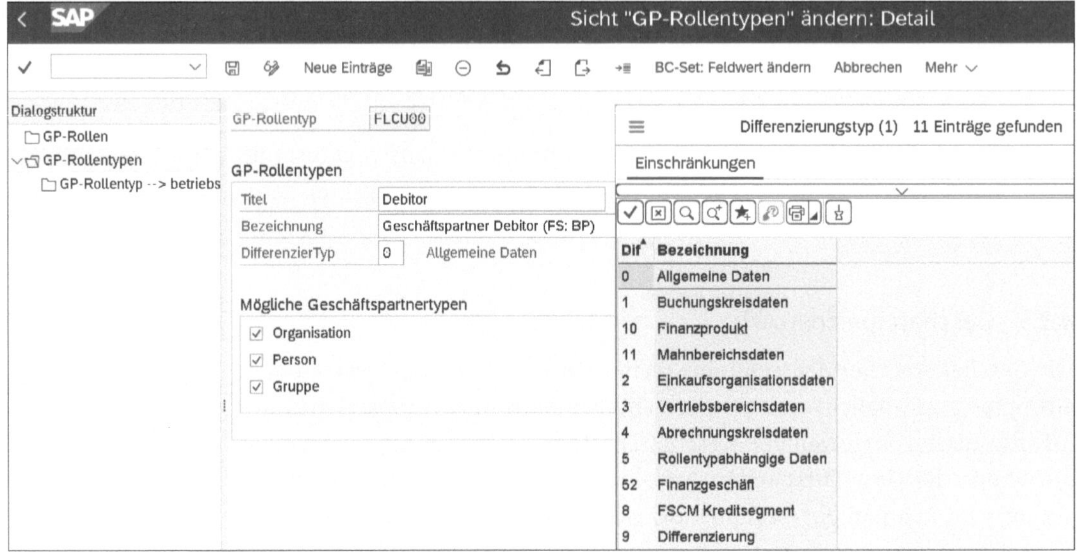

Abbildung 4.14 Detailsicht des Geschäftspartner-Rollentyps FLCU00 (Debitor)

Betriebswirtschaftliche Zuordnung

Des Weiteren haben Sie die optionale Möglichkeit, dem Geschäftspartner-Rollentyp einen betriebswirtschaftlichen Vorgang zuzuordnen. Der betriebswirtschaftliche Vorgang ist eine Aktion, die die Anwender am System durchführen. Der Geschäftspartner (GP) ist ein Objekt, das die allgemeine Statusverwaltung nutzt. Auf dieser Ebene kann entschieden werden, ob eine Funktion erlaubt oder verboten ist. Legen Sie z. B. einen Geschäftspartner an, so wird automatisch vom System der Systemstatus »angelegt« gesetzt. Hierüber kann z. B. gesteuert werden, ob beim Ändern von Geschäftspartner-Daten gewisse Vorgänge mit Ausgabe einer Warnung erlaubt sind oder ob der Vorgang verboten ist. Es werden zwei Vorgänge zur Verfügung gestellt:

- **BPUS – Verwendung Geschäftspartner**: Hierbei geht es um die grundsätzliche Verwendung des Objekts Geschäftspartner.
- **CHAN – Ändern (Gesch.partner)**: Hierbei geht es um Änderungen am Objekt Geschäftspartner.

Diese mögliche Zuordnung sehen Sie in Abbildung 4.15. Für die CVI sind hier keine Einstellungen vorzunehmen.

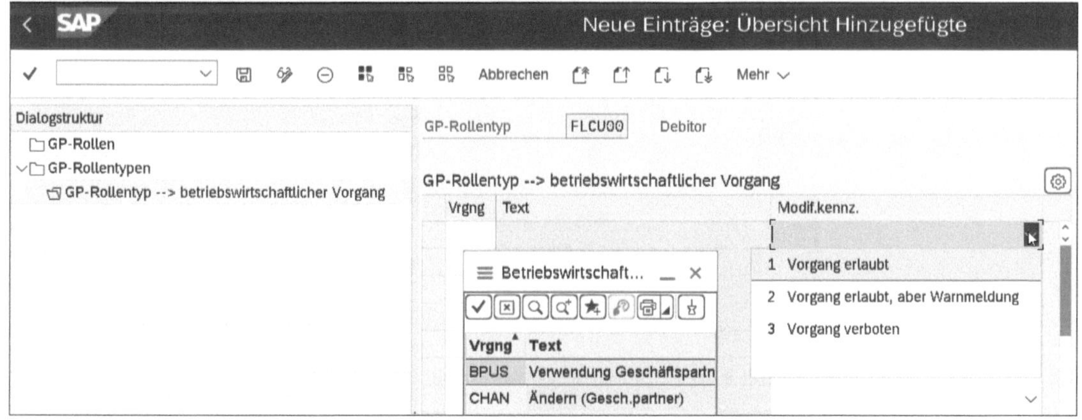

Abbildung 4.15 Geschäftspartner-Rollentyp FLCU00 (Debitor) mit Zuordnung zu einem betriebswirtschaftlichen Vorgang

4.4 Anlage von Geschäftspartner-Rollen im kundenspezifischen Namensraum

In den vorangegangenen Kapiteln haben wir Ihnen die von SAP ausgelieferten Standardrollen beschrieben. Unsere Empfehlung lautet hier aber dennoch, diese Rollen mittels Kopie in Ihrem Namensraum anzulegen, um diese Ihren individuellen Bedürfnissen anzupassen. Mit den von Ihnen im Rahmen der CVI verwendeten Rollen legen Sie den Grundstein für Ihr SAP-S/4HANA-System.

Selbst wenn Sie im Rahmen der CVI in Ihrem SAP-ERP-System keine kundenindividuellen Anpassungen oder Programmierung in diesem Bereich vornehmen, können Sie doch davon auszugehen, dass dies spätestens auf Ihrem SAP-S/4HANA-System passieren wird. Indem Sie Objekte wie Rollen, Sichten und Typen in Ihren Kundenamensraum kopieren, haben Sie somit später alle Freiheiten.

4.4.1 Kopie einer Geschäftspartner-Rolle

Kopieren von Geschäftspartner-Rollen

Über den Pfad **Anwendungsübergreifende Komponenten • SAP-Geschäftspartner • Geschäftspartner • Grundeinstellungen Geschäftspartnerrollen • GP-Rollen definieren** gelangen Sie in die Übersicht der ausgelieferten Rollen. Setzen Sie bei der Rolle, die Sie kopieren möchten, einen Haken, und klicken Sie auf den Button **Kopieren als** oder nutzen Sie die F6-Taste. In Abbildung 4.16 sehen Sie eine Kopie der Rolle FLCU00 (**DKI: Debitor**).

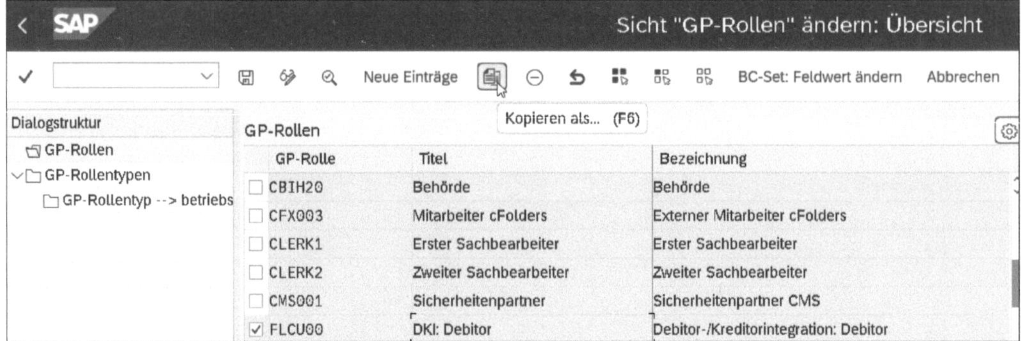

Abbildung 4.16 Kopie einer vorhandenen Geschäftspartner-Rolle

Geben Sie für Ihre Rolle ein Kürzel, einen Titel und eine sprechende Bezeichnung an (siehe Abbildung 4.17). Sichern Sie Ihre Daten.

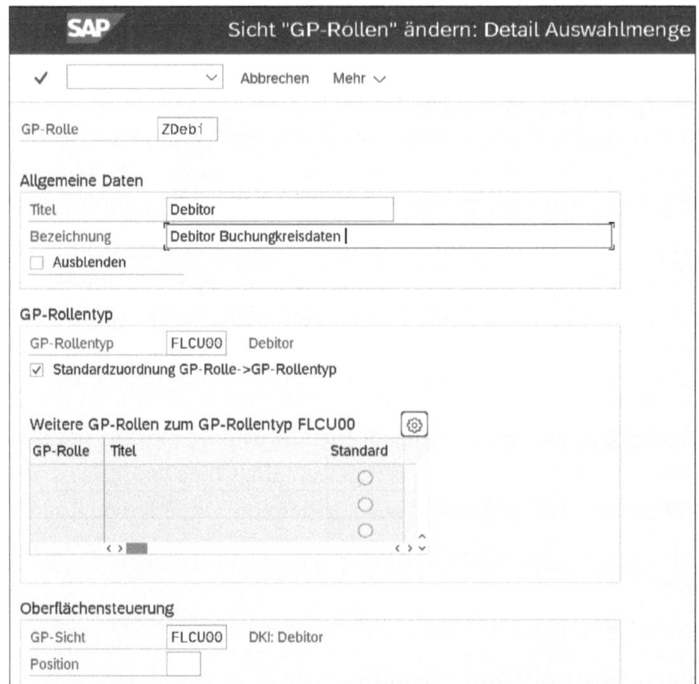

Abbildung 4.17 Neuanlage einer Geschäftspartner-Rolle

In Ihrer neuen Rolle sind durch die Kopie einer Standardrolle momentan noch der Standard Geschäftspartner-Rollentyp FLCU00 und die Geschäftspartner-Sicht FLCU00 hinterlegt. Im Folgenden erklären wir Ihnen, wie Sie einen neuen Geschäftspartner-Rollentyp und eine neue Geschäftspartner-Sicht kopieren.

4.4.2 Kopie eines Geschäftspartner-Rollentyps

Kopieren eines Geschäftspartner-Rollentyps

Für die Kopie eines Geschäftspartner-Rollentyps klicken Sie in der Dialogstruktur am linken Bildrand auf **GP-Rollentypen**, und wählen Sie die gewünschte Vorlage aus. In Abbildung 4.18 wird die Kopie des Geschäftspartner-Rollentyps FLCU00 (**Debitor**) gezeigt.

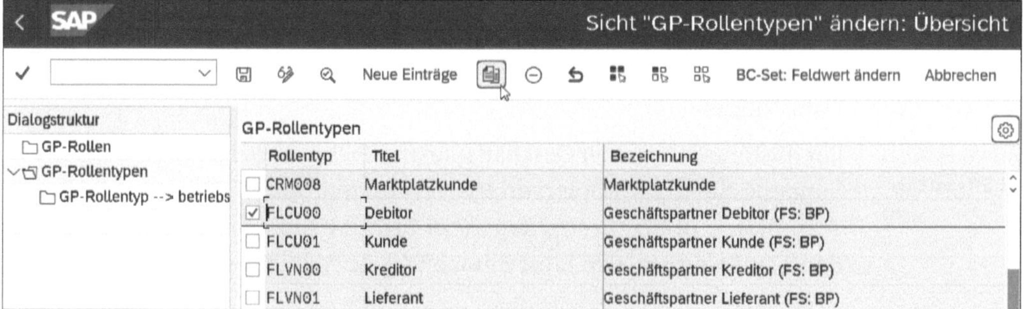

Abbildung 4.18 Kopie des Geschäftspartner-Rollentyps Debitor

Vergabe von Schlüssel, Titel und Bezeichnung

Geben Sie neben dem Schlüssel, der bis zu sechs Stellen haben kann, einen Titel und die Bezeichnung ein. Die weiteren Einstellungen sind optional. Sie können z. B. die möglichen Geschäftspartner-Typen einschränken, wie in Abbildung 4.19 zu sehen ist. Durch den Haken, der hier lediglich für den Geschäftspartner-Typ **Organisation** gesetzt wurde, wird sichergestellt, dass der Geschäftspartner mit dieser Rolle nur als Organisation angelegt werden kann. Wählen Sie die [↵]-Taste, und sichern Sie Ihre Angaben. Eine betriebswirtschaftliche Zuordnung ist an dieser Stelle nicht erforderlich.

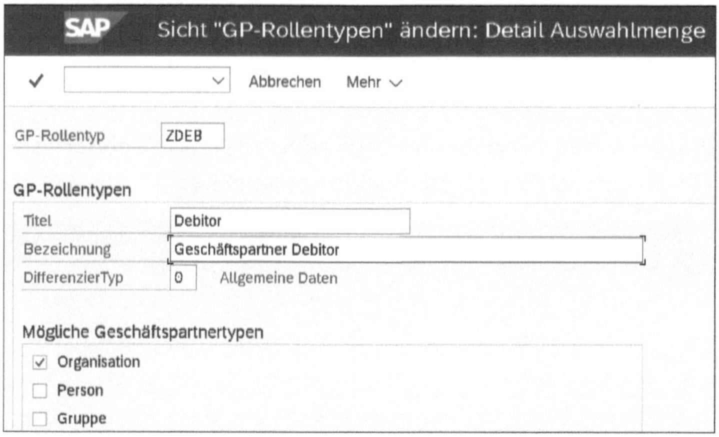

Abbildung 4.19 Neuanlage eines Geschäftspartner-Rollentyps

4.4.3 Kopie einer Geschäftspartner-Sicht

Kopieren einer Geschäftspartner-Sicht

Wollen Sie eine optionale Geschäftspartner-Sicht in Ihrem Namensraum anlegen, müssen Sie hierfür in die Transaktion BUSD (Geschäftspartner-Sichten) gehen. Diese Transaktion finden Sie nicht im Customizing, sondern sie ist ein Bestandteil des Bereichsmenüs BUPT. Die Tatsache, dass das Customizing zum Teil über das Bereichsmenü durchgeführt wird, stellt eine Besonderheit beim Geschäftspartner dar. Dieses Menü beschreiben wir in Auszügen in Kapitel 8, »Erweiterung des Geschäftspartners per Business Data Toolset«.

Transaktion BUSD Geschäftspartner-Sicht

Für die Neuanlage einer Geschäftspartner-Sicht können Sie eine bereits vorhandene Sicht als Kopiervorlage verwenden. Rufen Sie dazu direkt die Transaktion BUSD (Geschäftspartner-Sichten) auf, oder gelangen Sie über den Menübaum zu den Einstellungen (siehe Abbildung 4.20).

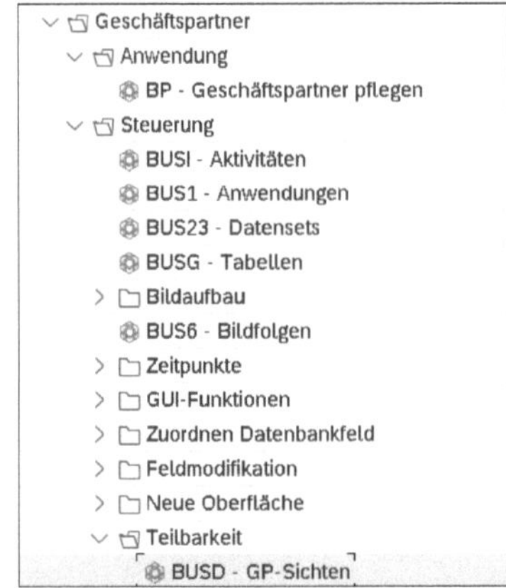

Abbildung 4.20 Neuanlage einer Geschäftspartner-Sicht mittels Transaktion BUSD (Geschäftspartner-Sichten)

Wählen Sie die gewünschte Vorlage aus, in diesem Fall FLCU00 (**Debitor**) (siehe Abbildung 4.21), und klicken Sie auf den Button **Kopieren**.

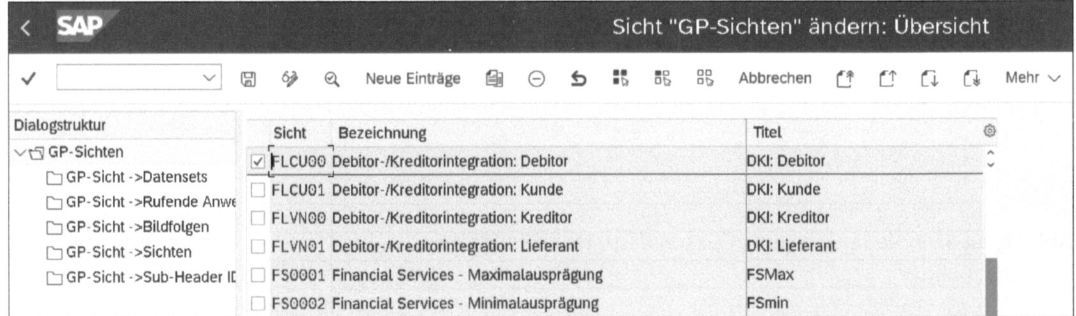

Abbildung 4.21 Kopie der Geschäftspartner-Sicht FLCU00 (Debitor)

Geben Sie ein sprechendes Kürzel sowie die Bezeichnung und den Titel der neuen Sicht an. Wenn Sie die [↵]-Taste gedrückt haben, bietet das System die Optionen, entweder die abhängigen Einträge oder nur die Sicht ohne abhängige Daten zu kopieren Unsere Empfehlung lautet, alle abhängigen Daten zu kopieren, sodass Sie diese später bei Bedarf als Grundlage für Ihre kundenindividuellen Einstellungen nutzen können. Wie in Abbildung 4.22 zu sehen, klicken Sie auf den Button **alle kopieren**, um alle abhängigen Einträge zu kopieren.

Abbildung 4.22 Neuanlage einer Geschäftspartner-Sicht mit Kopie der abhängigen Einträge

Nachdem Sie nun einen neuen Geschäftspartner-Rollentyp und eine neue Geschäftspartner-Sicht angelegt haben, können Sie diese beiden Objekte in Ihrer Geschäftspartner-Rolle hinterlegen. Wie bereits beschrieben, sind diese Kopien optional, aber im Hinblick auf Ihr späteres SAP-S/4HANA-System dennoch empfehlenswert.

Geschäftspartner-Rolle anpassen

Um Ihre Rolle anzupassen, gehen Sie in das Customizing über den Pfad **Anwendungsübergreifende Komponenten • SAP-Geschäftspartner • Geschäftspartner • Grundeinstellungen • Geschäftspartnerrollen • Konzept der Geschäftspartnerrollen • GP-Rollen definieren**. Hier wählen Sie die anzupassende Rolle, wie in Abbildung 4.23 gezeigt, aus und hinterlegen in dieser Rolle den neuen Geschäftspartner-Rollentyp sowie die neue Geschäftspartner-Sicht (siehe Abbildung 4.24). Sichern Sie Ihre Daten.

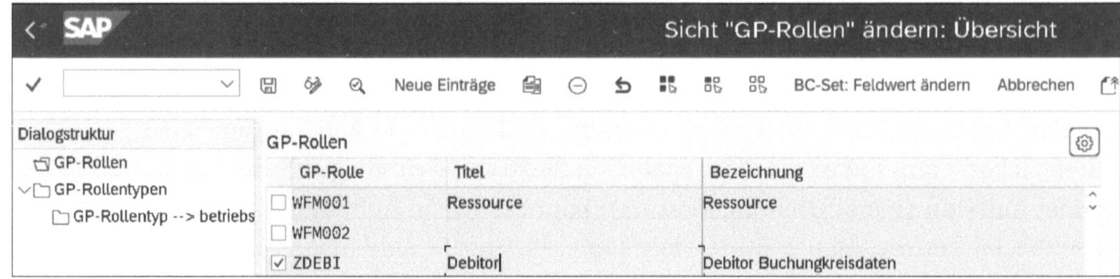

Abbildung 4.23 Auswahl der Geschäftspartner-Rolle aus dem Kundennamensraum

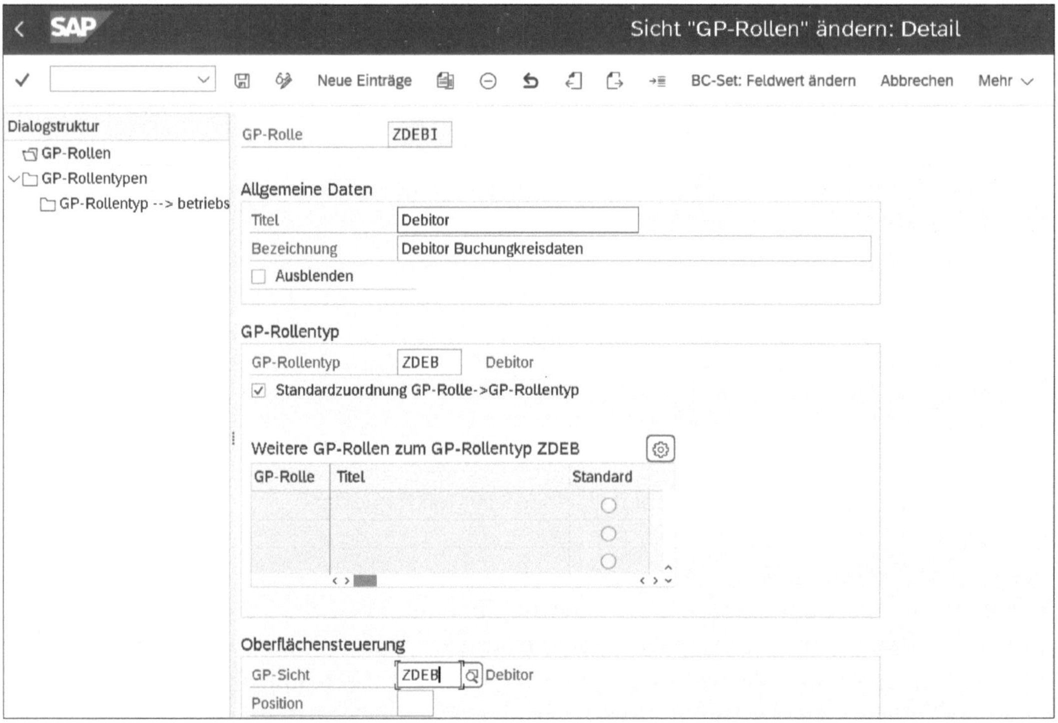

Abbildung 4.24 Anpassen der Geschäftspartner-Rolle mit einem neuen Geschäftspartner-Rollentyp und einer neuen Geschäftspartner-Sicht

[»]

Keine Fortschreibung ohne Rollentyp

Ohne den Geschäftspartner-Rollentyp erfolgt keine Fortschreibung.

4.4.4 Geschäftspartner-Rolle Ansprechpartner

Wenn Sie in Ihrem SAP-ERP-System Ansprechpartner nutzen, werden diese als eigenständige Geschäftspartner angelegt. SAP liefert hier die Standardrolle BUP001 (**Ansprechpartner**) aus (siehe Abbildung 4.25).

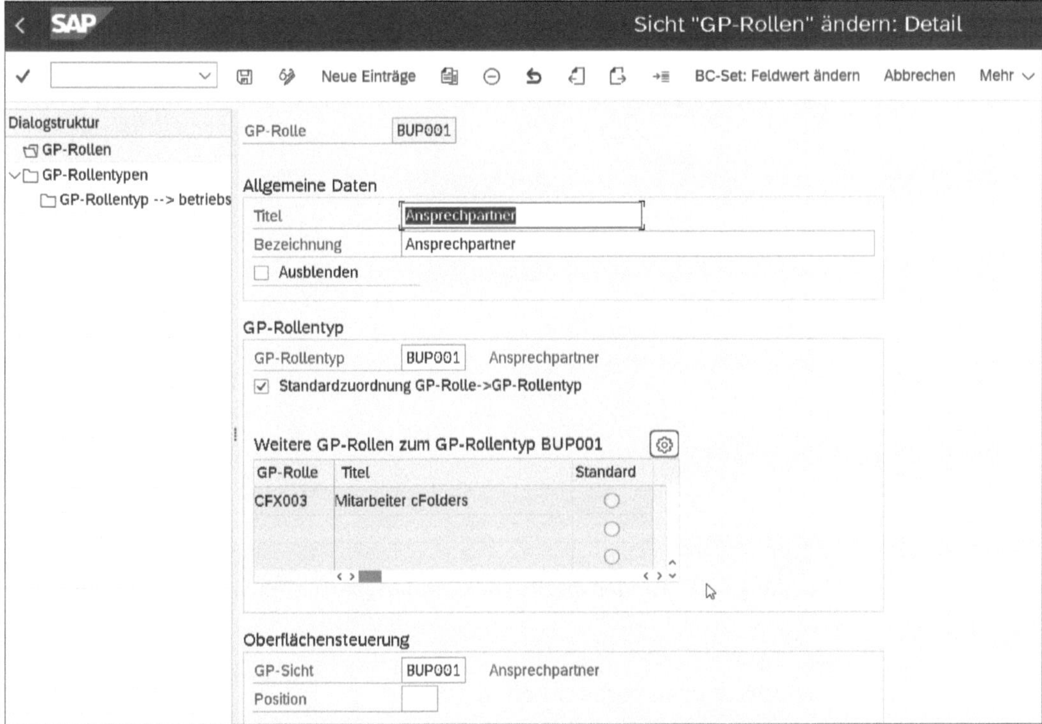

Abbildung 4.25 SAP-Standardrolle BUP001 (Ansprechpartner) als Vorlage für die Geschäftspartner-Rolle Ansprechpartner

Geschäftspartner-Rolle Ansprechpartner kopieren

Auch hier haben Sie die Möglichkeit, diese Rolle in Ihrem spezifischen Kundennamensraum über den Button **Kopieren** zu kopieren. Dabei können Sie für die CVI alle weiteren Einstellungen wie den Geschäftspartner-Rollentyp oder die Geschäftspartner-Sicht zunächst eins zu eins übernehmen. In Abbildung 4.26 sehen Sie die Geschäftspartner-Rolle ZAP (**Ansprechpartner**).

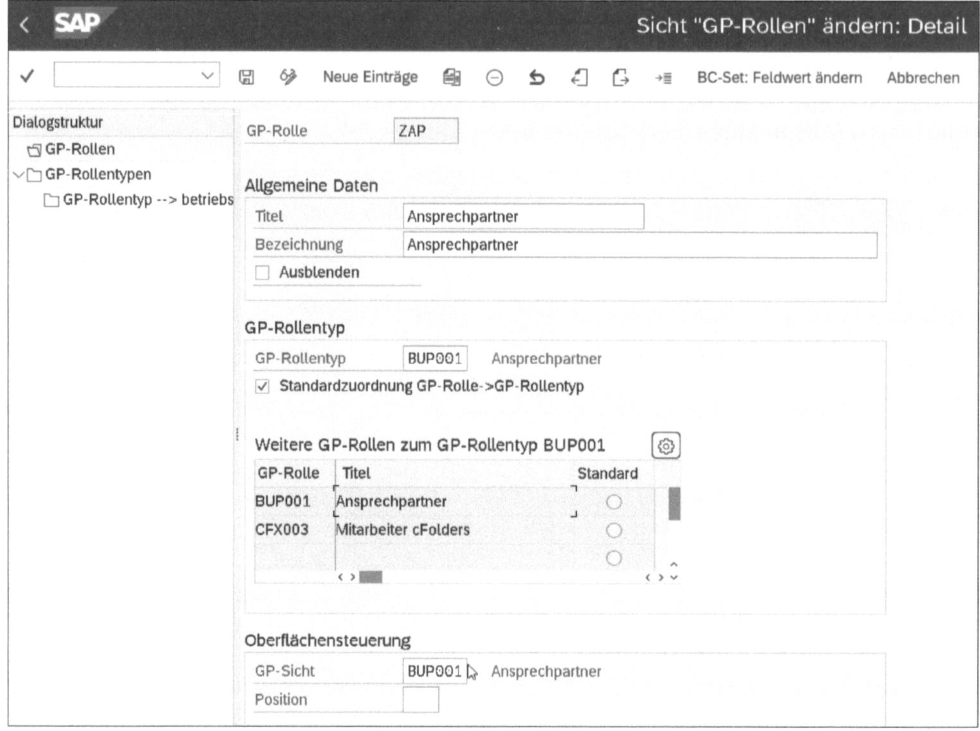

Abbildung 4.26 Kundenspezifische Geschäftspartner-Rolle für Ansprechpartner

[»]

Notwendigkeit eigener Rollen

Wenn Sie sich entscheiden, auf Ihrem System kundenspezifische Rollen zu verwenden, können Sie diese Rollen und die davon abhängigen Einträge wie Geschäftspartner-Sichten und Geschäftspartner-Rollentypen in Ihren Kundennamensraum kopieren. Grundsätzlich sei hier aber noch einmal gesagt, dass diese Neuanlage von Rollen nicht zwingend erforderlich ist und Sie auch die von SAP ausgelieferten Rollen, Typen und Sichten verwenden können.

4.5 Geschäftspartner-Rollengruppierung

Zusammenfassen von Rollen mittels der Geschäftspartner-Rollengruppierung

Die Geschäftspartner-Rollengruppierung ist eine optionale Zusammenfassung verschiedener Rollen, um dem Anwender bei der Anlage von Geschäftspartner-Stammdaten die Erfassung zu vereinfachen. Wenn wir unser Beispiel Debitor und Kunde in diesem Zusammenhang aufgreifen, entspricht das in einem SAP-ERP-System der Transaktion XD01 (Debitor anlegen). Mit dieser Transaktion legen Sie **Allgemeine Daten**, die **Buchungskreisdaten** und die **Vertriebsbereichsdaten** an.

Mit der Rollengruppierung können Sie mehrere betriebswirtschaftliche Geschäftspartner-Rollen zusammenfassen. Die Einrichtung ist für die CVI nicht erforderlich, in einem SAP-S/4HANA-System ist die Einstellung optional. Das ist auch abhängig davon, wie Sie die Daten anlegen. Legt ein Sachbearbeiter oder eine Sachbearbeiterin den kompletten Kundenstamm mit allgemeinen Daten, Buchungskreisdaten und den Vertriebsbereichsdaten an, so empfiehlt es sich, mit Rollengruppierungen zu arbeiten. Ist die Anlage von Buchungskreisdaten und Vertriebsbereichsdaten von der Bearbeitung her in unterschiedliche Abteilungen getrennt, muss keine Gruppierung angelegt werden.

Schlüssel zur Anlage von Gruppierungen

Wenn Sie Gruppierungen anlegen, erfassen Sie einen alphanumerischen, bis zu sechsstelligen Schlüssel mit einem Titel und einer Bezeichnung über den Button **Neue Einträge**. Die Neunanlage sehen Sie in Abbildung 4.27

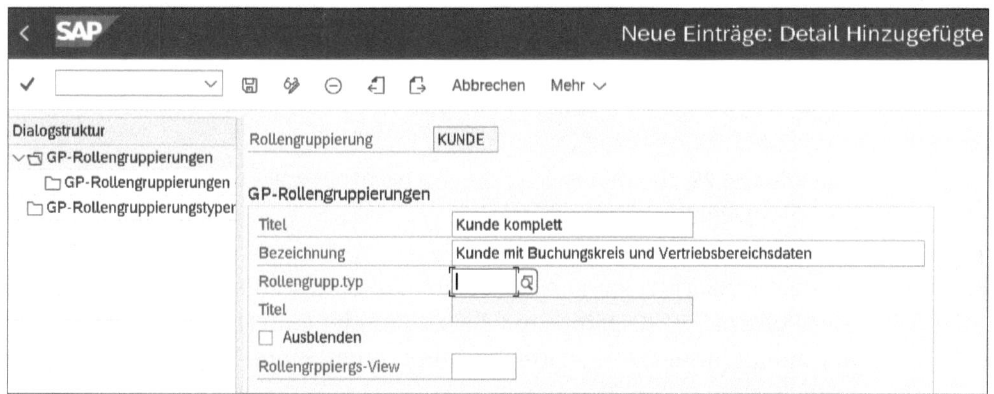

Abbildung 4.27 Neunanlage einer Geschäftspartner-Rollengruppierung KUNDE

Rollengruppierungstyp

Sind kundeneigene Entwicklungen zu einer Gruppierung notwendig, so legen Sie einen *Rollengruppierungstyp* an. Diesen Rollengruppierungstyp legen Sie in Ihrem kundenspezifischen Namensraum an (siehe Abbildung 4.28). Bitte beachten Sie die Einschränkung, dass ein Rollengruppierungstyp immer nur einer Geschäftspartner-Rollengruppierung zugeordnet werden kann.

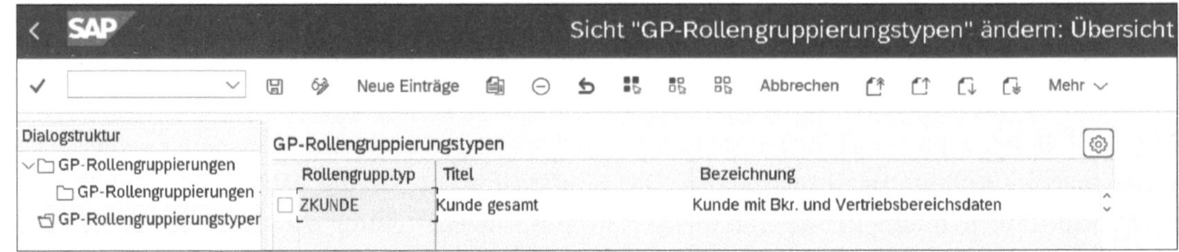

Abbildung 4.28 Neuanlage eines Rollengruppierungstyps ZKUNDE

Nachdem die Gruppierung angelegt ist, werden die gewünschten Rollen in dem Bereich **GP-Rollengruppierungen – GP-Rollen** hinzugefügt (siehe Abbildung 4.29).

Abbildung 4.29 Zuordnung einer Geschäftspartner-Rolle zu einer Geschäftspartner-Gruppierung

Geschäftspartner mit der Transaktion BP anlegen

In diesem Beispiel wurden die beiden kundenspezifischen Geschäftspartner-Rollen ZDEBI (**Debitor**) und ZKUNDE (**Kunde**) hinterlegt. Sie können hier die Standardrollen FLCU00 (**Debitor**) und FLCU01 (**Kunde**) hinzufügen. Bei der Anlage eines Geschäftspartners mit der Transaktion BP (Anlegen) werden Gruppierungen mit einem »X« angezeigt. Details zur Anlage von Geschäftspartnern beschreiben wir im Detail in Kapitel 7, »Mit Geschäftspartnern arbeiten«.

In Abbildung 4.30 sehen Sie am Ende der Auswahlliste die beiden Geschäftspartner-Rollengruppierungen KUNDE und LIEF, die jeweils durch »X« gekennzeichnet sind.

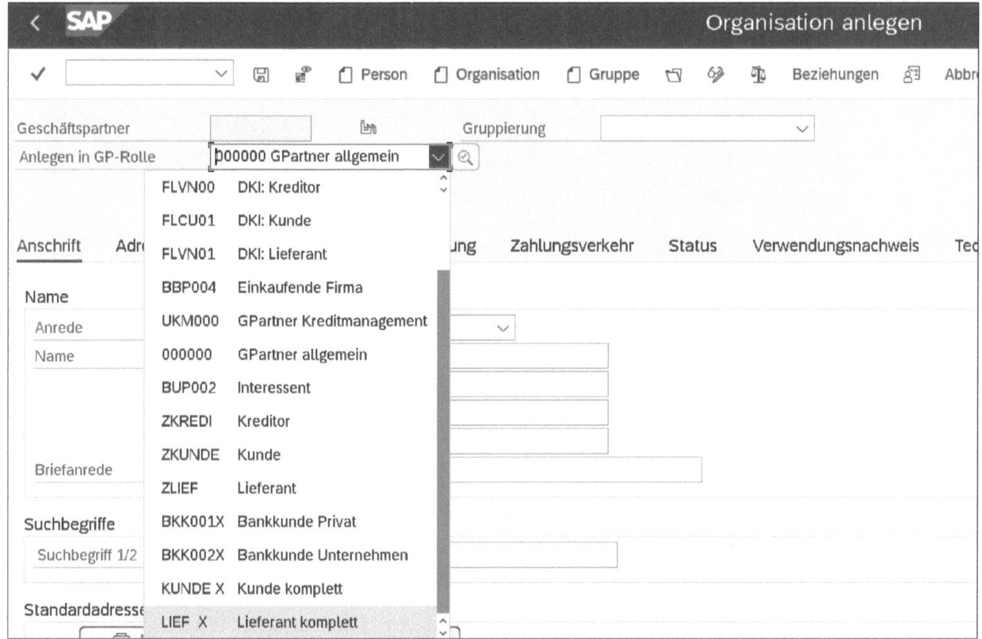

Abbildung 4.30 Geschäftspartner-Rollengruppierung bei Anlage eines Geschäftspartners in der Transaktion BP

4.6 Geschäftspartner-Rollenausschlussgruppen

Rollen ausschließen

Wie in den vorangegangenen Kapiteln beschrieben, können einem Geschäftspartner mehrere Rollen zugeordnet werden. Wenn Sie hingegen für einen Geschäftspartner gewisse Rollen nicht zulassen möchten, haben Sie im Customizing die Möglichkeit, bestimmte *Rollenausschlussgruppen* zu definieren. Mit diesen Ausschlussgruppen legen Sie die Rollen fest, die einem Geschäftspartner nicht gleichzeitig zugeordnet sein dürfen. Diese Einstellungen sind im Rahmen der CVI nicht relevant und werden daher in Abschnitt 5.2.4, »Geschäftspartner-Rollenausschlussgruppen definieren«, im Detail beschrieben.

4.7 Nummernkreise und Gruppierungen

Kundenspezifische Nummernkreise

Wie bereits in Abschnitt 2.3, »Nummernvergabe«. geschildert, hat der Geschäftspartner ein eigenständiges Nummernkreisobjekt. Die Festlegung, wie diese Nummernkreise aussehen, gestaltet sich von System zu System anhand der Kundenanforderung individuell. Es gibt hier einige Optionen und keinen Weg, der richtig oder falsch ist. Grundsätzlich ist es so, dass es im Rahmen der CVI keine Änderung Ihrer bisherigen Kunden- und Lieferantennummern gibt. Sie werden im Normalfall in Ihrem SAP-ERP-System weiterhin mit Ihren bekannten Anlage- bzw. Änderungstransaktionen arbeiten. Der Geschäftspartner, der durch die Synchronisation im Hintergrund angelegt wird, kommt on top dazu.

Nummernkreis bei CVI als Grundlage für SAP-S/4HANA-System

Was Sie allerdings in Ihre Überlegungen einbeziehen sollten, ist auch die spätere Nummernvergabe in Ihrem SAP-S/4HANA-System, da Sie mit den im Rahmen der CVI gewählten Nummernkreisen hierfür die Grundlage schaffen.

Wichtig ist bei der Stammdatensynchronisation auch, die beiden unterschiedlichen Arten der Stammdatensynchronisation in einem SAP-ERP-System und in einem SAP-S/4HANA-System zu betrachten. In Ihrem SAP-ERP-System werden Ihre Kunden und Lieferanten in den Geschäftspartner synchronisiert.

Synchronisationsrichtungen

In Ihrem SAP-S/4HANA-System erfolgt die Synchronisation umgekehrt. Sie legen einen Geschäftspartner an und im Hintergrund wird, abhängig von der ausgewählten Rolle, ein Kunde und/oder ein Lieferantenstamm angelegt. In Abbildung 4.31 sehen Sie die unterschiedlichen Synchronisationsrichtungen.

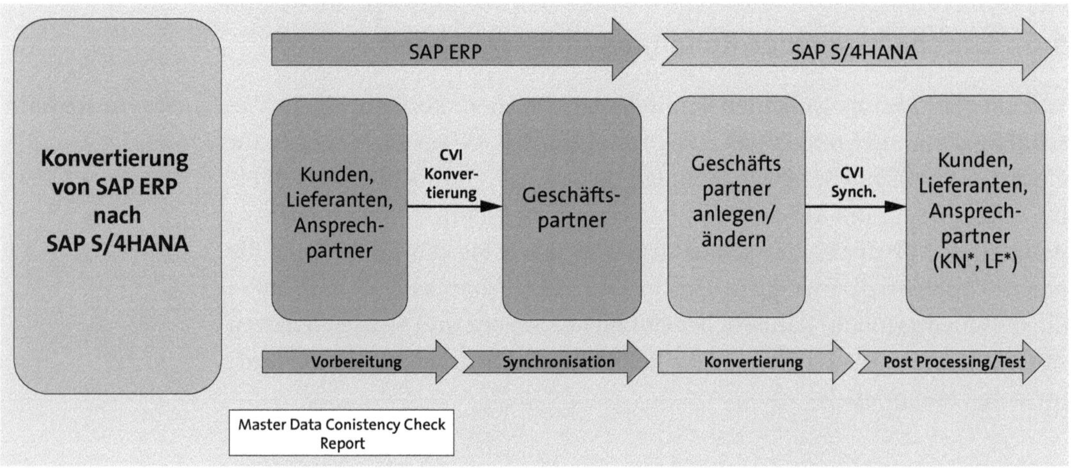

Abbildung 4.31 Synchronisationsrichtungen in einem SAP-ERP-System und in einem SAP-S/4HANA-System

Unter der Überschrift SAP ERP wird die Anlage von Kunden und Lieferanten aufgezeigt, die beim Sichern in einen Geschäftspartner synchronisiert werden. Unter der Überschrift SAP S/4HANA wird die umgekehrte Richtung in einem SAP-S/4HANA-System dargestellt. Dort wird mit der Transaktion BP

(Geschäftspartner bearbeiten) ein Geschäftspartner und anhängig von der ausgewählten Rolle ein Debitor, Kunde, Lieferant, Ansprechpartner etc. angelegt.

Nummerngleichheit

Wenn Sie im Rahmen der CVI einen neuen Nummernkreis für den Geschäftspartner definieren und Sie später in Ihrem SAP-S/4HANA-System eine Nummerngleichheit anstreben, werden Ihre zukünftigen Kunden- bzw. Lieferantenstammdaten die gleichen Nummern wie der Geschäftspartner erhalten.

Streben Sie dagegen keine Nummerngleichheit in Ihrem SAP-S/4HANA-System an, spielt der Nummernkreis des Geschäftspartners eher eine untergeordnete Rolle, da die grundlegenden Prozesse, wie z. B. Anlegen eines Kundenauftrags, das Buchen einer Eingangsrechnung mit der Transaktion MIRO oder aber das Zahlen und Mahnen im Finanzwesen, weiterhin mit den Objekten Kunde und Lieferant arbeiten.

4.7.1 Nummernkreise definieren

Neue Nummernkreise bestimmen

Es gibt also verschiedene Optionen, wie Sie Ihre Nummernkreise für den Geschäftspartner gestalten können. In diesem Abschnitt beschreiben wir schwerpunktmäßig den Ansatz, dass der Geschäftspartner einen komplett neuen Nummernkreis erhält. Die Einstellungen dazu finden Sie im IMG über den Pfad **Anwendungsübergreifende Komponenten • SAP-Geschäftspartner • Geschäftspartner • Grundeinstellungen • Nummernkreis und Gruppierung • Nummernkreise definieren.**

Gültigkeit von Nummernkreisen

Die Nummernkreise für den Geschäftspartner sind mandantenweit gültig.

In Abbildung 4.32 sehen Sie die **Intervallpflege** für den Geschäftspartner. Ein direkter Aufruf über die Transaktion BUCF ist ebenso möglich. Mit dieser Einstellung definieren Sie die für Ihre Geschäftspartner-Gruppierungen relevanten Nummernkreisintervalle.

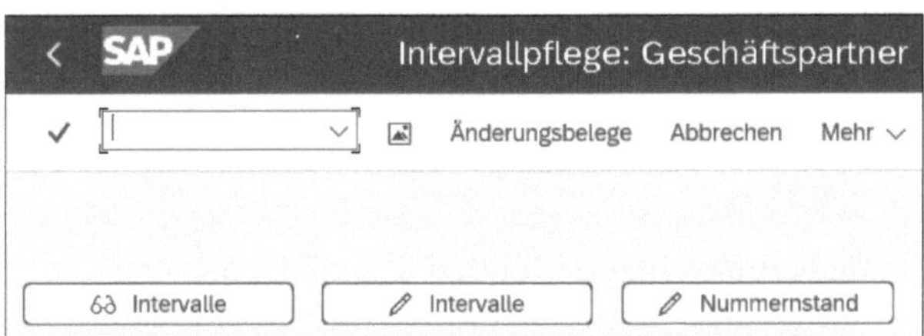

Abbildung 4.32 Intervallpflege des Geschäftspartners

Für die Neuanlage von Intervallen wählen Sie den mittleren Button **Intervalle** aus. Hinterlegen Sie dann über den Button **Einfügen Zeile** oder die [F6]-Taste neue Nummernkreisintervalle. Für jeden neuen Nummernkreis sind die folgenden Angaben zu machen:

- zweistellige-Nummernkreisnummer (**Nr**)
- **von Nummer**
- **bis Nummer**
- extern (**Ext**, optional)

Externe Nummernvergabe

Den Haken »extern« müssen Sie nur setzen, wenn z. B. die Geschäftspartner-Nummern aus einem externen System übernommen werden soll oder Sie während der CVI bestehende Kunden- und Lieferantennummern eins zu eins an den Geschäftspartner übergeben wollen.

Vielfältige Möglichkeiten bei der Nummernvergabe

Wie bereits in Abschnitt 2.3, »Nummernvergabe«, beschrieben, gibt es vielfältige Möglichkeiten, die Geschäftspartner-Nummer zu gestalten. In den folgenden Beispielen verwenden wir vier verschiedene Nummernkreise. Wir beschreiben ein Beispiel für die Nummerngleichheit anhand des Nummernkreises 02. Daneben gibt es drei weitere Nummernkreise für die Unterscheidung von:

- Geschäftspartner als Organisation, also der Standardkunde bzw. Lieferant
- CpD (Konto pro Diverse) Geschäftspartner
- Ansprechpartner

In Abbildung 4.33 wird eine mögliche Definition von Nummernkreisen gezeigt.

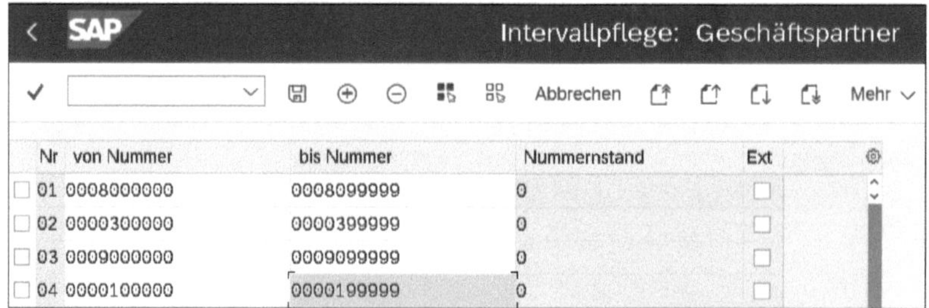

Abbildung 4.33 Beispielhafte Nummernkreise für den Geschäftspartner

Sie müssen bei der Definition der Nummernkreise darauf achten, dass die vergebenen Intervalle überlappungsfrei angelegt werden. Andernfalls werden Sie beim Sichern durch eine Fehlermeldung darauf aufmerksam gemacht.

4.7.2 Gruppierungen definieren und Nummernkreise zuordnen

Gruppierung und Zuordnung von Nummernkreisen

Nachdem Sie Ihre neuen Nummernkreise angelegt haben, müssen Sie diese Nummernkreise einer *Gruppierung* zuordnen. Die Gruppierung ist eine Klassifizierung, die Sie einem Geschäftspartner bei der Anlage zuordnen. Die Gruppierungen sind zwingend anzulegen, da bei der Synchronisierung über die Gruppierung abhängig von der Kontengruppe der entsprechende Nummernkreis des Geschäftspartners gefunden wird. Diese Einstellungen sind im Detail in Abschnitt 9.2.3, »Einstellungen des Geschäftspartners«, beschrieben.

Sie müssen für die Anlage von Gruppierungen die folgenden Festlegungen im IMG über den Pfad **Anwendungsübergreifende Komponenten • SAP-Geschäftspartner • Geschäftspartner • Grundeinstellungen • Nummernkreis und Gruppierung • Gruppierungen definieren und Nummernkreise zuordnen** einrichten:

- **Vierstelliges Kürzel**
  Jede Gruppierung hat ein bis zu vierstelliges Kürzel, dieses kann numerisch oder alphanumerisch (bei externer Nummernvergabe) angelegt werden.
- **Kurzbezeichnung**
  Für die Kurzbezeichnung stehen 15 Stellen zur Verfügung.
- **Bezeichnung**
  Für die Bezeichnung stehen 40 Stellen zur Verfügung.
- **Nummernkreis**
  Hier hinterlegen Sie pro Gruppierung, die die Nummernvergabe steuert, den gewünschten Nummernkreis des Geschäftspartners.
- **Extern**
  Erfordern Ihre Gruppierungen eine externe Nummernvergabe, setzen Sie den Haken bei **Extern**. Bei einer externen Nummernvergabe muss der Anwender eine Nummer eingeben. Die eingegebene Nummer muss zwischen einer »Von-« und einer »Bis-Nummer« liegen.
- **Interner Standard**
  Dieser Haken bewirkt, dass diese Gruppierung als Standardgruppierung für die interne Nummernvergabe verwendet wird. Solch eine Gruppie-

rung muss immer definiert werden. Das System wählt diese Standardgruppierung, wenn einem Geschäftspartner beim Anlegen weder eine Geschäftspartner-Nummer noch eine Gruppierung zugeordnet wird.

- **Externer Standard**
  Dieser Haken bewirkt, dass diese externe Gruppierung als Standardgruppierung verwendet wird. Das System wählt diese Standardgruppierung, wenn einem Geschäftspartner beim Anlegen eine Geschäftspartner-Nummer, jedoch keine Gruppierung zugeordnet wird.

Standardgruppierung für Ansprechpartner

Die Standardgruppierung kann z. B. für die Nummernvergabe der Ansprechpartner verwendet werden, da diese keine Kontengruppe haben und somit keine Zuordnung über die Kontengruppe erfolgen kann.

Für die Neuanlage einer Gruppierung klicken Sie auf den Button **Neue Einträge**, nehmen die zuvor beschriebenen erforderlichen Einstellungen vor und sichern Ihre Daten. In Abbildung 4.34 sehen Sie vier Nummernkreisintervalle. Im einfachsten Fall, wenn es auf Ihrem System keinerlei Unterscheidung der Nummern des Geschäftspartners geben soll, genügt hier tatsächlich ein Nummernkreis.

Mehrere Nummernkreise verwenden

Erfahrungsgemäß empfehlen wir Ihnen aber die Verwendung von mehreren Nummernkreisen. Allerdings ist dies eine sehr kundenindividuelle Angelegenheit. Es können z. B. auch jeweils diverse Nummernkreise bzw. Gruppierungen analog zu den Kontengruppen verwendet werden.

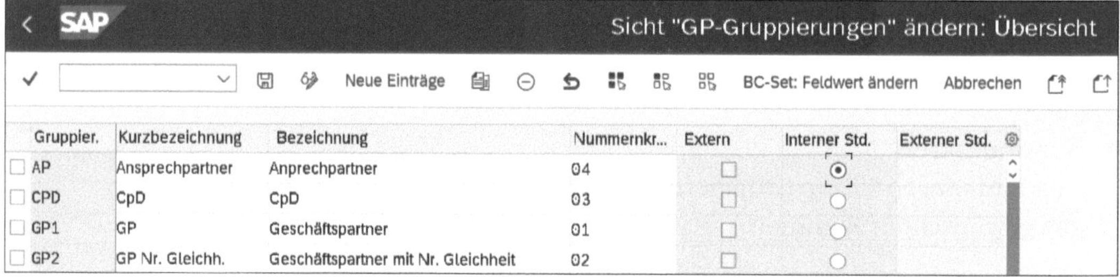

Abbildung 4.34 Neuanlage einer Geschäftspartner-Gruppierung

Der Haken, der bei **Interner Standard** bei der Gruppierung **AP – Ansprechpartner** gesetzt ist, steuert die Nummernvergabe der Ansprechpartner in den weiteren Beispielen, die wir in Abschnitt 4.14.4, »Feldmodifikation von Geschäftspartner-Beziehungen«, beschreiben. Falls Sie mit den Standard-Customizing-Einstellungen an dieser Stelle nicht alle Ihre Anforderungen abbilden können, besteht die Möglichkeit, mithilfe des BAdIs `CVI_CUSTOM_MAPPER` kundenspezifisch in den Synchronisationsprozess einzugreifen. Weiter Informationen dazu erhalten Sie in Kapitel 11, »Durchführung der Stammdatensynchronisation«.

4.8 Feldmodifikation

Der Geschäftspartner hat ebenso wie die Kontengruppen eine eigene *Feldmodifikation*. Die Feldmodifikation kann auf vier verschiedenen Ebenen eingestellt werden:

- Feldattribute pro Mandant konfigurieren
- Feldattribute pro Geschäftspartner-Rolle konfigurieren
- Feldattribute pro Aktivität konfigurieren
- Feldattribute pro Geschäftspartner-Art konfigurieren

Optionale Einstellungen vornehmen

Im Rahmen der CVI können Sie hier Einstellungen vornehmen. Sie müssen das aber nicht machen, da in einem SAP-ERP-System weiterhin Kunden und Lieferanten mit Kontengruppen angelegt werden und weiterhin die Aussteuerung der Feldmodifikation über die jeweilige Kontengruppe ausschlaggebend ist.

Wir geben an dieser Stelle einen kurzen Einblick in die Feldmodifikation des Geschäftspartners. In Abschnitt 5.7, »Feldmodifikation«, werden wir auf dieses Thema im Detail eingehen, da in einem SAP-S/4HANA-System nicht mehr die Kontengruppe, sondern die Feldmodifikation des Geschäftspartners führend ist.

Feldattribute

Wir zeigen Ihnen exemplarisch die Feldattribute pro Geschäftspartner-Rolle. Die Einstellungen finden Sie im IMG über den Pfad **Anwendungsübergreifende Komponenten • SAP-Geschäftspartner • Geschäftspartner • Grundeinstellungen • Feldmodifikationen • Feldattribute pro GP-Rolle konfigurieren.**

Wählen Sie zunächst den Bereich, in dem Sie Ihre Einstellungen vornehmen möchten (siehe Abbildung 4.35).

Selektieren Sie eine beliebige Rolle, deren Feldattribute Sie anpassen möchten. Haben Sie zuvor kundenindividuelle Geschäftspartner-Rollen angelegt, müssen Sie diese Rollen über den Button **Neue Einträge** zunächst in die Tabelle einfügen, wie in Abbildung 4.36 beschrieben ist. Die Auswahl aller existierenden Geschäftspartner-Rollen kann über die Suchhilfe des Feldes erfolgen. Sichern Sie Ihre Angaben.

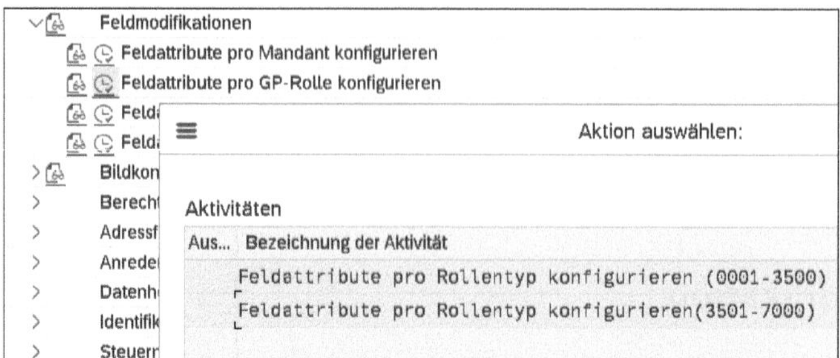

Abbildung 4.35 Auswahl von Feldattributen pro Rollentyp

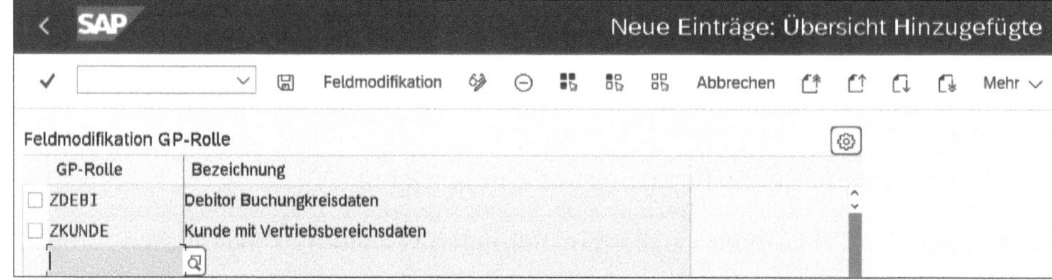

Abbildung 4.36 Zuordnung neuer Rollen für die Feldmodifikation

Einzelne Felder steuern

Durch einen Doppelklick wählen Sie die gewünschte Rolle aus, in diesem Beispiel die Rolle **Debitor Buchungskreisdaten** mit dem Bereich **Mahndaten**. Die Feldattribute werden zunächst alle **nicht spezifiziert** ausgeliefert. Für die CVI ist es auch nicht notwendig, an diesen Einstellungen Änderungen vorzunehmen. Neben **nicht spezifiziert** haben Sie grundsätzlich vier Optionen, um die einzelnen Felder zu steuern (siehe Abbildung 4.37):

- **Ausblenden**: Wenn Sie dieses Feld markieren, wird das Feld im Geschäftspartner ausgeblendet.
- **Musseingabe**: Wenn Sie dieses Feld markieren, müssen Sie im Geschäftspartner das Feld pflegen.
- **Kanneingabe**: Wenn Sie dieses Feld markieren, kann das Feld im Geschäftspartner gepflegt werden.
- **Anzeigen**: Wenn Sie dieses Feld markieren, wird das Feld im Geschäftspartner angezeigt.

Feldsteuerung in SAP ERP

Sparen Sie sich Zeit und nehmen Sie in Ihrem SAP-ERP-System keine Feldmodifikation vor. So sind die Einstellungen der Kontengruppe führend. Planen Sie aber in einem SAP-S/4HANA-System genug Zeit für diesen Bereich ein.

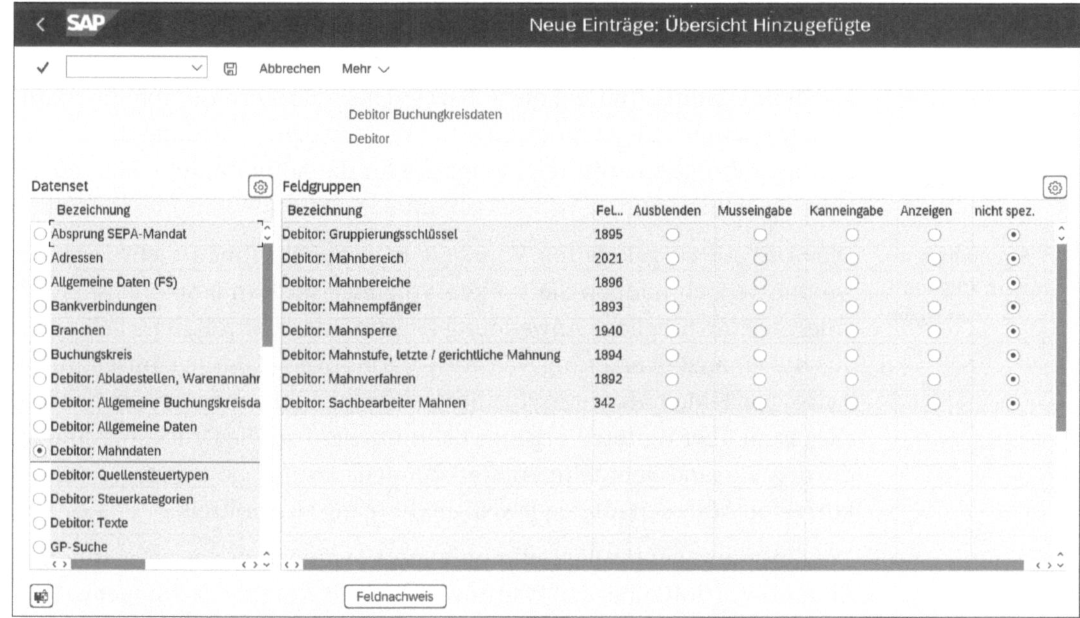

Abbildung 4.37 Feldmodifikation im Bereich Debitor: Mahndaten

4.9 Adressfindung

Adressen und Adressfindung für den Geschäftspartner

Die Adressen, die in einem SAP-ERP-System in den Stammdaten von Kunden und Lieferanten hinterlegt sind, werden im Rahmen der CVI in den Geschäftspartner übernommen. Die Adressfindung beschreibt das Verfahren, mit dem das System die Geschäftspartner-Adresse ermittelt, die bei einem bestimmten betriebswirtschaftlichen Vorgang genutzt wird. Folgende Schritte werden dabei nacheinander ausgeführt, bis eine Adresse gefunden ist:

- Ist für ein bestimmtes Objekt (z. B. Vertragskonto im FI-CA) eine Adresse vorgegeben und diese noch vorhanden, wird die Adresse auch verwendet.
- Ist innerhalb des Einführungsleitfadens (IMG) dem zugehörigen Vorgang für die Adressfindung eine Adressart zugeordnet und wurde in den Geschäftspartner-Stammdaten mindestens eine Adressverwendung für diese Adressart angelegt, so wird die Standardverwendung des Geschäftspartners zu dieser Adressart genutzt.

In allen anderen Fällen wird die Standardadresse des Geschäftspartners genutzt.

4.9.1 Vorgänge definieren

Die Adressfindung ist ein betriebswirtschaftlicher Vorgang, der als Grundlage für die Adressfindung dient. Bei Geschäftspartnern mit mehreren Adressen entsteht die Anforderung, für verschiedene Vorgänge die jeweils richtige Adresse zu ermitteln. Vorgänge für die Adressfindung können Sie beliebig definieren.

Eigenprogrammierte Vorgänge anlegen

Die von SAP ausgelieferten Vorgänge können von Ihnen nicht geändert werden. Jedoch können Sie weitere Vorgänge im Kundennamensbereich anlegen. Eine mögliche Anwendung aus der Praxis ist z. B., dass Schreiben aus der Finanzbuchhaltung, wie etwa Mahnungen, Zahlungsmitteilungen, Avise, per E-Mail an unterschiedliche Adressen versendet werden sollen. Dies kann über weitere Vorgänge realisiert werden. Die Druckprogramme, die den Versand übernehmen, sind kundenspezifisch anzupassen, um die korrekten Adressen für den jeweiligen Vorgang zu ermitteln.

Die Einstellungen für die Definition von Vorgängen in der Adressfindung finden Sie im IMG über den Pfad **Anwendungsübergreifende Komponenten • SAP-Geschäftspartner • Geschäftspartner • Grundeinstellungen • Adressfindung • Vorgänge definieren.**

Standardadresse prüfen

Prüfen Sie in Ihrem System, ob die Standardadresse XXDFLT vorhanden ist (siehe Abbildung 4.38). Für die CVI muss diese Standardadresse vorhanden sein. Ist sie es nicht, legen Sie den Eintrag XXDFLT über den Button **Neue Einträge** an und sichern Ihre Angaben.

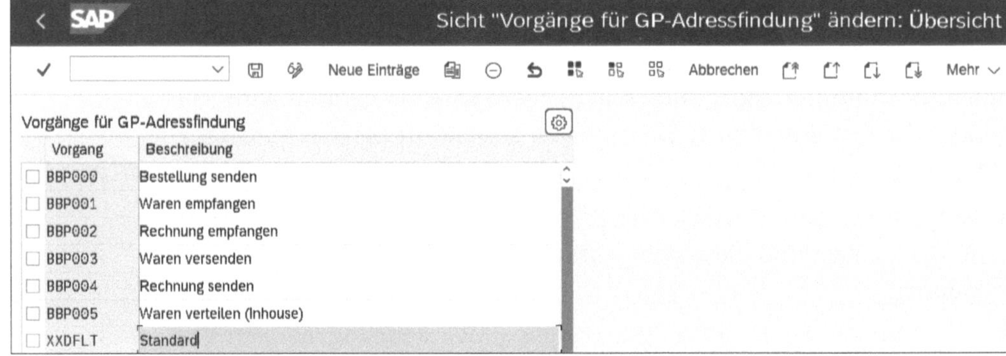

Abbildung 4.38 Vorgänge zur Adressfindung

Weitere Einstellungen sind für die CVI an dieser Stelle nicht erforderlich. Weitere Informationen finden Sie in Abschnitt 5.9.2, »Adressarten definieren«.

In einem SAP-S/4HANA-System gewinnen die Adressen aber an Bedeutung und können zum Teil bereits in Funktionen, wie z. B. der Auftragsanlage, optional genutzt werden. In Abschnitt 5.1, »Aktivierungsstatus für Funktionen«, beschreiben wir dies im Detail.

4.9.2 Adressarten definieren

Adressen nach Verwendung zuordnen

Mittels der *Adressart* haben Sie die Möglichkeit, verschiedene Adressen je nach ihrer Verwendung in der Kommunikation mit dem Geschäftspartner unterschiedlich zuzuordnen. Für die CVI sind an dieser Stelle keine weiteren Einstellungen vorzunehmen. Weitere Informationen zu diesem Thema finden Sie in Abschnitt 5.9, »Adressfindung«.

Prüfen Sie, ob in Ihrem System der Eintrag XXDEFAULT für die Standardadresse vorhanden ist, da nur dieser im Rahmen der CVI verwendet wird. Ist der Eintrag XXDEFAULT wie in Abbildung 4.39 vorhanden, müssen Sie nichts weiter tun, andernfalls fügen Sie den Eintrag entsprechend über den Button **Neue Einträge** hinzu.

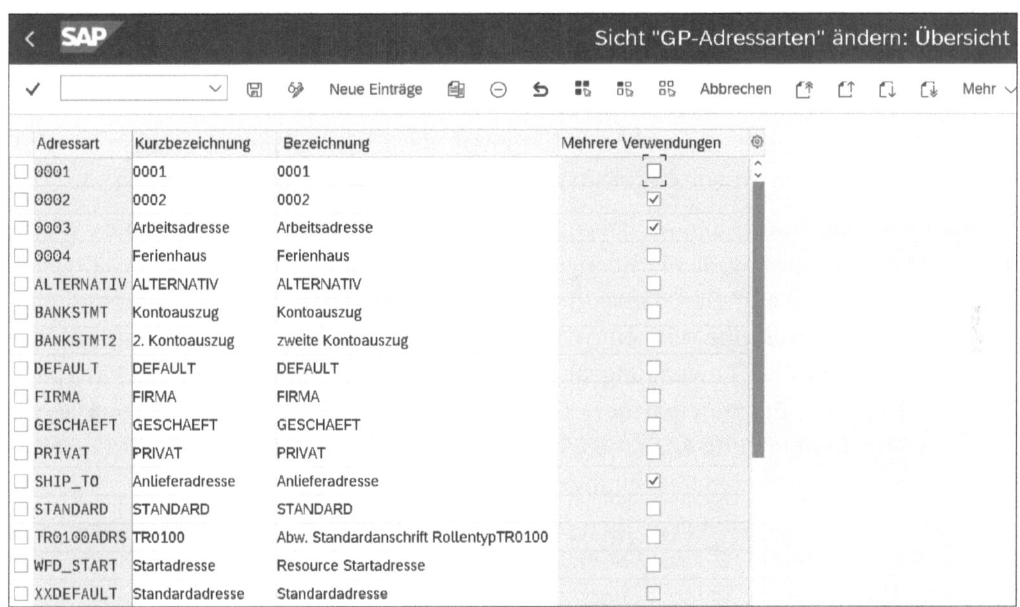

Adressart	Kurzbezeichnung	Bezeichnung	Mehrere Verwendungen
0001	0001	0001	[ ]
0002	0002	0002	[x]
0003	Arbeitsadresse	Arbeitsadresse	[x]
0004	Ferienhaus	Ferienhaus	[ ]
ALTERNATIV	ALTERNATIV	ALTERNATIV	[ ]
BANKSTMT	Kontoauszug	Kontoauszug	[ ]
BANKSTMT2	2. Kontoauszug	zweite Kontoauszug	[ ]
DEFAULT	DEFAULT	DEFAULT	[ ]
FIRMA	FIRMA	FIRMA	[ ]
GESCHAEFT	GESCHAEFT	GESCHAEFT	[ ]
PRIVAT	PRIVAT	PRIVAT	[ ]
SHIP_TO	Anlieferadresse	Anlieferadresse	[x]
STANDARD	STANDARD	STANDARD	[ ]
TR0100ADRS	TR0100	Abw. Standardanschrift RollentypTR0100	[ ]
WFD_START	Startadresse	Resource Startadresse	[ ]
XXDEFAULT	Standardadresse	Standardadresse	[ ]

Abbildung 4.39 Übersicht der Geschäftspartner-Adressarten

4.9.3 Vorgang einer Adressart zuordnen

Arbeiten mit vordefinierten Vorgängen zur Adressfindung

Über den Pfad **Anwendungsübergreifende Komponenten • SAP-Geschäftspartner • Geschäftspartner • Grundeinstellungen • Adressfindung • Vorgang zu Adressart zuordnen** können Sie den von Ihnen angelegten Adressarten die in Abschnitt 4.9.1 definierten Vorgänge zur Adressfindung zuordnen.

Für die CVI muss der Eintrag für die Standardadresse vorhanden sein (siehe Abbildung 4.40).

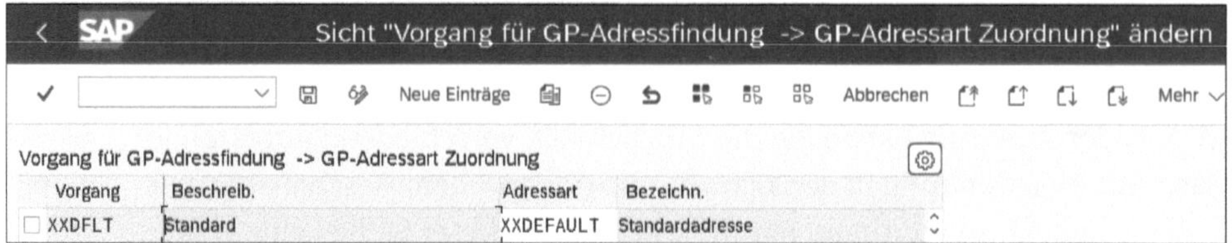

Abbildung 4.40 Zuordnung der Geschäftspartner-Adressfindung zu der Geschäftspartner-Adressart

4.10 Anreden

In den allgemeinen Stammdaten der Kunden und Lieferanten sowie bei den Ansprechpartnern sind normalerweise Anreden hinterlegt. In einem SAP-ERP-System werden diese Anreden zumeist für den Andruck auf Dokumenten verwendet.

Im Rahmen der Synchronisation kann es bei den Anreden durchaus zu Synchronisationsproblemen kommen, da über die Anrede eingestellt wird, welche Art von Geschäftspartner für die jeweilige Anrede zulässig ist.

Anrede für Ansprechpartner

Gerade bei den Ansprechpartnern sind diese Einstellungen für die CVI von Bedeutung, da hierüber gesteuert wird, mit welcher Art von Geschäftspartner dieser Geschäftspartner angelegt wird. Dies kann eine Person, eine Organisation oder eine Gruppe sein. Die Anreden finden Sie im IMG über den Pfad **Anwendungsübergreifende Komponenten • SAP-Geschäftspartner • Geschäftspartner • Grundeinstellungen • Anreden • Anreden pflegen.** In Abbildung 4.41 sehen Sie die hinterlegten Anreden und die dazugehörigen weiteren Einstellungen.

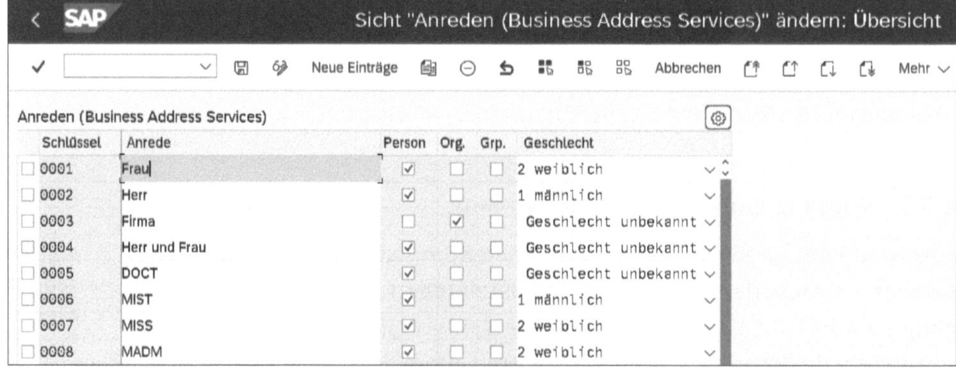

Abbildung 4.41 Für den Geschäftspartner hinterlegte Anreden

Bei Bedarf können Sie Ihren Eintrag über den Button **Neue Einträge** durch die folgenden Werte näher definieren:

- **Schlüssel**
  Geben Sie hier einen bis zu vierstelligen Schlüssel ein.
- **Anrede**
  Hinterlegen Sie hier die jeweilige Anrede.
- **Person**
  Wenn Sie diesen Haken setzen, bedeutet dies, dass diese Anrede ausschließlich für eine Person gilt.
- **Organisation**
  Wenn Sie diesen Haken setzen, bedeutet dies, dass diese Anrede ausschließlich für Organisationen gilt.
- **Gruppe**
  Wenn Sie diesen Haken setzen, bedeutet dies, dass diese Anrede ausschließlich für Gruppen gilt.
- **Geschlecht**
  Bei personenbezogenen Einträgen können Sie hier **weiblich** bzw. **männlich** hinterlegen, bei Organisationen und Gruppen wird der Eintrag **Geschlecht unbekannt** hinterlegt.

Inkonsistenzen zwischen Anrede und Geschlecht

Gerade wenn Sie auch die Ansprechpartner als Geschäftspartner anlegen, kann es zu Problemen kommen. In Abbildung 4.42 sehen Sie einen Ansprechpartner, der im Feld **Geschlecht** »weiblich« hinterlegt hat, im Feld **Anrede** hingegen »Herr«. Das System erkennt, dass es sich hierbei um eine Person handelt, und verwendet dadurch die korrekte Geschäftspartner-Art **Person** zum Anlegen des Geschäftspartners.

Wenn Sie in einem SAP-ERP-System Ansprechpartner in den Debitoren- bzw. Kreditorenstammdaten anlegen, können Sie diese Kombination ohne Probleme sichern. Wird dieser Ansprechpartner in den Geschäftspartner synchronisiert, kommt es jedoch zu einem Fehler, da in der Customizing-Tabelle bei der Anrede **0002 Herr** korrekterweise das Geschlecht **männlich** hinterlegt ist. In dem Fall müssen Sie den Ansprechpartner manuell korrigieren und das Geschlecht ändern. Das kann je nach Anzahl der Einträge in der Tabelle KNVK (Kundenstamm Ansprechpartner) Zeit in Anspruch nehmen.

Plausibilitätsprüfung

Grundsätzlich erfolgen bei Anlage von Geschäftspartnern wesentlich schärferer Plausibilitätsprüfungen als bei der Kunden- oder Lieferantenstammanlage.

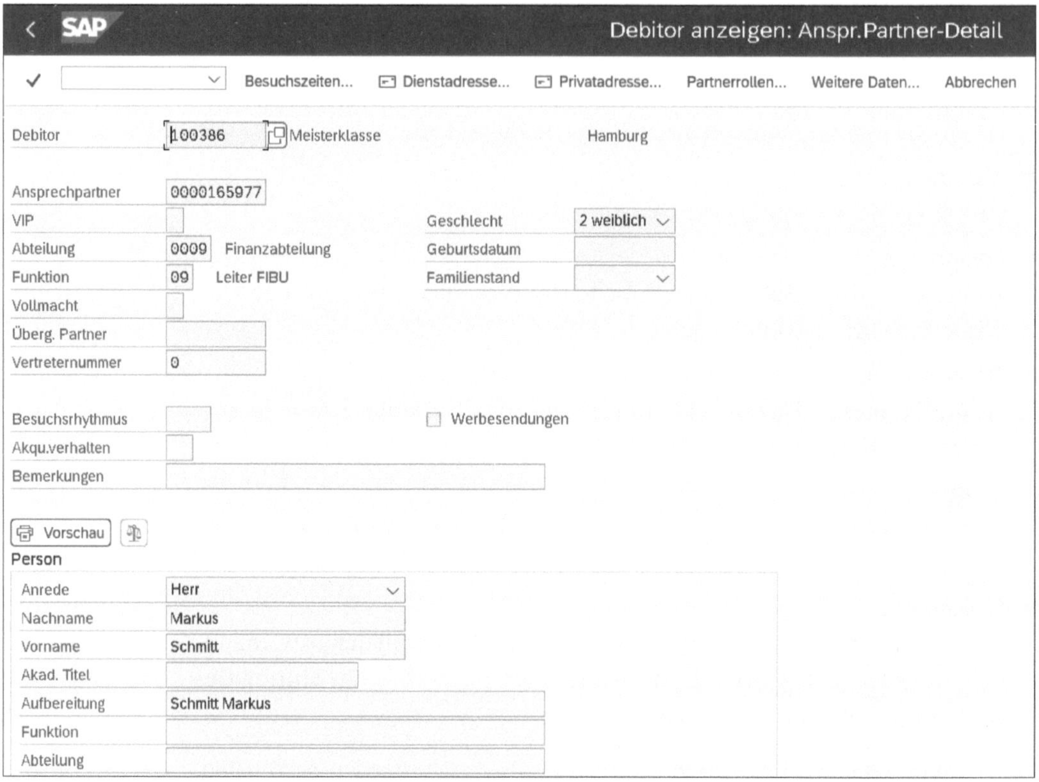

SAP Debitor anzeigen: Anspr.Partner-Detail

✓ Besuchszeiten... Dienstadresse... Privatadresse... Partnerrollen... Weitere Daten... Abbrechen

Debitor 100386 Meisterklasse Hamburg

Ansprechpartner 0000165977
VIP
Abteilung 0009 Finanzabteilung
Funktion 09 Leiter FIBU
Vollmacht
Überg. Partner
Vertreternummer 0
Geschlecht 2 weiblich
Geburtsdatum
Familienstand

Besuchsrhythmus
Akqu.verhalten
Bemerkungen
Werbesendungen

Vorschau

Person
Anrede Herr
Nachname Markus
Vorname Schmitt
Akad. Titel
Aufbereitung Schmitt Markus
Funktion
Abteilung

Abbildung 4.42 Ansprechpartner-Anzeige aus dem Kundenstamm

Übersetzungen von Anreden

Wenn Sie die Anreden sprachabhängig prüfen bzw. anpassen wollen, gehen Sie über die Menüleiste **Mehr • Springen • Übersetzung** und wählen die gewünschten Sprachen aus. Es werden die zuvor ausgewählten Anreden und Sprachen angezeigt und Sie können bei Bedarf Übersetzungen neu anlegen oder korrigieren (siehe Abbildung 4.43). Sichern Sie Ihre Daten.

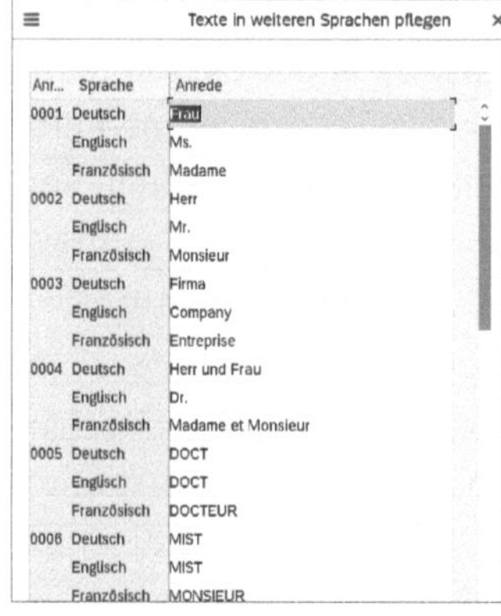

Texte in weiteren Sprachen pflegen

Anr...	Sprache	Anrede
0001	Deutsch	Frau
	Englisch	Ms.
	Französisch	Madame
0002	Deutsch	Herr
	Englisch	Mr.
	Französisch	Monsieur
0003	Deutsch	Firma
	Englisch	Company
	Französisch	Entreprise
0004	Deutsch	Herr und Frau
	Englisch	Dr.
	Französisch	Madame et Monsieur
0005	Deutsch	DOCT
	Englisch	DOCT
	Französisch	DOCTEUR
0006	Deutsch	MIST
	Englisch	MIST
	Französisch	MONSIEUR

Abbildung 4.43 Auswahl an Übersetzungen von Anreden

4.11 Steuernummer

Steuernummern synchronisieren

In allen SAP-ERP-Systemen können neben der Umsatzsteuer-Identifikationsnummer diverse andere Steuernummern in den Kunden- und Lieferantenstammdaten hinterlegt sein. Die Synchronisierung dieser Steuernummern läuft in einem Großteil der CVI-Projekte zunächst oft auf Fehler. Der Grund ist, dass jede Steuernummer im Geschäftspartner einen Steuernummertyp erhält. Das ist eine Neuerung in einem SAP-ERP-System bzw. auch später im SAP-S/4HANA-System.

In einem SAP-ERP-System gibt es in den Tabellen `KNA1` (Kundenstamm allgemeiner Teil) und `LFA1` (Lieferantenstamm allgemeiner Teil) jeweils mehrere Felder für die unterschiedlichen Steuernummern. Bei dem Geschäftspartner werden die Daten in einer separaten Tabelle `DFKKBPTAXNUM` (Steuernummern zum Geschäftspartner) hinterlegt. Diese Tabelle enthält keine weiteren Felder zur Unterscheidung der unterschiedlichen Steuernummern, sondern die Steuernummern werden anhand des Feldes Steuernummertyp strukturiert.

Fachliche Prüfung der Steuernummer

Die fachliche Prüfung der Steuernummern kann für die Fachabteilung eine zeitraubende Angelegenheit werden, gerade wenn Sie Stammdaten in unterschiedlichen Ländern angelegt haben. Wenn Sie beispielsweise prüfen möchten, ob die Steuernummer 3 in Brasilien korrekt mit den Steuernummertypen BR3 (Brasilien: State Tax Number) synchronisiert wird, kann das sehr zeitaufwendig werden.

Es besteht auch die Möglichkeit, dass die Steuernummertypen auf Ihrem System fehlen. SAP liefert hier eine Reihe von Steuernummertypen aus, die normalerweise einen großen Teil abdecken, Es kann aber durchaus sein, dass Sie neue Typen anlegen müssen. Wie Sie dies im Customizing einstellen, beschreiben wir im folgenden Kapitel.

Sie finden diese Steuernummern eines Debitors in den allgemeinen Daten auf der Registerkarte **Steuerungsdaten** (siehe Abbildung 4.44). Diese können Sie beispielsweise unter Verwendung der Transaktion XD03 aufrufen

Steuernummertyp

Bei der Synchronisation der Steuernummern kann es im Rahmen der CVI zu Problemen kommen, da es zukünftig im Geschäftspartner den Steuernummertyp gibt. In Abbildung 4.45 sehen Sie die Pflege der Steuernummertypen in der Transaktion BP. Wie Sie sehen, existiert hier nicht für jede Steuernummer ein eigenes Feld, vielmehr ist eine tabellarische Darstellung vorhanden, in der jeder Steuernummer ein Steuernummertyp zugeordnet wird.

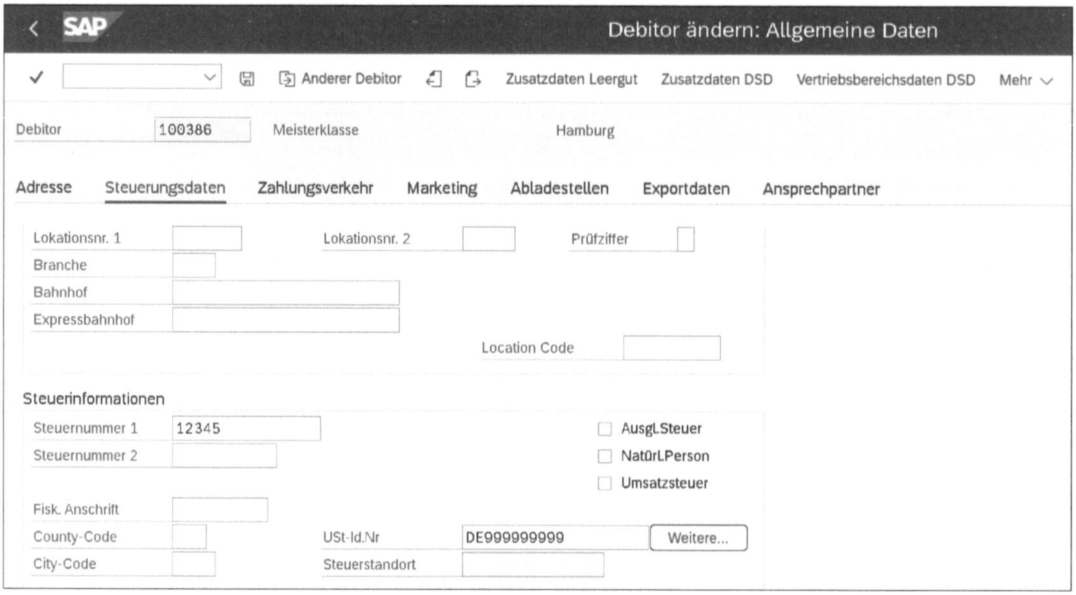

Debitor ändern: Allgemeine Daten

Anderer Debitor | Zusatzdaten Leergut | Zusatzdaten DSD | Vertriebsbereichsdaten DSD | Mehr

Debitor 100386 Meisterklasse Hamburg

Adresse | Steuerungsdaten | Zahlungsverkehr | Marketing | Abladestellen | Exportdaten | Ansprechpartner

Lokationsnr. 1 | Lokationsnr. 2 | Prüfziffer

Branche

Bahnhof

Expressbahnhof

Location Code

Steuerinformationen

Steuernummer 1 12345 | Ausgl.Steuer

Steuernummer 2 | Natürl.Person

Umsatzsteuer

Fisk. Anschrift

County-Code | USt-Id.Nr DE999999999 | Weitere...

City-Code | Steuerstandort

Abbildung 4.44 Kundenstamm mit Steuernummer 1 und USt-Identifikationsnummer

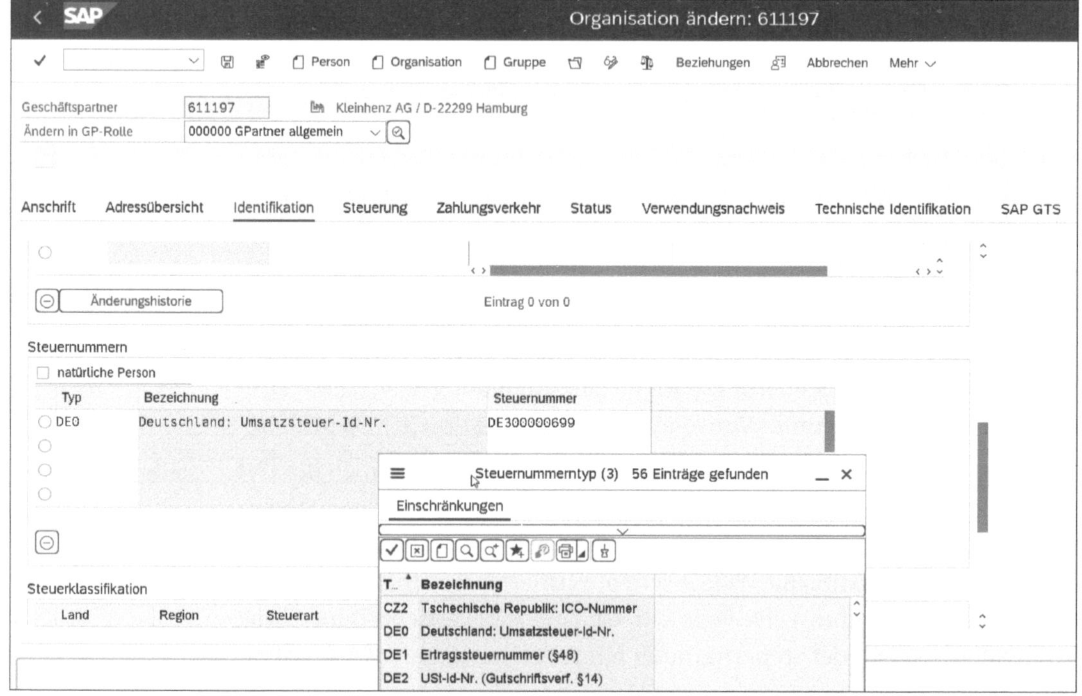

Abbildung 4.45 Registerkarte »Identifikation« mit Steuernummern

Zusammensetzung Steuernummertyp

Die Steuernummern werden im Rahmen der CVI in den Geschäftspartner auf der Registerkarte **Identifikation** synchronisiert. Dabei hat jede Steuernummer einen Steuernummertyp. Dieser neue Steuernummertyp setzt sich wie folgt zusammen:

- Die zwei Buchstaben entsprechen dem ISO-Code des Landes, in dem die Steuernummer verwendet wird.
- Die Zahl ist eine fortlaufende Nummerierung. Die Zahl ist wichtig, wenn die Steuernummern aus dem Kunden- oder Lieferantenstammsätze in den Geschäftspartner synchronisiert werden. Sie steuert, in welches Steuernummerfeld im Geschäftspartner die jeweilige Steuernummer repliziert wird.

Tabelle 4.1 zeigt die zugrunde liegende Logik hinter der Synchronisation der Steuernummern.

Steuernummertyp (XX steht für das jeweilige Landeskürzel	Feld (Tabelle KNA1/LFA1) Kunden- und Lieferantenstamm allgemeiner Teil
XX0	STCEG USt-Identifikationsnummer
XX1	STCD1 Steuernummer 1
XX2	STCD2 Steuernummer 2
XX3	STCD3 Steuernummer 3
XX4	STCD4 Steuernummer 4
XX5	STCD5 Steuernummer 5

Tabelle 4.1 Logischer Aufbau der Synchronisation der Steuernummern

Funktionsbaustein BUPA_TAX_NUMBER_CHECK

Wie die Steuernummern synchronisiert werden, ist von SAP fest vorgegeben. Bei Bedarf können Sie mithilfe des BAdIs CVI_CUSTOM_MAPPER kundenindividuell über den *Funktionsbaustein* BUPA_TAX_NUMBER_CHECK eingreifen.

Abweichende Logik beim Lieferanten

Im folgenden Fall kann ein Eingriff z. B. notwendig sein: Die Zuordnung der Steuernummer der Lieferanten in Deutschland unterliegt einer abweichenden Logik. Hintergrund ist hierbei, dass es in der Tabelle LFA1 (**Lieferantenstamm allgemeine Daten**) ein weiteres Feld STENR (**Steuernummer beim zuständigen Finanzamt**) gibt. Aufgrund dieses Feldes wird die oben genannte Logik durchbrochen (siehe Tabelle 4.2).

Feld (Tabelle LFA1)Lieferantenstamm allgemeiner Teil	Steuernummertyp
STCEG Umsatzsteueridentifikationsnummer	DE0
STENR Steuernummer	DE1
STCD1 Steuernummer 1	DE2
STCD3 Steuernummer 3	DE3
STCD4 Steuernummer 4	DE4
STCD2 Steuernummer 2	DE5

Tabelle 4.2 Abweichende Logik der Synchronisation der Steuernummern

In Abbildung 4.46 sehen Sie einen Lieferantenstamm, in dem alle Steuernummerfelder mit beispielhaften Daten gefüllt sind.

Kreditor 100603 Meisterklasse Hamburg

Kontosteuerung
Debitor 100386
PartnGesellsch
Berechtigung
Konzern

Steuerinformationen
Steuernummer 1 11111
Steuernummer 2 22222
Steuernummer 3 33333
Steuernummer 4 44444
Fisk. Anschrift
Steuerstandort
Name Repräs.
Zust. Finanzamt
Steuernummer FA Nummer
Steuernummer 5 55555
Steuernummertyp
Steuerart
USt-Id.Nr DE300000069 Weitere...
Geschäftstyp
Industrietyp
Ausgl.Steuer
Natürl.Person
Umsatzsteuer

Abbildung 4.46 Beispiel eines Lieferantenstamms mit diversen Steuernummern

Werfen wir nun einen Blick in die Tabelle DFKKBPTAXNUM (**Steuernummern zum Geschäftspartner**), in der die synchronisierten Steuernummern aus Sicht des Geschäftspartners stehen. In Abbildung 4.47 sehen die synchronisierten Steuernummern mit der Zuordnung zum jeweiligen Steuernummertyp.

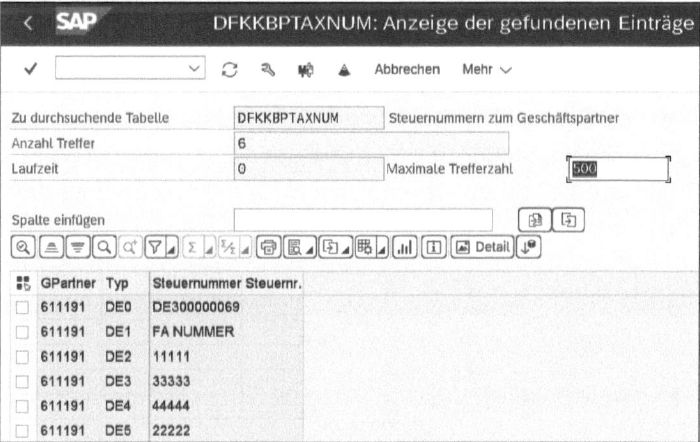

GPartner	Typ	Steuernummer Steuernr.
611191	DE0	DE300000069
611191	DE1	FA NUMMER
611191	DE2	11111
611191	DE3	33333
611191	DE4	44444
611191	DE5	22222

Abbildung 4.47 Tabelle DFKKBPTAXNUM mit den synchronisierten Steuernummern eines Lieferantenstamms

Ausgelieferte Steuernummertypen

Über den Pfad **Anwendungsübergreifende Komponenten • SAP-Geschäftspartner • Geschäftspartner • Grundeinstellungen •Steuernummern • Steuernummertypen pflegen** finden Sie die ausgelieferten Steuernummertypen. Abhängig davon, welche Steuernummern Sie in Ihren Kunden- und Lieferantenstammdaten pro Land hinterlegt haben, kann es durchaus sein, dass in Ihrem System nicht alle relevanten Steuernummertypen hinterlegt sind. Abbildung 4.48 zeigt einen Auszug der ausgelieferten Typen.

Sicht "Steuernummertypen pflegen" ändern: Übersicht

Steuernummertypen pflegen

Typ	Bezeichnung	Dublettenprüfung
CZ1	Tschechische Republik: DIC-Nummer	Aus
CZ2	Tschechische Republik: ICO-Nummer	Aus
DE0	Deutschland: Umsatzsteuer-Id-Nr.	Aus
DE1	Ertragssteuernummer (§48)	Aus
DE2	USt-Id-Nr. (Gutschriftsverf. §14)	Aus
DK0	Dänemark: Umsatzsteuer-Id-Nr.	Aus
DK2	Dänemark: Steuernummer	Aus
ES0	Spanien: Umsatzsteuer-Id-Nr.	Aus
ES1	Spanien: NIF-Nummer	Aus
FI0	Finnland: Umsatzsteuer-Id-Nr.	Aus
FR0	Frankreich: Umsatzsteuer-Id-Nr.	Aus
FR1	Frankreich: SIRET-Nummer	Aus
FR2	Frankreich: SIREN-Nummer	Aus
GB0	United Kingdom: Umsatzsteuer-Id-Nr.	Aus
GB2	UK: Sozialversicherungsnummer	Aus
GR0	Griechenland: Umsatzsteuer-Id-Nr.	Aus
GR1	Griechenland: Personal ID	Aus
GR2	Griechenland: AFM-Nummer	Aus

Abbildung 4.48 Steuernummertypen pflegen

Fehlenden Steuernummertyp anlegen

Kommt es in Ihrem System zu dem Fall, dass ein Steuernummertyp fehlt, müssen Sie diesen zunächst anlegen. Klicken Sie für die Neuanlage auf den Button **Neue Einträge**, und hinterlegen Sie einen dreistelligen Typ sowie den dazugehörenden Namen. Die Eingabe des Prüffunktionsbausteins zur Prüfung der eingegebenen Steuernummer und des Steuernummertyps ist optional. In Abbildung 4.49 sehen Sie ein Beispiel für die Anlage eines neuen Steuernummertyps.

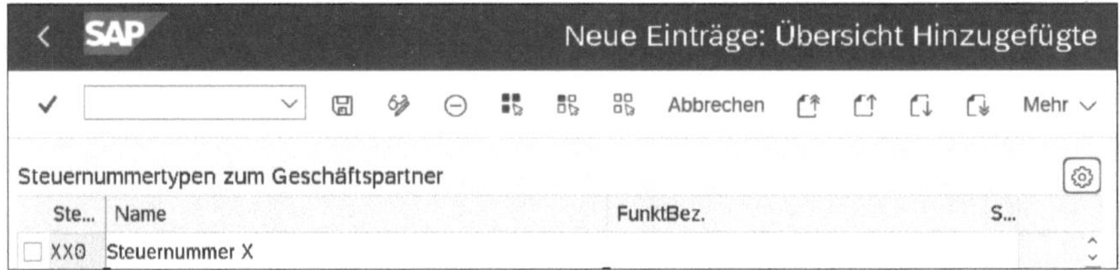

Abbildung 4.49 Neuanlage eines Steuernummertyps

Es gibt in diesem Umfeld sehr viele Hinweise, die oft landesspezifisch sind. Wenn Sie hier auf Probleme stoßen, sollten Sie nach aktuellen Hinweisen für das jeweilige Land suchen.

Umsatzsteuer-ID Schweiz

Insbesondere für die Schweiz gelten zum Teil andere Regeln, hierfür gibt es explizite Hinweise, die Sie beachten sollen. Die schweizerische Unternehmens-Identifikationsnummer und die Umsatzsteuer-Identifikationsnummer der EU werden zwar beide mit »UID« oder »USD-ID« abgekürzt, haben aber nichts miteinander zu tun.

4.12 Personen

Einstellungen von Personen

In Abschnitt 4.3.6, »Geschäftspartner-Typ«, sind wir bereits auf die drei Geschäftspartner-Typen **Person**, **Organisation** und **Gruppe** eingegangen. Sie finden zu diesen Typen jeweils ein eigenständiges Customizing. Im Bereich der Personen geht es hierbei um die Einstellungen, die Sie heute z. B. bei Ihren Ansprechpartnern verwenden.

Über den Pfad **Anwendungsübergreifende Komponenten • SAP-Geschäftspartner • Geschäftspartner • Personen** finden Sie das Customizing für die folgenden drei Bereiche:

- Namensbestandteile
- Familienstände
- Berufe

Da die Einstellungen in diesem Bereich für die CVI nicht relevant sind, gehen wir in Abschnitt 5.10, »Weitere Customizing-Einstellungen«, näher auf diese Themen ein.

4.13 Organisation

Festlegungen für Branchen und Branchensystem

Das Customizing im Bereich **Organisation** ist notwendig, wenn Sie eine oder auch alle drei der folgenden Funktionalitäten in Ihrem SAP-ERP-System nutzen:

- Branchen
- Rechtsformen
- Rechtsträger

Auf diese drei Bereiche können Sie steuernd einwirken und sie mittels Customizing-Einstellungen im Rahmen der CVI ändern. Diese drei Bereiche finden Sie jeweils an zwei verschiedenen Stellen im Customizing, und zwar einmal im herkömmlichen Bereich, wie es in einem SAP-ERP-System eingestellt wird, und neu dazu die gleichen Einstellungen im Bereich des Geschäftspartners.

Um z. B. die Branchen erfolgreich mit dem Geschäftspartner zu synchronisieren, muss ein *Mapping* dieser Einstellungen, also eine Zuordnung zwischen den Branchen des Debitors und denen des Branchensystems des Geschäftspartners, im System vorgenommen werden. Dieses Mapping beschreiben wir in Abschnitt 5.10.7, »Organisationen«.

4.13.1 Branchensystem

Branchen kategorisieren

Das *Branchensystem* dient der Zusammenfassung und Kategorisierung mehrerer Branchen zu einer Gruppe. Sie können unterschiedliche Branchensysteme mit einem jeweils eigenen Katalog an Branchen erstellen, wobei eine Branche mehreren Branchensystemen zugeordnet sein kann.

Ein Branchensystem muss als *Standardbranchensystem* gekennzeichnet werden. Das als Standardbranchensystem gekennzeichnete Branchensystem wird Ihnen im Dialog beim Einstieg in die Pflege der Branchendaten automatisch angezeigt.

Sie können ein Branchensystem mit seiner Bezeichnung im Customizing definieren. Einem Geschäftspartner können mehrere Branchensysteme zugeordnet werden.

Branchenschlüssel

Mittels der Branche können Sie Ihren Kunden- und Lieferantenstamm nach dem Schwerpunkt seiner wirtschaftlichen Tätigkeiten gruppieren. Der *Branchenschlüssel* wird beispielsweise für die Abgrenzung von Auswertungen im Kreditorenstammdatenverzeichnis verwendet. Die Branchen können Sie im Customizing frei definieren.

Branchen mappen

Für die CVI sollten Sie überlegen, ob Ihre bereits definierten Branchen den aktuellen Anforderungen entsprechen und Sie diese eins zu eins übernehmen können. Vielleicht möchten Sie aber auch die Gelegenheit ergreifen und Ihre Branchen nach aktuellen Anforderungen neu strukturieren. Im Customizing der Stammdatensynchronisierung haben Sie die Möglichkeit, Ihre Branchen aus dem Debitoren- bzw. Kreditorenbereich auf die Branchen des Geschäftspartners zu mappen.

Das Feld **Branche** finden Sie in den allgemeinen Daten im Debitor auf der Registerkarte **Steuerungsdaten** (siehe Abbildung 4.50). Sie können die angelegten Branchen auch direkt über die Tabelle T016 (**Branchen**) in Ihrem System aufrufen.

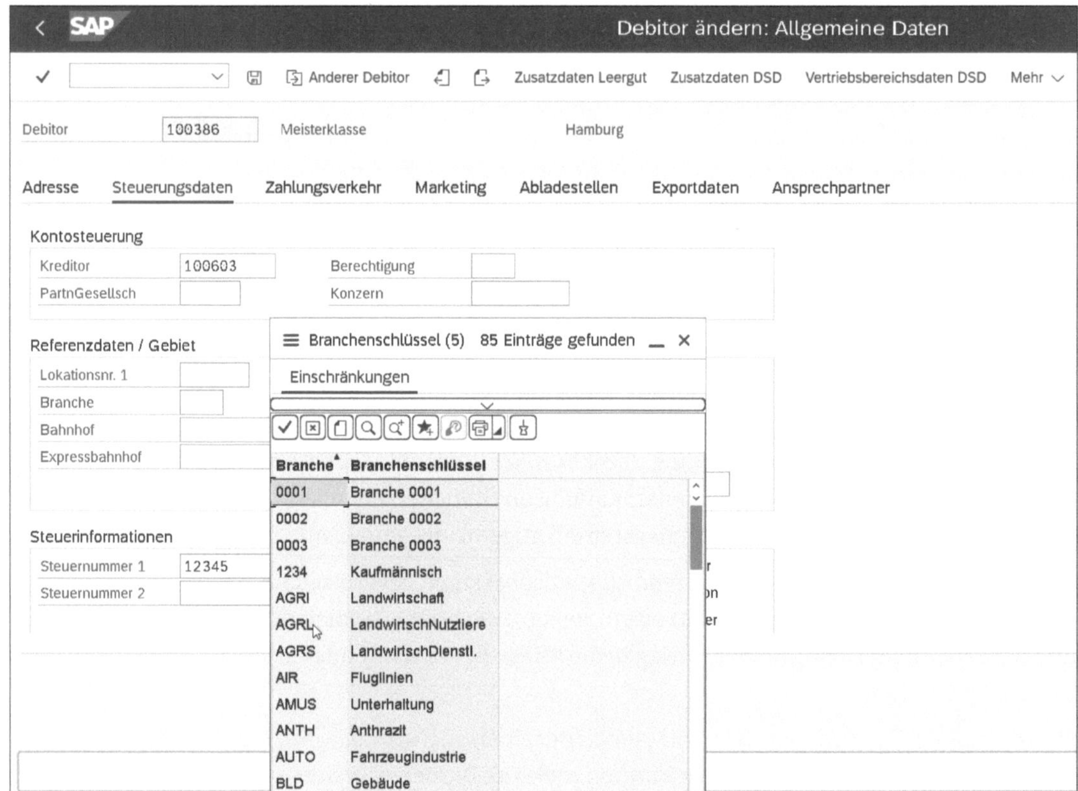

Abbildung 4.50 Debitorenstamm mit einer Auswahl von Branchen

Customizing der Branchen an verschiedenen Stellen

Die Definition bzw. das Customizing der Branchen kann in einem SAP-ERP-System an verschiedenen Stellen durchgeführt werden. Beispielhaft zeigen wir Ihnen das Customizing der Branchen im Bereich der Debitoren- und Kreditorenbuchhaltung.

Über den Pfad **Finanzwesen • Debitoren- Kreditorenbuchhaltung • Debitorenkonten • Stammdaten • Anlegen von Debitorenstammdaten vorbereiten • Branchen definieren** sind die definierten Branchen zu finden.

In Abbildung 4.51 sehen Sie die angelegten Branchen aus Tabelle T016 (**Branchen**).

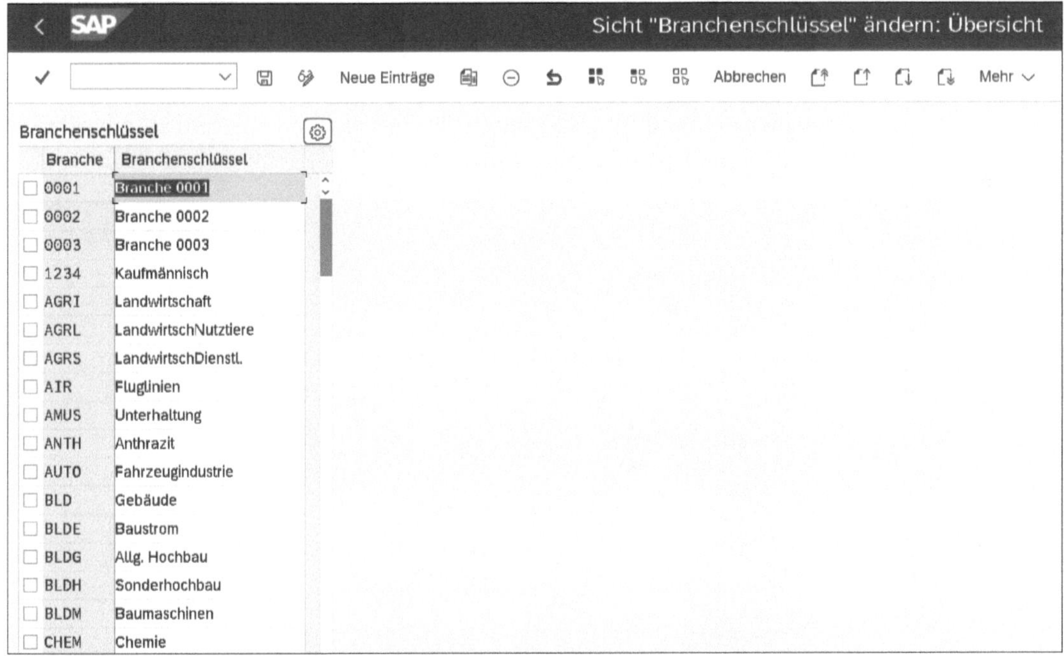

Abbildung 4.51 Branchen im Bereich Debitoren- und Kreditorenbuchhaltung

Zur Synchronisation der Kunden- und Lieferantenstammdaten müssen die Branchen ebenfalls im Bereich der Geschäftspartner zur Verfügung stehen.

Standardbranchen

Über den Pfad **Anwendungsübergreifende Komponenten • SAP-Geschäftspartner • Geschäftspartner • Organisationen Branchensysteme und Branchen pflegen** finden Sie das Customizing für die Branchen. In Abbildung 4.52 sehen Sie die bereits vorhandenen Standardbranchen.

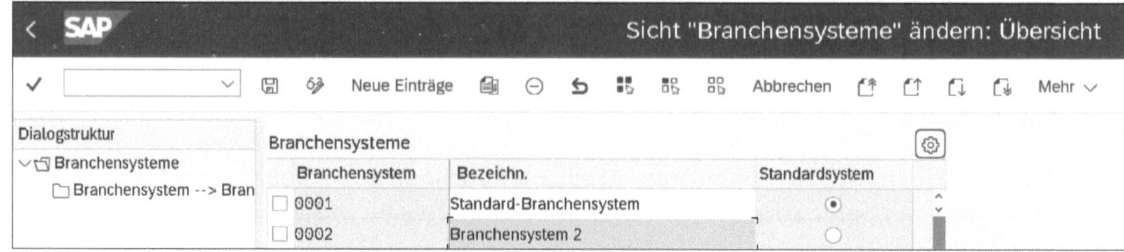

Abbildung 4.52 Übersicht der Branchensysteme

Branchen einem System zuordnen

Wie bereits erwähnt, kann es mehrere Branchensysteme geben. Ein Branchensystem ist immer als Standardbranchensystem zu definieren. Eine Ihrer Aufgaben ist es, die Branchen dem System zuzuordnen. Wählen Sie hierfür ein Branchensystem aus und klicken links auf **Branchensystem Branchen**. In Abbildung 4.53 sehen Sie die Branchen, die dem Standardbranchensystem 0001 zugeordnet sind.

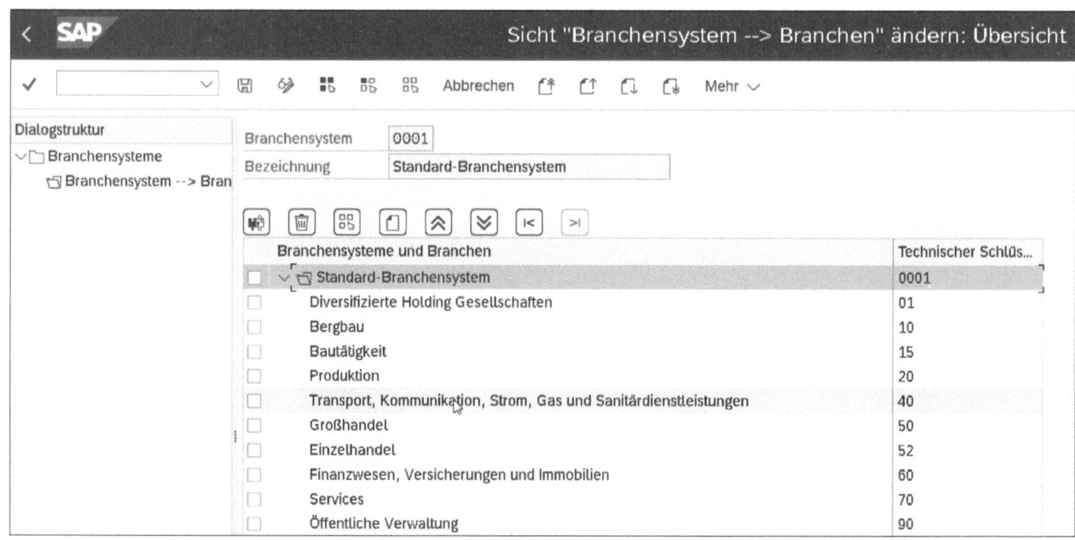

Abbildung 4.53 Zuordnung der Branchen zum Standardbranchensystem

Branchen löschen

An dieser Stelle haben Sie über den Button **Löschen** die Möglichkeit, einzelne Branchen zu löschen.

Branchen neu anlegen

In Abbildung 4.54 sehen Sie die Neuanlage von Branchen. Wählen Sie hierfür den Bereich aus, für den die neue Branche angelegt werden soll, und klicken Sie auf den Button **Branche neu**.

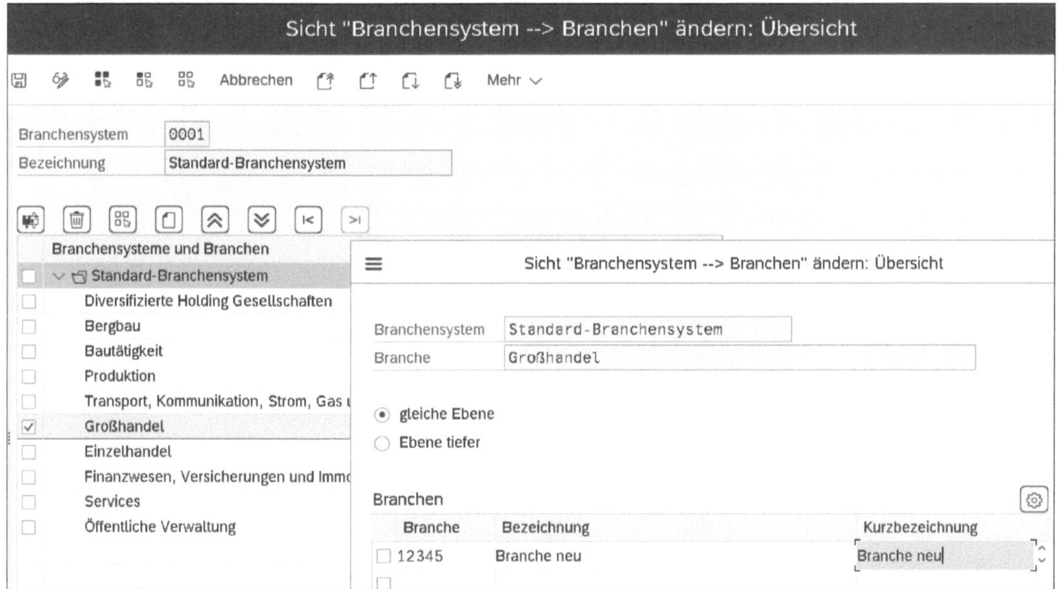

Abbildung 4.54 Neuanlage einer Branche

Für die Neuanlage wählen Sie die gewünschte Ebene aus, geben den neuen Branchenschlüssel sowie die Bezeichnung und die Kurzbezeichnung mit. Bestätigen Sie Ihre Eingaben, und sichern Sie die Einstellungen.

4.13.2 Rechtsformen

Rechtliche Normen

Die Firmen, die als Organisation angelegt werden, können eine Rechtsform haben. Die Rechtsform bezeichnet die rechtlichen Normen, die für die Organisation eines Unternehmens wesentlich sind. Nur im Geschäftspartner-Typ **Organisation** können Sie die Rechtsform hinterlegen, wobei die Rechtsform einen rein informativen Charakter hat.

In den Stammdaten in Ihrem SAP-ERP-System finden Sie das Feld **Geschäftsform**. Dieses Feld entspricht im Bereich des Geschäftspartners der Rechtsform. In Abbildung 4.55 sehen Sie einen Debitorenstamm mit einer Auswahl vorhandener Geschäftsformen.

Ebenso wie bei den Branchen ist es notwendig, die bisherige Geschäftsform mit der Rechtsform des Geschäftspartners zu konsolidieren. Die Rechtsformen sind beliebig frei definierbar über den Pfad **Anwendungsübergreifende Komponenten • SAP-Geschäftspartner • Geschäftspartner • Organisationen Rechtsformen pflegen**.

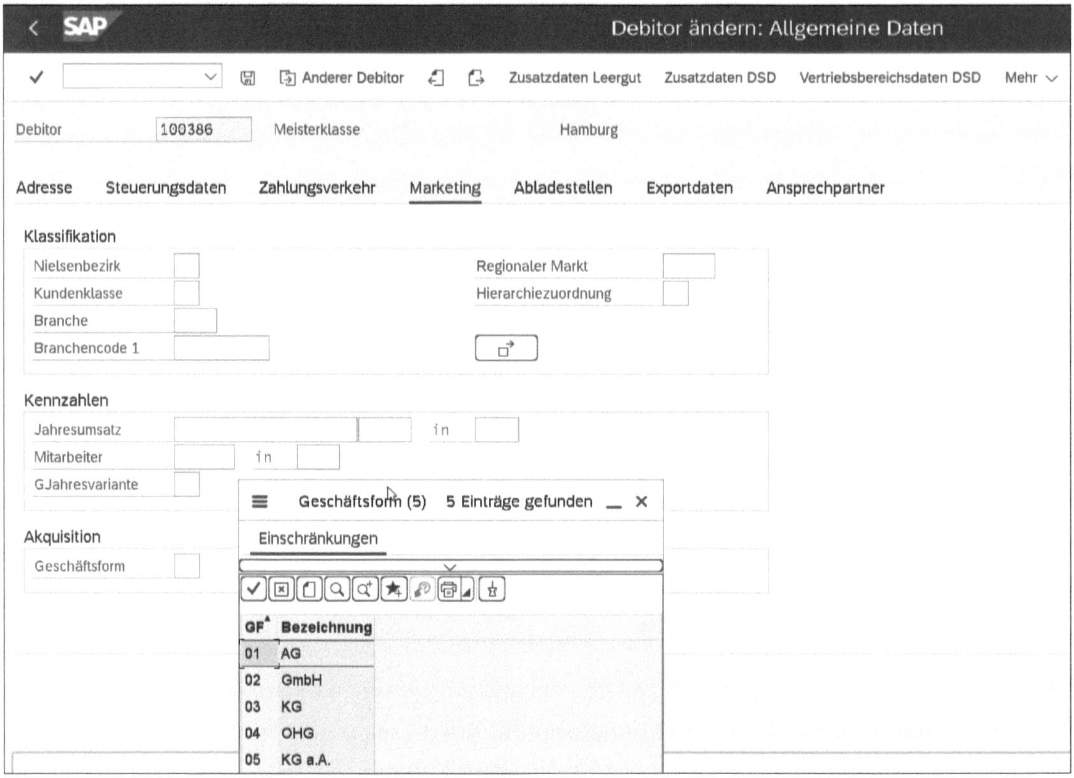

Abbildung 4.55 Debitorenstamm mit Auswahl von Geschäftsformen

Rechtsform mappen

In Abbildung 4.56 sehen Sie die Geschäftspartner-Rechtsformen, die im jeweiligen System vorhanden sind.

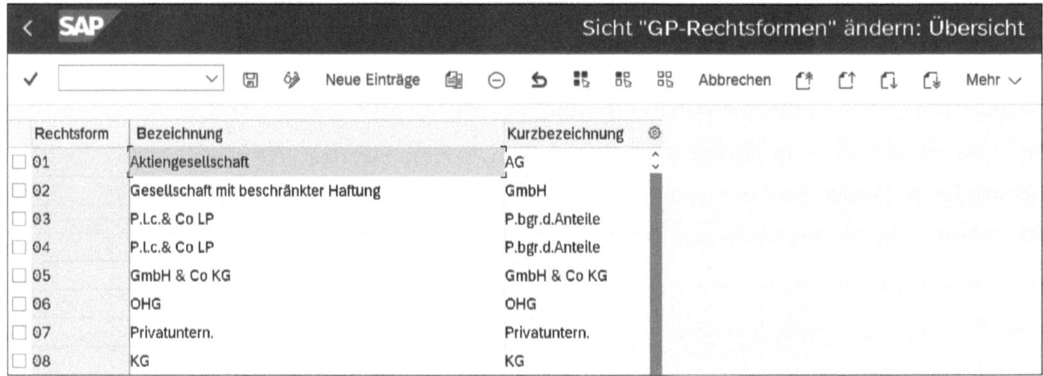

Rechtsform	Bezeichnung	Kurzbezeichnung
01	Aktiengesellschaft	AG
02	Gesellschaft mit beschränkter Haftung	GmbH
03	P.l.c.& Co LP	P.bgr.d.Anteile
04	P.l.c.& Co LP	P.bgr.d.Anteile
05	GmbH & Co KG	GmbH & Co KG
06	OHG	OHG
07	Privatuntern.	Privatuntern.
08	KG	KG

Abbildung 4.56 Übersicht der Geschäftspartner-Rechtsformen

Auch die Geschäftsform und die Rechtsform sind für die Stammdatensynchronisation zu mappen.

4.13.3 Rechtsträger

Rechtsträger sind die juristisch Verantwortlichen oder zuständigen Organisationen für rechtlich unselbstständige Unternehmen. Ebenso wie die Rechtsform steht Ihnen dieses Feld bei den Organisationen zur freien Verfügung und dient nur informativen Zwecken.

Rechtsträger definieren

Die Rechtsträger sind beliebig frei definierbar über den Pfad **Anwendungsübergreifende Komponenten • SAP-Geschäftspartner • Geschäftspartner • Organisationen Rechtsträger pflegen.**

In Abbildung 4.57 sehen Sie eine Auswahl möglicher Geschäftspartner-Rechtsträger.

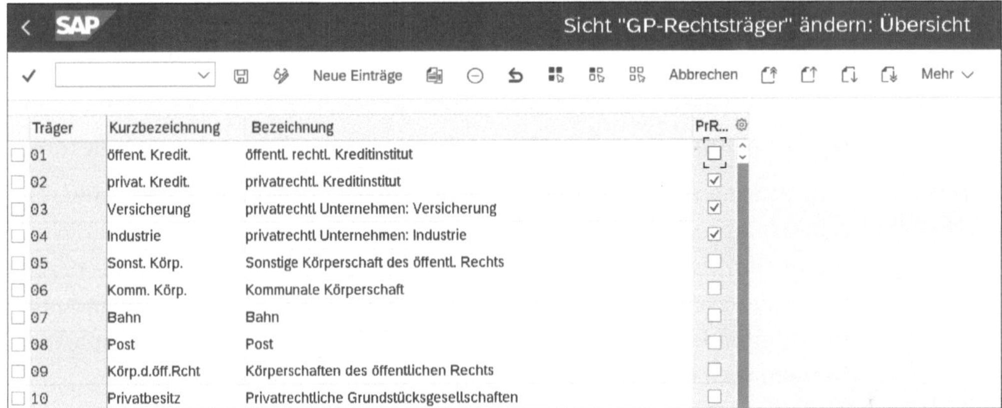

Abbildung 4.57 Übersicht der Geschäftspartner-Rechtsträger

Rechtsträger mappen

Sie können hier bei Bedarf vorhandene Rechtsträger löschen oder über den Button **Neue Einträge** neue Rechtsträger hinzufügen. Bei der Neuanlage ist ein Kürzel, die **Kurzbezeichnung** und die **Bezeichnung** mitzugeben, wie in Abbildung 4.58 zu sehen ist. Die Kennzeichnung **Privatrechtlich** ist optional und besagt, dass es sich bei dem Rechtsträger um eine privatrechtliche Einrichtung handelt. Sichern Sie Ihre Eingaben.

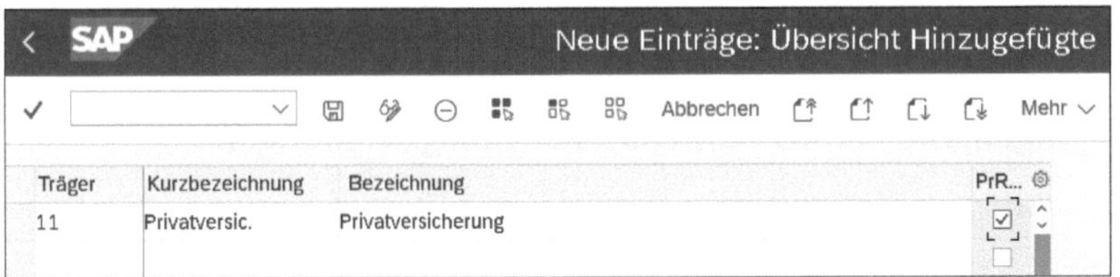

Abbildung 4.58 Neuanlage von Geschäftspartner-Rechtsträgern

Auch die Rechtsträger sind für die Stammdatensynchronisation zu mappen.

4.14 Geschäftspartner-Beziehung

Beziehungen zwischen Geschäftspartnern

Eine Neuerung bei den Geschäftspartnern sind die Beziehungen. Die *Geschäftspartner-Beziehung* stellt die Geschäftsverbindung zwischen zwei Geschäftspartnern dar. SAP liefert eine Reihe von *Standardbeziehungen* aus.

Im Rahmen der CVI sind die Beziehungen notwendig, da Ihre Ansprechpartner als Geschäftspartner anlegt werden. Im Rahmen der Synchronisation legt das System die Organisation, also Ihren Kunden bzw. Lieferanten, als Geschäftspartner an.

Wenn in diesen Stammsätzen Ansprechpartner gepflegt sind, werden diese im gleichen Zuge als eigene Geschäftspartner angelegt. Darüber hinaus erstellt das System die dafür vorgesehene Geschäftspartner-Beziehung. Im Folgenden beschreiben wie die dafür notwendigen Einstellungen.

4.14.1 Nummernkreise der Geschäftspartner-Beziehung definieren

Nummernkreisintervall

Zur internen Verwaltung der Geschäftspartner-Beziehungen und Geschäftspartner-Rollenfindungen wird eine interne Nummer aus dem *Nummernkreisintervall* »01« benötigt. Das Nummernkreisintervall sollte bereits vorhanden sein. Das Customizing finden Sie über den Pfad **Anwendungsübergreifende Komponenten • SAP-Geschäftspartner • Geschäftspartnerbeziehungen Grundeinstellungen • Nummernkreise definieren.**

Ist kein Intervall vorhanden, fügen Sie ein neues Intervall über das Icon ⊕ (**Einfügen Zeile**) hinzu (siehe Abbildung 4.59). Sichern Sie Ihre Eingaben.

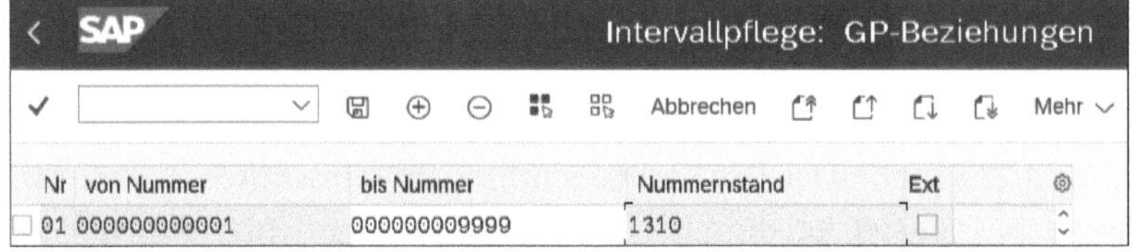

Abbildung 4.59 Ansicht des Nummernkreisintervalls »01« für Geschäftspartner-Beziehungen

4.14.2 Eigenschaften von Geschäftspartner-Beziehungen

Merkmale einer Geschäftspartner-Beziehung

Der *Geschäftspartner-Beziehungstyp* dient der Beschreibung von Merkmalen einer Geschäftspartner-Beziehung. Ein Beziehungstyp ist notwendig, um die Verbindung zwischen zwei Geschäftspartnern als Beziehung anlegen zu können. Mithilfe von verschiedenen Beziehungstypen können Sie Kontaktpersonen eines Unternehmens, wie z. B. den Ansprechpartner oder Kreditsachbearbeiter hinterlegen. Die zur Auswahl stehenden Beziehungstypen sind abhängig vom Geschäftspartner-Typ und der Geschäftspartner-Rolle. Beispiele für Beziehungstypen können Folgende sein:

- ist Ansprechpartner von
- ist verheiratet mit

Gerichtete/ungerichtete Beziehung

Es wird außerdem zwischen gerichteten Geschäftspartner-Beziehungstypen (die Beziehung besteht von Geschäftspartner 1 zu Geschäftspartner 2, aber nicht umgekehrt) und ungerichteten Beziehungstypen (z. B. Ehe) unterschieden.

Das Customizing finden Sie über den Pfad **Anwendungsübergreifende Komponenten • SAP-Geschäftspartner • Geschäftspartnerbeziehungen Grundeinstellungen • Eigenschaften von Geschäftspartner-Beziehungstypen**. In Abbildung 4.60 sehen Sie einen Ausschnitt der von SAP ausgelieferten Beziehungstypen.

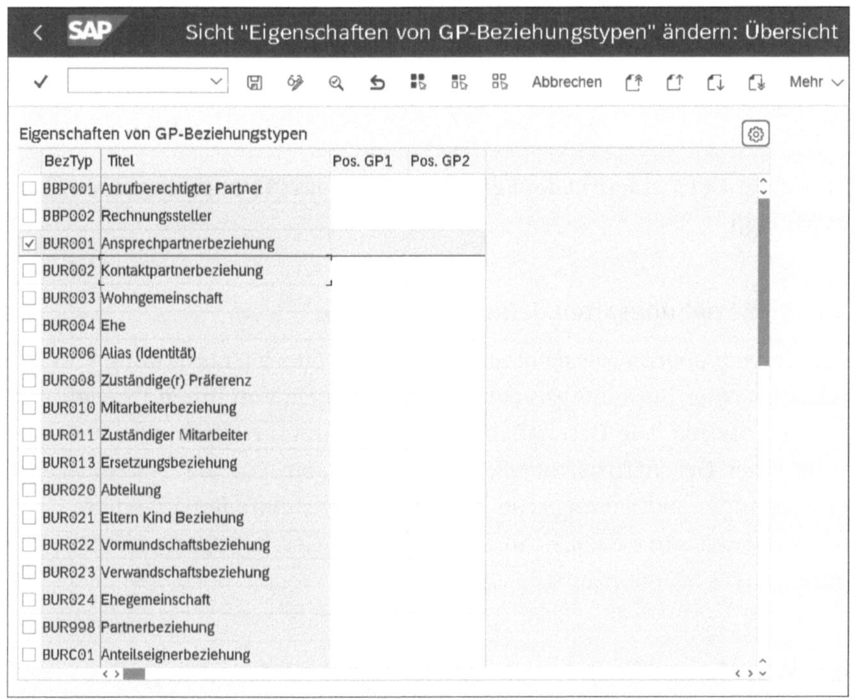

Abbildung 4.60 Eigenschaften von Geschäftspartner-Beziehungstypen

Mit einem Doppelklick auf einen Beziehungstyp gelangen Sie auf das entsprechende Detailbild (siehe Abbildung 4.61).

Im Rahmen der CVI wird der Beziehungstyp automatisch während der Synchronisation verwendet. An dieser Stelle ist für die CVI kein Customizing notwendig. Mögliche optionale Anpassungen dieser Einstellungen beschreiben wir in Abschnitt 5.11, »Geschäftspartner-Beziehungen«.

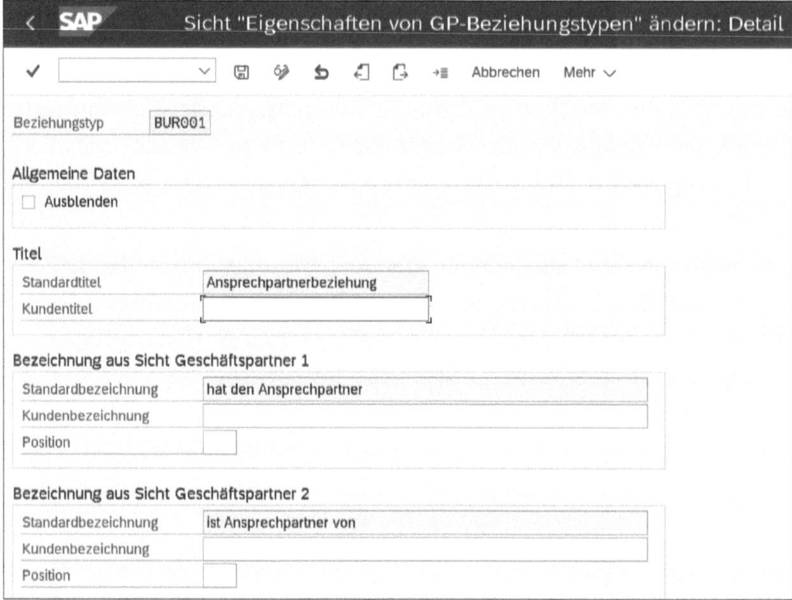

Abbildung 4.61 Detailsicht des Beziehungstyps BUR001 (Ansprechpartnerbeziehung)

4.14.3 Beziehungsarten definieren

Die *Geschäftspartner-Beziehungsart* ist eine weitere Unterteilung von Geschäftspartner-Beziehungstypen nach beliebigen, von Ihnen frei definierbaren Kriterien. Die Geschäftspartner-Beziehungsart stellt eine Verfeinerung eines Geschäftspartner-Beziehungstyps dar. Für die CVI sind keine Einstellungen notwendig. Die möglichen Einstellungen in einem SAP-S/4HANA-System finden Sie in Abschnitt 5.11, »Geschäftspartner-Beziehungen«.

4.14.4 Feldmodifikation von Geschäftspartner-Beziehungen

Für Beziehungen gibt es die Möglichkeit von Feldmodifikationen auf vier verschiedenen Ebenen:

- Feldattribute pro Mandant konfigurieren
- Feldattribute pro Geschäftspartner-Beziehungstyp konfigurieren
- Feldattribute pro Geschäftspartner-Rollenfindungstyp konfigurieren
- Feldattribute pro Aktivität konfigurieren

Das Customizing finden Sie über den Pfad **Anwendungsübergreifende Komponenten • SAP-Geschäftspartner • Geschäftspartnerbeziehungen Grundeinstellungen • Feldmodifikationen.**

Da im Rahmen der CVI keine Einstellungen an dieser Stelle notwendig sind, beschreiben wir die Feldmodifikation der Beziehungen in Abschnitt 5.7, »Feldmodifikation«.

4.15 Ansprechpartner

Attribute von Ansprechpartnern

Wenn Sie in Ihrem SAP-ERP-System in den Stammdaten Ansprechpartner hinterlegt haben, haben diese noch vier weitere Felder, die Sie im Rahmen der CVI betrachten bzw. mappen müssen.

Die Ansprechpartner finden Sie in Ihren Kunden- und Lieferantenstammdaten auf der Registerkarte **Ansprechpartner**. Wenn Sie mit einem Doppelklick auf einen Ansprechpartner auf die Detailanzeige verzweigen, finden Sie dort die Felder:

- **VIP**
- **Abteilung**
- **Funktion**
- **Vollmacht**

In Abbildung 4.62 sehen Sie die Detailansicht eines Ansprechpartners.

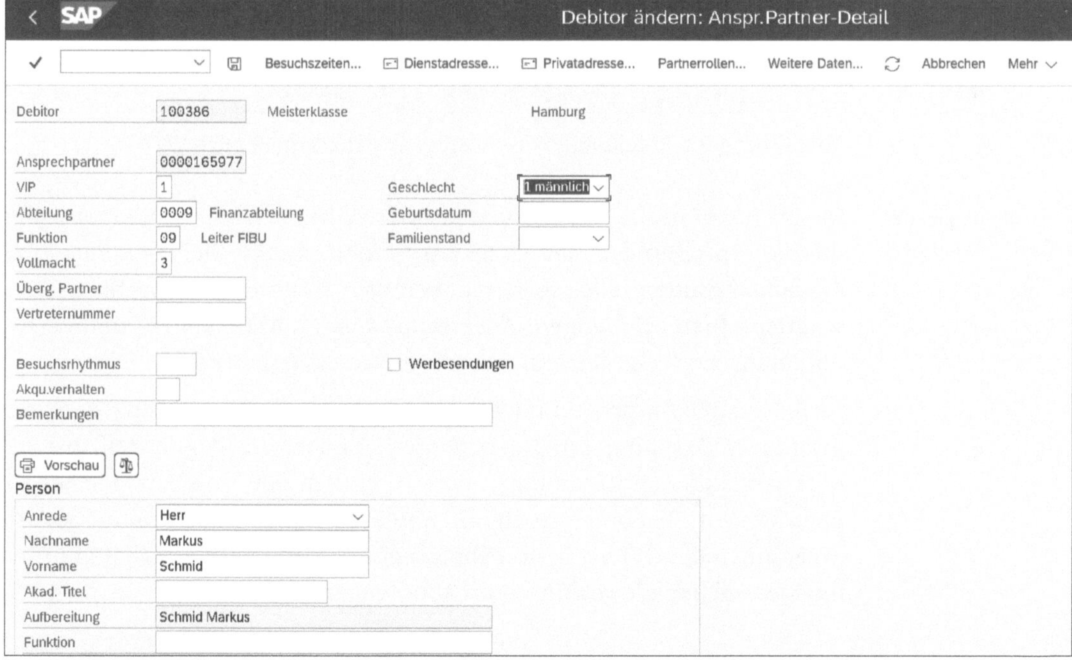

Abbildung 4.62 Detailansicht des Ansprechpartners

4.15.1 Abteilungen

Abteilungen des Ansprechpartners

Abteilungen sind frei definierbar und stellen die Abteilung dar, zu der der jeweilige Ansprechpartner gehört.

Das relevante Customizing in einem SAP-ERP-System finden Sie z. B. über den Pfad **Vertrieb • Stammdaten • Geschäftspartner • Ansprechpartner • Standardabteilungen definieren.** In Abbildung 4.63 sehen Sie beispielhafte Abteilungen.

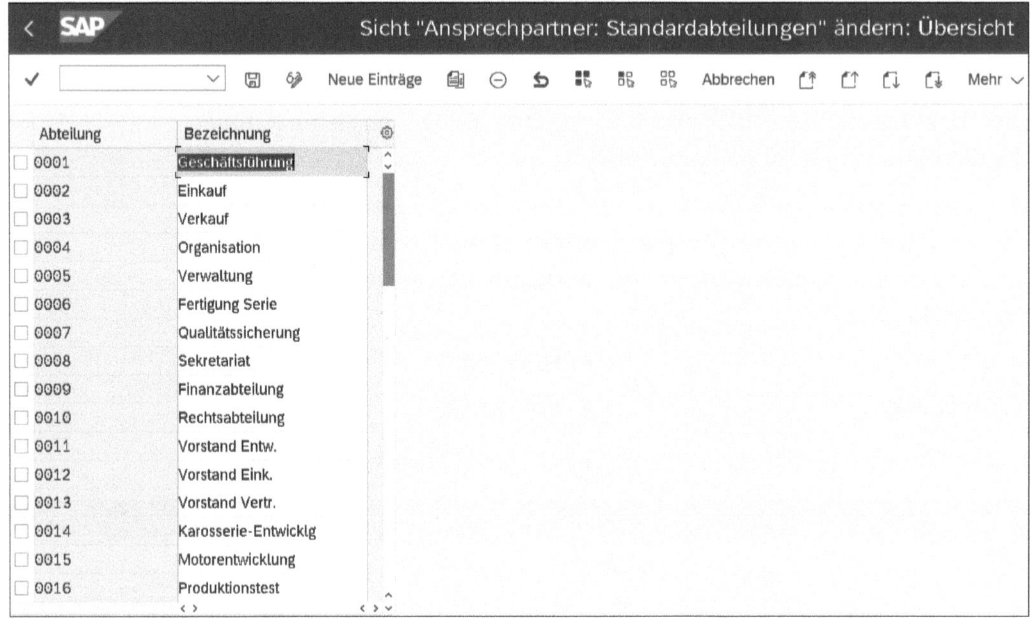

Abbildung 4.63 Abteilungen des Ansprechpartners im Bereich Vertrieb

Abteilungen des Geschäftspartners

Daneben gibt es die Abteilungen des Geschäftspartners. Das Customizing für die Einstellungen des Geschäftspartners finden Sie über den Pfad **Anwendungsübergreifende Komponenten • SAP-Geschäftspartner • Geschäftspartnerbeziehungen Ansprechpartner • Abteilungen definieren.** Abbildung 4.64 zeigt die Abteilungen des Geschäftspartners.

Analog zu den Branchen findet hier im Rahmen der Stammdatensynchronisation ein Mapping statt. Das bedeutet, Sie haben die Möglichkeit, Ihre bereits vorhandenen Abteilungen eins zu eins in den Geschäftspartner zu übernehmen. Sie können auch Ihre Abteilungen neu strukturieren, sodass im Rahmen der CVI die Ansprechpartner neue Abteilungen erhalten. Hinterlegen Sie hier die gewünschten Abteilungen.

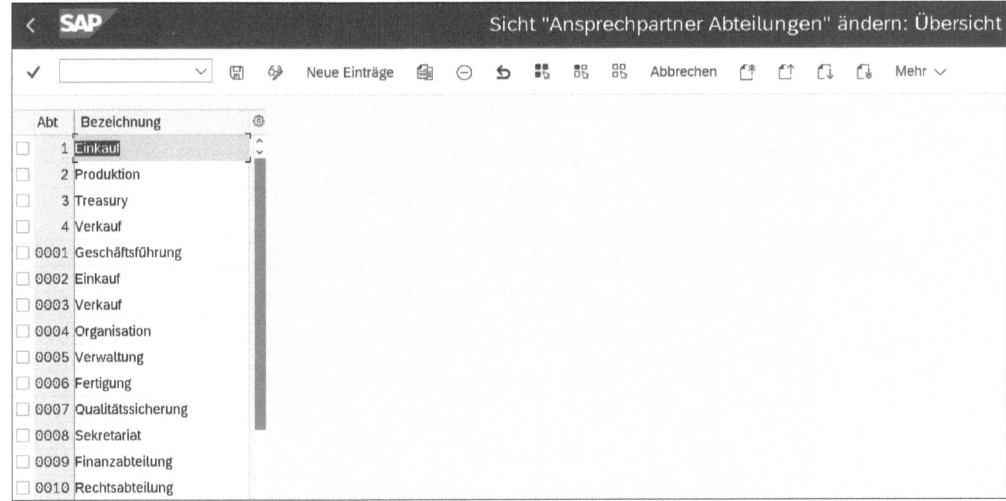

Abbildung 4.64 Abteilungen des Ansprechpartners im Geschäftspartner

4.15.2 Funktionen

Funktionen des Ansprechpartners

Ein Ansprechpartner kann eine bestimmte *Funktion* in einem Unternehmen bekleiden. Dieses Attribut kann im Customizing frei definiert werden.

Das relevante Customizing in einem SAP-ERP-System finden Sie über den Pfad **Vertrieb • Stammdaten • Geschäftspartner • Ansprechpartner • Funktionen Ansprechpartner definieren.** In Abbildung 4.65 sehen Sie die Funktionen, die in einem SAP-ERP-System beispielhaft angelegt sein können.

Abbildung 4.65 Ansprechpartner-Funktionen im Bereich Vertrieb

Funktionen des Geschäftspartners

Das Customizing für die Einstellungen des Geschäftspartners finden Sie über den Pfad **Anwendungsübergreifende Komponenten • SAP-Geschäftspartner • Geschäftspartnerbeziehungen Ansprechpartner • Funktionen definieren.** In Abbildung 4.66 sehen Sie die Funktionen des Geschäftspartners. In diesem Fall sind die Einträge eins zu eins übernommen worden. Dennoch sind diese für die Synchronisation ebenso zu mappen.

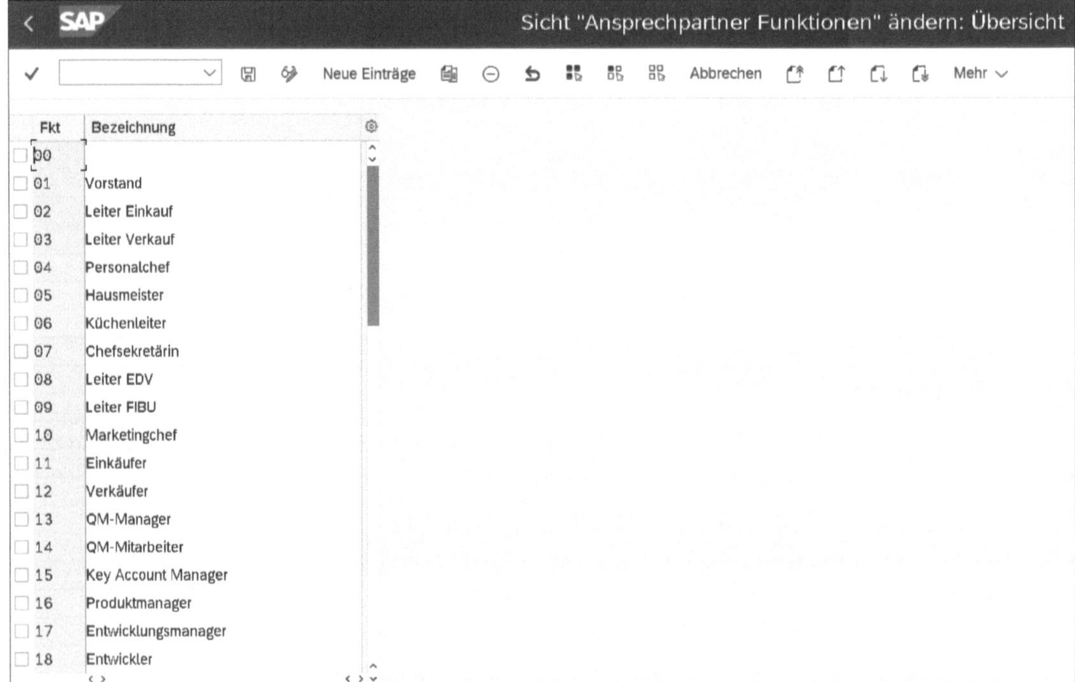

Abbildung 4.66 Ansprechpartner-Funktionen im Geschäftspartner

4.15.3 Vollmachten

Vollmachten definieren

Vollmachten geben an, welche Rechte eine Person innerhalb einer Firma besitzt. Vollmachen sind frei definierbar und haben einen rein informativen Charakter.

Das relevante Customizing in einem SAP-ERP-System finden Sie über den Pfad **Vertrieb • Stammdaten • Geschäftspartner • Ansprechpartner • Vollmachten definieren.** Abbildung 4.67 zeigt die im Vertrieb gepflegten Vollmachten der Ansprechpartner.

Falls Sie die Vollmachten des Geschäftspartners nutzen, müssen Sie sie im Customizing ebenfalls pflegen. Das Customizing für die Einstellungen des Geschäftspartners finden Sie über den Pfad **Anwendungsübergreifende Komponenten • SAP-Geschäftspartner • Geschäftspartnerbeziehungen An-**

sprechpartner • Vollmachten definieren. In Abbildung 4.68 sehen Sie die Vollmachten des Geschäftspartners. Auch hier haben wir die im Vertrieb voreingestellten Werte eins zu eins übernommen.

Abbildung 4.67 Ansprechpartner-Vollmachten im Bereich Vertrieb

Abbildung 4.68 Ansprechpartner-Vollmachten im Geschäftspartner

4.15.4 VIP-Einträge

VIP-Kennzeichen

VIP-Kennzeichen sind optionale Kennzeichen, die den Grad der Wichtigkeit von Ansprechpartnern bezeichnen. Die VIP-Einträge sind frei definierbar und dienen Informationszwecken. Das relevante Customizing in einem SAP-ERP-System finden Sie über den Pfad **Vertrieb • Stammdaten • Geschäftspartner • Ansprechpartner • VIP Kennzeichen definieren.**

In Abbildung 4.69 finden Sie die Übersicht der VIP-Kennzeichen aus dem Vertrieb der Ansprechpartner.

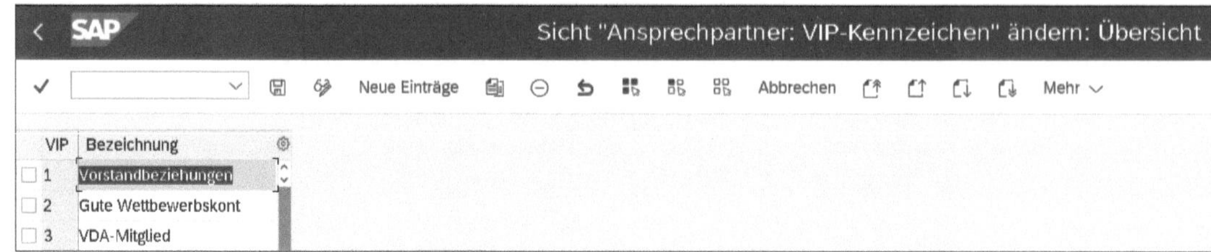

Abbildung 4.69 Ansprechpartner-VIP-Kennzeichen im Bereich Vertrieb

Das Customizing für die Einstellungen des Geschäftspartners finden Sie über den Pfad **Anwendungsübergreifende Komponenten • SAP-Geschäftspartner • Geschäftspartnerbeziehungen Ansprechpartner • VIP Einträge definieren**.

In Abbildung 4.70 sehen Sie die VIP-Kennzeichen, die für den Geschäftspartner existieren. Diese weichen von den Einstellungen des Vertriebs ab und werden entsprechend bei der Synchronisation gemappt.

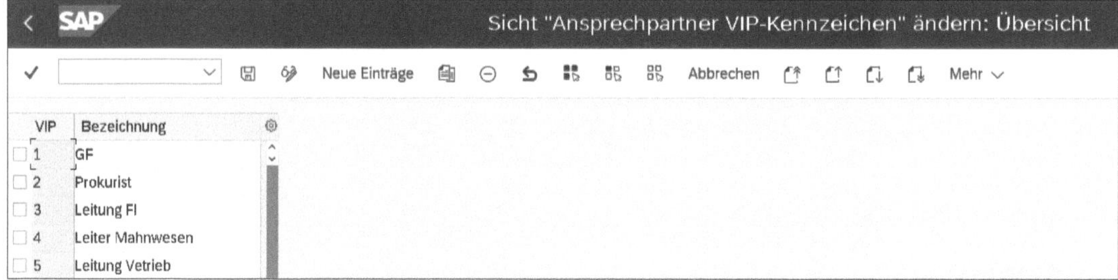

Abbildung 4.70 Ansprechpartner-VIP-Kennzeichen für den Geschäftspartner

4.16 Aktive Verwendung des Geschäftspartners in einem SAP-ERP-System

Historie des Geschäftspartners

Oft wird die Frage gestellt, warum der Geschäftspartner nicht aktiv in einem SAP-ERP-System verwendet werden soll. Daher möchten wir in diesem Abschnitt kurz auf die Historie des Geschäftspartners eingehen. Wir erklären, warum einerseits die Einführung des Geschäftspartners eine technische Voraussetzung ist, damit Sie überhaupt in eine Brownfield-Migration starten können, und warum andererseits die Empfehlung seitens SAP lautet, nicht aktiv mit dem Geschäftspartner zu arbeiten.

Mit bekannten Transaktionen weiterarbeiten

Das bedeutet, Sie sollten in Ihrem SAP-ERP-System die Transaktion BP nicht zur Anlage und Änderung von Geschäftspartnern verwenden, sondern weiterhin mit den bekannten Transaktionen wie FD01, FD02, FD03, XD01, XD02, XD03, FK01, FK02, FK03, XK01, XK02, XK03 etc. arbeiten.

Verwendung innerhalb von Financial-Services-Anwendungen

Die Integration des Debitors/Kreditors in den SAP-Geschäftspartner wurde in der Vergangenheit vor allem unter dem Aspekt der Verwendung innerhalb von Financial-Services-Anwendungen entwickelt. Das ist auch der Grund, weshalb der Schwerpunkt beim Debitor liegt und ein großer Teil der Debitorenfelder gepflegt werden kann. Die Integration erfolgte in erster Linie, um die ansonsten notwendige Doppelpflege zu vermeiden. Ursprünglich sollte sie keinesfalls die Transaktionen aus den Modulen FI (Finance), SD (Sales and Distribution) und MM (Material Management) ersetzen. Aus diesem Grund fehlen in einem SAP-ERP-System im Geschäftspartner ganze Felder, die heute oft im Bereich der Materialwirtschaft und auch im Vertrieb verwendet werden. In einem SAP-S/4HANA-System stehen diese Felder natürlich zur Verfügung.

Integration des SAP-Geschäftspartners in einem SAP-ERP-System

Zum Release SAP ERP 6.00 wurde die Integration des SAP-Geschäftspartners mit dem Debitor und Kreditor komplett neu entwickelt, und der Katalog der im Dialog angebotenen Daten wurde unter anderem um bestimmte für Financial Services relevante Einkaufsdaten des Kreditors erweitert. In diesem Zusammenhang wurden auch die Feldgruppen des Geschäftspartners in Anlehnung an die Feldstatusgruppen des Debitors und Kreditors angepasst. Aber auch hier ist eine große Zahl an Feldern der Debitoren- sowie Kreditorentransaktionen nicht verfügbar.

Synchronisation in beide Richtungen

Dennoch gibt es, ab diesem Release, die Möglichkeit, die Synchronisation der Daten in beide Richtungen, also auch in die bisher nicht unterstützte Richtung Debitor/Kreditor nach Geschäftspartner, durchzuführen.

Das Problem des Datenverlusts besteht in dieser Lösung dann nicht mehr, wenn die Integration in beide Richtungen (Geschäftspartner → Debitor/Kreditor, Debitor/Kreditor → Geschäftspartner) aktiv geschaltet ist. Felder, die im Geschäftspartner nicht verfügbar sind, sind über die entsprechenden Transaktionen aus dem Finanzwesen, Vertrieb und im Einkauf bzw. Materialmanagement zu bearbeiten. Diese Vorgehensweise hat für Sie den Nachteil, dass Sie in verschiedenen Transaktionen arbeiten müssen, um einen Stammsatz zu ändern.

Wie Sie gesehen haben, ist das Arbeiten mit dem Geschäftspartner in einem SAP-ERP-System technisch grundsätzlich möglich, aber mit diversen Nachteilen verbunden und sollte gut überlegt sein. Der Aufwand für ein solches Projekt ist definitiv höher als bei einer CVI, bei der am Ende weiterhin mit den herkömmlichen Transkation gearbeitet wird. Sowohl der Test- als auch der Schulungsaufwand sind bei diesem Ansatz nicht zu unterschätzen.

Beispiel: Analyse nicht vorhandener Felder in einem SAP-ERP-System

Ergänzend möchten wir Ihnen anhand eines Beispiels zeigen, welche Möglichkeiten der Analyse bestehen, um in Erfahrung zu bringen, ob ein bestimmtes Feld im Geschäftspartner in einem SAP-ERP-System vorhanden ist. In SAP-Hinweis 2790047 (Fields not available in transaction BP) finden Sie weitere Informationen.

In Tabelle TBZ3R (BDT-Feldgruppe → BDT-Feld Zuordnung) finden Sie für das Anwendungsobjekt BUPA (SAP-Geschäftspartner) alle Felder, die in Ihrem System im Geschäftspartner vorhanden sind. Ist ein Feld nicht in dieser Tabelle vorhanden, steht dieses Feld im Geschäftspartner nicht zur Verfügung. Als Beispiel nehmen wir das Feld KZAUT (Automatische Bestellung erlaubt) aus der Tabelle LFM1 (Lieferantenstamm Einkaufsorganisationsdaten).

Rufen Sie mit der Transaktion SE16N (Allgemeine Tabellenanzeige) die Tabelle TBZ3R (BDT-Feldgruppe → BDT-Feld Zuordnung) auf, und selektieren Sie das Objekt BUPA (SAP-Geschäftspartner) in Kombination mit dem Feld KZAUT (siehe Abbildung 4.71).

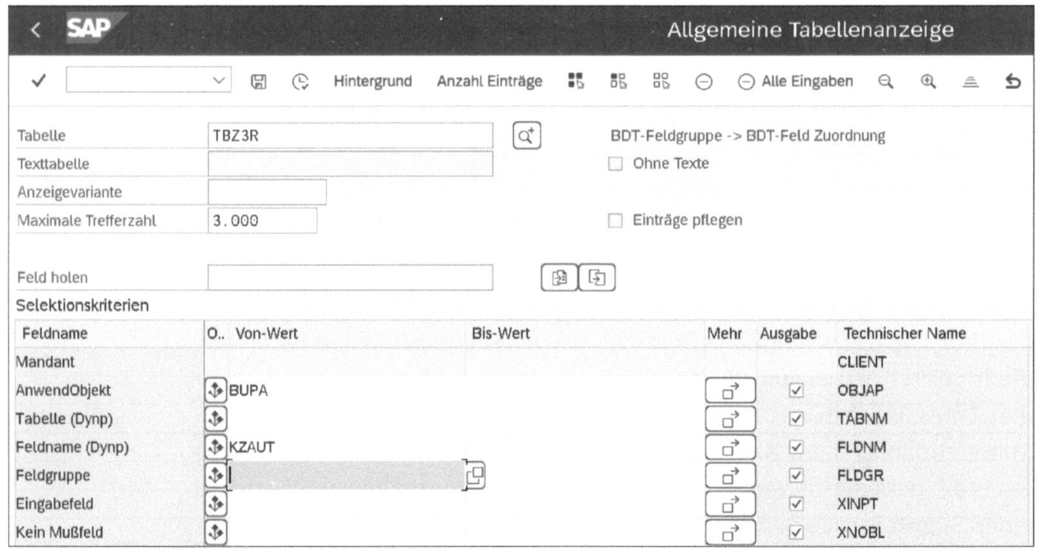

Abbildung 4.71 Tabelle TBZ3R mit dem Anwendungsobjekt BUPA (SAP-Geschäftspartner)

Wenn Sie diese Kombination aufrufen, erhalten Sie die Meldung **Keine Werte vorhanden**. Das bedeutet, das Feld KZAUT ist nicht in dieser Tabelle vorhanden und steht somit nicht im Geschäftspartner zur Verfügung.

Sie können die Tabelle auch ohne die Einschränkung auf den Feldnamen vornehmen. In Folge werden Ihnen alle Felder, die im Bereich des Geschäftspartners zur Verfügung stehen, angezeigt.

Verfügbare Felder im Geschäftspartner

In Abbildung 4.72 sehen Sie die fünfzehn Felder, die im Geschäftspartner aus der Tabelle `LFM1` (Lieferantenstamm Einkaufsorganisationsdaten) zur Verfügung stehen.

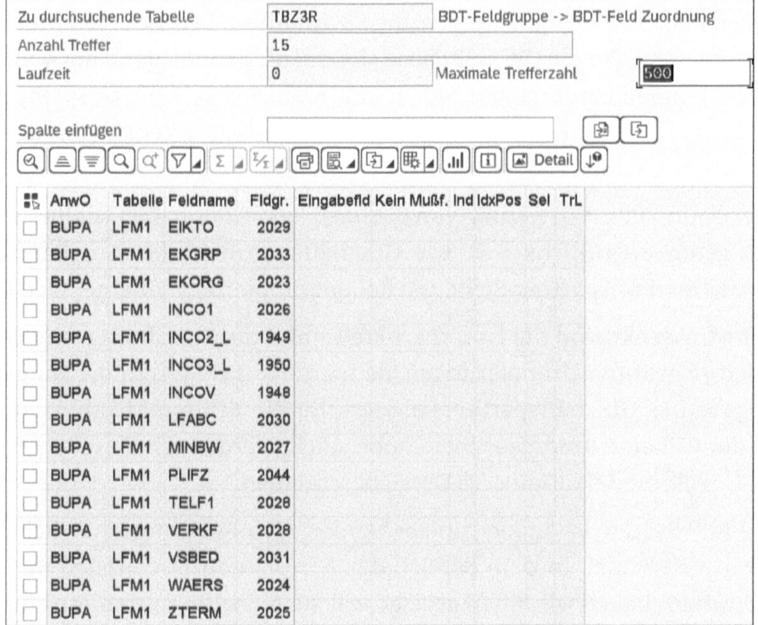

Zu durchsuchende Tabelle: TBZ3R — BDT-Feldgruppe -> BDT-Feld Zuordnung
Anzahl Treffer: 15
Laufzeit: 0 — Maximale Trefferzahl: 500

Spalte einfügen

AnwO	Tabelle	Feldname	Fldgr.	Eingabefld	Kein Mußf.	Ind	IdxPos	Sel	TrL
BUPA	LFM1	EIKTO	2029						
BUPA	LFM1	EKGRP	2033						
BUPA	LFM1	EKORG	2023						
BUPA	LFM1	INCO1	2026						
BUPA	LFM1	INCO2_L	1949						
BUPA	LFM1	INCO3_L	1950						
BUPA	LFM1	INCOV	1948						
BUPA	LFM1	LFABC	2030						
BUPA	LFM1	MINBW	2027						
BUPA	LFM1	PLIFZ	2044						
BUPA	LFM1	TELF1	2028						
BUPA	LFM1	VERKF	2028						
BUPA	LFM1	VSBED	2031						
BUPA	LFM1	WAERS	2024						
BUPA	LFM1	ZTERM	2025						

Abbildung 4.72 Auszug aus Tabelle TBZ3R mit Feldern aus Tabelle LFM1

Nur Felder, die Sie hier finden, finden Sie auch in der Transaktion BP (Geschäftspartner bearbeiten). Möchten Sie ein Feld, das nicht in dieser Tabelle steht, in der Transaktion BP (Geschäftspartner bearbeiten) nutzen, müssen Sie Ihre Geschäftspartner-Stammdaten entsprechend um dieses Feld erweitern.

Erweiterbarkeit des Geschäftspartners

Rein technisch ist die Erweiterung des Geschäftspartners recht einfach. In Kapitel 8, »Erweiterung des Geschäftspartners per Business Data Toolset«, gehen wir näher darauf ein. Wenn Sie also in Betracht ziehen, den Geschäftspartner in Ihrem SAP-ERP-System zu nutzen, haben Sie die Möglichkeit, die fehlenden Felder im BP verfügbar zu machen, um eine Pflege in verschiedenen Transaktionen zu vermeiden. Ein besonderes Augenmerk ist in diesem Fall auf die korrekte Synchronisation aller Daten zu setzen. Darüber hinaus müssen Sie Felder, die Sie in Ihrem SAP-ERP-System hinzugefügt haben, in Ihrem SAP-S/4HANA-System wieder entfernen.

4.17 Fazit

In diesem Kapitel haben wir Ihnen einen Überblick gegeben, welche Customizing-Einstellungen Sie am Geschäftspartner vornehmen müssen, um die Grundlage für eine erfolgreiche CVI zu schaffen.

Das Customizing im Geschäftspartner ist umfangreich und bietet sehr viele Möglichkeiten. Da jedes SAP-ERP-System unterschiedlich eingestellt ist, werden sich ebenso die Einstellungen, die Sie für die CVI vornehmen müssen, unterscheiden. Für die CVI sollten Sie sich auf die grundlegend notwendigen Einstellungen beschränken. Später auf Ihrem SAP-S/4 HANA-System können Sie bei Bedarf die vielfältigen weiteren Möglichkeiten des Geschäftspartners nutzen.

Neben der optionalen Aktivierung von Business Functions haben wir Ihnen die wichtigsten Begrifflichkeiten wie Geschäftspartner-Rolle, Geschäftspartner-Art, Geschäftspartner-Sicht und Rollengruppierung nähergebracht.

Ein wichtiger Aspekt sind die Nummernkreise und die Zuordnung derselben zu den relevanten Gruppierungen, da hierüber das System die Nummernvergabe des Geschäftspartners steuert. Da die Feldmodifikation im Rahmen der CVI eine untergeordnete Rolle spielt, werden wir diese in Abschnitt 5.7, »Feldmodifikation«, im Detail beschreiben.

Jedes SAP-ERP-System ist anders, und es werden zum Teil unterschiedliche Funktionen verwendet. In dem Bereich der Adressfindung, Anreden und Steuernummern haben wir Ihnen gezeigt, welche Auswirkungen diese Einstellungen haben, welche Probleme daraus resultieren können und welche Lösungen es gibt.

In dem Bereich Personen und Organisation haben wir das Customizing beschrieben, das für die CVI obligatorisch ist und das im Bereich der Stammdatensynchronisation gemappt werden muss. Darüber hinaus haben wir den Ansprechpartner und die dazugehörenden Beziehungen und die wichtigsten Einstellungen in diesem Bereich erläutert.

Da jedes System anders eingestellt ist, kann es durchaus sein, dass in Ihrem SAP-ERP-System noch weitere oder auch weniger Einstellungen im Customizing notwendig sind. Im CVI-Cockpit, das wir in Kapitel 11, »Durchführung der Stammdatensynchronisation«, beschreiben, gibt es einen Prüfreport für das komplette Customizing, sodass Sie sicher sein können, alle relevanten Einstellungen für Ihr System vorgenommen zu haben.

Die aktive Verwendung des Geschäftspartners in einem SAP-ERP-System ist technisch zwar möglich, wird aber nicht empfohlen und sollte sehr gut überlegt sein.

Kapitel 5

Customizing des Geschäftspartners in SAP S/4HANA

Da der Geschäftspartner zukünftig die führende Entität unter SAP S/4HANA sein wird, erklären wir Ihnen in diesem Kapitel ausführlich das Customizing für den Geschäftspartner in einem SAP-S/4HANA-System und verschaffen Ihnen somit eine umfassende Wissensgrundlage, damit Sie für die Neueinführung gewappnet sind.

In diesem Kapitel geben wir Ihnen einen Gesamtüberblick über das Customizing im Bereich des Geschäftspartners. Wir zeigen Ihnen die wichtigsten Einstellungen zu den Geschäftspartner-Rollen in Abschnitt 5.2 und ihren Optionen der Nummernvergabe in Abschnitt 5.5. Des Weiteren beschreiben wir in Abschnitt 5.7 die unterschiedlichen Möglichkeiten der Feldmodifikation im Geschäftspartner im Zusammenspiel mit den Kontengruppen. Wir werfen in Abschnitt 5.8 einen Blick auf Berechtigungen, in Abschnitt 5.9 auf mögliche Arten der Adressfindung, in Abschnitt 5.10 auf Details zu Steuernummern und Einstellungen zu Personen, Organisationen, Branchen sowie Einzelheiten zu Ansprechpartnern und Geschäftspartner-Beziehungen in Abschnitt 5.11.

An dieser Stelle möchten wir auf die grundlegenden Unterschiede der Synchronisation des Geschäftspartners eingehen, denn abhängig von den verschiedenen Möglichkeiten, wie Sie Ihr SAP-S/4HANA-System aufbauen, ist das Customizing des Geschäftspartners unterschiedlich zu betrachten.

Einführungsszenarien

Es gibt zwei Standardszenarien für die Einführung eines SAP-S/4HANA-Systems:

Greenfield-Ansatz

- Neueinführung: Diese Einführung wird auch als *Greenfield-Ansatz* bezeichnet.

Brownfield-Ansatz

- Konvertierung: Die Konvertierung ist die technische Eins-zu-eins-Umsetzung des vorhandenen SAP-ERP-Systems in ein SAP-S/4HANA-System und wird als *Brownfield-Ansatz* bezeichnet.

SAP S/4HANA Selective Data Transition

Ein möglicher dritter Ansatz ist die *SAP S/4HANA Selective Data Transition.* Dieser Ansatz beruht im Wesentlichen darauf, explizit ausgewählte Daten mit in das neue SAP-S/4HANA-System zu übernehmen. Egal, für welchen dieser Wege Sie sich entscheiden, ist es wichtig zu wissen, dass auch in einem SAP-S/4HANA-System die Stammdaten ebenso synchronisiert werden müssen.

Stammdaten in Geschäftspartner synchronisieren

Der Schwerpunkt dieses Buches liegt auf der Customer-Vendor-Integration. Das bedeutet, dass Ihre bestehenden Stammdaten (Debitoren und Kreditoren) auf Ihrem Weg zu einem SAP-S/4HANA-System in die entsprechenden Geschäftspartner synchronisiert werden.

Betrachten wir nun das Ganze in Bezug auf ein SAP-S/4HANA-System. Dort legen Sie Ihre Stammdaten mit der Transaktion BP (Geschäftspartner bearbeiten), weiteren Geschäftspartner-Transaktionen oder mit den SAP-Fiori-Apps an. In Kapitel 7, »Mit Geschäftspartnern arbeiten«, beschreiben wir die Transaktion BP im Detail. Je nach Ihrem Arbeitsgebiet gibt es eventuell weitere Transaktionen, die Sie nutzen können, wie z. B. die Transaktion BUB1 (Geschäftspartner-Beziehungen anlegen) oder die Transaktion BUA1 (Person anlegen: Rolle Ansprechpartner).

Synchronisation abhängig von Geschäftspartner-Rollen

Sobald Sie Ihre Daten sichern, startet im Hintergrund die Synchronisation dieser Stammdaten. Das heißt, abhängig von den ausgewählten Geschäftspartner-Rollen werden durch die Synchronisation entsprechend Kunden-, Lieferanten-, Debitoren- und Kreditorenstammdaten angelegt. Egal, ob Sie den Greenfield-, den Brownfield- oder einen selektiven Ansatz gewählt haben, die angelegten Geschäftspartner-Stammdaten werden immer synchronisiert, damit Sie Ihnen in den Folgeprozessen, wie z. B. der Kundenauftragsanlage, der Neunanlage einer Bestellung oder bei Auswertungen in der Finanzbuchhaltung, zur Verfügung stehen. In Abbildung 5.1 sehen Sie im oberen und im unteren Bereich die gleiche Synchronisationsrichtung der beiden verschiedenen Standardansätze.

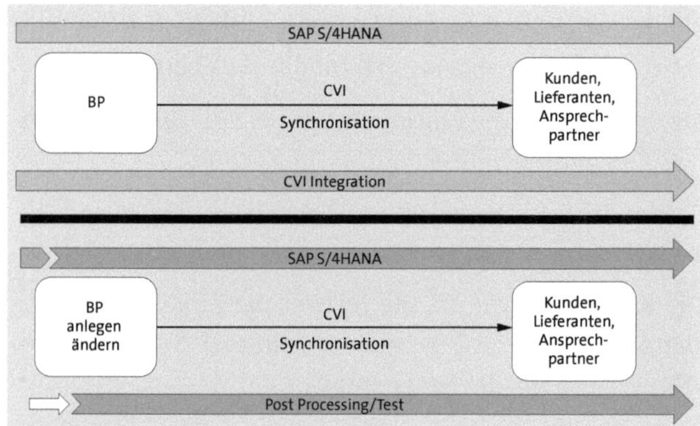

Abbildung 5.1 Darstellung der Synchronisationsrichtung im Rahmen einer Green- bzw. Brownfield-Einführung

In einem SAP-S/4HANA-System bedeutet dies für Sie zunächst keine großen Änderungen im Arbeitsablauf, außer bei der Stammdatenanlage.

Das relevante Customizing für den Geschäftspartner finden Sie mithilfe des folgenden Pfades in der Transaktion SPRO (Einführungsleitfaden anzeigen): **Anwendungsübergreifende Komponenten • SAP-Geschäftspartner.**

5.1 Aktivierungsstatus für Funktionen

Zusatzfunktion im Geschäftspartner

Über den Pfad **Anwendungsübergreifende Komponenten • SAP-Geschäftspartner • Aktivierungsschalter für Funktionen** haben Sie die Möglichkeit, verschiedene Funktionen, die seitens SAP zunächst als inaktiv ausgeliefert werden, zu aktivieren. In Abschnitt 4.1, »Aktivierung von Business Functions«, finden Sie hierzu weitere Informationen.

In Abbildung 5.2 sehen Sie eine Übersicht der zur Verfügung stehenden Funktionen.

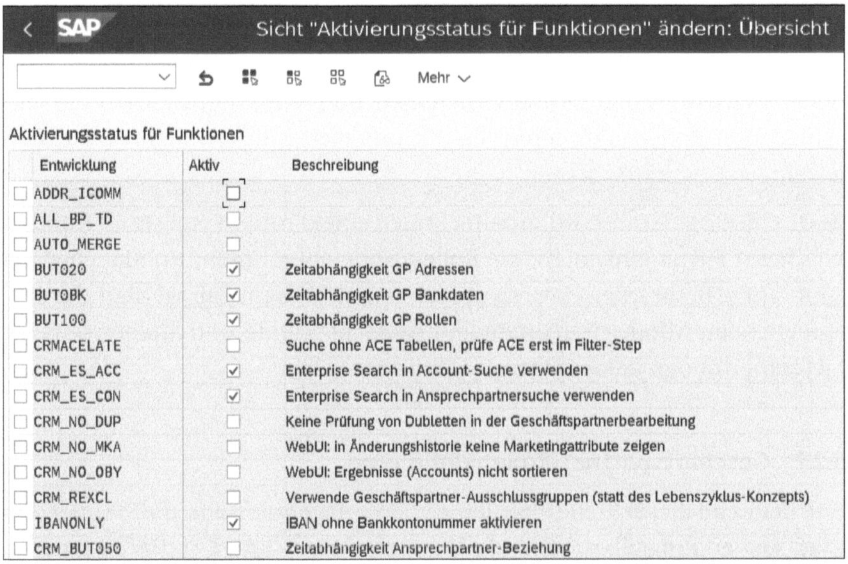

SAP Sicht "Aktivierungsstatus für Funktionen" ändern: Übersicht

Mehr

Aktivierungsstatus für Funktionen

Entwicklung	Aktiv	Beschreibung
ADDR_ICOMM	☐	
ALL_BP_TD	☐	
AUTO_MERGE	☐	
BUT020	☑	Zeitabhängigkeit GP Adressen
BUT0BK	☑	Zeitabhängigkeit GP Bankdaten
BUT100	☑	Zeitabhängigkeit GP Rollen
CRMACELATE	☐	Suche ohne ACE Tabellen, prüfe ACE erst im Filter-Step
CRM_ES_ACC	☑	Enterprise Search in Account-Suche verwenden
CRM_ES_CON	☑	Enterprise Search in Ansprechpartnersuche verwenden
CRM_NO_DUP	☐	Keine Prüfung von Dubletten in der Geschäftspartnerbearbeitung
CRM_NO_MKA	☐	WebUI: in Änderungshistorie keine Marketingattribute zeigen
CRM_NO_OBY	☐	WebUI: Ergebnisse (Accounts) nicht sortieren
CRM_REXCL	☐	Verwende Geschäftspartner-Ausschlussgruppen (statt des Lebenszyklus-Konzepts)
IBANONLY	☑	IBAN ohne Bankkontonummer aktivieren
CRM_BUT050	☐	Zeitabhängigkeit Ansprechpartner-Beziehung

Abbildung 5.2 Übersicht der Zusatzfunktionen inklusive des Aktivierungsstatus

Wollen Sie eine dieser Funktionen nutzen, setzen Sie den Haken bei der Funktion in der Spalte **Aktiv**, und sichern Sie Ihre Eingaben. Die Nutzung ist kundenindividuell, dennoch sind z. B. Funktionen wie IBANONLY (IBAN ohne Bankkontonummer aktivieren) oder BUT020 (**Zeitabhängigkeit GP Adressen**) empfehlenswert. Das hängt im Einzelfall von Ihren kundenindividuellen Anforderungen ab.

IBANONLY

IBANONLY ermöglicht es Ihnen, eine Bankverbindung in den Stammdaten zu erfassen, bei der nur die IBAN (International Bank Account Number) bekannt ist. Aus unserer Praxiserfahrung heraus können wir sagen, dass seit der SEPA-Einführung im Jahr 2008 diese Funktionalität normalerweise immer genutzt wird.

Zeitabhängige Adresse

BUT020 gibt Ihnen die Möglichkeit, die unterschiedlichen Adressen, die Sie im Geschäftspartner hinterlegen können, zeitabhängig zu führen. Ist z. B. bekannt, dass ein Geschäftspartner in vier Wochen umzieht, können Sie die neue Adresse bereits im Vorfeld zeitabhängig anlegen.

5.2 Geschäftspartner-Rollen

Festlegung von Rechten und Pflichten mittels Geschäftspartner-Rollen

Jeder Geschäftspartner wird mit mindestens einer Geschäftspartner-Rolle oder mehreren Rollen angelegt, die seine Funktion bestimmen. Über die ausgewählten Rollen werden die Rechte und Pflichten definiert, die ein Geschäftspartner in unterschiedlichen Geschäftsvorgängen übernehmen kann. Jeder Geschäftspartner kann unterschiedliche Geschäftspartner-Rollen übernehmen. Welche Rollen für einen Geschäftspartner angelegt werden, hängt von seiner betriebswirtschaftlichen Funktion ab. Über die verschiedenen Rollen definieren Sie die unterschiedlichen Sichten auf den jeweiligen Geschäftspartner.

Es ist z. B. möglich, dass Mitarbeiter*innen einer Firma, wenn sie als Kunden bei dieser Firma einkaufen, die Rolle Kunde einnehmen und daneben als Lieferant z. B. ihre Reisekosten abrechnen. In diesem Fall werden die entsprechenden Mitarbeiter*innen einerseits als Kunde und andererseits als Lieferant mit den entsprechenden Rollen angelegt.

5.2.1 Geschäftspartner-Rollen definieren

Vorlagerollen

SAP liefert an dieser Stelle eine Reihe von Vorlagerollen aus, die Sie über den Pfad **Anwendungsübergreifende Komponenten • SAP-Geschäftspartner • Geschäftspartner Grundeinstellungen • Geschäftspartnerrollen • GP-Rollen definieren** finden. In Abbildung 5.3 sehen Sie einen Teilausschnitt dieser Rollen.

Unter der Vielzahl der ausgelieferten Rollen sind die folgenden Rollen für die Anlage von Kunden- und Lieferantenstammdaten und der dazugehörenden Ansprechpartner wichtig:

- FLCU00 (**Debitor**): Diese Rolle beinhaltet die Buchungskreisdaten.
- FLCU01 (**Kunde**): Diese Rolle beinhaltet die Vertriebsbereichsdaten.

- FLVN00 (**Kreditor**): Diese Rolle beinhaltet die Buchungskreisdaten.
- FLVN01 (**Lieferant**): Diese Rolle beinhaltet die Einkaufssicht.
- BUP001 (**Ansprechpartner**). Diese Rolle beinhaltet die Ansprechpartnerdaten.
- UKM000: Diese Rolle benötigen Sie für die Arbeit mit *SAP Credit Management*.

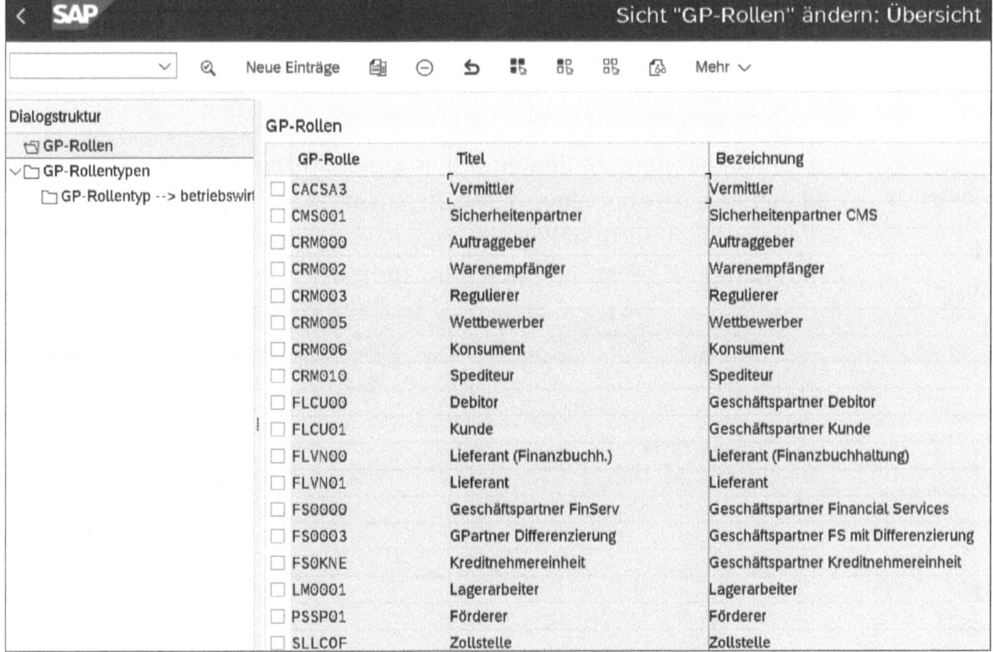

GP-Rolle	Titel	Bezeichnung
CACSA3	Vermittler	Vermittler
CMS001	Sicherheitenpartner	Sicherheitenpartner CMS
CRM000	Auftraggeber	Auftraggeber
CRM002	Warenempfänger	Warenempfänger
CRM003	Regulierer	Regulierer
CRM005	Wettbewerber	Wettbewerber
CRM006	Konsument	Konsument
CRM010	Spediteur	Spediteur
FLCU00	Debitor	Geschäftspartner Debitor
FLCU01	Kunde	Geschäftspartner Kunde
FLVN00	Lieferant (Finanzbuchh.)	Lieferant (Finanzbuchhaltung)
FLVN01	Lieferant	Lieferant
FS0000	Geschäftspartner FinServ	Geschäftspartner Financial Services
FS0003	GPartner Differenzierung	Geschäftspartner FS mit Differenzierung
FSOKNE	Kreditnehmereinheit	Geschäftspartner Kreditnehmereinheit
LM0001	Lagerarbeiter	Lagerarbeiter
PSSP01	Förderer	Förderer
SLLCOF	Zollstelle	Zollstelle

Abbildung 5.3 Ausschnitt der ausgelieferten Geschäftspartner-Rollen

Geschäftspartner-Rolle 000000

Ein weitere wichtige Rolle, die grundsätzlich jeder Geschäftspartner erhält, der angelegt wird, ist die Rolle 000000 (**Geschäftspartner allgemein**). Jeder Geschäftspartner, egal, ob Sie eine Firma oder eine Person anlegen, erhält diese Rolle mit den allgemeinen Daten. Hier können Sie Daten wie Name, Adresse, Bankverbindungen und diverse weitere Informationen hinterlegen.

Geschäftspartner-Rolle allgemein

Hat ein Geschäftspartner zunächst nur diese Rolle, werden keine Daten in Richtung Kunde oder Lieferant synchronisiert. Erst bei der Anlage der weiteren entsprechenden Rollen werden im Rahmen der Synchronisation Kunden- und/oder Lieferantenstammsätze angelegt.

Sie haben die Möglichkeit, diese ausgelieferten Geschäftspartner-Rollen direkt zu verwenden, oder Sie kopieren diese Rollen in Ihren kundenspezifischen Namensraum. Hierfür markieren Sie die zu kopierende Rolle, klicken auf den Button **Kopieren** und geben ein sechsstelliges Kürzel, den Titel und die Beschreibung der neuen Rolle ein. Anschließend sichern Sie Ihre Eingaben (siehe Abschnitt 4.4, »Anlage von Geschäftspartner-Rollen im kundenspezifischen Namensraum«).

Der Geschäftspartner-Rollentyp, die Standardzuordnung und die Geschäftspartner-Sicht können in diesem ersten Schritt mit aus der kopierten Rolle übernommen werden. Bei Bedarf können Sie den **GP-Rollentyp** und die **GP-Sicht** kundenspezifisch anlegen und zuordnen.

Geschäftspartner-Rollentyp

Der **GP-Rollentyp** ist in den einzelnen Geschäftspartner-Rollen hinterlegt und dient als Attribut einer Geschäftspartner-Rolle. Der Rollentyp besteht aus einem bis zu sechsstelligen Kürzel, einem Titel sowie der Bezeichnung. In Abbildung 5.4 sehen Sie einen Ausschnitt der Standardauslieferung.

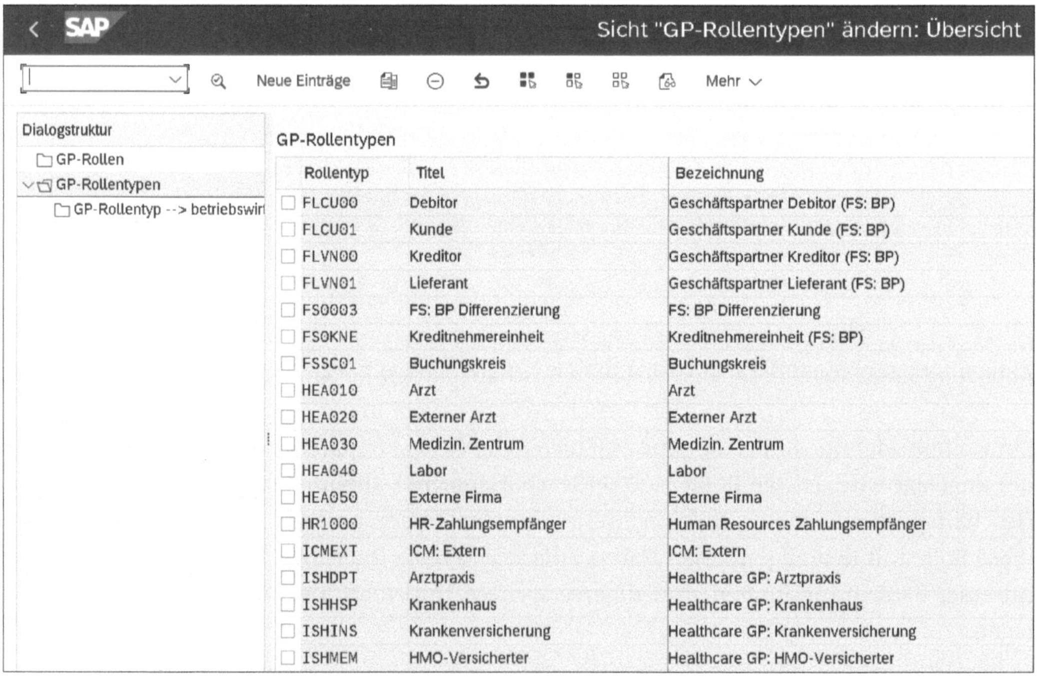

Sicht "GP-Rollentypen" ändern: Übersicht

Neue Einträge | Mehr

Dialogstruktur
- GP-Rollen
- GP-Rollentypen
  - GP-Rollentyp --> betriebswirt

GP-Rollentypen

Rollentyp	Titel	Bezeichnung
FLCU00	Debitor	Geschäftspartner Debitor (FS: BP)
FLCU01	Kunde	Geschäftspartner Kunde (FS: BP)
FLVN00	Kreditor	Geschäftspartner Kreditor (FS: BP)
FLVN01	Lieferant	Geschäftspartner Lieferant (FS: BP)
FS0003	FS: BP Differenzierung	FS: BP Differenzierung
FSOKNE	Kreditnehmereinheit	Kreditnehmereinheit (FS: BP)
FSSC01	Buchungskreis	Buchungskreis
HEA010	Arzt	Arzt
HEA020	Externer Arzt	Externer Arzt
HEA030	Medizin. Zentrum	Medizin. Zentrum
HEA040	Labor	Labor
HEA050	Externe Firma	Externe Firma
HR1000	HR-Zahlungsempfänger	Human Resources Zahlungsempfänger
ICMEXT	ICM: Extern	ICM: Extern
ISHDPT	Arztpraxis	Healthcare GP: Arztpraxis
ISHHSP	Krankenhaus	Healthcare GP: Krankenhaus
ISHINS	Krankenversicherung	Healthcare GP: Krankenversicherung
ISHMEM	HMO-Versicherter	Healthcare GP: HMO-Versicherter

Abbildung 5.4 Übersicht der Geschäftspartner-Rollentypen

In Abbildung 5.5 sehen Sie den Geschäftspartner-Rollentyp FLCU00 im Detail. Hier können Sie z. B. auch festlegen, für welche Art von Geschäftspartner dieser Typ gültig ist. Sie haben die Auswahl zwischen den folgenden drei Typen:

- **Organisation**
- **Person**
- **Gruppe**

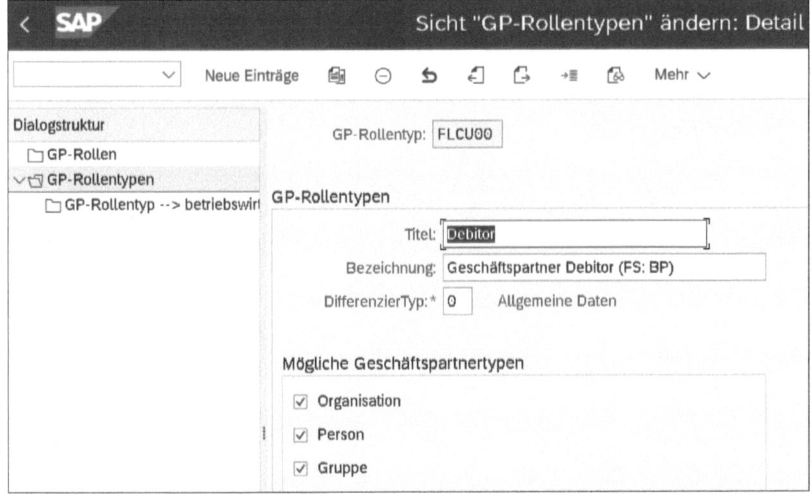

Abbildung 5.5 Detailansicht des Geschäftspartner-Rollentyps FLCU00

Im Rollentyp können Sie die folgenden Festlegungen treffen:

- **GP-Rollentyp**
- **Titel**
- **Bezeichnung**
- **DifferenzierTyp**

Primärschlüssel

Die Anwendungsdaten hängen in der Regel vom *Primärschlüssel* des jeweiligen Anwendungsobjekts ab. Beim Geschäftspartner ist dies die Geschäftspartner-Nummer. Der Primärschlüssel wird in Tabellen verwendet. Durch die Verwendung des Schlüsselwortes `PRIMAR KEY` werden eine oder mehrere Spalten in einer Tabelle als eindeutig gekennzeichnet. Diese so definierten Schlüsselspalten müssen immer einen Wert haben. Je nach Ihren Anforderungen kann es möglich sein, dass Sie darüber hinaus nach weiteren Kriterien unterscheiden, müssen. Der *Differenzierungstyp* ist optional und dient der weiteren Unterscheidung von ansonsten gleichen Objekten.

Der Differenzierungstyp ist eine intern verwendete Angabe, mit der Sie festlegen können, welche weiteren Merkmale zur Unterscheidung ansonsten gleicher Objekte herangezogen werden. Der Differenzierungstyp stellt eine Kombination aus organisatorischen Einheiten oder weiteren differenzierenden Bestimmungsgrößen dar. Sie haben damit die Möglichkeit, z. B. auf Ebene des Buchungskreises, in den Einkaufsorganisationsdaten oder in den Vertriebsbereichsdaten weitere Unterscheidungen zu treffen. Haben Sie z. B. einen Kunden mit mehreren Filialen und es besteht die Anforderung auf Ebene der einzelnen Filialen, Werte zu unterscheiden, können Sie hierfür den Differenzierungstyp 9 verwenden.

In Abbildung 5.6 sehen Sie die Standardauslieferung der verschiedenen Differenzierungstypen.

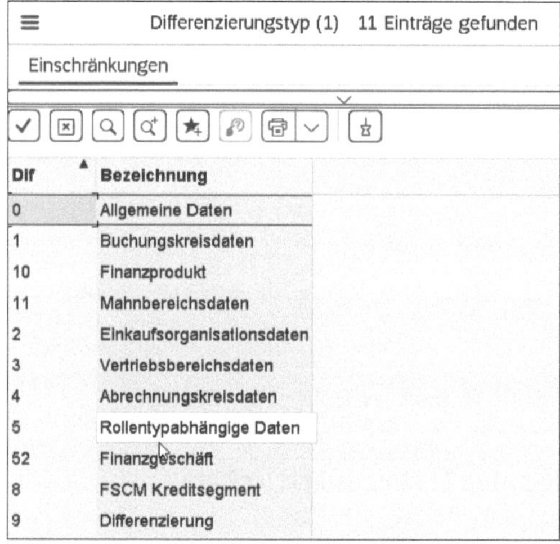

Abbildung 5.6 Auswahl der möglichen Differenzierungstypen

Weitere Einstellungen können Sie in dem Feld **Mögliche Geschäftspartnertypen** vornehmen (siehe Abbildung 5.5). Auf dieser Ebene legen Sie fest, ob der jeweilige Geschäftspartner eine **Organisation**, eine **Person** oder eine **Gruppe** ist. In der Regel legen Sie Ihre Standardkunden und Lieferanten als Organisation an. Ansprechpartner, Mitarbeiter oder Kreditsachbearbeiter werden hingegen normalerweise als Personen definiert. An dieser Stelle gibt es nur diese drei Typen, eine Erweiterung ist hier nicht vorgesehen.

[»]

Geschäftspartner-Rollentyp

Über den Geschäftspartner-Rollentyp kann bei Bedarf außerdem in SAP- und in Ihren kundenspezifischen Programmen programmiert werden.

Geschäftspartner-Sicht

Ein weiteres Attribut einer Geschäftspartner-Rolle ist die *Geschäftspartner-Sicht*. Sie dient der Bildsteuerung im *Geschäftspartner-Dialog*. Unter Geschäftspartner-Dialog versteht man die Anzeige bzw. Abfolge von Bildern in den Geschäftspartner-Stammdaten bei der Bearbeitung. Mithilfe der Geschäftspartner-Sicht wird unter anderem die Bildfolge sowie die Auswahl der anzuzeigenden Datensets im Rahmen des Business Data Toolsets (BDT) festgelegt.

BUPT

Die Geschäftspartner-Sicht wird im Bereichsmenü BUPT des Geschäftspartners definiert. Hier ist die Empfehlung, solange noch keine konkreten Anforderungen bestehen, die Standard-Geschäftspartner-Sicht zu belassen. Wenn sich im Laufe Ihres Projekts spezifische Anforderungen ergeben, was die Bildfolge und die Auswahl angeht, können Sie mittels der Transaktion BUSD (GP-Sichten ändern) neue Sichten anlegen und im Nachgang der Rolle neu zuordnen. Das Bereichsmenü und das Business Data Toolset (BDT) werden näher in Kapitel 8, »Erweiterung des Geschäftspartners per Business Data Toolset«, erläutert.

Nicht relevante Geschäftspartner-Rollen

Sie werden außerdem eine ganze Reihe von Rollen finden, die nicht für Sie relevant sind, wenn Sie bisher hauptsächlich mit den Modulen Finanzwesen, Einkauf und Vertrieb gearbeitet haben. Diese neuen Rollen kommen z. B. aus den Bereichen Gesundheitswesen, Treasury oder Versicherungen. Sie erkennen diese Rollen zum Teil daran, dass sie mit dem Kürzel HEXXX beginnen.

Letztendlich sollten Sie in der Konzeptionsphase analysieren, welche unterschiedlichen Rollen Sie in Ihren Systemen benötigen.

[«]

Ausblenden von nicht relevanten Geschäftspartner-Rollen

Die Geschäftspartner-Rollen, die Sie nicht in Ihrem System nutzen wollen, können Sie über den Haken **Ausblenden** in den allgemeinen Daten ausblenden. Bei der Anlage von Geschäftspartnern werden Ihnen dann nur die relevanten Rollen angezeigt.

5.2.2 Geschäftspartner-Rollengruppierungen definieren

Zusammenfassung von Geschäftspartner-Rollen

Mit den *Geschäftspartner-Rollengruppierungen* haben Sie die Möglichkeit, mehrere Geschäftspartner-Rollen zusammenzufassen. Die Geschäftspartner-Rollengruppierung dient der Vereinfachung der Datenerfassung im Dialog. Ein Beispiel ist die Zusammenfassung der beiden Rollen FLCU00 (**Debitor**) und FLCU01 (**Kunde**).

Wenn Sie diese beiden Rollen in einer Gruppierung zusammenfassen, entspricht das der Transaktion XD01 (Anlegen Debitor zentral). Analog gilt das ebenso für den Kreditorenbereich. Über den Pfad **Anwendungsübergreifende Komponenten • SAP-Geschäftspartner • Geschäftspartner Grundeinstellungen • Geschäftspartnerrollen • GP Rollengruppierungen definieren** besteht die Möglichkeit, diese Einstellungen vorzunehmen.

Gruppierung von Geschäftspartner-Rollen

Um einen Geschäftspartner mit Buchungskreisdaten und Einkaufsorganisationsdaten anzulegen, erstellen Sie eine Gruppierung und ordnen die entsprechenden Rollen FLVN00 (**Kreditor Finanzbuchhaltung**) und FLVN01 (**Lieferant**) oder Ihre entsprechenden kundenspezifischen Rollen zu. Einer Gruppierung können mehrere Rollen zugeordnet werden. Um eine neue Gruppierung anzulegen, wählen Sie den Button **Neue Einträge**.

In Abbildung 5.7 sehen Sie die Neuanlage einer Geschäftspartner-Rollengruppierung.

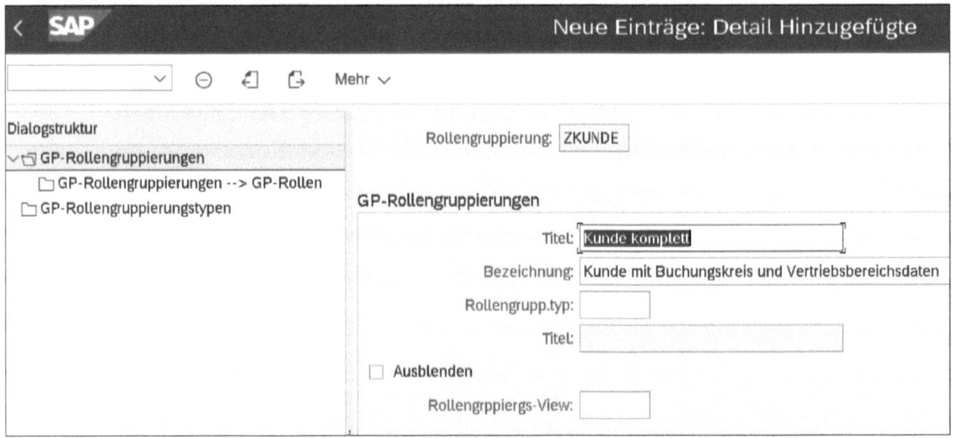

Abbildung 5.7 Neuanlage einer Geschäftspartner-Rollengruppierung

Für die Zuordnung der relevanten Geschäftspartner-Rollen klicken Sie auf den Ordner **GP-Rollengruppierungen • GP-Rollen**. Klicken Sie hier auf den Button **Neue Einträge**, und wählen Sie über die Taste F4 die gewünschten Rollen aus. In Abbildung 5.8 sehen Sie die Auswahl aller möglichen Geschäftspartner-Rollen, die hinzugefügt werden können.

Wählen Sie die Geschäftspartner-Rollen aus, die Sie zuordnen möchten, und sichern Sie Ihre Angaben. In Abbildung 5.9 sehen Sie die Geschäftspartner-Gruppierung **ZKUNDE** inklusive der beiden zugeordneten Rollen FLCU00 und FLCU01.

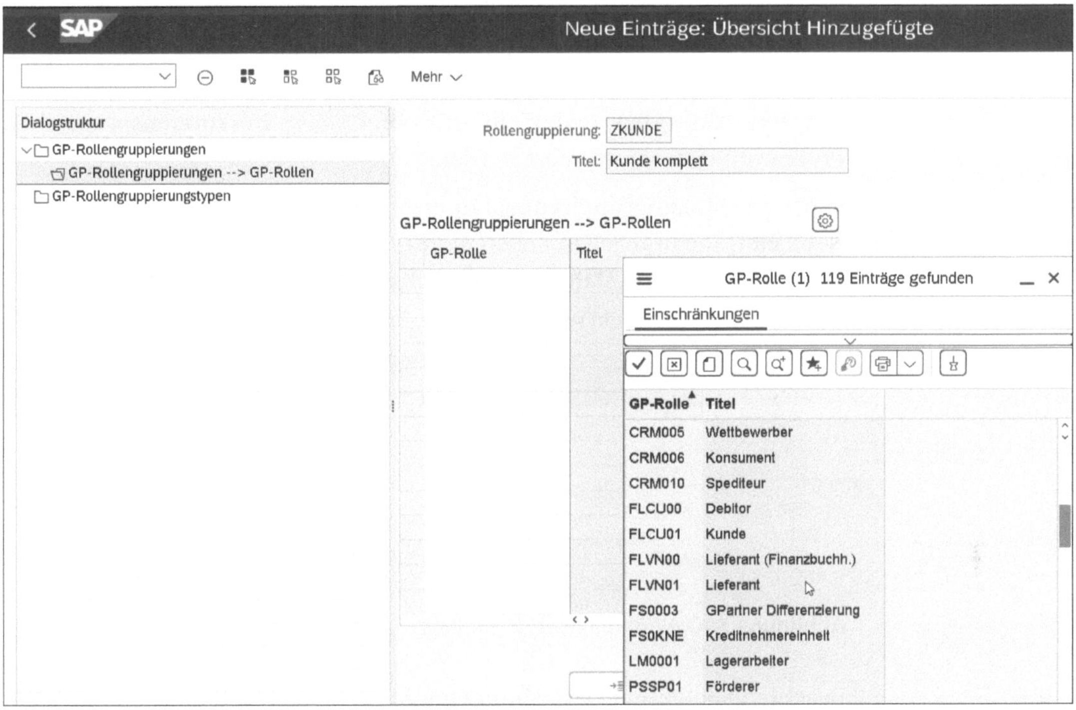

Abbildung 5.8 Auswahl der vorhandenen Geschäftspartner-Rollen

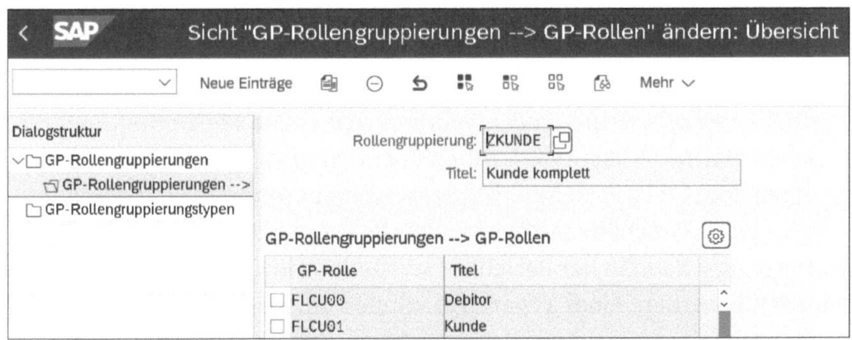

Abbildung 5.9 Geschäftspartner-Rollengruppierung mit zwei zugeordneten Rollen

Eigendefinierte Gruppierung

Als Ergebnis dieser Einstellungen können Sie in der Transaktion BP die Gruppierung **ZKUNDE** auswählen und einen Kunden mit Buchungskreis- und Verkaufsorganisationsdaten in einem Schritt anlegen.

Rollengruppierungen erkennen Sie an einem X hinter dem Kürzel bei der Anlage eines Geschäftspartners (siehe Abschnitt 7.1.2, »Anzeige des Geschäftspartners in einem SAP-ERP-System«).

Rollengruppierungstyp

Optional ist es möglich, zur weiteren Unterscheidung einen *Geschäftspartner-Rollengruppierungstyp* anzulegen. Dieser Gruppierungstyp ist ein Attribut einer Geschäftspartner-Rollengruppierung. Über diesen Rollengruppierungstyp kann bei Bedarf in SAP und auch in kundenspezifischen Programmen programmiert werden.

Um einen Rollengruppierungstyp anzulegen, klicken Sie auf den Button **Neue Einträge** und geben neben dem Typ einen Titel und die Bezeichnung mit. Sichern Sie Ihre Daten. In Abbildung 5.10 sehen Sie einen kundenspezifischen Rollengruppierungstyp.

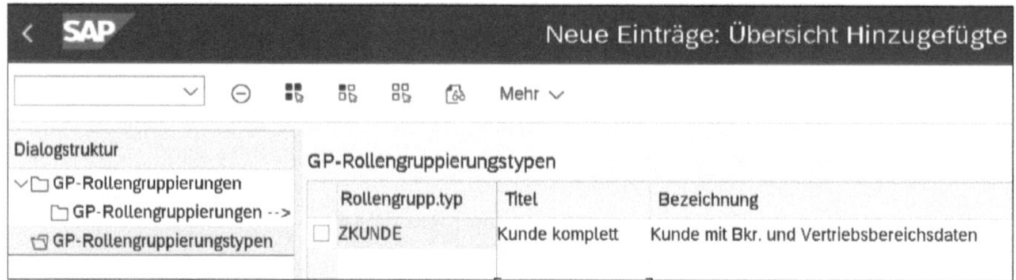

Abbildung 5.10 Neuanlage eines Rollengruppierungstyps

Beachten Sie hierbei, dass ein Rollengruppierungstyp höchstens einer Geschäftspartner-Rollengruppierung zugeordnet werden kann. Die Verwendung ist optional.

5.2.3 Geschäftspartner-Rollentypgruppen definieren

Rollentypgruppe

Mit der *Geschäftspartner-Rollentypgruppe* haben Sie die Option, mehrere Geschäftspartner-Rollentypen miteinander zu gruppieren. Die Rollentypgruppen können in Beziehungstypen verwendet werden, um die Rollentypen für jeden Geschäftspartner in einer Beziehung zu definieren. Die Rollentypgruppe kann in der Beziehungstypdefinition anstelle des Rollentyps verwendet werden. Einer Typgruppe können Sie mehrere Rollentypen zuordnen.

Die Einstellungen können Sie über den Pfad **Anwendungsübergreifende Komponenten • SAP-Geschäftspartner • Geschäftspartner Grundeinstellungen • Geschäftspartnerrollen • GP-Rollentypgruppen definieren.**

Für die Neuanlage von Rollentypgruppen klicken Sie auf den Button **Neue Einträge** und geben ein Kürzel sowie die Bezeichnung an, dann sichern Sie Ihre Angaben, wie in Abbildung 5.11 zu sehen ist.

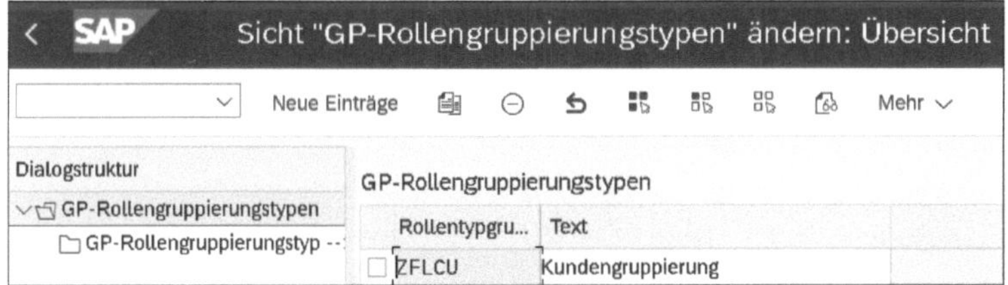

Abbildung 5.11 Neuanlage einer Rollentypgruppe

Als Nächstes weisen Sie der neuen Typgruppe die gewünschten Rollentypen zu, indem Sie auf den Button **Neue Einträge** klicken und über die Taste [F4] die Rollentypen auswählen, die zugeordnet werden sollen (siehe Abbildung 5.12).

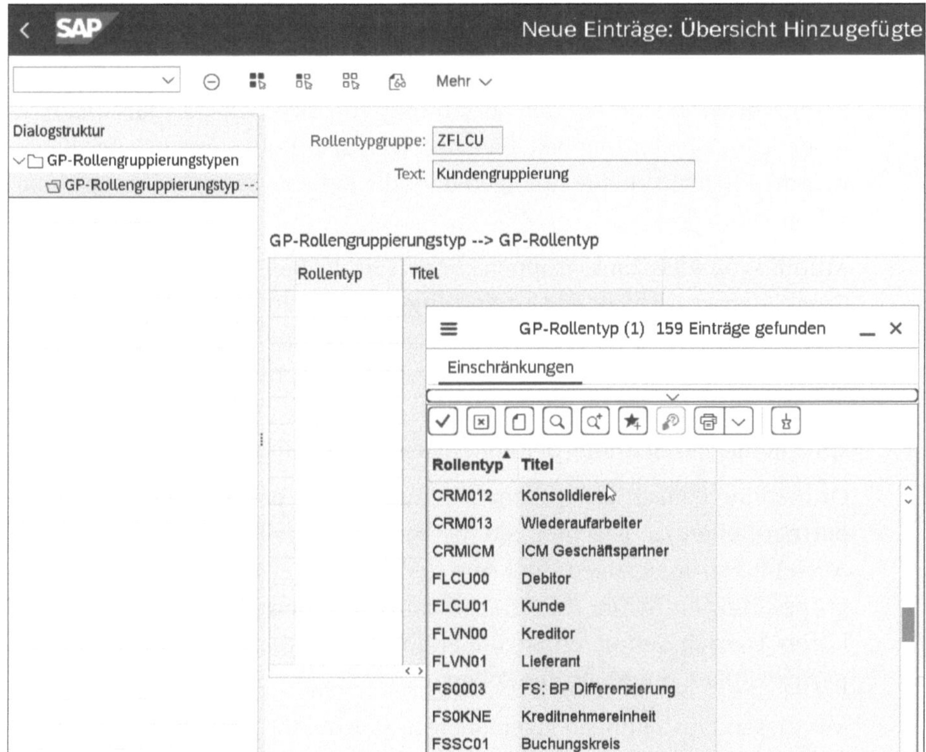

Abbildung 5.12 Auswahl der möglichen Rollentypen

In Abbildung 5.13 sehen Sie, dass dieser Gruppe drei verschiedene Rollentypen (**Debitor**, **Kunde** und **Handelsbetrieb**) zugeordnet worden sind. Diese Gruppe können Sie jetzt in den gewünschten Geschäftspartner-Rollen hinterlegen.

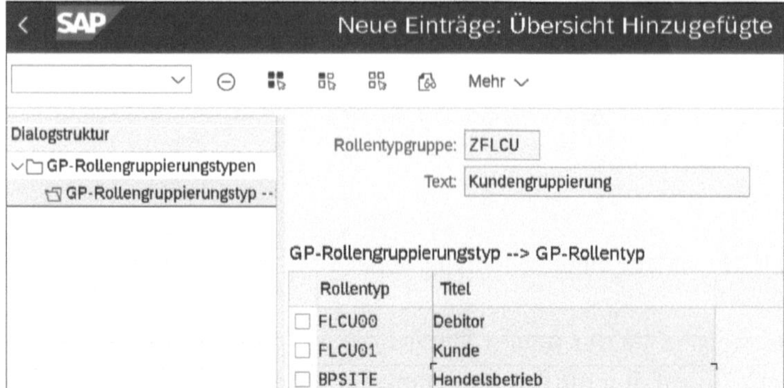

Abbildung 5.13 Zuordnung von Rollentypen zur Rollentypgruppe

5.2.4 Geschäftspartner-Rollenausschlussgruppen definieren

Rollenausschlussgruppen

An dieser Stelle können Sie optional *Rollenausschlussgruppen* definieren. Standardmäßig sind bei der Zuordnung von Geschäftspartner-Rollen zu einem Geschäftspartner beliebige Abfolgen aller Rollen möglich. Sie haben hier die Möglichkeit, die Abfolgen über die Rollenausschlussgruppe einzuschränken.

Mithilfe von Ausschlussgruppen können Sie die Rollen festlegen, die einem Geschäftspartner nicht gleichzeitig zugeordnet sein dürfen. Für die Neuanlage von Ausschlussgruppen sind folgende Einstellungen vorzunehmen: Legen Sie zunächst einen alphanumerischen, sechsstelligen Schlüssel für die Geschäftspartner-Rollenausschlussgruppe fest. Dazu erfassen Sie eine sprechende Bezeichnung der Rollenausschlussgruppe.

Ordnen Sie danach der Rollenausschlussgruppe beliebig viele Geschäftspartner-Rollen zu. Beachten Sie hierbei, dass eine Rolle nur jeweils einer Ausschlussgruppe zugeordnet sein darf. Sind zwei Rollen in einer Rollengruppierung enthalten, dürfen sie nicht zu derselben Ausschlussgruppe gehören. Danach definieren Sie die erlaubten Übergänge für die Geschäftspartner-Rollen innerhalb der Rollenausschlussgruppe.

Mit diesen Einstellungen legen Sie fest, welche Abfolgen von Rollen zugelassen sind. Die Rollen, die nicht zulässig sind, werden im Änderungsmodus in der Transaktion nicht mehr angezeigt. Über den Pfad **Anwendungsübergreifende Komponenten • SAP-Geschäftspartner • Geschäftspartner Grundeinstellungen • Geschäftspartnerrollen • GP Rollenausschlussgruppen definieren** können Sie diese Einstellungen vornehmen.

Neue Rollenausschlussgruppe anlegen

Für die Neuanlage einer Ausschlussgruppe klicken Sie auf den Button **Neue Einträge** und geben den Namen der Gruppe, einen Titel und eine beschreibende Bezeichnung an (siehe Abbildung 5.14). Sichern Sie Ihre Eingaben über den Button **Sichern**.

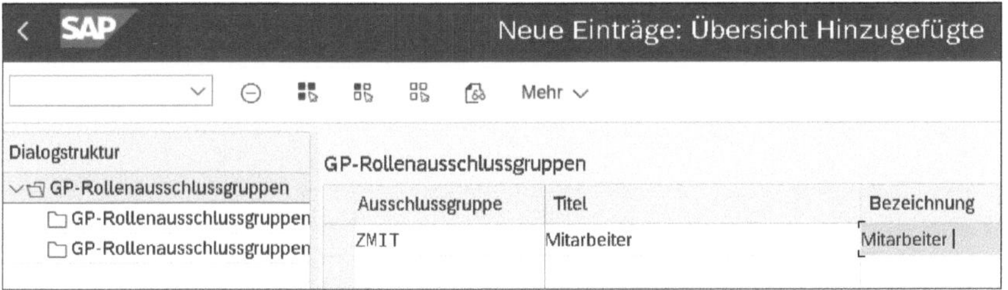

Abbildung 5.14 Neuanlage einer Rollenausschlussgruppe

Im nächsten Schritt markieren Sie Ihre Ausschlussgruppe und klicken im linken Bildbereich auf **GP-Rollenausschlussgruppen → GP-Rollen** und fügen über den Button **Neue Einträge** die gewünschten Rollen hinzu, die Sie in Ihrer Gruppe verwenden möchten. In Abbildung 5.15 sehen Sie, dass in diesem Beispiel die drei Rollen BUP003 (**Mitarbeiter**), FLCU00 (**Debitor**) und UKM000 (**SAP Credit Management**) zugeordnet sind.

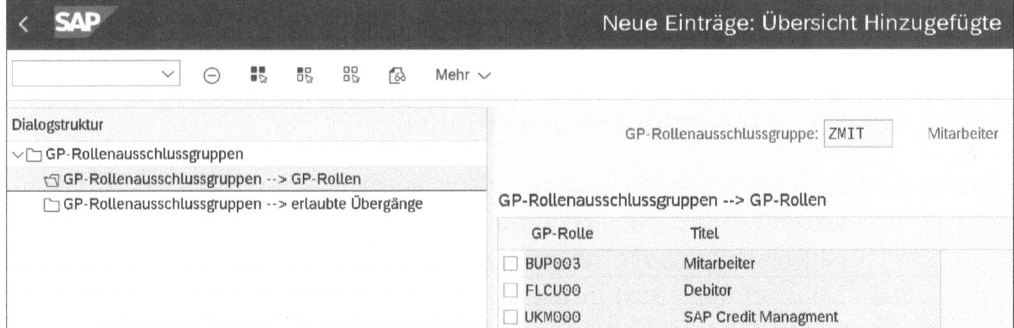

Abbildung 5.15 Zulässige Geschäftspartner-Rollen in einer Ausschlussgruppe

Im letzten Schritt müssen Sie definieren, welche Übergänge in dieser Ausschlussgruppe zulässig sind. Klicken Sie im linken Bildbereich auf **GP-Rollenausschlussgruppen → erlaubte Übergänge** und fügen Sie über den Button **Neue Einträge** die erlaubten Zugänge hinzu (siehe Abbildung 5.16).

In diesem Beispiel ist der Übergang von der Rolle BUP003 (**Mitarbeiter**) in die Rolle FLCU00 (**Debitor**) zulässig. Dies wird gesteuert anhand der Reihenfolge der Einträge in der Tabelle. Ein direkter Übergang aus der Rolle BUP003 (**Mitarbeiter**) in die Rolle UKM000 (**SAP Credit Management**) ist nicht zulässig, da es anhand des ersten Eintrags zwingend notwendig ist, zunächst die Rolle FLCU00 (**Debitor**) anzulegen, falls der Geschäftspartner die Rolle BUP003 (**Mitarbeiter**) innehat. Erst wenn für diesen Mitarbeiter die Rolle FLCU00 (**Debitor**) angelegt wurde, kann im nächsten Schritt die Rolle UKM000 (**SAP Credit Management**) hinzugefügt werden.

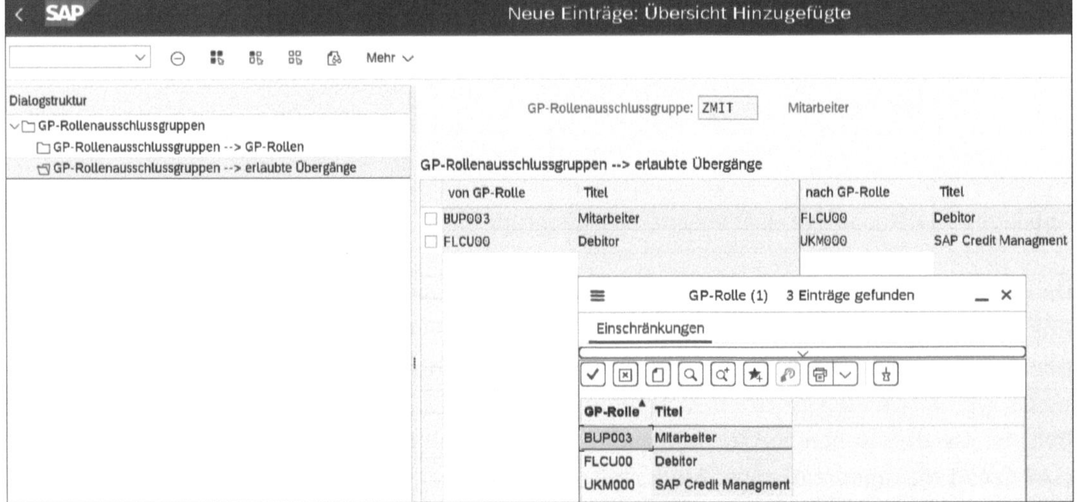

Abbildung 5.16 Zulässige Rollenübergänge in einer Ausschlussgruppe

5.3 Anwendungstransaktionen

Wegfall von Transaktionen

Bei der Bearbeitung der Stammdaten ergeben sich aus dem Wegfall von diversen Transaktionen gravierende Neuerungen. Die Anlage von Geschäftspartnern mittels der Transaktion BP (Geschäftspartner bearbeiten) und den SAP-Fiori-Apps wird in Kapitel 7, »Mit Geschäftspartnern arbeiten«, beschrieben.

Dies hat auch Konsequenzen für Ihr *Berechtigungskonzept*. In Kapitel 14, »Berechtigungen und Schnittstellen«, gehen wir auf das Thema Berechtigungen näher ein.

Im Bereich der Stammdatenanlage stehen einige Transaktionen in einem SAP-S/4HANA-System nicht mehr zur Verfügung. Beim Aufruf dieser Transaktionen erfolgt eine Umleitung auf die Transaktion BP (Geschäftspartner bearbeiten). Tabelle 5.1 zeigt die Transaktionen, die auf die Transaktion BP umgeleitet werden.

Umleitung auf Transaktion BP

Transaktionscode	Transaktionsbezeichnung
FD01	Anlegen Debitor (Buchhaltung)
FD02	Ändern Debitor (Buchhaltung)
FD03	Anzeigen Debitor (Buchhaltung
FK01	Anlegen Kreditor (Buchhaltung)
FK02	Ändern Kreditor (Buchhaltung)
FK03	Anzeigen Kreditor (Buchhaltung)
MAP1	Ansprechpartner anlegen
MAP2	Ansprechpartner ändern
MAP3	Ansprechpartner anzeigen
MK01	Anlegen Kreditor (Einkauf)
MK02	Ändern Kreditor (Einkauf)
MK03	Anzeigen Kreditor (Einkauf)
V-03	Anlegen Auftraggeber (Vertrieb)
V-04	Anlegen Rechnungsempfänger (Vertrieb)
V-05	Anlegen Regulierer (Vertrieb)
V-06	Anlegen Warenempfänger (Vertrieb)
V-07	Anlegen Einmalkunde (Vertrieb)
V-08	Anlegen Regulierer (zentral)
V-09	Anlegen Auftraggeber (zentral)
V-11	Anlegen Spediteur
VAP1	Ansprechpartner anlegen
VAP2	Ansprechpartner ändern
VAP3	Ansprechpartner anzeigen
VD01	Anlegen Debitor (Vertrieb)
VD02	Ändern Debitor (Vertrieb)
VD03	Anzeigen Debitor (Vertrieb)

Tabelle 5.1 Transaktionen, die auf die Transaktion BP umgeleitet werden

Transaktionscode	Transaktionsbezeichnung
XD01	Anlegen Debitor (zentral)
XD02	Ändern Debitor (zentral)
XD03	Anzeigen Debitor (zentral)
XK01	Anlegen Kreditor (zentral)
XK02	Ändern Kreditor (zentral)
XK03	Anzeigen Kreditor (zentral)

Tabelle 5.1 Transaktionen, die auf die Transaktion BP umgeleitet werden (Forts.)

In Tabelle 5.2 sehen Sie die Transaktionen, die im Geschäftspartner nicht mehr gebraucht werden.

Transaktionscode	Transaktionsbezeichnung
FD06	Löschvormerk. Debitor (Buchhaltung)
FK06	Löschvormerk. Kreditor (Buchhaltung)
MK06	Löschvormerkung Kreditor (Einkauf)
MK12	Ändern Kreditor (Einkauf) geplant
MK18	Aktivieren gepl. Änd. Kreditor (EK)
MK19	Anzeigen Kreditor (Einkauf) Zukunft
VD06	Löschvormerkung Debitor (Vertrieb)
XD06	Löschvormerkung Debitor (zentral)
V+21	Anlegen Interessent
V+22	Anlegen Wettbewerber

Tabelle 5.2 Obsolete Transaktionen

Neben der Transaktion BP (Geschäftspartner bearbeiten) liefert SAP eine Reihe von weiteren Transaktionen aus. Über den Pfad **Anwendungsübergreifende Komponenten • SAP-Geschäftspartner • Geschäftspartner Grundeinstellungen • Geschäftspartnerrollen • Anwendungstransaktionen definieren** finden Sie diese weiteren Transaktionen.

Weitere BP-Transaktionen

Sie können festlegen, wie der Einstieg in die Bearbeitung des Geschäftspartners erfolgen soll, abhängig von der gewünschten Aktivität sowie der zugeordneten Geschäftspartner-Rolle. Als mögliche Aktivitäten stehen Ihnen folgende Eingaben zur Verfügung:

- 01 Anlegen
- 02 Ändern
- 03 Anzeigen
- 04 Löschvormerkung setzen

In Abbildung 5.17 sehen Sie einen Ausschnitt der ausgelieferten Transaktionen.

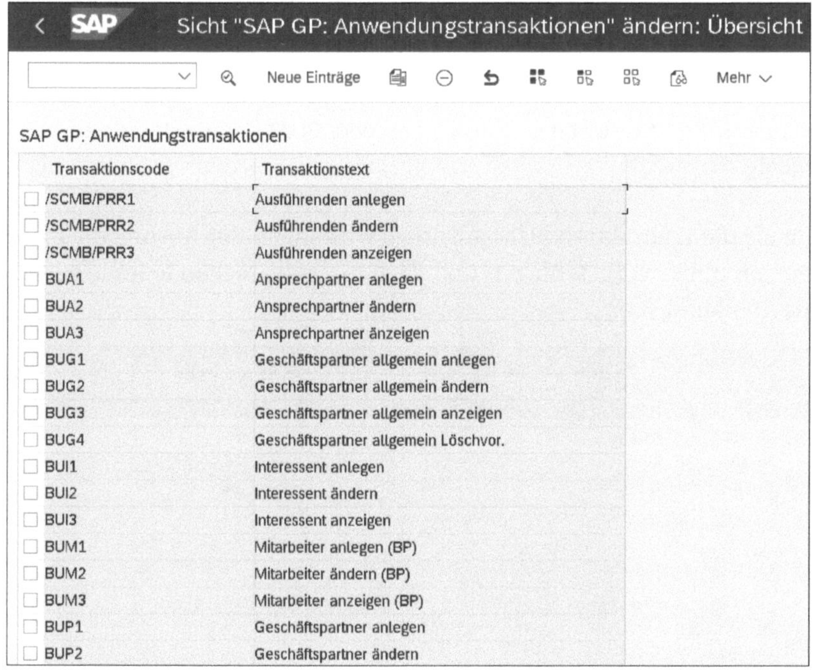

Sicht "SAP GP: Anwendungstransaktionen" ändern: Übersicht

Neue Einträge   Mehr

SAP GP: Anwendungstransaktionen

Transaktionscode	Transaktionstext
/SCMB/PRR1	Ausführenden anlegen
/SCMB/PRR2	Ausführenden ändern
/SCMB/PRR3	Ausführenden anzeigen
BUA1	Ansprechpartner anlegen
BUA2	Ansprechpartner ändern
BUA3	Ansprechpartner anzeigen
BUG1	Geschäftspartner allgemein anlegen
BUG2	Geschäftspartner allgemein ändern
BUG3	Geschäftspartner allgemein anzeigen
BUG4	Geschäftspartner allgemein Löschvor.
BUI1	Interessent anlegen
BUI2	Interessent ändern
BUI3	Interessent anzeigen
BUM1	Mitarbeiter anlegen (BP)
BUM2	Mitarbeiter ändern (BP)
BUM3	Mitarbeiter anzeigen (BP)
BUP1	Geschäftspartner anlegen
BUP2	Geschäftspartner ändern

Abbildung 5.17 Ausschnitt der ausgelieferten Anwendungstransaktionen

Hinter diesen einzelnen Transaktionen können bis zu fünf Attribute hinterlegt werden. Diese sind folgende:

- **Aktivität**
- **Geschäftspartner-Rollentyp**
- **Geschäftspartner-Rolle**
- **Geschäftspartner-Gruppierungstyp**
- **Rollengruppierung**

In Abbildung 5.18 sehen Sie als Beispiel den Transaktionscode BUA1 (Ansprechpartner anlegen) mit der Aktivität »01« für **Anlegen** und den hinterlegten Rollentyp BUP001.

Abbildung 5.18 Detailsicht des Transaktionscodes BUA1 (Ansprechpartner anlegen)

Wenn Sie die Transaktion BUA1 aufrufen, wird Ihnen der Ansprechpartner als **Person** direkt vorgeschlagen und dazu die entsprechende Rolle BUP001 (siehe Abbildung 5.19).

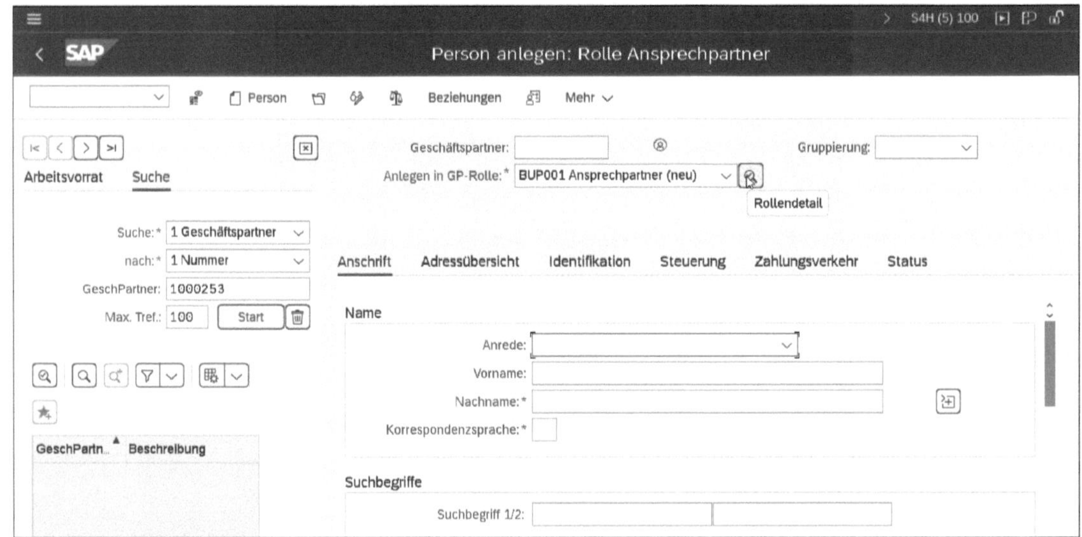

Abbildung 5.19 Neuanlage eines Ansprechpartners mittels Transaktion BUA1

Kundenspezifische Transaktion

Ebenso haben Sie hier die Möglichkeit, kundenspezifische Transaktionen einzustellen. Im Vorfeld haben Sie mittels der Transaktion SE93 einen neuen Transaktionscode angelegt. Über den Pfad **Anwendungsübergreifende Komponenten • SAP-Geschäftspartner • Geschäftspartner Grundeinstellungen • Geschäftspartnerrollen • Anwendungstransaktionen** können Sie diese neue Transaktion hinterlegen und die weiteren Einstellungen dazu vornehmen.

In diesem Beispiel ist es der Transaktionscode Z_GP (Spezifische Geschäftspartner Neuanlage), den Sie über den Button **Neue Einträge** auswählen, um die weiteren Vorbelegungen treffen zu können. Wie Sie in Abbildung 5.20 sehen können, wird hier die **Aktivität** »01« für die Neuanlage verwendet und darüber hinaus die Rollengruppierung **ZKUNDE** hinterlegt. Sichern Sie Ihre Eingaben.

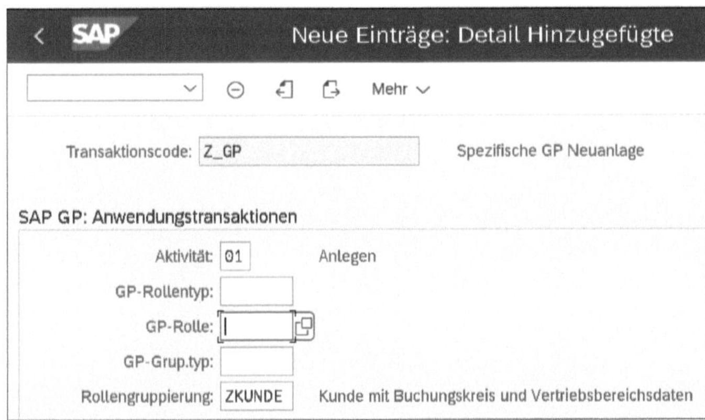

Abbildung 5.20 Vorbelegung einer kundenspezifischen Transaktion

Berechtigungskonzept

Im Vorfeld einer SAP-S/4HANA-Einführung sollten Sie überlegen, inwiefern Sie mit den herkömmlichen Transaktionen arbeiten möchten oder ob Sie zukünftig neben der Transaktion BP die SAP-Fiori-Apps verwenden werden, auch mit welchen der wegfallenden Transaktionen Sie heute in Ihrem SAP-ERP-System arbeiten. Davon ist die Anpassung Ihres Berechtigungskonzepts abhängig.

5.4 Notizen

Notizen anlegen

Besteht die Anforderung, am Geschäftspartner-Stammsatz Anmerkungen zu hinterlegen, können Sie hierfür sogenannte *Notizviews* verwenden. Über die Views kann die Anzeige von *Notizarten* im Geschäftspartner-Dialog gesteuert werden. Eine Notizart besteht jeweils aus einer Text-ID und der jeweiligen Bedeutung. Notizarten können z. B. wie folgt aussehen:

- 0001 (**Korrespondenz**)
- 0002 (**Buchhaltungsnotiz**)
- 0003 (**Marketingnotiz**)

Einem Notizview können unterschiedliche *Text-IDs* (Notizarten) zugeordnet werden. Prüfen Sie zunächst die bereits vorhandenen Text-IDs für das Textobjekt BUT000 (**Geschäftspartner**) in der Transaktion SE75 (SAPscript Einstellungen). Rufen Sie hierzu die Transaktion SE75 auf, markieren Sie dort **Textobjekte und IDs** und klicken Sie auf den Button **Ändern** (siehe Abbildung 5.21).

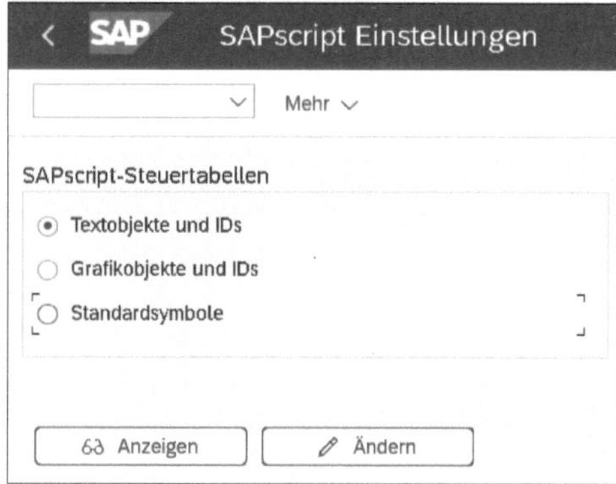

Abbildung 5.21 Prüfen von existierenden Text-IDs unter SAPscript-Einstellungen

Suchen Sie in der Übersicht nach dem Anwendungsobjekt BUT000 (**Geschäftspartner**; siehe Abbildung 5.22).

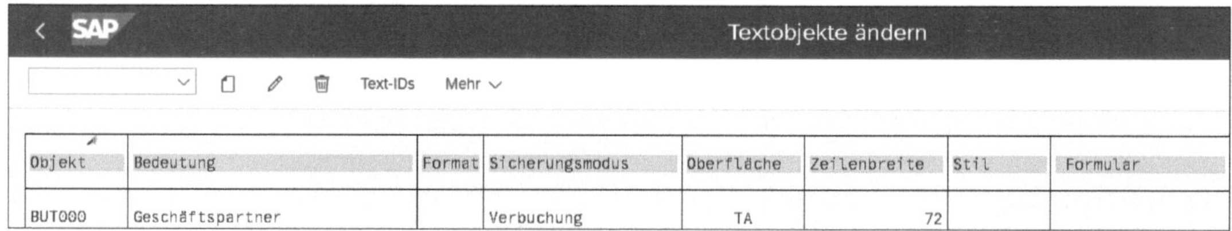

Objekt	Bedeutung	Format	Sicherungsmodus	Oberfläche	Zeilenbreite	Stil	Formular
BUT000	Geschäftspartner		Verbuchung	TA	72		

Abbildung 5.22 Textobjekt BUT000 (Geschäftspartner)

Klicken Sie doppelt auf das Textobjekt, und verzweigen Sie in die Text-IDs, die bereits für den jeweiligen Geschäftspartner vorhanden sind (siehe Abbildung 5.23).

Bei Bedarf können Sie hier über den Button **Neu anlegen** neue Text-IDs anlegen oder auch bestehende ändern.

Text-ID's zu Objekt BUT000 ändern

Mehr

Text-ID	Bedeutung	Format	Include-ID (Default)	Textname anzeigen	Struktur Schlüssel
0001	Korrespondenz			☑	
0002	Buchhaltungsnotiz			☑	
0003	Marketingnotiz			☑	
C003	Geschäftszeiten			☑	
FLOG	Notizprotokoll			☑	
IPM1	IPM Test			☑	
LNAM	Name des Geschäftspartners			☑	
PCKI	Versandpackanweisung			☑	
UKM	Kreditmanagement			☑	

Abbildung 5.23 Vorhandene Text-IDs für den Geschäftspartner

Über den Pfad **Anwendungsübergreifende Komponenten • SAP-Geschäftspartner • Geschäftspartner Grundeinstellungen • Notizviews definieren** können Sie Notizviews neu anlegen.

Neuanlage Notizview

Im folgenden Beispiel der Neuanlage eines Notizviews verwenden wir die bereits vorhandene Text-ID 0002 (**Buchhaltungsnotiz**). Klicken Sie auf den Button **Neue Einträge**, geben Sie einen sprechenden Namen an, und ordnen Sie dem Notizview das Textobjekt BUT000 (**Geschäftspartner**) und die gewünschte Text-ID zu. Sichern Sie Ihre Angaben (siehe Abbildung 5.24).

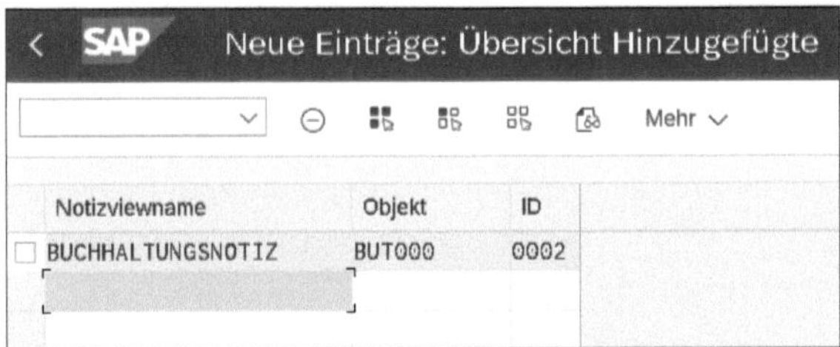

Abbildung 5.24 Neunanlage eines Notizviews

Über den Pfad **Anwendungsübergreifende Komponenten • SAP-Geschäftspartner • Geschäftspartner Grundeinstellungen • Notizview Rollen zuordnen** können Sie dem neuen Notizview eine Geschäftspartner-Rolle explizit zuordnen.

Wählen Sie hierzu über die Taste [F4] das Anwendungsobjekt BUPA (SAP-Geschäftspartner) aus (siehe Abbildung 5.25).

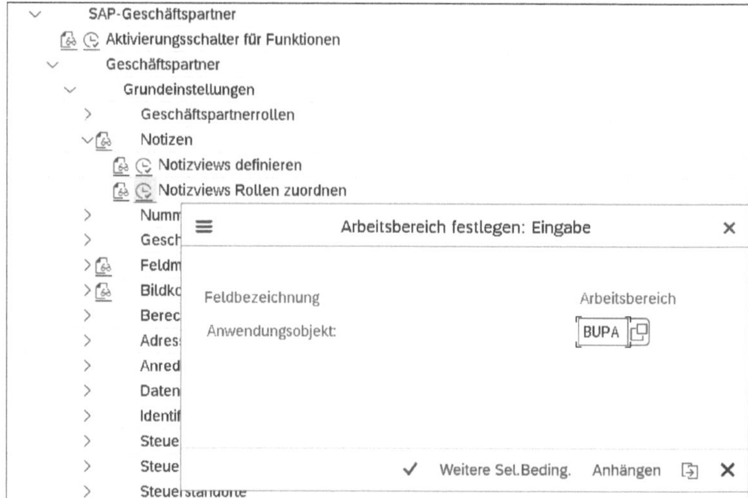

Abbildung 5.25 Auswahl des Anwendungsobjekts BUPA

Über den Button **Neue Einträge** wählen Sie die gewünschte Geschäftspartner-Rolle aus. In diesem Beispiel ist es ein Buchhaltungstext, daher wählen Sie die Rolle FLCU00 (**Debitor**) und den Notizview **BUCHHALTUNGSNOTIZ** aus (siehe Abbildung 5.26). Sichern Sie Ihre Eingaben.

Abbildung 5.26 Zuordnung des Notizviews zu einer Geschäftspartner-Rolle

Der Notizview steht somit in der Transaktion BP (Geschäftspartner bearbeiten) im Rahmen der Rolle FLCU00 (**Debitor**) zur Verfügung. In Abbildung 5.27 sehen Sie die Registerkarte **Steuerung** mit dem Feld **Buchhaltungsnotiz** in der Transaktion BP.

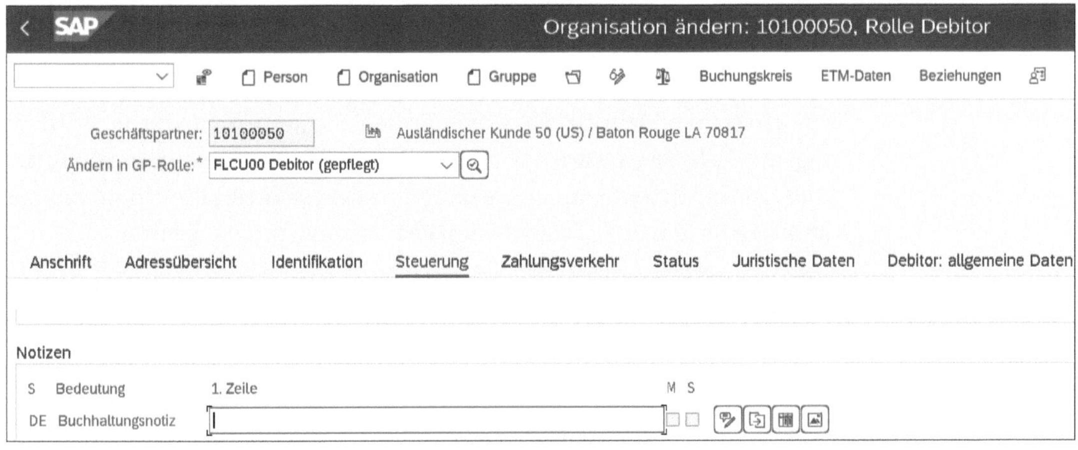

Abbildung 5.27 Transaktion BP – Notizview

5.5 Nummernkreise und Gruppierungen

Interne und externe Nummernkreise anlegen

Damit jeder Geschäftspartner-Stammsatz eine eindeutige Nummer bei der Anlage erhält, ist es notwendig, *Nummernkreise* zu definieren und anzulegen. Ein Nummernkreis wird mittels eines zweistelligen Kürzels definiert. Die Nummernkreise beinhalten die zulässigen *Nummernbereiche*, die bei der Neuanlage eines Geschäftspartners verwendet werden. Die Nummernbereiche werden immer in einem Intervall »von – bis« definiert. Bei der Nummernvergabe gibt es grundsätzlich zwei mögliche Arten:

- Intern: Beim Speichern des Geschäftspartners vergibt das System automatisch die nächste fortlaufende Nummer, die in dem hinterlegten Intervall liegt.
- Extern: Hier müssen Sie selbst eine zulässige Nummer vergeben, die in dem entsprechenden Intervall liegt. Die externe Nummernvergabe kann auch genutzt werden, wenn Ihre Geschäftspartner aus einem externen System kommen und dort bereits eine Nummer erhalten haben.

Beachten Sie, dass die Nummernkreise für den Geschäftspartner mandantenweit gültig sind.

5.5.1 Nummernkreise definieren

Nummernkreisobjekt BU_PARTNER

Die zulässigen Nummernkreise für das Nummernkreisobjekt **BU_PARTNER** definieren Sie über den Pfad **Anwendungsübergreifende Komponenten • SAP-Geschäftspartner • Geschäftspartner Grundeinstellungen • Nummernkreise und Gruppierungen • Nummernkreise definieren**. Über das Nummernkreisobjekt **BU_PARTNER** legen Sie die relevanten Nummernkreisintervalle für Ihre Geschäftspartner fest. Sie können hier z. B. die Länge der Nummern festlegen. Ein Nummernkreisobjekt wird immer über seinen Namen eindeutig identifiziert. Dabei haben Sie unterschiedliche Bearbeitungsmöglichkeiten, etwa die Anzeige der Intervalle, das Ändern von Intervallen und bei Bedarf können Sie den Nummernstand ändern. In Abbildung 5.28 sehen Sie die unterschiedlichen Bearbeitungsmöglichkeiten.

Abbildung 5.28 Intervallpflege des Nummernkreisobjekts »Zentraler Geschäftspartner«

Nummernkreis Intervallpflege

Die Möglichkeiten der Nummernvergabe in Beziehungen zu den dazugehörenden Kontengruppen finden Sie in Abschnitt 2.3, »Nummernvergabe«. Über den Button **Intervalle** sehen Sie die in Ihrem System bereits vorhandenen Nummernkreise. Für die Neuanlage eines Nummernkreises klicken Sie auf den Button [⊕] (**Einfügen Zeile**) oder die Taste [F6] und geben die folgenden Werte an (siehe Abbildung 5.29):

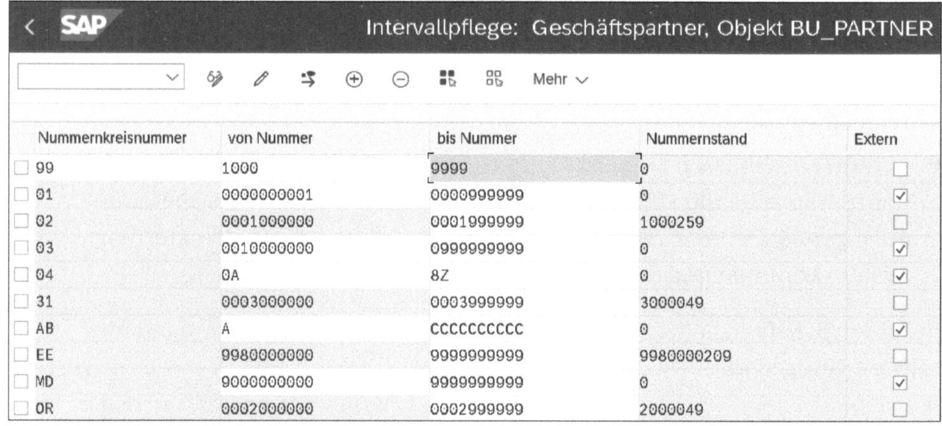

Nummernkreisnummer	von Nummer	bis Nummer	Nummernstand	Extern
99	1000	9999	0	☐
01	0000000001	0000999999	0	☑
02	0001000000	0001999999	1000259	☐
03	0010000000	0999999999	0	☑
04	0A	8Z	0	☑
31	0003000000	0003999999	3000049	☐
AB	A	CCCCCCCCCC	0	☑
EE	9980000000	9999999999	9980000209	☐
MD	9000000000	9999999999	0	☑
OR	0002000000	0002999999	2000049	☐

Abbildung 5.29 Übersicht der Intervallpflege im Geschäftspartner

- **Nummernkreisnummer**: Dieses zweistellige Kürzel können Sie beliebig vergeben.

- **von Nummer**: Hier geben Sie die unterste Grenze des Intervalls ein. Bei einer internen Nummernvergabe ist das die erste Nummer, die vom System automatisch vergeben wird. Bei der externen Nummernvergabe ist dies die Untergrenze, die Sie vergeben können.
- **bis Nummer**: Bei einem internen Intervall ist diese Nummer die letzte Nummer, die vom System vergeben wird. Bei einem externen Intervall ist es die Obergrenze, d. h. die höchste Nummer, diee extern vergeben werden kann.
- **Nummernstand**: Hier wird Ihnen die aktuell letzte vergebene Nummer angezeigt bei der internen Nummernvergabe. Bei einer externen Nummernvergabe steht der Stand immer auf »0«.
- **Extern**: Hier können Sie pro Nummernkreis bestimmen, ob der jeweilige Nummernkreis extern vergeben werden soll. Sitzt dieser Haken nicht, handelt es sich um interne Nummernvergabe.

Vorgaben für externe Nummernintervalle

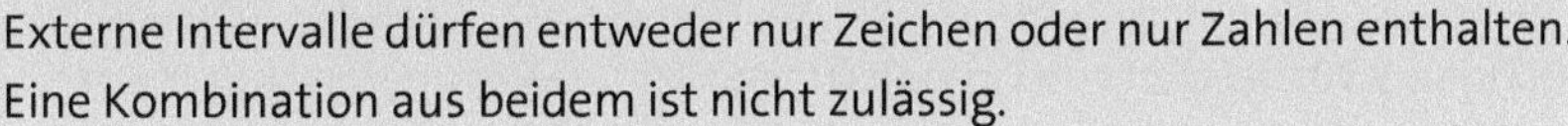

Externe Intervalle dürfen entweder nur Zeichen oder nur Zahlen enthalten. Eine Kombination aus beidem ist nicht zulässig.

5.5.2 Gruppierungen definieren und Nummernkreis zuordnen

Geschäftspartner-Gruppierung

Nachdem Sie Ihre zulässigen Nummernkreisintervalle angelegt haben, sind diese den entsprechenden *Gruppierungen* zuzuordnen, die Sie über den Pfad **Anwendungsübergreifende Komponenten • SAP-Geschäftspartner • Geschäftspartner Grundeinstellungen • Nummernkreise und Gruppierungen • Gruppierungen definieren und Nummernkreis zuordnen** anlegen und zuordnen können.

Die Gruppierung dient der Klassifizierung, die jedem Geschäftspartner bei der Neuanlage zugeordnet wird. Bei der Neuanlage eines Geschäftspartners, die wir in Kapitel 7, »Mit Geschäftspartnern arbeiten«, beschreiben, muss die Gruppierung ausgewählt werden; hierüber findet das System den zulässigen Nummernkreis. Diese Zuordnung kann nachträglich nicht geändert werden. In Abbildung 5.30 sehen Sie eine beispielhafte Übersicht der im System vorhandenen Gruppierungen und weitere Zuordnungen, die Sie hier einstellen können.

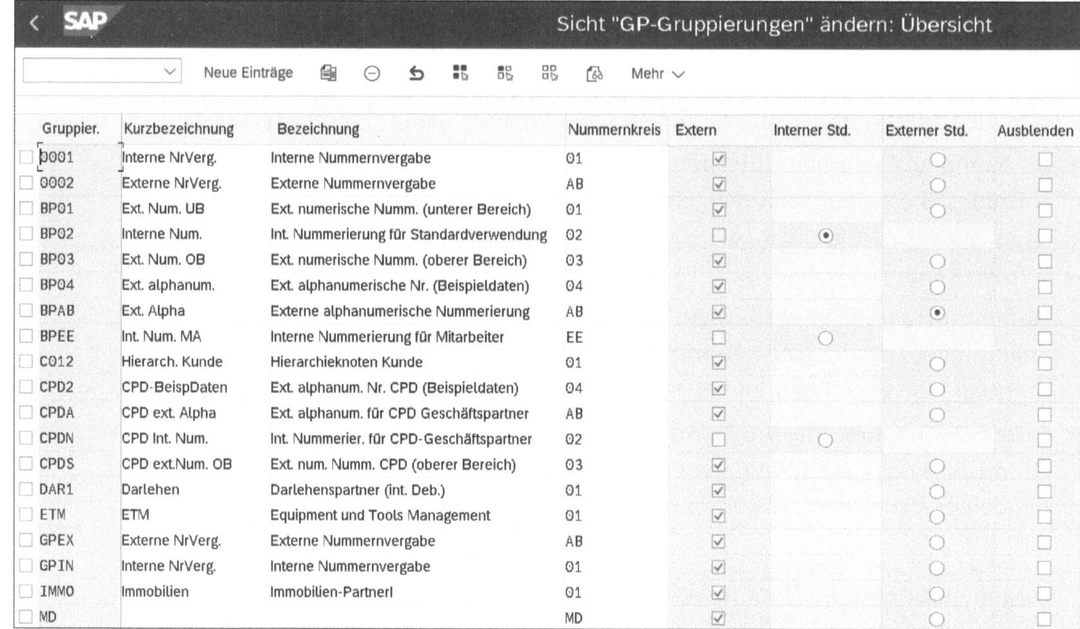

Gruppier.	Kurzbezeichnung	Bezeichnung	Nummernkreis	Extern	Interner Std.	Externer Std.	Ausblenden
0001	Interne NrVerg.	Interne Nummernvergabe	01	☑		○	☐
0002	Externe NrVerg.	Externe Nummernvergabe	AB	☑		○	☐
BP01	Ext. Num. UB	Ext. numerische Numm. (unterer Bereich)	01	☑		○	☐
BP02	Interne Num.	Int. Nummerierung für Standardverwendung	02	☐	◉		☐
BP03	Ext. Num. OB	Ext. numerische Numm. (oberer Bereich)	03	☑		○	☐
BP04	Ext. alphanum.	Ext. alphanumerische Nr. (Beispieldaten)	04	☑		○	☐
BPAB	Ext. Alpha	Externe alphanumerische Nummerierung	AB	☑		◉	☐
BPEE	Int. Num. MA	Interne Nummerierung für Mitarbeiter	EE	☐	○		☐
C012	Hierarch. Kunde	Hierarchieknoten Kunde	01	☑		○	☐
CPD2	CPD-BeispDaten	Ext. alphanum. Nr. CPD (Beispieldaten)	04	☑		○	☐
CPDA	CPD ext. Alpha	Ext. alphanum. für CPD Geschäftspartner	AB	☑		○	☐
CPDN	CPD Int. Num.	Int. Nummerier. für CPD-Geschäftspartner	02	☐	○		☐
CPDS	CPD ext.Num. OB	Ext. num. Numm. CPD (oberer Bereich)	03	☑		○	☐
DAR1	Darlehen	Darlehenspartner (int. Deb.)	01	☑		○	☐
ETM	ETM	Equipment und Tools Management	01	☑		○	☐
GPEX	Externe NrVerg.	Externe Nummernvergabe	AB	☑		○	☐
GPIN	Interne NrVerg.	Interne Nummernvergabe	01	☑		○	☐
IMMO	Immobilien	Immobilien-Partnerl	01	☑		○	☐
MD			MD	☑		○	☐

Abbildung 5.30 Beispiel von Gruppierungen und zugeordneten Nummernkreisen

Neuanlage von Gruppierungen

Für die Neuanlage einer Gruppierung und der dazugehörenden Einstellungen klicken Sie auf den Button **Neue Einträge**, und nehmen Sie die folgenden Angaben vor:

- **Gruppierung**: Hier geben Sie ein bis zu vierstelliges Kürzel ein. Das kann numerisch oder alphanumerisch sein.
- **Kurzbezeichnung**: Hier geben Sie die bis zu 15-stellige Kurzbezeichnung der Gruppierung an.
- **Bezeichnung**: Für die Bezeichnung stehen Ihnen 40 Stellen zur Verfügung.
- **Nummernkreis**: Hier hinterlegen Sie den Nummernkreis, den Sie im Vorfeld angelegt haben. Ein Nummernkreis kann mehreren Gruppierungen zugeordnet werden.
- **Extern**: Über dieses Kennzeichen wird bestimmt, ob das Intervall extern oder intern ist.
- **Interner Standard**: Dies ist die Standardgruppierung für die interne Nummernvergabe. Das *Business Partner Toolset* (BDT) wählt diese Standardgruppierung, wenn einem Geschäftspartner beim Anlegen weder

eine Geschäftspartner-Nummer noch eine Gruppierung zugeordnet wird.

- **Externer Standard**: Setzen Sie dieses Kennzeichen, bewirkt dies, dass diese externe Gruppierung als Standardgruppierung verwendet wird. Das BDT wählt diese Standardgruppierung, wenn einem Geschäftspartner beim Anlegen weder eine Geschäftspartner-Nummer noch eine Gruppierung zugeordnet wird.
- **Ausblenden**: Hierüber haben Sie die Möglichkeit, nicht verwendete Gruppierungen auszublenden, sodass diese bei der Anlage des Geschäftspartners nicht mehr als Auswahl erscheinen.

In Abbildung 5.31 sehen Sie die notwendigen Eingaben bei der Neuanlage einer Gruppierung.

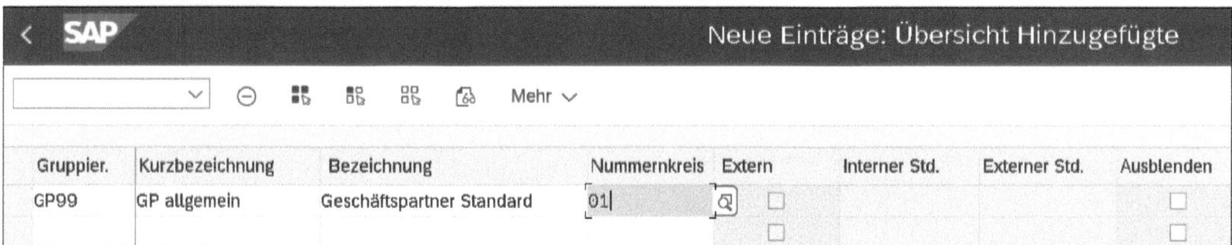

Abbildung 5.31 Neuanlage einer Gruppierung

Nachdem Sie mindestens eine Gruppierung oder alle Ihre Gruppierungen neu angelegt haben, sichern Sie Ihre Eingaben über den Button **Sichern**.

5.6 Geschäftspartner-Art

Zusätzliche frei wählbare Gruppierungsmöglichkeit

Mit der *Geschäftspartner-Art* steht Ihnen eine weitere frei wählbare Gruppierungsmöglichkeit Ihrer Geschäftspartner zur Verfügung. Mithilfe der Geschäftspartner-Art können Sie Ihre Geschäftspartner nach beliebigen Kriterien frei einteilen. Jedem Geschäftspartner kann bei der Anlage eine Geschäftspartner-Art zugeordnet werden. Mithilfe der Geschäftspartner-Arten können Sie im Arbeitsschritt Feldattribute pro Geschäftspartner-Art konfigurieren, indem Sie Felder ein- bzw. ausblenden.

Bevor wir an dieser Stelle das Customizing beschreiben, sehen Sie in Abbildung 5.32 die Anlage eines Geschäftspartners. Hier finden Sie auf der Registerkarte **Steuerung** in dem Bereich der **Steuerparameter** das Feld **Geschäftspartnerart**.

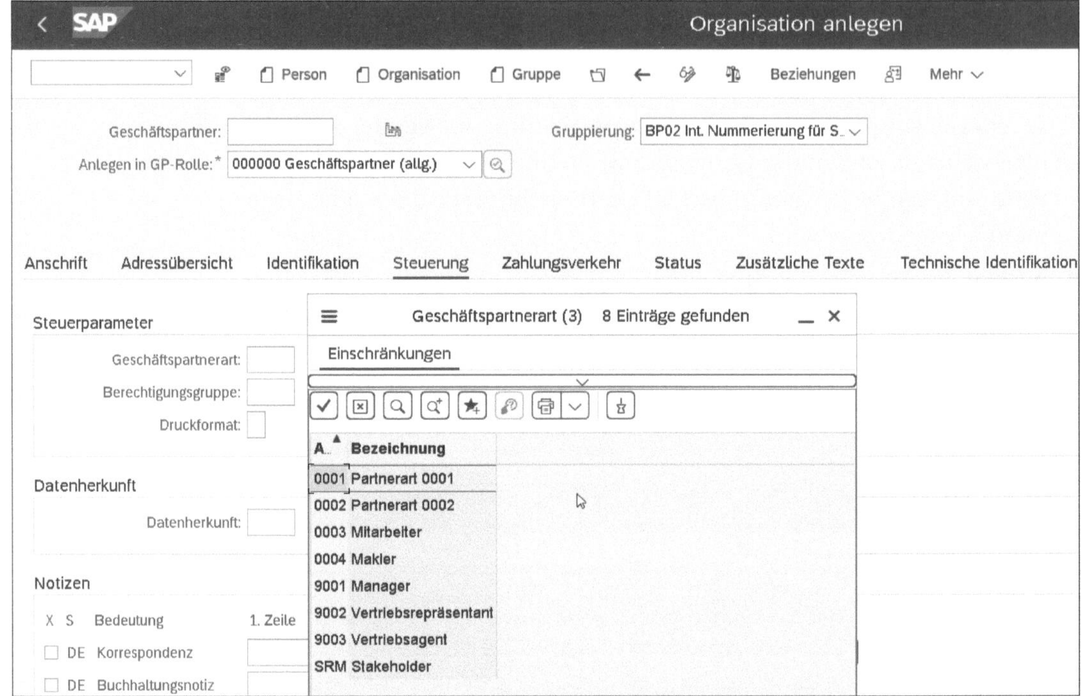

Abbildung 5.32 Auswahlmöglichkeit der Geschäftspartner-Art bei der Anlage eines Geschäftspartners

Möchten Sie die Geschäftspartner-Art in Ihrem System nutzen und Ihre Geschäftspartner danach klassifizieren oder z. B. auch die weitere Möglichkeit der Feldmodifikation auf dieser Ebene vornehmen, gehen Sie wie folgt vor: Über den Pfad **Anwendungsübergreifende Komponenten • SAP-Geschäftspartner • Geschäftspartner Grundeinstellungen • Geschäftspartnerarten • Geschäftspartnerarten definieren** können Sie neue Geschäftspartner-Arten definieren. Für neue Geschäftspartner-Arten klicken Sie auf den Button **Neue Einträge** und nehmen die folgenden Einstellungen vor:

- **Partnerart**: Geben Sie ein frei wählbares, bis zu vierstelliges Kürzel ein.
- **Bezeichnung**: Geben Sie die bis zu 40-stellige Bezeichnung der Art an.

In Abbildung 5.33 sehen Sie die Neuanlage einer **Partnerart** »0005« mit der Bezeichnung **Industriekunden**. Sichern Sie Ihre Eingaben über den Button **Sichern**.

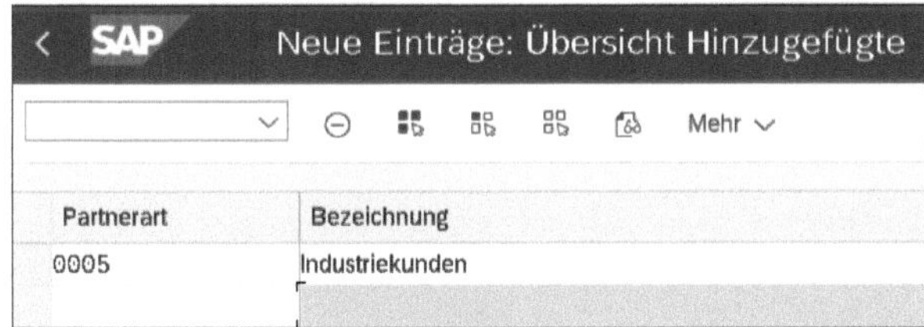

Abbildung 5.33 Neunanlage einer Geschäftspartner-Art

5.7 Feldmodifikation

Feldstatus steuern

Mittels der *Feldmodifikation* haben Sie die Möglichkeit, den *Feldstatus* Ihrer Geschäftspartner zu steuern. Unter Feldmodifikation versteht man die grundlegenden Einstellungen, mit denen Sie individuell Ihre Geschäftspartner aussteuern können. Der Feldstatus sind die folgenden Einstellungen, die Sie auf Ebene von einzelnen Felder treffen können.

Grundsätzlich gibt es fünf verschiedene Möglichkeiten, die Sie auf Feldebene festlegen können:

- **Musseingabe**: Diese Felder müssen Sie ausfüllen, ansonsten können die eingegebenen Daten nicht gesichert werden.
- **Kanneingabe**: Diese Felder können Sie optional ausfüllen. Sie haben die Möglichkeit, einen Wert mitzugeben, die Daten können aber ebenso ohne diesen Wert gesichert werden.
- **Anzeigen**: Diese Felder werden Ihnen angezeigt, eine Änderung der Werte ist nicht möglich.
- **Ausblenden**: Wenn Sie Felder ausblenden, stehen Ihnen diese Felder im Geschäftspartner-Stammsatz bei der Bearbeitung nicht mehr zur Verfügung.
- Space: **nicht spezifiziert.**

In Abbildung 5.34 sehen Sie einen Ausschnitt der Feldmodifikation.

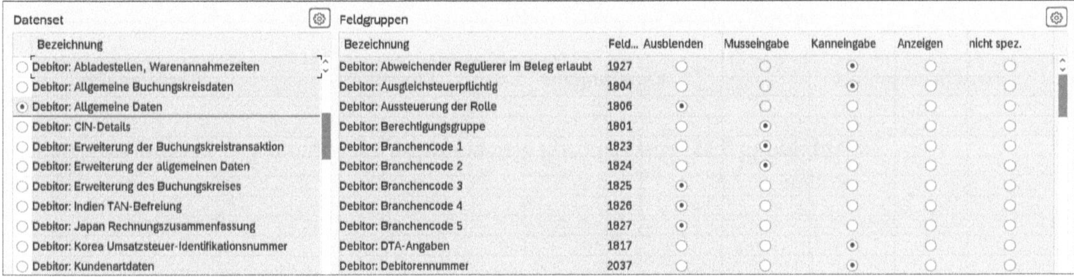

Abbildung 5.34 Ausschnitt von Möglichkeiten der Feldmodifikationen

Im Bereich des Geschäftspartners haben Sie auf vier verschiedenen Ebenen die Möglichkeit, *Feldattribute* festzulegen:

- pro Mandant
- pro Geschäftspartner-Rolle
- pro Aktivität
- pro Geschäftspartner-Art

Der Feldstatus ergibt sich dabei aus der Verknüpfung der jeweiligen Kriterien. Unter Kriterium ist z. B. die Geschäftspartner-Rolle oder die Geschäftspartner-Art zu verstehen. In der Praxis erfolgen diese Einstellungen oft auf Ebene der Geschäftspartner-Rolle. Die drei möglichen Verknüpfungen folgen hierbei bestimmten Regeln.

Verknüpfung gleicher Kriterien

Die erste Verknüpfung bezieht sich auf die gleichen Kriterien. Im Geschäftspartner können dies z. B. zwei oder mehrere Geschäftspartner-Rollen sein, die ein Geschäftspartner übernehmen kann, oder mehrere Rollen, die zu einer Rollengruppierung zusammengefasst sind. Die Feldstatus dieser gleichen Kriterien werden miteinander verknüpft. Dieses Ergebnis wird danach, systemgesteuert, anhand der getroffenen Einstellungen mit den weiteren Kriteriem verknüpft. Dabei hat die **Musseingabe** die höchste Priorität, gefolgt von der **Kanneingabe**. Danach folgen die Kriterien **Anzeigen**, **Ausblenden** und **nicht spez.** (nicht spezifizierte Eingaben). Am Ende dieser Verknüpfungen werden die Feldstatus auf einen einzigen Status reduziert und ergeben somit eine Art Zwischenergebnis. In Abbildung 5.35 sehen Sie ein Beispiel von Verknüpfungen zweier gleicher Kriterien, in diesem Beispiel die Geschäftspartner-Rolle.

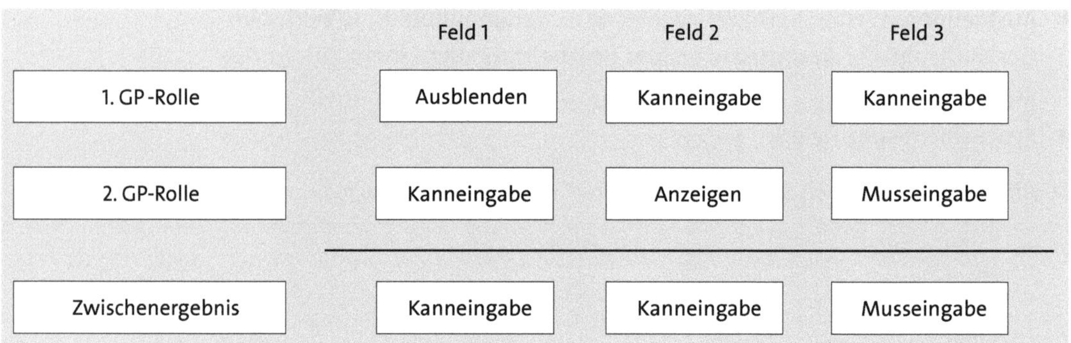

Abbildung 5.35 Verknüpfung gleicher Kriterien anhand von Geschäftspartner-Rollen

Verknüpfung unterschiedlicher Kriterien

Die zweite mögliche Verknüpfung, ist die Verknüpfung unterschiedlicher Kriterien, mit Ausnahme der Aktivität. Unterschiedliche Kriterien können z. B. Geschäftspartner-Rollen, Geschäftspartner-Art, der Beziehungstyp oder der Mandant sein.

Die Feldstatus zweier unterschiedlicher Kriterien werden wiederum verknüpft und ergeben ein weiteres Zwischenergebnis, in unserem Beispiel verwenden wir als unterschiedliche Kriterien die Geschäftspartner-Rolle und die Geschäftspartner-Art. In dieser Konstellation wendet das System eine andere Logik an. In diesem Fall hat das Ausblenden von Feldern die höchste Priorität, gefolgt von Anzeigen, dann folgt die Musseingabe und schließlich die Kanneingabe. Die letzte Option ist die nicht spezifizierte Eingabe. In Abbildung 5.36 sehen Sie ein Beispiel von Verknüpfungen anhand der beiden unterschiedlichen Kriterien Geschäftspartner-Rolle und Geschäftspartner-Art.

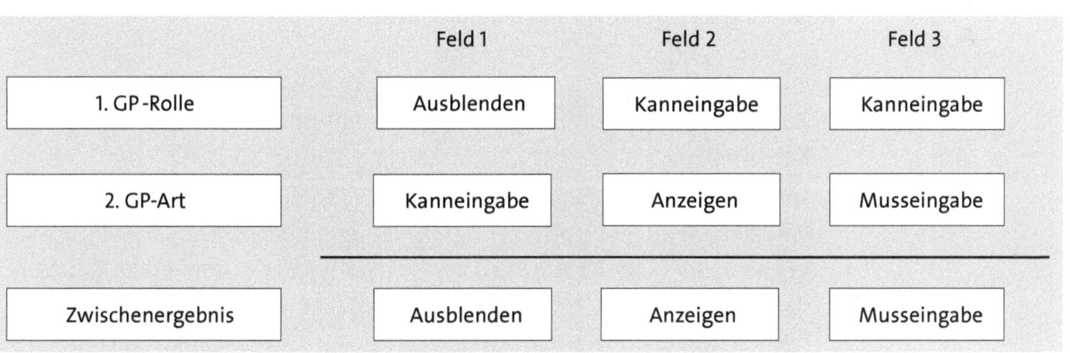

Abbildung 5.36 Verknüpfung von unterschiedlichen Kriterien anhand der Geschäftspartner-Rolle und der Geschäftspartner-Art

Die mögliche dritte und letzte Verknüpfung erfolgt anhand der vorab ermittelten Zwischenergebnisse in Kombination mit der jeweiligen Aktivität.

Verknüpfung mit der Aktivität

Das ermittelte Ergebnis wird verknüpft mit dem Feldstatus der Aktivität. Die möglichen Aktivtäten sind:

- **Anlegen**
- **Ändern**
- **Anzeigen**

Prinzipiell gelten dabei dieselben Regeln, wie im Vorfeld beschrieben. Eine Besonderheit nimmt hier allerdings die Aktivität »Anzeigen« ein, d. h., alle Felder sind grundsätzlich nur anzeigbar im Stammsatz. In Abbildung 5.37

sehen Sie ein Beispiel für die Verknüpfung von ermittelten Zwischenergebnissen in Kombination mit der jeweiligen Aktivität

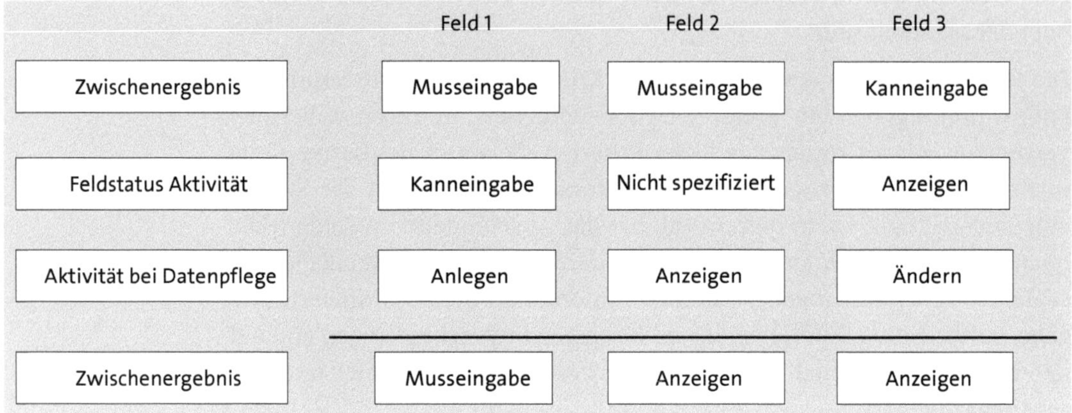

Abbildung 5.37 Verknüpfung mit der Aktivität

[»]

Zusammenspiel Feldmodifikation Geschäftspartner und Debitor/Kreditor

Neben der Feldmodifikation im Bereich Geschäftspartner gibt es weiterhin den Bildaufbau im Bereich der Debitoren- und Kreditorenstammdaten. Da in einem SAP-S/4HANA-System der Geschäftspartner führend ist, gilt hier die Empfehlung, alle Felder auf KANN zu stellen in dem Bereich Debitoren und Kreditoren. Dies hat den Vorteil, dass es im Rahmen der Synchronisation keinen Konflikt gibt aufgrund widersprüchlicher Einstellungen.

5.7.1 Feldattribute pro Mandant konfigurieren

Feldmodifikation pro Mandant

Im Bereich des Geschäftspartners haben Sie die Möglichkeit, auf Ebene des Mandanten Feldmodifikation einzustellen. Über den Pfad **Anwendungsübergreifende Komponenten • SAP-Geschäftspartner • Geschäftspartner Grundeinstellungen • Feldmodifikationen • Feldattribute pro Mandant konfigurieren** gelangen Sie zu diesen Einstellungen (siehe Abbildung 5.38).

Die Feldattribute sind hier in drei Bereiche aufgeteilt. Mittels Doppelklick auf die gewünschte Zeile verzweigen Sie eine Ebene tiefer in die mandantenweite Feldmodifikation (siehe Abbildung 5.39).

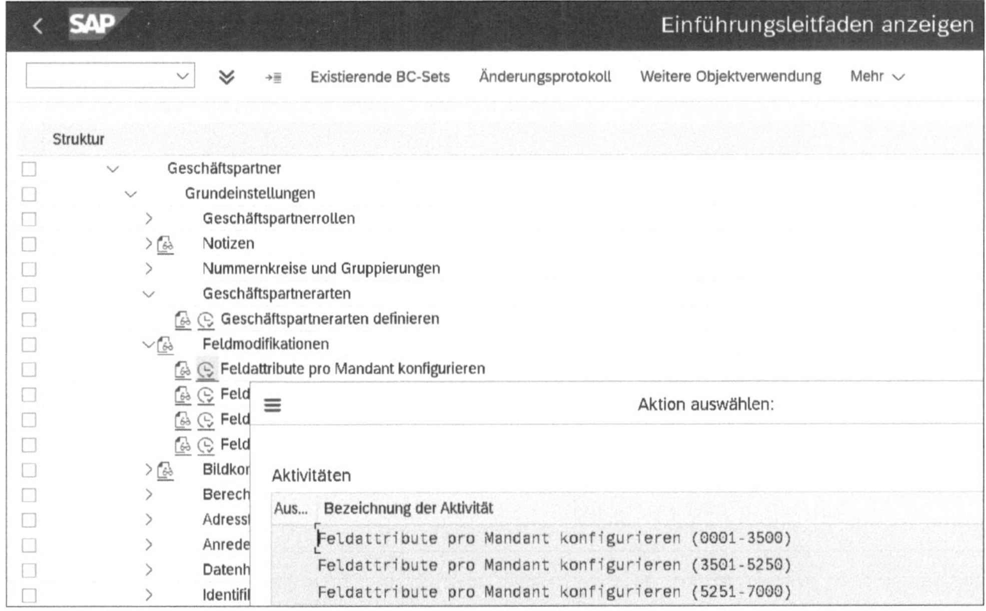

Abbildung 5.38 Feldmodifikation auf Mandantenebene

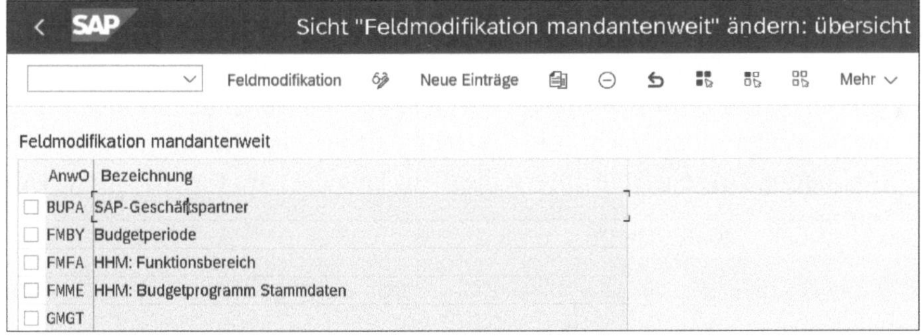

Abbildung 5.39 Feldmodifikation mandantenweit

Mit einem Doppelklick oder indem Sie eine Zeile markieren und den Button **Feldmodifikation** anklicken, verzweigen Sie eine Ebene tiefer (siehe Abbildung 5.40).

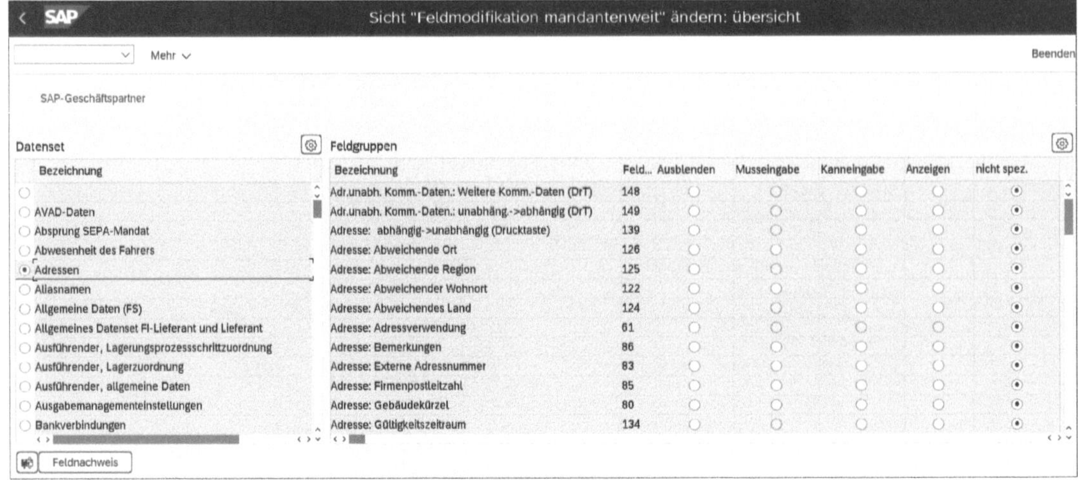

Abbildung 5.40 Feldgruppen nicht spezifiziert

Feldgruppe In diesem Beispiel ist im linken Bereich der Datensets **Adressen** markiert. Je nachdem, welches Datenset Sie im linken Bereich ausgewählt haben, werden Ihnen im rechten Bereich die dazugehörenden relevanten Feldgruppen angezeigt. SAP liefert alle Feldgruppen zunächst als nicht spezifiziert aus. Sie können jetzt Ihre gewünschten Einstellungen pro Feldgruppe vornehmen, d. h. die jeweilige Feldgruppe als Musseingabe oder Kanneingabe markieren oder nur für die Anzeige einstellen oder ausblenden, wenn Sie einzelne Feldgruppen nicht im Geschäftspartner verwenden möchten. In Abbildung 5.41 sehen Sie unterschiedliche Eingaben pro Datenset und Feldgruppe.

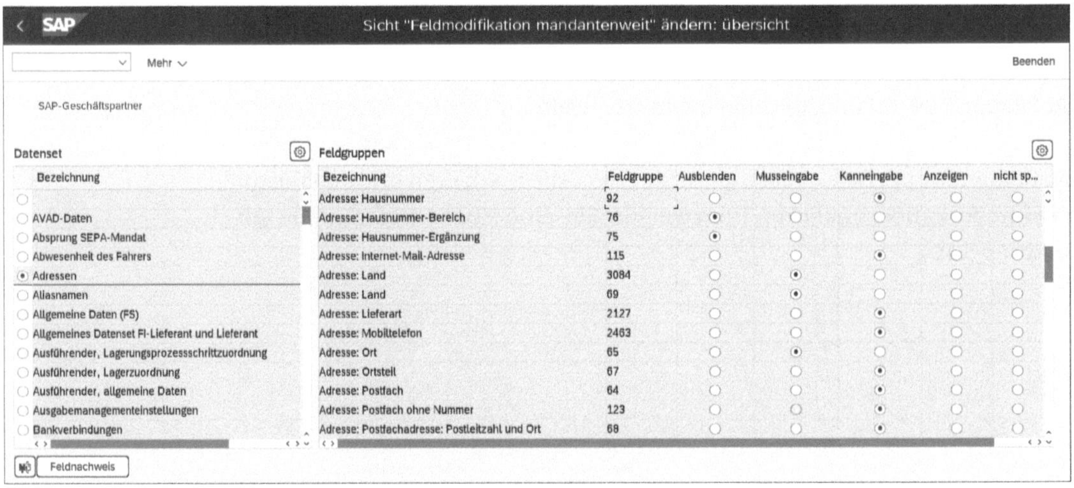

Sicht "Feldmodifikation mandantenweit" ändern: übersicht

Mehr | Beenden

SAP-Geschäftspartner

Datenset

Bezeichnung
AVAD-Daten
Absprung SEPA-Mandat
Abwesenheit des Fahrers
(•) Adressen
Aliasnamen
Allgemeine Daten (FS)
Allgemeines Datenset FI-Lieferant und Lieferant
Ausführender, Lagerungsprozessschrittzuordnung
Ausführender, Lagerzuordnung
Ausführender, allgemeine Daten
Ausgabemanagementeinstellungen
Bankverbindungen

Feldgruppen

Bezeichnung	Feldgruppe	Ausblenden	Musseingabe	Kanneingabe	Anzeigen	nicht sp...
Adresse: Hausnummer	92			(•)		
Adresse: Hausnummer-Bereich	76	(•)				
Adresse: Hausnummer-Ergänzung	75	(•)				
Adresse: Internet-Mail-Adresse	115			(•)		
Adresse: Land	3084		(•)			
Adresse: Land	69		(•)			
Adresse: Lieferart	2127			(•)		
Adresse: Mobiltelefon	2463			(•)		
Adresse: Ort	65		(•)			
Adresse: Ortsteil	67			(•)		
Adresse: Postfach	64			(•)		
Adresse: Postfach ohne Nummer	123			(•)		
Adresse: Postfachadresse: Postleitzahl und Ort	68			(•)		

Feldnachweis

Abbildung 5.41 Feldgruppen spezifiziert

Wenn Sie weitere Informationen benötigen, welche Felder zu einer Feldgruppe gehören, setzen Sie den Cursor auf die gewünschte Feldgruppe und klicken auf den Button (**Detailansicht**) (siehe Abbildung 5.42).

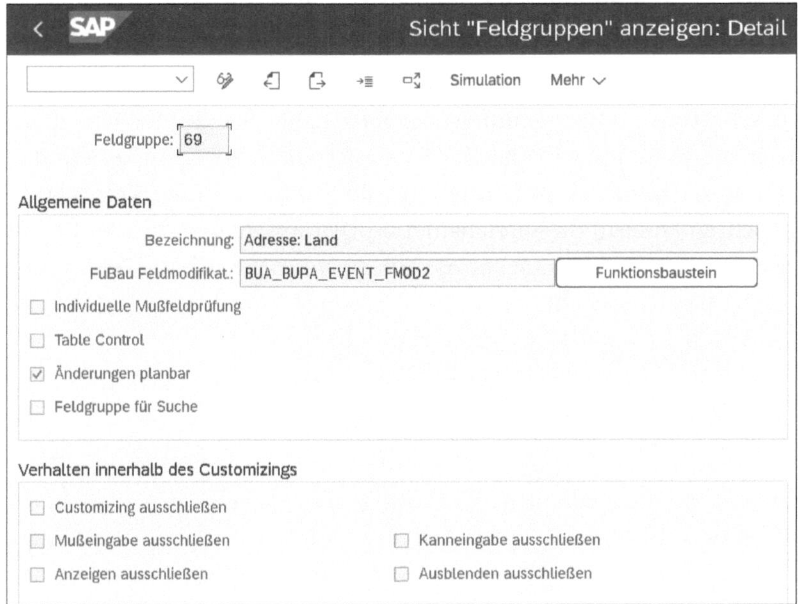

Abbildung 5.42 Detailansicht einer Feldgruppe

Weitere Einstellungenmöglichkeiten pro Feldgruppe

In dieser Detailansicht werden Ihnen verschiedene Informationen angezeigt. Über den Button (**Anzeigen Ändern**) haben Sie die Möglichkeit, weitere Einstellungen für diese Feldgruppe vorzunehmen. Sie können dort z. B. einen kundenindividuellen Funktionsbaustein hinterlegen, wenn die Felder einer Feldgruppe programmgesteuert ein- oder ausgeblendet werden sollen. Sie können das Verhalten im Customizing bei Bedarf auch noch feiner aussteuern. Hier gibt es die folgenden Möglichkeiten:

- **Customizing ausschließen**: Das zeigt an, dass die Felder dieser Feldgruppe über das Customizing nicht ein-/ausgeblendet werden können.
- **Mußeingabe ausschließen**: In dem Fall kann die Feldgruppe den Status **Musseingabe** nicht einnehmen.
- **Anzeigen ausschließen**: In dem Fall kann die Feldgruppe den Status **Anzeigen** nicht einnehmen.
- **Kanneingabe ausschließen**: In dem Fall kann die Feldgruppe den Status **Kanneingabe** nicht einnehmen.
- **Ausblenden ausschließen**: In dem Fall kann die Feldgruppe den Status **Ausblenden** nicht einnehmen.

Individuelle Mussfeldprüfung

Des Weiteren kann in dieser Detailansicht eine individuelle Mussfeldprüfung eingestellt werden. Mittels einer individuellen Programmierung können Sie den Standard übersteuern. Hierzu muss ein entsprechender Funktionsbaustein programmiert sein. Haben Sie hier eine kundenindividuelle Programmierung vorgenommen, wird die Standardmussfeldprüfung nicht mehr durchlaufen.

Verwendungsnachweis von Feldgruppen

Über den Button (**Verwendungsnachweis**) haben Sie die Möglichkeit, zu sehen, in welcher Geschäftspartner-Sicht sich diese Feldgruppe befindet. Anhand dieser Information können Sie die Sicht z. B. in der Transaktion BUS3 (Sichten ändern) im Bereichsmenü BUPT anschauen und bei Bedarf anpassen. In Abbildung 5.43 sehen Sie den Zusammenhang von Feldgruppe zur Geschäftspartner-Sicht.

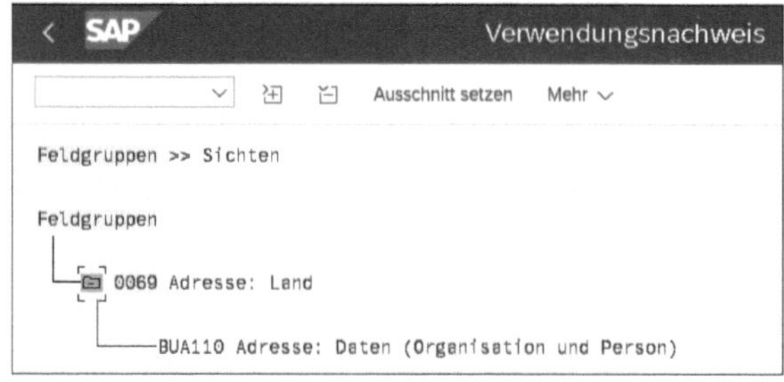

Abbildung 5.43 Zuordnung Feldgruppe zu Geschäftspartner-Sicht

Über den Button **Simulation** (siehe Abbildung 5.42) gelangen Sie in die Bildsimulation und finden dort die Informationen der Feldgruppe zu den jeweiligen Tabellenfeldern. In Abbildung 5.44 sehen Sie beispielhaft die Feldgruppe 0069 (**Adresse: Land**) und die drei dazugehörenden Tabellenfelder:

- ADDR1_DATA-COUNTRY (**Länder-/RegSchlüssel**)
- ADDR2_DATA-COUNTRY (**Länder-/RegSchlüssel**)
- T005T-LANDX (**Bezeichnung [Kurz]**)

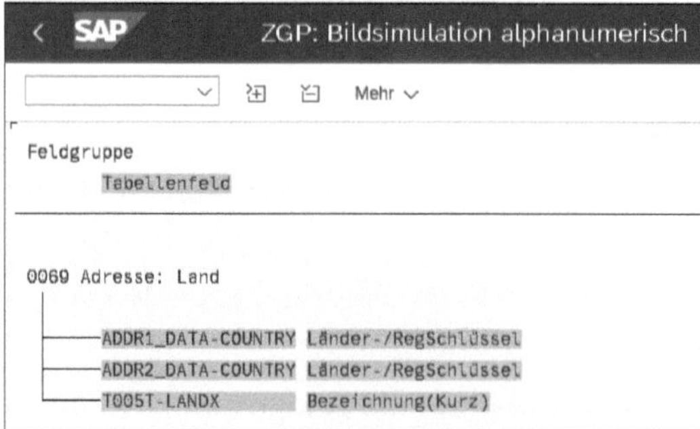

Abbildung 5.44 Zuordnung Feldgruppe zu Tabellenfeldern

5.7.2 Feldattribute pro Geschäftspartner-Rolle konfigurieren

Feldmodifikation Geschäftspartner-Rolle

Über die Geschäftspartner-Rollen, die wir in Abschnitt 5.2, »Geschäftspartner-Rollen«, beschrieben haben, ist es ebenso möglich, Feldmodifikation einzustellen. Über den Pfad **Anwendungsübergreifende Komponenten • SAP-Geschäftspartner • Geschäftspartner Grundeinstellungen • Feldmodifikationen • Feldattribute pro Geschäftspartnerrolle konfigurieren** können Sie diese Einstellungen vornehmen.

Nehmen wir als Beispiel die Rolle Lieferant, bei dem Sie Ihre Ware bestellen und an den Sie regelmäßig Zahlungen leisten. Hier können Sie festlegen, dass die Bankverbindung in der Rolle `FLVN01` (**Lieferant**) als Musseingabe eingestellt wird.

Wählen Sie zunächst die Rolle aus, an der Sie Ihre Einstellungen vornehmen möchten (siehe Abbildung 5.45).

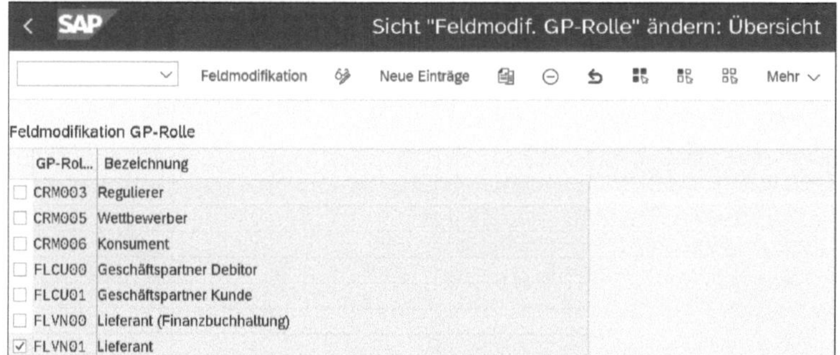

Abbildung 5.45 Auswahl einer Geschäftspartner-Rolle für die Feldmodifikation

Im linken Bereich werden Ihnen alle Feldgruppen angezeigt, die zu diesem Set gehören. Wählen Sie nun aus dem Datenset die passende Feldgruppe aus, in unserem Beispiel ist das die einzelne Feldgruppe **Bankverbindungen** (siehe Abbildung 5.46).

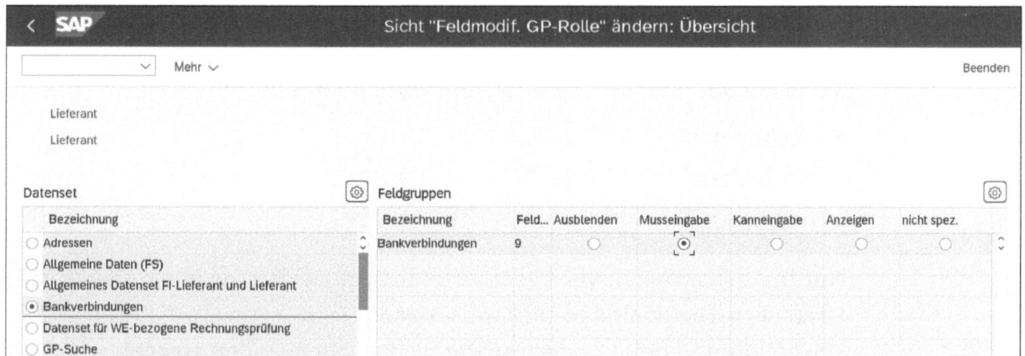

Abbildung 5.46 Bankverbindung als Musseingabe

Zu der Feldgruppe **Bankverbindungen** gehören verschiedene Felder. Diese Felder können Sie über den Button **Simulation** bei Bedarf im Einzelnen anschauen. Einen Ausschnitt dieser Felder sehen Sie in Abbildung 5.47.

Abbildung 5.47 Ausschnitt der zur Feldgruppe gehörenden Felder

5.7.3 Feldattribute pro Aktivität konfigurieren

Feldmodifikation Aktivität

Eine weitere Möglichkeit, die Feldmodifikation zu steuern, ist es, die Feldmodifikation anhand der *Aktivität* durchzuführen. Es gibt drei Aktivitäten, die in der SAP-Standardauslieferung vorhanden sind:

- 01: **Anlegen**
- 02: **Ändern**
- 03: **Anzeigen**

Nur in Ausnahmefällen ist es notwendig, den Feldstatus über die Aktivität zu steuern. Dies kann beispielsweise der Fall sein, wenn ein Feld beim Anlegen gefüllt und beim Ändern später nicht mehr geändert werden soll.

Der Einstieg in diese Feldmodifikation erfolgt über den Pfad **Anwendungsübergreifende Komponenten • SAP-Geschäftspartner • Geschäftspartner Grundeinstellungen • Feldmodifikationen • Feldattribute pro Aktivität konfigurieren.**

Zunächst wählen Sie die gewünschte Aktivität aus und kommen dann auf die Ebene der Aktivität (siehe Abbildung 5.48).

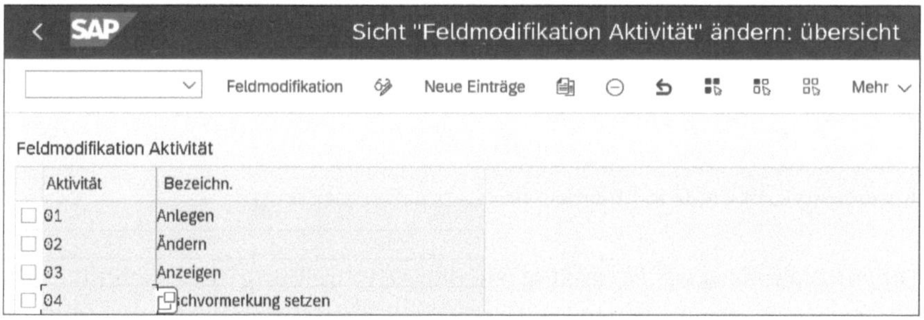

Abbildung 5.48 Feldmodifikation pro Aktivität

Markieren Sie die gewünschte Aktivität, und klicken Sie auf den Button **Feldmodifikation** oder verzweigen Sie mit einem Doppelklick in die Feldmodifikation. Die Vorgehensweise ist analog zu der Beschreibung in Abschnitt 5.7.1, »Feldattribute pro Mandant konfigurieren«, und wird daher an dieser Stelle nicht wiederholt.

5.7.4 Feldattribute pro Geschäftspartner-Art konfigurieren

Feldmodifikation Geschäftspartner-Art

In Abschnitt 5.6, »Geschäftspartner-Art«, haben wir Ihnen die Geschäftspartner-Art erläutert. Die Nutzung der Geschäftspartner-Art ist optional und hängt von Ihren kundenindividuellen Bedürfnissen ab. Wenn Sie die Feldmodifikation pro Geschäftspartner-Art durchführen möchten, können Sie diese entweder kundenspezifisch anlegen oder Sie nutzen die SAP-Standardauslieferungen. Diese Geschäftspartner-Arten stehen Ihnen dann bei der weiteren Bearbeitung zur Verfügung.

Je Feld wird diese Festlegung mit dem Feldstatus der anderen Kriterien verknüpft. Durch die Verknüpfung ergibt sich, welchen Status das Feld im Eingabebild für die Stammdaten annimmt. Über den Pfad **Anwendungsübergreifende Komponenten • SAP-Geschäftspartner • Geschäftspartner Grundeinstellungen • Feldmodifikationen • Feldattribute pro Geschäftspartnerart konfigurieren** können Sie die entsprechenden Einstellungen vornehmen. In Abbildung 5.49 sehen Sie die möglichen Geschäftspartner-Arten, auf denen Sie Ihre Feldmodifikation vornehmen können.

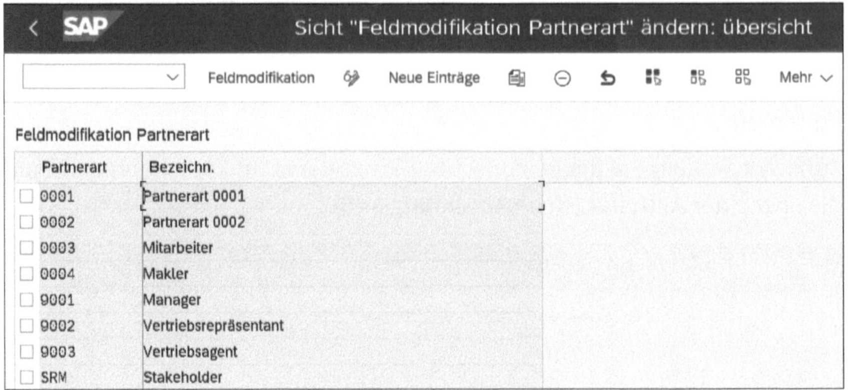
Sicht "Feldmodifikation Partnerart" ändern: übersicht

Feldmodifikation Partnerart

Partnerart	Bezeichn.
0001	Partnerart 0001
0002	Partnerart 0002
0003	Mitarbeiter
0004	Makler
9001	Manager
9002	Vertriebsrepräsentant
9003	Vertriebsagent
SRM	Stakeholder

Abbildung 5.49 Feldmodifikation pro Geschäftspartner-Art

Die Vorgehensweise ist analog zu der Beschreibung in Abschnitt 5.7.1, »Feldattribute pro Mandant konfigurieren«, und wird daher an dieser Stelle nicht wiederholt.

5.7.5 Berücksichtigung Bildaufbau in Finanzwesen und Logistik

Bildaufbau in Finanzwesen und Logistik

Neben den in den vorangegangenen Abschnitten beschriebenen unterschiedlichen Möglichkeiten der Feldmodifikation auf Ebene des Geschäftspartners können auch die Einstellungen, die Sie im Bereich Finanzwesen für Ihre Debitoren und Kreditoren vorgenommen haben, ausschlaggebend sein.

Wenn für Sie die Möglichkeiten der Feldmodifikation, die der Geschäftspartner bietet, ausreichend sind, können Sie in dem Bereich *Bildaufbau* pro Kontengruppe bzw. Buchungskreis alle Felder auf Kanneingabe belassen und die Feldmodifikation nur im Bereich des Geschäftspartners vornehmen. Im Bereich Finanzwesen über den Bildaufbau haben Sie eine weitere Möglichkeit, z. B. abhängig von Buchungskreis oder Kontengruppen Ihre Feldmodifikation zusätzlich einzustellen.

Ist es hingegen für Sie unerlässlich, auf weiteren Ebenen (Buchungskreis, Kontengruppe, Vertriebsbereich, Einkaufsorganisation) den Bildaufbau unterschiedlich zu steuern, müssen Sie diese Einstellungen über den Pfad **Finanzwesen • Debitoren- und Kreditorenbuchhaltung • Debitorenkonten Stammdaten • Anlegen der Debitorenstammdaten vorbereiten • Kontengruppe mit Bildaufbau definieren (Debitoren)** sowie **Bildaufbau pro Buchungskreis definieren** vornehmen, da Ihnen diese Optionen im Geschäftspartner nicht zur Verfügung stehen.

Die Einstellungen für den Kreditor finden Sie über den Pfad **Finanzwesen • Debitoren- und Kreditorenbuchhaltung • Kreditorenkonten Stammdaten • Anlegen der Kreditorenstammdaten vorbereiten • Kontengruppe mit Bildaufbau definieren (Kreditoren)** sowie **Bildaufbau pro Buchungskreis definieren**.

Kurzdump bei nicht möglicher Synchronisation

Ein Beispiel aus der Praxis ist das folgende: Sie haben für eine Kontengruppe eine Musseingabe eingestellt, in einer anderen Kontengruppe ist es sogar ausgeblendet. Diese Konstellation ist zurzeit nicht über den Geschäftspartner abbildbar. In diesem Fall kommt es beim Sichern der Daten zu einem *Kurzdump* oder zu einem Eintrag im *Post Processing Office* (PPO), falls dieses aktiv ist.

Wenn während der Ausführung eines Programms eine unbehandelte Ausnahme auftritt, löst die ABAP-Laufzeitumgebung einen ABAP-Laufzeitfehler aus. Die Ausführung des Programms wird komplett abgebrochen und ein umfangreiches Fehlerprotokoll, der sogenannte Kurzdump, wird im betroffenen ABAP-System gespeichert.

Das Post Processing Office (PPO) dient der Unterstützung der Nachbearbeitung von Fehlern, die aus der Stammdatensynchronisation stammen. Alle Daten, die zur Bearbeitung der Ereignisse relevant sind, werden dabei in einem Nachbearbeitungsauftrag zusammengefasst und können im PPO analysiert und nachbearbeitet werden. In Kapitel 11, »Durchführung der Stammdatensynchronisation«, beschreiben wir das PPO im Detail.

Zwar werden in diesem Fall beim Sichern die geschäftspartnerspezifischen Tabellen wie BUT000 (Geschäftspartner allgemeine Daten I), BUT020 (Geschäftspartner Adressen) und weitere BUT*-Tabellen fortgeschrieben, allerdings werden nicht alle abhängigen debitorischen bzw. kreditorischen Tabellen wie KNA1 (Kundenstamm allgemeine Daten), KNB1 (Kundenstamm Buchungskreise), KNVV (Kundenstamm Vertriebsdaten) mit den entsprechenden Werten gefüllt.

Relevante Kunden- und Lieferantentabellen

Dies gilt ebenso für die kreditorischen Tabellen wie LFA1 (Lieferantenstamm allgemeiner Teil), LFB1 (Lieferantenstamm Buchungskreis), LFM1 (Lieferantenstamm Einkaufsorganisationsdaten). Das ist abhängig davon, welche Geschäftspartner-Rollen Sie anlegen und welche Felder in Ihrem System widersprüchliche Einstellungen haben.

Als Ergebnis gehen Felder verloren, die in der Transaktion BP mit angelegt werden. Wenn diese Felder dort fehlen, ist das natürlich für die weitere Nutzung der entsprechenden Kunden- und Lieferantenstammdaten fatal. Tiefgehende Informationen zu diesem Thema finden Sie in den folgenden SAP-Hinweisen:

- 2516606 (BP_CVI: Berücksichtigung der FI-spezifischen Feldmodifikation von Debitor und Kreditor in Transaktion BP)
- 2603898 (BP_CVI: Sammelhinweis zur Berücksichtigung der FI Feldmodifikationen in Transaktion BP [FMOD1] in der CVI in S/4HANA)

5.8 Berechtigungsverwaltung

Berechtigungskonzept anpassen

Im Rahmen der Neueinführung von SAP S/4HANA ist es notwendig, im Bereich des Geschäftspartners ein neues *Berechtigungskonzept* zu erstellen. Mithilfe des Berechtigungskonzepts steuern Sie für Ihre Anwender*innen individuell, welche Transaktionen diese ausführen dürfen oder entsprechend, wenn Sie keine Berechtigung haben, welche Transaktionen nicht ausgeführt werden dürfen. In Kapitel 14, »Berechtigungen und Schnittstellen«, gehen wir auf dieses Thema im Detail ein. In diesem Abschnitt beschreiben wir Ihnen aber vorab schon einmal die Customizing-Möglichkeiten der einzelnen Berechtigungen im Geschäftspartner.

5.8.1 Berechtigungsgruppen pflegen

Berechtigungsobjekt B_BUPA_GRP

Mit der *Berechtigungsgruppe* können Sie festlegen, von welchen Benutzern ein Geschäftspartner bearbeitet werden darf. Verwenden Sie dazu das Berechtigungsobjekt B_BUPA_GRP (Geschäftspartner: Berechtigungsgruppen).

Über den Pfad **Anwendungsübergreifende Komponenten • SAP-Geschäftspartner • Geschäftspartner Grundeinstellungen • Berechtigungsverwaltung • Berechtigungsgruppen pflegen** können Sie die entsprechenden Einstellungen vornehmen.

Diese Berechtigungsprüfung wird nur durchgeführt, wenn für den Geschäftspartner das Feld **Berechtigungsgruppe** ausgefüllt ist. Andernfalls darf jeder Benutzer diesen Geschäftspartner bearbeiten. In Abbildung 5.50 sehen Sie die Standardauslieferung von SAP.

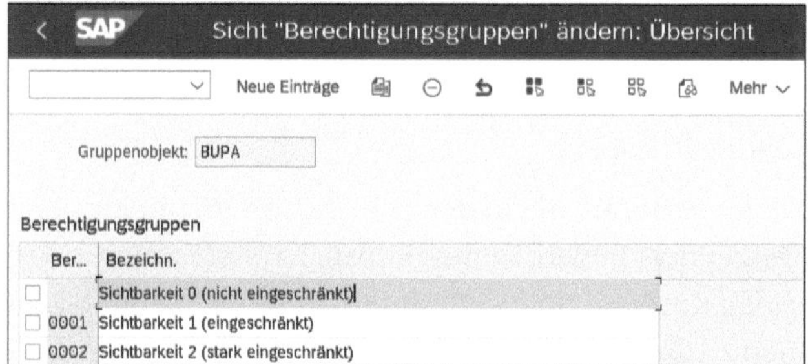

Abbildung 5.50 Berechtigungsgruppen

Für die Neuanlage einer Berechtigungsgruppe klicken Sie auf den Button **Neue Einträge**. Nun öffnet sich ein neues Fenster (siehe Abbildung 5.51).

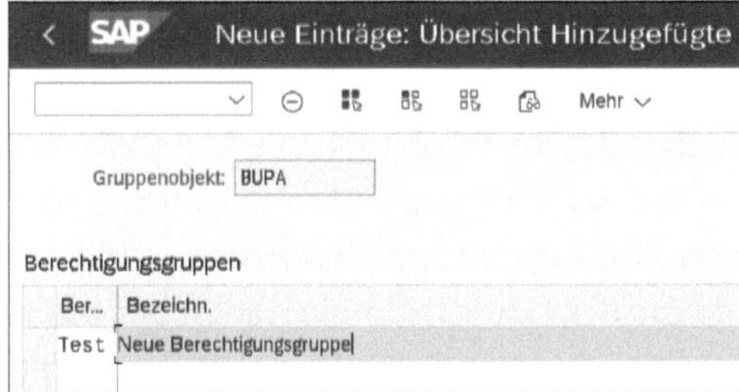

Abbildung 5.51 Neuanlage einer Berechtigungsgruppe

Geben Sie das bis zu vierstellige Kürzel sowie die Bezeichnung der neuen Berechtigungsgruppe an, und sichern Sie Ihre Daten. Das Feld **Berechtigungsgruppe** finden Sie auf der Registerkarte **Steuerung** in den Steuerungsdaten. Über die Taste F4 werden Ihnen alle verfügbaren Berechtigungsgruppen angezeigt (siehe Abbildung 5.52).

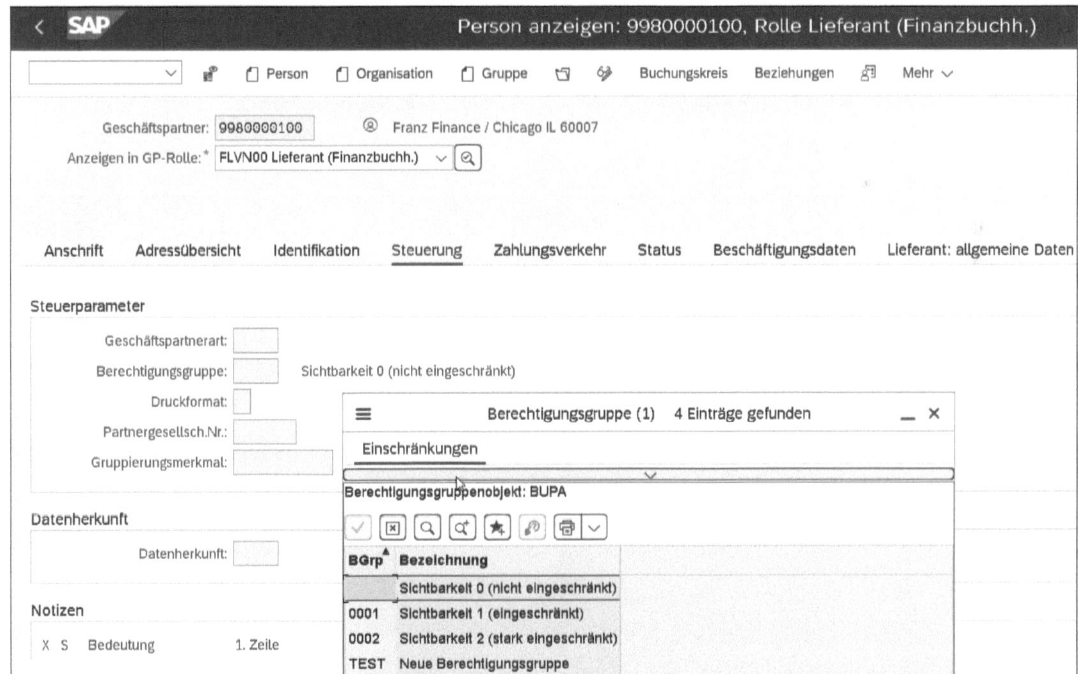

Abbildung 5.52 Auswahl der vorhandenen Berechtigungsgruppen

5.8.2 Berechtigungsarten pflegen

Mit der *Berechtigungsart* legen Sie fest, welches Feld über die Pflegeberechtigung entscheidet. Mithilfe von Berechtigungsarten können Sie flexible Berechtigungen über Geschäftspartner-Felder definieren.

Dynprofelder

Die Berechtigungen dazu werden über das Berechtigungsobjekt `B_BUPA_ATT` gepflegt. Bei Bedarf können Sie neue Berechtigungsarten definieren und diese den *Dynprofeldern* zuordnen, über die eine Pflegeberechtigung gesteuert werden soll. Dynpros sind eine der Haupttechnologien in der Interaktion zwischen Benutzer und dem SAP-System. Die Bilder bzw. die Anzeige, die Sie im System vor sich am Bildschirm sehen, sind Dynpros. Die Elemente, die auf einem Standarddynpro angezeigt werden können, sind von SAP vorgegeben.

Über den Pfad **Anwendungsübergreifende Komponenten • SAP-Geschäftspartner • Geschäftspartner Grundeinstellungen • Berechtigungsverwaltung • Berechtigungsarten pflegen** können Sie die Einstellungen vornehmen.

Für die Neuanlage einer Berechtigungsart können Sie die folgenden Daten angeben (siehe Abbildung 5.53):

- **Berechtigungsart**
- **Bezeichnung**
- **Aktiv**
- **Dynprofeld 1**
- **Dynprofeld 2**

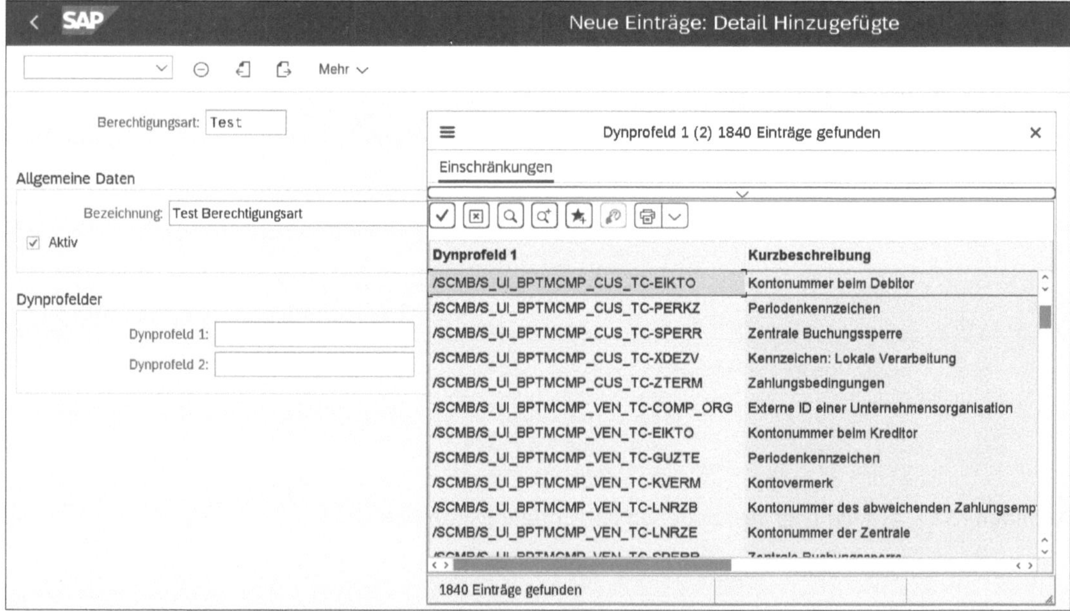

Abbildung 5.53 Neuanlage einer Berechtigungsart

Über die Taste [F4] in den beiden Feldern **Dynprofeld 1** und **Dynprofeld 2** werden Ihnen alle zur Verfügung stehenden Dynprofelder anzeigt. Wählen Sie das gewünschte Feld aus, und sichern Sie Ihre Eingaben über den Button (**Sichern**). Die Berechtigungsarten sind entsprechend den Benutzern zuzuordnen.

5.8.3 Berechtigungsrelevante Feldgruppen festlegen

An dieser Stelle wählen Sie aus den vorhandenen Feldgruppen diejenigen aus, deren Felder nur ausgesuchte Benutzer pflegen bzw. anzeigen dürfen. Die Berechtigungen dazu können Sie über das Berechtigungsobjekt B_BUPA_FDG pflegen.

Berechtigungobjekt B_BUPA_FDG

Einem oder mehreren Feldern sind jeweils Feldgruppen zugeordnet. Für diese Felder einer Feldgruppe können nur gemeinsame Berechtigungen vergeben werden. Tragen Sie hier die Feldgruppen ein, deren Felder nur einzelne Benutzer pflegen bzw. anzeigen dürfen. Die Berechtigungen dazu werden über das Berechtigungsobjekt B_BUPA_FDG gepflegt.

- Ist eine Feldgruppe hier eingetragen, dürfen nur die Benutzer die Felder der Gruppe pflegen bzw. anzeigen, die die Berechtigung dazu haben.
- Ist eine Feldgruppe hier nicht eingetragen, dürfen aus Sicht des Berechtigungsobjekts für Feldgruppen alle Benutzer diese Felder pflegen bzw. anzeigen.

Über den Pfad **Anwendungsübergreifende Komponenten • SAP-Geschäftspartner • Geschäftspartner Grundeinstellungen • Berechtigungsverwaltung • Berechtigungsrelevante Feldgruppen festlegen** können Sie die entsprechenden Einstellungen vornehmen

Für neue Einträge klicken Sie auf den Button **Neue Einträge**. Über die Taste [F4] in der Spalte **Feldgruppe** werden Ihnen alle relevanten Feldgruppen angezeigt. Wählen Sie die gewünschte Feldgruppe aus, und sichern Sie Ihre Angaben. In Abbildung 5.54 sehen Sie einen Ausschnitt der möglichen Feldstatusgruppen, auf die Sie das Berechtigungsobjekt B_BUPA_FDG anwenden können.

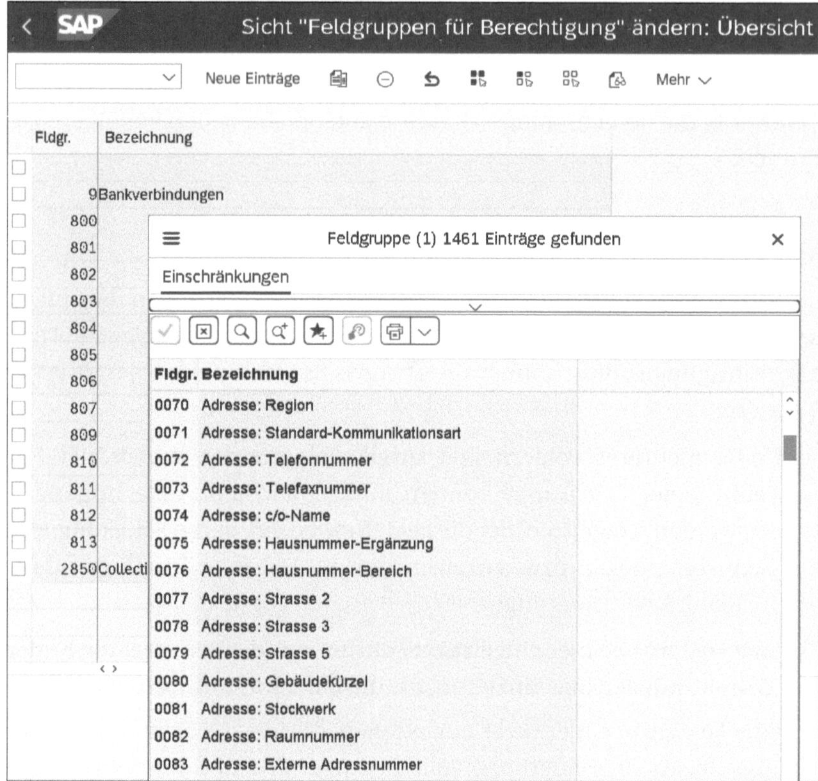

Abbildung 5.54 Auswahl der Feldstatusgruppen

5.8.4 Berechtigungen generieren und zuweisen

Berechtigung PFCG

Hier können Sie Berechtigungen zu den jeweiligen Berechtigungsobjekten generieren und den jeweiligen Benutzern zuweisen. Über den Pfad **Anwendungsübergreifende Komponenten • SAP-Geschäftspartner • Geschäftspartner Grundeinstellungen • Berechtigungsverwaltung • Berechtigungen generieren und zuweisen** können Sie Ihre Berechtigungen zuweisen und generieren. Sie verzweigen hier in die Transaktion PFCG (Rollenpflege). In Kapitel 14, »Berechtigungen und Schnittstellen«, gehen wir auf dieses Thema im Detail ein.

5.9 Adressfindung

Im Bereich der Adressen bzw. der Adressfindung finden Sie im Customizing des Geschäftspartners mehr Möglichkeiten, als dies bisher in einem SAP-ERP-System in den Einstellungen bei Kunden und Lieferanten der Fall war.

Verwendung von mehreren Adressen

So ist es zukünftig möglich, dass ein Geschäftspartner mehrere Adressen innehaben kann und diese z. B. zeitabhängig im Stammsatz hinterlegt werden können. Für das zeitabhängige Führen von Adressen können Sie die entsprechend zusätzliche Funktion aktivieren, wie es in Abschnitt 5.1, »Aktivierungsstatus für Funktionen«, beschrieben ist.

Die Adressfindung ist das Verfahren, mit dem das System die Geschäftspartner-Adresse ermittelt, die bei einem bestimmten betriebswirtschaftlichen Vorgang genutzt wird. Das System durchläuft hierbei die folgenden Schritte für die Adressfindung:

- Ist für ein bestimmtes Objekt eine Adresse vorgegeben und gültig, wird diese Adresse auch verwendet.
- Wurde einem Vorgang für die Adressfindung eine Adressart im Customizing zugeordnet und ist darüber hinaus in den Geschäftspartner-Stammdaten mindestens eine Adressverwendung für diese Adressart hinterlegt, wird diese Adressart des Geschäftspartners genutzt.
- In allen anderen Fällen wird die Standardadresse des Geschäftspartners genutzt.

5.9.1 Vorgänge definieren

Vorgang für Adresse

Sie haben die Möglichkeit, eigene Vorgänge für die Adressfindung zu definieren. Das ist ein betriebswirtschaftlicher Vorgang, der als Grundlage für die Adressfindung dient. Haben Ihre Geschäftspartner verschiedene Adressen, so entsteht daraus die Anforderung, für die jeweiligen unterschiedlichen Vorgänge jeweils die korrekte Adresse zu ermitteln.

Standardauslieferung von Adressvorgängen

Die von SAP ausgelieferten Vorgänge können nicht verändert werden. Sie haben aber die Möglichkeit, weitere Vorgänge in Ihrem Kundennamensraum anzulegen. Die weitere Verwendung dieser Adressen ist kundenspezifisch zu programmieren. Ein Beispiel aus der Praxis ist z. B., dass unterschiedliche Adressen genutzt werden sollen, um Ware und Rechnungen zu versenden bzw. zu empfangen oder dass die Bestellung an eine eigene Adresse zu versenden ist. Im Bereich Finanzwesen gibt es z. B. oft die Anforderung, ausgehende Schreiben, wie Mahnungen, Zahlungsmitteilungen, Avise etc., an verschiedene Empfänger zu versenden.

Über den Pfad **Anwendungsübergreifende Komponenten • SAP-Geschäftspartner • Geschäftspartner Grundeinstellungen • Adressfindung • Vorgänge definieren** können Sie diese Einstellungen vornehmen. In Abbildung 5.55 sehen Sie eine Auswahl der SAP-Standardeinstellungen. Wichtig ist hierbei, dass es immer den Vorgang XXDFLT als **Standard** geben muss.

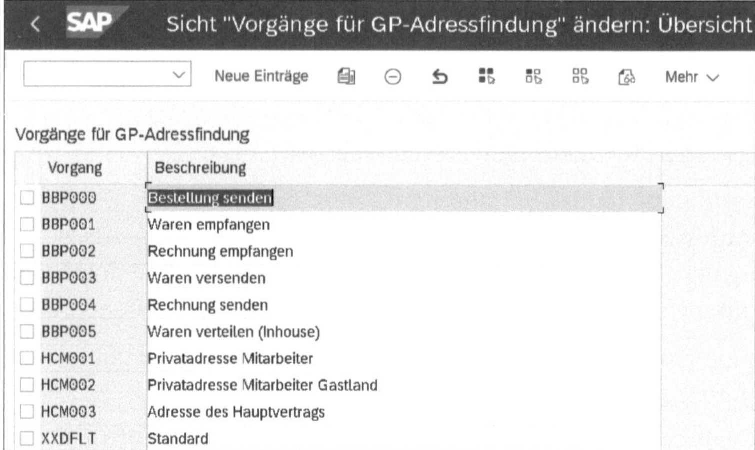

Abbildung 5.55 Ausgelieferte SAP-Standardeinstellungen

Neuanlage eines Adressvorgangs

Für die Neuanlage eines Vorgangs klicken Sie auf den Button **Neue Einträge**. Geben Sie einen bis zu sechsstelligen Vorgang sowie eine sprechende Beschreibung mit. In dem Beispiel in Abbildung 5.56 wird ein neuer Vorgang für den Versand der Mahnungen an eine eigene E-Mail-Adresse angelegt. Der Versand soll nicht an die E-Mail-Adresse verschickt werden, die in den Buchungskreisdaten eines Geschäftspartners standardmäßig hinterlegt ist.

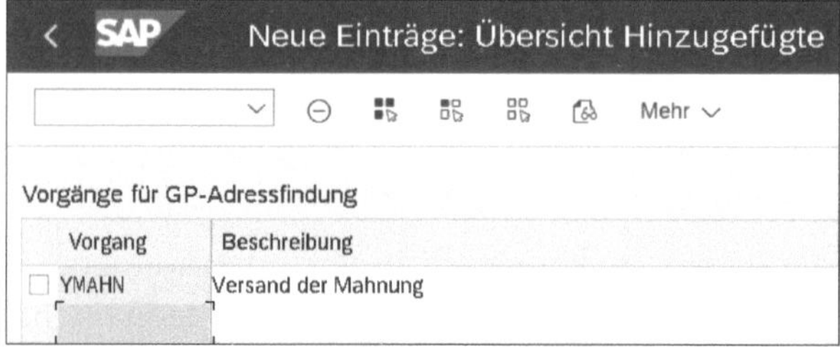

Abbildung 5.56 Neuanlage eines Adressvorgangs

5.9.2 Adressarten definieren

Mit der *Adressart* haben Sie ein Attribut, mit dem verschiedene Adressen eines Geschäftspartners nach der Verwendung der Adresse in der Kommunikation mit dem Geschäftspartner unterschieden werden.

Über den Pfad **Anwendungsübergreifende Komponenten • SAP-Geschäftspartner • Geschäftspartner Grundeinstellungen • Adressfindung • Adressarten definieren** können Sie neue Adressarten definieren, die dann einem Vorgang zuzuordnen sind. In Abbildung 5.57 sehen Sie die vorhandenen Adressarten.

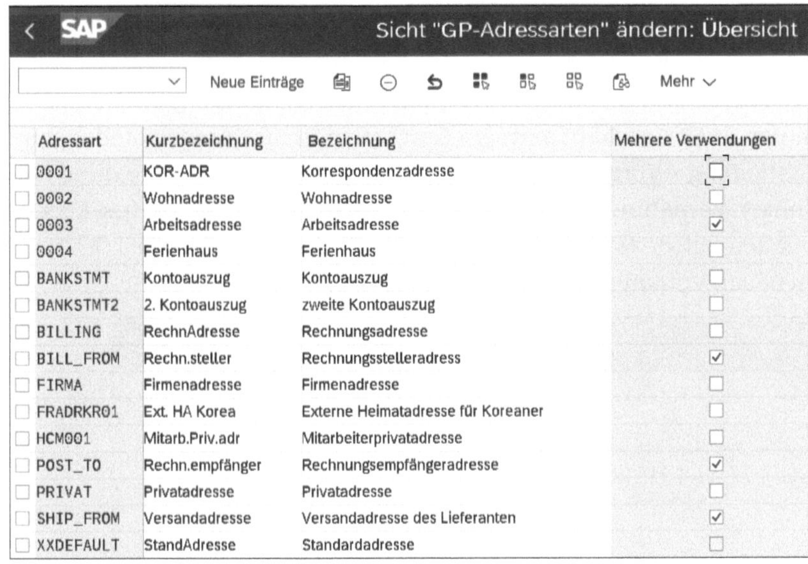

Adressart	Kurzbezeichnung	Bezeichnung	Mehrere Verwendungen
0001	KOR-ADR	Korrespondenzadresse	[ ]
0002	Wohnadresse	Wohnadresse	[ ]
0003	Arbeitsadresse	Arbeitsadresse	[x]
0004	Ferienhaus	Ferienhaus	[ ]
BANKSTMT	Kontoauszug	Kontoauszug	[ ]
BANKSTMT2	2. Kontoauszug	zweite Kontoauszug	[ ]
BILLING	RechnAdresse	Rechnungsadresse	[ ]
BILL_FROM	Rechn.steller	Rechnungsstelleradress	[x]
FIRMA	Firmenadresse	Firmenadresse	[ ]
FRADRKR01	Ext. HA Korea	Externe Heimatadresse für Koreaner	[ ]
HCM001	Mitarb.Priv.adr	Mitarbeiterprivatadresse	[ ]
POST_TO	Rechn.empfänger	Rechnungsempfängeradresse	[x]
PRIVAT	Privatadresse	Privatadresse	[ ]
SHIP_FROM	Versandadresse	Versandadresse des Lieferanten	[x]
XXDEFAULT	StandAdresse	Standardadresse	[ ]

Abbildung 5.57 Übersicht der bestehenden Adressarten

Neuanlage Adressart

Für die Neuanlage einer Adressart klicken Sie auf den Button **Neue Einträge**. In Abbildung 5.58 sehen Sie Neuanlage einer Adressart.

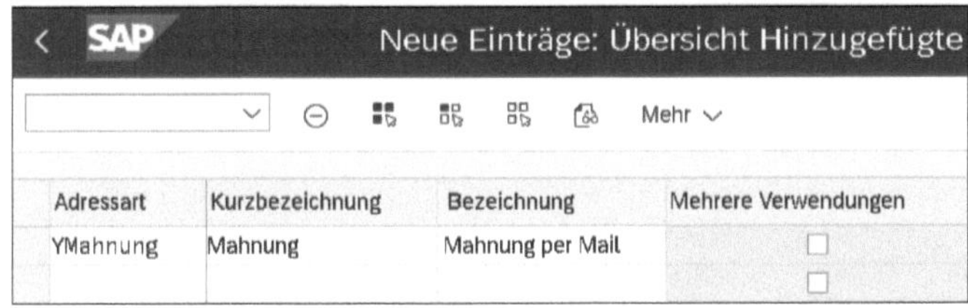

Adressart	Kurzbezeichnung	Bezeichnung	Mehrere Verwendungen
YMahnung	Mahnung	Mahnung per Mail	[ ]
			[ ]

Abbildung 5.58 Neuanlage einer Adressart

Für eine neue Adressart sind die folgenden Eingaben mitzugeben:

- **Adressart**: Hier geben Sie ein bis zu zehnstelliges Kürzel ein.
- **Kurzbezeichnung**: Hier geben Sie eine bis zu 15-stellige Kurzbezeichnung ein.
- **Bezeichnung**: Hier geben Sie eine bis zu 40-stellige Bezeichnung ein.
- Kennzeichen **Mehrere Verwendungen**: Hier legen Sie fest, ob es zulässig ist, dass pro Geschäftspartner mehr als eine Verwendung zur Adressart gepflegt werden darf.

Sichern Sie Ihre Angaben über den Button **Sichern**.

5.9.3 Vorgang der Adressart zuordnen

Zuordnung von Adressen

An dieser Stelle können Sie den neu angelegten Vorgang der entsprechenden Adressart zuordnen. Über den Pfad **Anwendungsübergreifende Komponenten • SAP-Geschäftspartner • Geschäftspartner Grundeinstellungen • Adressfindung • Vorgang zu Adressarten definieren** können Sie diese Einstellungen vornehmen. Für die Zuordnung bzw. den neuen Eintrag klicken Sie auf den Button **Neue Einträge** und wählen zunächst über die F4-Taste Ihren neuen Vorgang aus (siehe Abbildung 5.59).

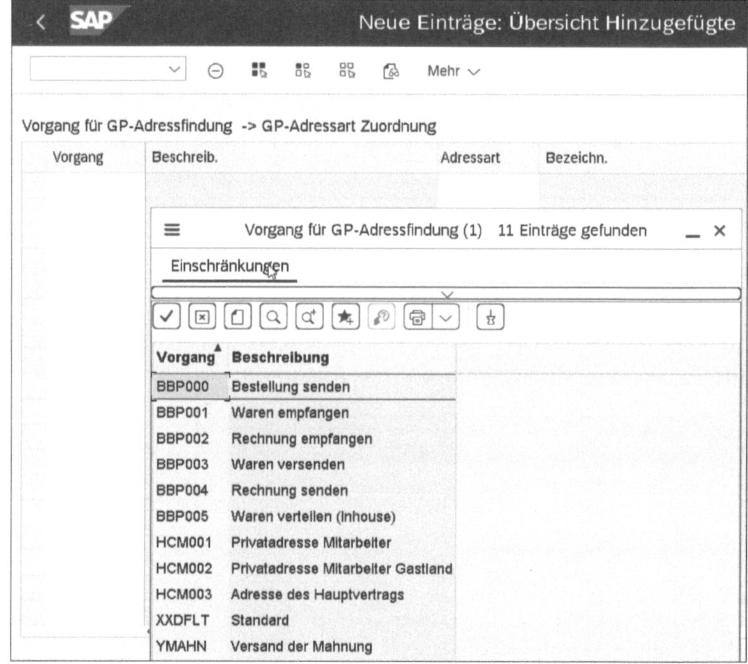

Abbildung 5.59 Auswahl der Adressvorgänge

Als Nächstes wählen Sie die entsprechende Adressart aus (siehe Abbildung 5.60).

[»]

Individuelle Programmierung bei einem neuen Adressvorgang

Im weiteren Verlauf ist es notwendig, diesen neuen Vorgang der Adressartzuordnung kundenindividuell zu programmieren, um diese Adresse in einem Vorgang zu verwenden. Um bei dem Beispiel der Mahnung zu bleiben, ist es notwendig, über den OPEN-FI-Prozess 00001040 (**MAHNEN: Ausgabegerät ermitteln)** diesen Vorgang zu ermitteln, um die Mahnung per E-Mail zu versenden. Das bedeutet, dass Prozesse, die auf diese neuen Vorgänge bzw. Adressen zugreifen sollen, kundenspezifisch anzupassen sind.

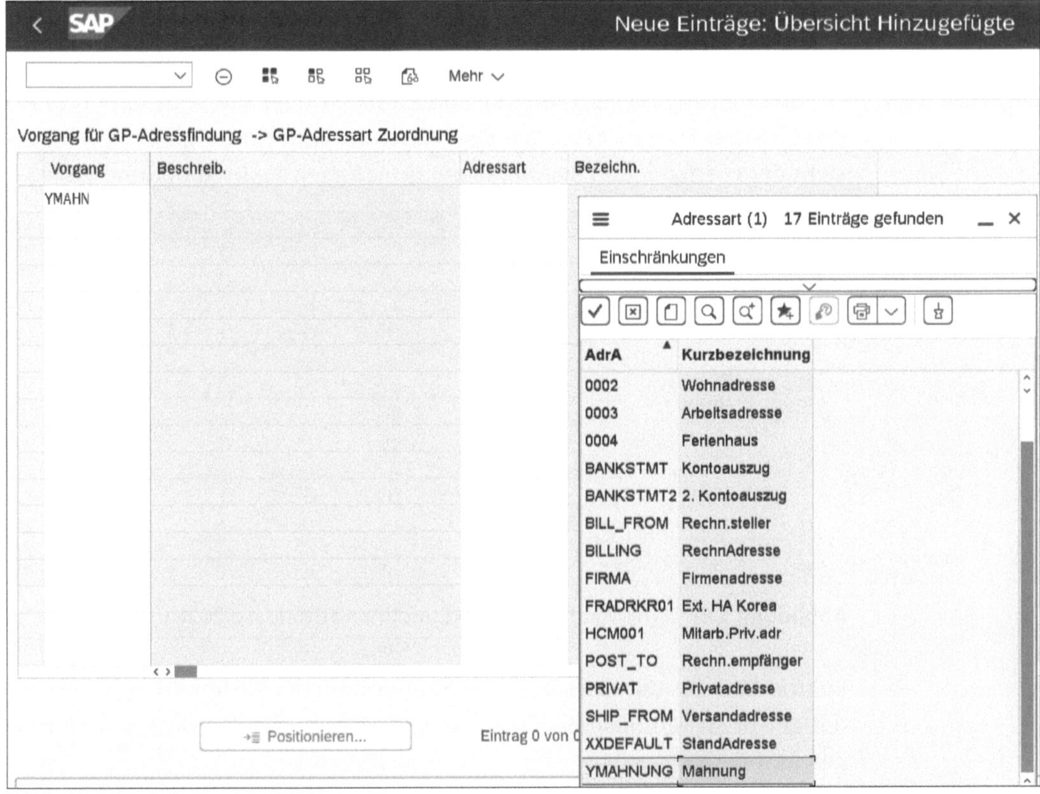

Abbildung 5.60 Auswahl der Adressarten

5.9.4 Verwendung von Adressen in der Auftragserfassung

Im vorangegangenen Kapitel haben wir Ihnen die Möglichkeiten aufgezeigt, neue und bei Bedarf mehrere Adressen für den Geschäftspartner anzulegen. In der Vergangenheit war es bisher so, dass es, um auf diese Adressen in Standardabläufen zugreifen zu können, notwendig war, kundenindividuell zu programmieren.

SAP bietet seit dem Release SAP S/4HANA 2021 zwei neue *Lightweight Business Functions* an, die es Ihnen ermöglichen, auf die verschiedenen Adressen im Kundenstamm und bei der Auftragserfassung zuzugreifen, ohne explizit programmieren zu müssen. Business Functions sind einzelne Standardanwendungen, die Sie separat in Ihrem SAP-System aktivieren können.

SAP liefert dafür die folgenden zwei Business Functions aus:

- `BPCUSTOMER_MULTIPLE_ADDRESSES` (Handhabung mehrere Adressen für Kundenstammdaten im Geschäftspartner)

- Q2C_MULTIPLE_BP_ADDRESSES (Handhabung mehrere Adressen für Geschäftspartner im Vertrieb)

Transaktion SFW5

Die Aktivierung dieser Business Functions ist über die Transaktion SFW5 (S4H Switch Framework: Business Function ändern) möglich. Eine Übersicht der vorhandenen Business Functions sehen Sie in Abbildung 5.61.

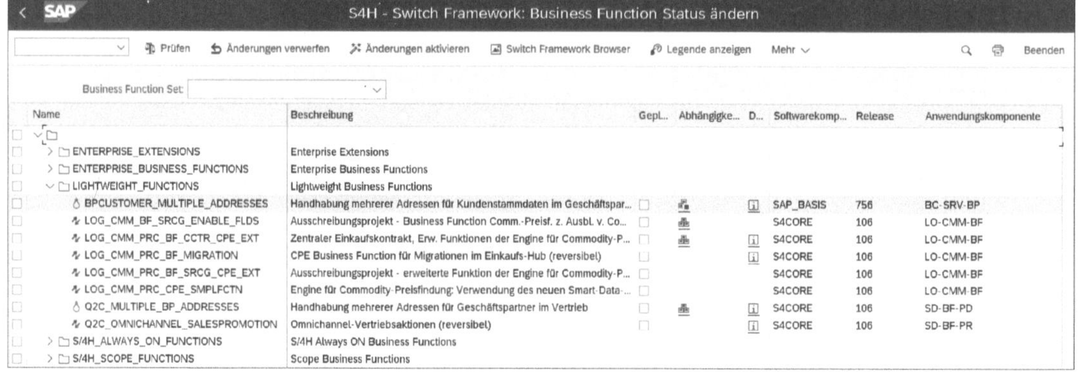

Abbildung 5.61 Lightweight Business Functions ab Release 2021

Für die Aktivierung einer Business Function setzen Sie links den Haken vor der gewünschten Business Function und klicken auf den Button **Änderungen aktivieren**.

[»]

Irreversible Business Functions

Beide Business Functions sind mandantenübergreifend und irreversibel. Die Business Function BPCUSTOMER_MULTIPLE_ADRESSES ist Voraussetzung für die Business Function Q2C_MULTIPLE_BP_ADRESSES. Die beiden Business Functions können phasenweise aktiviert werden.

Business Function BPCUSTOMER_MULTIPLE_ADRESSES

Die Business Function BPCUSTOMER_MULTIPLE_ADRESSES dient der Pflege von adressabhängigen Daten in Geschäftspartner-Stammsätzen. Mit dieser Business Function können Daten, die zuvor aus verschiedenen Kundenstammsätzen (mit jeweils einer einzigen Adresse) abgeleitet wurden, mithilfe von adressabhängigen Feldern in einem einzigen Geschäftspartner-Stammsatz gesichert werden. Mittels dieser Business Function können die Beziehungen zwischen Geschäftspartnern und den zugehörigen Adressen zukünftig effizient verwaltet werden.

Zum Beispiel hat ein Kunde mit drei physischen Adressen in der Regel auch drei separate Kundenstammsätze. In einem bestimmten Vertriebsbereich ist jede Adresse einem anderen Auslieferungswerk zugeordnet. Bei aktivierter Business Function können alle drei Adressen des Kunden und die zugehörigen Auslieferungswerke in einem einzigen Geschäftspartner-Stammsatz mit mehreren Adressen und einem adressabhängigen Auslieferungswerk für jede Adresse konsolidiert werden.

Mehrfachzuordnung

In SAP-ERP-Systemen gibt es bisher die Möglichkeit der *Mehrfachzuordnung* von mehreren Kunden und Lieferanten zu einem Geschäftspartner. Diese Lösung wird seitens SAP nicht mehr weiterentwickelt.

Business Function Q2C_MULTIPLE_BP_ADDRESSES

Die zweite Business Function Q2C_MULTIPLE_BP_ADDRESSES betrifft die Anwendungskomponente *Partnerfindung* (SD-BF-PD). Mithilfe dieser Business Function können Sie die Flexibilität und Effizienz, mit der das System Adressen von Geschäftspartnern (Geschäftspartner) in Anwendungen und Belegen im Vertrieb (SD) handhabt, erhöhen. Die Business Function ermöglicht es, Anwendungen über den Vertrieb als Teil des SAP-Geschäftspartner-Datenmodells zu nutzen, die mehrere Adressen mit zeitabhängigen Gültigkeiten und adressabhängige Daten pro Stammsatz bereitstellen können.

Mehrere Adressen im Geschäftspartner

Wenn die Business Function Q2C_MULTIPLE_BP_ADDRESSES (Handhabung mehrerer Adressen für Geschäftspartner im Vertrieb) und die von ihr vorausgesetzte Business Function BPCUSTOMER_MULTIPLE_ADDRESSES (Handhabung mehrerer Adressen für Kundenstammdaten im Geschäftspartner) aktiviert wurden, können Vertriebsanwendungen die Beziehungen zwischen Geschäftspartnern (z. B. Unternehmen) und ihren Adressen auf eine Art modellieren und bearbeiten, die die rechtlichen und physischen Gegebenheiten im echten Leben besser reflektiert. Anwendungen und Belege über den Vertrieb hinweg können dann mehrere Adressen desselben Geschäftspartner-Stammsatzes nutzen, der einem Kundenstammsatz zugeordnet ist.

Als Folge daraus kann ein Kunde als rechtliche Einheit üblicherweise durch eine einzige Kundennummer (d. h. einen einzigen Geschäftspartner-Stammsatz) abgebildet werden. Alle adressabhängigen und adressunabhängigen Daten, die zu diesem Geschäftspartner gehören, sind dann für die nutzenden Anwendungen unter dieser einen Kundennummer verfügbar (Quelle: SAP).

Einfluss von Business Functions auf den laufenden Betrieb

Die Aktivierung der Business Functions sollte keinen störenden Effekt erzeugen, da die direkte Auswirkung ist, dass die Partnerrollen in neu angelegten Vertriebsbelegen auf Adressen verwiesen werden, die in Geschäftspartner-Stammsätzen hinterlegt sind, anstelle der Standardadressen, die in Kundenstammsätzen hinterlegt sind.

Wenn Sie diese Business Functions aktiviert haben, steht Ihnen zukünftig bei der Auftragserfassung von neuen Kundenaufträgen und neuen Auslieferungen ohne Auftragsbezug ein Auswahlfenster zur Verfügung, aus dem Sie die relevante Adresse eines Geschäftspartners auswählen müssen – allerdings nur in dem Fall, wenn für diesen Geschäftspartner mehrere Adressen hinterlegt wurden.

Verkaufsbelege in SAP-Fiori-App erweitern

In den SAP-Fiori-Apps wurden für das Anlegen und Ändern von Verkaufsbelegen die Registerkarten **Kopfpartner** und **Positionspartner** um einen Adressauswahl-Button erweitert. Der Button ermöglicht es Ihnen, eine Adresse (für relevante Partnerrollen) aus der Liste der gültigen Adressen in den Geschäftspartner-Stammdaten auszuwählen oder die vorgeschlagenen Partneradressen für neue oder vorhandene Verkaufsbelege zu ändern.

Wenn Sie eine Adresse manuell bearbeiten, sichert das System diese neue Adresse als eine belegspezifische Adresse der entsprechenden Partnerrolle (auf Kopf- oder Positionsebene). In diesem Fall geht die vorherige Adresse, die aus den Geschäftspartner-Stammdaten stammt, nicht verloren, sondern wird stattdessen als die Geschäftspartner-Referenzadresse der jeweiligen Partnerrolle gesichert.

In Abbildung 5.62 sehen Sie die Übersicht der SAP-Fiori-Apps, die erweitert wurden.

Apps für das Anlegen von Verkaufsbelegen	Apps für das Ändern von Verkaufsbelegen
Kundenanfragen anlegen	Kundenanfragen ändern
Verkaufsangebote anlegen	Verkaufsangebote ändern
Verkaufskontrakte anlegen	Verkaufskontrakte ändern
Verkaufslieferpläne anlegen	Verkaufslieferpläne ändern
Kundenaufträge anlegen – VA01	Kundenaufträge ändern – VA02
Kostenlose Kundenaufträge anlegen	Kostenlose Kundenaufträge ändern
Lastschriftsanforderungen anlegen	Gutschriftsanforderungen ändern
Gutschriftsanforderungen anlegen	Lastschriftsanforderungen ändern
Kundenretouren anlegen	Kundenretouren verwalten (unter **Kundenretouren ändern**)

Abbildung 5.62 Übersicht über SAP-Fiori-Apps zu Verkaufsbelegen (Quelle: SAP Help Portal)

Da dieses Thema sehr umfangreich ist und wir Ihnen in diesem Abschnitt die Grundlagen bzw. neuen Möglichkeiten aufgezeigt haben, möchten wir an dieser Stelle auf drei SAP-Hinweise verweisen:

- SAP-Hinweis 3067314 (Zentraler Hinweis: SAP S/4HANA – Handhabung mehrerer Adressen in Vertriebsbelegen mit SAP-Geschäftspartner)
- SAP-Hinweis 3081750 (SAP S/4HANA 2021: Restriction Note for »Multiple Address Handling in SD Documents Using SAP Business Partner«)
- SAP-Hinweis 3086514 (Sammelhinweis: Korrekturen für »Handhabung mehrerer Adressen in Vertriebsbelegen mit SAP-Geschäftspartner« – SAP S/4HANA 2021)

5.10 Weitere Customizing-Einstellungen

Es gibt eine Reihe von weiteren Einstellungen, die Sie im Customizing vornehmen können, um die Anpassungen im Geschäftspartner kundenindividuell vorzunehmen. Einige davon beschreiben wir in diesem Abschnitt.

5.10.1 Anreden

Pflege von Anreden

Für Ihre Geschäftspartner können Sie neue Anreden im Customizing hinterlegen. Es werden alle gängigen Anredetexte mit der Standardauslieferung bereitgestellt. Arbeiten Sie auf Ihrem System mit verschiedenen Sprachen, erhalten Sie auch die Übersetzungen in den jeweiligen installierten Sprachen. Bei Bedarf können Sie über den Pfad **Anwendungsübergreifende Komponenten • SAP-Geschäftspartner • Geschäftspartner Grundeinstellungen • Anreden • Anreden pflegen** neue Einträge anlegen. In Abbildung 5.63 sehen Sie eine Auswahl der vorhandenen Anreden.

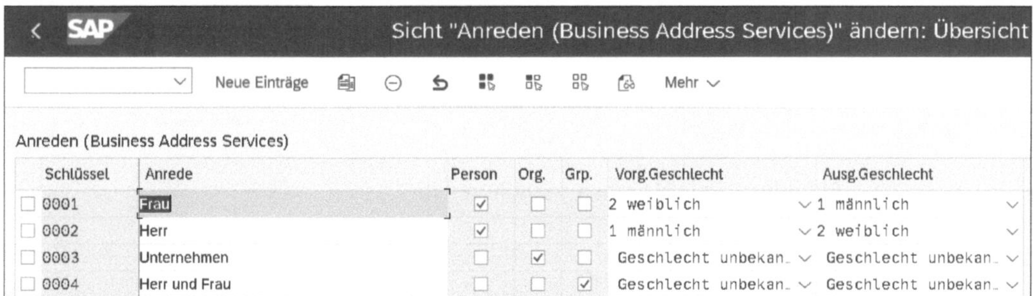

Abbildung 5.63 Übersicht über vorhandene Anreden

Für die Neuanlagen klicken Sie auf den Button **Neue Einträge** und können hierbei die folgenden Angaben pflegen (siehe Abbildung 5.64):

- **Schlüssel**: Das ist ein vierstelliger Schlüssel.
- **Anrede**: Das ist die jeweilige Bezeichnung.
- **Person**: Das ist das Kennzeichen für eine natürliche Person. Diese Anrede steht Ihnen nur zur Verfügung, wenn Sie einen Geschäftspartner als Person anlegen.
- **Organisation**: Das ist das Kennzeichen für eine Organisation. Diese Anrede steht Ihnen nur zur Verfügung, wenn Sie einen Geschäftspartner als Organisation anlegen.
- **Gruppe**: Das ist das Kennzeichen für eine Gruppe. Diese Anrede steht Ihnen nur zur Verfügung, wenn Sie einen Geschäftspartner als Gruppe anlegen.
- **Vorgeschlagenes Geschlecht**: Hier können Sie über die F4-Taste eine Auswahl für das Geschlecht treffen. Dieser Eintrag wird verwendet, um ein Geschlecht basierend auf dem angegebenen Titel vorzuschlagen. Das vorgeschlagene Geschlecht kann vom Benutzer geändert werden.
- **Ausgeschlossenes Geschlecht**: Mit dieser Auswahl können Sie ein Geschlecht ausschließen, z. B. kann bei der Anrede **Frau** das Geschlecht **1 männlich** ausgeschlossen werden.

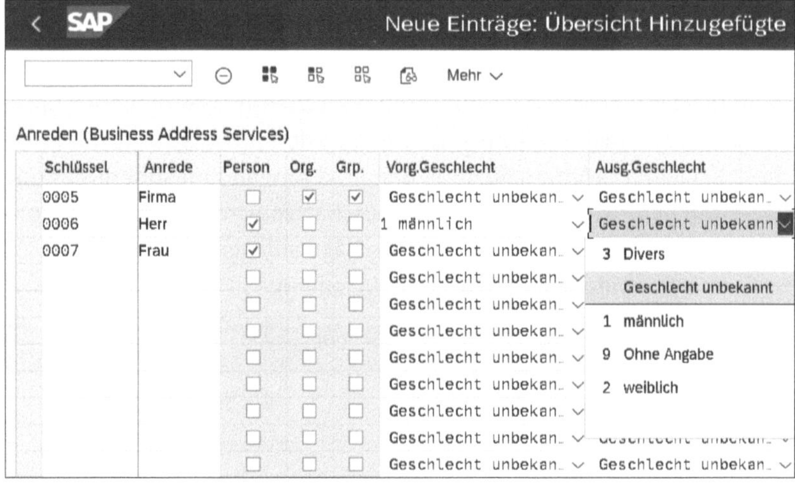

Abbildung 5.64 Neuanlage von Anreden

5.10.2 Datenherkunft

Ursprung des Geschäftspartners

Im Customizing können Sie in dem gleichnamigen Feld die Datenherkunft Ihrer Geschäftspartner definieren. Den Punkt finden den Sie über den Pfad **Anwendungsübergreifende Komponenten • SAP-Geschäftspartner • Ge-**

schäftspartner Grundeinstellungen • Datenherkunft • Datenherkunftsart pflegen.

Die Datenherkunft sagt aus, wie die Geschäftspartner-Daten in das System gelangt sind. Diese Daten dienen reinen Informationszwecken und werden in der Praxis eher selten genutzt. Bei Bedarf können Sie hier neue *Herkunftsarten* definieren, falls in Ihrem System Geschäftspartner aus anderen Systemen kommen und Sie diese Information im Stammsatz festhalten möchten. In Abbildung 5.65 sehen Sie eine Übersicht der SAP-Standardauslieferung für Herkunftsarten:

- 0001 **Altdatenübernahme**
- 0002 **Gekaufter Adressbestand**
- 0003 **Altdatenübernahme Altsystem 2**
- CRM **Stammdaten aus dem CRM System** (siehe Abbildung 5.66)
- TRGP **Tresury-Partner Parallelbetrieb**

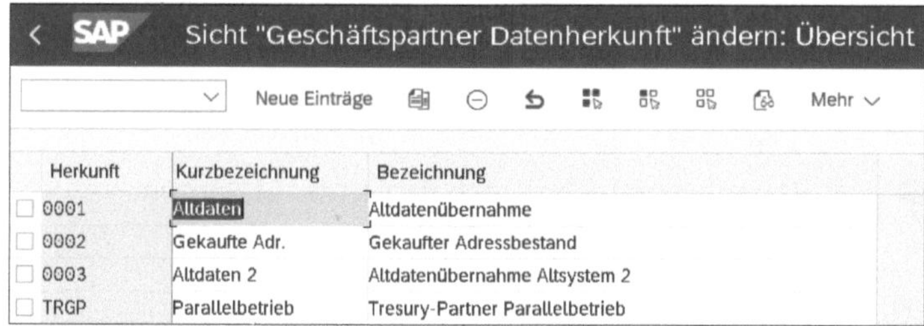

Abbildung 5.65 Übersicht über die Herkunftsarten im Geschäftspartner

Über den Button **Neue Einträge** geben Sie neben der Herkunft die Kurzbezeichnung und die Bezeichnung mit. Sichern Sie Ihre Daten. In Abbildung 5.66 sehen Sie ein beispielhafte Neuanlage.

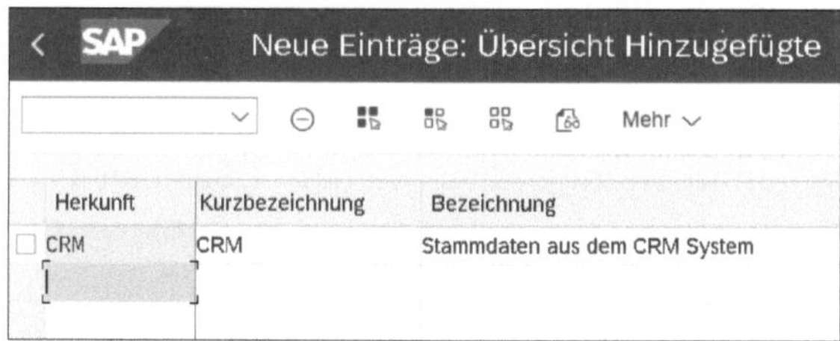

Abbildung 5.66 Neuanlage einer Datenherkunft

In Abbildung 5.67 sehen Sie einen Geschäftspartner-Stammsatz. Hier finden Sie in den allgemeinen Daten auf der Registerkarte **Steuerung** im Abschnitt **Datenherkunft** das Feld **Datenherkunft.** Über die [F4]-Wertehilfe gelangen Sie zu den im Customizing festgelegten Herkunftsarten.

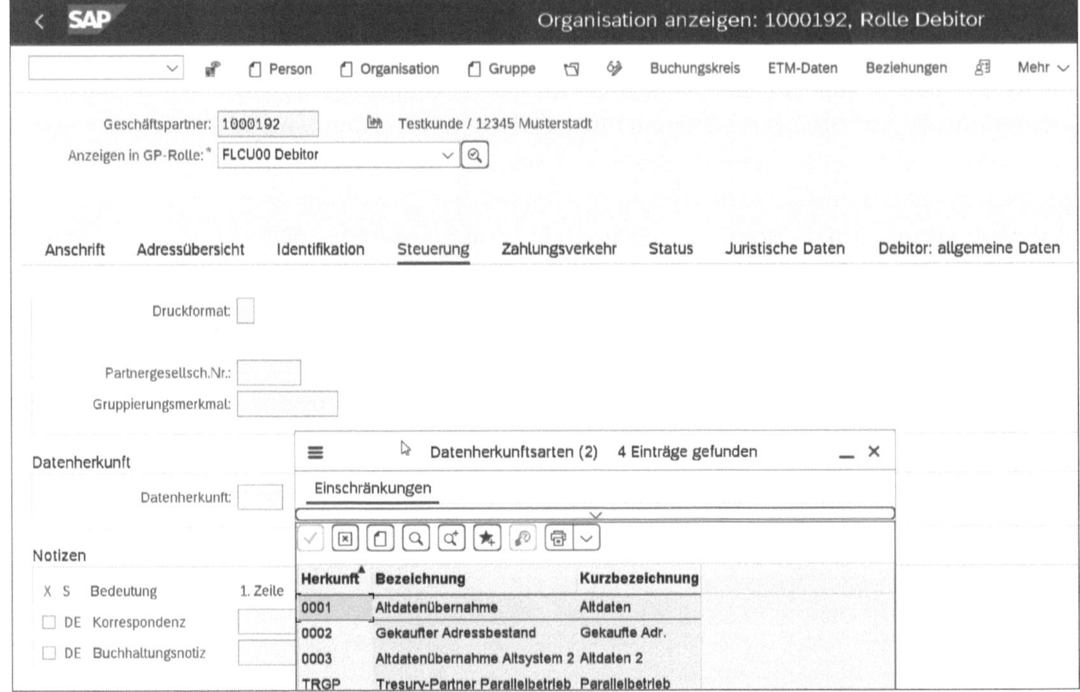

Abbildung 5.67 Feld »Datenherkunft« im Geschäftspartner-Stammsatz

5.10.3 Identifikationsnummern

Die *Identifikationsnummer* ist eine Nummer, die aus externen Quellen stammt. Als Beispiel für eine Identifikationsnummer ist z. B. die Handelsregisternummer bei Firmen oder die Personalausweis- und Sozialversicherungsnummer bei Personen zu nennen. Die Nummer besteht aus einem alphanumerischen Schlüssel, der als Attribut zu einem Geschäftspartner im Stammsatz hinterlegt werden kann. Die Identifikationsnummer kann alternativ zur Geschäftspartner-Nummer für die Identifizierung eines Geschäftspartners herangezogen werden. Einem Geschäftspartner können beliebig viele Identifikationsnummern zugordnet werden. Über den Pfad **Anwendungsübergreifende Komponenten • SAP-Geschäftspartner • Geschäftspartner Grundeinstellungen • Identifikationsnummer** können Sie Identifikationstypen und Identifikationsarten definieren. Im Folgenden beschreiben wir diese Einstellungen.

Identifikationstypen definieren

Die Neuanlage von *Identifikationstypen* ist nur notwendig, wenn Sie über ein Programm auf die IDs einer Identifikationsart zu einem Geschäftspartner in Ihren kundenspezifischen Programmen zugreifen wollen. Der Identifikationstyp in Verbindung mit der Identifikationsart dient dem gezielten

Zugriff auf diese Identifikationsnummer. Die Einstellungen zum Identifikationstyp sind mandantenübergreifend.

Sie können dabei festlegen, ob die Identifikationsnummern zu einem hier definierten Identifikationstyp eindeutig sein sollen oder im Dialog bearbeitet oder nur angezeigt werden können. In Abbildung 5.68 sehen Sie eine Übersicht der ausgelieferten Typen.

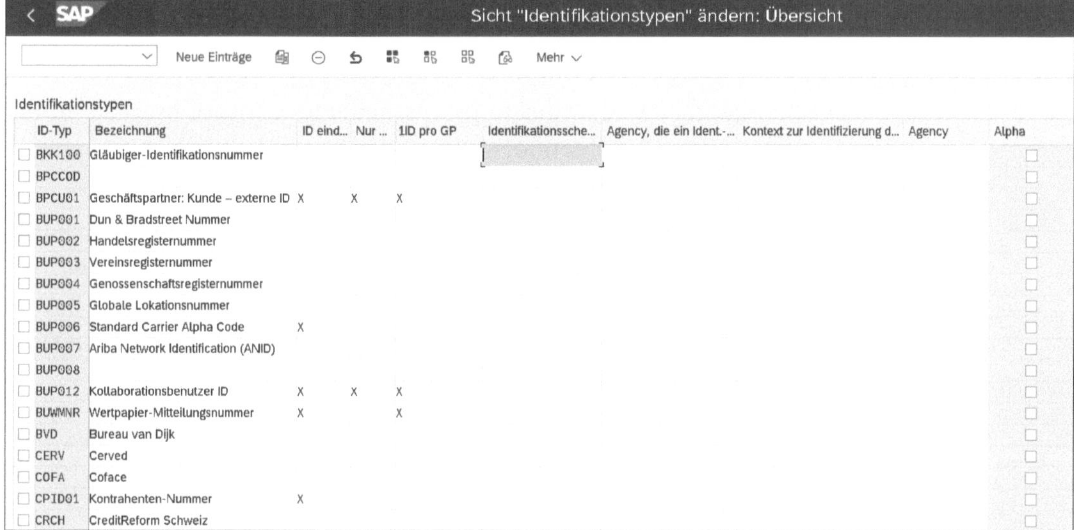

ID-Typ	Bezeichnung	ID eind...	Nur ...	1ID pro GP	Identifikationssche...	Agency, die ein Ident.-...	Kontext zur Identifizierung d...	Agency	Alpha
BKK100	Gläubiger-Identifikationsnummer								
BPCCOD									
BPCU01	Geschäftspartner: Kunde – externe ID	X	X	X					
BUP001	Dun & Bradstreet Nummer								
BUP002	Handelsregisternummer								
BUP003	Vereinsregisternummer								
BUP004	Genossenschaftsregisternummer								
BUP005	Globale Lokationsnummer								
BUP006	Standard Carrier Alpha Code	X							
BUP007	Ariba Network Identification (ANID)								
BUP008									
BUP012	Kollaborationsbenutzer ID	X	X	X					
BUWMNR	Wertpapier-Mitteilungsnummer	X		X					
BVD	Bureau van Dijk								
CERV	Cerved								
COFA	Coface								
CPID01	Kontrahenten-Nummer	X							
CRCH	CreditReform Schweiz								

Abbildung 5.68 Übersicht der Identifikationstypen

Für die Neuanlage klicken Sie auf den Button **Neue Einträge** und pflegen die folgenden Angaben bei Bedarf:

- **ID-Typ**: Geben Sie einen bis zu sechsstelligen Schlüssel ein.
- **Bezeichnung**: Geben Sie eine bis zu 40-stellige Bezeichnung ein.
- **ID eindeutig**: Hiermit können Sie festlegen, dass die ID pro Geschäftspartner eindeutig sein muss.
- **Nur Anzeige**: Hierüber können Sie festlegen, dass die ID im Dialog nur angezeigt wird.
- **1 ID pro GP**: Hierüber können Sie festlegen, dass die ID nur einmal pro Geschäftspartner vergeben werden darf.

Die weiteren Angaben wie **Identifikationsschema**, **Agency, die den Typ verwaltet**, **Kontext zur Identifizierung der Agency**, **Agency** und **Alphakonvertierung** sind optional und können bei Bedarf mitgegeben werden. Sichern Sie Ihre Angaben.

Änderung von SAP-Standard-ID-Typen

Ändern Sie nicht die ausgelieferten ID-Typen, da SAP-Programme direkt darauf zugreifen.

Identifikationsarten definieren

Die *Identifikationsart* ist entweder ein Dokument (z. B. der Personalausweis oder der Führerschein) oder ein Verzeichnis (z. B. das Handelsregister). Diese Identifikationsart kann als Attribut in einem Geschäftspartner-Stammsatz hinterlegt werden.

Die Zuordnung des Identifikationstyps zu der Identifikationsart ist immer eindeutig. Wenn Sie einen Identifikationstyp neu definiert haben, sollten Sie ihm auch eine Identifikationsart zuordnen.

Über den Pfad **Anwendungsübergreifende Komponenten • SAP-Geschäftspartner • Geschäftspartner Grundeinstellungen • Identifikationsnummer • Identifikationsarten definieren** können Sie bei Bedarf über den Button **Neue Einträge** an dieser Stelle neue Einträge vornehmen. In Abbildung 5.69 sehen Sie einen Ausschnitt der Standardauslieferung.

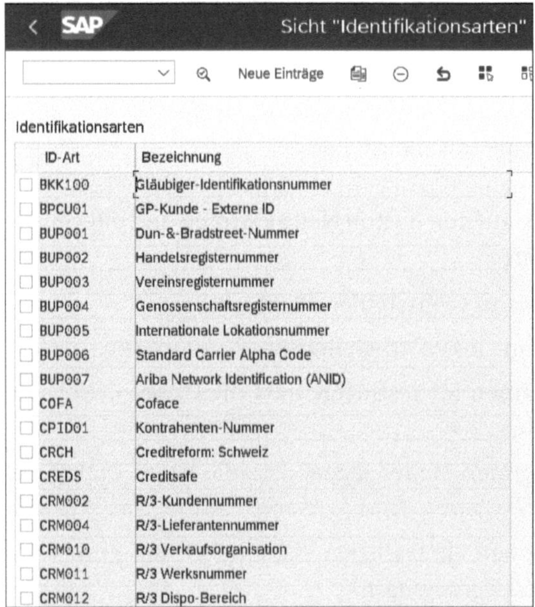

ID-Art	Bezeichnung
BKK100	Gläubiger-Identifikationsnummer
BPCU01	GP-Kunde - Externe ID
BUP001	Dun-&-Bradstreet-Nummer
BUP002	Handelsregisternummer
BUP003	Vereinsregisternummer
BUP004	Genossenschaftsregisternummer
BUP005	Internationale Lokationsnummer
BUP006	Standard Carrier Alpha Code
BUP007	Ariba Network Identification (ANID)
COFA	Coface
CPID01	Kontrahenten-Nummer
CRCH	Creditreform: Schweiz
CREDS	Creditsafe
CRM002	R/3-Kundennummer
CRM004	R/3-Lieferantennummer
CRM010	R/3 Verkaufsorganisation
CRM011	R/3 Werksnummer
CRM012	R/3 Dispo-Bereich

Abbildung 5.69 Geschäftspartner-Identifikationsarten

5.10.4 Steuernummern

Für jeden Geschäftspartner können Sie im Stammsatz verschiedene *Steuernummern* hinterlegen. Auf der Registerkarte **Identifikation in den GP**

Stammdaten können Sie diese Steuernummern eingeben. Die unterschiedlichen Arten von Steuernummern werden über die Steuernummertypen klassifiziert.

Steuernummertypen

Der *Steuernummertyp* unterscheidet die verschiedenen Arten der Steuernummern. Über den Pfad **Anwendungsübergreifende Komponenten • SAP-Geschäftspartner • Geschäftspartner Grundeinstellungen • Steuernummern • Steuernummertypen pflegen** finden Sie die ausgelieferten Steuertypen.

Die Standardeinstellungen setzen sich aus zwei Buchstaben und einer Zahl zusammen:

- Die zwei Buchstaben entsprechen dem *ISO-Code* des Landes oder der Region, in dem die Steuernummer verwendet wird. Die ISO 3166 ist ein Standard für die Kodierung von geografischen Einheiten.
- Die Zahl ist eine fortlaufende Nummerierung und dient der Unterscheidung von verschiedenen Nummern pro Land.

Die Zahl ist wichtig im Zusammenhang mit der Synchronisation. Sie steuert, mit welchem Steuernummerfeld im Kunden- oder Lieferantenstamm diese Steuernummer synchronisiert wird.

Wenn Sie z. B. US-Geschäftspartner haben, synchronisiert das System Steuernummern des Typs US1 in das Feld Steuernummer 1 im Kunden- oder Lieferantenstammsatz, die Steuernummer des Typs US2 in das Feld Steuernummer 2 usw.

Etwas anders gestaltet sich die Synchronisation bei den Steuernummern des Lieferanten in Deutschland. Tabelle 5.3 zeigt diese Zuordnung.

Steuernummertyp	Bezeichnung	Technischer Feldname
DE0	Umsatzsteueridentifikations-nummer	STCEG
DE1	Steuernummer	STENR
DE2	Steuernummer 1	STCD1
DE3	Steuernummer 3	STCD3
DE4	Steuernummer 4	STCD4
DE5	Steuernummer 5	STCD2

Tabelle 5.3 Übersicht der Zuordnung des Steuernummertyps zum technischen Feldnamen

In Abbildung 5.70 sehen Sie einen Ausschnitt der Standardeinstellungen.

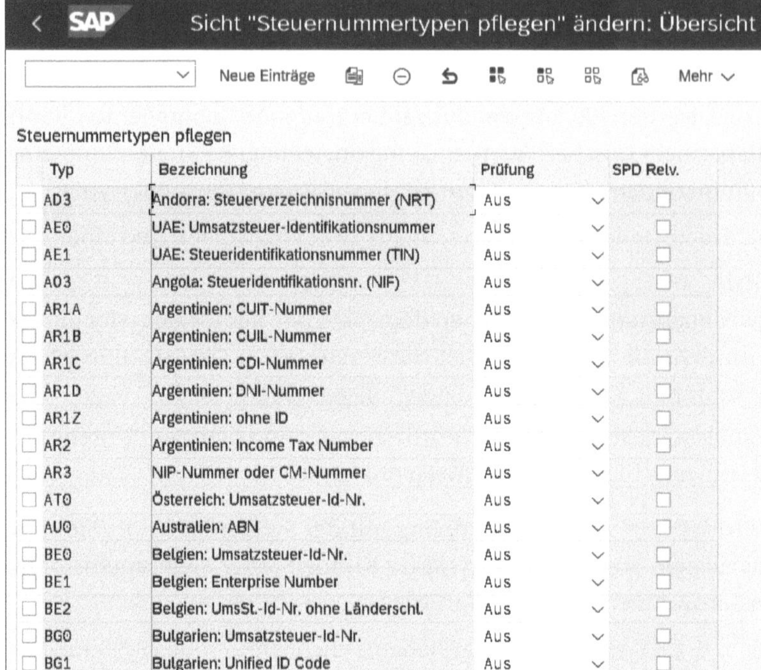

Typ	Bezeichnung	Prüfung	SPD Relv.
AD3	Andorra: Steuerverzeichnisnummer (NRT)	Aus	
AE0	UAE: Umsatzsteuer-Identifikationsnummer	Aus	
AE1	UAE: Steueridentifikationsnummer (TIN)	Aus	
AO3	Angola: Steueridentifikationsnr. (NIF)	Aus	
AR1A	Argentinien: CUIT-Nummer	Aus	
AR1B	Argentinien: CUIL-Nummer	Aus	
AR1C	Argentinien: CDI-Nummer	Aus	
AR1D	Argentinien: DNI-Nummer	Aus	
AR1Z	Argentinien: ohne ID	Aus	
AR2	Argentinien: Income Tax Number	Aus	
AR3	NIP-Nummer oder CM-Nummer	Aus	
AT0	Österreich: Umsatzsteuer-Id-Nr.	Aus	
AU0	Australien: ABN	Aus	
BE0	Belgien: Umsatzsteuer-Id-Nr.	Aus	
BE1	Belgien: Enterprise Number	Aus	
BE2	Belgien: UmsSt.-Id-Nr. ohne Länderschl.	Aus	
BG0	Bulgarien: Umsatzsteuer-Id-Nr.	Aus	
BG1	Bulgarien: Unified ID Code	Aus	

Abbildung 5.70 Standardeinstellungen der Steuernummertypen

In dieser Customizing-Einstellungen-Sicht **Steuernummertypen pflegen** finden Sie pro Typ die folgenden Angaben:

- **Typ**: Das ist ein bis zu vierstelliger Typ, der sich aus dem ISO-Code des Landes und einer fortlaufenden Nummer zusammensetzt. Falls ein Eintrag in dieser Tabelle fehlt, können Sie diesen Typ über den Button **Neue Einträge** definieren.

  Falls Sie den gewünschten Typ an dieser Stelle nicht zur Verfügung haben, müssen Sie diesen über die F4-Hilfe neu definieren.
- **Bezeichnung**: Die Bezeichnung zieht sich das System automatisch aus der Tabelle TFKTAXNUMTYPE (Steuernummertypen zum Geschäftspartner).
- **Prüfung**: Mit diesen Einstellungen aktivieren Sie mit **Ein** die Steuernummer-Dublettenprüfung. Bei **Aus** wird die Prüfung nicht durchlaufen.
- **SPD Relevant**: Setzen Sie dieses Kennzeichen, wenn es sich um sensible personenbezogene Daten (SPD) handelt.

Sichern Sie Ihre Angaben, dann steht Ihnen dieser Steuernummertyp in der Geschäftspartner-Stammdatenpflege zur Verfügung. Das Feld finden Sie im

Stammsatz des Geschäftspartners auf der Registerkarte **Identifikation** in dem Abschnitt der **Steuernummern**, wie in Abbildung 5.71 zu sehen ist.

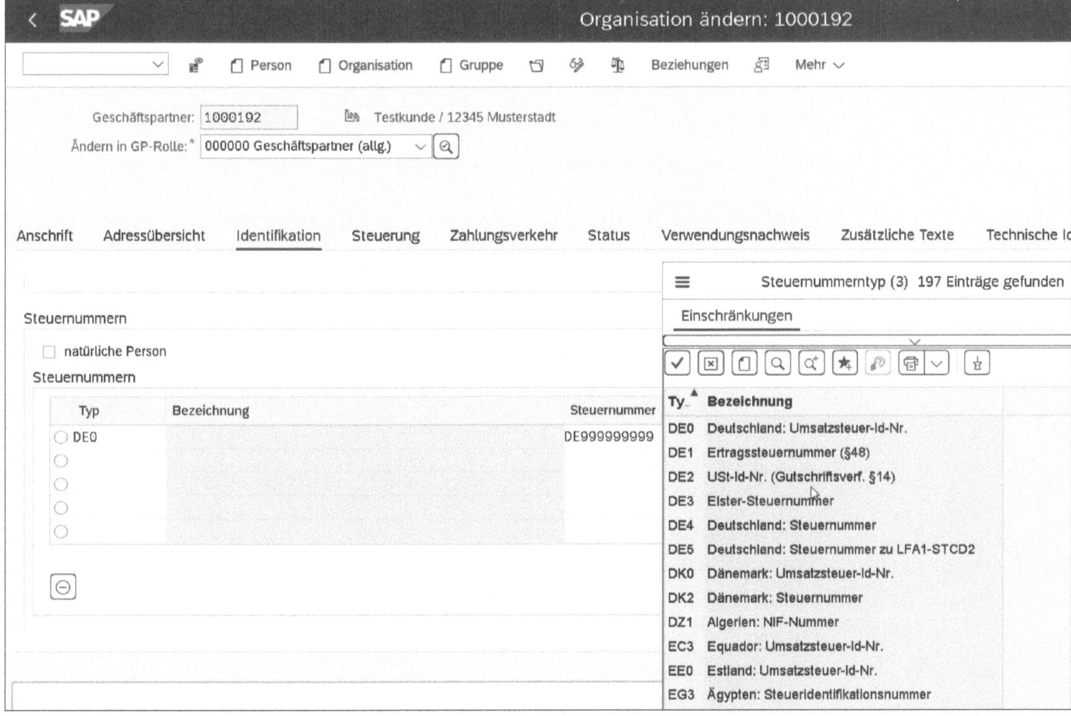

Abbildung 5.71 Geschäftspartner-Stammsatz mit Auswahl der Steuernummertypen

Nachrichtensteuerung für doppelte Steuernummern

Falls Sie die Option Prüfung der Steuernummern eingestellt haben, gibt Ihnen das System, abhängig von Ihren Eingaben bei der Stammdatenpflege bzw. Anlage, Systemnachrichten aus. Über den Pfad **Anwendungsübergreifende Komponenten • SAP-Geschäftspartner • Geschäftspartner Grundeinstellungen • Steuernummern • Nachrichtensteuerung für doppelte Steuernummern ändern** können Sie die Nachrichtensteuerung für doppelte Steuernummern nach Ihren Anforderungen anpassen.

Sie haben folgende Möglichkeiten:

- Sie können bestimmen, ob eine Nachricht als Hinweis im Dialogfenster oder in der Fußzeile ausgegeben wird.
- Sie können Warnungen in Fehlermeldungen ändern.
- Sie können Warnungen und Fehlermeldungen deaktivieren

Grundsätzlich ist es hier möglich, unterschiedliche Festlegungen pro Nachricht für den Dialogbetrieb und den im Hintergrund abgespielten *Batch*

Input festzulegen. Batch Input ist ein Prozess, mit dem ein Report oder Dialogprogramm im Hintergrund die passenden Daten ermittelt.

Die entsprechenden Festlegungen können bei Bedarf für einen Mandanten oder für einzelne Benutzer unterschiedlich eingestellt werden. Das folgende Arbeitsgebiet wird standardmäßig für doppelte Steuernummern verwendet:

- BUPA_TAX (Nachrichten für Geschäftspartner- Steuernummern)

Möchten Sie an dieser Stelle einen neuen Eintrag vornehmen, gehen Sie wie folgt vor: Klicken Sie auf den Button **Neue Einträge**. Das Arbeitsgebiet BUPA_TAX ist bereits hinterlegt, wie in Abbildung 5.72 zu sehen ist.

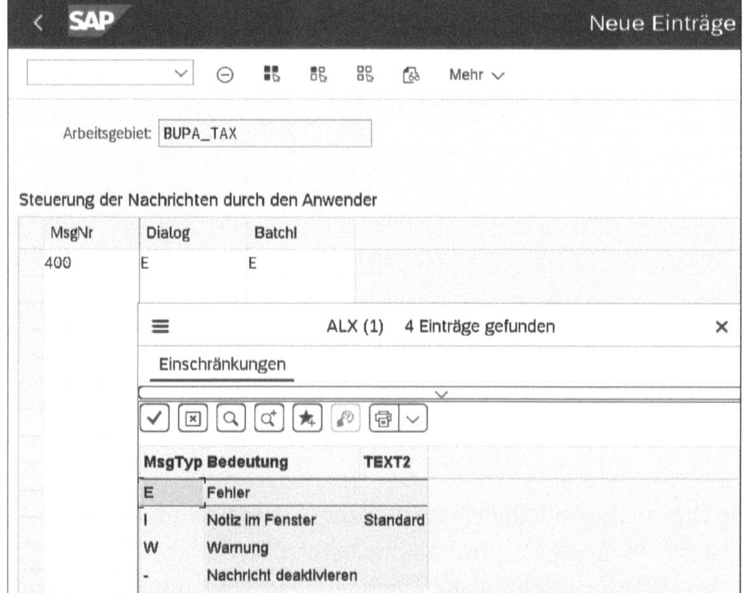

Abbildung 5.72 Neuanlage der Nachrichtensteuerung

Wählen Sie über die [F4]-Taste die Nachrichtennummer **400** aus, und legen Sie einmal für den Dialog und für den Batch Input fest, welcher Message-Typ ausgegeben werden soll. Sichern Sie Ihre Daten. Sie können hier mit den folgenden Message-Typen arbeiten:

- E (**Fehler**)
- I (**Notiz im Fenster**)
- W (**Warnung**)
- - (**Nachricht deaktivieren**)

Steuernummertypen definieren

Bei Bedarf können Sie im Customizing auch einen neuen Steuernummertyp definieren. In Abbildung 5.73 sehen Sie einen Ausschnitt der im Standard ausgelieferten Steuernummertypen.

Sicht "Steuernummertypen zum Geschäftspartner" ändern: Übersicht

Neue Einträge Mehr

Steuernummertypen zum Geschäftspartner

Typ	Bezeichnung	Funktionsbaustein	SteuertypFI	Adr.-Prüf.
AD3	Andorra: Steuerverzeichnisnummer (NRT)	BUPA_TAX_NUMBER_CHECK		Nein
AE0	UAE: Umsatzsteuer-Identifikationsnummer	VAT_REGISTRATION_NUMBER_CHECK		Nein
AE1	UAE: Steueridentifikationsnummer (TIN)	BUPA_TAX_NUMBER_CHECK		Nein
AF1	Afghanistan: Steueridentifikationsnummer	BUPA_TAX_NUMBER_CHECK		Nein
AG1	Antigua und Barbuda: Umsatzsteuer-Id-Nr.	BUPA_TAX_NUMBER_CHECK		Nein
AI3	Anguilla: Steueridentifikationsnummer	BUPA_TAX_NUMBER_CHECK		Nein
AL1	Albanien: USt-Identifikationsnummer	BUPA_TAX_NUMBER_CHECK		Nein
AM1	Armenien: USt-Identifikationsnummer	BUPA_TAX_NUMBER_CHECK		Nein
AN1	Niederländische Antillen: SteuerkennNr.	BUPA_TAX_NUMBER_CHECK		Nein
AO3	Angola: Steueridentifikationsnr. (NIF)	BUPA_TAX_NUMBER_CHECK		Nein
AQ1	Antarktis: Steueridentifikationsnummer	BUPA_TAX_NUMBER_CHECK		Nein
AR1A	Argentinien: CUIT-Nummer	BUPA_TAX_NUMBER_CHECK	80	Nein
AR1B	Argentinien: CUIL-Nummer	BUPA_TAX_NUMBER_CHECK	86	Nein
AR1C	Argentinien: CDI-Nummer	BUPA_TAX_NUMBER_CHECK	87	Nein
AR1D	Argentinien: DNI-Nummer	BUPA_TAX_NUMBER_CHECK	96	Nein
AR1E	Argentinien: Auslands-ID-Karte	BUPA_TAX_NUMBER_CHECK	91	Nein
AR1F	Argentinien: Passnummer	BUPA_TAX_NUMBER_CHECK	94	Nein
AR1Z	Argentinien: ohne ID	BUPA_TAX_NUMBER_CHECK	99	Nein

Abbildung 5.73 Ausschnitt der Steuernummertypen

Steuernummertypen neu anlegen

Falls in Ihrem System die SAP-Standardauflieferungen für ein bestimmtes Land bzw. eine bestimmte Steuernummer fehlen, können Sie im Einzelfall über den Pfad **Anwendungsübergreifende Komponenten • SAP-Geschäftspartner • Geschäftspartner Grundeinstellungen • Steuernummern • Steuernummertypen definieren** einen entsprechenden neuen Eintrag erzeugen.

Für die Neuanlage klicken Sie auf den Button **Neue Einträge** und pflegen die folgenden Angaben (siehe Abbildung 5.74):

- **Typ**: Geben Sie einen bis zu vierstelligen Typ ein.
- **Bezeichnung**: Geben Sie eine bis zu 40-stellige Bezeichnung ein.
- **Funktionsbaustein**: Hier können Sie bei Bedarf den Funktionsbaustein für die Prüfung der Steuernummern hinterlegen.
- **SteuertypFI**: Dieser zusätzliche Typ dient dazu, die Steuernummerprüfungen des SAP-Moduls FI zu verwenden.
- **Adressenprüfung**: Hier können Sie über den Eintrag **Nein** bzw. **Ja** steuern, ob die Steuernummer abhängig von der Adresse geprüft werden soll.

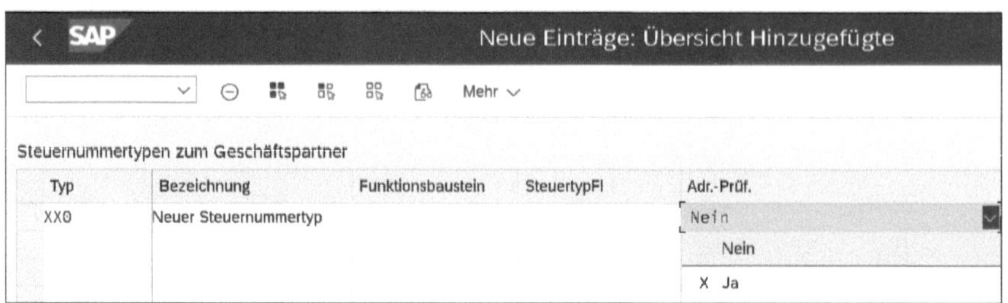

Abbildung 5.74 Neuanlage eines Steuernummertyps

Sichern Sie Ihre Angaben. Dieser neue Steuernummertyp steht Ihnen dann in der F4-Hilfe bei der Anlage der Steuernummertypen zur Verfügung.

Steuerarten und Steuergruppen

Die *Steuerart* bezeichnet die Art von Umsatzsteuer oder Quellensteuer, wie z. B.:

- Sales and use tax (US)
- MwSt. (Mehrwertsteuer)
- Verbrauchssteuer

Die *Steuergruppe* dient der Unterscheidung von Geschäftspartnern nach den von ihnen zu entrichtenden Steuersätzen. Zum Beispiel unterliegen die meisten Verkäufe in Deutschland der Mehrwertsteuer. Die meisten Firmen zahlen diese Steuer; andere, beispielsweise karitative Einrichtungen, sind von dieser Steuer befreit.

Im System gibt es zwei Geschäftspartnersteuergruppen, jeweils für die Firmen, die die Steuer in voller Höhe zahlen müssen, und für die Organisationen, die von der Steuer befreit sind.

Steuersätze für Produkte

Die *Produktsteuergruppe* ist eine Klassifizierung von Produkten nach den unterschiedlichen Steuersätzen, denen sie unterliegen. In Deutschland z. B. sind die meisten Verkaufstransaktionen mehrwertsteuerpflichtig. Ein Großteil der Produkte wird mit dem Höchstsatz von zurzeit 19 % besteuert. Andere Produkte hingegen, wie Lebensmittel, unterliegen dem niedrigeren Steuersatz von 7 % und wiederum andere werden gar nicht besteuert. Dementsprechend gibt es im System drei Produktsteuergruppen, eine für jeden dieser Steuersätze.

Die Einstellungen finden Sie über den Pfad **Anwendungsübergreifende Komponenten • SAP-Geschäftspartner • Geschäftspartner Grundeinstellungen • Steuernummern • Steuerarten und Steuergruppen definieren**. In Abbildung 5.75 sehen Sie einen Ausschnitt der Steuerarten und Steuergruppen.

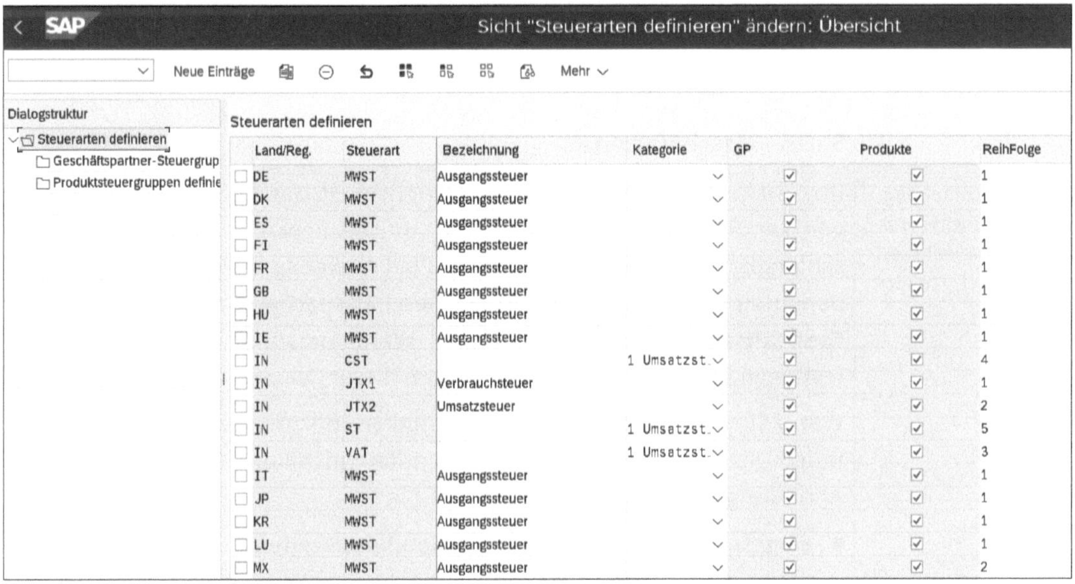

Abbildung 5.75 Übersicht der Steuerarten

Im Detail zeigen wir Ihnen in Abbildung 5.76 die Einstellungen für die **Steuerart** MWST (Mehrwertsteuer) in Deutschland.

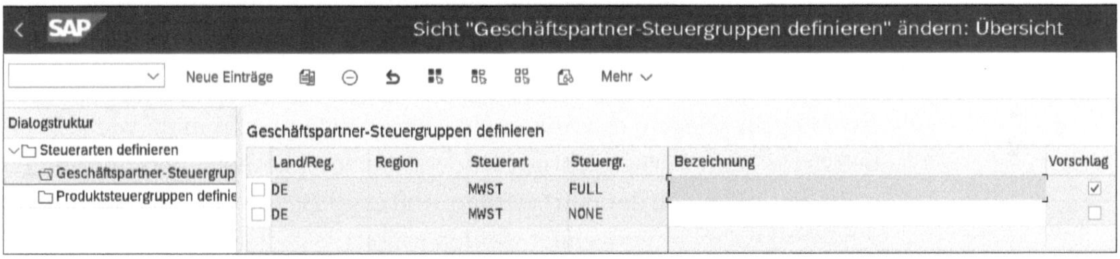

Abbildung 5.76 Steuerart MWST für Deutschland

In Abbildung 5.77 sehen Sie die Produktsteuergruppen für die **Steuerart** MWST in Deutschland.

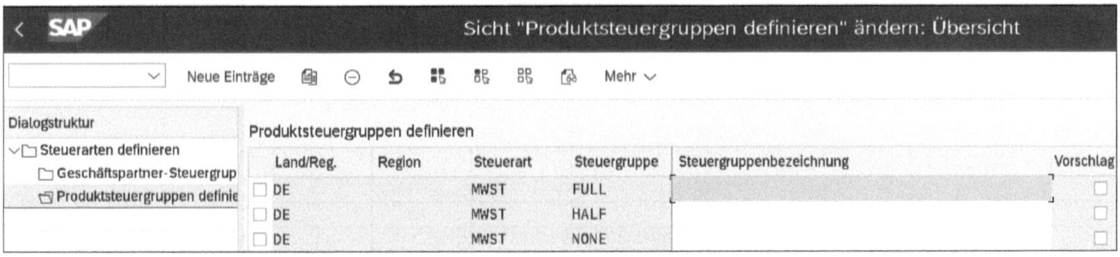

Abbildung 5.77 Produktsteuergruppen der MwSt. in Deutschland

An dieser Stelle sollten die ausgelieferten Standardeinstellungen ausreichend sein.

5.10.5 Geschäftszeiten

Einschränkung von Besuchs- und Warenannahmezeiten

Im Geschäftspartner haben Sie die Möglichkeit, *Geschäftszeiten* zu hinterlegen. Sie können z. B. Warenannahme- und Besuchszeiten des jeweiligen Geschäftspartners festlegen. Über den Pfad **Anwendungsübergreifende Komponenten • SAP-Geschäftspartner • Geschäftspartner Grundeinstellungen • Geschäftszeiten • Pflegeformat für Warenannahme und Besuchszeiten festlegen** können Sie die Einstellungen dieser Zeiten vornehmen.

Wenn Sie die Geschäftszeiten beschränken möchten, können Sie dies tun, indem Sie eine oder beide der folgenden Einstellungen markieren (siehe Abbildung 5.78).

- **eingeschränkter Dialog bei Warenannahmezeiten**
- **eingeschränkter Dialog bei Besuchszeiten der Ansprechpartnerbeziehung**

Ist eine oder beide dieser Optionen markiert, können Regeln nur in einer eingeschränkten Form gepflegt werden. Das heißt, es können maximal pro Woche zwei Zeiten gelten, es gibt keine einschränkenden Ausnahmen, und die Pflege eines Fabrikkalenders ist hierbei die Voraussetzung.

Verwenden Sie keine dieser beiden Einschränkungen, können Sie mehr als zwei Regeln pflegen, es können einschränkende Ausnahmen, wie z. B. arbeitsfreie Tage, berücksichtigt werden, daneben können Verknüpfungen zwischen Terminen definiert werden, und es gibt keine Vorsausetzung, dass ein Fabrikkalender verwendet werden muss.

Dies kann z. B. notwendig sein, wenn ein Datenaustausch mit Systemen erfolgt, die keine komplexen Regeln zulassen. Setzen Sie das Kennzeichen, wenn ein Datenaustausch der Warenannahme- und Besuchszeiten mit solchen externen Systemen vorgesehen ist.

Abbildung 5.78 Pflege der Geschäftszeiten

5.10.6 Personen

Im Geschäftspartner werden drei Arten von Geschäftspartnern unterschieden. In diesem Abschnitt beschreiben wir die Customizing-Einstellungen für den Bereich **Personen**. Es kann verschiedene Arten von natürlichen Personen geben, mit denen Sie eine Geschäftsbeziehung unterhalten. Dies können die eigenen Mitarbeiter*innen sein, Kreditsachbearbeiter*innen oder aber auch Ihre Ansprechpartner*innen bei Ihren Kunden oder Lieferanten.

Namensbestandteile

Für Personen können Sie über den Pfad **Anwendungsübergreifende Komponenten • SAP-Geschäftspartner • Geschäftspartner Grundeinstellungen • Personen • Namensbestandteile** verschiedene Namensbestandteile hinterlegen:

- **Akademische Titel**: Über dieses Feld können Sie mögliche akademische Titel hinterlegen (siehe Abbildung 5.79).

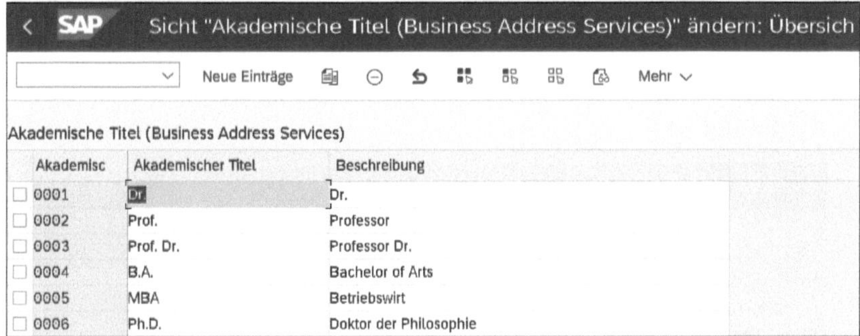

Akademische Titel (Business Address Services)

Akademisc	Akademischer Titel	Beschreibung
0001	Dr.	Dr.
0002	Prof.	Professor
0003	Prof. Dr.	Professor Dr.
0004	B.A.	Bachelor of Arts
0005	MBA	Betriebswirt
0006	Ph.D.	Doktor der Philosophie

Abbildung 5.79 Standardauslieferung der akademischen Titel

- **Namenszusatz**: Über dieses Feld können Sie mögliche Namenszusätze hinterlegen (siehe Abbildung 5.80).

Namenszusätze/Adelstitel (Schlüssel) (Bus. Addr. Services)

Schlüssel	Namenszusatz	Beschreibung
0001	Graf	Graf
0002	Gräfin	Gräfin
0003	Freiherr	Baron
0004	Freifrau	Baronin
0005	Earl	Earl
0006	Sir	Sir
0007	Fürst	Prinz
0008	Fürstin	Prinzessin

Abbildung 5.80 Standardauslieferung der Namenszusätze

- **Namensvorsatz**: Über dieses Feld können Sie mögliche Namensvorsätze hinterlegen (siehe Abbildung 5.81).

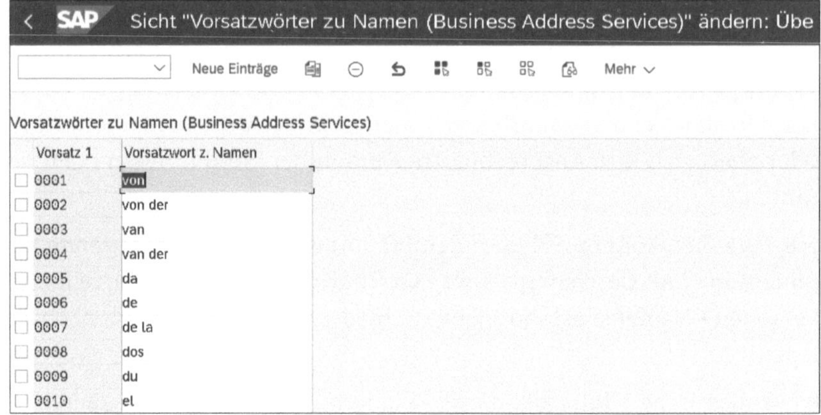

Abbildung 5.81 Standardauslieferung der Namenvorsätze

- **Regeln für Namensaufbereitung**: Über dieses Feld können Sie pro Land die unterschiedlichen Aufbereitungsmöglichkeiten einstellen (siehe Abbildung 5.82).

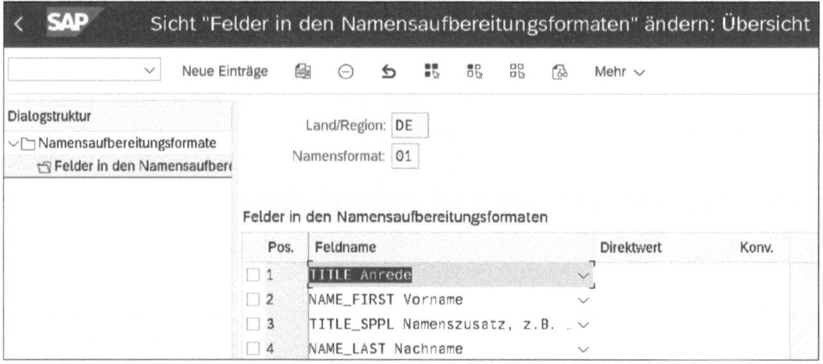

Abbildung 5.82 Regeln für die Namenaufbereitung

Bei natürlichen Personen werden die Namensbestandteile in mehreren getrennten Feldern im System abgelegt. Die Darstellung von Namen aus den verschiedenen Bestandteilen kann bei Bedarf nach Ländern oder abhängig von Regionen über explizite Regeln gesteuert werden. Wird keine Regel angegeben, gilt die folgende Standardeinstellung für Deutschland:

- Anrede
- Vorname
- Vorsatzwort
- Nachname

Die Verwendung dieser Namensbestandsteile ist eher nebensächlich. Bei Bedarf können Sie über **Neue Einträge** jeweils neue Werte definieren.

Familienstände

Bei Geschäftspartnern vom Typ **Person** kann der *Familienstand* eingegeben werden. Dieser dient lediglich der Information. In Abbildung 5.83 sehen Sie die Standardauslieferung, die Sie bei Bedarf erweitern können.

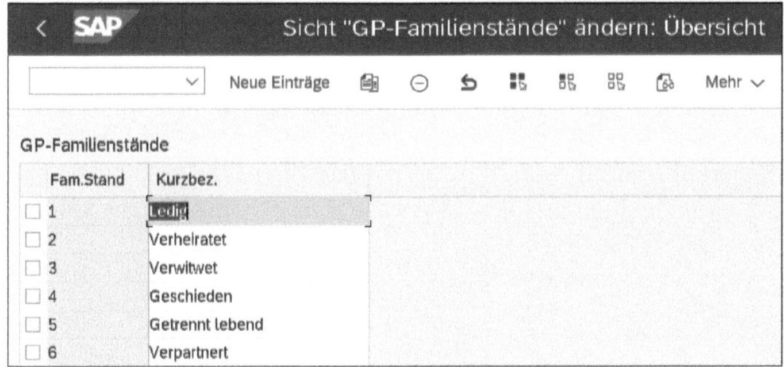

Abbildung 5.83 Übersicht der Familienstände

Berufe

Geschäftspartnern vom Typ **Person** können Sie einen *Beruf* zuordnen. Dieser dient lediglich der Information. In Abbildung 5.84 sehen Sie die Standardauslieferung.

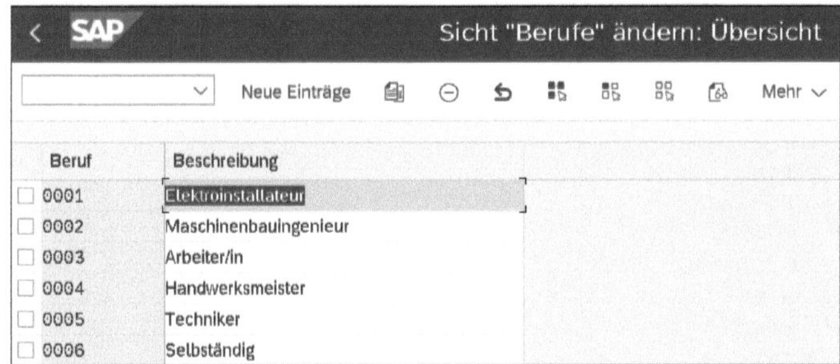

Abbildung 5.84 Übersicht der Berufe

5.10.7 Organisationen

In diesem Abschnitt beschreiben wir die Customizing-Einstellungen für den Bereich **Organisation**, einer weiteren Art von Geschäftspartnern. Über den Pfad **Anwendungsübergreifende Komponenten • SAP-Geschäftspartner • Geschäftspartner Grundeinstellungen • Organisationen** finden Sie diese Einstellungen.

Branchen und Branchensystem pflegen

Im Customizing können Sie Branchen und Branchensysteme hinterlegen. Branchensysteme dienen der Zusammenfassung und Kategorisierung mehrerer Branchen zu einer Gruppe.

Die Branche ist eine Einteilung von Unternehmen nach dem Schwerpunkt ihrer wirtschaftlichen Tätigkeit. Als Branchen können z. B. Handel, Banken, Dienstleistungen, Industrie, Gesundheitswesen, öffentlicher Dienst, Medien etc. verwendet werden.

Es gibt eine Standardauslieferung, das Branchensystem 0001 **Standardbranchensystem**, dem entsprechende Branchen zugeordnet sind (siehe Abbildung 5.85).

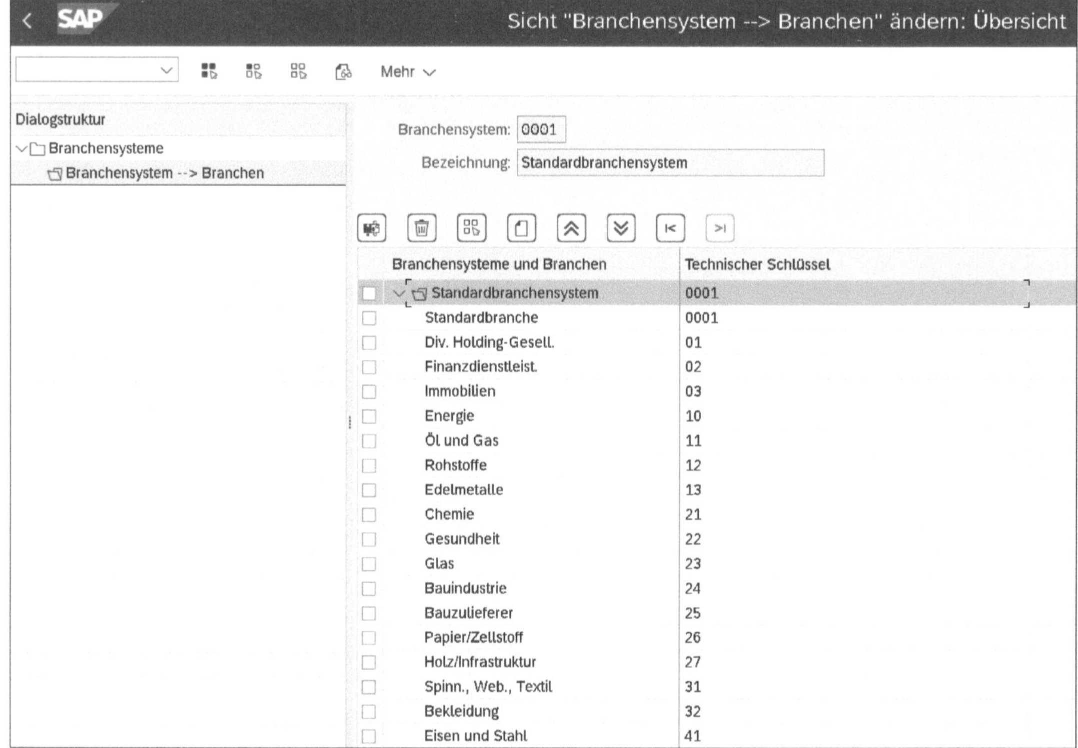

Abbildung 5.85 Standardbranchensystem 0001 mit zugeordneten Branchen

Erfahrungsgemäß ist es normalerweise notwendig, diese Branchen auf die jeweiligen Kunden mit individuellen Anforderungen anzupassen. Um weitere Branchen bzw. Branchensysteme anzulegen, klicken Sie im Bereich der Branchensysteme auf **Neue Einträge**. In Abbildung 5.86 sehen Sie die Neuanlage eines Branchensystems.

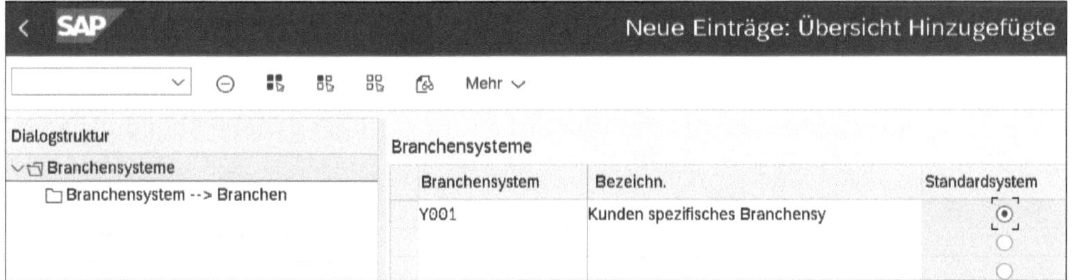

Abbildung 5.86 Neuanlage eines Branchensystems

Standardsystem

Bei der Kennzeichnung **Standardsystem** werden die Zuordnungen zu den Branchen sofort angezeigt. Die Zuordnungen zu den Branchen anderer Systeme werden erst nach expliziter Anforderung über eine Funktionstaste angezeigt. Für die Neuanlage von Branchen zu dem gerade angelegten Branchensystem klicken Sie im linken Bereich auf **Branchensystem → Branchen**. Über den Button **Neu** legen Sie Ihre Kunden in individuellen Branchen an. In Abbildung 5.87 sehen Sie die Übersicht zur Neuanlage von Branchen.

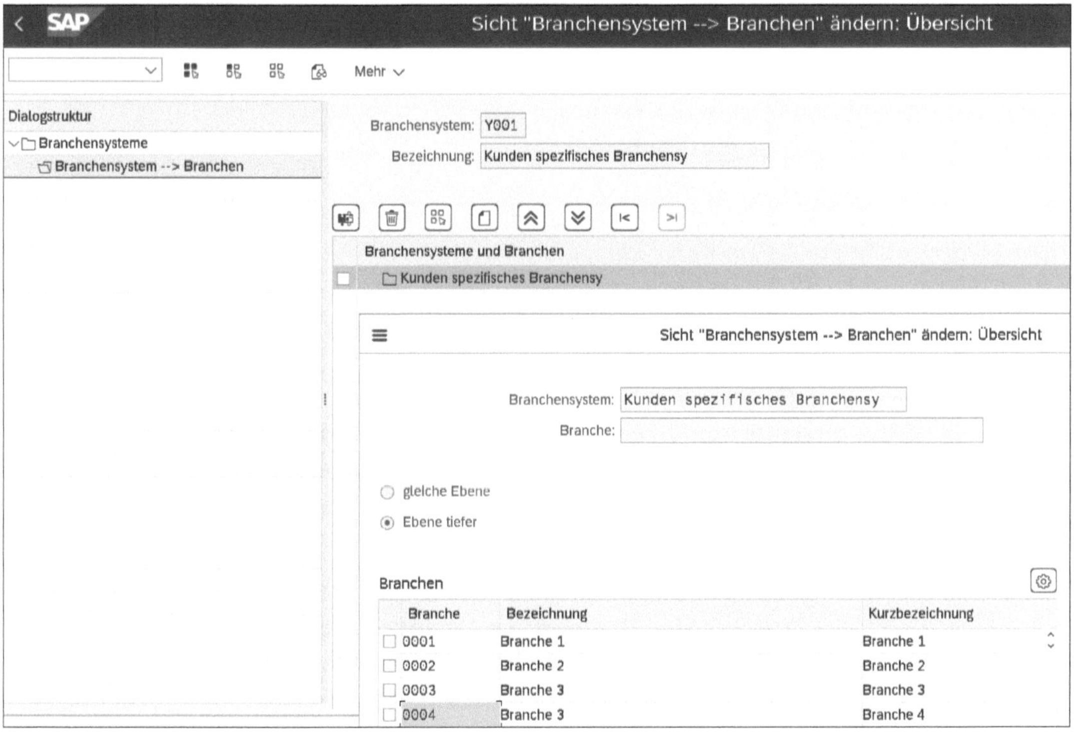

Abbildung 5.87 Neuanlage von Branchen

An dieser Stelle haben Sie weitere Bearbeitungsmöglichkeiten, wie etwa zu löschen, und eine Detailansicht. Sichern Sie Ihre Daten, damit stehen Ihnen Ihre Branchensysteme im Geschäftspartner auf der Registerkarte **Identifikation** über den Abschnitt **Branchen** zur Verfügung (siehe Abbildung 5.88).

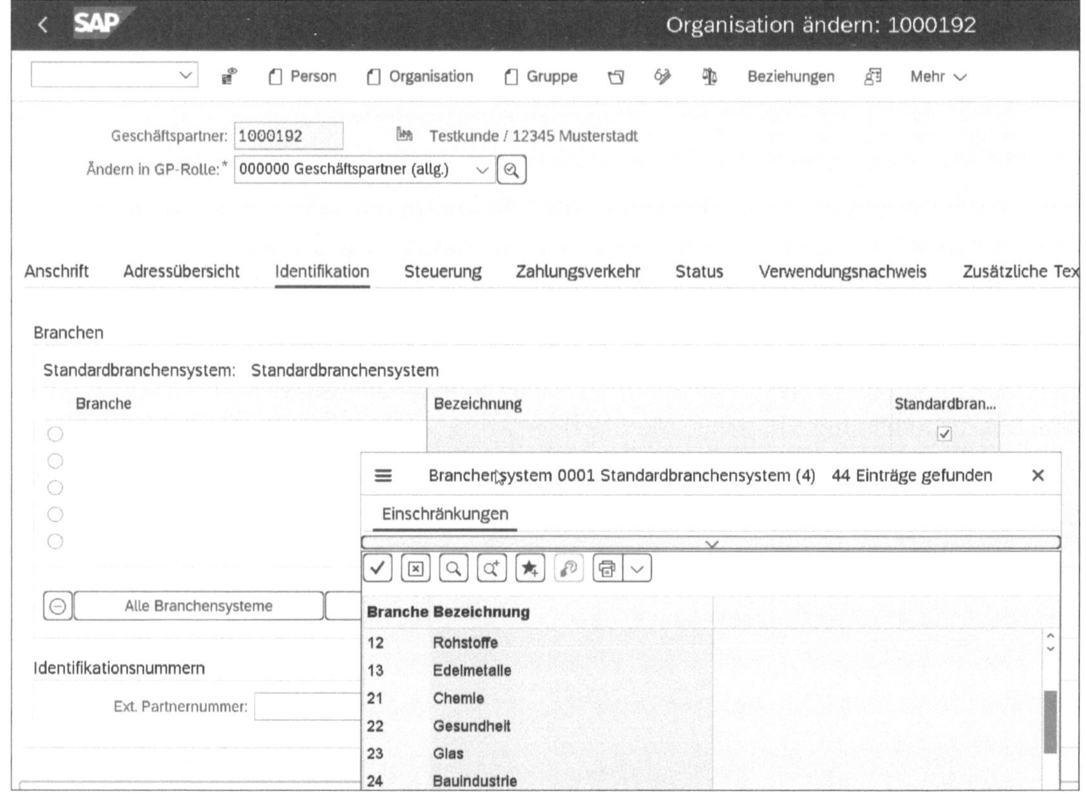

Abbildung 5.88 Ansicht der Branchen im Geschäftspartner-Stammsatz

Rechtsformen pflegen

Die *Rechtsform* bezeichnet rechtliche Normen, die für eine Organisation wesentlich sind. Diese Angabe ist optional und dient nur Informationszwecken. Bei Bedarf können Sie über den Pfad **Anwendungsübergreifende Komponenten • SAP-Geschäftspartner • Geschäftspartner Grundeinstellungen • Organisationen • Rechtsformen pflegen** neue Werte hinterlegen. In Abbildung 5.89 sehen Sie die Übersicht der ausgelieferten Rechtsformen.

Rechtsträger pflegen

Rechtsträger sind die juristisch Verantwortlichen. Diese Angaben dienen nur der Information. Bei Bedarf können Sie hier neue Einträge anlegen. In Abbildung 5.90 sehen Sie eine Übersicht der ausgelieferten Rechtsträger.

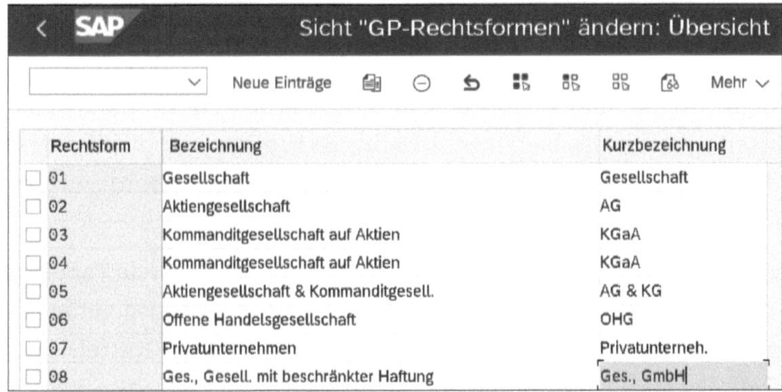

Sicht "GP-Rechtsformen" ändern: Übersicht

Rechtsform	Bezeichnung	Kurzbezeichnung
01	Gesellschaft	Gesellschaft
02	Aktiengesellschaft	AG
03	Kommanditgesellschaft auf Aktien	KGaA
04	Kommanditgesellschaft auf Aktien	KGaA
05	Aktiengesellschaft & Kommanditgesell.	AG & KG
06	Offene Handelsgesellschaft	OHG
07	Privatunternehmen	Privatunterneh.
08	Ges., Gesell. mit beschränkter Haftung	Ges., GmbH

Abbildung 5.89 Übersicht der Rechtsformen

Sicht "GP-Rechtsträger" ändern: Übersicht

Träger	Kurzbezeichnung	Bezeichnung	PrRechtl.
01	öff.Kred.Inst.	öffentlich-rechtliches Kreditinstitut	☐
02	priv.Kred.Inst.	privatrechtliches Kreditinstitut	☑
03	Versicherung	Privatrechtliches Unternehmen: Versicherung	☐
04	Industrie	Privatrechtliches Unternehmen: Industrie	☐
05	Sonst. Körp.	Sonstige Körperschaft des öffentlichen Rechts	☐
06	Komm. Körp.	Kommunale Körperschaft	☐
07	Schienenverkehr	Schienenverkehr	☐
08	Posttransport	Posttransport	☐
09	ö.r. Körpersch.	Öffentlich rechtliche Körperschaften	☐
10	priv. Grunds.	Privatrechtliche Grundstücksgesellschaften	☐

Abbildung 5.90 Übersicht der Rechtsträger

5.10.8 Gruppen und Gruppenarten

Gruppenart

In diesem Abschnitt beschreiben wir die Customizing-Einstellung für den Bereich Gruppe, eine weitere Art von Geschäftspartner. Mithilfe der *Gruppenart* können Sie Geschäftspartner zusammenfassen, die aus mehreren Personen oder Organisationen bestehen.

Bei Geschäftspartnern vom Typ Gruppe können Sie spezifizieren, um was für eine Art von Gruppe es sich handelt. Die Einstellungen können Sie über den Pfad **Anwendungsübergreifende Komponenten • SAP-Geschäftspartner • Geschäftspartner Grundeinstellungen • Gruppe** vornehmen.

Aus der Praxiserfahrung heraus können wir sagen, dass die Gruppe bisher oft keine Anwendung findet.

5.10.9 Erweiterbarkeit

Business Data Toolset

Die Konzeption des Geschäftspartners ermöglicht Ihnen viele Erweiterungsmöglichkeiten, da der Bildaufbau und die Bildfolgen in Steuerungstabellen hinterlegt sind. Das bedeutet, Sie können Programmlogik über fest definierte Schnittstellen nach Ihren kundenspezifischen Anforderungen im System einbauen.

Sie können den Geschäftspartner beliebig um Attribute und neue Tabellen erweitern. Außerdem haben Sie die Möglichkeit, die von SAP ausgelieferten Feldprüfungen zu erweitern. Die technischen Möglichkeiten mittels BDT (Business Data Toolset) werden ausführlich in Kapitel 8, »Erweiterung des Geschäftspartners per Business Data Toolset«, beschrieben.

5.11 Geschäftspartner-Beziehungen

Über die Geschäftspartner-Beziehung, die eine Geschäftsverbindung zwischen zwei Geschäftspartnern darstellt, gibt es eigene Customizing-Einstellungen. Eine typische Geschäftspartner-Beziehung ist z. B. die Verbindung eines Ansprechpartners, der in einem SAP-S/4HANA-Sytem als ein eigenständiger Geschäftspartner existiert, zu der Organisation, für die er als Ansprechpartner fungiert.

Grundeinstellungen

Um Beziehungen nutzen zu können, müssen verschiedene Grundsteinstellungen vorgenommen werden. Über den Pfad **Anwendungsübergreifende Komponenten • SAP-Geschäftspartner • Geschäftspartner Geschäftspartnerbeziehungen • Grundeinstellungen** können Sie diese Einstellungen prüfen und bei Bedarf anpassen.

Zu den Grundeinstellungen gehören neben der Definition von Nummernkreisen die Festlegung von Eigenschaften von Geschäftspartner-Beziehungstypen, die Definition von Beziehungsarten und die Zuordnung von Layoutgruppen zu den Beziehungstypen:

- **Nummernkreisnummer**: Die Nummernkreisnummer dient der internen Verwaltung der Geschäftspartner-Beziehungen und Geschäftspartner-Rollenfindungen. Hier wird eine interne Nummer aus dem Nummernkreisintervall 01 benötigt (siehe Abbildung 5.91).
- **Eigenschaften von GP-Beziehungstypen**: Dieser Typ beschreibt die Merkmale einer Beziehung (siehe Abbildung 5.92).

Intervallpflege: GP-Beziehungen, Objekt BU_RELNR

Nummernkreisnummer	von Nummer	bis Nummer	Nummernstand	Extern
01	000000000001	999999999999	130	☐

Abbildung 5.91 Interner Nummernkreis für Geschäftspartner-Beziehungen

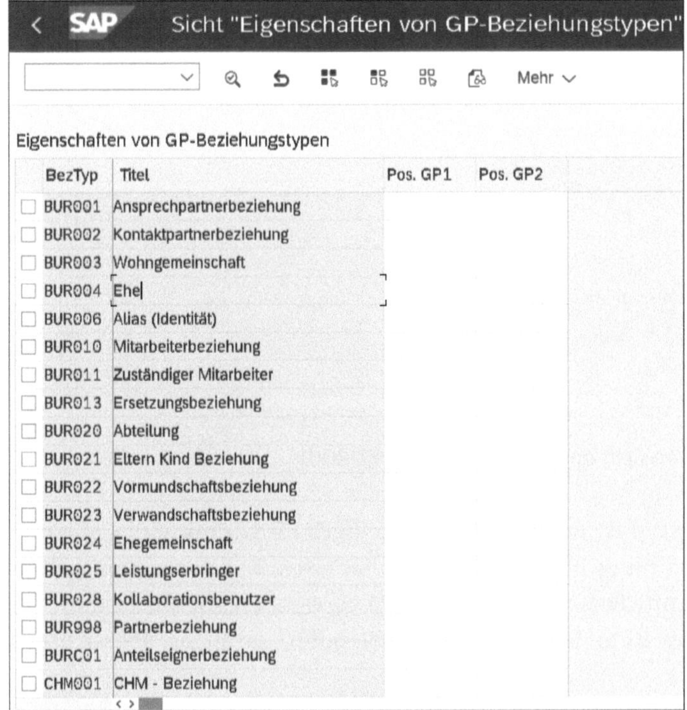

Sicht "Eigenschaften von GP-Beziehungstypen"

Eigenschaften von GP-Beziehungstypen

BezTyp	Titel	Pos. GP1	Pos. GP2
BUR001	Ansprechpartnerbeziehung		
BUR002	Kontaktpartnerbeziehung		
BUR003	Wohngemeinschaft		
BUR004	Ehe		
BUR006	Alias (Identität)		
BUR010	Mitarbeiterbeziehung		
BUR011	Zuständiger Mitarbeiter		
BUR013	Ersetzungsbeziehung		
BUR020	Abteilung		
BUR021	Eltern Kind Beziehung		
BUR022	Vormundschaftsbeziehung		
BUR023	Verwandschaftsbeziehung		
BUR024	Ehegemeinschaft		
BUR025	Leistungserbringer		
BUR028	Kollaborationsbenutzer		
BUR998	Partnerbeziehung		
BURC01	Anteilseignerbeziehung		
CHM001	CHM - Beziehung		

Abbildung 5.92 Ausschnitt der Beziehungstypen

Beziehungstyp

Zwischen zwei unterschiedlichen Geschäftspartnern kann es eine Beziehung geben. Der Geschäftspartner-Beziehungstyp beschreibt das Wesen dieser Beziehung und charakterisiert damit, welche Merkmale die Beziehung besitzt.

Es wird zwischen einem gerichteten und einem ungerichteten Geschäftspartner-Beziehungstyp unterschieden. Bei dem gerichteten Geschäftspartner-Beziehungstyp existiert die Beziehung von einem Geschäftspartner zu einem anderen, aber nicht umgekehrt. In Abbildung 5.93 sehen Sie die Detailansicht des Beziehungstyps BUR001 (**Ansprechpartnerbeziehung**).

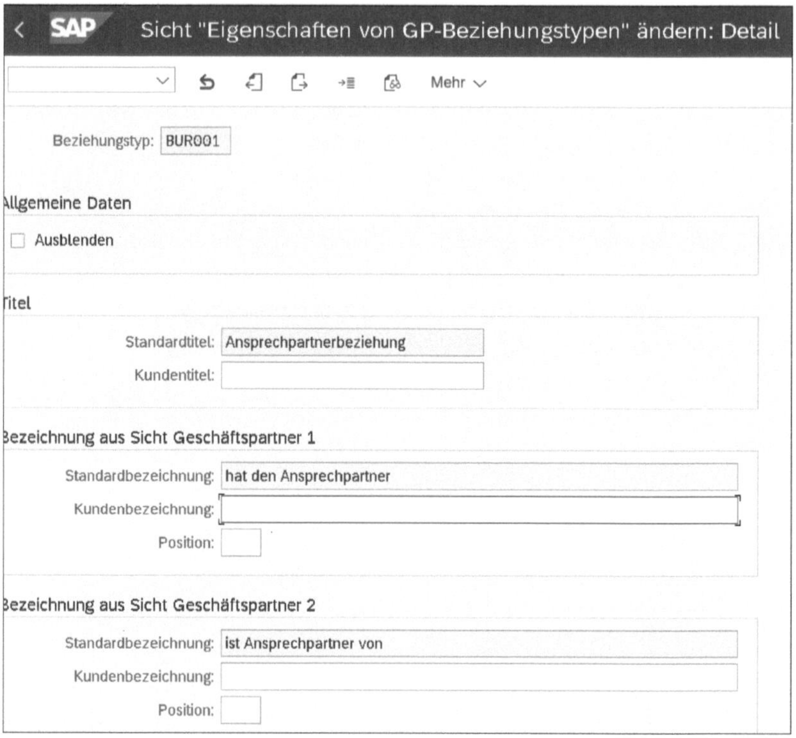

Abbildung 5.93 Ansicht des Beziehungstyps BUR001

Pflege von Beziehungstypen

Der Beziehungstyp ist ein bis zu sechsstelliges Kürzel mit einer entsprechenden Bezeichnung. Bei Bedarf können Sie einen Kundentext mitgeben. Falls Sie bestimmte Beziehungstypen nicht verwenden, sollten Sie diese für die Bearbeitung Ihrer Stammdaten ausblenden, damit es übersichtlich bleibt.

Darüber hinaus gibt es jeweils die Bezeichnung aus Sicht des Geschäftspartners 1 sowie des Geschäftspartners 2. Auch hier besteht die Möglichkeit, eine individuelle Kundenbezeichnung zu hinterlegen.

Über das Feld **Position** können Sie die Reihenfolge der Registerkarten der Geschäftspartner-Beziehungen beeinflussen. Die Geschäftspartner-Beziehungstypen werden in der Auswahlliste im Geschäftspartner-Dialog in alphabetischer Reihenfolge dargestellt. Ebenso werden die Registerkarten der Geschäftspartner-Beziehungen alphabetisch sortiert.

Wenn Sie eine andere Reihenfolge der Geschäftspartner-Beziehungstypen wünschen, können Sie in diesem Feld Positionsnummern für die Geschäftspartner-Beziehungstypen vergeben und somit eine andere Reihenfolge festlegen.

Reihenfolge von Beziehungstypen anpassen

Die mit einer Positionsnummer versehenen Geschäftspartner-Beziehungstypen werden in aufsteigender Reihenfolge am Anfang der Auswahlliste aufgeführt. Die Geschäftspartner-Beziehungstypen ohne Positionsnummer folgen dann in alphabetischer Reihenfolge.

Beziehungsarten

Außerdem gibt es *Beziehungsarten*. Die Geschäftspartner-Beziehungsart ist eine Einteilung von Geschäftspartner-Beziehungstypen nach beliebigen Kriterien, die Sie frei definieren können. Die Geschäftspartner-Beziehungsart stellt eine Verfeinerung eines Geschäftspartner-Beziehungstyps dar. Des Weiteren können Sie frei definierbare Layoutgruppen festlegen und dem Beziehungstyp zuordnen (siehe Abbildung 5.94).

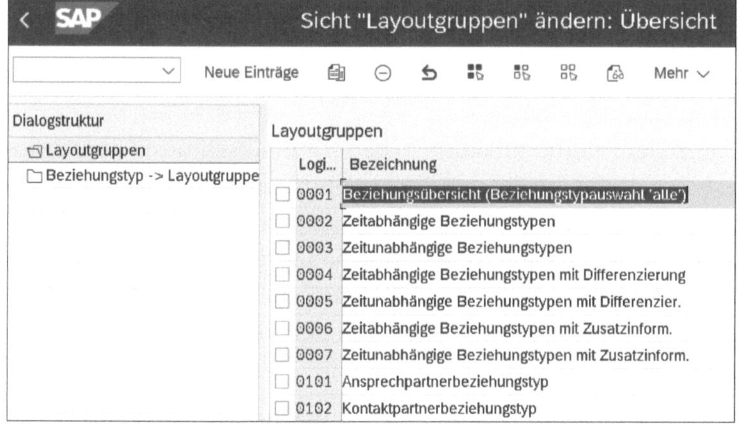

Abbildung 5.94 Layoutgruppen

In Abbildung 5.95 sehen Sie die hinterlegte Layoutgruppe 0101 (Ansprechpartnerbeziehungstyp) für den Beziehungstyp BUR001 (**hat den Ansprechpartner**).

Bei Bedarf können Sie an dieser Stelle neue Einträge vornehmen. Aus der Erfahrung heraus sind die ausgelieferten Standardeinstellungen ausreichend.

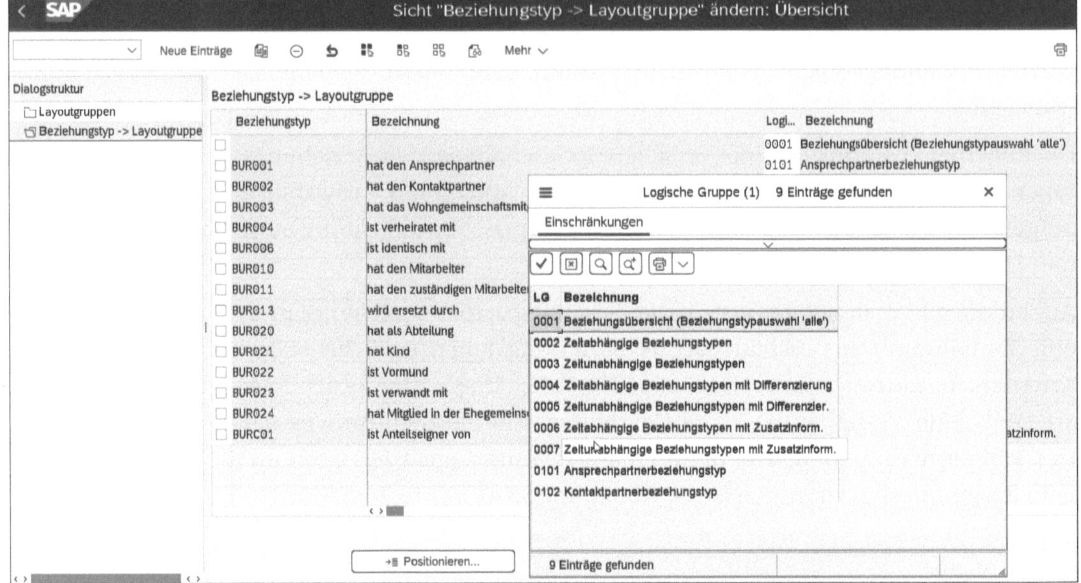

Abbildung 5.95 Zuordnung Beziehungstyp zu Layoutgruppe

Feldmodifikation

Die Grundlagen der Feldmodifikation haben wir in Abschnitt 5.7, »Feldmodifikation«, beschrieben. Im Bereich der Beziehungen haben Sie ebenso die Möglichkeit, Feldmodifikationen für Beziehungen vorzunehmen. Die Einstellungen finden Sie über den Pfad **Anwendungsübergreifende Komponenten • SAP-Geschäftspartner • Geschäftspartner Geschäftspartnerbeziehungen • Feldmodifikationen**. Auf den folgenden vier Ebenen können Sie die Feldmodifikation einstellen:

- **Feldattribute pro Mandant**: Diese Einstellungen sind in Abschnitt 5.7.1 beschrieben.
- **Feldattribute pro Geschäftspartner-Beziehungstyp konfigurieren**: Hier können Sie die Feldmodifikation einstellen auf Ebene des Beziehungstyps. In Abbildung 5.96 sehen Sie die Standardeinstellungen. Sollten Sie eigene Beziehungstypen definiert haben, können Sie die Einstellungen für Ihre kundenindividuellen Beziehungstypen vornehmen.

  Mit einem Doppelklick bzw. durch Markieren eines Typs und den Button **Feldmodifikation** gelangen Sie eine Ebene tiefer. Hier stehen Ihnen jetzt alle Felder des ausgewählten Beziehungstyps zur Verfügung. Die Einstellungen können Sie analog zur Beschreibung von Abschnitt 5.7, »Feldmodifikation«, vornehmen. In Abbildung 5.97 sehen Sie einen Ausschnitt der Felder, den Sie für den Beziehungstyp einstellen können.

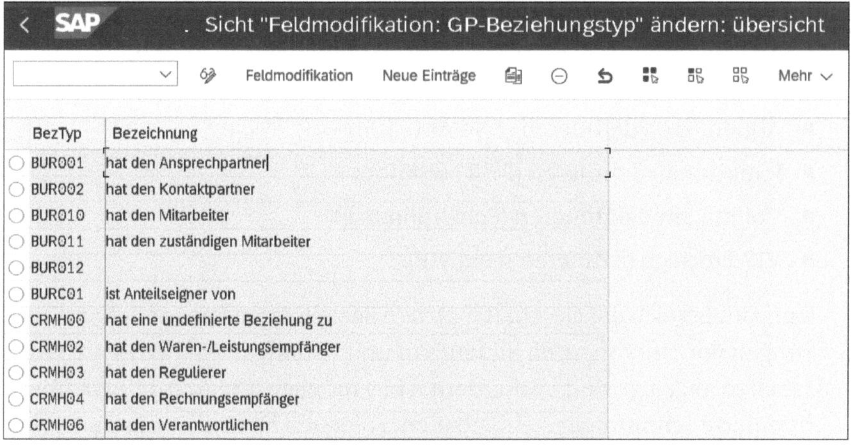

Abbildung 5.96 Feldmodifikation Geschäftspartner-Beziehungstyp

Sicht "Feldmodifikation: GP-Beziehungstyp" ändern: übersicht

Mehr

hat den Ansprechpartner

Feldgruppen

Bezeichnung	Feld...	Ausblenden	Musseingabe	Kanneingabe	Anzeigen	nicht spez.
Ansprechpartner: Attribut 4	467	◉	○	○	○	○
Ansprechpartner: Attribut 5	468	◉	○	○	○	○
Ansprechpartner: Attribut 6	470	◉	○	○	○	○
Ansprechpartner: Attribut 7	471	◉	○	○	○	○
Ansprechpartner: Attribut 8	472	◉	○	○	○	○
Ansprechpartner: Attribut 9	473	◉	○	○	○	○
Ansprechpartner: Bemerkung	21	○	○	◉	○	○
Ansprechpartner: Funktion	24	○	◉	○	○	○
Ansprechpartner: VIP	20	○	○	◉	○	○
Ansprechpartner: Vertriebsmitarbeiter	402	◉	○	○	○	○
Ansprechpartner: Vollmacht	22	○	○	◉	○	○
Besuchszeiten	71	○	○	◉	○	○

Feldnachweis

Abbildung 5.97 Feldmodifikation auf Feldebene

- **Feldattribute pro Geschäftspartner-Rollenfindungstyp konfigurieren**: Falls Sie Geschäftspartner-Rollenfindungstypen in Ihrem System definiert haben, können Sie auf dieser Ebene die Feldmodifikation einstellen.
- **Feldattribute pro Aktivität konfigurieren**: Hier haben Sie die Option, die Feldmodifikation pro Aktivität vorzunehmen; dies ist in Abschnitt 5.7.4, »Feldattribute pro Geschäftspartner-Art konfigurieren«, beschrieben.

Ansprechpartner

Im Bereich der Ansprechpartner können Sie die folgenden vier Einstellungen vornehmen (analog zu den Beschreibungen in Abschnitt 4.15, »Ansprechpartner«):

- Abteilungen definieren (Feld **Abteilung**)
- Funktionen definieren (Feld **Funktion**)
- Vollmachten definieren (Feld **Vollmacht**)
- VIP-Einträge definieren (Feld **VIP**)

Erweiterbarkeit

Auch im Bereich der Geschäftspartner-Beziehungen ist es möglich, Erweiterungen vorzunehmen, da Bildaufbau und Bildfolgen ebenso in Steuerungstabellen abgelegt sind. Außerdem ist es möglich, Programmlogik über fest definierte Schnittstellen einzubauen. Folgende modifikationsfreie Erweiterungen können Sie bei Bedarf vornehmen:

- Erweiterung eines bestehenden Geschäftspartner-Beziehungstyps um kundeneigene Attribute. Hier können Sie Ihre eigene Programmlogik bei Bedarf anwenden.
- Erweiterung der Geschäftspartner-Beziehungen um kundeneigene Beziehungstypen. Nehmen Sie hierzu die entsprechenden Einträge in den Steuerungstabellen vor.

Die Einstellungen hierzu können Sie für das BDT (Business Data Toolset) vornehmen. Das BDT beschreiben wir in Kapitel 8, »Erweiterung des Geschäftspartners per Business Data Toolset«.

5.12 Datenverteilung

Verteilung über ALE oder SAP NetWeaver XI

Falls Sie Ihre Geschäftspartner über *Application Link Enabling* (ALE) oder *SAP NetWeaver Exchange Infrastructure* (XI) verteilen wollen, können Sie in diesem Bereich die notwendigen Einstellungen vornehmen. Hinter ALE versteht man eine Middleware-Technologie, die in SAP-Systemen verwendet wird. Ebenso können Sie mit dem SAP NetWeaver XI unterschiedliche Systeme miteinander verbinden.

Wenn Sie Daten zum Geschäftspartner oder Beziehungen über ALE verteilen möchten, sind die folgenden Funktionsbausteine relevant:

- `BUPA_OUTBOUND_ALE_MAIN`
- `BUPA_OUTBOUND_ALE_REL`

Für die Verteilung von SAP NetWeaver XI verwenden Sie diese Funktionsbausteine:

- BUPA_OUTBOUND_MAIN
- BUPA_OUTBOUND_REL
- BUPA_INBOUND

5.13 Fazit

In diesem Kapitel haben wir Ihnen neben dem Überblick über die Synchronisation der Stammdaten eine ausführliche Übersicht über die notwendigen und möglichen Customizing-Einstellungen für den Geschäftspartner unter SAP S/4HANA gegeben. Wir haben Ihnen das grundlegende Customizing sowie das Konzept der Geschäftspartner-Rollen, der Nummernvergabe und die Möglichkeiten der Feldmodifikation auf verschiedenen Ebenen erläutert.

Des Weiteren sind wir auf die notwendigen Einstellungen im Bereich der Geschäftspartner-Beziehungen und verschiedenen Erweiterungsmöglichkeiten eingegangen.

Es ist anzumerken, dass die Möglichkeiten an Customizing Einstellungen im Bereich des Geschäftspartners weitaus komplexer sind, als dies bisher der Fall war in den Stammdateneinstellungen für Kunden, Lieferanten und Ansprechpartner war. Welche der beschriebenen Einstellungen für Ihr SAP-S/4HANA-System notwendig und welche optional sind, ist eine kundenindividuelle Entscheidung, abhängig von Ihren Anforderungen an den Geschäftspartner.

Die Einstellungen der Stammdaten im Bereich des Kunden- und Lieferantenstamms für z. B. Kontengruppen, Nummernkreise und Bildaufbau sind ebenso in einem SAP-S/4HANA-System neben den Geschäftspartner-Einstellungen vorzunehmen, da sonst keine Grundlage für die Synchronisation vorhanden ist.

Kapitel 6
Datenstrukturen des Geschäftspartners

In diesem Kapitel möchten wir Ihnen einen Überblick über die Datenstruktur des Geschäftspartners geben, denn es gibt eine Reihe von speziellen Geschäftspartner-Tabellen. Sie lernen die wichtigsten dieser Tabellen und deren Verknüpfungen zu den Kunden- und Lieferantenstammdatentabellen kennen.

6

Sie kennen vermutlich die wichtigsten Datenbanktabellen des Kundenstamms, allen voran die Tabelle KNA1, ebenso werden Sie mit den wichtigsten Tabellen des Lieferantenstamms vertraut sein. Wenn Sie jedoch gerade anfangen, sich mit dem SAP-Geschäftspartner auseinanderzusetzen, sind die Tabellen des Geschäftspartners vielleicht noch Neuland für Sie. In diesem Kapitel möchten wir Ihnen einen Überblick über die wichtigsten dieser Tabellen und deren Verbindung untereinander geben.

Im Bereich des Geschäftspartners gibt es eine ganze Reihe von Tabellen, in denen neben Tabellen wie der LFA1 (Lieferantenstamm allgemeiner Teil) oder der KNA1 (Kundenstamm allgemeiner Teil) die Daten für den Geschäftspartner hinterlegt werden.

BUT*-Tabellen

Der Schlüssel dieser Tabellen beinhaltet zumeist den Term *BUT** Wenn Sie in der Transaktion SE11 (ABAP Dictionary Einstieg) nach BUT* selektieren, werden Ihnen diese Tabellen angezeigt. In diesem Kapitel werden wir eine dieser Tabellen im Detail betrachten und darüber hinaus die technischen Zusammenhänge von diversen Stammdatentabellen in den Bereichen Kunden- und Lieferantenstamm vorstellen. Sie erhalten außerdem eine Übersicht über die wichtigsten Geschäftspartner-Tabellen.

In Abbildung 6.1 sehen Sie die Selektion von BUT*-Tabellen in der Transaktion SE11.

Tabelle BUT000

Eine der wichtigsten Tabellen ist die Tabelle BUT000 (**GP: Allgemeine Daten 1**). In dieser Tabelle finden Sie jeden einzelnen Geschäftspartner sowie alle Geschäftspartner-Typen, d. h. Organisationen, Personen und auch Gruppen.

Die Tabelle hat zwei Schlüsselfelder:

- Mandant (technischer Feldname Client)
- Geschäftspartner (technischer Feldname PARTNER)

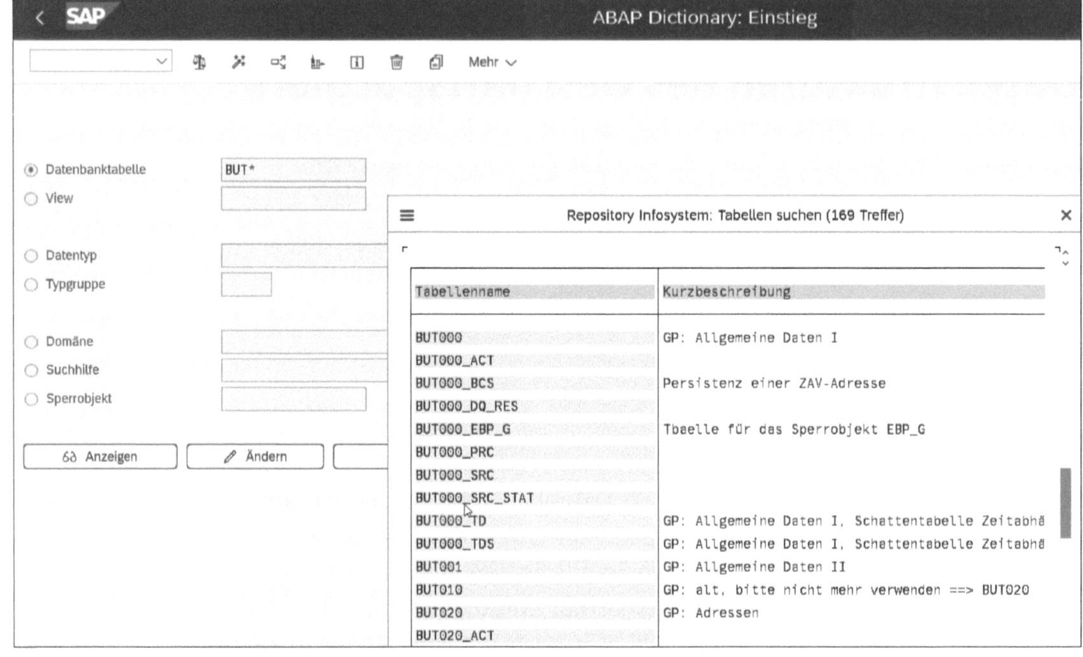

Abbildung 6.1 Selektion nach diversen Geschäftspartner-Tabellen in Transaktion SE11

Geschäftspartner-GUID

In dieser Tabelle erhalten Sie zudem viele weitere Informationen, z. B. mit welcher Gruppierung dieser Geschäftspartner angelegt wurde, die Partnerart sowie weitere Angaben wie Name 1–4, Branche, Korrespondenzsprache und die Geschäftspartner-GUID (*Globally Unique Identifiers*) mit dem technischen Feldnamen PARTNER_GUID.

Bedeutung der Geschäftspartner-GUID

Die Geschäftspartner-GUID ist ein eindeutiger Wert für jeden Geschäftspartner.

In Abbildung 6.2 sehen Sie einen Ausschnitt der Tabelle BUT000 (**GP: Allgemeine Daten 1**). Das Schlüsselfeld der Geschäftspartner-Nummer wird in der ersten Spalte dargestellt, ebenso lässt sich der Geschäftspartner-Typ und die vergebene Geschäftspartner-Gruppierung erkennen.

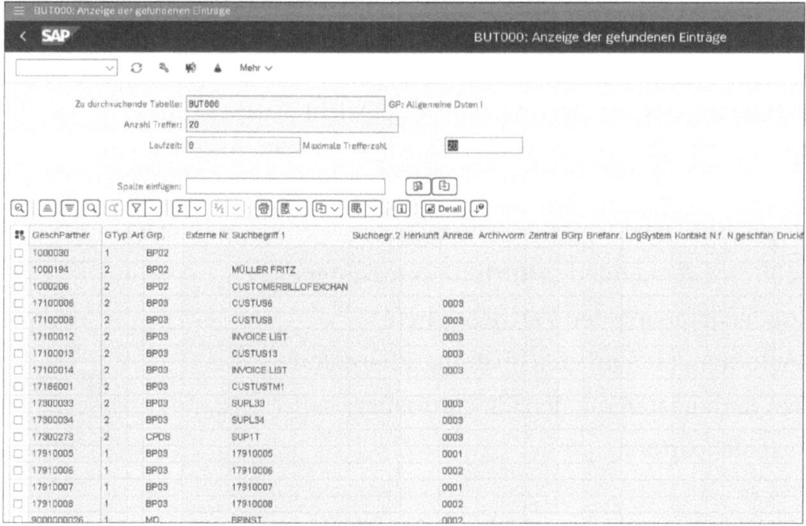

Abbildung 6.2 Detailansicht der Tabelle BUT000

6.1 Übersicht der Tabellen im Paket S_BUPA_GENERAL

Entwicklungspaket S_BUPA_GENERAL

Über das Entwicklungspaket S_BUPA_GENERAL können Sie in der Transaktion SE80 Informationen zu den relevanten Datenbanktabellen des Geschäftspartners erhalten. Navigieren Sie hierfür in den Bereich **Datenbanktabellen** in die Übersicht der relevanten Geschäftspartner-Tabellen. (siehe Abbildung 6.3).

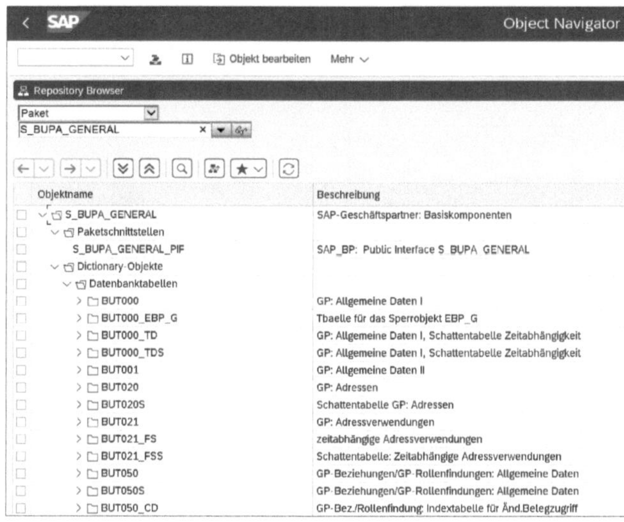

Abbildung 6.3 Paket S_BUPA_GENERAL inklusive eines Ausschnitts aus den Datenbanktabellen

6.2 Geschäftspartner-Tabellen

Im Rahmen der Customer-Vendor-Integration (CVI) und der grundsätzlichen Nutzung des Geschäftspartners ist es wichtig, dass Sie die technischen Zusammenhänge von einzelnen Tabellen in den folgenden Bereichen kennen:

- allgemeine Daten
- Debitorendaten mit den Buchungskreisdaten
- Kundendaten mit den Vertriebsdaten
- Kreditorendaten mit den Buchungskreisdaten
- Lieferantendaten mit den Einkaufsdaten
- Ansprechpartner

6.2.1 Datenstrukturen der allgemeinen Daten eines Geschäftspartners

Allgemeine Daten und die Geschäftspartner-Rolle 000000

Jeder Geschäftspartner, der angelegt wird, egal, ob in einem SAP-ERP-System oder in einem SAP-S/4HANA-System, wird mit der Geschäftspartner-Rolle 000000 (GP-allgemein) angelegt. Diese allgemeinen Daten finden Sie in der Tabelle BUT000 (GP: Allgemeine Daten Teil 1). Wird im Geschäftspartner eine Adresse und z. B. eine Bankverbindung gepflegt, werden weitere Tabellen wie BUT020 (GP: Adressen) und BUT0BK (GP: Bankverbindungen) mit den entsprechenden Daten befüllt.

Verknüpfungen von Tabellen

Abbildung 6.4 zeigt die Struktur der allgemeinen Daten des Geschäftspartners auf Ebene der beteiligten Datenbanktabellen.

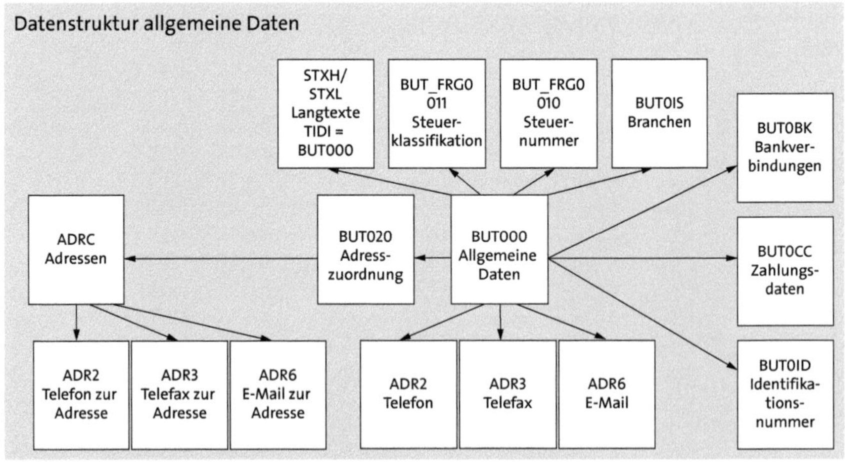

Abbildung 6.4 Datenstruktur der allgemeinen Daten im Geschäftspartner

Funktionale Steuerung über die Geschäftspartner-Rolle

Wurde für einen Geschäftspartner nur die Rolle 000000 (**GP allgemein**) angelegt, steht Ihnen dieser noch nicht in den Modulen Finanzwesen, Vertrieb oder Einkauf zur Verfügung. Erst durch die Zuordnung weiterer Geschäftspartner-Rollen, wie z. B. der Rolle FLCU00 (**Debitor**), wird die spezifische Funktion definiert, die ein Geschäftspartner Ihrem Unternehmen gegenüber einnimmt. Die Zuordnung der Geschäftspartner-Rolle FLCU00 definiert einen Geschäftspartner als Debitoren.

Adresstabellen

Im Bereich der Adressen gibt es weitere relevante Tabellen (siehe Abbildung 6.5). Die Tabelle in dem Bereich Geschäftspartner für Adressen ist BUT020 (GP: Adressen).

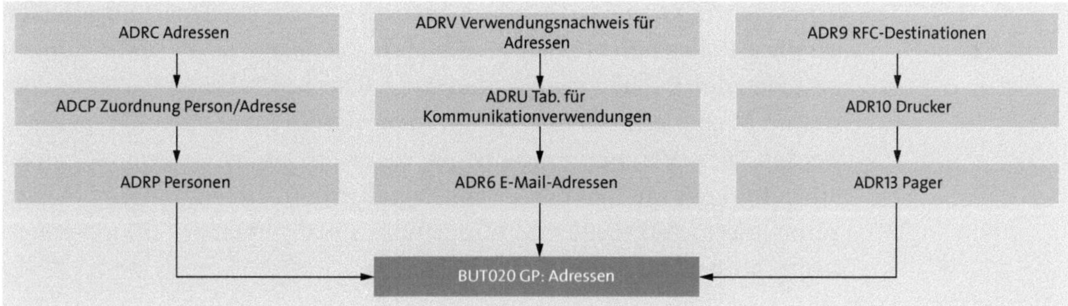

Abbildung 6.5 Übersicht über weitere relevante Tabellen für Adressen

Die Tabelle BUT020 (GP: Adressen) hängt mit weiteren Tabellen zusammen. In Tabelle 6.1 ist eine Auswahl relevanter Tabellen aufgelistet. Abhängig davon, welche Daten Sie in Ihrem Geschäftspartner pflegen, können weitere Tabellen fortgeschrieben werden.

Tabellenname	Beschreibung
ADRC	Adressen (Business Address Services)
ADCP	Zuordnung Person/Adresse (Business Address Services)
ADRP	Personen (Business Address Services)
ADRV	Verwendungsnachweis für Adressen (Business Address Services)
ARDU	Tabelle für Kommunikationsverwendungen

Tabelle 6.1 Für Tabelle BUT20 relevante weitere Tabellen

Tabellenname	Beschreibung
ADR6	E-Mail-Adressen (Business Address Services)
ADR9	RFC-Destinationen (Business Address Services)
ADR10	Drucker (Business Address Services)
ADR13	Pager (Business Address Services)

Tabelle 6.1 Für Tabelle BUT20 relevante weitere Tabellen (Forts.)

6.2.2 Verknüpfung zwischen Geschäftspartner- und Debitor-Tabellen

Datenstruktur der debitorischen Daten im Geschäftspartner

Damit Sie einen Geschäftspartner im Bereich Finanzwesen verwenden können, müssen Sie die entsprechende Rolle für diesen Geschäftspartner angelegt haben. In Kapitel 1, »Grundkonzept des SAP-Geschäftspartners«, haben wir diese Rollen beschrieben. In Abbildung 6.6 sehen Sie die Verbindungen zwischen den Buchungskreisdaten, die z. B. in den Tabellen KNB1 (Kundenstamm Buchungskreis) und KNB5 (Kundenstamm Mahndaten) gespeichert werden. Diese Verknüpfung entsteht, wenn ein Geschäftspartner für einen Buchungskreis mit Mahndaten angelegt wurde. In diesem Fall wird ebenso automatisch die Tabelle KNA1 (Kundenstamm allgemeiner Teil) mit einem Datensatz befüllt.

Tabelle CVI_CUST_LINK

Im unteren Bereich in Abbildung 6.6 sehen Sie die technische Verknüpfung über die Tabelle CVI_CUST_LINK (Zuordnung zwischen Kunde und Geschäftspartner) mittels der GUID (Geschäftspartner GUID) zwischen der Kundennummer aus der Tabelle KNA1 (Kundenstamm allgemein) und der Geschäftspartner-Nummer aus der Tabelle BUT000 (GP: Allgemeine Daten I).

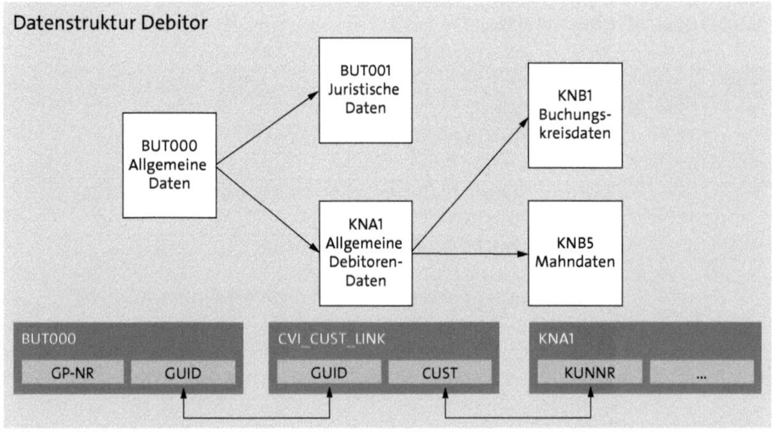

Abbildung 6.6 Datenstruktur des Geschäftspartners »Debitor« mit den Buchungskreisdaten

6.2.3 Verknüpfung zwischen Geschäftspartner- und Kundentabellen

Vertriebsdaten im Geschäftspartner

Möchten Sie diesen Debitor zusätzlich im Bereich Vertrieb nutzen, müssen Sie die entsprechende Geschäftspartner-Rolle mit den Vertriebsbereichsdaten hinzufügen. In Kapitel 4, »Customizing des Geschäftspartners im Rahmen der Customer-Vendor-Integration«, beschreiben wir diese Rolle im Detail.

Über diese Rolle wird dann die Tabelle KNVV (Kundenstamm Vertriebsdaten) gefüllt. An der technischen Verknüpfung wie in Abschnitt 6.2.2, »Verknüpfung zwischen Geschäftspartner- und Debitor-Tabellen«, ändert sich hierbei nichts. In Abbildung 6.7 sehen Sie die Verknüpfung mit den Vertriebsbereichsdaten.

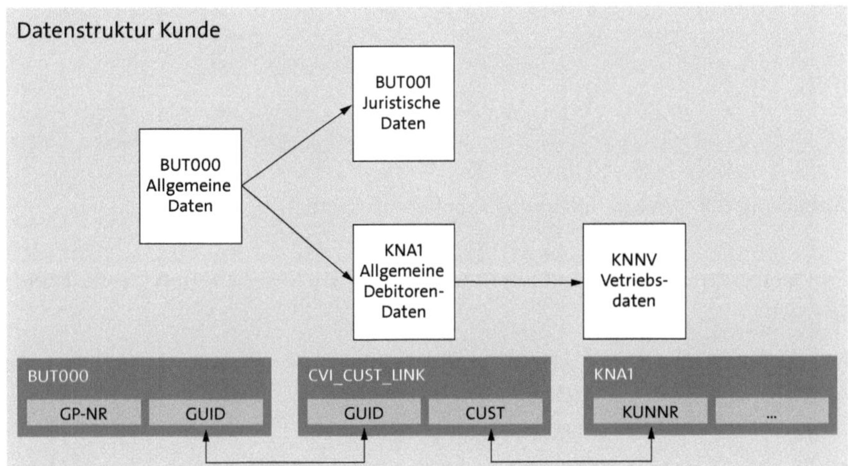

Abbildung 6.7 Datenstruktur des Geschäftspartners »Kunde« mit den Vertriebsbereichsdaten

Neben den bereits zuvor erwähnten Tabellen gibt es noch eine Anzahl von weiteren Tabellen im Kundenbereich. In Abbildung 6.8 sehen Sie eine Auswahl dieser Tabellen. Vor allen Dingen sind hier die Bankdaten (KNBK) Und die Partnerrollen des Kunden (KNVP) zu nennen, die im Verlauf der CVI und auch bei der Verwendung des Geschäftspartners in SAP S/4HANA eine wichtige Rolle spielen.

Für einen Geschäftspartner mit allgemeinen Daten, Buchungskreisdaten und Vertriebsbereichsdaten werden die folgenden Tabellen fortgeschrieben. Neben der Tabelle BUT000 (GP: Allgemeine Daten) erfolgt immer die technische Verknüpfung über die Tabelle CVI_CUST_LINK (Zuordnung zwischen Kunde und Geschäftspartner).

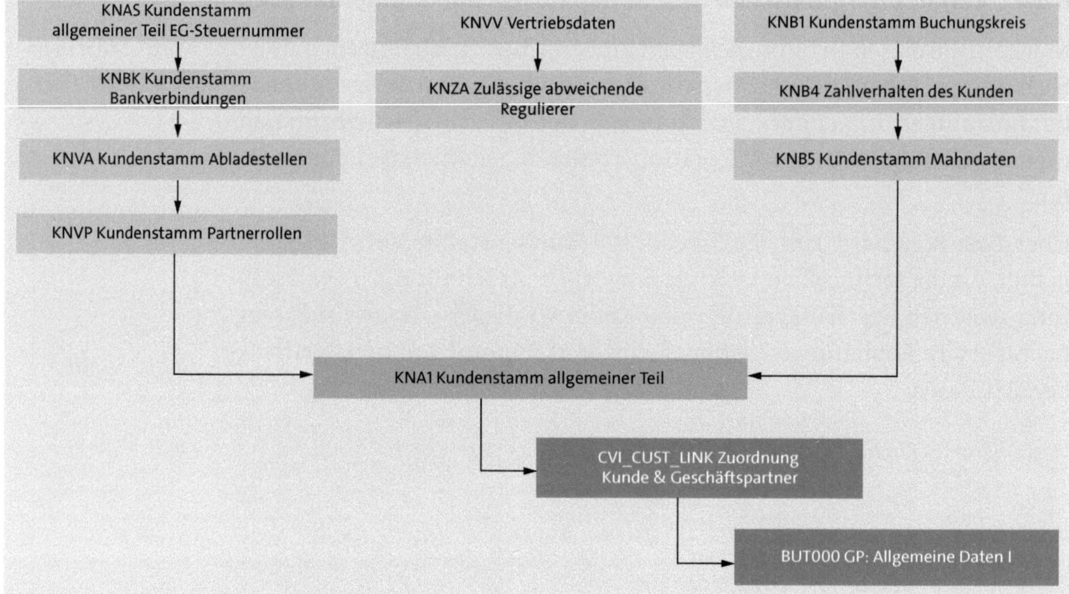

Abbildung 6.8 Weitere relevante Tabellen für Kunden

Die weiteren Daten finden Sie in unterschiedlichen Tabellen (siehe Tabelle 6.2).

Tabellenname	Tabellenbeschreibung
KNA1	Kundenstamm (allgemeiner Teil)
KNB1	Kundenstamm (Buchungskreis)
KNB4	Zahlverhalten des Kunden
KNB5	Kundenstamm (Mahndaten)
KNVV	Kundenstamm Vertriebsdaten
KNZA	Zulässige abweichende Regulierer
KNAS	Kundenstamm (allgemeiner Teil EG-Steuernummern)
KNBK	Kundenstamm (Bankverbindungen)
KNVA	Kundenstamm Abladestellen
KNVP	Kundenstamm Partnerrollen

Tabelle 6.2 Datenbanktabellen des Kundenstamms

6.2.4 Verknüpfung zwischen Geschäftspartner- und Kreditor-Tabellen

Kreditorische Daten am Geschäftspartner

Analog zu den beiden vorangegangenen Abschnitten verhält es sich mit dem Kreditor. Wird für einen Geschäftspartner die Rolle **Kreditor** angelegt, werden im Rahmen der Synchronisation die Tabellen LFA1 (Lieferantenstamm allgemeiner Teil), die Buchungskreistabelle LFB1 (Lieferantenstamm Buchungskreis) und, falls der Lieferant Mahndaten hat, die Tabelle LFB5 (Lieferantenstamm Mahndaten) angelegt.

In Abbildung 6.9 sehen Sie die technische Verknüpfung über die Tabelle CVI_VEND_LINK (Zuordnung zwischen Lieferant und Geschäftspartner) mittels der GUID (Geschäftspartner-GUID) zwischen der Lieferantennummer aus der Tabelle LFA1 (Lieferantenstamm allgemein) und der Geschäftspartner-Nummer aus der Tabelle BUT000 (GP: Allgemeine Daten I). Analog zum Debitor werden die Daten der Buchhaltung in der Tabelle LFB1 und die Mahndaten des Kreditors in der Tabelle LFB5 abgelegt, sobald die beschriebene Verknüpfung über die Tabelle CVI_VEND_LINK hergestellt und die entsprechenden Daten in der Geschäftspartner-Pflege gesichert wurden.

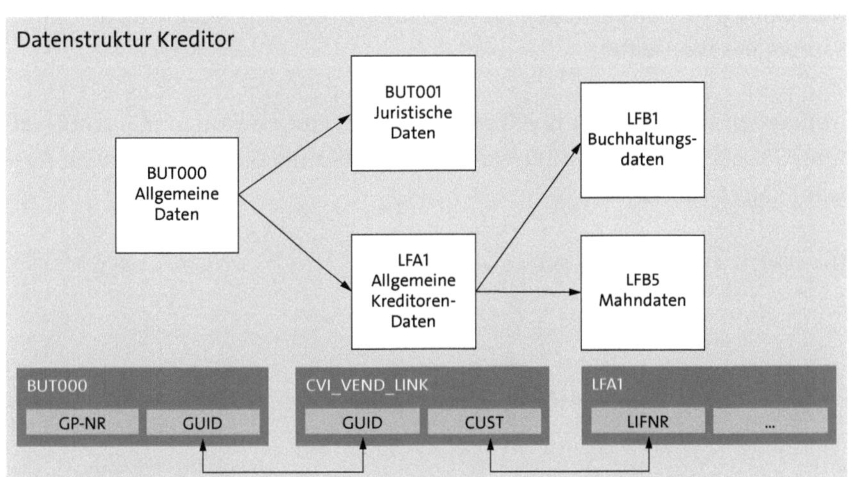

Abbildung 6.9 Datenstruktur des Geschäftspartners »Kreditor« mit den Buchungskreisdaten

6.2.5 Verknüpfung zwischen Geschäftspartner- und Lieferantentabellen

Einkaufsdaten eines Lieferanten am Geschäftspartner

Möchten Sie bei einem Kreditor Bestellungen tätigen, müssen Sie die entsprechende Rolle mit den *Einkaufsorganisationsdaten* hinzufügen. In den Einkaufsdaten, die auf der Ebene von Einkaufsorganisationen gepflegt werden, werden alle für die Beschaffung relevanten Daten vorgehalten. Wird für einen Geschäftspartner die entsprechende Rolle **Lieferant** angelegt, werden im Rahmen der Synchronisation die Einkaufsdaten in den Tabellen LFM1 (Lieferantenstamm Einkaufsorganisationsdaten) und LFM2 (Lieferantenstamm: Einkaufsdaten) fortgeschrieben (siehe Abbildung 6.10).

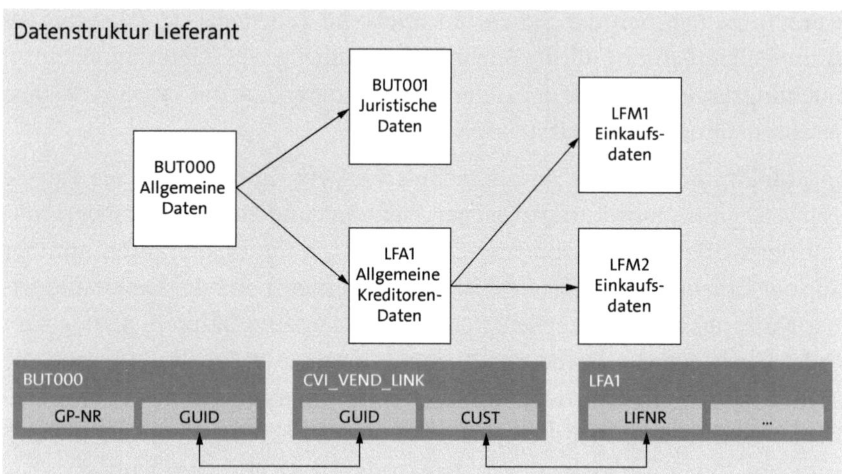

Abbildung 6.10 Datenstruktur des Geschäftspartners »Lieferant« mit den Einkauforganisationsdaten

Neben den bereits zuvor erwähnten Tabellen gibt es noch eine Anzahl weiterer Tabellen im Lieferantenbereich. In Abbildung 6.11 sehen Sie eine Auswahl dieser Tabellen.

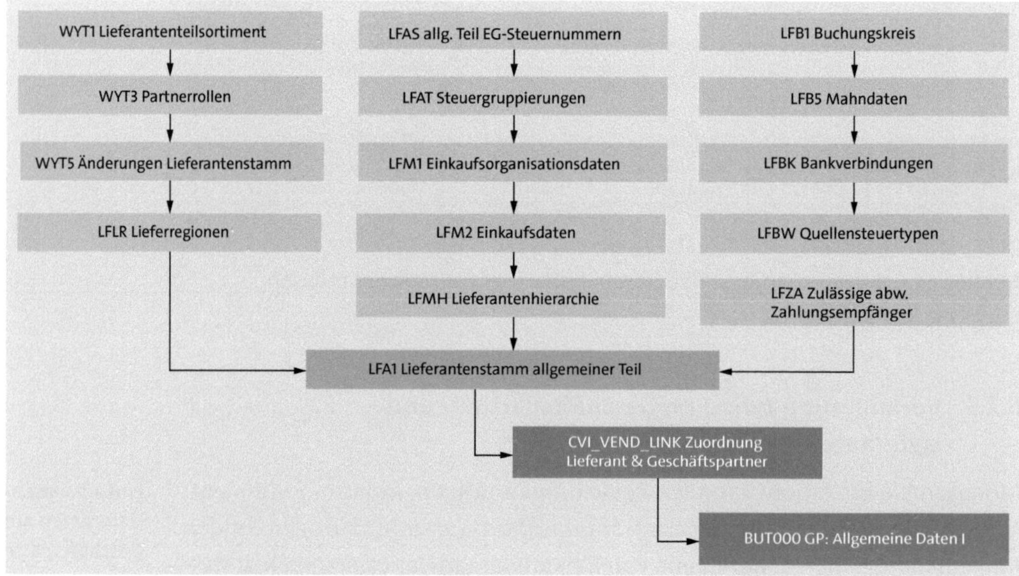

Abbildung 6.11 Weitere relevante Tabellen für Lieferanten

Neben der Tabelle BUT000 (GP: Allgemeine Daten) erfolgt immer die technische Verknüpfung über die Tabelle CVI_VEND_LINK (Zuordnung zwischen Lieferant und Geschäftspartner).

Die weiteren Daten finden Sie in den Tabellen, die wir Ihnen in Tabelle 6.3 aufgelistet haben.

Tabellenname	Tabellenbeschreibung
LFA1	Lieferantenstamm (allgemeiner Teil)
LFB1	Lieferantenstamm (Buchungskreis)
LFB5	Lieferantenstamm (Mahndaten)
LFBK	Lieferantenstamm (Bankverbindungen)
LFBW	Lieferantenstamm (Quellensteuertypen) X
LFZA	Zulässige abweichende Zahlungsempfänger
LFAS	Lieferantenstamm (allgemeiner Teil EG-Steuernummern)
LFAT	Lieferantenstamm (Steuergruppierungen)
LFM1	Lieferantenstamm Einkaufsorganisationsdaten
LFM2	Lieferantenstamm: Einkaufsdaten
LFMH	Lieferantenhierarchie
WYT1	Lieferantenteilsortiment
WYT3	Partnerrollen
WYT5	Änderungen Lieferantenstamm
LFLR	Lieferantenstamm: Lieferregionen

Tabelle 6.3 Datenbanktabellen des Lieferantenstamms

Welche der hier genannten Tabellen mit Werten fortgeschrieben werden, hängt davon ab, welche Felder Sie im Geschäftspartner gepflegt haben.

6.2.6 Verknüpfung zwischen Geschäftspartner- und Ansprechpartnertabellen

Verwenden Sie in Ihrem System Ansprechpartner, sind die Daten aus der Tabelle KNVK (Kundenstamm Ansprechpartner) ebenso mit der Tabelle BUT000 (GP: Allgemeine Daten I) verknüpft. Die technische Verknüpfung mittels der Personen-GUID erfolgt über die folgenden Tabellen:

- CVI_CUST_CT_LINK: Verbindung zwischen Beziehung und Ansprechpartner des Kunden
- CVI_VEND_CT_LINK: Verbindung zwischen Beziehung und Ansprechpartner des Lieferanten.

Abbildung 6.12 zeigt schematisch die Verknüpfung zwischen den Ansprechpartnern des Kundenstamms, die in der Datenbanktabelle KNVK abgelegt sind, mit den Geschäftspartnern über die beschriebenen Verknüpfungstabellen CVI_CUST_CT_LINK und CVI_VEND_CT_LINK.

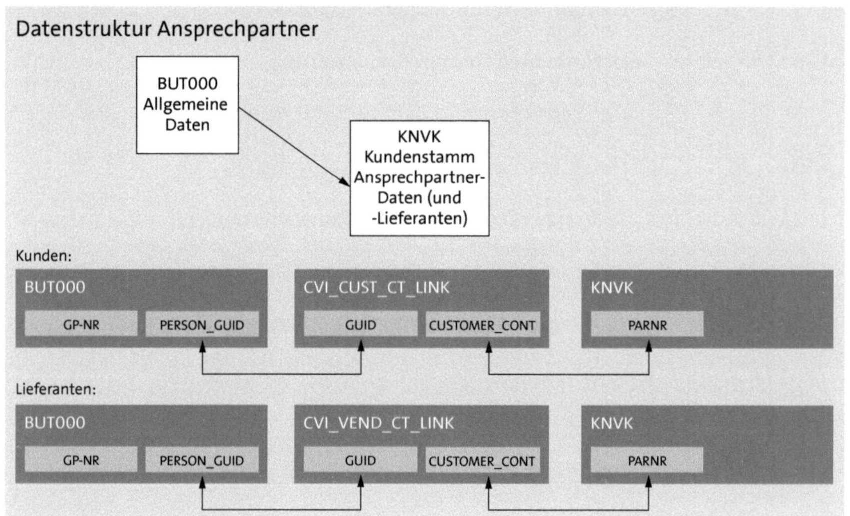

Abbildung 6.12 Datenstruktur des Geschäftspartners »Ansprechpartner« für Debitor und Kreditor

[»]

Kreditorische Ansprechpartner

In Tabelle KVNK werden auch die Ansprechpartner aus dem Kreditorenbereich fortgeschrieben.

6.3 Massenänderung von Geschäftspartnern

Massenpflege

Mithilfe des *Massenpflegetools* können Sie Daten zu mehreren Geschäftspartnern in einem Verarbeitungsschritt ändern. Verwenden Sie hierfür die Transaktion MASS (Massenpflege). Sie können diese Transaktion z. B. für das Ändern von Customizing-Attributen oder externen Schlüsselfeldern (z. B. Bankschlüsseln) nutzen.

Falls Sie kundenspezifische Stammdatenfelder mit der Massenpflege ändern möchten, können Sie diese in das Massenpflegetool integrieren. Die Standardklasse CL_BUPA_CENTRAL_MASSUPDATE ist hierfür in dem Pflegeview V_TB053 zu registrieren. Alternativ können Sie die Klasse in Ihren Kundennamensraum kopieren und diese neue Klasse in dem View hinterlegen.

Im Bereich des Geschäftspartners können Sie die folgenden Geschäftspartner-Daten ändern:

- allgemeine Daten I (Attribute aus Tabelle BUT000)
- Bankverbindungen (Attribute aus Tabelle BUT0BK)
- Identifikationsnummern (Attribute aus Tabelle BUT0ID)
- Branchen (Attribute aus Tabelle BUT0IS)
- Rollen (Attribute aus Tabelle BUT100)

Berechtigung, Sperren und Änderungsbelege

Die Änderungen werden mittels der APIs (Application Programming Interface) für den Geschäftspartner durchgeführt. Über die APIs werden auch die Berechtigungen geprüft, Änderungsbelege geschrieben und Benutzersperren gesetzt. In dem folgenden Beispiel führen wir eine Massenänderung für das Feld **Branche** aus.

Rufen Sie hierfür die Transaktion MASS (Massenpflege) auf. Auf dem Einstiegsbild wählen Sie den gewünschten Objekttyp. In Bezug auf Kunden- und Lieferantenstammdaten stehen Ihnen dort die folgenden Objekte zur Verfügung (siehe Abbildung 6.13):

- BUS1006 (**Geschäftspartner**)
- KNA1 (**Kunde**)
- LFA1 (**Lieferant**)

Wählen Sie dort den Objekttyp BUS1006 aus. Führen Sie die Transaktion über den Button [⏲] (**Ausführen**) oder die Taste [F8] aus. Wählen Sie dann entsprechend den Bereich aus, in dem Sie die Massenänderung durchführen möchten. Es stehen Ihnen hierbei die folgenden Auswahlmöglichkeiten zur Verfügung:

- SAP-GP, Massenupdate: Allgemeine Daten 1 (Tabelle BUS_MASS_BUT000)
- SAP-GP, Massenupdate: GP-Rollen (Tabelle BUS_MASS_BUT100)
- SAP-GP, Massenupdate: Bankverbindungen (Tabelle BUS_MASS_BUT0BK)
- SAP-GP, Massenupdate: Identifikationsnummern (Tabelle BUS_MASS_BUT0ID)
- SAP-GP, Massenupdate: Branchen (Tabelle BUS_MASS_BUT0IS)
- SAP-GP, Massenaktualisierung: Verkaufsdaten (Tabelle CRMV_BP_FRG0010)

- SAP-GP, Massenaktualisierung: Versanddaten (Tabelle CRMV_BP_FRG0020)
- SAP-GP, Massenaktualisierung: Preisfindungsdaten (Tabelle CRMV_BP_FRG0030)
- CRM BP: View FRG0050 für Massenupdate (Tabelle CRMV_BP_FRG0050)
- BW-Extraktion: CRM-Statusdaten (Tabelle CRMV_BUT_SET0100)
- SAP-GP, Massenaktualisierung: Organisationsdaten (Tabelle CRMV_BP_FRG0140)

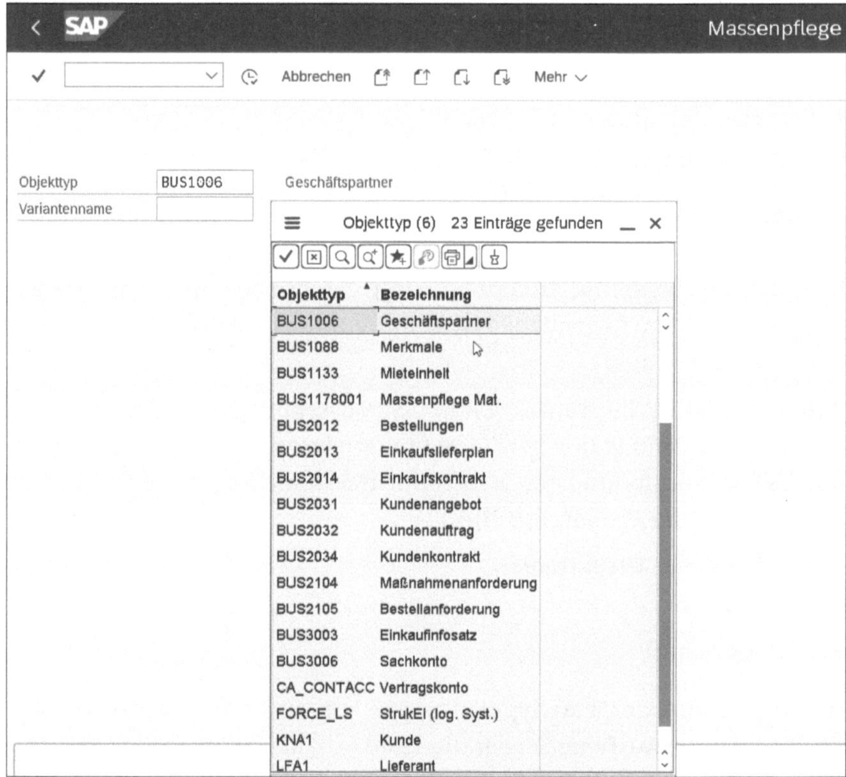

Abbildung 6.13 Objektauswahl in der Transaktion MASS

In Abbildung 6.14 sehen Sie die zur Verfügung stehenden Änderungsobjekte und Tabellen. In dem folgenden Beispiel werden wir die Branche ändern.

Um die Brachen ändern zu können, wählen Sie **SAP-GP, Massenupdate: Branchen** auf der ersten Registerkarte **Tabellen** aus und wechseln dann auf die Registerkarte **Felder**. Auf dieser Registerkarte wählen Sie das Feld aus, das geändert werden soll. In unserem Fall ist es das Feld **Branche** (siehe Abbildung 6.15).

Abbildung 6.14 Auswahl der möglichen Ebenen der Datenpflege

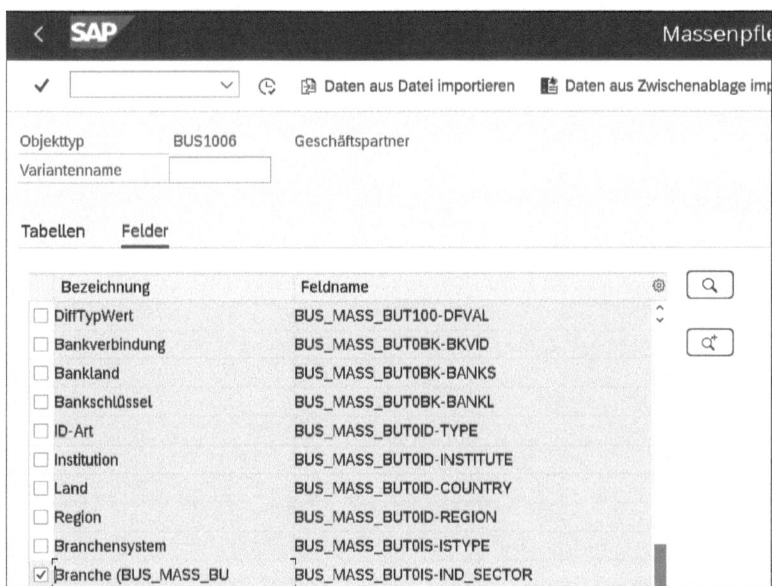

Abbildung 6.15 Auswahl des zu ändernden Feldes »Branche«

Massenänderung über eine externe Datei

Über die Menüleiste haben Sie die Möglichkeit, Daten aus einer Datei oder aus der Zwischenablage zu importieren. In unserem Beispiel werden wir eine bestehende Branche in eine andere Branche ändern. Führen Sie die

Transaktion über den Button [Ausführen-Icon] (**Ausführen**) oder die Taste [F8] aus. Auf dem nächsten Bild selektieren wir die Branche, die nicht mehr verwendet und durch eine andere Branche ersetzt werden soll. Über den Button **Selektionsfelder auswählen** ❶ haben Sie die Möglichkeit, weitere Felder auszuwählen (siehe Abbildung 6.16).

Abbildung 6.16 Weitere Selektionsfelder aufnehmen

In unserem Beispiel werden die beiden Felder **Branche** und **Branchensystem** als weitere Selektionsfelder hinzugefügt (siehe Abbildung 6.17).

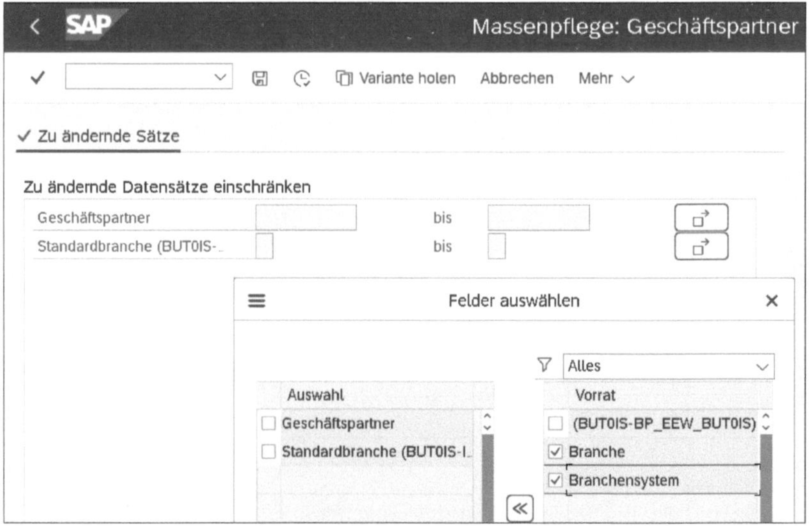

Abbildung 6.17 Auswahl weiterer Selektionsfelder

Nach der Auswahl steht das Feld **Branche** zur Verfügung, und über die Taste [F4] werden alle vorhandenen Werte angezeigt. In unserem Beispiel ist der zu ändernde Wert die Branche **91** mit der Bezeichnung **Handel** (siehe Abbildung 6.18).

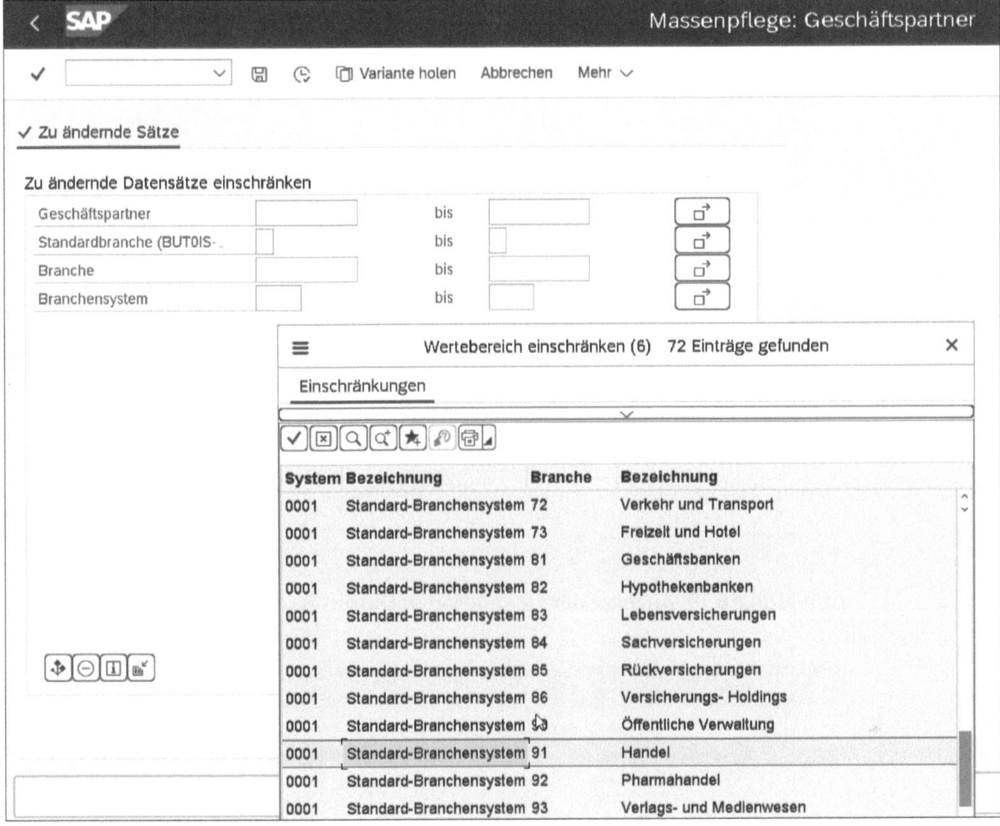

Abbildung 6.18 Wertehilfe aller vorhandenen Branchen

Änderung selektierter Datensätze

Über den Button **Ausführen** oder die Taste F8 zeigt Ihnen das System alle Stammdaten an, die der vorher definierten Selektion entsprechen. Abbildung 6.19 zeigt eine entsprechende Darstellung. Geben Sie dort in dem Bereich **Neue Werte** die neue Branche ein. Auch hier können alle verfügbaren Werte über die Taste F4 angezeigt werden.

Die Massenänderung können Sie über den Button **Massenänderung durchführen** (❶ in Abbildung 6.20) starten. Bei einer überschaubaren Menge an Datensätzen können Sie die Massenänderung online durchführen. Bei einem großen Datenvolumen sollten Sie die Massenänderung dagegen im Hintergrund als Job einplanen. Sichern Sie hierzu Ihre Angaben in einer Variante ab, und planen Sie den Job mit dieser Variante zu einem beliebigen späteren Zeitpunkt ein.

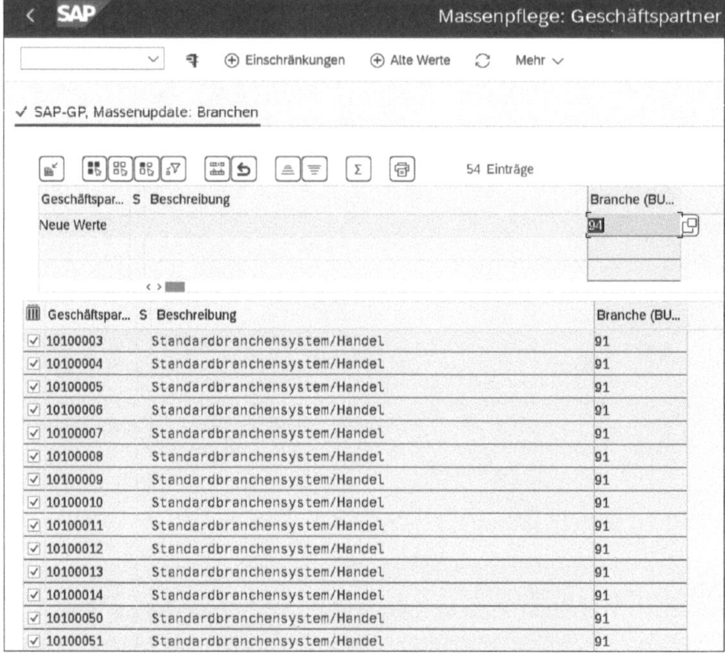

Abbildung 6.19 Anzeige der zu ändernden Datensätze

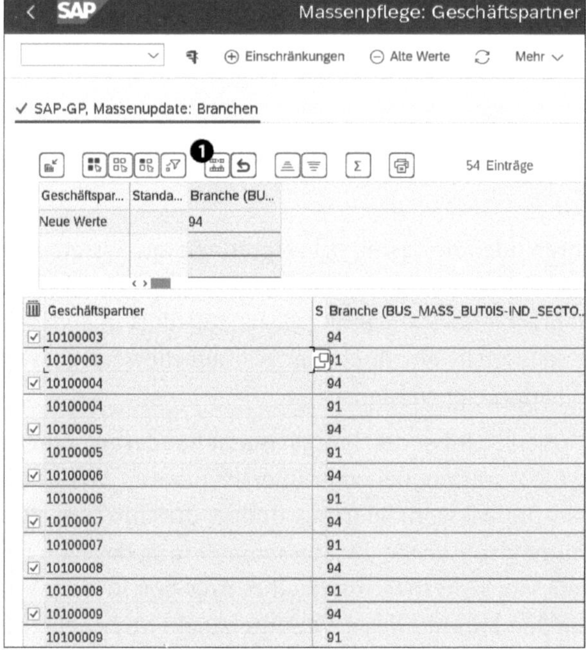

Abbildung 6.20 Darstellung der geänderten Daten mit dem alten und dem neuen Wert

In diesem Beispiel führen wir die Änderung online durch und sichern sie danach. Das System ändert die Stammdaten entsprechend und gibt eine Fehlermeldung aus, falls keine Änderungen möglich sind.

Über den Button **Alte Werte** sehen Sie die alte Branche und dazu die neue Branche, die jetzt im Geschäftspartner aktuell geändert wurde.

Im Geschäftspartner-Stammsatz steht jetzt die geänderte Branche auf der Registerkarte **Identifikation** (siehe Abbildung 6.21).

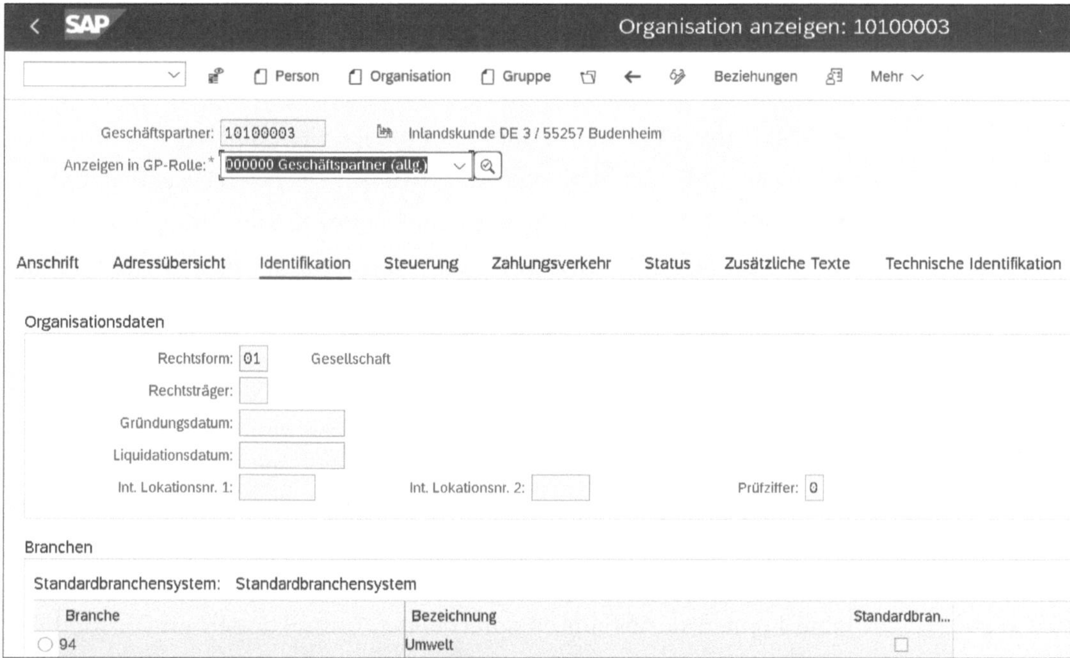

Abbildung 6.21 Geschäftspartner mit geänderter Branche

Wenn Sie Ihren Geschäftspartner um kundenspezifische Felder erweitert haben und diese Felder ebenfalls per Massenänderung angepasst werden sollen, beachten Sie bitte Kapitel 8, »Erweiterung des Geschäftspartners per Business Data Toolset«.

6.4 Standardfelder, die in einem SAP-ERP-System nicht zur Verfügung stehen

Einschränkungen in SAP ERP

Da es in diesem Kapitel um die Datentabellen und die Datenstruktur des Geschäftspartners geht, möchten wir an dieser Stelle auf die Einschränkungen hinweisen, denen der Geschäftspartner in einen SAP-ERP-System unterliegt. Zu Release (ERP2005) SAP_APPL 6.0 wurde die bereits in früheren

Releases ausgelieferte *Debitoren-Kreditoren-Integration* (CVI – Customer-Vendor-Integration) neu entwickelt.

Ausführliche Informationen erhalten Sie in SAP-Hinweis 956054 (BP_CVI: Debitoren-Kreditoren-Integration ab ERP 6.00). In diesem Hinweis werden alle technischen Möglichkeiten sowie das Customizing des Geschäftspartners in einem SAP-ERP-System ausführlich beschrieben.

In diesem Zusammenhang verweisen wir auf weitere wichtige SAP-Hinweise:

- 928616 (BP_CVI: Customizing von Mussfeldern bei BP/Debitor/Kreditor)
- 941955 (BP_CVI: Integration von Debitoren/Kreditoren mit SAP BP)
- 954816 (BP_CVI: Transaktionen zur Anlage/Verknüpfung von GPs)
- 1306639 (BP_CVI: Optionale Anlage GP aus Deb/Kred bei aktiver CVI)
- 1025037 (BP_CVI: Funktionsumfang Debitor-Kreditor-Integration)
- 1318966 (BP_CVI: Kurzdump bei Verbuchung GP nach Abschalten des PPO)

Funktionsumfang der CVI

Im Detail gehen wir auf SAP-Hinweis 1025037 (BP_CVI: Funktionsumfang Debitor-Kreditor-Integration) ein. In diesem Hinweis finden Sie die grundlegende Information, dass eine Erweiterung auf den vollen Funktionsumfang der bekannten Debitor-Kreditor-Transaktionen bzw. eine Anpassung auf die im Debitor/Kreditor vorhandene Feldsteuerung seitens SAP nicht geplant ist.

Felder, die im Geschäftspartner in einem SAP-ERP-System nicht verfügbar sind, können Sie über die entsprechenden Transaktionen aus den Modulen FI/SD/MM bearbeiten. Daraus ergibt sich die Konsequenz in einem SAP-ERP-System, zwar im Rahmen der CVI den Geschäftspartner einzuführen, auch wenn dieser nicht aktiv genutzt werden soll.

Eingeschränkte Einkaufsdaten im Geschäftspartner in einem SAP-ERP-System

Anhand eines Beispiels zeigen wir Ihnen, wie Sie die Felder identifizieren können, die in einem SAP-ERP-System im Geschäftspartner nicht zur Verfügung stehen. Im Bereich Lieferantenstamm, insbesondere in den Einkaufsdaten, stehen Ihnen nur wenige Felder zur Verfügung. Diese haben wir im Folgenden für Sie aufgelistet:

- Bestellwährung
- Zahlungsbedingungen
- Incoterms
- Mindestbestellwert
- Name, Telefon (Verkäufer*in)
- Konto bei Lieferant
- ABC-Kennzeichen
- Versandbedingung

- Naturalrabatt
- WE-bezogene Rechnungsprüfung
- Einkäufergruppe
- Planlieferzeit

Datenbanktabellen der Einkaufsorganisations- und Einkaufsdaten

Wenn Sie dazu im Vergleich die beiden Tabellen LFM1 (Lieferantenstamm Einkaufsorganisationsdaten) und LFM2 (Lieferantenstamm: Einkaufsdaten) ansehen, werden Sie dort wesentlich mehr Felder finden, die Sie in einem SAP-ERP-System in dem Bereich Einkaufsdaten im Stammsatz pflegen können.

Hier verweisen wir auf die Tabelle TBZ3R (BDT-Feldgruppe → BDT-Feld Zuordnung). Grundsätzlich kann man hier sagen, wenn ein Feld nicht in dieser Tabelle vorhanden ist, dann steht es im Geschäftspartner nicht zur Verfügung.

Anwendungsobjekt BUPA

Als relevantes Anwendungsobjekt wählen Sie BUPA aus. Möchten Sie bestimmte Tabellen eingrenzen, wie in diesem Beispiel die beiden Tabellen LFM1 und LFM2, geben Sie die jeweiligen Tabellennamen in dem Feld **Tabelle** ein (siehe Abbildung 6.22).

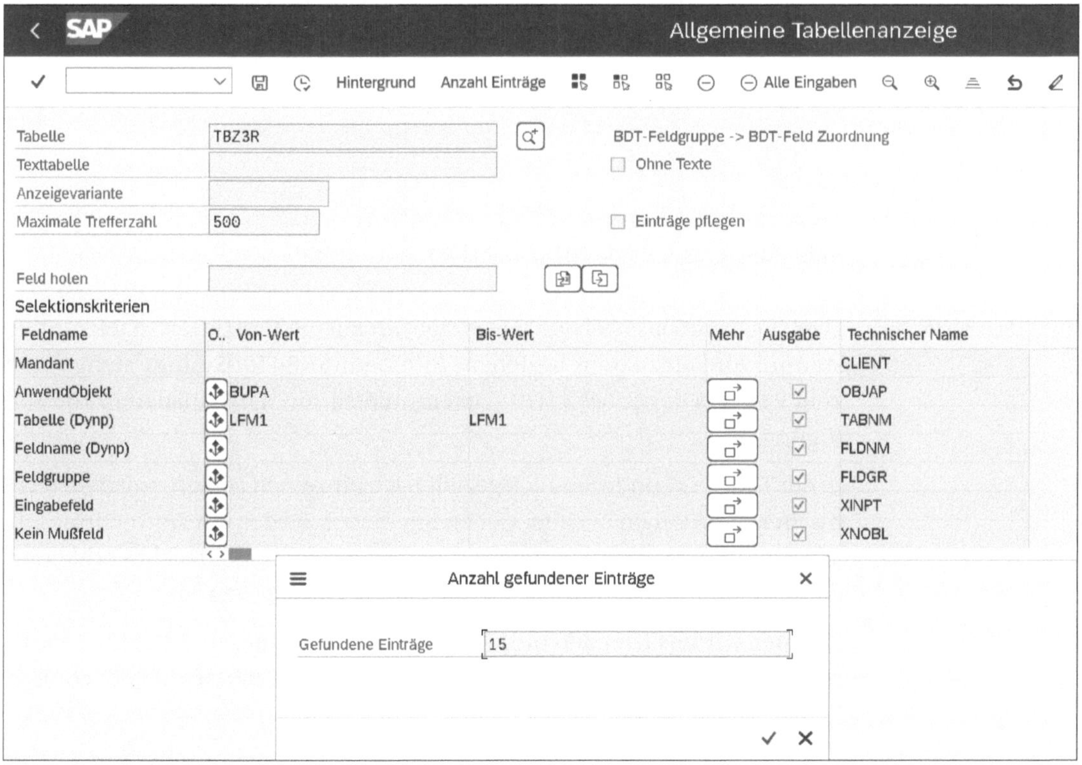

Feldname	O.. Von-Wert	Bis-Wert	Mehr	Ausgabe	Technischer Name
Mandant					CLIENT
AnwendObjekt	BUPA			☑	OBJAP
Tabelle (Dynp)	LFM1	LFM1		☑	TABNM
Feldname (Dynp)				☑	FLDNM
Feldgruppe				☑	FLDGR
Eingabefeld				☑	XINPT
Kein Mußfeld				☑	XNOBL

Abbildung 6.22 Tabelle TBZ3R mit Auswahl BUPA und den Tabellen für die Einkaufsdaten

Über den Button **Anzahl Einträge** können Sie die Anzahl der Datensätze prüfen. In diesem Beispiel enthält die Tabelle 15 Felder. Über den Button **Ausführen** oder die Taste [F8] werden Ihnen die Datensätze angezeigt (siehe Abbildung 6.23).

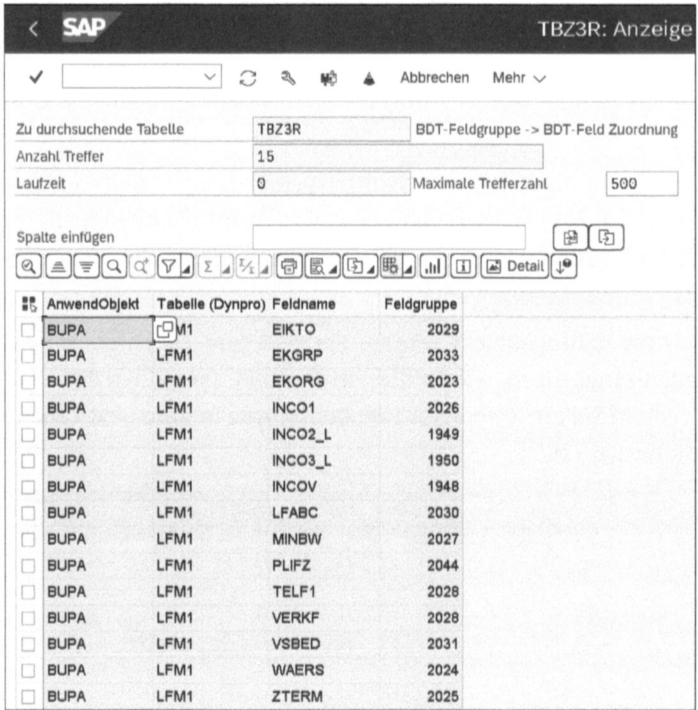

AnwendObjekt	Tabelle (Dynpro)	Feldname	Feldgruppe
BUPA	LFM1	EIKTO	2029
BUPA	LFM1	EKGRP	2033
BUPA	LFM1	EKORG	2023
BUPA	LFM1	INCO1	2026
BUPA	LFM1	INCO2_L	1949
BUPA	LFM1	INCO3_L	1950
BUPA	LFM1	INCOV	1948
BUPA	LFM1	LFABC	2030
BUPA	LFM1	MINBW	2027
BUPA	LFM1	PLIFZ	2044
BUPA	LFM1	TELF1	2028
BUPA	LFM1	VERKF	2028
BUPA	LFM1	VSBED	2031
BUPA	LFM1	WAERS	2024
BUPA	LFM1	ZTERM	2025

Abbildung 6.23 Tabelle TBZ3R mit LFM1-Einkaufsdaten

Einkaufsdaten

Hier sehen Sie, dass sich die 15 Einträge nur auf die Tabelle LFM1 (Lieferantenstamm: Einkaufsdaten) beziehen. In einem SAP-ERP-System steht somit kein Feld aus der Tabelle LFM2 (Lieferantenstamm: Einkaufsdaten) zur Verfügung.

In der Tabelle können Sie auch gezielt nach einzelnen Feldern mit dem technischen Feldnamen suchen. Geben Sie hierzu wieder das Anwendungsobjekt BUPA und den Feldnamen ein. Ist das ausgewählte Feld nicht vorhanden, gibt das System die Information, dass keine Werte vorhanden sind.

Schauen wir uns jetzt den umgekehrten Fall an. In diesem Beispiel selektieren wir das Feld MAHNA (Mahnverfahren) aus dem Bereich der Buchungskreisdaten (siehe Abbildung 6.24).

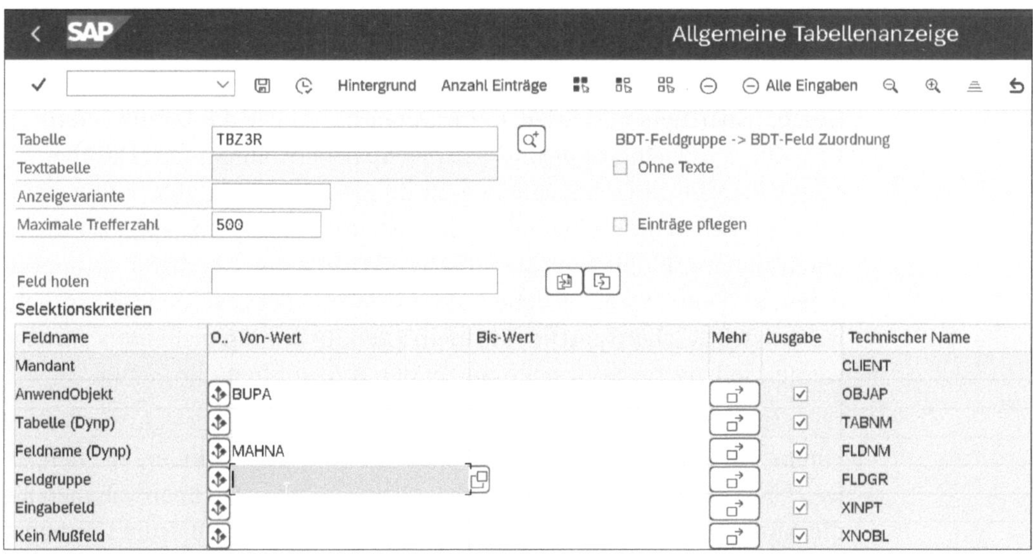

Abbildung 6.24 Tabelle TBZ3R mit dem Anwendungsobjekt BUPA und expliziter Feldauswahl

Das Feld MAHNA ist im Geschäftspartner vorhanden, und entsprechend zeigt das System alle Feldgruppen und Tabellen an, in denen dieses Feld vorhanden ist (siehe Abbildung 6.25).

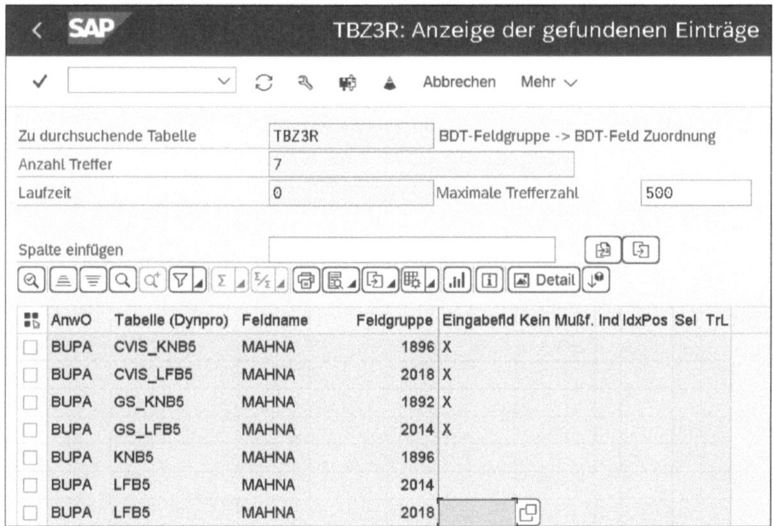

Abbildung 6.25 Tabelle TBZ3R Einträge mit dem Feld MAHNA (Mahnverfahren)

6.5 Fazit

In diesem Kapitel haben wir Ihnen die wichtigsten Tabellen im Bereich des Geschäftspartners beschrieben. Im Detail haben wir die Datenstrukturen von Kunden, Lieferanten und Ansprechpartnern aufgezeigt. Darüber hinaus haben Sie die technischen Verbindungen und Abhängigkeiten der einzelnen Tabellen untereinander kennengelernt. Außerdem haben wir Ihnen einen tieferen Einblick in die Einschränkungen des Geschäftspartners in einem SAP-ERP-System gegeben. Sie sind jetzt in der Lage, den Sachverhalt, warum der Geschäftspartner in einem SAP-ERP-System nicht aktiv genutzt werden soll, nachzuvollziehen und erklären zu können.

Dazu haben wir Ihnen auch den umgekehrten Fall dargelegt, wie Sie bei einem im Geschäftspartner vorhandenen Feld herausfinden können, in welchen Tabellen und Dynpros dieses Feld zu finden ist. Ebenso haben Sie die Möglichkeiten der Massenänderung anhand eines Beispiels kennengelernt.

7

Kapitel 7
Mit Geschäftspartnern arbeiten

In diesem Kapitel beschreiben wir Ihnen die zentrale Transaktion BP (Geschäftspartner bearbeiten) zunächst unter der Annahme der Verwendung in einem CVI-Projekt und wie Sie in diesem die synchronisierten Stammdaten prüfen.

Die zentrale Transaktion BP (Geschäftspartner bearbeiten) wird im Rahmen der CVI (Customer-Vendor-Integration) nur für die Prüfung der synchronisierten Daten verwendet. In Ihrem SAP-S/4HANA-System werden Sie hingegen die Stammdaten zukünftig nur noch mit der Transaktion BP oder den relevanten SAP-Fiori-Apps anlegen und ändern, da die herkömmlichen Transaktionen, wie z. B. XD01 (Anlegen Debitor zentral), XK01 (Anlegen Kreditor zentral), FD01 (Debitor anlegen), MK01 (Kreditor anlegen mit Einkaufsorganisationdaten), VD01 (Kunde anlegen mit Vertriebsbereichsdaten) dort nicht mehr zur Verfügung stehen. Diese Einschränkung gilt ebenso für die Transaktionen mit der Endung »2« für Änderungen und die Transaktionen mit der Endung »3« für den Anzeigemodus von Stammdaten.

In diesem Kapitel verwenden wir für unsere Beispiele die ausgelieferten SAP-Standardrollen, so wie Sie sie z. B. auf einem SAP-Best-Practice-System vorfinden. Wenn Sie in Ihrem System mit kundenspezifischen Rollen arbeiten, die Sie einstellen, wie in Abschnitt 4.3.1, »Geschäftspartner-Rollen«, beschrieben, gilt die analoge Vorgehensweise.

7.1 Prüfen synchronisierter Stammdaten in einem SAP-ERP-System

Die Synchronisation Ihrer vorhandenen Stammdaten zum Geschäftspartner wird im CVI-Cockpit durchgeführt. In Abschnitt 11.1, »Finale Prüfung der CVI-Voraussetzungen«, beschreiben wir das CVI-Cockpit im Detail. CVI-Cockpit

Die synchronisierten Daten sollten zur Sicherheit stichprobenartig geprüft werden. Im Vorfeld der CVI wurde z. B. festgelegt, wie bestimmte Kontengruppen mit dem Geschäftspartner synchronisiert werden. Das bedeutet, ein Kostenlieferant ohne Einkaufsdaten wird als ein Geschäftspartner mit allgemeinen Daten und Buchungskreisdaten, aber ohne Einkaufsdaten angelegt. Hingegen benötigt ein Lieferant, bei dem Sie Bestellungen tätigen, neben der Rolle Kreditor mit Buchungskreisdaten die weitere Rolle Lieferant für die Einkaufsdaten. Auch auf Feldebene sollten die synchronisierten Daten geprüft werden. Ein Augenmerk sollten Sie hier auf die Umsetzung der Steuernummern und auf die Bankverbindungen legen. In Abschnitt 4.11, »Steuernummer«, gehen wir auf das Thema Steuernummern im Detail ein.

7.1.1 Suchhilfen für Geschäftspartner in einem SAP-ERP-System

Transaktion BP (Geschäftspartner bearbeiten)

Nachdem Ihre Kunden, Lieferanten und Ansprechpartner angelegt wurden, können Sie diese mittels der Transaktion BP (Geschäftspartner bearbeiten) prüfen. Rufen Sie hierzu direkt den Transaktionscode BP auf oder folgen Sie diesem Pfad im Bereichsmenü BUPT **Geschäftspartner • Anwendung • Geschäftspartner pflegen**. Wie alle Bereichsmenüs rufen Sie auch dieses über die Eingabe des Transaktionscodes BUPT auf. Dieser Aufruf funktioniert nur aus dem Benutzermenü SAPEasy Access. In Abbildung 7.1 sehen Sie das Einstiegsbild der Transaktion BP.

Abbildung 7.1 Einstieg mittels der Transaktion BP (Geschäftspartner bearbeiten)

Suchoptionen

Um einen synchronisierten Kunden- oder Lieferantenstamm zu finden, stehen Ihnen die in Abbildung 7.1 gezeigten Suchoptionen zur Verfügung. Im Rahmen der CVI wäre es wünschenswert, anhand der existierenden Kunden- oder Lieferantennummer den Geschäftspartner zu suchen. Diese Nummern stehen aber leider nicht in den verschiedenen Suchhilfen im Bereich des Geschäftspartners zur Verfügung. Auf der Registerkarte **Suche** haben Sie die vier folgenden Suchoptionen zur Auswahl:

- **1 Geschäftspartner**
- **2 Personen**
- **3 Organisationen**
- **4 Gruppen**

Rechts neben dem Feld **Suche** können Sie über das Feld **nach** weitere Kriterien auswählen (siehe Abbildung 7.2).

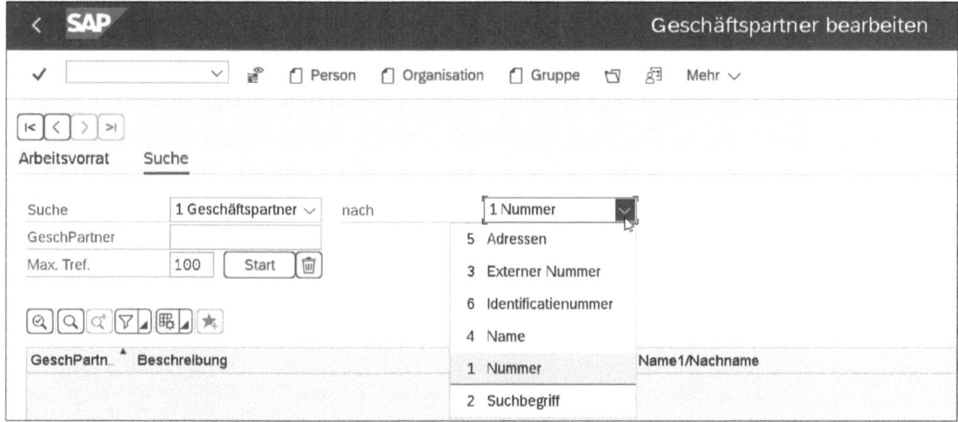

Abbildung 7.2 Suchkriterien in der Transaktion BP

Erweiterte Suchoptionen in Transaktion BP

Hier stehen Ihnen sechs weitere Suchoptionen zur Verfügung. Oft wird an dieser Stelle nach Namen oder Adressen gesucht. Klicken Sie z. B. auf **Name**, können Sie im linken Bereich den Namen eingeben und über den Button Start (**Start**) nach dem passenden Eintrag suchen (siehe Abbildung 7.3).

Abbildung 7.3 Geschäftspartner-Suche anhand des Namens

Eine weitere Option mit mehr Suchkriterien aus dem Bereich des Geschäftspartners bietet das System über den Pfad **Ordner • Geschäftspartner öffnen**. Hier werden Ihnen die weiteren Suchhilfen des Geschäftspartners angezeigt (siehe Abbildung 7.4).

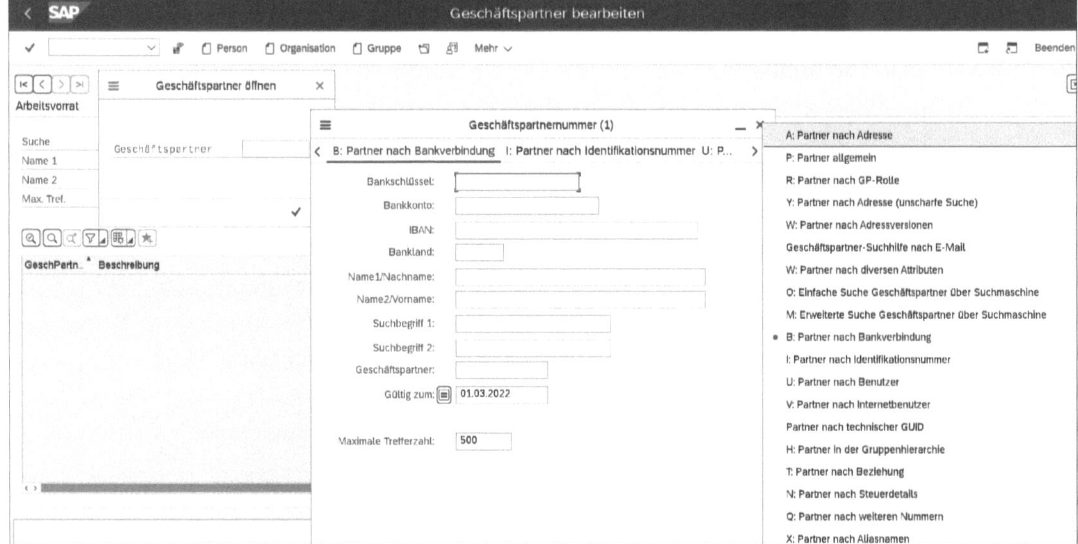

Abbildung 7.4 Weitere Suchhilfen in der Transaktion BP

In diesen weiteren Suchhilfen kann nach verschiedenen Feldern, wie z. B. Adresse, Bankverbindung, Steuernummer etc., gesucht werden.

Ermittlung des Geschäftspartners über die Suche in den CVI-Linktabellen

Direkt über die vier Verlinkungstabellen kann mittels der eindeutigen GUID eines Geschäftspartners die Geschäftspartner-Nummer anhand der Kunden oder Lieferantennummer ermittelt werden:

- `CVI_VEND_LINK` (Zuordnung zwischen Lieferant und Geschäftspartner)
- `CVI_CUST_LINK` (Zuordnung zwischen Kunde und Geschäftspartner)
- `CVI_VEND_CT_LINK` (Verbindung zwischen Beziehung und Ansprechpartner des Lieferanten)
- `CVI_CUST_CT_LINK` (Verbindung zwischen Beziehung und Ansprechpartner des Kunden)

Sie können z. B. in der Tabelle `CVI_CUST_LINK` anhand der Kundennummer die eindeutige GUID des Geschäftspartners ermitteln. Mit der GUID im Zwischenspeicher wechseln Sie in die Tabelle `BUT000` (GP: Allgemeine Daten 1), geben dort in dem Feld **GP-GUID** (PARTNER_GUID) die Nummer ein und lassen sich die Trefferliste anzeigen. In dem Feld **GPartner** finden Sie die neue Geschäftspartner-Nummer. Dies ist zwar etwas umständlich, aber für eine stichprobenartige Prüfung durchaus eine Alternative. Eine andere Möglichkeit wäre es, eine kundenspezifische Suchhilfe anzulegen.

7.1.2 Anzeige des Geschäftspartners in einem SAP-ERP-System

Suchen und anzeigen eines Geschäftspartners

Wenn Sie über den Button Start (**Start**) Ihre Suche gestartet haben, werden Ihnen alle Geschäftspartner mit dem entsprechenden Namen oder dem ausgewählten Suchkriterium angezeigt. Mit einem Doppelklick gelangen Sie zu den Allgemeinen Daten des ausgewählten Geschäftspartners (siehe Abbildung 7.5).

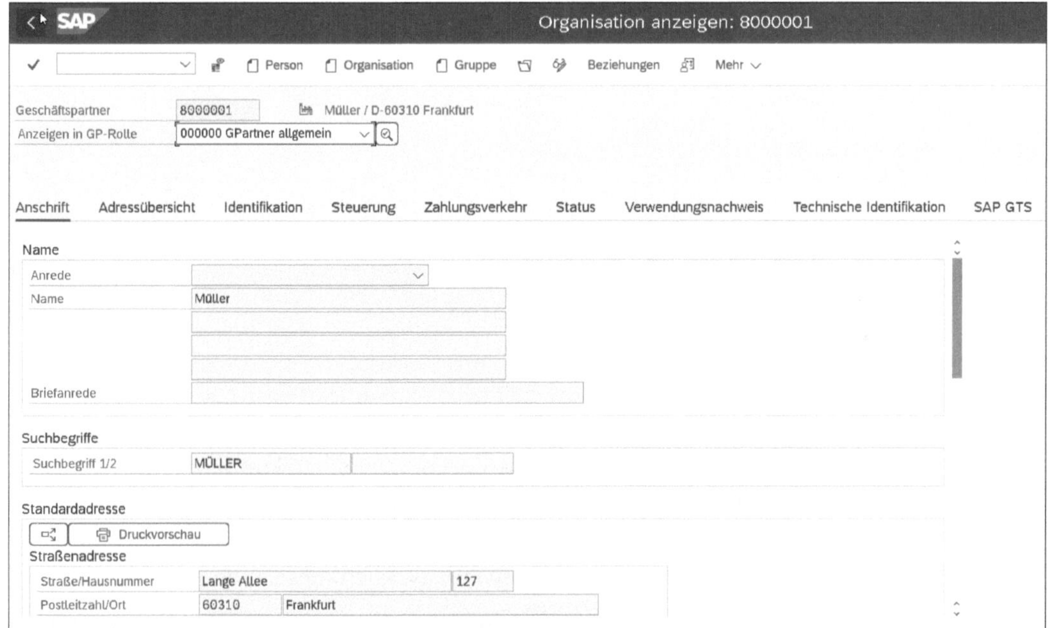

Abbildung 7.5 Geschäftspartner mit der Rolle 000000 Geschäftspartner allgemein

Bildfolge eines Geschäftspartners

Die Registerkarten, die Ihnen angezeigt werden, können sich von System zu System unterscheiden. Wir beschreiben hier einige Registerkarten anhand unterschiedlicher Rollen exemplarisch auf Ebene der allgemeinen Daten, der Buchungskreisdaten sowie der Einkaufs- und Vertriebsbereichsdaten.

Auf der Registerkarte **Anschrift** sehen Sie entsprechend die allgemeinen Adress- und Kommunikationsdaten. Grundsätzlich ist es wichtig, darauf zu achten, welche Rolle Sie ausgewählt haben. Je nach Rolle werden Ihnen unterschiedliche Registerkarten, wie z. B. **Buchungskreis**, **Vertrieb** oder **Einkauf**, angezeigt.

Wenn Sie sich im Anzeigemodus befinden, werden Ihnen bei den Geschäftspartner-Rollen nur die Rollen angezeigt, die für diesen Geschäftspartner bereits gepflegt sind. Wechseln Sie in den Änderungsmodus, werden Ihnen alle Rollen angezeigt, die angelegt werden könnten. Im Rahmen der CVI prüfen Sie die Daten allerdings nur; es ist nicht notwendig, neue Rollen anzulegen. In Abbildung 7.6 sehen Sie eine beispielhafte Auswahl von verschiedenen Rollen.

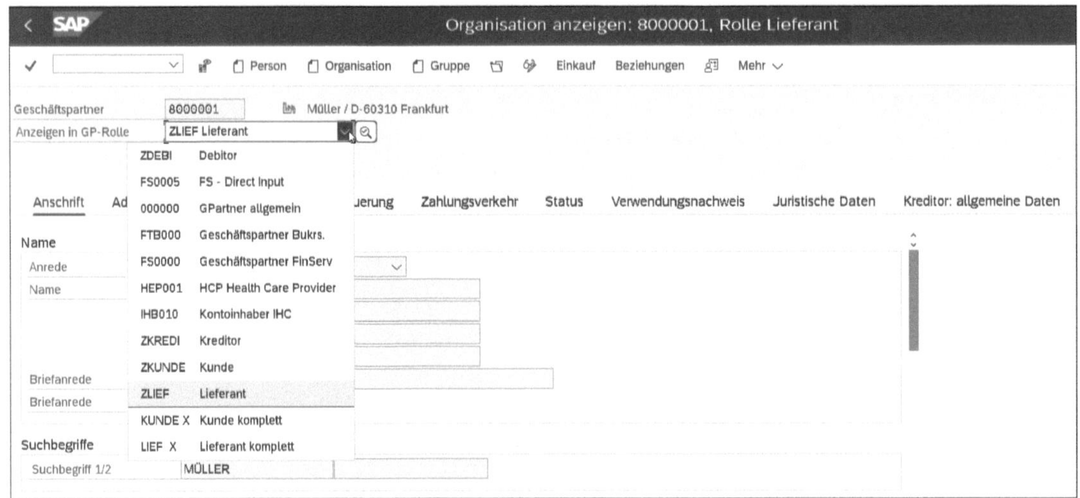

Abbildung 7.6 Anzeige möglicher Rollen im Geschäftspartner

In diesem Beispiel wird die im Vorfeld angelegte kundenspezifische Rolle `ZLIEF` (**Lieferant**) in dem Feld **Anzeigen in GP-Rolle** angezeigt. In der Menüleiste sehen Sie aufgrund dieser Rollenauswahl den Button **Einkauf**. Über diesen Button können Sie in die Einkaufssicht des Lieferanten abspringen.

Gruppierungen für Kunden und Lieferanten

Im unteren Bereich der angelegten Rollen sehen Sie Gruppierungen **Kunde X – Kunde komplett** und **LIEF X Lieferant komplett**. Dies sind, wie in Abschnitt 5.2.2, »Geschäftspartner-Rollengruppierungen definieren«, beschrieben, die kundenspezifischen Gruppierungen. Die Gruppierungen dienen der Zusammenfassung von mehreren Rollen, damit diese in einem Schritt gemeinsam angelegt werden können. In diesem Beispiel entspricht die Gruppierung `ZLIEF` der Transaktion XK03. Hierbei werden die Rollen Kreditor und Lieferant zusammengefasst, sodass der Geschäftspartner über alle Daten eines Kreditors und Lieferanten verfügt und somit sowohl die Buchungskreisdaten als auch die Einkaufsorganisationsdaten angezeigt werden (siehe Abbildung 7.7).

Abbildung 7.7 Gruppierung »Lieferant komplett« mit Buchungskreisdaten und Einkaufssicht

Der Geschäftspartner und die Registerkarten ähneln in weiten Teilen den herkömmlichen Transaktionen. Wenn Sie sich am Anfang mit dem Geschäftspartner beschäftigen, kann es allerdings passieren, dass Sie das ein oder andere Feld suchen müssen. Hier sei noch einmal erwähnt, dass nicht alle Felder, die Ihnen im Kunden- und Lieferantenstamm zur Verfügung stehen, im Geschäftspartner unter SAP ERP vorhanden sind. In Abschnitt 4.16, »Aktive Verwendung des Geschäftspartners in einem SAP-ERP-System«, ist beschrieben, wie Sie herausfinden können, welche Felder nicht im Geschäftspartner in SAP ERP zur Verfügung stehen.

Allgemeine Daten im Geschäftspartner

In dem Bereich der allgemeinen Daten hat sich die Anordnung bzw. die Art der Erfassung zum Teil geändert. Auf der Registerkarte **Identifikation** ist das z. B. die Erfassung der Steuernummern. Hier erhalten alle Steuernummern einen Steuerartentyp (siehe Abbildung 7.8).

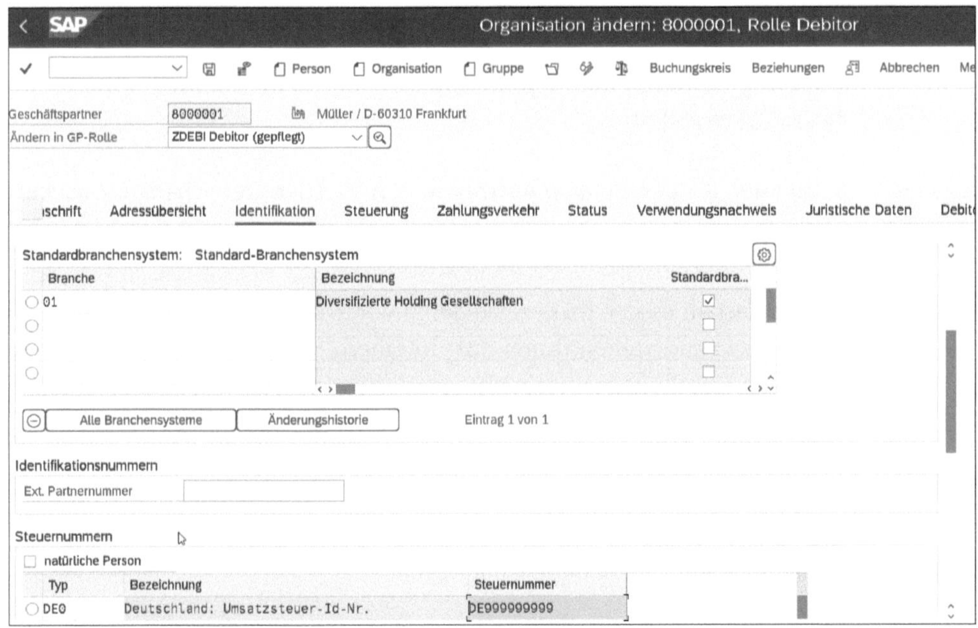

Abbildung 7.8 Anzeige der Registerkarte »Identifikation« in den allgemeinen Daten mit Steuerartentyp DE0 für die UStId in Deutschland

Für die Erfassung von Steuernummern gibt es im Geschäftspartner keine einzelnen Felder mehr. Die Art der Steuernummer wird über den obligatorischen Steuerartentyp festgelegt.

Buchungskreisdaten im Geschäftspartner

In Abbildung 7.9 sehen Sie einen Ausschnitt aus den Buchungskreisdaten eines Debitors. Auf der Registerkarte **Debitor: Korrespondenz** sind alle Felder vorhanden, lediglich die Anordnung ist etwas anders.

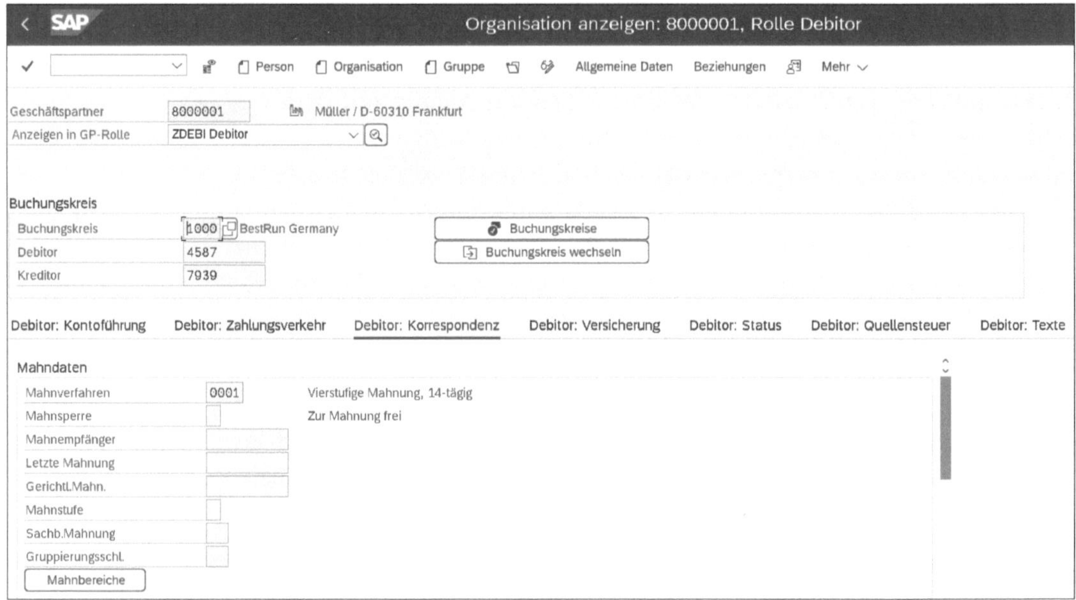

Abbildung 7.9 Anzeige der Registerkarte »Debitor: Korrespondenz« in den Buchungskreisdaten

Vertriebsbereichsdaten im Geschäftspartner

Betrachten Sie den Bereich **Auftrag** in den Vertriebsbereichsdaten, so werden Sie sehen, dass auch hier die Felder analog sind und sich nur die Anordnung geändert hat (siehe Abbildung 7.10).

Einkaufsdaten im Geschäftspartner

Ebenso verhält es sich im Bereich der Einkaufsdaten beim Lieferanten. Wie bereits erwähnt, stehen Ihnen dort in einem SAP-ERP-System bestimmte Felder im Geschäftspartner nicht zur Verfügung, von daher sieht der Geschäftspartner an dieser Stelle anders aus als gewohnt. Betrachten Sie auf der Registerkarte **Einkaufsdaten** z. B. die vorhandenen Felder der Steuerungsdaten und im Bereich **Vorschlagswerte Material**, so werden Sie feststellen, dass an dieser Stelle wesentlich weniger Felder im Geschäftspartner vorhanden sind (siehe Abbildung 7.11).

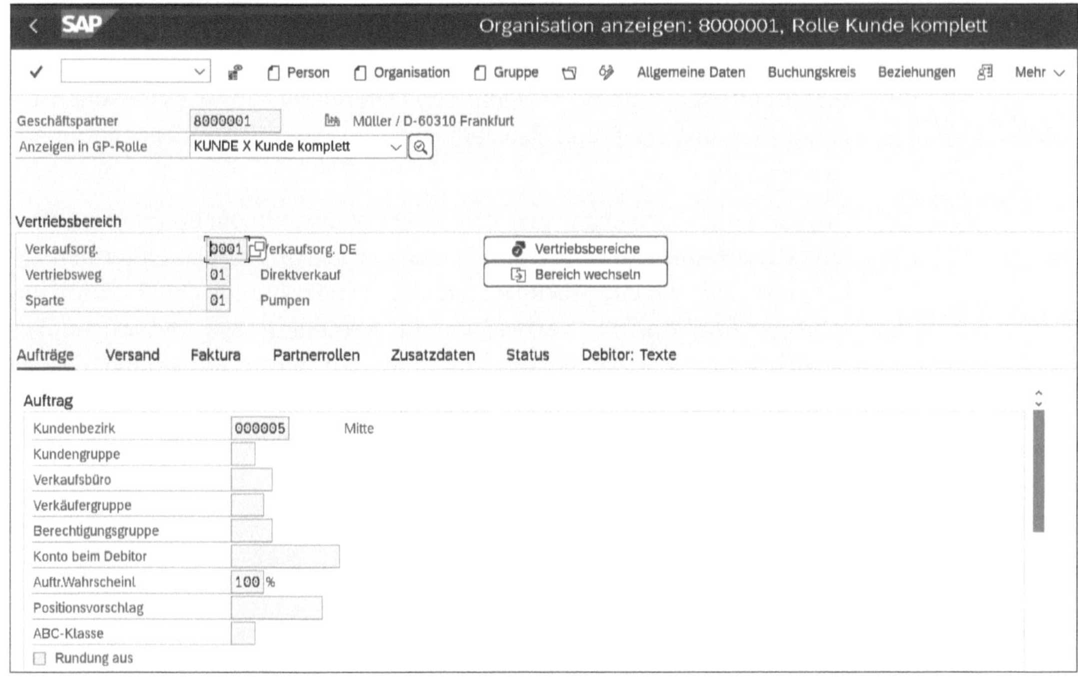

Abbildung 7.10 Anzeige der Registerkarte »Aufträge« in den Vertriebsbereichsdaten

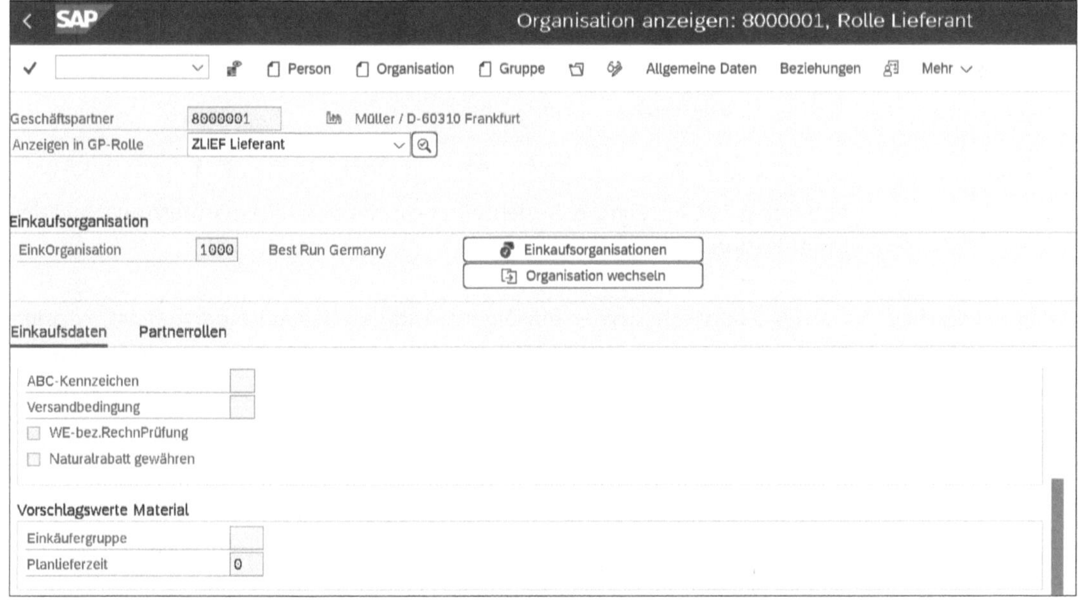

Abbildung 7.11 Anzeige der Registerkarte »Einkaufsdaten« in den Einkaufsdaten

7.1.3 Synchronisierte Ansprechpartner und Beziehungen

Beziehungen zwischen Geschäftspartnern

Im Rahmen der Synchronisation werden, falls Sie diese verwenden, die Ansprechpartner aus Ihrem Kunden- und Lieferantenstamm als Personen angelegt und die Beziehungen zu dem jeweiligen Geschäftspartner automatisiert erstellt.

Grundsätzlich können Sie aus Sicht der Organisation die Beziehung aufrufen oder Sie können, wenn Sie den Ansprechpartner direkt aufgerufen haben, aus Sicht des Ansprechpartners die dazugehörende Organisation anschauen und dorthin verzweigen. In Abbildung 7.12 verzweigen wir zunächst aus Sicht der Organisation über den Button **Beziehungen** (siehe Abbildung 7.11) in den Ansprechpartner. Wie Sie sehen, hat diese Organisation zwei Ansprechpartner, die als Personen in einem eigenen Nummernkreis angelegt wurden.

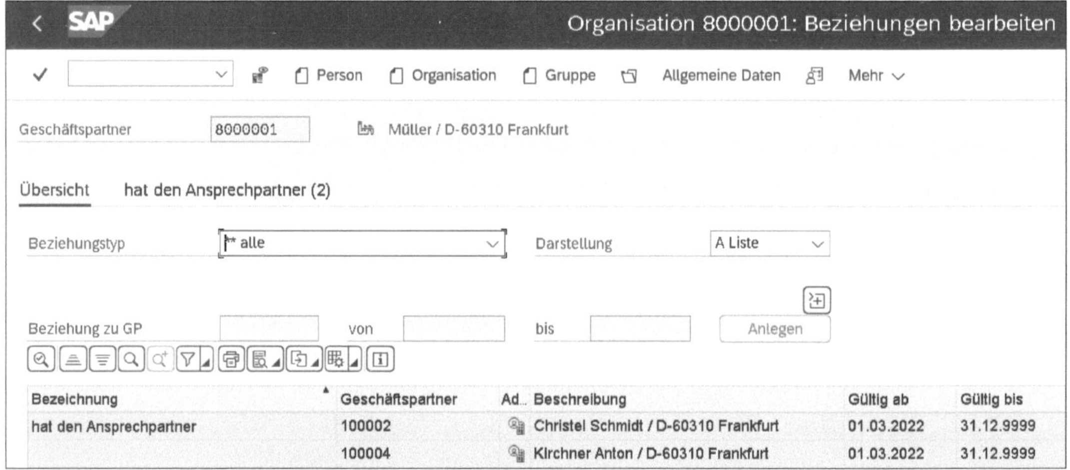

Abbildung 7.12 Anzeige der Beziehung zwischen Geschäftspartnern aus Sicht der Organisation

Ansprechpartner

Da der Ansprechpartner ein eigenständiger Geschäftspartner ist, können Sie diesen ebenso in der Transaktion BP aufrufen. Achten Sie hierbei darauf, nach Personen zu suchen. In Abbildung 7.13 sehen Sie einen Ansprechpartner, der als Person angelegt wurde.

In dieser Ansicht können Sie über den Button **Beziehungen** in die Beziehungen verzweigen. Hier werden Ihnen auf der Registerkarte **ist Ansprechpartner von** alle Organisationen angezeigt, zu denen dieser Ansprechpartner eine Beziehung hat. In Abbildung 7.14 sehen Sie aus der Sicht des Ansprechpartners die Organisation, zu der dieser Ansprechpartner gehört.

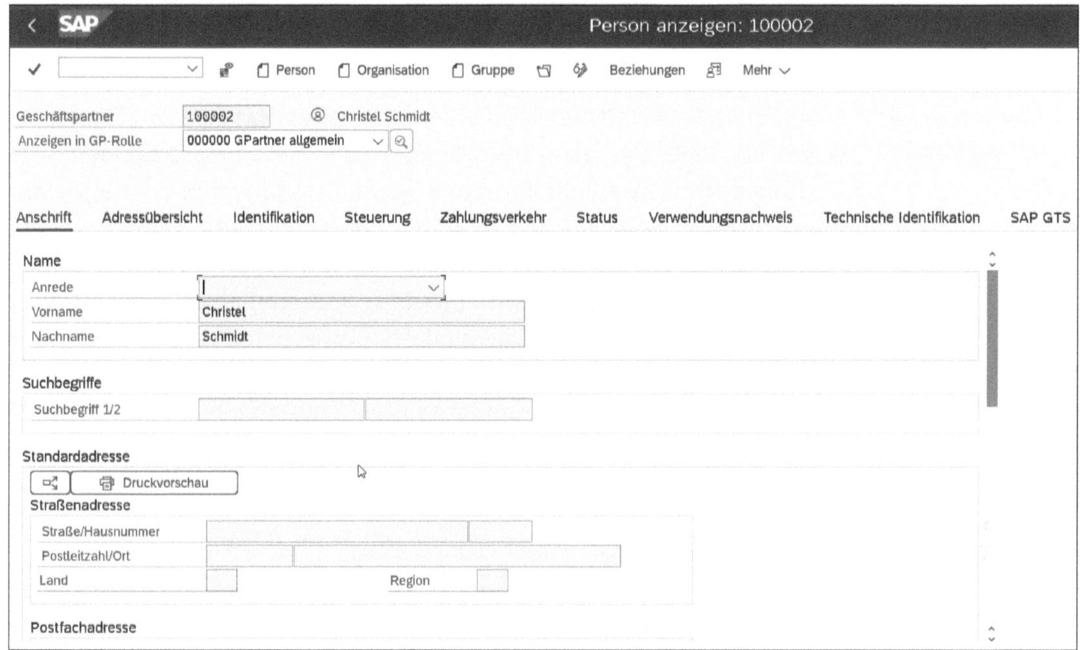

Abbildung 7.13 Anzeige des Ansprechpartners in der Transaktion BP

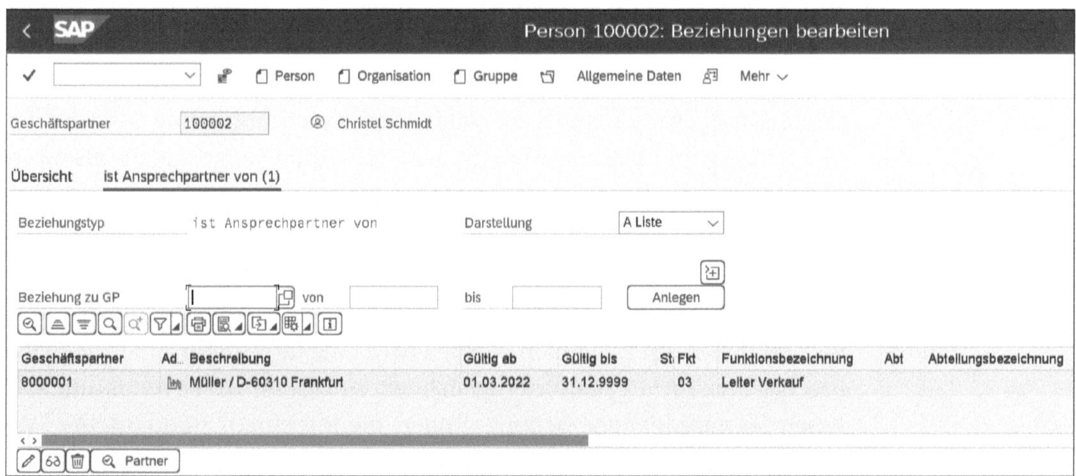

Abbildung 7.14 Anzeige der Beziehung zwischen Geschäftspartnern aus Sicht des Ansprechpartners

7.2 Anlage und Änderung von Stammdaten in einem SAP-S/4HANA-System

Umleitung auf Transaktion BP

In einem SAP-S/4HANA-System arbeiten Sie grundsätzlich mit der Transaktion BP (Geschäftspartner bearbeiten) oder den entsprechenden SAP-Fiori-Apps, um Ihre Kunden- und Lieferantenstammdaten oder auch Ansprechpartner anzulegen und zu ändern. In einem SAP-S/4HANA-System können Sie die herkömmlichen Transaktionen, wie z. B. FD01 (Debitor anlegen), FD02 (Debitor ändern), XK01 (Kreditor zentral anlegen), XD03 (Debitor zentral anzeigen), für die Anlage und Änderungen von Stammdaten zwar aufrufen, Sie werden aber vom System umgeleitet auf die Transaktion BP und erhalten die Meldung: »Umleitung zur Transaktion BP, da die Transaktion **XXX** veraltet ist.«

7.2.1 Anlage von Geschäftspartnern mit Transaktion BP

Im Folgenden wird die Anlage eines Geschäftspartners mit verschiedenen Rollen beschrieben. Rufen Sie hierzu die Transaktion BP direkt auf oder folgen Sie diesem Pfad im Bereichsmenü BUPT: **Geschäftspartner • Anwendung • Geschäftspartner pflegen**.

Anlegen eines Geschäftspartners

Zunächst müssen Sie bei der Anlage auswählen, ob Sie eine Person, eine Organisation oder eine Gruppe anlegen möchten. Für einen Kunden oder Lieferanten wählen Sie **Organisation** aus. Als Nächstes sollten Sie eine passende Gruppierung auswählen. Wählen Sie keine Gruppierung aus, wird der Geschäftspartner automatisch mit der Gruppierung angelegt, die als interner Standard definiert ist. Über die Gruppierung findet das System den Nummernkreis, wenn eine interne Nummernvergabe an der ausgewählten Gruppierung im Customizing hinterlegt ist.

Externe Nummernvergabe

Bei einer externen Gruppierung müssen Sie eine Geschäftspartner-Nummer mitgeben. Im folgenden Beispiel wird eine interne Nummernvergabe beschrieben, für die Nummerngleichheit eingestellt ist. In Abbildung 7.15 sehen Sie verschiedene Gruppierungen, die mit einem Standard-SAP-System ausgeliefert werden.

Das System hat als erste Rolle in dem Feld **Anlegen in GP-Rolle** die Rolle 000000 (**Geschäftspartner [allg.]**) vorbelegt. Bei Bedarf können Sie über die Auswahlliste eine andere Rolle auswählen. In diesem Fall fragt Sie das System allerdings, ob Sie die ausgewählte Rolle anlegen möchten oder die allgemeine Rolle zunächst sichern wollen.

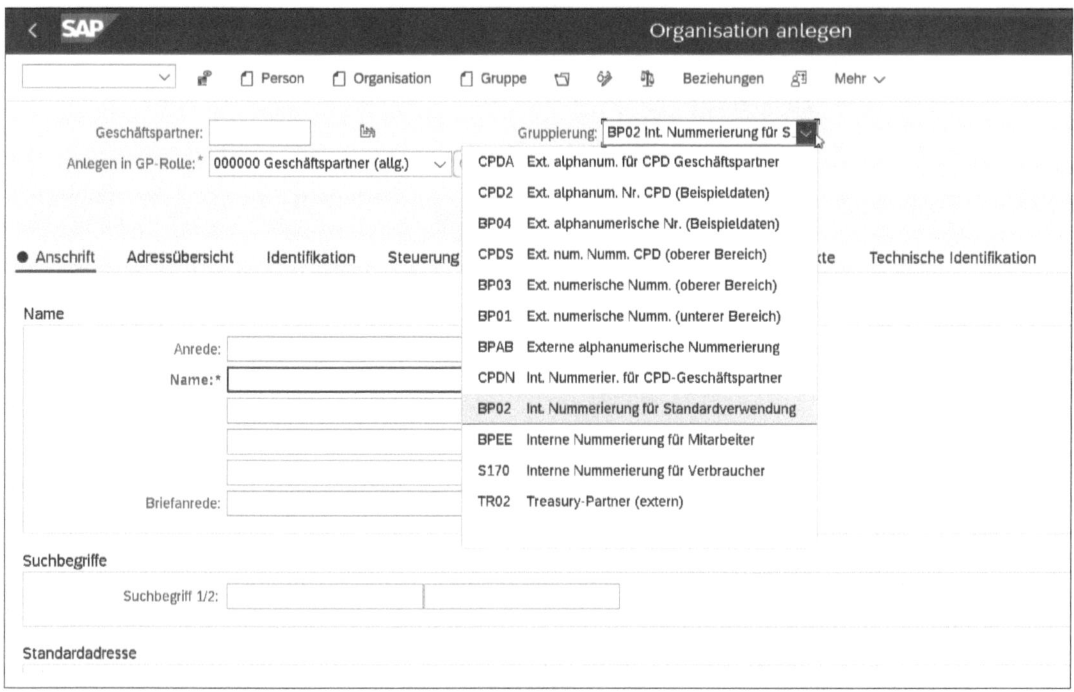

Abbildung 7.15 Auswahl an Gruppierungen bei Anlage eines Geschäftspartners

Geschäftspartner-Rolle 000000

Die Rolle 000000 (Geschäftspartner [allg.]) wird immer angelegt. Jeder Geschäftspartner erhält die Rolle zwingend.

Im Anlage- bzw. Änderungsmodus werden Ihnen alle Rollen angeboten, die laut Customizing für die Anlage zulässig sind. Zwecks Übersichtlichkeit und zur Vermeidung von Falschanlagen sollten alle nicht genutzten Rollen im Customizing ausgeblendet werden. In Abbildung 7.16 sehen Sie eine Übersicht von ausgelieferten SAP-Standardrollen.

Im folgenden Beispiel legen wir, nachdem die Gruppierung für den Nummernkreis ausgewählt wurde, zunächst die allgemeine Rolle an, und danach folgen weitere Rollen. Bei Anlage der allgemeinen Rolle stehen Ihnen die folgenden Registerkarten zur Verfügung:

- **Anschrift**
- **Adressübersicht**
- **Identifikation**
- **Steuerung**

- **Zahlungsverkehr**
- **Status**
- **Zusätzliche Texte**
- **Technische Identifikationen**

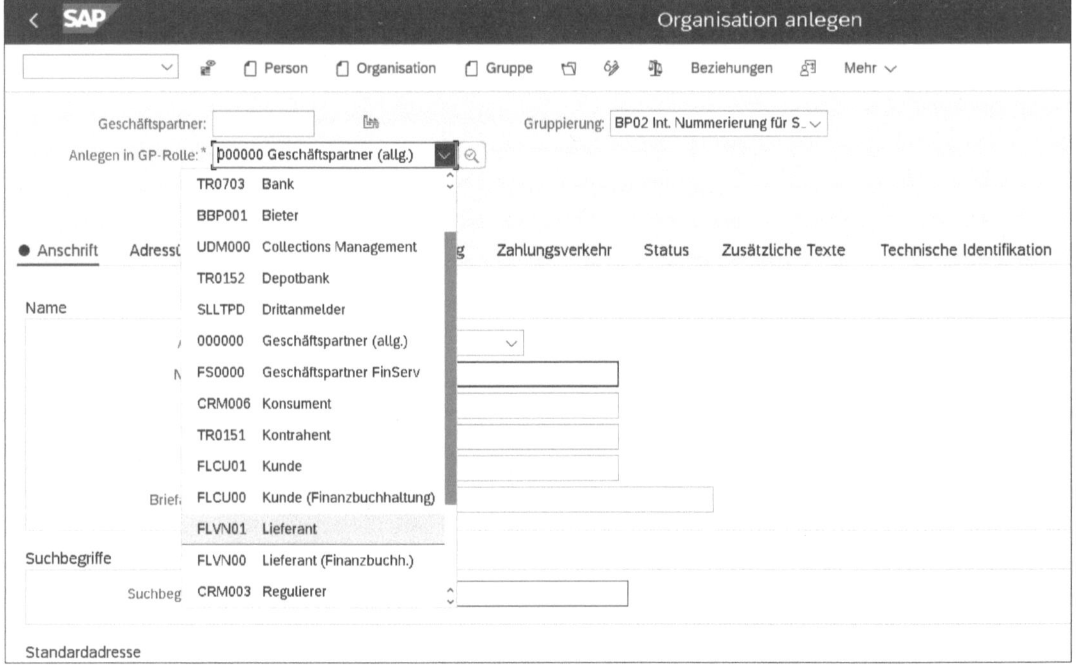

Abbildung 7.16 Auswahl der zur Verfügung stehenden Geschäftspartner-Rollen

Feldmodifikation

Füllen Sie auf den Registerkarten alle notwendigen Mussfelder aus. Die Feldmodifikation sieht natürlich in jedem System anders aus. Einstellungen zur Feldmodifikation werden ausführlich in Abschnitt 5.7, »Feldmodifikation«, beschrieben.

Die Mussfelder sind mit einem roten * gekennzeichnet. Falls Sie auf einer Registerkarte nicht alle Mussfelder gefüllt haben, gibt das System Fehler aus und kennzeichnet dies mit einem roten Punkt vor der jeweiligen Registerkarte. Sind alle notwendigen und optionalen Felder auf allen Registerkarten gefüllt, sichern Sie Ihre Angaben.

Nach dem Sichern erhalten Sie die Meldung »Geschäftspartner Nummer wurde angelegt«. Nachdem bisher nur die allgemeine Rolle angelegt wurde, steht Ihnen dieser Geschäftspartner noch nicht in den Modulen Finanzwesen, Vertrieb oder im Einkauf zur Verfügung. Dort steht er Ihnen erst zur Verfügung, wenn Sie die weiteren entsprechenden Rollen angelegt haben.

[«]

Sichtbarkeit der Geschäftspartner-Rollen in der Transaktion BP

Im Anzeigemodus in der Transkation BP sehen Sie nur die Rollen, die bereits für diesen Geschäftspartner gepflegt sind. Im Änderungsmodus werden Ihnen alle weiteren Rollen zur Auswahl angeboten.

Geschäftspartner-Rollen zuordnen

Durch Auswahl der entsprechenden Rollen werden Ihnen die Buchungskreisdaten, die Vertriebsbereichsdaten, die Einkaufsdaten oder weitere Daten zur Verfügung gestellt.

Bei Auswahl der Rolle FLCU00 (**Kunde [Finanzbuchhaltung]**) bzw. **Debitor** können Sie über den Button **Buchungskreise** die relevanten Buchungskreisdaten wie Abstimmkonto, Zahlungsbedingung, Mahnverfahren etc. pflegen (siehe Abbildung 7.17). Nach dem Sichern sehen Sie die Debitorennummer in dem Feld **Debitor**.

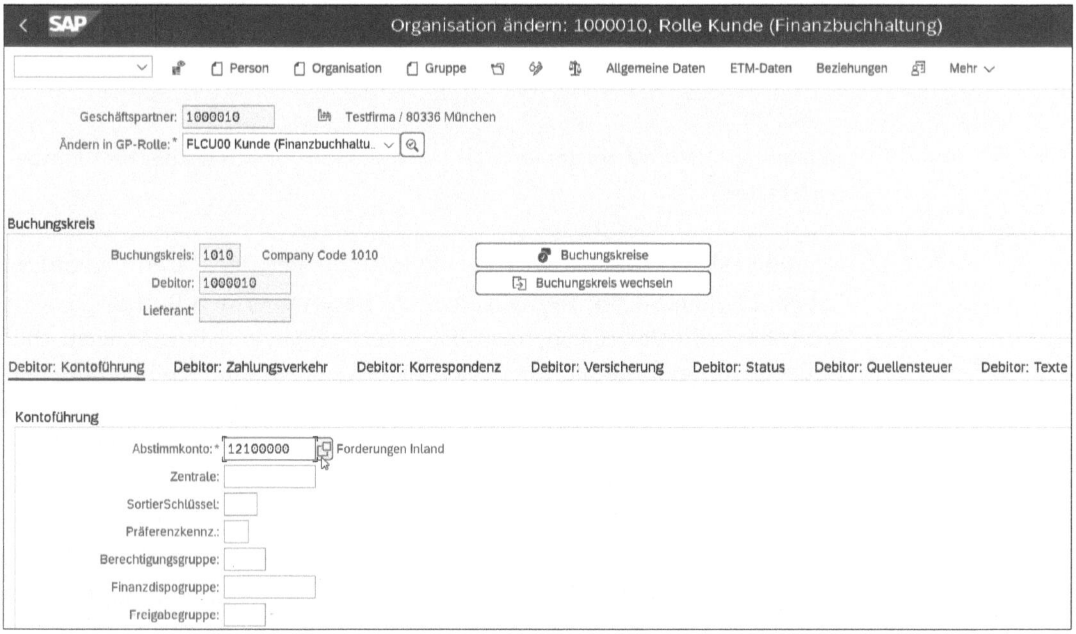

Abbildung 7.17 Buchungskreisdaten des Debitors

Für die Anlage der Vertriebsbereichsdaten wählen Sie die Rolle FLCU01 (**Kunde**) oder Ihre entsprechende kundenspezifische Rolle aus (siehe Abbildung 7.18).

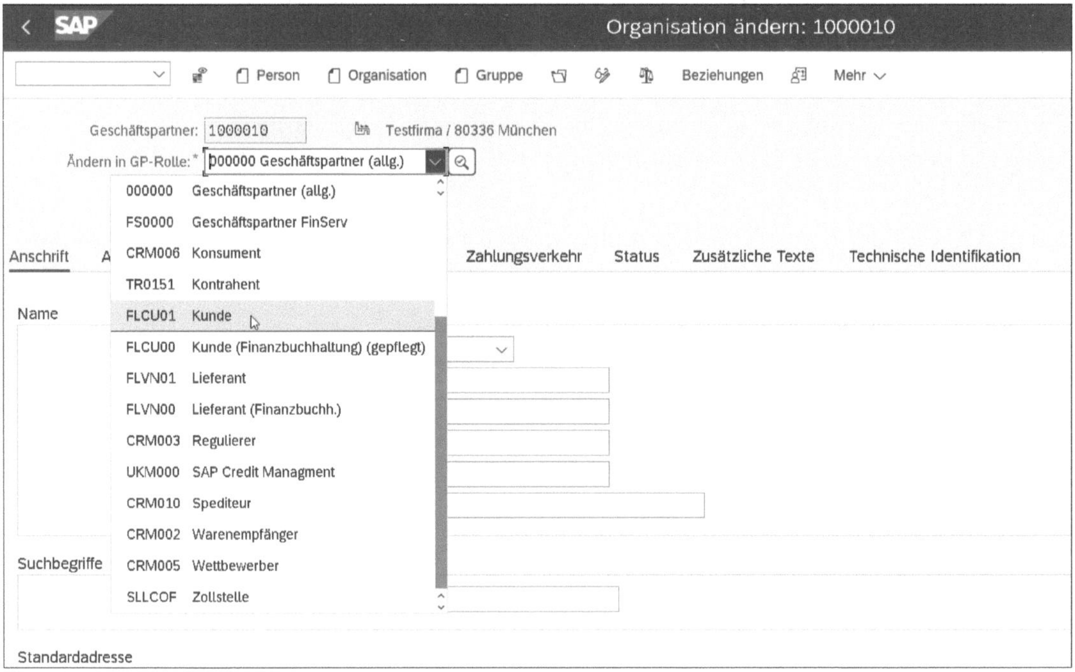

Abbildung 7.18 Auswahl der Rolle FLCU01 Kunde für die Anlage der Vertriebsbereichsdaten

Nachdem Sie die Geschäftspartner-Rolle für die Vertriebsdaten zugeordnet haben, können Sie aus den allgemeinen Daten über den Button [Vertrieb] (**Vertrieb**) in die Vertriebsbereichsdaten verzweigen und diese anlegen. Dies führt Sie in die in Abbildung 7.19 gezeigte Sicht. Wählen Sie hier eine entsprechende Verkaufsorganisation, den Vertriebsweg und die Sparte aus. Bestätigen Sie diese Angaben mit der Taste [↵]. Anschließend können Sie die weiteren notwendigen Daten pflegen. Füllen Sie alle Mussfelder und gewünschten optionalen Felder aus und sichern Sie Ihre Angaben. Da die einzelnen Registerkarten und Felder analog zu der bisherigen Logik sind, werden diese hier nicht im Detail beschrieben. In Abbildung 7.19 sehen Sie die Anlage von Vertriebsbereichsdaten.

Zuordnung der Rollen FLCU00 und FLCU01

Nachdem dieser Geschäftspartner jetzt die beiden Rollen FLCU00 (**Kunde Finanzbuchhaltung**) und FLCU01 (**Kunde Vertrieb**) hat und im Hintergrund durch die Synchronisation der Debitor bzw. Kunde angelegt wurde, können Sie diesen in der Finanzbuchhaltung und im Vertrieb nutzen. Da wir in diesem Beispiel Nummerngleichheit eingestellt haben, sehen Sie in Abbildung 7.20 beispielhaft die Anlage eines Kundenauftrags mit der Kundennummer in dem Feld **Auftraggeber**, die der Geschäftspartner-Nummer entspricht.

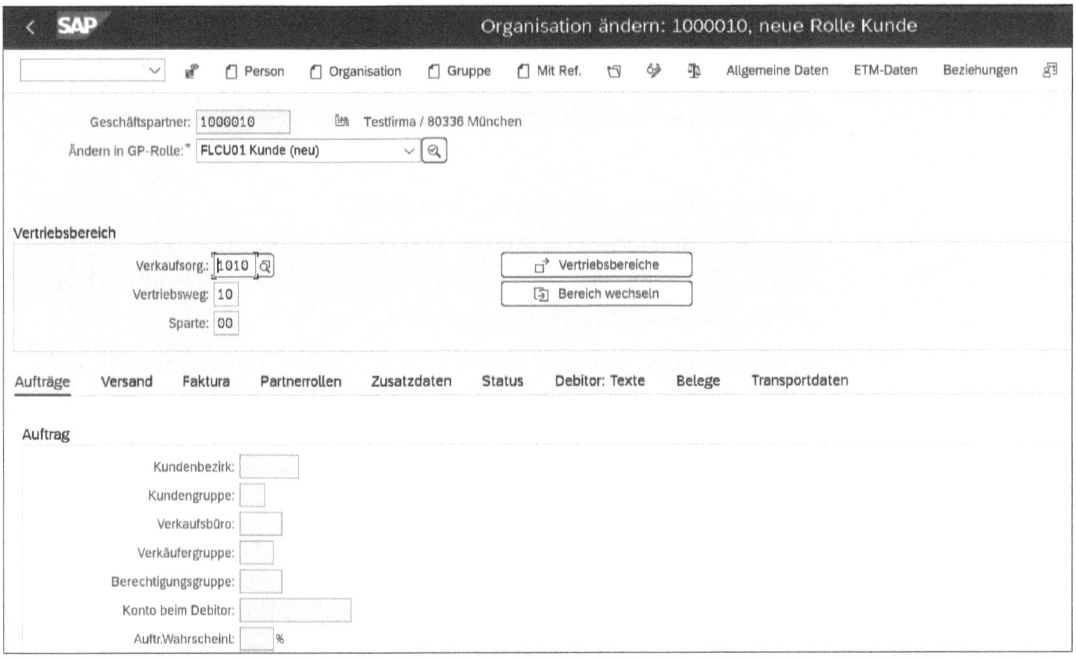

Abbildung 7.19 Anlage der Vertriebsbereichsdaten für einen Kunden

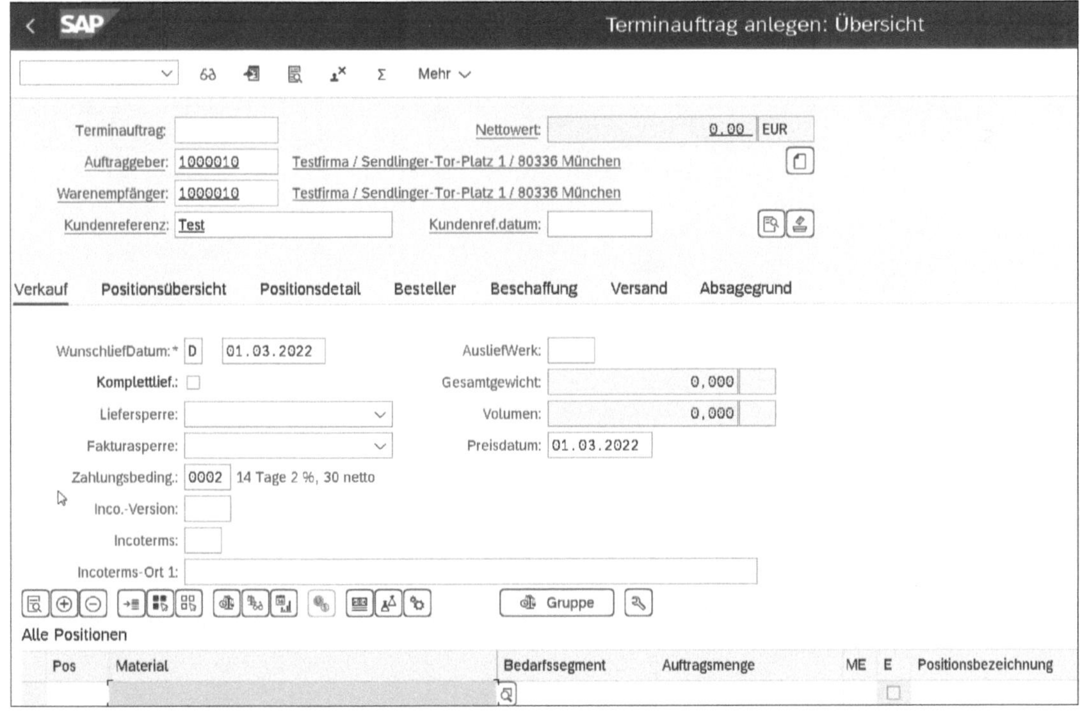

Abbildung 7.20 Anlage eines Kundenauftrags

Zurodnung der Rollen FLVN00 und FLVN01

Genauso verhält es sich im Kreditoren- bzw. Lieferantenbereich. Erst wenn Sie die Rolle FLVN00 (**Lieferant Finanzbuchhaltung**) und FLVN01 (**Lieferant**) angelegt haben, können Sie z. B. Bestellungen erfassen oder Lieferantenrechnungen buchen und zahlen.

Bezeichnung von Geschäftspartner-Rollen

Die Bezeichnung der Geschäftspartner-Rollen FLCU00, FLCU01 und FLVN00, FLVN01 sind abhängig vom genutzten SAP-Release unterschiedlich und nicht immer eindeutig. Es gilt aber immer Folgendes:

- FLCU00: Diese Rolle wird genutzt, um einem Geschäftspartner die debitorischen Daten der Buchungskreisebene zuzuordnen.
- FLCU01: Diese Rolle wird genutzt, um einem Geschäftspartner die Vertriebsdaten zuzuordnen.
- FLVN00: Diese Rolle wird genutzt, um einem Geschäftspartner die kreditorischen Daten der Buchungskreisebene zuzuordnen.
- FLVN01: Diese Rolle wird genutzt, um einem Geschäftspartner die Einkauforganisations- und Einkaufsdaten zuzuordnen (Einkaufsdaten stehen nur in SAP S/4HANA im Geschäftspartner zur Verfügung).

In Abbildung 7.21 sehen Sie ein Beispiel eines Geschäftspartners, der sowohl als Kunde als auch als Lieferant angelegt ist. Im Anzeigemodus sehen Sie die Rollen, die für diesen Geschäftspartner bereits gepflegt sind.

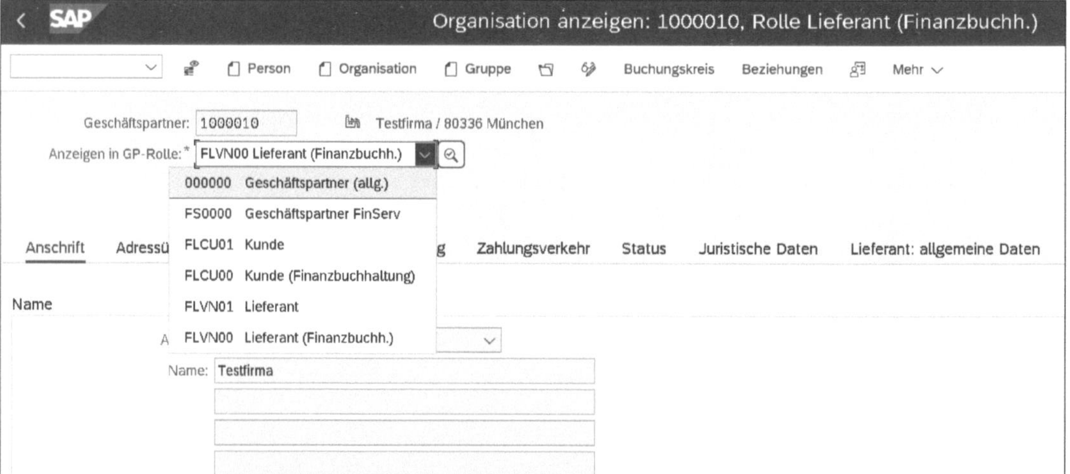

Abbildung 7.21 Geschäftspartner, in Vollausprägung als Kunde und als Lieferant angelegt

Da wir in diesem Beispiel mit Nummerngleichheit gearbeitet haben, sehen Sie im Geschäftspartner neben der Geschäftspartner-Nummer auch die gleichen Nummern bei **Debitor** und **Lieferant** (siehe Abbildung 7.22).

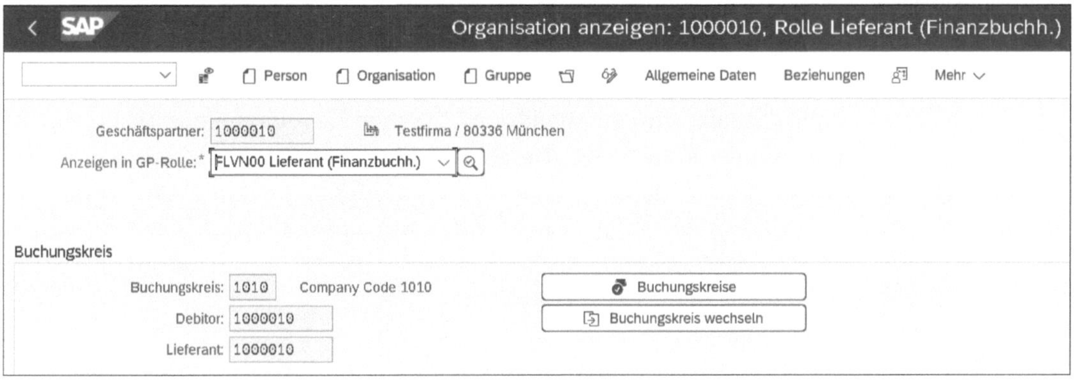

Geschäftspartner mit Nummerngleichheit zum Debitor und Kreditor

Abbildung 7.22 Beispiel von Nummerngleichheit zwischen Geschäftspartner, Debitor und Lieferant

Die Nummernvergabe kann natürlich in jedem System anders gestaltet sein. Haben Sie keine Nummerngleichheit eingestellt, erfolgt die Nummernvergabe weiterhin anhand des Nummernkreises der Kontengruppe, die im Customizing der Synchronisation der jeweiligen Geschäftspartner-Gruppierung zugeordnet ist. In Abschnitt 9.2.3, »Einstellungen des Geschäftspartners«, finden Sie weitere Informationen zu den Customizing-Einstellungen für die Nummernvergabe.

Mit Rollengruppierungen arbeiten

Werden in Ihrem System die Buchungskreisdaten und die Vertriebssicht beim Kunden bzw. die Einkaufsorganisationssicht beim Lieferanten immer in einem Zug angelegt, arbeiten Sie mit Rollengruppierungen (siehe Abschnitt 5.2.2, »Geschäftspartner-Rollengruppierungen definieren«).

7.2.2 Anlage von Ansprechpartnern und Herstellung von Beziehungen

Im Rahmen der CVI werden die Ansprechpartner und die dazugehörenden Beziehungen automatisch synchronisiert. In einem SAP-S/4HANA-System hingegen müssen Sie zunächst einen neuen Ansprechpartner anlegen und die Beziehung zu einer Organisation neu anlegen.

Neuanlage von Beziehungen zwischen Geschäftspartnern

Die Anlage eines Ansprechpartners erfolgt ebenso mittels der Transaktion BP (Geschäftspartner bearbeiten). Allerdings wählen Sie bei der Anlage die Geschäftspartner-Art **Person** aus und wenn Ihre Ansprechpartner einen eigenen Nummernkreis haben, müssen Sie die entsprechende Gruppierung für den Ansprechpartner auswählen, damit dieser im korrekten Nummernkreis angelegt wird. In Abbildung 7.23 sehen Sie Anlage eines Ansprechpartners mit der Rolle 000000 (**Geschäftspartner [allg.]**).

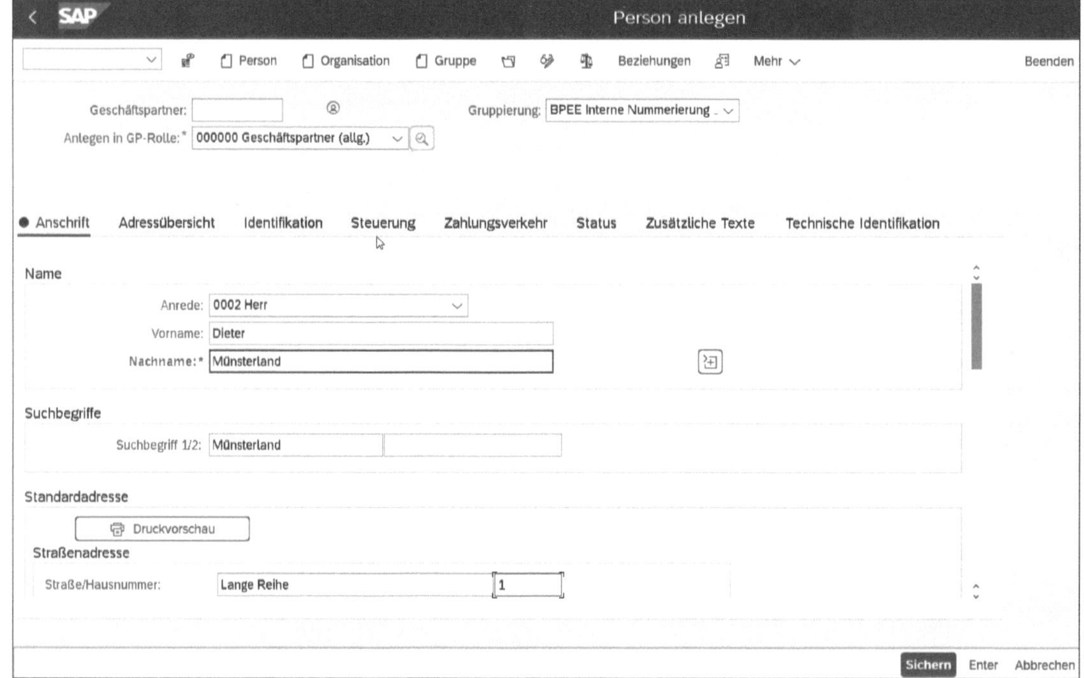

Abbildung 7.23 Anlage eines Ansprechpartners als Geschäftspartner

Ansprechpartner-spezifische Geschäftspartner-Rollen

Nachdem Sie alle relevanten Angaben gemacht haben, sichern Sie Ihre Eingaben. Das System gibt die Meldung »Geschäftspartner Nummer wurde angelegt« aus. Der Ansprechpartner benötigt neben der allgemeinen Rolle aber auch noch eine eigene Ansprechpartner-Rolle. SAP liefert hier als Standard die Rolle BUP001 (**Ansprechpartner**) aus (siehe Abbildung 7.24).

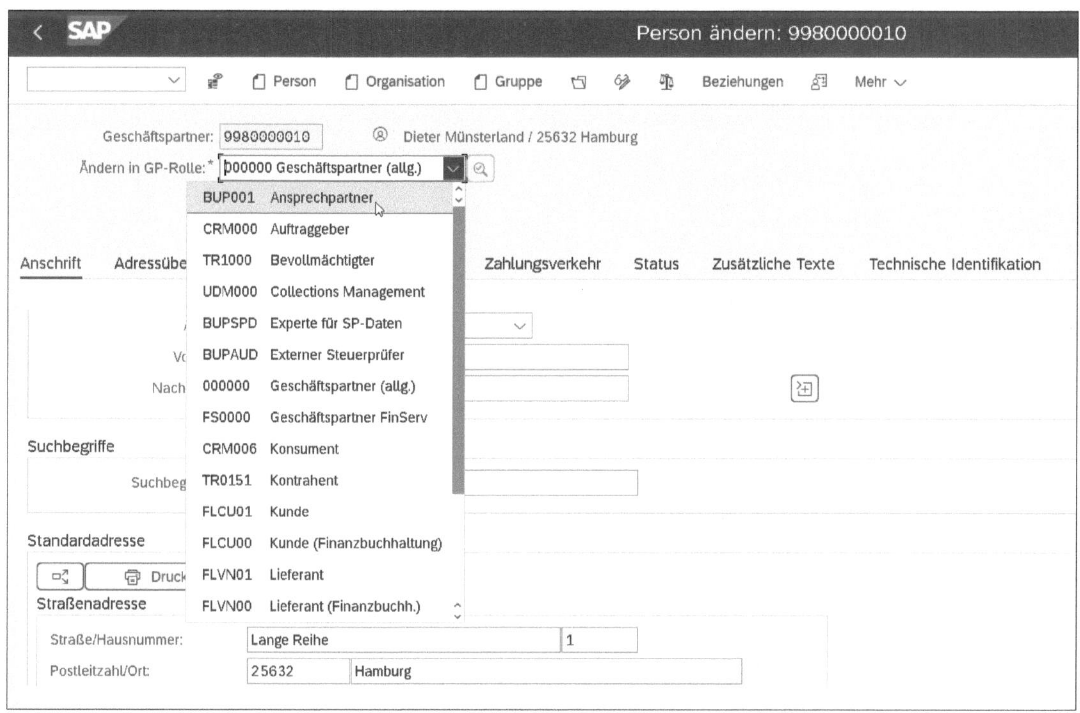

Abbildung 7.24 SAP-Standard-Rolle BUP001 Ansprechpartner

Feldmodifikation für Ansprechpartner

In diesem Beispiel arbeiten wir mit der ausgelieferten Standardrolle. Natürlich können Sie diese Rolle ebenso in Ihrem kundenspezifischen Bereich anlegen (siehe Abschnitt 4.4, »Anlage von Geschäftspartner-Rollen im kundenspezifischen Namensraum«).

Auf der Ebene der Rolle gibt es eine eigene Feldmodifikation. Füllen Sie daher alle Mussfelder aus, und sichern Sie Ihre Angaben. Wollen Sie nun diesen Ansprechpartner einer Organisation als zuständigen Ansprechpartner zuordnen, klicken Sie auf den Button **Beziehungen**.

Um die Beziehung anlegen zu können, müssen Sie den korrekten Beziehungstyp auswählen. In diesem Fall ist das der Beziehungstyp **TBUR001 ist Ansprechpartner von.** Im Feld **Beziehung zu GP** wählen Sie den entsprechenden Geschäftspartner aus. Erst dann können Sie über den Button **Anlegen** die Beziehung anlegen. In Abbildung 7.25 sehen Sie die Neuanlage der Beziehung zwischen einem Ansprechpartner und dem dazugehörenden Geschäftspartner.

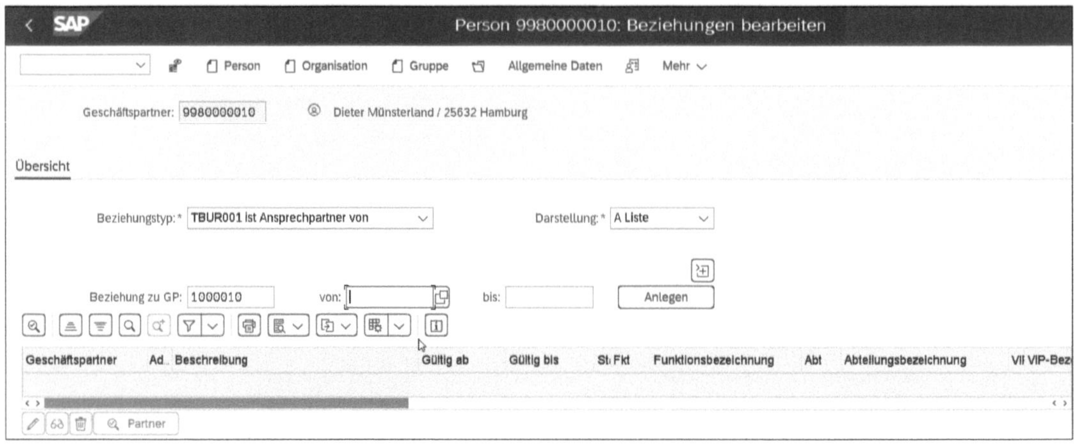

Abbildung 7.25 Anlage der Beziehungsart »TBUR001 ist Ansprechpartner von«

Nach Auswahl des Beziehungstyps werden Sie in ein Pop-up-Fenster weitergeleitet (siehe Abbildung 7.26). Hier können Sie weitere Angaben, wie z. B. **Abteilung**, **Funktion**, **Vollmacht** etc., hinterlegen.

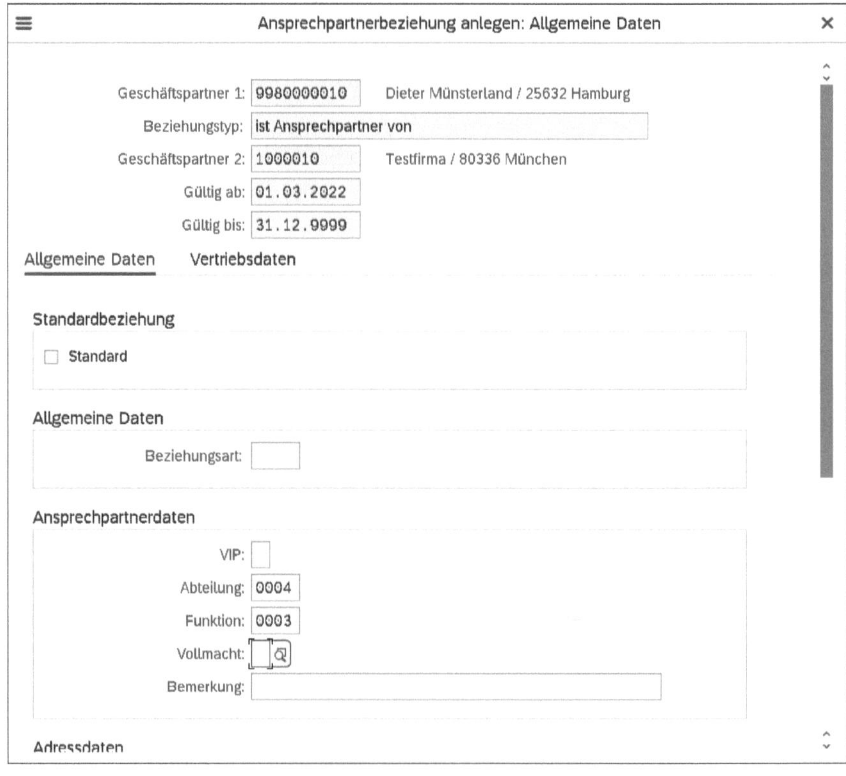

Abbildung 7.26 Eine Ansprechpartnerbeziehung anlegen

Bestätigen Sie Ihre Angaben, und sichern Sie diese. Das System hat nun die Beziehung zwischen den beiden Geschäftspartnern hergestellt. Die Beziehung kann jetzt aus Sicht der Organisation wie auch aus Sicht des Ansprechpartners, also von beiden Seiten aus, aufgerufen werden.

7.2.3 Anlage von Geschäftspartnern mit der SAP-Fiori-App

SAP-Fiori-Apps für Geschäftspartner

Wenn Sie auf Ihrem SAP-S/4HANA-System mit dem SAP Fiori Launchpad arbeiten, stehen Ihnen verschiedene SAP-Fiori-Apps zur Verfügung, mit denen Sie Geschäftspartner anlegen, ändern und verwalten können. Die folgenden drei SAP-Fiori-Apps sind im Grunde genommen ähnlich aufgebaut, der Unterschied zwischen den einzelnen Apps besteht darin, dass keine oder unterschiedliche Rollen im Filter vorbelegt sind. Die gezeigten SAP-Fiori-Apps basieren auf der Verwendung eines SAP-S/4HANA-Systems mit Release 2021.

- F3163 – **Geschäftspartner verwalten**: In dieser App sind im Filter keine Vorbelegungen voreingestellt.
- F1053A – **Lieferantenstamm verwalten**: In dieser App sind in dem Feld **Rolle** die kreditorischen Rollen bereits vorbelegt.
- F0850A – **Kundenstamm verwalten**: In dieser App sind die debitorischen Rollen vorbelegt.

Anpassen des Filters in der SAP-Fiori-App

Wenn Sie kundenspezifische Rollen verwenden, prüfen Sie die Filter, nehmen Sie Ihre neuen Rollen in den Filter auf und löschen Sie die Standardrollen entsprechend aus dem Filter.

Im folgenden Beispiel verwenden wir die SAP-Fiori-App **Lieferantenstamm verwalten** (F1053A). In Abbildung 7.27 sehen Sie ein beispielhaftes SAP Fiori Launchpad mit verschiedenen SAP-Fiori-Apps zum Geschäftsdatenstamm.

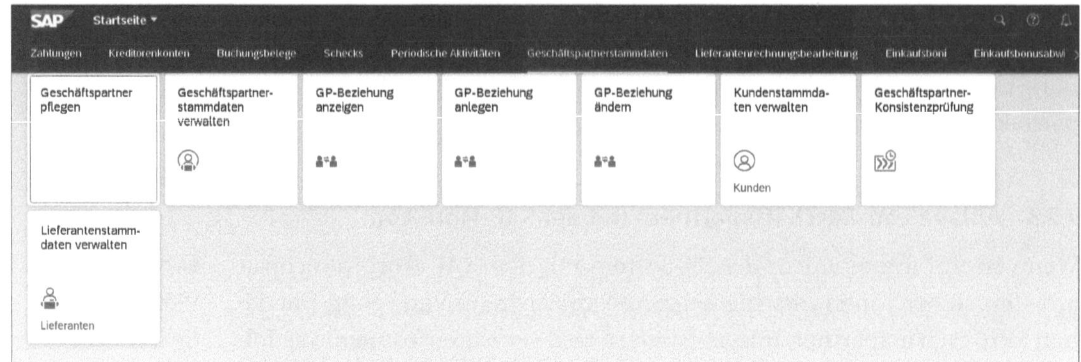

Abbildung 7.27 Beispiel des SAP Fiori Launchpads für den Geschäftspartner

Selektion von Geschäftspartnern in SAP Fiori

Nach dem Aufruf der App besteht die Möglichkeit, mithilfe bestimmter Filter gezielt nach Geschäftspartnern zu suchen. In Abbildung 7.28 wurde anhand der kreditorischen Rollen gesucht. Nachdem Sie über den Button **Start** die Ergebnisliste aufgerufen haben, werden Ihnen alle Lieferanten, die der Selektion entsprechen, angezeigt.

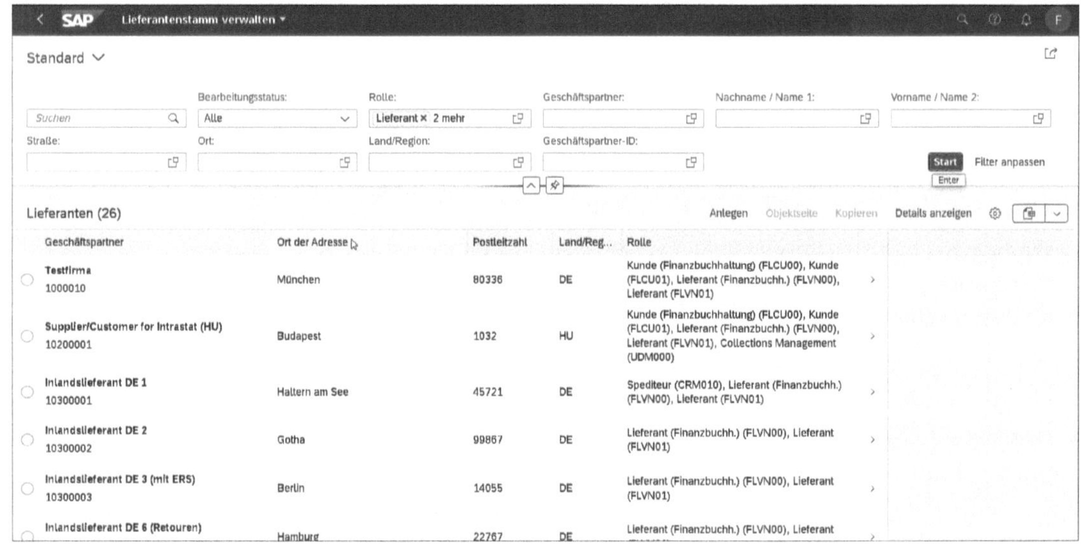

Abbildung 7.28 Ergebnisliste von angelegten Geschäftspartnern, abhängig von den ausgewählten Filtern

Sie haben in dem Bereich der Filter über den Button **Filter anpassen** die Möglichkeit, die einzelnen Filterkriterien anzupassen (siehe Abbildung 7.29).

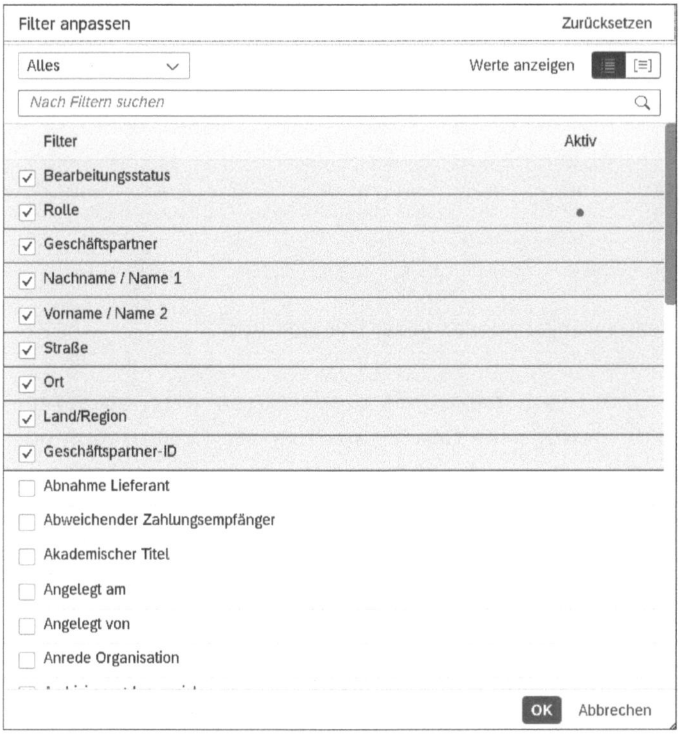

Abbildung 7.29 Mögliche Filterkriterien in der SAP-Fiori-App

In Abbildung 7.30 sehen Sie die unterschiedlichen Bearbeitungsoptionen in der SAP-Fiori-App **Lieferantenstamm verwalten**:

- **Anlegen**
  Hier kann ein neuer Geschäftspartner angelegt werden.
- **Objektseite**
  Hier verzweigen Sie zu weiteren Informationen wie allgemeinen Informationen, Unternehmensdaten, Materialien, Bankdaten, der Einkaufsorganisation, Bestellausgaben, Kontraktausgaben, Einkaufkontrakten, Bestellanforderungspositionsarten, Rechnungen, Noten der Beurteilung, der Bewertungs-Score-Card und Aktivitäten.
- **Kopieren**
  Hier kann bei Neuanlage ein bestehender Geschäftspartner zur Vorlage herangezogen werden.

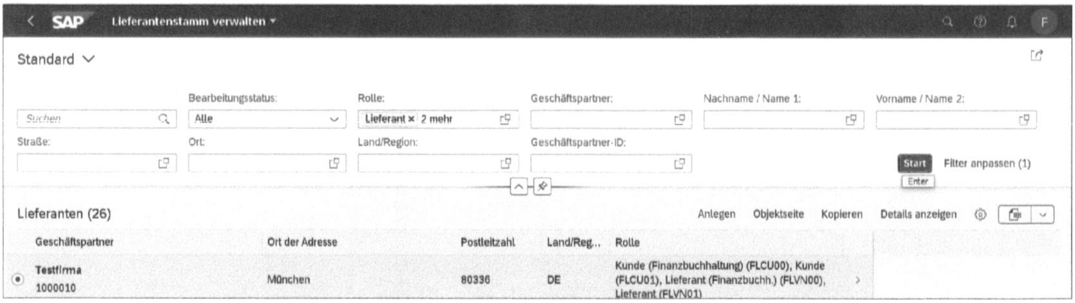

Abbildung 7.30 Bearbeitungsoptionen in der SAP-Fiori-App

Anlegen eins Geschäfstpartners

Zur Neunanlage eines Geschäftspartners klicken Sie auf den Button **Anlegen** und wählen die gewünschte Geschäftspartner-Art, Organisation oder Person aus. Daraufhin öffnet sich ein Pop-up-Fenster, in dem Sie die notwendigen Eingaben vornehmen können, wie z. B.:

- **Gruppierung**
- **Rolle**
- **Adresse**
- **Sprache**
- **Einkauforganisation**
- **Buchungskreis**
- **Abstimmkonto**

Die angebotenen Felder unterschieden sich je nachdem, welche Rolle Sie ausgewählt haben. In Abbildung 7.31 sehen Sie einen Ausschnitt der Felder, die Sie im Rahmen der Neuanlage angeben können.

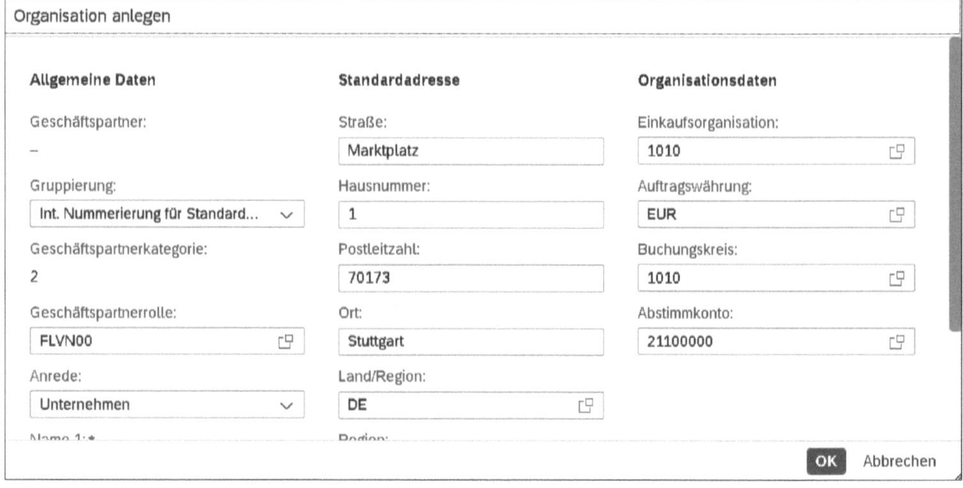

Abbildung 7.31 Geschäftspartner-Anlage in der SAP-Fiori-App

Geschäftspartner-Daten in der SAP-Fiori-App ergänzen

Nachdem Sie auf **OK** geklickt haben, werden Ihnen alle relevanten Registerkarten für die weiteren Details angezeigt. Arbeiten Sie nacheinander alle Registerkarten mit allen erforderlichen sowie optional gewünschten Feldern ab und legen Sie über den Button **Anlegen** den neuen Geschäftspartner an. Abbildung 7.32 zeigt die Detailansicht eines Geschäftspartners in der SAP-Fiori-App.

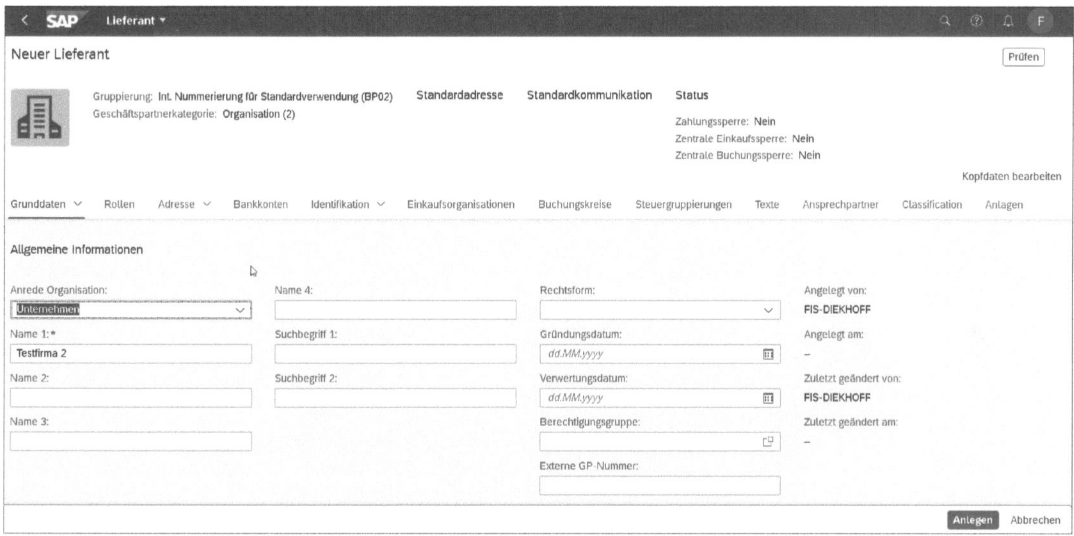

Abbildung 7.32 Detailangaben bei Anlage eines Geschäftspartners in der SAP-Fiori-App

Entwurfsstatus in SAP Fiori

Das System speichert Ihre Angaben automatisch als Entwurf, wenn Sie während der Anlage oder Pflege der Daten unterbrochen werden. Falls Ihre Angaben noch nicht vollständig sind und der Geschäftspartner nicht angelegt werden kann, gibt das System eine entsprechende Meldung aus. Konnte der Geschäftspartner erfolgreich angelegt werden, meldet das System: »Stammsatz angelegt«.

Diese App dient nicht nur der Neuanlage von Geschäftspartnern, ebenso können Sie bereits bestehende Geschäftspartner bearbeiten. Markieren Sie hierfür in der Ergebnisliste den gewünschten Geschäftspartner, und verzweigen Sie mit einem Doppelklick in die Details. Über den Button **Bearbeiten** können Sie die gewünschten Änderungen vornehmen. Dazu gehört z. B. auch die Möglichkeit, neue Rollen anzulegen oder diese zeitlich zu begrenzen. Ebenso können Sperren gesetzt werden, Zahlungsbedingungen geändert werden, neue Ansprechpartner hinzugefügt werden. Sie können alle Änderungen analog zu der Transaktion ebenso mit der SAP-Fiori-App durchführen.

Konsistenzprüfung in der SAP-Fiori-App

Über den Button **Prüfen** haben Sie dabei jederzeit die Möglichkeit, Ihre Eingaben auf Konsistenz hin zu prüfen. War die Prüfung erfolgreich, gibt das System die Meldung »Prüfung erfolgreich ausgeführt« aus, und Sie können Ihre Angaben über den Button **Sichern** speichern.

Suchkriterien der Transaktion BP in SAP S/4HANA

Im Vergleich zu einem SAP-ERP-System steht Ihnen in SAP S/4HANA eine erweiterte Auswahl an Suchkriterien zur Verfügung, darunter auch die Kunden- und Lieferantennummer (siehe Abbildung 7.33).

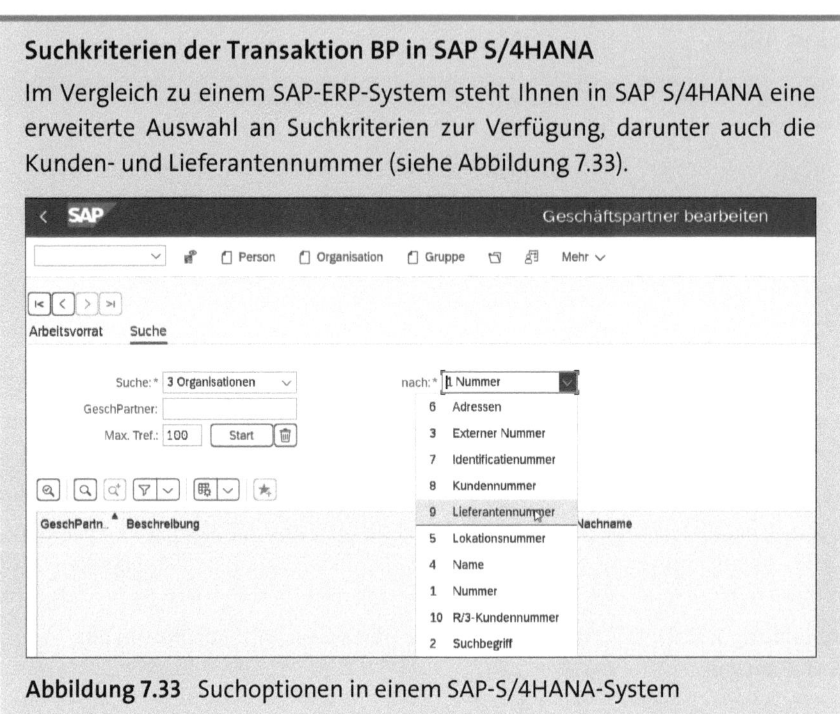

Abbildung 7.33 Suchoptionen in einem SAP-S/4HANA-System

7.3 Fazit

In diesem Kapitel haben wir Ihnen einen Einblick in das Arbeiten mit der zentralen Transaktion BP (Geschäftspartner bearbeiten) gegeben. Im Rahmen der CVI ist es zunächst grundsätzlich nicht erforderlich, mit dieser Transaktion zu arbeiten. Dennoch empfehlen wir, sich mit dem Geschäftspartner vertraut zu machen und die synchronisierten Daten stichprobenartig zu prüfen. Denn diese Geschäftspartner bilden die Grundlage für Ihr SAP-S/4HANA-System, und die Qualität der Stammdaten ist ausschlaggebend für alle Folgeprozesse. Daneben haben wir die unterschiedlichen Suchoptionen in einem SAP-ERP-System sowie in einem SAP-S/4HANA-System beschrieben. Neben der Neuanlage von Organisationen haben wir am Beispiel des Ansprechpartners die Anlage von Personen als Geschäftspartners beschrieben und die dazugehörenden Beziehungen zwischen den einzelnen Geschäftspartnern dargestellt. Wenn Sie mit dem SAP Fiori Launchpad arbeiten, haben Sie die Möglichkeit, neben der Transaktion BP Ihre Geschäftspartner zukünftig über SAP-Fiori-Apps zu verwalten. Anhand einer App haben wir die verschiedenen Optionen zur Anlage und Änderung von Geschäftspartnern exemplarisch beschrieben.

Kapitel 8

Erweiterung des Geschäftspartners per Business Data Toolset

Bei fast allen CVI-Projekten und in den Vorbereitungsphasen zur SAP-S/4HANA-Migration stellt sich die Frage, wie wir unsere kundenspezifischen Z-Felder aus den Kunden-/Lieferantenstammdaten in der Geschäftspartner-Transaktion behandeln sollen. Dieser Frage widmen wir uns in diesem Kapitel.

Bei einer Customer-Vendor-Integration (CVI) und bei der Neueinführung von SAP S/4HANA stehen Sie gleichermaßen vor der Notwendigkeit, individuelle Felder in der Transaktion BP zur Geschäftspartner-Pflege zur Verfügung zu stellen. Anders als beim Kunden- und Lieferantenstamm können Sie beim Geschäftspartner nicht ein einzelnes Objekt betrachten, sondern müssen neben dem Geschäftspartner selbst Kunden- und Lieferantenstämme, Beziehungen und Adressen berücksichtigen. In Kapitel 6 haben wir die Datenstrukturen des Geschäftspartners bereits beschrieben. Diesen Zusammenhang sollten Sie berücksichtigen, wenn Sie Felderweiterungen am Geschäftspartner vornehmen möchten.

In diesem Kapitel erläutern wir das *Business Data Toolset* (BDT) als zentrales Werkzeug für die Erweiterung des Geschäftspartners. Wir zeigen Schritt für Schritt, wie Sie ein Feld aus den allgemeinen Daten des Kundenstamms in den Geschäftspartner übernehmen. Das BDT wird dabei verwendet, um neue Felder in die Geschäftspartner-Oberfläche (Transaktion BP) aufzunehmen. Die BDT-Integration umfasst das Anlegen verschiedener Feldgruppen, Bilder, Sichten und Abschnitte, um zusätzliche Registerkarten und Bilder in der Transaktion BP anzuzeigen.

Jedes Stammdatenobjekt, das mit dem BDT gepflegt werden kann, wird auf technischer Ebene als *Anwendungsobjekt* definiert und bei der Nutzung des BDT als solches angezeigt:

- BUP – allgemeiner Geschäftspartner
- BUB – Geschäftspartner-Beziehung
- BUA – Anschriften

- CVIC – Kundenbeziehung
- CVIV – Lieferantenverbindung

8.1 Das BDT im Detail

Aufruf des Arbeitsmenüs für Geschäftspartner BUPT

Das Business Data Toolset (BDT) finden Sie im Arbeitsmenü für Geschäftspartner. Dieses Menü können Sie nur aus dem Hauptmenü aufrufen. Geben Sie den Transaktionscode BUPT in das OK-Code-Feld im SAP GUI ein. Hierdurch wechselt die Ansicht vom SAP-Hauptmenü in das Arbeitsmenü des Geschäftspartners. Die wichtigsten Funktionen des BDT finden Sie jeweils unter dem Menüpunkt **Steuerung** (siehe Abbildung 8.1).

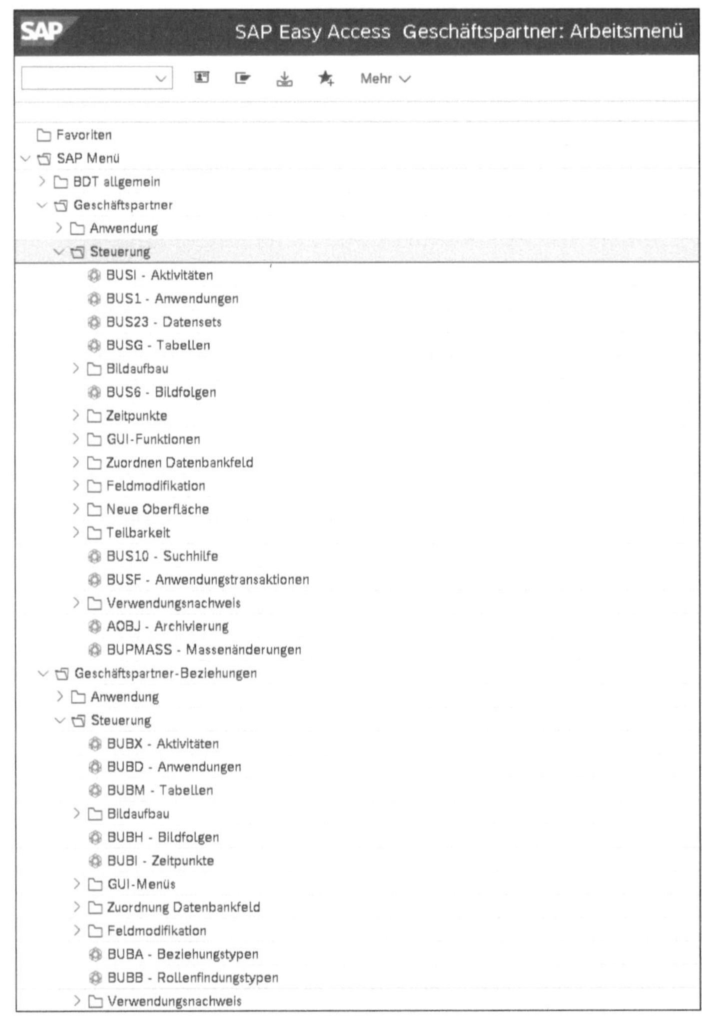

Abbildung 8.1 BDT im Arbeitsmenü für Geschäftspartner

Hierbei unterscheidet man zwischen dem **Geschäftspartner** und den **Geschäftspartner-Beziehungen**. Im Bereich **Geschäftspartner** nehmen Sie sämtliche Einstellungen für den Geschäftspartner selbst vor. Im Bereich der **Geschäftspartner-Beziehungen** können Sie die Eigenschaften der von Ihnen verwendeten Geschäftspartner-Beziehungen anpassen.

Struktur des Bildaufbaus der Transaktion BP

Die Transaktion BP hat als Dialoganwendung eine hierarchische Struktur, die sich aus verschiedenen Elementen zusammensetzt. Diese Elemente werden im BDT konfiguriert. Abbildung 8.2 zeigt diese Elemente im Dialog der Transaktion BP:

❶ **Bildfolge**
Die Bildfolge definiert die Anzahl und Anordnung der angezeigten Register; sie enthält mindestens ein Bild. Die Einstellungen der Bildfolge können Sie in der Transaktion BUS6 vornehmen.

❷ **Bild**
Ein Bild definiert ein Register und enthält mindestens einen Abschnitt. Bilder pflegen Sie in der Transaktion BUS5.

❸ **Abschnitt**
Ein Abschnitt definiert einen Bereich in einem Bild und enthält mindestens eine Sicht. Die Pflege der Abschnitte rufen Sie mit der Transaktion BUS4 auf.

❹ **Sicht und Feldgruppe**
Eine Sicht ist ein Dynpro und enthält mindestens eine Feldgruppe. Sichten pflegen Sie mit der Transaktion BUS3. Feldgruppen enthalten die Felder und werden mit der Transaktion BUS2 gepflegt.

❺ **Feld**
Ein Feld wird durch ein Datenbankfeld des SAP-Systems definiert. In der Transaktion BUS2 (Pflege der Feldgruppen) ordnen Sie einzelne Felder Ihren Feldgruppen zu.

In den folgenden Abschnitten werden wir Ihnen die gezeigten Elemente des BDT im Detail erläutern und auf Besonderheiten hinweisen. In Abschnitt 8.2, »Aufnahme eines kundenspezifischen Feldes in den Geschäftspartner«, werden wir diese Elemente dann in einem konkreten Beispiel benutzen, um exemplarisch ein Z-Feld, also ein kundenindividuelles Feld, in die allgemeinen Daten des Debitors aufzunehmen. In unserem Beispiel möchten wir eine eigene Klassifizierung der Kunden einführen. Solche Daten können beispielsweise in der Preisfindung von Vertriebsbelegen für eine individuelle Konditionsermittlung verwendet werden.

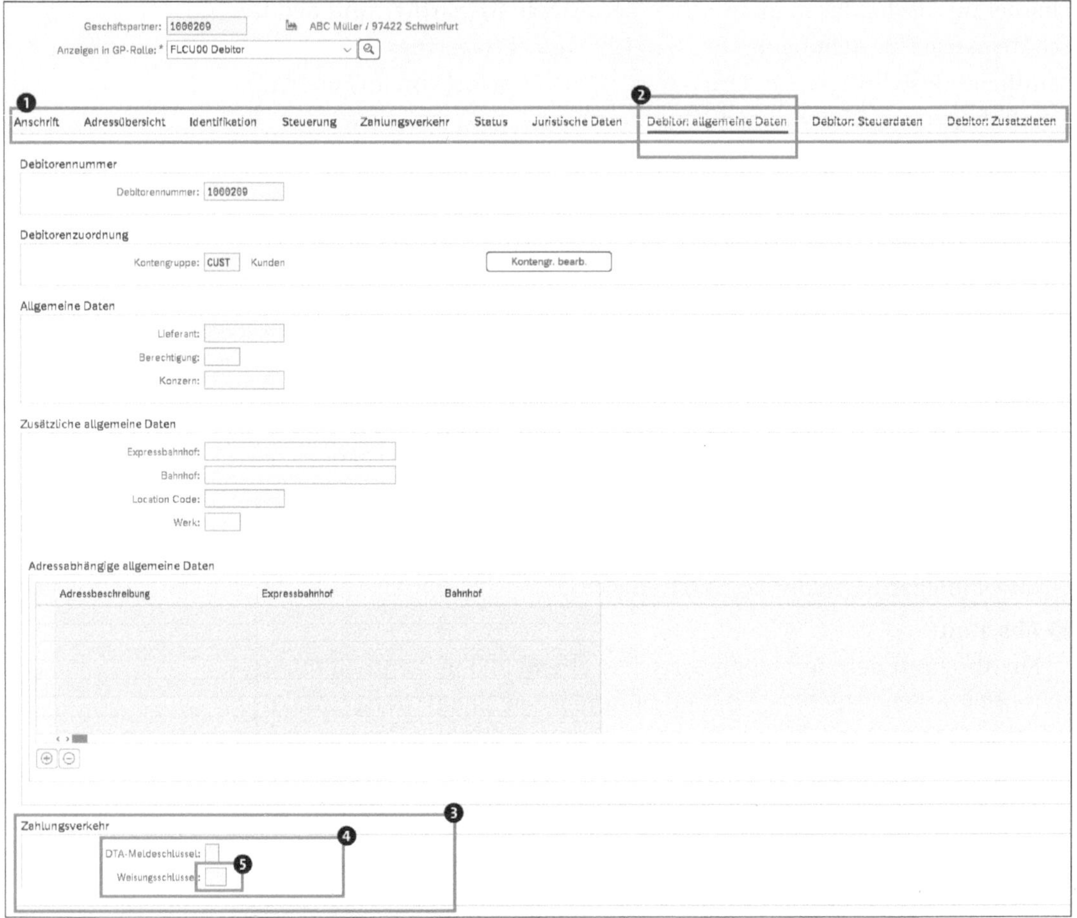

Abbildung 8.2 Struktureller Aufbau des BP-Dialogs, abhängig vom BDT

8.1.1 Sicht ändern mit Transaktion BUS3

Die Sicht als Verbindungselement

Die Sicht ist eines der wichtigsten Elemente im Rahmen der Erweiterung des Geschäftspartners. Die Sichten stellen im BDT das Verbindungsglied zwischen der Konfiguration im Customizing und den Funktionsbausteinen PBO und PAI dar. Abbildung 8.3 zeigt die Konfiguration einer Sicht auf dem Bild **Sichten ändern**, die Sie mit Transaktion BUS3 aufrufen.

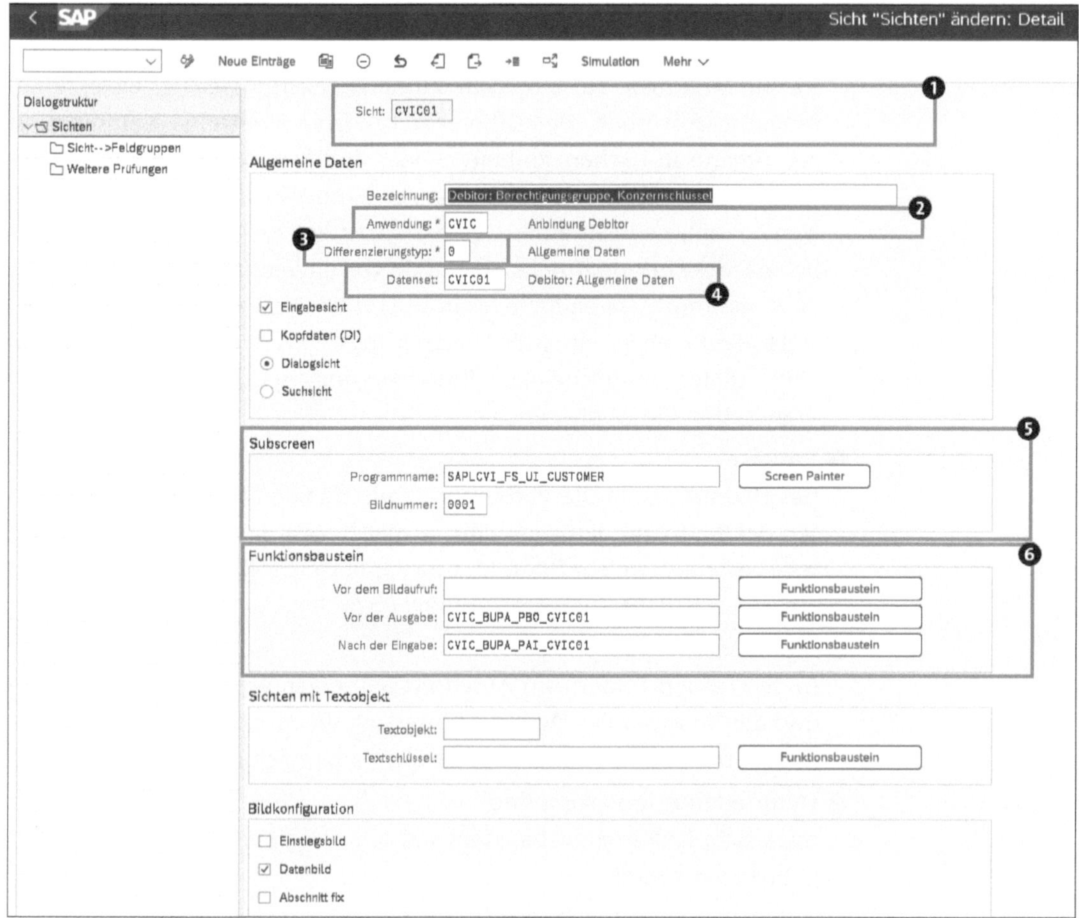

Abbildung 8.3 Mit der Transaktion BUS3 Sichten ändern

Das Dialogbild zum Ändern der Sichten teilt sich in die folgenden Bereiche auf:

❶ **Sicht**
In dem Feld **Sicht** wird der sechsstellige Schlüssel der jeweiligen Sicht gezeigt. Wenn Sie eigene Sichten anlegen, sollten Sie diesen Schlüssel im Kundennamensraum vergeben.

❷ **Anwendung**
Im Feld **Anwendung** wird definiert, ob die Daten direkt dem Geschäftspartner oder einem der anderen Objekte zugeordnet werden. Die gezeigte Sicht ist Bestandteil der allgemeinen Debitorendaten, daher wird hier als Anwendungsobjekt CVIC angezeigt (**Anbindung Debitor**).

❸ **Differenzierungstyp**

Der Differenzierungstyp ist eine intern verwendete Angabe, die festlegt, welche Merkmale zur Unterscheidung ansonsten gleicher Objekte herangezogen werden. Der Differenzierungstyp stellt eine Kombination aus organisatorischen Einheiten oder anderen differenzierenden Bestimmungsgrößen dar. Beispielsweise kann eine Differenzierung notwendig sein, wenn Sie einen Geschäftspartner haben, der in mehreren Filialen Ihres Unternehmens als Kunde vorhanden ist, und Sie möchten, dass bestimmte Daten für jede einzelne Filiale angezeigt werden. Für diesen Fall müssen Sie einen Differenzierungstyp verwenden, der die Daten nach Filialen unterscheidet. Differenzierungstypen können Sie mit der Transaktion BUSM pflegen.

❹ **Datenset**

Das Datenset stellt die Verbindung zwischen den technischen Elementen des BDT und den Geschäftspartner-Rollen dar. Über das Datenset wird gesteuert, welche Bildfolge und damit welche Bilder bei der Auswahl einer Geschäftspartner-Rolle angezeigt werden.

❺ **Technisches Dynpro**

In den beiden Feldern im Abschnitt **Subscreen** werden das Programm und die Nummer des Dynpros hinterlegt, die prozessiert werden, wenn in der Transaktion BP die jeweilige Sicht angezeigt, oder bearbeitet wird.

❻ **Dynpro Funktionsbausteine**

Im Abschnitt **Funktionsbaustein** werden drei unterschiedliche Ausprägungen verwendet:

- `PBO` (Process before output) – z. B. für die Selektion und Textausgabe
- `PAI` (Process after input) – Feldprüfungen
- `PBC` (Process before screen callup) – Sortierungen

Des Weiteren besteht links in der Dialogstruktur die Möglichkeit, der Sicht neue Feldgruppen zuzuordnen. Außerdem können Sie an dieser Stelle auch weitere Funktionsbausteine (`PAI`) zur Prüfung von Eingaben einbinden.

[+]

Individuelle Prüfung von Benutzereingaben

Außerdem können Sie an dieser Stelle auch weitere Funktionsbausteine (`PAI`) zur Prüfung von Eingaben einbinden.

8.1.2 Datenset ändern mit Transaktion BUS23

Verbindungsglied zwischen BDT und dem Geschäftspartner

Das Datenset ist neben der Sicht ein weiteres wichtiges Element des BDT. Wie eingangs erwähnt, ist das Datenset das Bindeglied zwischen dem BDT und den Geschäftspartner-Rollen. Bei der Auswahl einer Geschäftspartner-Rolle in der Transaktion BP ändert sich die Ansicht, und eine spezifische Auswahl von Bildern wird angezeigt. Jeder Sicht wird im BDT ein Datenset zugeordnet. Die Datensets wiederum werden den Geschäftspartner-Sichten (siehe Abschnitt 4.3.4, »Geschäftspartner-Sicht«) zugeordnet. Diese können Sie mit der Transaktion BUSD pflegen.

In unserem Beispiel haben wir eine BDT-Sicht aus den allgemeinen Daten gewählt. Der Sicht `CVIC01` ist das Datenset `CVIC01` zugeordnet. Die Standardrolle für Debitoren ist `FLCU00`, in dieser ist im Customizing die Geschäftspartner-Sicht `FLCU00` zugeordnet. Wenn Sie sich in der Transaktion BUSD diese Geschäftspartner-Sicht ansehen, finden Sie dort das Datenset `CVIC01` (**Debitor: Allgemeine Daten**) (siehe Abbildung 8.4).

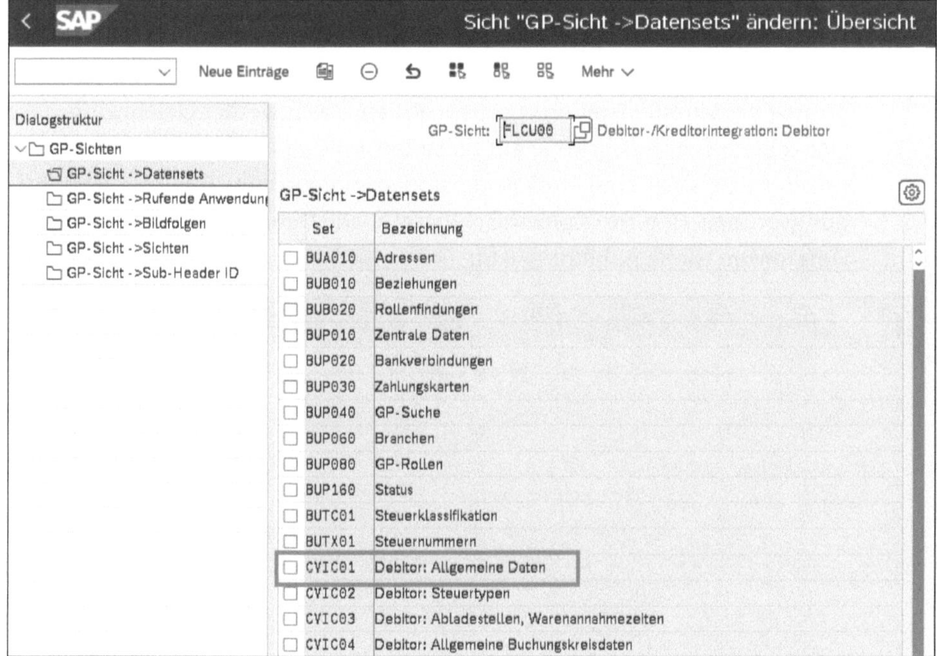

Abbildung 8.4 BUSD Zuordnung der Geschäftspartner-Sicht zu den Datensets

Immer wenn Sie die Geschäftspartner-Rolle `FLCU00` in der Transaktion BP auswählen, wird die Geschäftspartner-Sicht `FLCU00` aufgerufen. Dort werden alle zugeordneten Datensets und Sichten mit den enthaltenen Feldgruppen angezeigt. Abbildung 8.5 soll diesen Zusammenhang veranschaulichen.

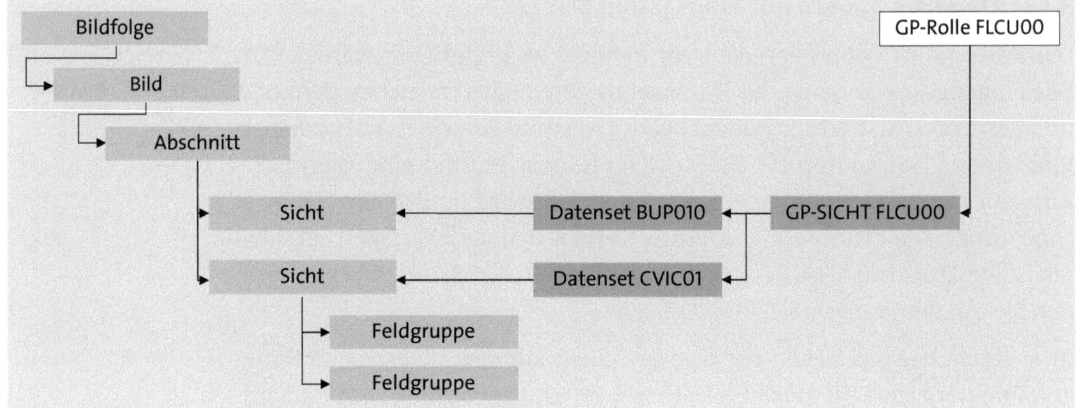

Abbildung 8.5 Schematische Darstellung der BDT-Elemente in Zusammenhang mit der Geschäftspartner-Rolle

8.1.3 Feldgruppen

Feldmodifikation an der Feldgruppe

Feldgruppen bilden einen Rahmen für inhaltlich zusammengehörige Felder. Eine Möglichkeit der Feldmodifikation besteht darin, anhand der Feldgruppe die Mussfeldsteuerung einzustellen. Das bedeutet gleichzeitig, dass alle Felder einer Feldgruppe auf diese Einstellung reagieren. Der Sicht aus unserem Beispiel sind drei Feldgruppen zugeordnet: **Debitor: Berechtigungsgruppe**, **Debitor: Konzernschlüssel** sowie **Debitor: Kontonummer des Lieferanten** (siehe Abbildung 8.6).

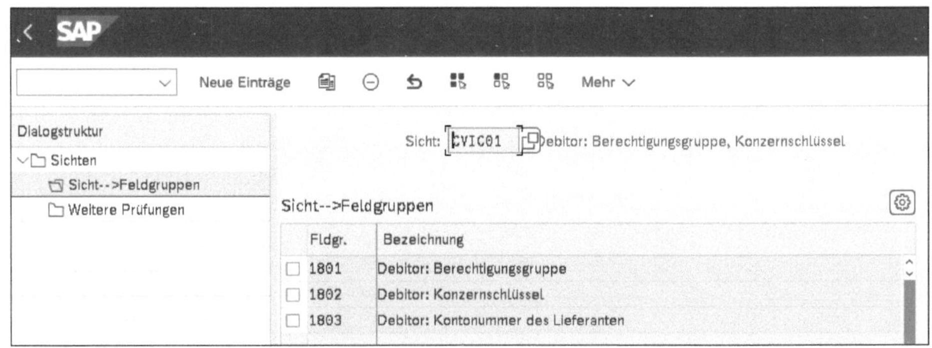

Abbildung 8.6 Feldgruppen einer Sicht zuordnen

Funktionsbaustein für die Feldmodifikation

Über die Transaktion BUS2 können Sie die Feldgruppen bearbeiten. Über den zugeordneten Funktionsbaustein `CVIC_BUPA_EVENT_FMOD2` wird die Feldmodifikation gesteuert. Über die Dialogstruktur verzweigen Sie in die Zuordnung der Felder zur Feldgruppe (siehe Abbildung 8.7).

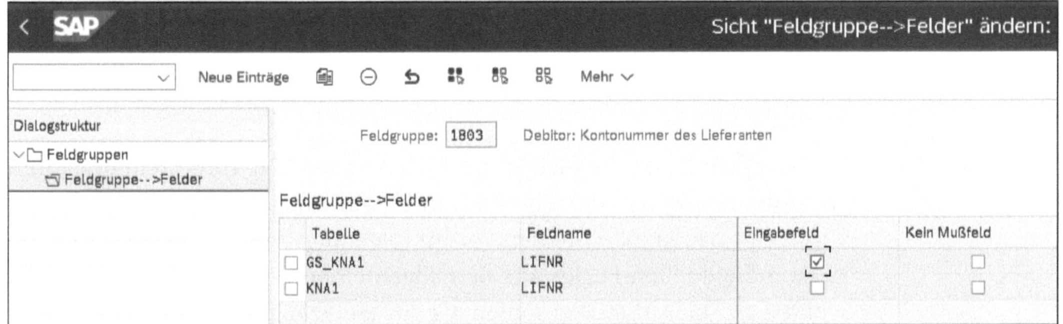

Abbildung 8.7 Felder einer Feldgruppe zuordnen

Felder der Feldgruppe 1803

In unserem Beispiel sind der Feldgruppe 1803, die der Sicht CVIC01 zugeordnet ist, wiederum zwei Felder zugeordnet. Das Feld KNA1-LIFNR ist das technische Feld der Tabelle KNA1. Das Feld GS_KNA1-LIFNR ist das Feld der X-Leiste, das die Verknüpfung in den Screen Painter der Sicht CVIC01 darstellt. Der *Screen Painter* ist ein Werkzeug der ABAP Workbench, mit dem Sie Screens für Ihre Transaktionen erstellen können. Sie können damit sowohl den Screen selbst mit Feldern und anderen grafischen Elementen erstellen als auch die Ablauflogik hinter dem Screen schreiben.

[!]

Dynpro vs. Screen

In älteren Dokumentationen werden Screens manchmal auch als Dynpros bezeichnet.

Abbildung 8.8 zeigt den Screen Painter, der hier aus der Sicht CVIC01 aufgerufen wurde.

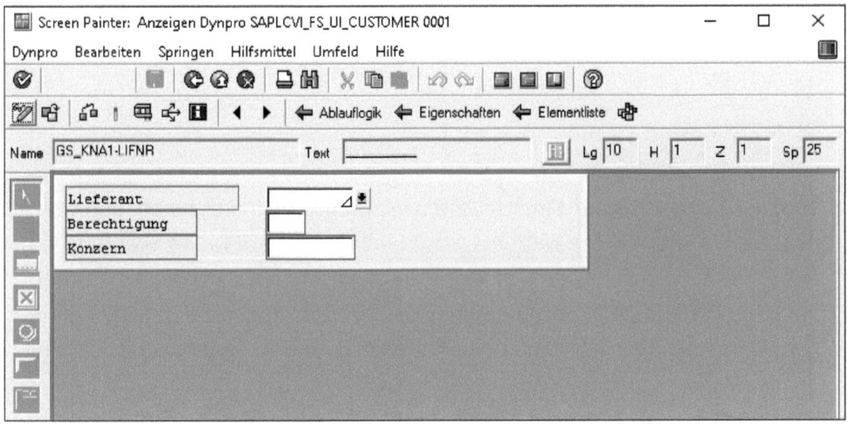

Abbildung 8.8 Screen Painter für die Sicht CVIC01

Zu sehen sind alle drei Felder der zuvor beschriebenen Feldgruppen. Für das Beispiel wurde das Eingabefeld zum Lieferanten markiert. Im Anzeigefeld **Name** wird das Feld GS_KNA1-LINR angezeigt, das in der Feldgruppe 1803 zu sehen ist.

Nachdem wir Ihnen die wichtigsten Elemente des BDT vorgestellt und ihren Zusammenhang mit der Transaktion BP zur Pflege der Geschäftspartner aufgezeigt haben, beschreiben wir im folgenden Abschnitt die Aufnahme eines individuellen Feldes aus den allgemeinen Kundendaten in den Geschäftspartner. Außerdem stellen wir das Werkzeug BDT_ANALYZER vor.

8.2 Aufnahme eines kundenspezifischen Feldes in den Geschäftspartner

In den folgenden Abschnitten beschreiben wir Schritt für Schritt, wie Sie ein Z-Feld, also ein kundenindividuelles Feld, aus den allgemeinen Daten des Kundenstamms in den Geschäftspartner aufnehmen.

Wir zeigen darüber hinaus, wie Sie dieses Feld in eine *Append-Struktur* der Tabelle KNA1 aufnehmen. Über Append-Strukturen sind Sie in der Lage, den Feldumfang einer SAP-Datenbanktabelle nach Ihren Bedürfnissen zu erweitern. Für unser Beispiel fügen wir ein Feld für die individuelle Klassifizierung der Kunden in die Kategorien A, B und C dem Geschäftspartner hinzu. Diese sind in unserem Beispiel exemplarisch zu sehen und stehen hier in keinem betriebswirtschaftlichen Zusammenhang.

8.2.1 Erweiterung der Datenbanktabelle KNA1

Domäne

Im ersten Schritt erweitern Sie die Tabelle KNA1 um das individuelle Feld. Vorbereitend hierzu legen Sie zuerst eine Domäne an (siehe Abbildung 8.9).

DDIC Domänen

Eine DDIC-Domäne ist ein eigenständiges Dictionary-Objekt, das technische und semantische Eigenschaften elementarer Datentypen definiert. Datenelemente können mit Bezug auf eine Domäne definiert werden und übernehmen dann die dort definierten Eigenschaften. Domänen können ausschließlich in DDIC-Datenelementen verwendet werden. Eine Domäne kann von beliebig vielen Datenelementen verwendet werden (Quelle: SAP).

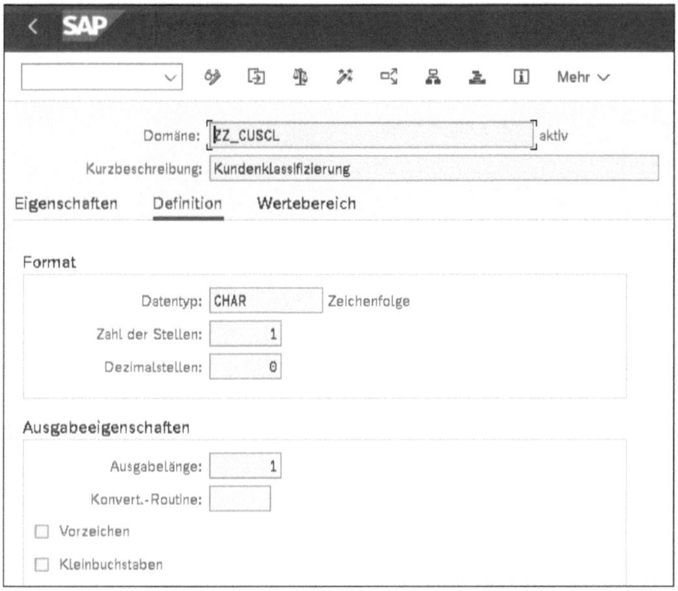

Abbildung 8.9 Beispiel für das Anlegen einer Domäne ZZ_CUSCL

Include INCL_EEW_KNA1

Als Nächstes wird der Datentyp mit den Feldbezeichnern angelegt. Nach diesen vorbereitenden Maßnahmen wählen Sie in der Transaktion SE11 die Tabelle KNA1 aus und lassen diese anzeigen. In der Tabelle suchen Sie den *Include* INCL_EEW_KNA1. Dieser Include stellt die offizielle Erweiterungsstelle der Tabelle KNA1 in Bezug auf Stammdatenpflege und Konsolidierung dar. Weitere Informationen hierzu finden Sie im SAP Help Portal unter der URL *https://help.sap.com/docs/SAP_S4HANA_ON-PREMISE*. Hier suchen Sie dann nach dem Namen des Includes INCL_EEW_KNA1.

Include-Strukturen

Komponenten einer Struktur können durch das Einbinden der Komponenten anderer Strukturen des ABAP Dictionarys inklusive Datenbanktabellen oder Views definiert werden. Solche eingebundenen Strukturen heißen Include-Strukturen oder kurz Includes. Technisch gesehen verweist die Struktur, in die eine Include-Struktur eingebunden ist, auf die eingebundene Struktur und wird bei Änderungen an dieser Struktur auch entsprechend angepasst. Eine Include-Struktur kann selbst Include-Strukturen enthalten. Die maximale Schachtelungstiefe von Includes ist auf neun begrenzt. (Quelle: *https://help.sap.com/*). Anschließend lassen wir uns die Append-Struktur des Includes INCL_EEW_KNA1 anzeigen. In Abbildung 8.10 wird dieser Include und seine Append-Struktur gezeigt. Wir haben hier einen Append ZZCUSTOMKNA1 angelegt, in den wir das Feld ZZ_CUSCL aufgenommen haben.

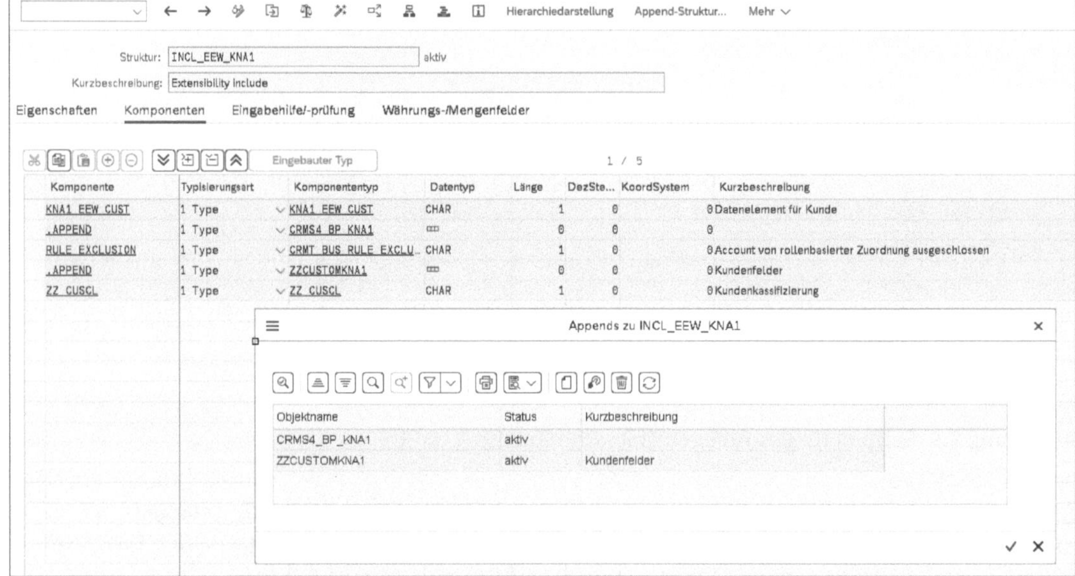

Abbildung 8.10 Append-Struktur des Includes INLC_EEW_KNA1

Für andere Datenbanktabellen der Kunden- und Lieferantenstammdaten existieren jeweils eigene Includes. Dazu gehören z. B. folgende:

- Lieferant, allgemeine Daten (LFA1) – INLC_EEW_LFA1
- Kunden Buchungskreisdaten (KNB1) – INLC_EEW_KNB1
- Lieferant Buchungskreisdaten (LFB1) – INLC_EEW_LFB1

8.2.2 Aufnahme des Z-Feldes in den Geschäftspartner

Das Z-Feld ist nun, wie im vorherigen Abschnitt gezeigt, in den allgemeinen Daten des Debitorenstamms vorhanden. Im nächsten Schritt müssen Sie es in die Datenpflegeoptionen des Geschäftspartners aufnehmen. Hierzu sind zwei Bestandteile zu behandeln: Erstellen Sie zunächst die technischen Objekte, und nehmen Sie anschließend das Feld-Customizing im BDT vor.

BDT_ANALYZER

Legen Sie zunächst fest, an welcher Stelle das neue Feld in der Transaktion BP zur Verfügung stehen soll. Um aus der Transaktion BP heraus direkt feststellen zu können, in welchem Bild, welchem Abschnitt, welcher Sicht und welcher Feldgruppe sich ein bestimmtes Feld findet, stellt SAP das Werkzeug BDT_ANALYZER zur Verfügung. An dieser Stelle stellen wir Ihnen dieses Werkzeug vor. Den BDT_ANALYZER rufen Sie aus dem Arbeitsmenüs BUPT direkt auf (siehe Abbildung 8.11).

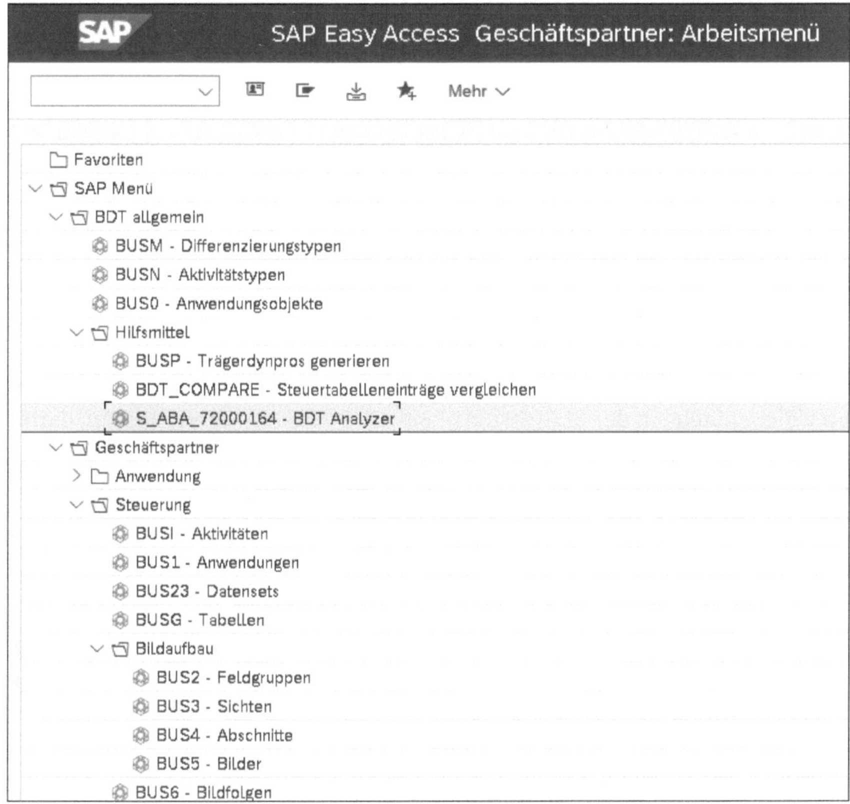

Abbildung 8.11 BDT_ANALYZER aus dem Arbeitsmenü BUPT aufrufen

Mit dem BDT_ANALYZER können Sie die in Abbildung 8.12 gezeigte Struktur der BDT-Elemente analysieren und herausfinden, in welchem Zusammenhang diese Elemente stehen. Um die in unserem Beispiel verwendete BDT-Sicht zu analysieren, selektieren Sie folgendermaßen: Das Anwendungsobjekt ist in diesem Fall das des Geschäftspartners BUPA, die Anwendung ist, wie bereits in Abschnitt 8.1.1, »Sicht ändern mit Transaktion BUS3«, erklärt, CVIC01, da wir uns im Bereich der Debitorenanbindung befinden.

Anschließend wählen Sie den Abschnitt CVIC01 (**Debitor: allgemeine Daten**). Das Ergebnis wird wie in Abbildung 8.12 dargestellt. Sie sehen in dieser Abbildung bereits die neue Sicht, die wir im weiteren Verlauf dieses Kapitels aufbauen werden.

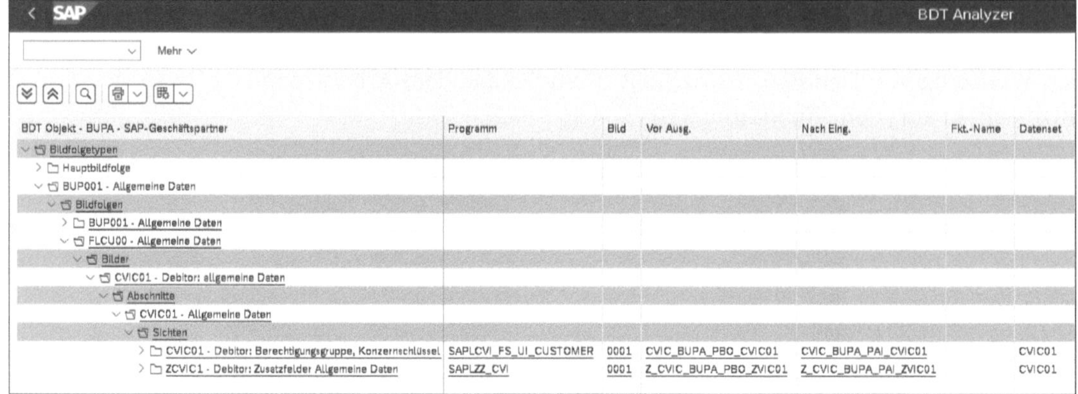

Abbildung 8.12 Ergebnis der Strukturanalyse im BDT_ANALYZER

Alternativ rufen Sie den BDT_ANALYZER direkt aus der Transaktion BP auf. In Abbildung 8.13 stellen wir unter Zuhilfenahme des BDT_ANALYZER fest, an welcher Stelle in der BDT-Struktur Sie das Z-Feld einfügen müssen, damit es an der gewünschten Stelle in der Oberfläche der Transaktion BP angezeigt wird.

Navigieren Sie dazu in der Transaktion BP an die Stelle, an der das neue Feld zur Verfügung stehen soll. In unserem Beispiel soll das Feld in die allgemeinen Daten des Debitors aufgenommen werden. Wählen Sie zunächst die Rolle FLCU00 ❶. Wählen Sie anschließend den OK-Code **bdt_analyzer** aus ❷, und markieren Sie das Feld, unter dem das Z-Feld eingebaut werden soll ❸. Bestätigen Sie Ihre Auswahl mit der [↵]-Taste.

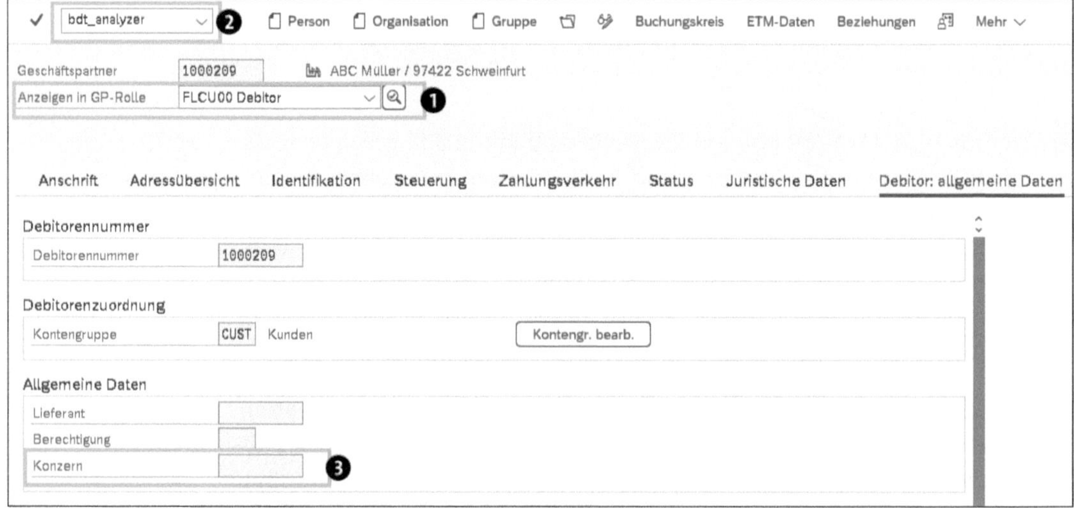

Abbildung 8.13 BDT_ANALYZER aus der Transaktion BP aufrufen

Der BDT_ANALYZER öffnet sich daraufhin. In dem sich öffnenden Fenster finden Sie Informationen über die BDT-Elemente, die an der ausgewählten Stelle in der Transaktion BP verwendet werden.

Wir befinden uns in unserem Beispiel auf dem Bild **CVIC01 – Debitor: allgemeine Daten** in Abschnitt **CVIC01 – Allgemeine Daten** (siehe Abbildung 8.14). Wenn Sie den Ordner **Sichten** öffnen, werden die vorhandenen Sichten des Abschnitts angezeigt. Diese Hierarchie von Elementen benötigen Sie später, um das neue Feld einzufügen (siehe Abschnitt 8.2.3, »BDT-Customizing für den Bildaufbau«). Außerdem helfen die technischen Objekte, die in Abbildung 8.15 zur Sicht CVIC01 gezeigt werden.

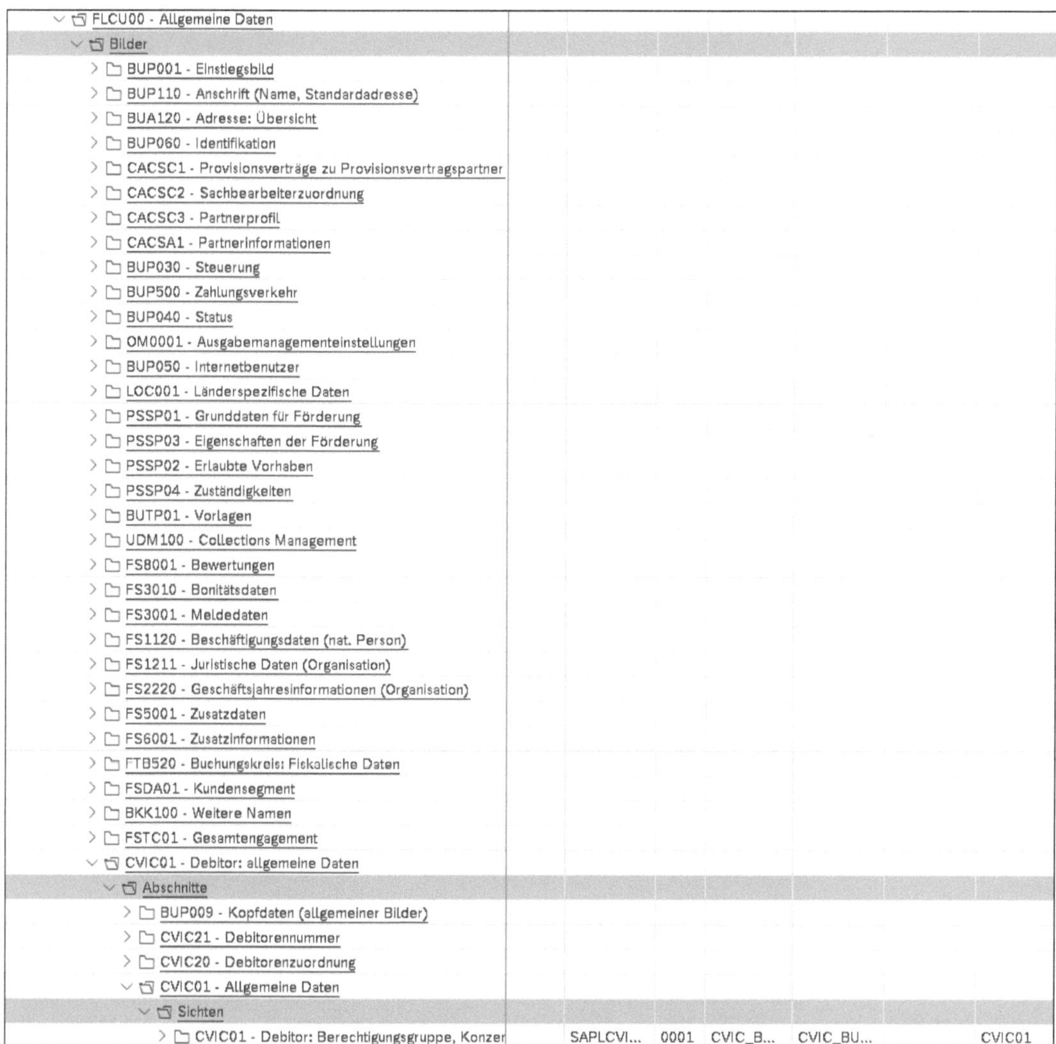

Abbildung 8.14 Ergebnis des BDT-Aufrufes

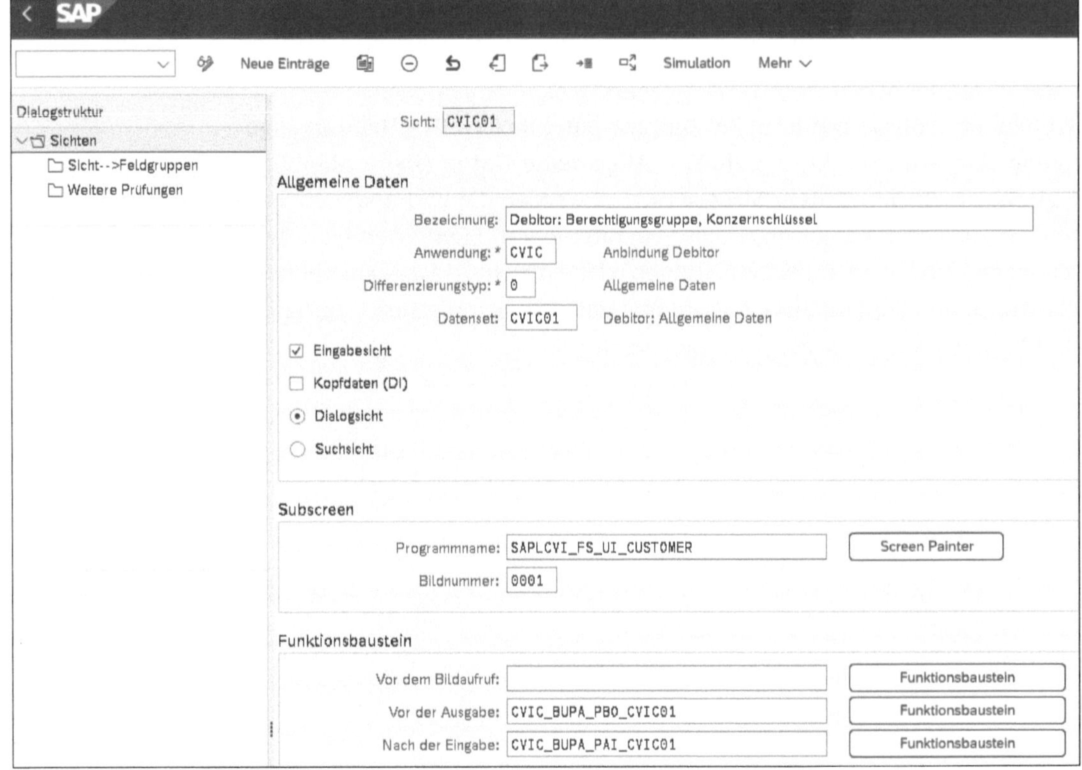

Abbildung 8.15 Detail der Sicht CVIC01

Erstellen der technischen Objekte

In diesem Abschnitt stellen wir die Elemente vor, die Sie benötigen, um das neue Feld mit Daten zu versorgen. Die Elemente sorgen dafür, dass Werte, die in dem Feld eingetragen werden, korrekt auf der Datenbank abgelegt werden. Als Erstes müssen Sie dazu eine Funktionsgruppe definieren, in der anschließend die notwendigen Funktionsbausteine und das Dynpro mit der Zuordnung der Funktionsbausteine zugeordnet werden.

[»]

Beispielcoding

Das in den folgenden Abschnitten gezeigte Coding dient dazu, das Prinzip zu verdeutlichen. In produktiven Systemen werden diese Beispiele einem Qualitäts-Audit nicht standhalten.

Funktionsbaustein vor der Ausgabe

Aus dem Kontextmenü der Funktionsgruppe wählen Sie **anlegen • Funktionsbaustein.** Vergeben Sie unter **Funktionsbaustein** einen Namen, ordnen Sie die **Funktionsgruppe** zu, und definieren Sie einen **Kurztext.** In Abbildung

8.15 sehen Sie, dass der Funktionsbaustein von SAP hier CVIC_BUPA_PBO_CVIC01 ist. Um der Nomenklatur von SAP zu folgen, haben wir für unser Beispiel den Funktionsbaustein Z_CVIC_BUPA_PBO_ZVIC01 angelegt. Das genutzte Coding sehen Sie in Listing 8.1.

```
FUNCTION Z_CVIC_BUPA_PBO_ZVIC01.
*"----------------------------------------------------------------------
*"*"Lokale Schnittstelle:
*"----------------------------------------------------------------------
  data:
    lt_kna1         type table of kna1,
    table_name_kna1 type fsbp_table_name value 'KNA1'.

* step 1: request data from xo for dynpro structure
  cvi_bdt_adapter=>data_pbo(
    exporting
      i_table_name = table_name_kna1
    importing
      e_data_table = lt_kna1[]
  ).
  if lt_kna1[] is initial.
    clear gs_kna1.
  else.
    read table lt_kna1 into gs_kna1 index 1.

  endif.
```

Listing 8.1 Funktionsbaustein Z_CVIC_BUPA_PBO_ZVIC01

Funktionsbaustein nach der Eingabe

Wiederholen Sie den Vorgang und erstellen einen zweiten Funktionsbaustein. In Abbildung 8.15 sehen Sie, dass der Standardfunktionsbaustein von SAP hier CVIC_BUPA_PAI_CVIC01 ist. Um auch hier der Nomenklatur zu folgen, verwenden wir daher in Listing 8.2 analog zum vorherigen Beispiel Z_CVIC_BUPA_PAI_ZVIC01.

```
FUNCTION Z_CVIC_BUPA_PAI_ZVIC01.
*"----------------------------------------------------------------------
*"*"Lokale Schnittstelle:
*"----------------------------------------------------------------------

DATA: false   TYPE boole-boole  VALUE ' ',
      lt_kna1 TYPE TABLE OF kna1,
      table_name_kna1 TYPE fsbp_table_name VALUE 'KNA1'.
```

```
FIELD-SYMBOLS:  <kna1>  LIKE LINE OF lt_kna1.

  CHECK cvi_bdt_adapter=>is_direct_input_active( ) = false.
* step 1: update xo memory from technical screen structure
  cvi_bdt_adapter=>get_current_bp_data(
    EXPORTING
      i_table_name = table_name_kna1
    IMPORTING
      e_data_table = lt_kna1[]
  ).

  IF lt_kna1[] IS INITIAL.
    IF gs_kna1 IS NOT INITIAL.
      gs_kna1-kunnr = cvi_bdt_adapter=>get_current_customer( ).
      APPEND gs_kna1 TO lt_kna1.
    ENDIF.
  ELSE.
    READ TABLE lt_kna1 ASSIGNING <kna1> INDEX 1.
    <kna1>-zz_cuscl = gs_kna1-zz_cuscl.
  ENDIF.

  cvi_bdt_adapter=>data_pai(
   i_table_name = table_name_kna1
   i_data_new   = lt_kna1[]
   i_validate   = false
  ).

* step 2: check fields
  CHECK cvi_bdt_adapter=>get_activity( ) <> cvi_bdt_adapter=
>activity_display.

*   SPACE to implement own PAI checks

ENDFUNCTION.
```

Listing 8.2 Funktionsbaustein Z_CVIC_BUPA_PAI_ZVIC01

Dynpros erstellen

Aus dem Kontextmenü der Funktionsgruppe wählen Sie **anlegen • Dynpro** und geben eine Dynpronummer ein. Wie auch bei den Funktionsbausteinen haben wir uns am Standard orientiert und die Nummer 0001 sowie die in Abbildung 8.16 gezeigten Eigenschaften vergeben.

Dynpronummer: 1 aktiv

Eigenschaften Elementliste Ablauflogik

Kurzbeschreibung: Subscreen Kundeneigene Felder

Originalsprache: DE Deutsch Paket: $TMP

Letzte Änderung: 06/30/2022 10:45:52

Letzte Generierung: 06/30/2022 10:45:56

Dynprotyp

Normal

Subscreen

Modales Dialogfenster

Selektionsdynpro

Einstellungen

Ausschalten Laufzeitkompr.

Vorlage - nicht ausführbar

Halten Scrollposition

Ohne Applikationstoolbar

Fiori: Vergrößerung aus

Weitere Attribute

Folgedynpro: 1

Cursorposition:

Bildgruppe:

Zeilen/Spalten: Belegt: 1 23

Pflege: 27 123

Contextmenu FORM ON CTMENU:

→ Properties

Abbildung 8.16 Eigenschaften des Dynpros

Anschließend erstellen Sie das Layout über den Screen Painter. Hierzu können Sie aus der Transaktion BUS3 (Sichten ändern) über den Button **Screen Painter** (siehe Abbildung 8.17) direkt dorthin navigieren.

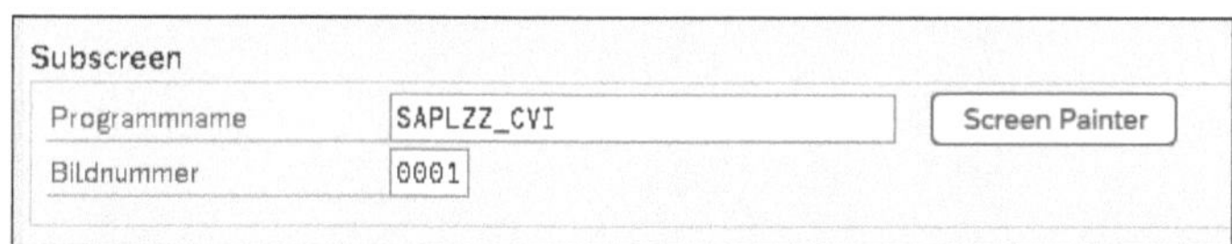

Abbildung 8.17 Starten des Screen Painters aus der Transaktion BUS3

Im Screen Painter rufen Sie die Liste der Dictionary Felder über die Taste F6 oder den Funktionsbutton (**Liste Dict Felder**) auf (siehe Abbildung 8.18).

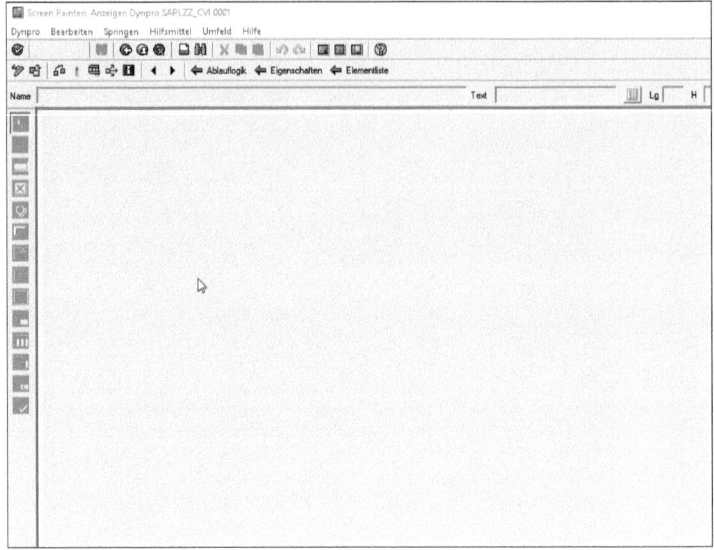

Abbildung 8.18 Aufnahme des Z-Feldes im Screen Painter

Im Anzeigebild der Dictionary Felder (Abbildung 8.19) wählen Sie durch die Eingabe des Feldnamens ❶ das einzufügende Feld aus und markieren es in der Auflistung durch Anklicken der entsprechenden Zeile. Außerdem legen Sie fest, welche Bezeichnung des Feldes ❷ Sie für welche Verwendung ❸ übernehmen wollen.

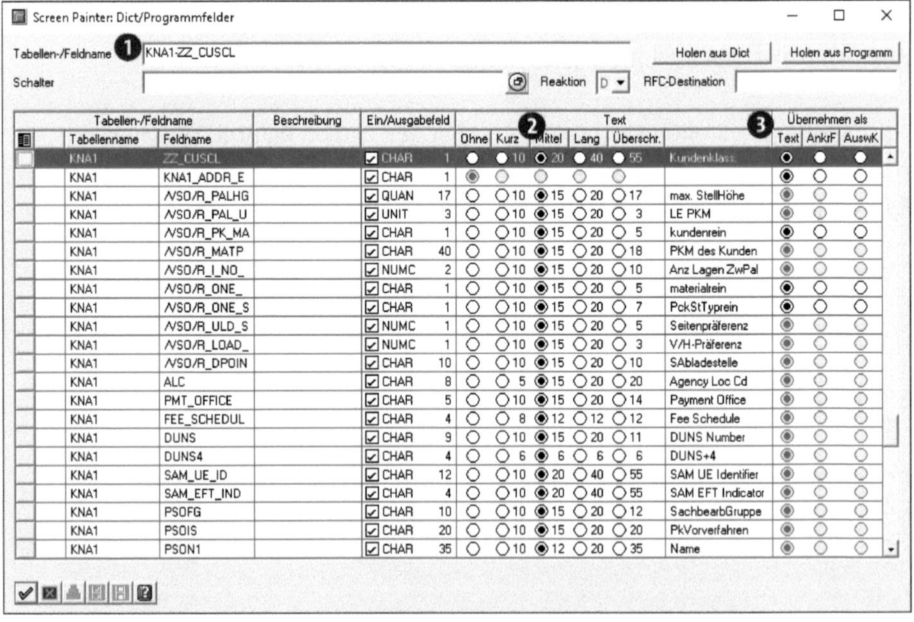

Abbildung 8.19 Auswahl der Dictionary-Felder im Screen Painter

Nach der Auswahl Ihrer Daten bestätigen Sie diese durch Anklicken des Übernahme-Buttons ✓. Hierdurch werden Sie wieder zurück in den Screen Painter geleitet (siehe Abbildung 8.20). Platzieren Sie Ihr Feld an der gewünschten Stelle, und aktivieren Sie das Dynpro über einen Klick auf den Button ǀ (**Aktivieren**).

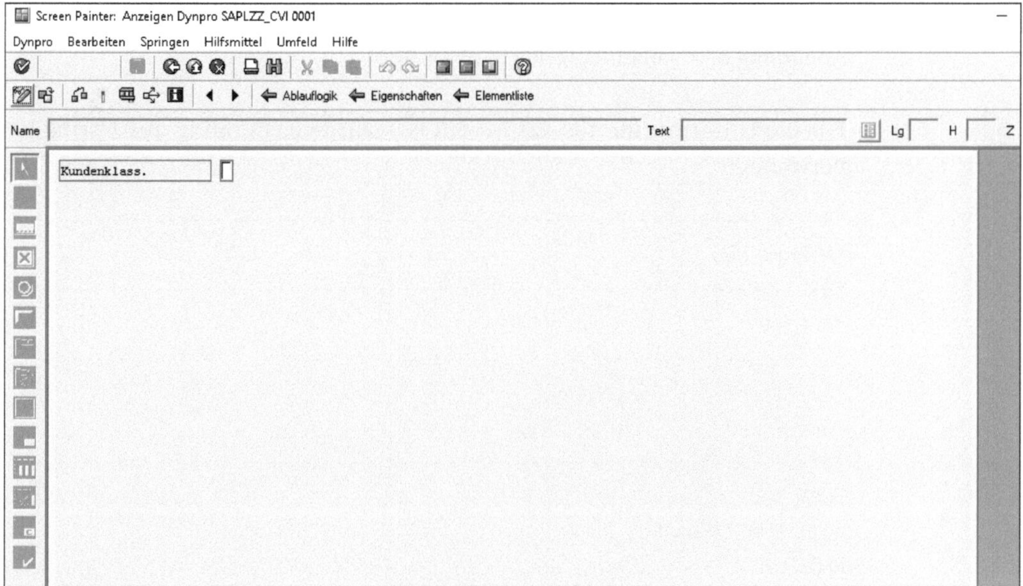

Abbildung 8.20 Screen Painter mit eingefügtem Feld

Wechseln Sie anschließend vom Screen Painter in die Ablauflogik. Sie müssen nun die beiden Module PBO und PAI in der Ablauflogik des Dynpros zuordnen.

> **Module**
>
> Neben dem reinen Dialoglayout enthält das Dynpro eine Ablauflogik. Die Ablauflogik steuert den Zeitpunkt, zu dem die Eingabe in die Felder in das entsprechende ABAP-Feld übertragen wird und wann die Ablauflogik eines Subscreens abgearbeitet wird. Über Module wird aus der Ablauflogik in das ABAP-Programm abgesprungen, indem die Daten verarbeitet werden.

Wechseln Sie dazu auf die Registerkarte **Ablauflogik**, und ordnen Sie die beiden Module der Ablauflogik des Dynpros zu (siehe Abbildung 8.21).

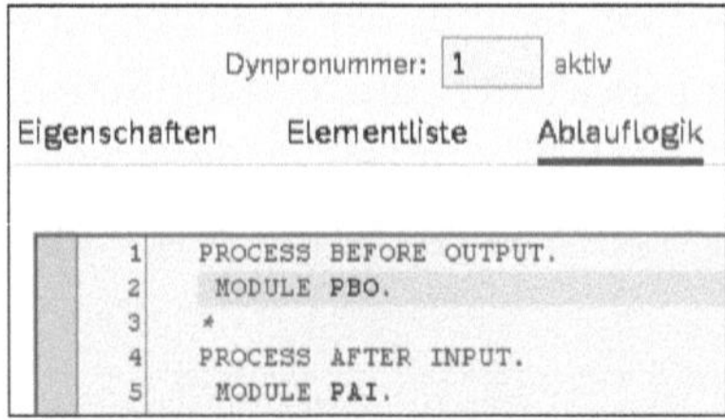

Abbildung 8.21 Ablauflogik des Dynpros 0001

Für die Unterroutine für das Modul PBO wurde das Coding aus Listing 8.3 verwendet.

```
*&---------------------------------------------------------------------*
*& Form PBO
*&---------------------------------------------------------------------*
*& text
*&---------------------------------------------------------------------*
*& --> p1        text
*& <-- p2        text
*&---------------------------------------------------------------------*
FORM pbo .
call FUNCTION 'BUS_PBO'.
ENDFORM.
```

Listing 8.3 Unterroutine PBO

Listing 8.4 zeigt das Coding für die Unterroutine für das Modul PAI.

```
*&---------------------------------------------------------------------*
*& Form PAI
*&---------------------------------------------------------------------*
*& text
*&---------------------------------------------------------------------*
*& --> p1        text
*& <-- p2        text
*&---------------------------------------------------------------------*
FORM pai .
call FUNCTION 'BUS_PAI'.
ENDFORM.
```

Listing 8.4 Unterroutine PAI

Schnittstelle CVIS_EI_EXTERN erweitern

Sie haben nun die technischen Objekte für das Feld erfolgreich definiert. Anschließend stellen Sie sicher, dass die Daten auch vom Geschäftspartner an den Kundenstamm weitergegeben werden.

Für diesen Datentransport ist die interne Schnittstelle CVIS_EI_EXTERN zuständig. In Abschnitt 8.2.1, »Erweiterung der Datenbanktabelle KNA1«, haben wir gezeigt, dass zur Erweiterung der Tabelle KNA1 das Include INCL_EEW_KNA1 verwendet wird. Dessen Verwendung bewirkt, dass die interne Schnittstelle, die ebenfalls das Include INCL_EEW_KNA1 enthält, bereits mit unserem Z-Feld versorgt ist. An dieser Stelle müssen Sie keine weiteren Ergänzungen vornehmen. Für alle individuellen Felder, die nicht über das Include INCL_EEW_KNA1 in die Tabelle KNA1 aufgenommen wurden, müssen Sie die Schnittstelle CVIS_EI_EXTERN erweitern, um die Verbuchung sicherzustellen. Über die Transaktion SE11 rufen Sie hierzu den Datentyp CVIS_EI_EXTERN auf. Abbildung 8.22 zeigt die Vorwärtsnavigation zur Komponente der allgemeinen Debitorendaten.

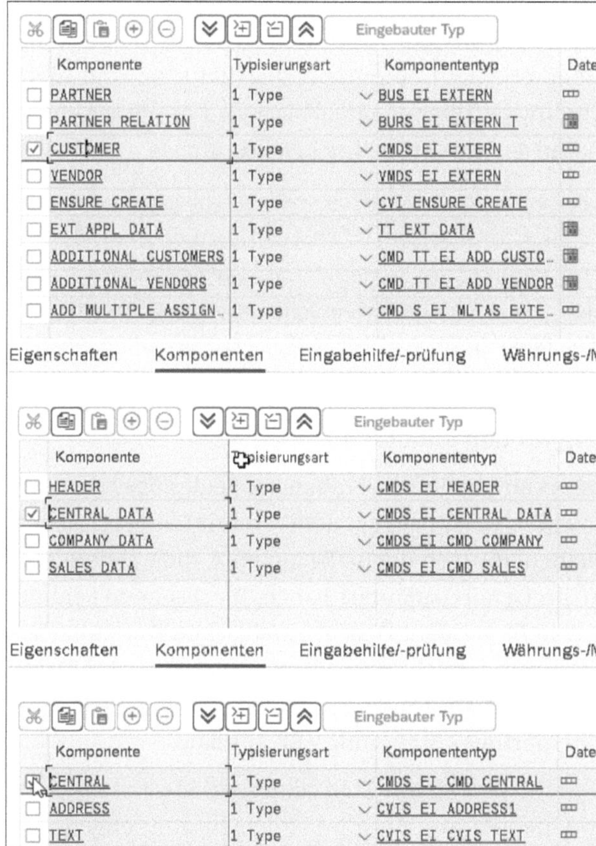

Abbildung 8.22 Innerhalb der Schnittstelle CVIS_EI_EXTERN navigieren

Im nächsten Schritt ermitteln Sie die beiden Komponenten (Elemente, aus denen die Struktur aufgebaut ist), die für die Übergabe der Feldwerte erweitert werden müssen.

Komponente

Als Komponenten werden die Elemente bezeichnet, aus denen die Datenstrukturen aufgebaut sind. Einer Komponente ordnen Sie einen Komponententyp zu. Die Attribute des Komponententyps werden anschließend von der Komponente verwendet. Sie können einen beliebigen Typ (Datenelement, Struktur oder Tabellentyp) eingeben.

An dieser Stelle müssen sowohl die Struktur `CMDS_EI_VMD_CENTRAL_DATA` als auch die Struktur `CMDS_EI_VMD_CENTRAL_DATA_XFLAG` erweitert werden. In der `DATA`-Struktur, diese entspricht der eigentlichen Datenbanktabelle, die Sie um das Z-Feld erweitert haben, erzeugen Sie eine Append-Struktur und fügen das Z-Feld ein. Verwenden Sie hierzu Komponente und Komponententyp entsprechend Ihrer Erweiterung der Tabelle `KNA1`. Für die `DATA_X`-Struktur legen Sie anschließend ebenfalls eine Append-Struktur an und fügen das Z-Feld hier ein. Allerdings wählen Sie hier bitte als Komponententyp `BAPIUPDATE` aus. Sichern und aktivieren Sie Ihre Erweiterung.

[»]

DATA_X-Struktur

Die `DATA_X`-Struktur wird genutzt, um zu definieren, welche Felder der eigentlichen Datenstruktur verarbeitet werden sollen. Umgangssprachlich wird sie auch Ankreuzleiste genannt.

8.2.3 BDT-Customizing für den Bildaufbau

Die technischen Voraussetzungen für den Einbau des Feldes über das BDT-Customizing haben wir in den vorangegangenen Abschnitten beschrieben. Wenn Sie das erledigt haben, müssen die BDT-Elemente, die wir bereits in Abschnitt 8.1, »Das BDT im Detail«, erläutert haben, für das neue Feld der Kundenklassifizierung erstellt werden. Den hierarchischen Aufbau arbeiten wir im Folgenden von unten nach oben ab. Die einzelnen Aktivitäten für das Customizing des Bildaufbaus finden Sie im Arbeitsmenü BUPT über den Pfad **BUPT • Geschäftspartner • Steuerung • Bildaufbau**.

Feldgruppe

Wie in Abschnitt 8.1.1, »Sicht ändern mit Transaktion BUS3«, beschrieben, bilden die Feldgruppen einen Rahmen um inhaltlich zusammengehörige Felder. Für die Aufnahme von Z-Feldern sollten Sie immer auch eigene Feldgruppen erstellen, um Ihre Individualisierung vom Inhalt des SAP-Standards zu trennen.

Erstellen Sie eine eigene Feldgruppe. Achten Sie darauf, den Schlüssel im Kundennamensraum zu vergeben. Die Pflege der Feldgruppen können Sie über die Transaktion BUS2 direkt aufrufen. Sie können den BDT_ANALYZER benutzen, um die Strukturelemente des BDT, die sich im Kontext Ihres Feldes befinden, zu identifizieren (siehe Abbildung 8.23). Navigieren Sie dazu in der Transaktion BP an die Stelle, an der das neue Feld zur Verfügung stehen soll. In unserem Beispiel soll das Feld in die allgemeinen Daten des Debitors aufgenommen werden. Wählen Sie zunächst die Rolle FLCU00. Wählen Sie anschließend den OK-Code **bdt_analyzer** aus, und markieren Sie das Feld, unter dem das Z-Feld eingebaut werden soll. Bestätigen Sie Ihre Auswahl mit der [↵]-Taste.

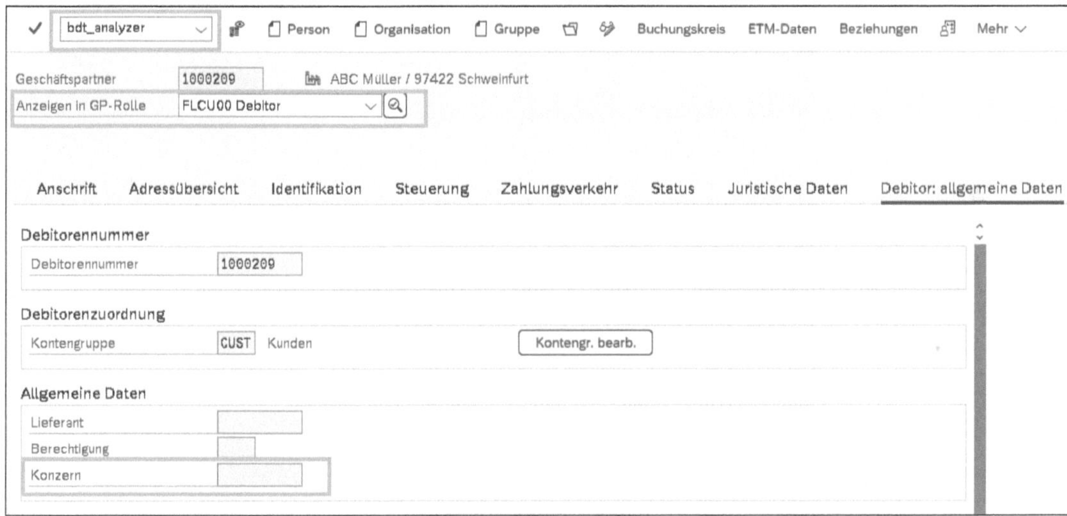

Abbildung 8.23 Aufruf des BDT_ANALYZER aus der Transaktion BP

Die Feldgruppen, die in direkter Nachbarschaft des Z-Feldes angesiedelt sind, können Sie auf die gleiche Weise identifizieren. In unserem Beispiel ist das beispielsweise die Feldgruppe 1802.In dieser Feldgruppe finden Sie das Feld Konzernschlüssel. Unter diesem soll das Z-Feld angezeigt werden. Die Feldgruppe 1802 nutzen Sie als Kopiervorlage für die neu anzulegende **Feldgruppe** 600. Vergeben Sie in dem Fall den Schlüssel- 600 und die **Bezeichnung** Ihrer Feldgruppe (**Debitor: Kundenklassifizierung**; siehe Abbildung 8.24). Der Funktionsbaustein, der die Feldmodifikation steuert, wird aus der Kopiervorlage übernommen.

Anschließend ordnen Sie der Feldgruppe die entsprechenden Felder zu (siehe Abbildung 8.25). In unserem Fall sind das die beiden Felder GS_KNA1-ZZ_CUSCL und KNA1-ZZ_CUSCL, die Sie bei der Definition des Dynpros erstellt haben.

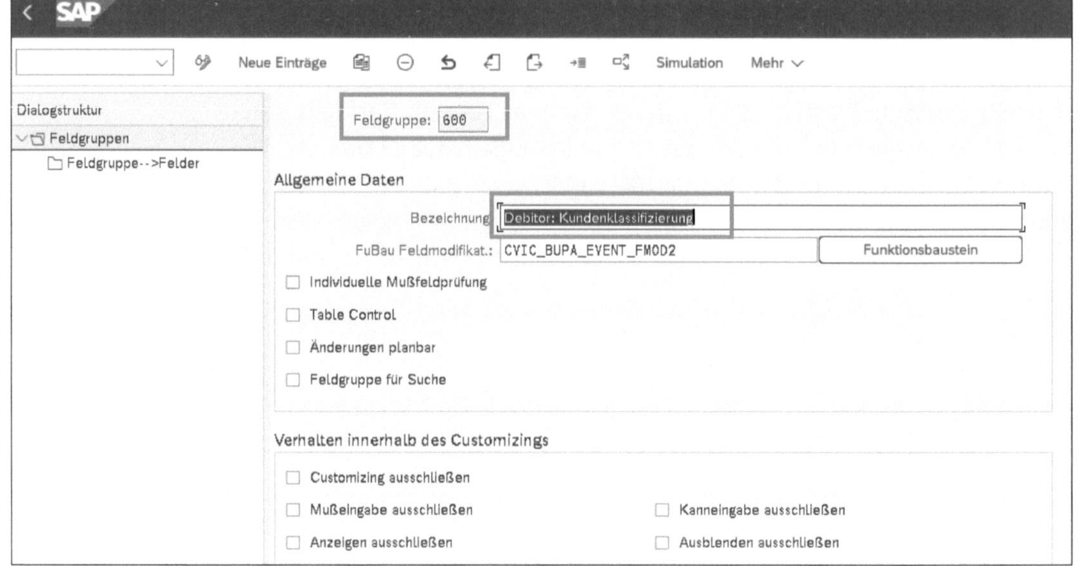

Abbildung 8.24 Feldgruppe anlegen

Feldgruppe: 600 Debitor: Kundenklassifizierung

Feldgruppe-->Felder

Tabelle	Feldname	Eingabefeld	Kein Mußfeld
GS_KNA1	ZZ_CUSCL	☑	☐
KNA1	ZZ_CUSCL	☐	☐

Abbildung 8.25 Felder der Feldgruppe zuordnen

Sicht erstellen

Nachdem die Feldgruppe erstellt ist und das Z-Feld zugeordnet wurde, müssen Sie diese Feldgruppe einer Sicht zuordnen. Hierzu legen Sie ebenfalls eine eigene Sicht an. Die Pflege der Sichten rufen Sie über die Transaktion BUS3 direkt auf. Über den BDT_ANALYZER suchen Sie wieder eine benachbarte Sicht und nutzen diese wiederum als Kopiervorlage. Anschließend müssen die technischen Objekte durch die im Vorfeld angelegten eigenen Objekte ersetzen (siehe Abbildung 8.26).

❶ Vergeben Sie den Schlüssel der **Sicht** im Kundennamensraum.

❷ Vergeben Sie eine passende **Bezeichnung**.

❸ Vergeben Sie den **Programmnamen** und die **Bildnummer**, die Sie wie in Abschnitt 8.2.2, »Aufnahme des Z-Feldes in den Geschäftspartner«, beschrieben und definiert haben

❹ Ordnen Sie die Funktionsbausteine `Z_CVIC_BUPA_PBO_ZVIC01` und `Z_CVIC_BUPA_PAI_ZVIC01`, die Sie zuvor definiert haben, zu.

❺ Anschließend ordnen Sie der neu angelegten Sicht die vorher definierte Feldgruppe zu.

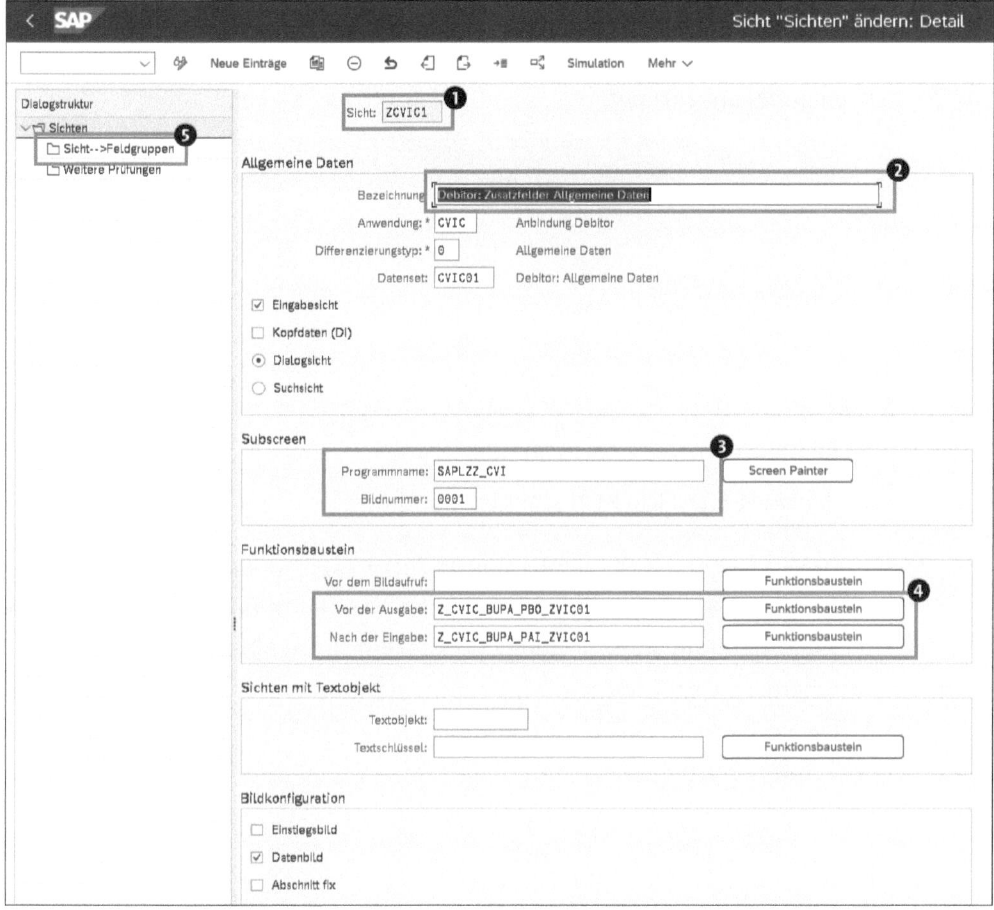

Abbildung 8.26 Anlegen einer Sicht

Sicht einem Abschnitt zuordnen

Im nächsten Schritt ermitteln Sie über den BDT_ANALYZER einen passenden Abschnitt. Navigieren Sie dazu in der Transaktion BP an die Stelle, an der das neue Feld zur Verfügung stehen soll. In unserem Beispiel soll das Feld in die allgemeinen Daten des Debitors aufgenommen werden. Wählen Sie zunächst die Rolle `FLCU00` im Feld **Anzeigen in GP-Rolle** aus. Geben Sie anschließend den Transaktionscode BDT_ANALYZER in das Kommandofeld ein, und markieren Sie das Feld, unter dem das Z-Feld eingebaut werden soll, mit einem Mausklick. Bestätigen Sie Ihre Auswahl mit der [↵]-Taste.

In unserem Beispiel haben wir uns dazu entschieden, keinen eigenen Abschnitt anzulegen, sondern die neu angelegte Sicht `ZCVIC1` in den vorhandenen Abschnitt `CVIC01` einzufügen.

Die Pflege der Abschnitte rufen Sie über die Transaktion BUS4 direkt auf. In dem ausgewählten Abschnitt ist bereits die Sicht CVIC01 vorhanden. Wenn Sie neue Sichten in Abschnitte einfügen, können Sie die Positionsnummer nutzen, um die Reihenfolge der Sichten innerhalb eines Abschnitts zu definieren. In Abbildung 8.27 haben wir die beiden Sichten hierarchisch untereinander angeordnet.

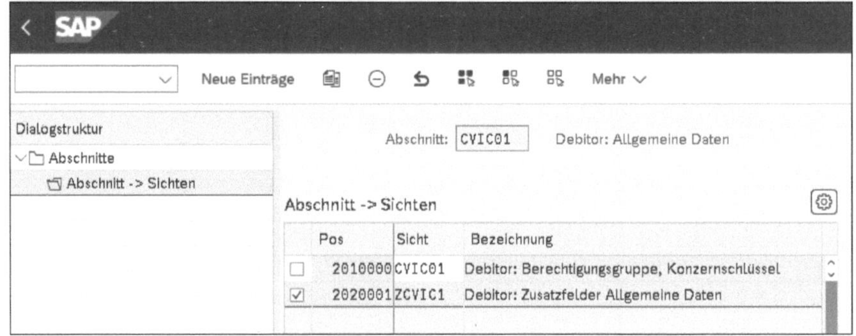

Abbildung 8.27 Sichten Abschnitten zuordnen

Als Ergebnis der Anpassung sehen Sie Ihr Z-Feld auf der Registerkarte **Debitor: allgemeine Daten** im Abschnitt **Allgemeine Daten** und unterhalb der Felder **Lieferant**, **Berechtigung** und **Konzern** (siehe Abbildung 8.28).

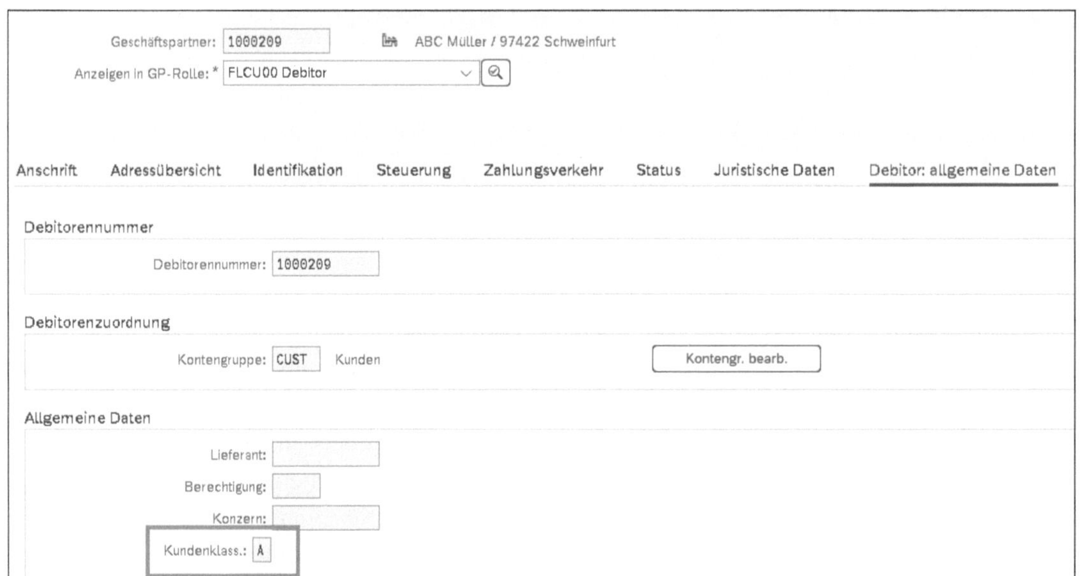

Abbildung 8.28 Ergebnis der Anpassung

Eigenes Bild erstellen

Der Vollständigkeit halber wollen wir noch in kurzer Form das Vorgehen beschreiben, das zum Erstellen eines eigenen Bildes in der Bildfolge notwendig ist. Ein eigenes Bild in der Bildfolge ist unserer Meinung nach sinnvoll, wenn mehrere individuelle Felder auf gleicher Ebene (allgemein, Buchungskreis, Vertriebsbereich, ...) angelegt sind.

Zuerst legen Sie mindestens einen eigenen Abschnitt an, und ordnen dem Abschnitt mindestens eine Sicht zu (siehe Abbildung 8.29).

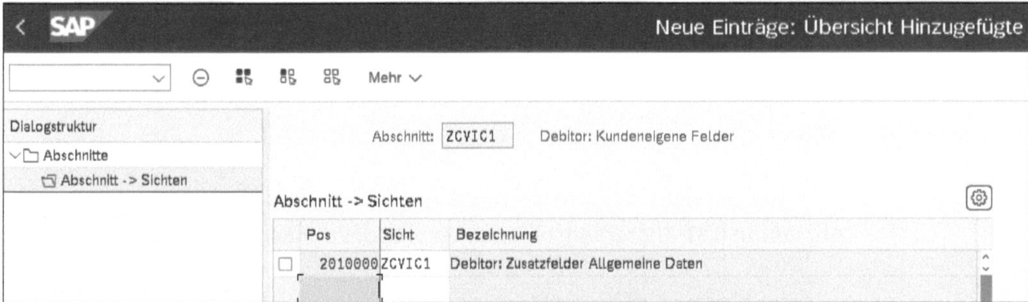

Abbildung 8.29 Einen eigenen Abschnitt mit einer zugeordneten Sicht anlegen

Anschließend legen Sie ein eigenes Bild an, und ordnen dem Bild mindestens einen Abschnitt zu (siehe Abbildung 8.30).

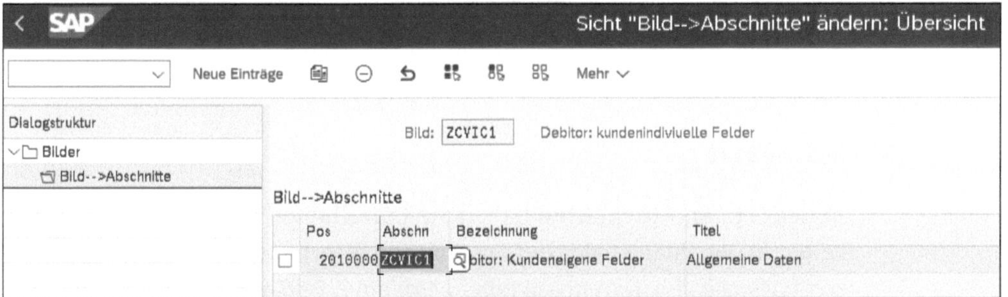

Abbildung 8.30 Ein eigenes Bild mit einem zugeordneten Abschnitt anlegen

Im letzten Schritt müssen Sie noch festlegen, an welcher Stelle in der Bildfolge das neue Bild erscheinen soll. Die Pflege der Bildfolge rufen Sie mit der Transaktion BUS6 direkt auf. Im BDT_ANALYZER sehen Sie die Reihenfolge der Bilder und auch die Zuordnung der Bilder zur Bildfolge. In unserem Beispiel haben wir uns immer in der **Bildfolge** FLCU00 bewegt. Innerhalb der Bildfolge können Sie wieder über die Positionsnummer (Spalte **Position**) die Anordnung der Bilder zueinander bestimmen (siehe Abbildung 8.31).

Abbildung 8.31 Zuordnung eines eigenen Bildes zur Bildfolge

Anschließend wird das Bild in der Bildfolge als eigene Registerkarte (**Debitor: kundenindiv. Felder**) in der Transaktion BP sichtbar, sobald die Geschäftspartner-Rolle FLCU00 gewählt wird (siehe Abbildung 8.32).

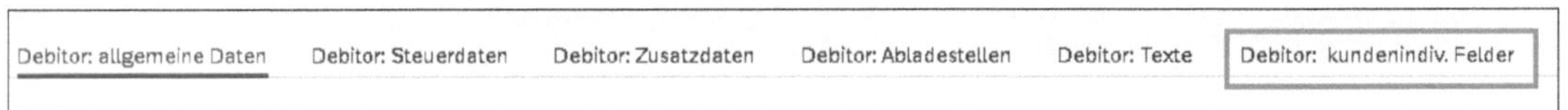

Abbildung 8.32 Neue Registerkarte in der Transaktion BP

8.3 Fazit

In den letzten Abschnitten haben Sie Einzelheiten zur Aufnahme eigener Felder in den Pflegedialog der Transaktion BP erhalten. Wir haben Ihnen gezeigt, wie Sie eine Datenbanktabelle um ein Z-Feld erweitern, anschließend haben wir das zu dem Feld gehörige Dynpro und die erforderliche Datenversorgung erstellt. Nachdem wir so gezeigt haben, wie die technischen Elemente erstellt werden, wurde Ihnen im Detail gezeigt, wie das Z-Feld im BDT-Customizing aufgenommen und in die Bildfolge der Transaktion eingebunden wird. Das Vorgehen ist unabhängig von Ihrem Systemstand gültig. Die Beispiele sind in einem SAP-S/4HANA-System entstanden, können aber auf die gleiche Weise auch in einem SAP-ERP-System 6.0 erstellt werden. An dieser Stelle möchten wir Ihnen nochmals die Verwendung der oben genannten Includes für die Erweiterung der Stammdatentabellen ans Herz legen.

TEIL III

Vorbereitung und Durchführung der Stammdatensynchronisation

Kapitel 9

Customizing der Stammdatensynchronisation für die Customer-Vendor-Integration

SAP-Stammdatensynchronisation, was ist das? Welche Zusammenhänge müssen Sie beachten, und welche Customizing-Einstellungen müssen Sie für die Customer-Vendor-Integration vornehmen? Diese Fragen werden in diesem Kapitel erläutert.

Die *SAP-Stammdatensynchronisation* ist ein Mechanismus, mit dem Sie betriebswirtschaftlich ähnliche, aber technisch unterschiedliche Stammdatenobjekte innerhalb eines SAP-Systems miteinander verknüpfen können. Die Stammdatensynchronisation basiert vor allem auf den beiden *Stammdatenobjekttypen* SAP-Geschäftspartner und SAP-Produkt und ermöglicht unter anderem folgende Synchronisationsprozesse:

- Synchronisierung des Geschäftspartners mit dem Kundenstamm/Debitorenstamm
- Synchronisierung des Geschäftspartners mit dem Lieferantenstamm/Kreditorenstamm
- Synchronisierung des Produkts mit dem Materialstamm
- Synchronisierung des Produkts mit dem Leistungsstamm

Wir beschränken uns im Folgenden auf die CVI-relevanten Prozesse. Die Einstellungen zur Stammdatensynchronisation untergliedern sich in verschiedene Stufen. In Abschnitt 9.1, »Synchronisationssteuerung und vorbereitende Schritte«, wird die allgemeine Synchronisationssteuerung behandelt. Wir machen hier außerdem einen Abstecher in das Customizing des PPO. In Abschnitt 9.2, »Customizing zur Customer-Vendor-Integration«, wird das konkrete Customizing der Customer-Vendor-Integration beschrieben.

Es werden hier die Einstellungen für die Debitoren- und die Kreditorenintegration voneinander unterschieden. Für die beiden Objekte finden Sie jeweils zuerst die generellen Einstellungen, wie etwa die Zuordnung der Kontengruppen zur Geschäftspartner-Rolle und die des Geschäftspartner-Rollentyps zur Kontengruppe. Darauffolgend finden Sie die sogenannten. Feldzuordnungen, die sich in die Zuordnungen von Schlüsseln und Attributen unterscheiden. Die Einstellungen der Stammdatensynchronisation finden Sie im IMG über den Pfad **Anwendungsübergreifende Komponenten • Stammdatensynchronisation**. Abbildung 9.1 zeigt die Struktur des beschriebenen IMG-Abschnitts.

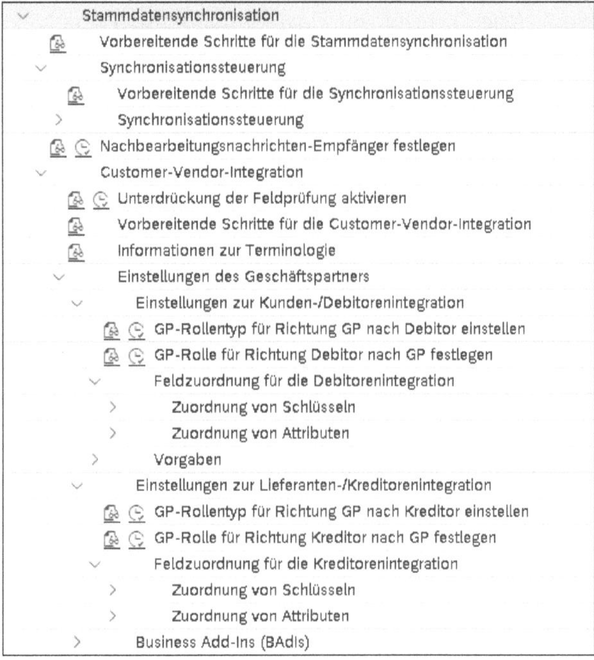

Abbildung 9.1 IMG-Struktur der Stammdatensynchronisation für die CVI

9.1 Synchronisationssteuerung und vorbereitende Schritte

Grundsätzlich sind für das Einrichten der Stammdatensynchronisation einige allgemeingültige Einstellungen notwendig. Sie müssen die zu synchronisierenden Objekte definieren und für die Synchronisation aktivieren. Für das Monitoring der Fehler, die während der Synchronisation auftreten, müssen Sie zudem das PPO für die aktivierten Objekte einrichten. Die dazu notwendigen Customizing-Aktivitäten beschreiben wir in den folgenden Abschnitten. Außerdem benötigen Sie entsprechende Berechtigungen für die Durchführung.

9.1.1 Vorbereitende Schritte für die Stammdatensynchronisation

Im Folgenden beschreiben wir Ihnen die Berechtigungen, die Sie benötigen, bevor eine Stammdatensynchronisation durchgeführt werden kann.

Allgemeine Berechtigungen

Sie benötigen eine Berechtigung für das Synchronisationscockpit durch das Berechtigungsobjekt MDS_LOAD. Dieses Berechtigungsobjekt prüft, welche Quellobjekte ein Benutzer über das Synchronisationscockpit und das Post Processing Office (PPO) bearbeiten darf. Synchronisationscockpit und PPO benutzen das Berechtigungsobjekt bei der Massen- und der Einzelsynchronisation. Dieses Berechtigungsobjekt hat keine Auswirkungen darauf, ob Sie Stammdaten bearbeiten dürfen. In diesem Berechtigungsobjekt können Sie die Felder **Quellobjekt** und **Aktivität** definieren (siehe Tabelle 9.1).

Feld	Wert
Quellobjekt	z. B. Kunde, Lieferant
Aktivität	01 (**Einzelsynchronisation starten**) 02 (**Massensynchronisation starten**)

Tabelle 9.1 Felder des Berechtigungsobjekts MDS_LOAD

Außerdem benötigen Sie die Berechtigung für das Post Processing Office durch das Berechtigungsobjekt MDS_LOAD. Im PPO steuert das Berechtigungsobjekt, welche Objekte aus dem PPO heraus bearbeitet werden dürfen. Hinzu kommen Berechtigungen zur Bearbeitung des jeweiligen Quell- und Zielobjekts. Das bedeutet, Sie steuern, welche Quell- und welche Zielobjekte ein Benutzer bearbeiten darf. Im Fall eines CVI-Projekts sind Quellobjekte Ihre Kunden- und Lieferantenstämme, während das Zielobjekt der Geschäftspartner ist. Des Weiteren benötigen Sie Berechtigungen für die Customer-Vendor-Integration. An dieser Stelle steuert das Berechtigungsobjekt, welche Objekte durch die CVI im Hintergrund verändert werden dürfen. Und schließlich benötigen Sie Berechtigungen für die Ausführung von Customizing-Aktivitäten durch das Berechtigungsobjekt CVI_CUST. Mit diesem Berechtigungsobjekt legen Sie fest, ob das Customizing für die Zuordnungen der Attribute für die Stammdatenpaare Geschäftspartner-Kunde/-Lieferant und die dazugehörigen Abgleichreports bearbeitet werden dürfen. Das in diesem Berechtigungsobjekt definierte Feld ist **Aktivität bei Customizing-Abgleich** (siehe Tabelle 9.2).

Feld	Wert
Aktivität bei Customizing-Abgleich	02 (**Ändern bei Customizing**)
	RS (**Ausführen der Abgleichreports**)
	* alle Aktivitäten

Tabelle 9.2 Feld des Berechtigungsobjekts CVI_CUST

Das Berechtigungsobjekt `CVI_CUST` findet in folgenden IMG-Aktivitäten Verwendung:

- Abteilungsnummern des Ansprechpartners zuordnen
- Funktionen des Ansprechpartners zuordnen
- Vollmachten des Ansprechpartners zuordnen
- VIP-Kennzeichen des Ansprechpartners zuordnen
- Rechtsform der Geschäftsform zuordnen
- Familienstände zuordnen
- Ebenso werden die Berechtigungen für die Ausführung der Customizing-Reports innerhalb des Synchronisationscockpits (Berechtigungsobjekt `CVI_CUST`) vergeben.
- `CVI_MAPPING_CONTACTS`: Customizing der Ansprechpartnerattribute abgleichen
- `CVI_MAPPING_LEGAL_FORM`: Customizing der Rechts- und Geschäftsformen abgleichen

Auf die Berechtigungen, die für andere Bereiche der Stammdatensynchronisation notwendig sind (Material-Service-Integration), gehen wir hier nicht ein, da sie für die Customer-Vendor-Integration nicht relevant sind.

9.1.2 Synchronisationssteuerung

In den Customizing-Aktivitäten der Synchronisationssteuerung legen Sie fest, welche Stammdatenobjekte an der Synchronisation teilnehmen sollen und wie das PPO in einem Fehlerfall reagieren wird.

Synchronisationsobjekt

In der Customizing-Aktivität Synchronisationssteuerung werden die von SAP ausgelieferten Synchronisationsobjekte angezeigt. Ebenso können Sie hier eigene Synchronisationsobjekte anlegen. Die wichtigste Information sind die Extraktorklassen für die Synchronisationsobjekte und die Blockgröße für die Hintergrundverarbeitung der Massensynchronisation während der initialen Synchronisation. Sie können hier nach Bedarf das

Verhalten der einzelnen Synchronisationsobjekte während der Hintergrundaktualisierung beeinflussen. Über den *Synchronisationsmodus* können Sie steuern, ob der jeweilige Eintrag für den synchronen Abgleich, bei einer Änderung eines bestehenden Stammdatenpaares (z. B. Kunde – Geschäftspartner), für die Massenverarbeitung oder für beide Verfahren relevant ist.

Über das Feld **Extraktor-Klasse** können Sie das spezifische Synchronisationsverhalten für das jeweilige Objekt verändern. Das Feld **Blockgröße** definiert die Größe eines Stammdatenpakets, das an die Hintergrundverarbeitung übergeben wird. Über das Feld **Plattform** können Sie ein Synchronisationsobjekt als Plattformobjekt definieren und somit die Möglichkeit schaffen, es für die Erstellung von PPO-Aufträgen relevant zu machen. Abbildung 9.2 zeigt die beschriebene Customizing-Tabelle in ihrer Standardauslieferung.

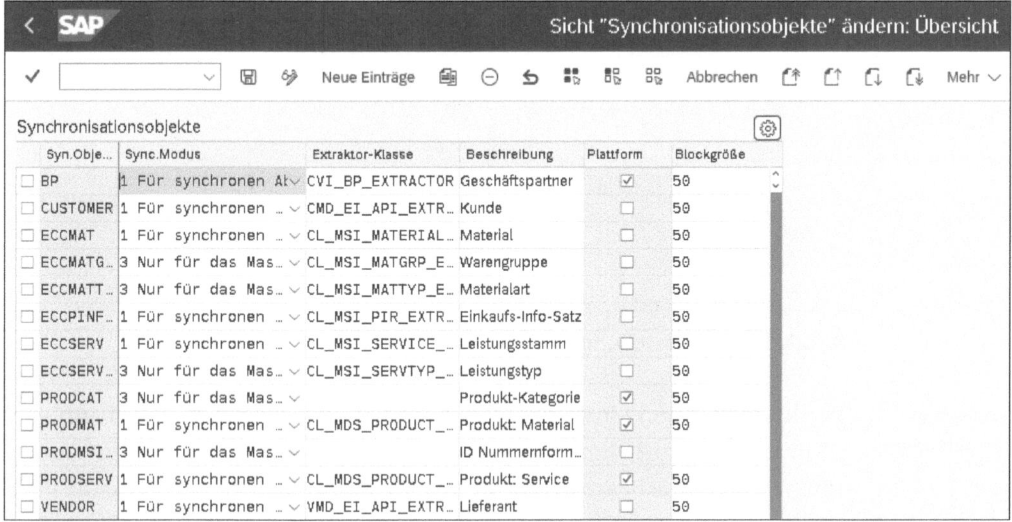

Syn.Obje...	Sync.Modus	Extraktor-Klasse	Beschreibung	Plattform	Blockgröße
BP	1 Für synchronen Ak	CVI_BP_EXTRACTOR	Geschäftspartner	☑	50
CUSTOMER	1 Für synchronen ...	CMD_EI_API_EXTR...	Kunde	☐	50
ECCMAT	1 Für synchronen ...	CL_MSI_MATERIAL...	Material	☐	50
ECCMATG...	3 Nur für das Mas...	CL_MSI_MATGRP_E...	Warengruppe	☐	50
ECCMATT...	3 Nur für das Mas...	CL_MSI_MATTYP_E...	Materialart	☐	50
ECCPINF...	1 Für synchronen ...	CL_MSI_PIR_EXTR...	Einkaufs-Info-Satz	☐	50
ECCSERV	1 Für synchronen ...	CL_MSI_SERVICE_...	Leistungsstamm	☐	50
ECCSERV...	3 Nur für das Mas...	CL_MSI_SERVTYP_...	Leistungstyp	☐	50
PRODCAT	3 Nur für das Mas...		Produkt-Kategorie	☑	50
PRODMAT	1 Für synchronen ...	CL_MDS_PRODUCT_...	Produkt: Material	☑	50
PRODMSI...	3 Nur für das Mas...		ID Nummernform...	☐	
PRODSERV	1 Für synchronen ...	CL_MDS_PRODUCT_...	Produkt: Service	☑	50
VENDOR	1 Für synchronen ...	VMD_EI_API_EXTR...	Lieferant	☐	50

Abbildung 9.2 Customizing der Synchronisationsobjekte

In der Regel ist für die CVI eine Anpassung dieser Einstellungen nicht notwendig.

PPO für die CVI aktivieren

Wir beschreiben hier nur einen kleinen Teil der Möglichkeiten, die das Customizing des PPO bieten. Für das Durchführen der CVI ist in den meisten Fällen die Aktivierung der im Folgenden beschriebenen Prozesse ausreichend. Durch die Definition eigener Geschäftsprozesse im PPO-Customizing können Sie auf individuelle Anforderungen reagieren. Da das Post Processing Office für die Stammdatensynchronisation über das Synchronisationscockpit angeschlossen ist, müssen Sie sicherstellen, dass für die Geschäftsprozesse in der Softwarekomponente AP-MD (Applikationsplattform-Stammdaten) die Erstellung von Nachbearbeitungsaufträgen aktiviert ist. Sonst können Sie keine Erstsynchronisation über das Synchronisationscockpit durchführen.

Über den IMG-Pfad **Anwendungsübergreifende Komponenten • allgemeine Anwendungsfunktionen • Postprocessing Office • Erstellung von Nachbearbeitungsaufträgen aktivieren** können Sie die erforderlichen Einstellungen vornehmen. Abbildung 9.3 zeigt die entsprechende Customizing-Tabelle mit den vier für die CVI relevanten Prozessen. Die vier Prozesse sind alle der Softwarekomponente AP-MD zugeordnet. Der Prozess CVI_01 steht für die Synchronisationsrichtung vom Kunden zum Geschäftspartner. Der Prozess CV_02 steht für die Synchronisationsrichtung vom Lieferanten zum Geschäftspartner. Der Prozess CVI_03 steht für die Synchronisationsrichtung vom Geschäftspartner zum Kunden und der Prozess CVI_04 steht für die Synchronisationsrichtung vom Geschäftspartner zum Lieferanten.

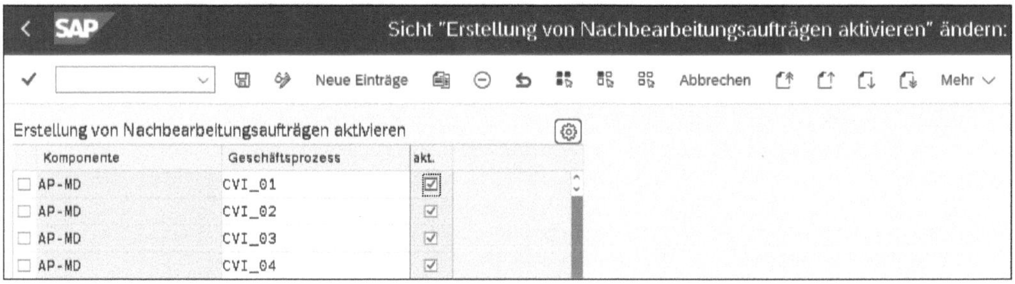

Sicht "Erstellung von Nachbearbeitungsaufträgen aktivieren" ändern:

Neue Einträge Abbrechen Mehr

Erstellung von Nachbearbeitungsaufträgen aktivieren

Komponente	Geschäftsprozess	akt.
AP-MD	CVI_01	☑
AP-MD	CVI_02	☑
AP-MD	CVI_03	☑
AP-MD	CVI_04	☑

Abbildung 9.3 Erstellung von Nachbearbeitungsaufträgen aktivieren

Nachberarbeitungsaufträge aktivieren

Die hier gezeigten Einstellungen sind im Normalfall ausreichend, um eine CVI und die damit verbundene Fehlerkorrektur über das PPO durchzuführen. Wenn Sie die Bearbeitung der Nachbearbeitungsaufträge, also die PPO-Protokolle der Synchronisationsläufe, strukturieren und gegebenenfalls einzelnen Teams oder einzelnen Mitarbeiter*innen zuordnen wollen, können Sie im Abschnitt **Arbeitsvorrat** des PPO-Customizings die vier Prozesse einzelnen Arbeitsvorräten zuordnen, die Sie dann wiederum einzelnen Teams oder Projektteammitgliedern zuordnen können.

Nachdem Sie nun das PPO für die Prozesse der CVI aktiviert haben, müssen Sie noch definieren, für welche Objekte ein Nachbearbeitungsauftrag geschrieben wird, sollte eine Synchronisation fehlerhaft sein. Das hierfür relevante Customizing finden Sie – anders als die vorherigen Punkte – aber über den IMG-Pfad der Synchronisationssteuerung: **Anwendungsübergreifende Kom-**

ponenten • Stammdatensynchronisation • Synchronisationssteuerung • PPO Aufträge für Plattformobjekte im Dialog aktivieren (siehe Abbildung 9.4).

Abbildung 9.4 IMG-Pfad zur Aktivierung von PPO-Aufträgen

Die hier getroffenen Einstellungen sind nicht zielgerichtet, sodass ein PPO-Auftrag immer dann geschrieben wird, wenn das Plattformobjekt entweder als Quell- oder als Zielobjekt in der Synchronisation verwendet wird. Abbildung 9.5 zeigt die für die CVI notwendige Aktivierung des Plattformobjekts BP für die PPO-Aufträge.

Abbildung 9.5 Aktivierung des Plattformobjekts BP für PPO

Synchronisationsobjekte aktivieren

In der IMG-Aktivität **Synchronisationsobjekte aktivieren** legen Sie fest, welche der definierten Synchronisationsobjekte Sie synchronisieren möchten. Abbildung 9.6 zeigt die vier Einträge, die in Zusammenhang mit der CVI und der Stammdatensynchronisation von Kunden, Lieferanten und Geschäftspartnern stehen. In der Abbildung sind nur die beiden Optionen aktiviert, die Sie für die initiale Synchronisation Ihrer Kunden und Lieferanten benötigen.

Abbildung 9.6 Aktivierung der Synchronisationsobjekte

Es ist technisch möglich, alle vier Synchronisationsoptionen zu aktivieren. Hierbei sollten Sie aber darauf achten, dass sich keine ungewollten Nebeneffekte einstellen. Eine gleichzeitige Aktivierung beider Synchronisationsrichtungen kann unter bestimmten Umständen dazu führen, dass unbemerkt Daten in Ihren heutigen Quellobjekten Kunde und Lieferant verändert werden.

Mögliche Probleme bei der Aktivierung beider Synchronisationsrichtungen

Wir wollen den Zusammenhang hier nur kurz an einem Beispiel erläutern und greifen das Thema nochmals in Kapitel 11, »Durchführung der Stammdatensynchronisation«, auf, wenn wir den Synchronisationsprozess näher betrachten. Wenn Sie die Möglichkeit nutzen, Kunden und Lieferanten, die eine Entität darstellen, gemeinsam in einen Geschäftspartner zu konvertieren, kann die Aktivierung beider Synchronisationsrichtungen beispielsweise zu einer Veränderung der Bankdaten in den Quellobjekten führen. Nach erfolgter Synchronisation der Quellobjekte enthält der Geschäftspartner die Bankdaten beider Quellobjekte. Ändern Sie anschließend im Quellobjekt Kunde die Bankverbindung, so wird diese durch die CVI im Hintergrund auch in den Geschäftspartner fortgeschrieben. Die Bankverbindungen sind im Geschäftspartner wie auch im Kunden- und Lieferantenstamm auf der allgemeinen Ebene angesiedelt. Eine Änderung der Bankverbindungen im Geschäftspartner wird nun bei Aktivierung beider Synchronisationsrichtungen dazu führen, dass diese geänderten Bankverbindungen an den Kunden- und Lieferantenstamm zurücksynchronisiert werden und dass somit unbemerkt Daten verändert werden (siehe Abbildung 9.7).

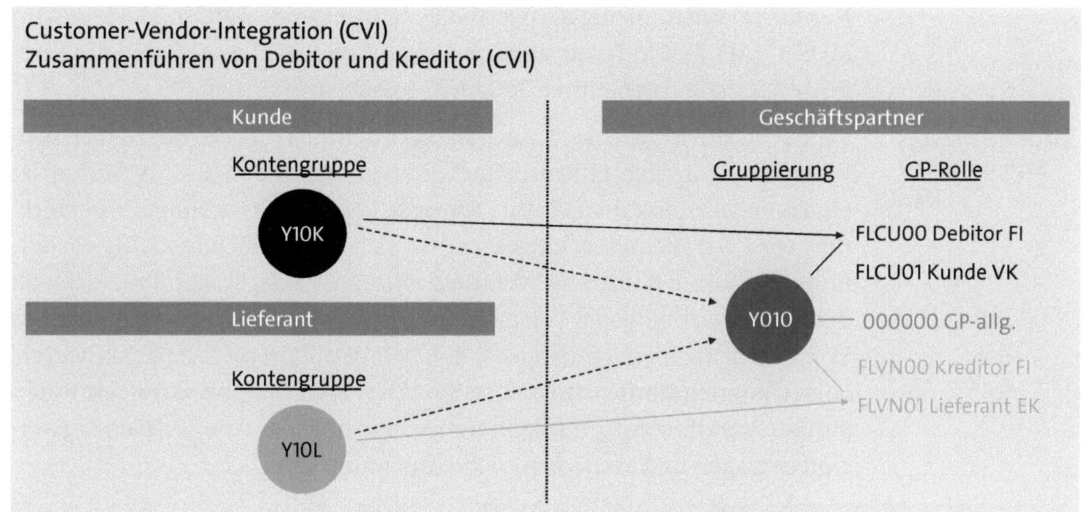

Abbildung 9.7 Zusammenführung des Kunden- und Lieferantenstamms

In Abschnitt 3.4, »Das Synchronisationscockpit (Transaktion MDS_LOAD_COCKPIT)«, haben wir Ihnen bereits die Anwendung MDS_LOAD_COCKPIT im Rahmen des CVI-Cockpits vorgestellt. Dort haben wir gezeigt, wie Sie einen Synchronisationsprozess auswählen können. Das oben gezeigte Customizing steht in direktem Zusammenhang mit den Auswahlmöglichkeiten in der Anwendung MDS_LOAD_COCKPIT (siehe Abbildung 9.8).

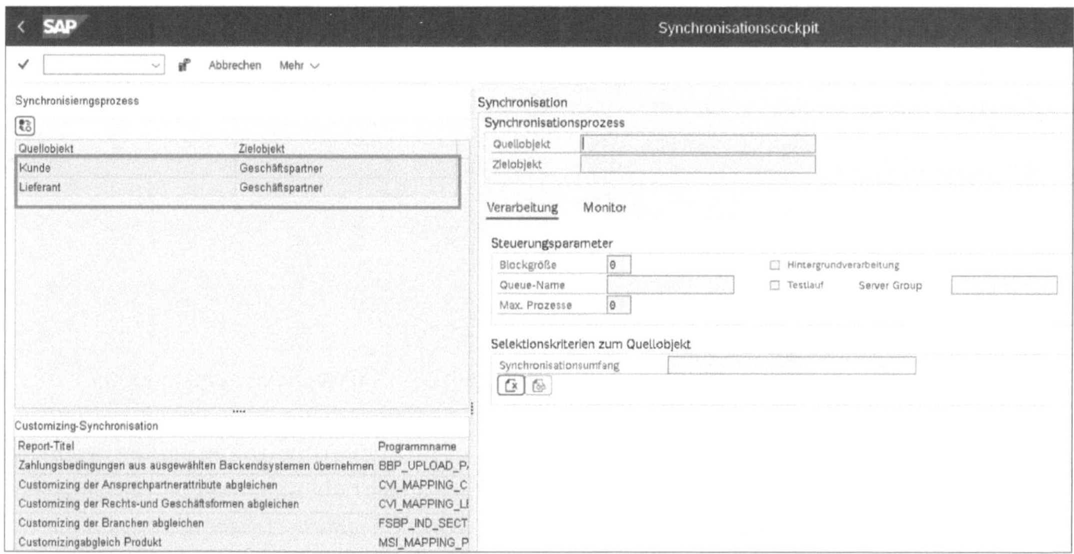

Abbildung 9.8 MDS_LOAD_COCKPIT mit aktivierten Synchronisationsobjekten

Nur die im Customizing aktivierten Synchronisationsoptionen werden im MDS_LOAD_COCKPIT zur Wahl gestellt. In unserem Beispiel sind das Kunde → Geschäftspartner und Lieferant → Geschäftspartner.

Nachbearbeitungsnachrichten festlegen

Sie haben die Möglichkeit, Aufträge aus dem PPO direkt über einen *SAP Workflow* an definierte Bearbeiter*innen zu versenden. SAP Workflow ist ein Framework, mit dem Sie Ihre Prozesse koordinieren können. SAP Workflow wird vor allem dort eingesetzt, wo sich Arbeitsabläufe häufig wiederholen. Sie können mit SAP Workflow einzelne Passagen von Prozessen an definierte Personen oder Personengruppen zur Bearbeitung versenden. Als Voraussetzung hierzu müssen Sie den SAP Workflow `WS51000005` aktivieren. Hierzu können Sie die Transaktion SWDD (Workflow Builder) nutzen. Rufen Sie den Workflow auf, und aktivieren Sie ihn über das Icon (Laufzeitversion erzeugen und aktivieren; siehe Abbildung 9.9).

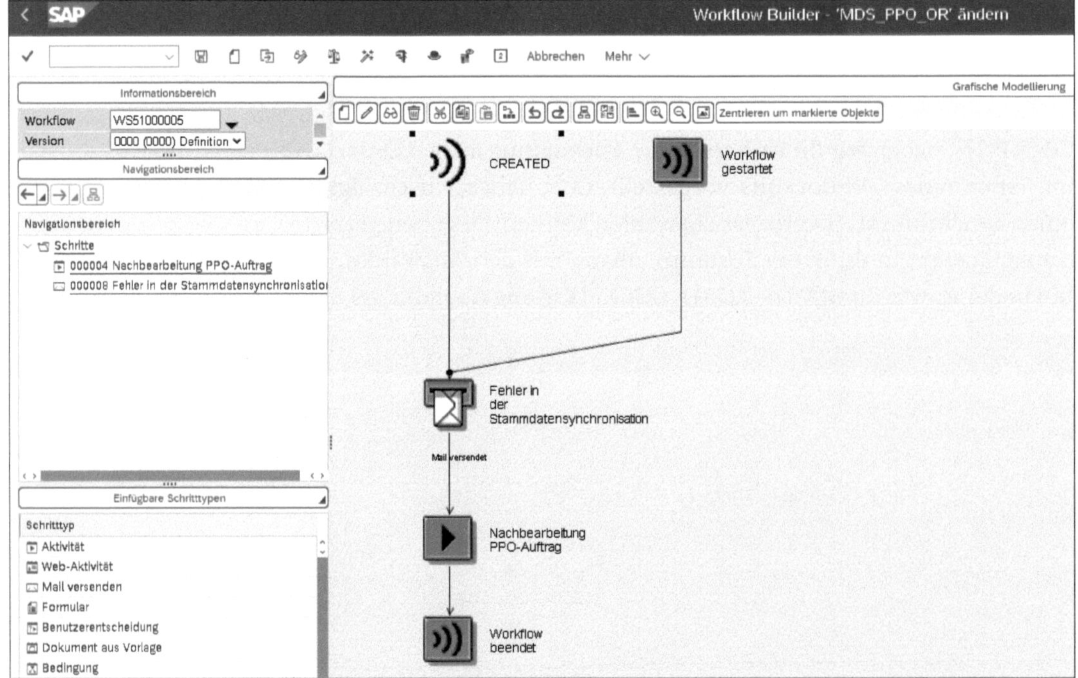

Abbildung 9.9 Transaktion SWDD mit dem SAP Workflow WS51000005

Workflow zum Versenden der PPO-Aufgaben konfigurieren

Sie dürfen im Workflow selbst keine Bearbeiterfindung einstellen, wenn Sie den Empfänger der Nachbearbeitungsnachricht über das Customizing festlegen wollen. Nachdem Sie den Workflow aktiviert haben, können Sie für die entsprechenden Prozesse, die zuständigen Bearbeiter*innen eintragen. Sie müssen pro Prozess mindestens einen Bearbeiter eintragen, können aber auch mehrere zuordnen (siehe Abbildung 9.10).

Abbildung 9.10 Eintragen der Empfänger für Nachbearbeitungsnachrichten

9.2 Customizing zur Customer-Vendor-Integration

9

Nachdem wir die allgemeingültigen und notwendigen Einstellungen zur Stammdatensynchronisation in Bezug auf die CVI betrachtet haben, werden wir in den nächsten Abschnitten auf die für die CVI direkt relevanten Einstellungen der Stammdatensynchronisation eingehen. Die Customizing-Einstellungen zu den folgenden Punkten finden Sie unter **Anwendungsübergreifende Komponenten • Stammdatensynchronisation • Customer-Vendor-Integration**.

9.2.1 Unterdrückung der Feldprüfungen aktivieren

In dieser Customizing-Einstellung haben Sie die Möglichkeit, für verschiedene Felder die Prüfung der Feldinhalte zu unterdrücken. Wird die Überprüfung unterdrückt, werden die Feldinhalte während der Synchronisation nicht logisch geprüft, beispielsweise wird dann nicht geprüft, ob eine deutsche Postleitzahl numerisch und fünfstellig ist.

[«]

Einschränkungen für die Unterdrückung der Feldprüfungen

Diese Einstellungen sollten Sie nur mit Einschränkungen in produktiven Systemen einsetzen. Sie bieten sich aber an, um Probleme mit nicht konsistenten Daten in Entwicklungs- und Testsystemen zu umgehen. Auch sollten Sie diese Funktion nicht in einem Sandbox-System nutzen. Wie in Kapitel 3, »Ablauf der Customer-Vendor-Integration«, beschrieben, sollten Sie die Sandbox nutzen, um die Inkonsistenzen Ihrer produktiven Stammdaten zu identifizieren und zu korrigieren.

BAdI CVI_CUSTOM_MAPPER

Grundsätzlich können Sie diese Einstellungen aber nutzen, um Prüfungen von Feldern zu unterdrücken, die Sie bei der Konvertierung der Kunden und Lieferanten umgehen möchten. Über das Standard-BAdI `CVI_CUSTOM_MAPPER`, das die zentrale Stelle darstellt, an der Sie die Logik der Stammdatensynchronisation beeinflussen können, kann die Prüfung der folgenden Felder während der Konvertierung ausgesteuert werden:

- Steuerstandort
- E-Mail
- Bank
- Steuernummern
- Region und Postleitzahl
- Geocode

Im BAdI `CVI_CUSTOM_MAPPER` finden Sie die Implementierung `CVI_MIGRATION_SUPPRESS_CHK` (siehe Abbildung 9.11), die Sie nutzen können, um eine eigene Logik in die Feldprüfung einzufügen

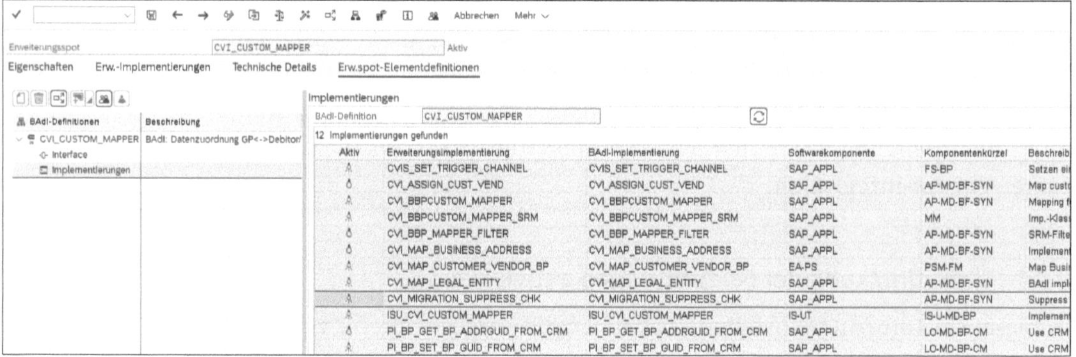

Abbildung 9.11 Erweiterungsimplementierung CVI_MIGRATION_SUPPRESS_CHK

Bei der Konvertierung von Ansprechpartnern können Sie im Standard nur die Prüfungen für E-Mail, Region und Postleitzahl unterdrücken. Das für diese Beispiele angewandte System hat den Releasestand ECC6 EHP8/SP016. In dieser Version wird die Customizing-Tabelle für die Unterdrückung der Feldprüfung wie in Abbildung 9.12 ausgeliefert.

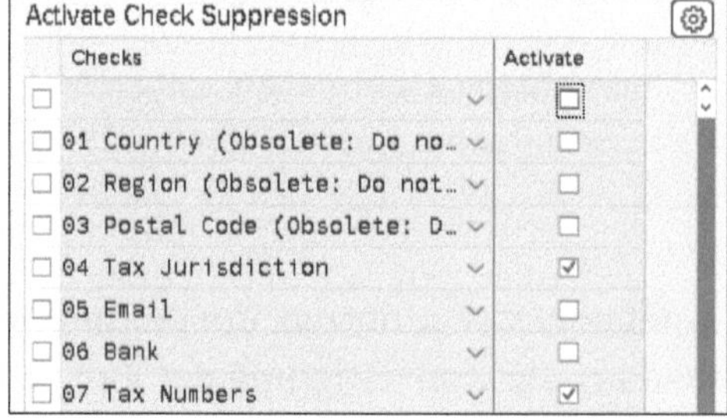

Abbildung 9.12 Unterdrückung der Feldprüfung in der Standardauslieferung

Sie können die entsprechenden Felder von der Prüfung ausschließen, indem Sie bei dem Feld **Activate** einen Haken setzen.

Erweiterung der Customizing-Tabelle zur Unterdrückung der Feldprüfungen

Sie können SAP-Hinweis 3072356 (Erleichterung der Verarbeitung von zum Löschen vorgemerkten Datensätzen – Erweiterungen der Customizing-Aktivität »Unterdrückung der Feldprüfung aktivieren«) verwenden, um die Steuerung dieser Funktion zu erweitern. Durch den Einbau des SAP-Hinweises haben Sie die Möglichkeit, Datensätze abzugrenzen, die zum Löschen vorgemerkt sind. Es wird eine zweite Spalte in die Tabelle aufgenommen, mit der Sie die einzelnen Feldprüfungen für Datensätze, die Sie mit einer Löschvormerkung versehen haben, aktivieren können (siehe Abbildung 9.13). Somit können Sie die produktiven Daten auf Konsistenz hin prüfen lassen, und die Daten, die Sie löschen wollen, werden nicht geprüft.

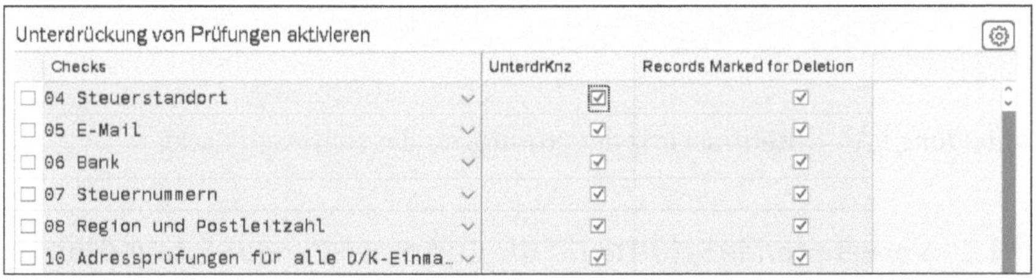

Unterdrückung von Prüfungen aktivieren

Checks	UnterdrKnz	Records Marked for Deletion
☐ 04 Steuerstandort	☑	☑
☐ 05 E-Mail	☑	☑
☐ 06 Bank	☑	☑
☐ 07 Steuernummern	☑	☑
☐ 08 Region und Postleitzahl	☑	☑
☐ 10 Adressprüfungen für alle D/K-Einma…	☑	☑

Abbildung 9.13 Unterdrückung der Feldprüfung nach Einbau von SAP-Hinweis 3072356

In den meisten Fällen kommt es bei der Aktivierung der Option zur Unterdrückung des Geocodes über die Customizing-Tabelle zur Unterdrückung der Feldprüfungen (siehe Abbildung 9.14) während der Synchronisation über die Transaktion MDS_LOAD_COCKPIT zu schweren Performanceproblemen. Die Laufzeit der Stammdatensynchronisation wird hierbei um ein Vielfaches verlängert, da für jedes synchronisierte Stammdatenobjekt, also im Fall der CVI jedes Kunden- oder Lieferantenstamms, die Datenbanktabelle GEOCUST modifiziert wird. Deswegen empfehlen wir bei Bedarf die Verwendung einer Lösung, die über SAP-Hinweis 2949294 (Schlechte Performance von MDS_LOAD_COCKPIT beim Unterdrücken von Geokodierungs-/Geolokationsservices) zur Verfügung gestellt wird. Hierdurch können Sie die Prüfung für den Geocode über die Transaktion SM30 in einem eigenen Pflegeview deaktivieren.

[«]

Einstellung deaktivieren

Wenn Sie die Einstellung zur Unterdrückung der Feldprüfung nutzen, müssen Sie sie nach erfolgter Migrationsaktivität wieder deaktivieren.

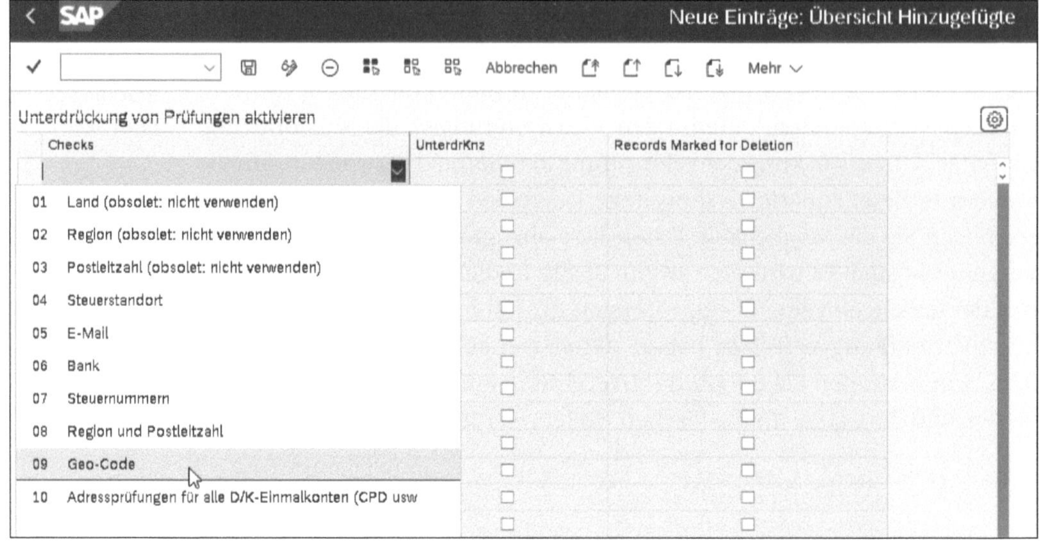

Abbildung 9.14 Unterdrückung der Prüfung für das Feld »Geo-Code«

9.2.2 Vorbereitende Schritte für die Customer-Vendor-Integration

Interne Schnittstellen

Für die Durchführung der Stammdatensynchronisation sind neben den beschriebenen, grundlegenden Customizing-Einstellungen weitere Einstellungen für technische Komponenten notwendig. Die Synchronisation der Stammdaten findet auf technischer Ebene durch interne Schnittstellen statt, die in der Regel als Funktionsbausteine zur Verfügung stehen. Sie sollten vor dem Beginn der eigentlichen Stammdatensynchronisation sicherstellen, dass die in Tabelle 9.3 aufgelisteten Funktionsbausteine in Ihrem System aktiviert sind. Der Zeitpunkt **MERGE** bezeichnet hierbei den Zeitpunkt der Synchronisation, zu dem die Geschäftspartner-Daten und Daten der Geschäftspartner-Beziehungen angelegt und abgemischt werden. Das Objekt BUPA steht für den Geschäftspartner, BUPR für die Geschäftspartner-Beziehung. Die Funktionsbausteine sind spezifisch für Geschäftsbereiche. CENTRAL steht für die allgemeinen Daten des Geschäftspartners, FINSERV steht für die Daten aus dem Financial Service. Der Funktionsbaustein MERGE_BUPR_CENTRAL steht für die Geschäftspartner-Beziehungen.

Zeitpunkt	Objekt	Funktionsbaustein
MERGE	BUPA	MERGE_BUPA_CENTRAL
MERGE	BUPA	MERGE_BUPA_FINSERV

Tabelle 9.3 Relevante Funktionsbausteine für die Stammdatensynchronisation

Zeitpunkt	Objekt	Funktionsbaustein
MERGE	BUPR	MERGE_BUPR_CENTRAL

Tabelle 9.3 Relevante Funktionsbausteine für die Stammdatensynchronisation

Für die Synchronisation der Geschäftspartner-Daten müssen Sie weiterhin den Funktionsbaustein MDS_BUPA_OUTBOUND aktivieren, wie in Tabelle 9.4 dargestellt.

Zeitpunkt	Objekt	Funktionsbaustein
BPOUT	BUPX	MDS_BUPA_OUTBOUND

Tabelle 9.4 Aktivierung des Funktionsbausteins MDS_BUPA_OUTBOUND

Das Customizing für die Aktivierung dieser Funktionsbausteine finden Sie über den Pfad **Anwendungsübergreifende Komponenten • SAP-Geschäftspartner • Datenverteilung**.

Die zuvor beschriebenen Funktionen haben weiterhin Einfluss auf die Funktionsweisen der Stammdaten- und Customizing-Prüfungen im CVI-Cockpit. Sollten Sie bei Abarbeitung der einzelnen Schritte in dieser Anwendung Probleme haben, lohnt sich ein Blick auf diese Funktionsbausteine.

Überlegungen zur Feldsteuerung

Wenn Sie sich im Vorfeld der CVI dazu entschieden haben, die Feldsteuerung Ihrer Geschäftspartner einzustellen, und das nicht erst im Zuge der späteren SAP-S/4HANA-Migration machen, müssen Sie darauf achten, dass alle im Geschäftspartner definierten Mussfelder auch durch die Quellobjekte versorgt werden. Die Feldsteuerung des Geschäftspartners ist in Abschnitt 4.8, »Feldmodifikation«, und in Abschnitt 5.7, »Feldmodifikation«, im Detail beschrieben.

Sollten Sie z. B. in Ihrem Geschäftspartner-Customizing ein Feld der allgemeinen Debitorendaten als Mussfeld definiert haben, das entsprechende Feld aber in der Kontengruppe des Debitors selbst nur als Kannfeld definiert ist, wäre es möglich, dass das Feld im Debitorenstamm nicht mit einem Datum gefüllt ist. In diesem Fall wird die Synchronisation des Debitorenstamms fehlerhaft beendet werden (siehe Abbildung 9.15). Bei aktivem PPO wird ein Protokolleintrag erzeugt. Ist das PPO deaktiviert, bricht das System den Prozess ab.

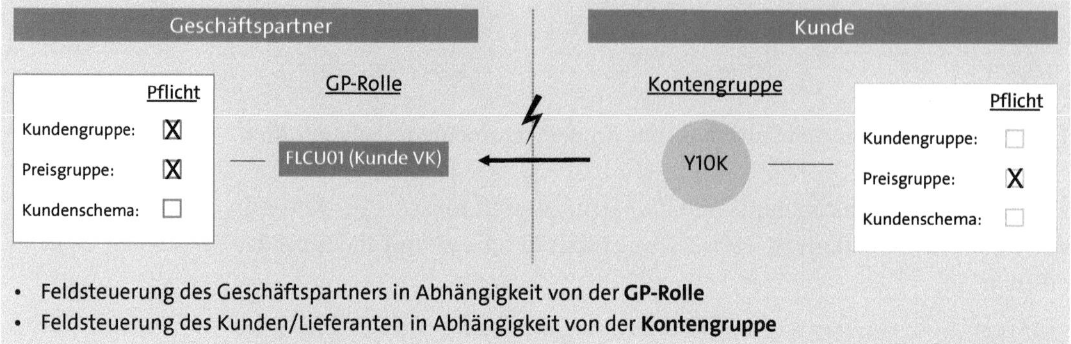

Abbildung 9.15 Mussfeldsteuerung während der Stammdatensynchronisation

9.2.3 Einstellungen des Geschäftspartners

Customizing zur Stammdatensynchronisation des Geschäftspartners

In diesem Abschnitt nehmen Sie die konkreten Einstellungen der Stammdatensynchronisation Ihrer Kunden-, Lieferanten- und Geschäftspartner-Daten vor. Die Struktur untergliedert sich zuerst auf Ebene der Kunden und Lieferanten. Innerhalb eines der Objekte legen Sie dann zuerst fest, welche Elemente des jeweiligen Objekts, z. B. des Kunden oder eines debitorischen Geschäftspartners, an der Synchronisation teilnehmen sollen. Anschließend werden spezifische Feldzuordnungen getroffen. Diese Ebene untergliedert sich wiederum in die Punkte **Zuordnung von Schlüsseln** und **Zuordnung von Attributen**. Bei der Zuordnung von Schlüsseln definieren Sie die Nummernvergabe während der Stammdatensynchronisation. Bei der Zuordnung von Attributen definieren Sie das Mapping einiger zentraler Felder (siehe Abbildung 9.16).

Auf der Ebene des Debitors können Sie abschließend noch Vorgabewerte für Standardwerte für die Buchungsschnittstelle der Finanzbuchhaltung definieren.

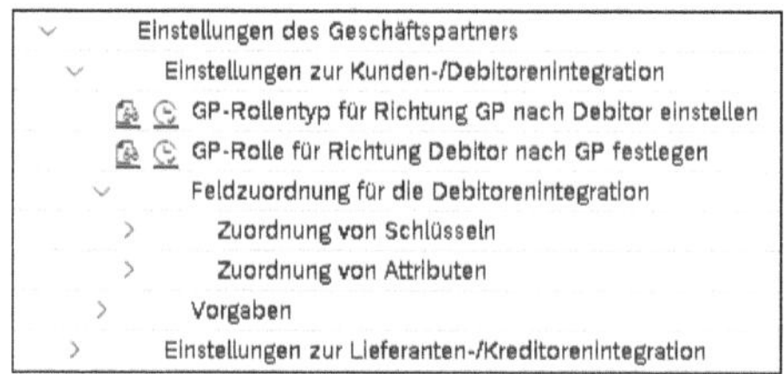

Abbildung 9.16 IMG-Pfad für »Einstellungen des Geschäftspartners«

Einstellungen zur Kunden-/Debitorenintegration

In diesem IMG-Abschnitt nehmen Sie die spezifischen Einstellungen für die Synchronisation Ihrer Debitoren im Zuge des CVI-Projekts vor. Ebenso werden hier die Synchronisationseinstellungen vorgenommen, die Sie für die Synchronisation eines Geschäftspartners zu einem Debitor benötigen. Die hierfür notwendigen Punkte beschreiben wir in Kapitel 10, »Customizing der Stammdatensynchronisation bei Nutzung des Geschäftspartners«. Alle Customizing-Aktivitäten finden Sie über den Pfad **Anwendungsübergreifende Komponenten • Stammdatensynchronisation • Customer-Vendor-Integration • Einstellungen des Geschäftspartners • Einstellungen zur Kunden-/Debitorenintegration.**

Geschäftspartner-Rolle Debitor nach Geschäftspartner

In der IMG-Aktivität **Geschäftspartnerrolle für Richtung Debitor nach Geschäftspartner** ordnen Sie der Kontengruppe des Debitorenstammsatzes eine oder mehrere Geschäftspartner-Rollen zu, in denen der Geschäftspartner bei der Debitorenbearbeitung mit angelegt werden soll.

Außerdem wird ein Geschäftspartner im Rahmen der Debitorenintegration bei der Bearbeitung des Debitors mit der entsprechenden Kontengruppe in den Geschäftspartner-Rollen mit angelegt, die dieser Kontengruppe zugeordnet sind. Das bedeutet, dass Sie über diese Einstellungen steuern können, in welchem Umfang ein Geschäftspartner angelegt wird, wenn ein Debitor in der entsprechenden Kontengruppe synchronisiert wird.

In Abschnitt 4.3, »Grundeinstellungen«, haben wir das Customizing der Geschäftspartner-Rollen beschrieben. Über die Geschäftspartner-Rollen definieren Sie, welche Funktion ein Geschäftspartner Ihnen gegenüber übernimmt. Sie haben beispielsweise zwei Geschäftspartner-Rollen definiert, die Sie für Ihre Kundenintegration nutzen. Die erste der beiden Rollen nutzen Sie, um einen Geschäftspartner für debitorische Funktionen zu definieren. Die zweite Rolle nutzen Sie für die Definition der Kundendaten, wie z. B. den Vertriebsbereich.

Gezielte Steuerung der Synchronisation durch Zuordnung ausgewählter Geschäftspartner-Rollen

Über die Zuordnung dieser Rollen zu einer Kontengruppe können Sie also steuern, in welchem Umfang ein Geschäftspartner angelegt wird. Haben Sie beispielsweise Debitoren in Kontengruppen angelegt, die nur die Buchungskreisdaten vorsehen und somit nur in der Finanzbuchhaltung Verwendung finden, ordnen Sie hier auch nur eine entsprechende Geschäftspartner-Rolle zu. Auf der anderen Seite könnten Sie eine Kontengruppe nutzen, um Ihre Warenempfänger abzubilden. Diese benötigen in der Regel keine Buchungskreisdaten. Hier können Sie über die Zuordnung einer entsprechenden Geschäftspartner-Rolle dafür sorgen, dass die Kundenintegration einen Geschäftspartner mit den passenden Daten anlegt. In Abbildung 9.17 zeigen wir für die beschriebenen Szenarien einige Beispiele. Der Kontengruppe 0001 wurde hier nur eine Geschäftspartner-Rolle zugeordnet, und zwar die Rolle **ZDEBI**. Bei der Synchronisation dieser Stammdaten werden Geschäftspartner entstehen, die keine Vertriebsbereichsdaten aufweisen und nur als Debitor auftreten, ebenso bei der Kontengruppe 0004. Den Kontengruppen 0002 und 0003 wurden jeweils zwei Geschäftspartner-Rollen zugeordnet, und zwar die Rollen **ZDEBI** und **ZKUNDE**. Diese Geschäftspartner werden zusätzlich zu den Buchungskreisdaten auch Vertriebsdaten aufweisen und können somit in den entsprechenden Prozessen verwendet werden.

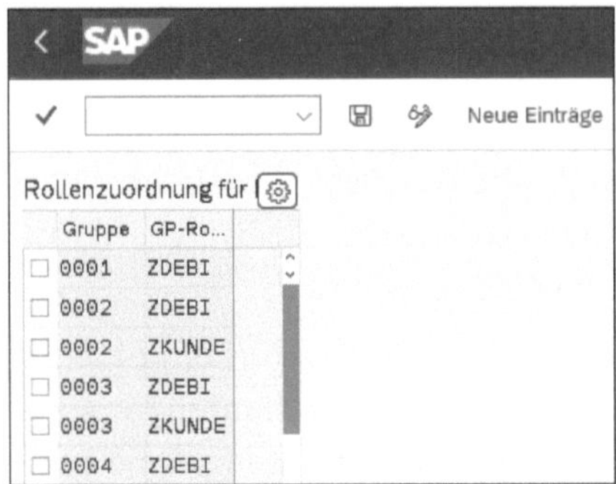

Abbildung 9.17 Customizing-Sicht für die Rollenzuordnung für Kunde nach Geschäftspartner

Nummernvergabe Debitor nach Geschäftspartner

In der IMG-Aktivität **Nummernvergabe für Richtung Debitor nach Geschäftspartner festlegen** ordnen Sie den Kontengruppen des Debitorenstammsatzes die Gruppierungen des Geschäftspartners zu, um bei der Debitorenbearbeitung die gleichzeitige Fortschreibung des Geschäftspartners im Rahmen der Debitorenintegration zu ermöglichen. Diese Customizing-Aktivität finden Sie über den Pfad **Anwendungsübergreifende Komponenten • Stammdatensynchronisation • Customer-Vendor-Integration • Einstellungen des Geschäftspartners • Einstellungen zur Kunden-/Debitorenintegration • Feldzuordnung für die Debitorenintegration • Zuordnung von Schlüsseln**.

Mit dieser Zuordnung wählen Sie aus, ob der Geschäftspartner-Stammsatz mit einer Geschäftspartner-Gruppierung mit interner oder externer Nummernvergabe oder Nummerngleichheit angelegt wird. Die Zuordnung des Nummernkreises zur Geschäftspartner-Gruppierung haben wir bereits in Abschnitt 4.3, »Grundeinstellungen«, beschrieben. Wenn Sie für die Anlage von Geschäftspartnern eine Nummerngleichheit zwischen Quell- und Zielobjekt herstellen wollen, können Sie das in der Customizing-Aktivität **Nummernvergabe für Richtung Debitor nach Geschäftspartner** einstellen. Hierzu müssen Sie allerdings zwei Voraussetzungen erfüllen. Ordnen Sie erstens der Gruppierung einen Nummernkreis zu, dem ein Intervall mit externer Nummernvergabe zugeordnet ist. Zweitens müssen die Nummernintervalle des Quell- und des Zielobjekts eins zu eins übereinstimmen. In

Abbildung 9.18 sehen Sie, dass wir der Kontengruppe 0006 die GP-Gruppierung **GP2** zugeordnet und das Kennzeichen für Nummerngleichheit aktiviert haben. Vorher haben wir überprüft, dass die Nummernkreisintervalle von Kontengruppe und Geschäftspartner-Gruppierung deckungsgleich sind und dass das Intervall des Nummernkreises, das der Geschäftspartner-Gruppierung zugeordnet ist, auf externer Nummernvergabe steht. Ob die Nummernvergabe für die Kontengruppe dabei auf intern oder extern steht, ist hierbei unerheblich.

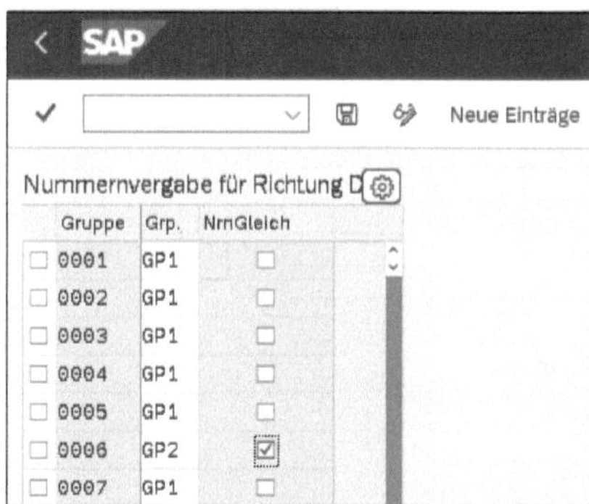

Abbildung 9.18 Nummernvergabe für die Synchronisationsrichtung Debitor nach Geschäftspartner

Customizing der Ansprechpartnerattribute

Für die Synchronisation der Ansprechpartner müssen im Customizing Attribute der Ansprechpartner, wie beispielsweise Abteilungen, Funktionen und Status, definiert werden. Das Customizing der Ansprechpartnerattribute besteht aus sehr einfachen, einstufigen Pflegeviews zur Tabellenpflege. Aus diesem Grund haben wir darauf verzichtet, das konkrete Vorgehen beim Customizing zu den einzelnen Aktivitäten im Detail zu beschreiben. Sie finden im Verlauf dieses Abschnitts zu jedem Attribut eine Abbildung mit beispielhaften Einträgen. In den Abbildungen können Sie sehen, dass bei der Zuordnung der einzelnen Attributwerte die Möglichkeit besteht, die vorhandenen Werte des Debitors/Kreditors eins zu eins in den Geschäftspartner zu übernehmen (siehe Abbildung 9.21) oder durch die Definition neuer Werte zum Geschäftspartner und einer entsprechenden Zuordnung eine andere Logik zu implementieren oder gegebenenfalls auch Daten zu harmonisieren (siehe Abbildung 9.24). Bei der Definition der Attribute des Geschäftspartners empfehlen wir Ihnen, bereits im Vorfeld der CVI die richtigen Überlegungen anzustellen. Wir arbeiten hierzu mit einer einfachen Tabellenvorlage, die im Vorfeld gefüllt wird und aus der die Daten anschließend nur noch ins Customizing übernommen werden müssen. In Abbildung 9.19 sehen Sie ein Beispiel einer solchen Datei für die Zuordnung der Abteilung bei Ansprechpartnern.

Abteilung	Bezeichnung
A*BW	auslauf. Backwaren

Abteilungen für Ansprechpartner definieren in Tabelle TB910 unter dem IMG-Objekt SAP Geschäftspartner/ Geschäftspartnerbeziehungen/ Ansprechpartner/ Abteilungen definieren

Abteilung	Bezeichnung
A*BW	auslauf. Backwaren

Standardabteilung des Ansprechpartners in Tabelle TSAB unter dem IMG-Objekt Vertrieb/Stammdaten/Geschäftspartner/ Ansprechpartner/Standardabteilung definiern

Abt (CVI)	Kund/Lief Bezeichnung	Abteilung (GP)	GP Bezeichnung
A*BW	auslauf. Backwaren	A*BW	auslauf. Backwaren

Abteilungsnummer des Ansprechpartners zuordnen Pflegeview CVIV_CP1_LINK. Unter dem IMG-Objekt Anwenungsübergreifende Komponenten/ Stammdatensynchronisation/Customer Vendor_integration/ Einstellungen des GP/Einstellungen zur Kunden/Debitorenintegration/Feldzuordnung für die Debitorenintegration/Zuordnungen von Attributen/Ansprechpartner/ Abteilungsnummer des ASP zuordnen

Abbildung 9.19 Tabellenvorlage zu Vorbereitung des Attribut-Customizings

Mapping der Ansprechpartner-attribute

Wenn Sie während der CVI Ansprechpartner des Debitoren- oder Kreditorenstamms synchronisieren wollen oder müssen, müssen Sie die im Folgenden beschriebenen Zuordnungen einiger wichtiger Felder der Ansprechpartner durchführen. Die Definition dieser Felder haben wir bereits in Abschnitt 4.15, »Ansprechpartner«, beschrieben. Alle beschriebenen Customizing-Aktivitäten finden Sie über den Pfad **Anwendungsübergreifende Komponenten • Stammdatensynchronisation • Customer-Vendor-Integration • Einstellungen des Geschäftspartners • Einstellungen zur Kunden-/Debitorenintegration • Feldzuordnung für die Debitorenintegration • Zuordnung von Attributen • Ansprechpartner.**

Während der Synchronisation der Ansprechpartnerdaten findet eine grundlegende Änderung in der Datenstruktur statt. Während ein Ansprechpartner im Debitoren- oder Kreditorenstamm kein eigenes Stammdatenobjekt im Sinne von Debitor oder Kreditor ist, sondern sehr vereinfacht nur ein Tabelleneintrag mit einer Adresse, wird bei der Synchronisation dieser Daten aus jedem dieser Tabelleneinträge ein eigener Geschäftspartner. Diese Geschäftspartner werden dann über ein Beziehungsnetz dem Geschäftspartner zugeordnet, der den eigentlichen Kunden oder Lieferanten darstellt. Die Zusammenhänge der Geschäftspartner-Beziehungen haben wir bereits in Abschnitt 4.14, »Geschäftspartner-Beziehung«, beschrieben.

Ansprechpartnerzuordnung aktivieren

In der Customizing-Aktivität **Ansprechpartnerzuordnung aktivieren** wird die Zuordnung der Ansprechpartnerdaten aktiviert. Nach der Aktivierung werden die Ansprechpartnerattribute bei der Bearbeitung im Debitorenstammsatz durch die CVI direkt in den dazugehörigen Geschäftspartner synchronisiert. Ebenso werden bei der Bearbeitung eines Geschäftspartner-Stamms die Attribute direkt in die Ansprechpartnerdaten des Debitorenstamms synchronisiert. Sie können folgende Attribute des Ansprechpartners zuordnen:

Abteilungsnummern des Ansprechpartners zuordnen

- In der IMG-Aktivität **Abteilungsnummern des Ansprechpartners zuordnen** ordnen Sie den Abteilungsnummern des Ansprechpartners im Debitorenstammsatzes die Abteilungsnummern des Geschäftspartners zu. Die Standardabteilungen der Ansprechpartner im Debitorensatz finden Sie in der Tabelle TSAB. Abbildung 9.20 zeigt die Customizing-Tabelle mit den vorgenommenen Einstellungen. Die erste Spalte mit der Überschrift **Abt (CVI)** stellt die Abteilung der Ansprechpartner im Debitorenstamm dar.

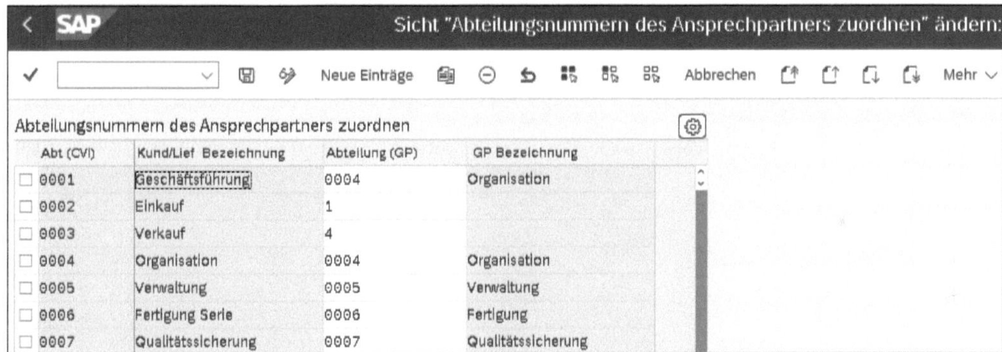

Sicht "Abteilungsnummern des Ansprechpartners zuordnen" ändern:

Abteilungsnummern des Ansprechpartners zuordnen

Abt (CVI)	Kund/Lief Bezeichnung	Abteilung (GP)	GP Bezeichnung
0001	Geschäftsführung	0004	Organisation
0002	Einkauf	1	
0003	Verkauf	4	
0004	Organisation	0004	Organisation
0005	Verwaltung	0005	Verwaltung
0006	Fertigung Serie	0006	Fertigung
0007	Qualitätssicherung	0007	Qualitätssicherung

Abbildung 9.20 Abteilungsnummern des Ansprechpartners zuordnen

Funktionen des Ansprechpartners zuordnen

- Unter **Funktionen des Ansprechpartners zuordnen** ordnen Sie den Funktionen des Ansprechpartners die Funktionen des Geschäftspartners zu (siehe Abbildung 9.21). Die Funktionen der Ansprechpartner im Debitorenstamm finden Sie in der Tabelle TPFK.

Sicht "Funktionen des Ansprechpartners zuordnen" ändern:

Funktionen des Ansprechpartners zuordnen

Funktion (CVI)	Kund/Lief Bezeichnung	Funktion (GP)	GP Bezeichnung
01	Vorstand	01	Vorstand
02	Leiter Einkauf	02	Leiter Einkauf
03	Leiter Verkauf	03	Leiter Verkauf

Abbildung 9.21 Funktionen des Ansprechpartners zuordnen

Vollmachten des Ansprechpartners zuordnen

- In der Customizing-Aktivität **Vollmachten des Ansprechpartners zuordnen** ordnen Sie den Vollmachten des Ansprechpartners die Vollmachten des Geschäftspartners zu (siehe Abbildung 9.22). Die Vollmachten der Ansprechpartner im Debitorenstamm finden Sie in der Tabelle TVPV.

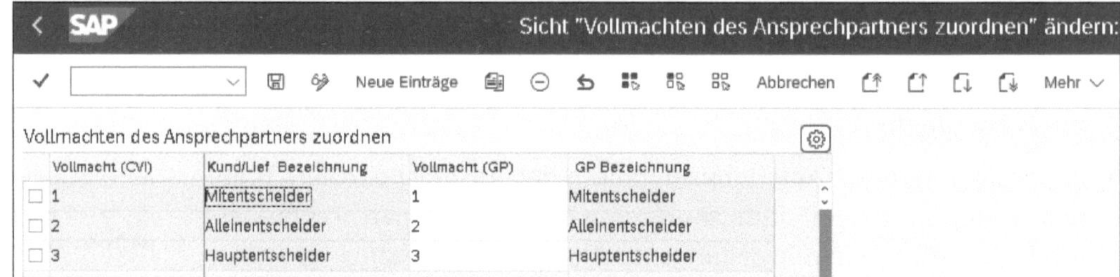

Vollmacht (CVI)	Kund/Lief Bezeichnung	Vollmacht (GP)	GP Bezeichnung
1	Mitentscheider	1	Mitentscheider
2	Alleinentscheider	2	Alleinentscheider
3	Hauptentscheider	3	Hauptentscheider

Abbildung 9.22 Vollmachten des Ansprechpartners zuordnen

VIP-Kennzeichen des Ansprechpartners zuordnen

- Im letzten Abschnitt der Ansprechpartnerattribute, **VIP-Kennzeichen des Ansprechpartners zuordnen**, ordnen Sie die VIP-Kennzeichen Ihrer Ansprechpartner den Geschäftspartnern zu (siehe Abbildung 9.23). Die VIP-Kennzeichen des Debitorenstamms finden Sie in der Tabelle TVIP.

Sicht "VIP-Kennzeichen des Ansprechpartners zuordnen" änderr

Neue Einträge Abbrechen Mehr

VIP-Kennzeichen des Ansprechpartners zuordnen

VIP (CVI)	Kund/Lief Bezeichnung	VIP (GP)	GP Bezeichnung
1	Vorstandbeziehungen	1	GF
2	Gute Wettbewerbskont	5	Leitung Vetrieb
3	VDA-Mitglied	3	Leitung FI

Abbildung 9.23 VIP-Kennzeichen des Ansprechpartners zuordnen

Customizing der Geschäftspartner-Attribute

Im Folgenden beschreiben wir, wie Sie die Attributwerte der Debitoren den jeweiligen Attributen des Geschäftspartners zuordnen. Die Definition dieser Werte haben wir bereits in Abschnitt 4.13, »Organisation«, beschrieben. Die definierten Attributwerte der Geschäftspartner müssen nun für die Stammdatensynchronisation zugeordnet werden.

Familienstände zuordnen

Ordnen Sie unter **Familienstände zuordnen** die Familienstände des Debitorenstamms den Geschäftspartnern zu (siehe Abbildung 9.24). Bei diesem Attribut ist darauf zu achten, dass es nur für Personen Gültigkeit hat. Das Customizing für die Familienstände im Debitorenstamm finden Sie über den Pfad **Personal und Organisation • Infotypen • Daten zur Person (Infotyp002) • Familienstand festlegen**. Ein Familienstand wird auch beim Geschäftspartner in der Regel nur beim Geschäftspartner-Typ **Person** genutzt.

Dies können neben Ansprechpartnern beispielsweise auch Geschäftspartner sein, die einen Mitarbeiter des eigenen Unternehmens darstellen.

Familienstand(CVI)	Fam.Stand(GP)
0 ledig	1 ledig
1 verh	2 verheiratet
2 verw	3 verwitwet
3 gesch	4 geschieden
4 nv	5 getrennt l...
5 getr	5 getrennt l...

Abbildung 9.24 Familienstand einem Geschäftspartner zuordnen

Rechtsform Geschäftsform zuordnen

Ordnen Sie unter **Rechtsform Geschäftsform zuordnen** die Geschäftsform des Debitoren- oder Kreditorenstamms der Rechtsform des Geschäftspartners zu (siehe Abbildung 9.25). Nur Geschäftspartner des Typs **Organisation** können eine Rechtsform tragen. Dieses Stammdatenelement hat einen rein informativen Charakter. Weitere Informationen über den Geschäftspartner-Typ **Organisation** und über die Rechtsform finden Sie in Abschnitt 4.13, »Organisation«.

SAP Sicht "Rechtsform Geschäftsform zuordnen" ändern:

Neue Einträge Abbrechen Mehr

Rechtsform Geschäftsform zuordnen

GeForm(CVI)	Kund/Lief Bezeichnung	Rform(GP)	GP Bezeichnung
01	AG	01	Aktiengesellschaft
02	GmbH	02	Gesellschaft mit beschränkter Haftung
03	KG	08	KG
04	OHG	06	OHG
05	KG a.A.	08	KG

Abbildung 9.25 Rechtsform Geschäftsform einem Geschäftspartner zuordnen

Zahlungskartenart zuordnen

Ordnen Sie unter **Zahlungskartenart zuordnen** den Zahlungskarten des Geschäftspartners die Zahlungskarten des Debitorenstammsatzes zu. Die Definition der Zahlungskarten, die durch den Geschäftspartner-Stamm genutzt werden, finden Sie im IMG-Leitfaden über den Pfad **Anwendungsübergreifende Komponenten • Zahlungskarten • Grundeinstellungen**. Nachdem Sie die notwendigen Karten nach Ihren Bedürfnissen eingerichtet haben, können Sie sie im hier beschriebenen Customizing zuordnen. Dazu ordnen Sie die Kartenarten der Kunden und Lieferanten denen des Geschäftspartners zu (siehe Abbildung 9.26).

Abbildung 9.26 Zahlungskartenart einem Geschäftspartner zuordnen

Branchen zuordnen

Da das Customizing für die Zuordnung von Branchen etwas komplexer ist, gehen wir auf diesen Punkt detaillierter ein.

In der IMG-Aktivität **Branchen zuordnen** können Sie den Branchen des Geschäftspartners Branchen des Debitoren-/Kreditorenstammsatzes zuordnen und umgekehrt. Das gewährleistet eine korrekte Fortschreibung beider Branchenfelder im Rahmen der CVI. Wie bereits in Abschnitt 4.13.1, »Branchensystem«, beschrieben, können Sie beim Geschäftspartner-Typ **Organisation** mehrere Branchen verschiedener Branchensysteme hinterlegen. Pro Branchensystem können Sie jeweils eine Branche als Standardbranche festlegen. Im Debitoren- und Kreditorenstammsatz können Sie genau eine Branche hinterlegen. In der IMG-Aktivität **Branchen zuordnen** stellen Sie einerseits ein, wie aus der Standardbranche des Standardbranchensystems bei der Geschäftspartner-Bearbeitung die entsprechende Branche des Debitoren-/Kreditorenstammsatzes abgeleitet wird, und andererseits, aus welcher Branche des Debitoren-/Kreditorenstammsatzes die entsprechende Branche des Geschäftspartners angelegt wird.

Übernahme der Branche in den Geschäftspartner

Wenn Sie den Geschäftspartner aus dem Debitor heraus anlegen, dann können Sie eine Branche des Debitorenstammsatzes in den Geschäftspartner übernehmen. Die dem Debitorenstammsatz zugeordnete Branche des Geschäftspartners wird zur Standardbranche des Geschäftspartners.

Sie können während der Synchronisation genau eine Branche des Geschäftspartners in den Debitoren-/Kreditorenstammsatz übernehmen. Das System übergibt hierbei die Branche an das Zielobjekt, die im Customizing der Standardbranche des Geschäftspartners zugeordnet ist. Ist im Geschäftspartner keine Standardbranche festgelegt, so wird bei der Debitoren-/Kreditorenintegration keine Branche in den Debitor/Kreditor übertragen bzw. eine bestehende gelöscht.

Standardbranchensystem

Für die Zuordnung der Branchen wählen Sie als Erstes das Standardbranchensystem der Geschäftspartner aus. Das müssen Sie im Vorfeld, wie in Abschnitt 4.13.1, »Branchensystem«, beschrieben, definiert haben. Wählen Sie nun das Standardbranchensystems aus, in dem Sie die relevante Zeile mit einem Klick markieren (siehe Abbildung 9.27).

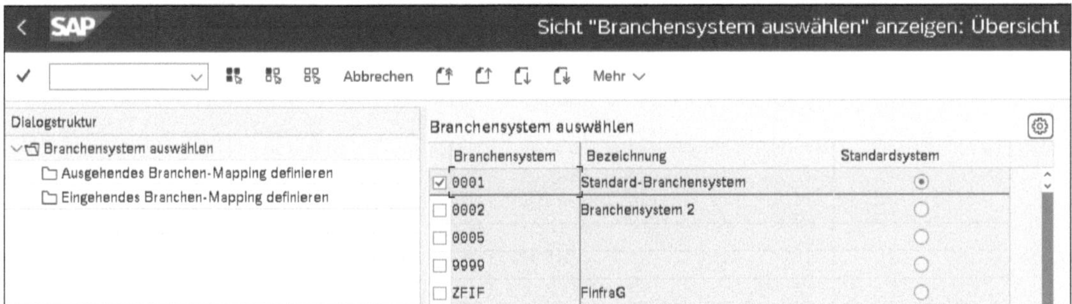

Abbildung 9.27 Auswahl des Standardbranchensystems

Branchen-Mapping

Definieren Sie anschließend das eingehende und das ausgehende Branchen-Mapping. Im eingehenden Branchen-Mapping definieren Sie, welcher Branche des Debitors/Kreditors welche Branche aus dem vorher ausgewählten Branchensystem zugeordnet wird. Das ausgehende Mapping wird genutzt, um bei der Bearbeitung von Geschäftspartnern dafür zu sorgen, dass die Standardbranche des Geschäftspartners durch die Integration in den Debitorenstamm fortgeschrieben wird. Auf dieses Customizing gehen wir in Kapitel 10, »Customizing der Stammdatensynchronisation bei Nutzung des Geschäftspartners«, noch einmal ein. Für die CVI ist das eingehende Branchen-Mapping ausschlaggebend.

Harmonisierung der bestehenden Branchen

Wir empfehlen Ihnen, im Vorfeld der CVI zu überprüfen, ob die vorhandenen Branchenschlüssel noch Ihren Anforderungen entsprechen, um ein passendes Branchensystem aufzubauen. In Abbildung 9.28 sehen Sie die Sicht **Eingehendes Branchen-Mapping definieren**. Wir haben uns nicht für eine Eins-zu-eins-Zuordnung der bestehenden Branchen entschieden. Hierbei haben wir im Branchensystem zweistellige numerische Schlüssel für die Branchen des Geschäftspartners definiert. Diese sehen Sie in der dritten Spalte in Abbildung 9.28. Sie wurden dann den Branchen des Kundenstamms (Schlüssel und Bezeichnung in Spalte 1 und 2) zugeordnet. Somit haben Sie die Möglichkeit die bestehenden Branchen zu konsolidieren Allerdings ist es ebenso möglich, die existierenden Branchenschlüssel ein zu eins in ein Branchensystem zu übernehmen und anschließend hier ebenfalls eins zu eins in das Mapping aufzunehmen. So würde, anders, als hier gezeigt, aus der Branche 0001 ebenfalls wieder die Branche 0001 am Geschäftspartner werden. Somit werden auch am Geschäftspartner Ihre bekannten Branchen fortgeführt. Bei unserem Beispiel wird aus der Branche 0001 des Debitors die Branche 01 am Geschäftspartner.

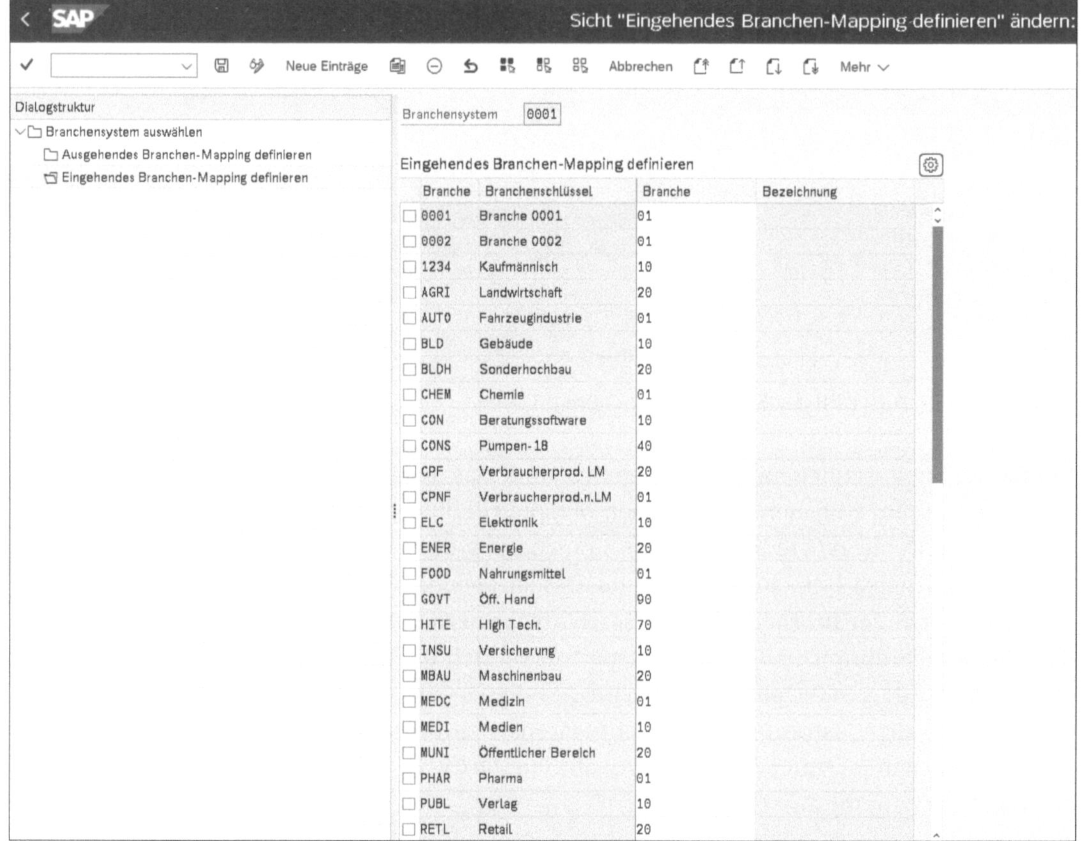

Abbildung 9.28 Eingehendes Branchen-Mapping

Einstellungen zur Lieferanten-/Kreditorenintegration

Die Definition der Mappings für die Ansprechpartnerattribute und das Customizing der Branchen-Mappings, ebenso wie die allgemeine Synchronisationssteuerung gelten generell für die CVI und sind auch für die Integration der Kreditoren anzuwenden; auf diese gehen wir in den folgenden Abschnitten nicht nochmals ein. Es werden nur die Einstellungen gezeigt, die spezifisch für Ihre Lieferantenintegration notwendig sind.

Geschäftspartner-Rolle »Kreditor nach Geschäftspartner«

In der IMG-Aktivität **Geschäftspartner-Rolle für Richtung Kreditor nach Geschäftspartner festlegen** ordnen Sie der Kontengruppe des Kreditorenstammsatzes eine oder mehrere Geschäftspartner-Rollen zu, in denen der Geschäftspartner bei der Kreditorenbearbeitung mit angelegt werden soll.

Außerdem wird ein Geschäftspartner im Rahmen der Kreditorenintegration bei der Bearbeitung des Kreditors mit der entsprechenden Kontengruppe in den Geschäftspartner-Rollen mit angelegt, die dieser Kontengruppe zugeordnet sind. Das bedeutet, dass Sie über diese Einstellungen steuern können, in welchem Umfang ein Geschäftspartner angelegt wird, wenn ein Kreditor der entsprechenden Kontengruppe synchronisiert wird.

In Abschnitt 4.3.1, »Geschäftspartner-Rollen«, haben wir das Customizing der Geschäftspartner-Rollen beschrieben.

Über die Zuordnung dieser Rollen zu einer Kontengruppe können Sie also steuern, in welchem Umfang ein Geschäftspartner angelegt wird. Haben Sie beispielsweise Kreditoren in Kontengruppen angelegt, die nur die Buchungskreisdaten vorsehen und somit nur in der Finanzbuchhaltung Verwendung finden, ordnen Sie hier auch nur eine entsprechende Geschäftspartner-Rolle zu (siehe Abbildung 9.29). Gehen Sie hier analog zu den Debitoren vor.

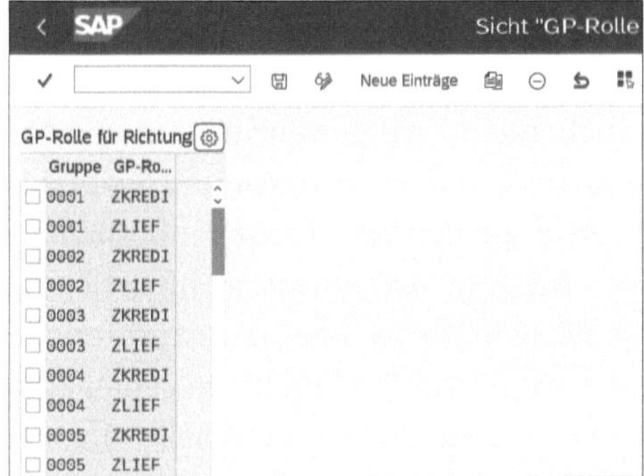

Abbildung 9.29 Zuordnung der Kontengruppen zur Geschäftspartner-Rolle

Nummernvergabe »Kreditor nach Geschäftspartner«

In der IMG-Aktivität **Nummernvergabe für Richtung Kreditor nach Geschäftspartner festlegen** ordnen Sie den Kontengruppen des Kreditorenstammsatzes die Gruppierungen des Geschäftspartners zu, um bei der Kreditorenbearbeitung die gleichzeitige Fortschreibung des Geschäftspartners im Rahmen der Kreditorenintegration zu ermöglichen. Diese Customizing-Aktivität finden Sie über den Pfad **Anwendungsübergreifende Komponenten • Stammdatensynchronisation • Customer-Vendor-Integration • Einstellungen des Geschäftspartners • Einstellungen zur Lieferanten-/Kreditorenintegration • Feldzuordnung für die Kreditorenintegration • Zuordnung von Schlüsseln.**

Mit dieser Zuordnung wählen Sie aus, ob der Geschäftspartner-Stammsatz mit einer Geschäftspartner-Gruppierung mit interner oder externer Nummernvergabe oder Nummerngleichheit angelegt wird. Die Zuordnung des

Nummernkreises zur Geschäftspartner-Gruppierung haben wir bereits in Abschnitt 4.7, »Nummernkreise und Gruppierungen«, beschrieben. Wenn Sie für die Anlage von Geschäftspartnern eine Nummerngleichheit zwischen Quell- und Zielobjekt herstellen wollen, können Sie das in der Customizing-Aktivität **Anwendungsübergreifende Komponenten • Stammdatensynchronisation • Customer-Vendor-Integration • Einstellungen des Geschäftspartners • Einstellungen zur Lieferanten-/Kreditorenintegration • Feldzuordnung für die Kreditorenintegration • Zuordnung von Schlüsseln Nummernvergabe für Richtung Kreditor nach GP festlegen** einstellen. Hierzu sind allerdings zwei Voraussetzungen zu erfüllen. Sie müssen erstens der Gruppierung einen Nummernkreis zuordnen, dem ein Intervall mit externer Nummernvergabe zugeordnet ist, und die Nummernintervalle des Quell- und des Zielobjekts müssen eins zu eins übereinstimmen. Gehen Sie hier analog zu den Debitoren vor. Eine Abbildung der Zuordnungen finden Sie im Abschnitt der Debitorenintegration.

Branchen zuordnen

In der IMG-Aktivität **Branchen zuordnen** können Sie den Branchen des Geschäftspartners Branchen des Debitoren-/Kreditorenstammsatzes zuordnen und umgekehrt, um im Rahmen der Customer-Vendor-Integration die korrekte Fortschreibung beider Branchenfelder zu gewährleisten. Wie bereits in Abschnitt 4.13.1, »Branchensystem«, beschrieben, können Sie in der Geschäftspartner-Bearbeitung mehrere Branchen verschiedener Branchensysteme an Ihren Geschäftspartnern des Typs **Organisation** hinterlegen. Pro Branchensystem können Sie jeweils eine Branche als Standardbranche festlegen. Im Debitoren- und Kreditorenstammsatz können Sie genau eine Branche hinterlegen. In dieser IMG-Aktivität stellen Sie einerseits ein, wie aus der Standardbranche des Standardbranchensystems bei der Geschäftspartner-Bearbeitung die entsprechende Branche des Debitoren-/Kreditorenstammsatzes abgeleitet wird, und andererseits, aus welcher Branche des Debitoren-/Kreditorenstammsatzes die entsprechende Branche des Geschäftspartners angelegt wird. Gehen Sie hier analog zu den Debitoren vor. Eine Abbildung der Zuordnungen finden Sie im Abschnitt der Debitorenintegration.

9.2.4 Automatisiertes Customizing mit Transaktion MDS_LOAD_Cockpit

Automatisiertes Attribut-Customizing

Für die zuvor beschriebenen Attribute und deren Zuordnungen existieren von SAP ausgelieferte Hilfsprogramme, mit denen das Customizing unter bestimmten Voraussetzungen automatisiert ausgeführt werden kann. In den folgenden Abschnitten beschreiben wir die drei für die CVI wichtigsten Programme detaillierter.

Im Standard von SAP stehen hierzu mittels der Transaktion MDS_LOAD_COCKPIT die Reports `CVI_MAPPING_CONTACTS`, `CVI_MAPPING_LEGAL_FORM` und `FSBP_IND_SECTOR_MAPPING_CHECK` zur Verfügung. Mit diesen Reports können Sie das Customizing der Zuordnungen und zum Teil auch der Definition der Attribute automatisiert vornehmen. Abbildung 9.30 zeigt die Selektionsmaske der Transaktion MDS_LOAD_COCKPIT in der beschriebenen Version. Der obere Teil des Bildes zeigt die aktiven Synchronisationsoptionen, der untere Teil die zuvor erwähnten Hilfsprogramme, die Sie aus dieser Ansicht durch Doppelklick aufrufen können.

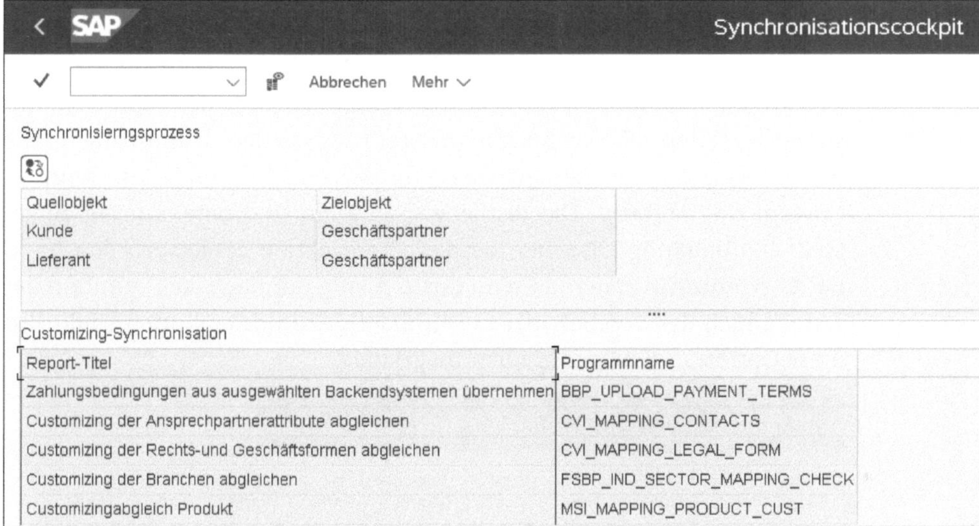

Abbildung 9.30 Customizing-Abgleich in der SAP-Standardauslieferung

Customizing der Ansprechpartnerattribute abgleichen

Report CVI_MAPPING_CONTACTS

Mit dem Report `CVI_MAPPING_CONTACTS` können Sie unter bestimmten Voraussetzungen die Zuordnungen zwischen den Ansprechpartnerattributen des Geschäftspartners und den Ansprechpartnerattributen des Debitorenstammsatzes herstellen. Bevor Sie den Report ausführen, stellen Sie sicher, dass im Zielobjekt und im Zuordnungs-Customizing noch keine Einträge vorhanden sind. Sollte das jeweilige Ansprechpartnerattribut bereits in beiden Objekten (Geschäftspartner und Debitor) oder im Zuordnungs-Customizing eingestellt sein, nehmen Sie die Zuordnung dieses Attributs manuell vor. Mit diesen Zuordnungen unterstützen Sie die bidirektionale Synchronisation des Ansprechpartners innerhalb der Debitorenintegration. Mit dem Report können die folgenden Attribute abgeglichen werden:

- Abteilungsnummern des Ansprechpartners
- Funktionen des Ansprechpartners

- Vollmachten des Ansprechpartners
- VIP-Kennzeichen des Ansprechpartners
- Familienstände

Einmalige Ausführung des Reports

Der Report kann beim Einrichten des Systems für das jeweilige Attributpaar einmalig ausgeführt werden. Der Report übernimmt die Customizing-Einträge eines Quellobjekts (entweder die entsprechenden Ansprechpartnerattribute des Geschäftspartners oder die korrespondierenden Ansprechpartnerattribute des Debitorenstammsatzes) in das Customizing des geeigneten Zielobjekts (entweder die entsprechenden Ansprechpartnerattribute des Debitorenstammsatzes oder die Ansprechpartnerattribute des Geschäftspartners) und stellt die Zuordnungen zwischen den beiden Objekten her. Abbildung 9.31 zeigt die Selektionsmaske des Reports. In unserem gezeigten Fall haben wir in unserem System das Customizing für die Abteilungen der Geschäftspartner und das entsprechende Zuordnungs-Customizing entfernt. Die restlichen Attribute sind bereits fertig eingestellt. In Abbildung 9.31 sehen Sie, dass die Selektion des Reports den Stand des Customizings erkennt. Da im Customizing nur noch die Definition der Abteilungen der Geschäftspartner und deren Zuordnung offen sind, wird diese Option als einzige zur Auswahl gestellt.

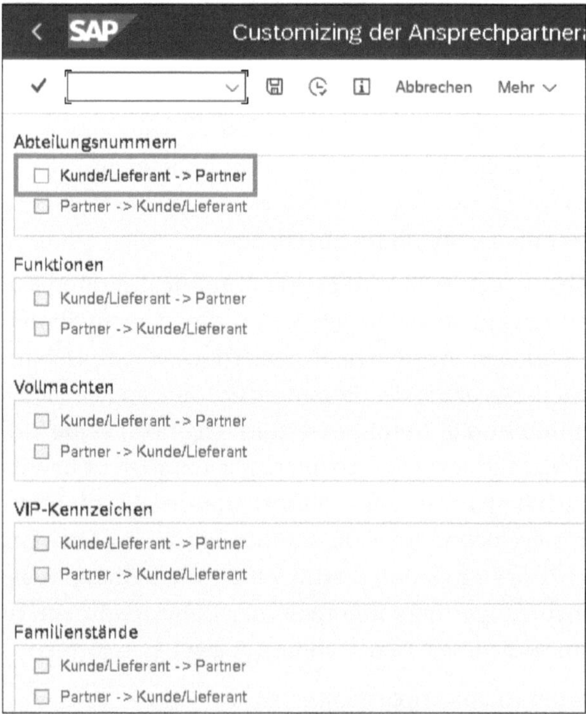

Abbildung 9.31 Selektion zum Report CVI_MAPPING_CONTACTS

Einschränkungen zum Report CVI_MAPPING_CONTACTS

Nutzen Sie diesen Report nur, wenn Sie die Daten des Quellobjekts eins zu eins in die Daten des Zielobjekts und in die Zuordnung übernehmen wollen. Das Programm übernimmt die Einträge der Customizing-Tabellen des Quellobjekts zur Definition der einzelnen Attribute eins zu eins in die Tabellen des Zielobjekts. Eine Umschlüsselung ist bei Verwendung des Reports nicht möglich.

Customizing der Rechts- und Geschäftsformen abgleichen

Report CVI_MAPPING_LEGAL_FORM

Mit dem Report `CVI_MAPPING_LEGAL_FORM` können Sie die Zuordnungen und das Customizing der Rechts- und Geschäftsformen automatisieren. Es gelten hier die gleichen Voraussetzungen wie zuvor. Der Report kann Ihnen die Zuordnung durch Automatisierung erleichtern. Angenommen, die Geschäftsformen des Debitorenstammsatzes sind bereits im Customizing des Vertriebs definiert. Sie haben sichergestellt, dass keine Rechtsformen des Geschäftspartners definiert wurden und dass auch noch keine Zuordnungen zwischen den Rechts- und Geschäftsformen vorgenommen wurden. Wenn diese Voraussetzungen gegeben sind, können Sie durch Ausführen des Reports das Zuordnungs-Customizing automatisch vornehmen. Hierzu setzen Sie im Selektionsbild des Reports unter **Kunde/Lieferant → Partner** einen Haken und führen den Report mit der Funktion (**Ausführen**) einmalig aus. Der Report legt die Definitionen der Rechtsformen des Geschäftspartners an und legt die Zuordnungen zwischen Rechts- und Geschäftsformen fest. Auch hier beachten Sie bitte den zuvor genannten Hinweis.

Einschränkungen zum Report CVI_MAPPING_LEGAL_FORMS

Nutzen Sie diesen Report nur, wenn Sie die Daten des Quellobjekts eins zu eins in die Daten des Zielobjekts und in die Zuordnung übernehmen wollen. Das Programm übernimmt die Einträge der Customizing-Tabellen des Quellobjekts zur Definition der einzelnen Attribute eins zu eins in die Tabellen des Zielobjekts. Eine Umschlüsselung ist bei Verwendung des Reports nicht möglich.

Abbildung 9.32 zeigt das Selektionsbild des Programms, in dem Sie bestimmen können, welches Quell- und welches Zielobjekt Sie für das automatisierte Customizing der Rechts- und Geschäftsformen nutzen möchten. Es stehen die beiden Richtungen **Kunde/Lieferant → Partner** und **Partner →**

Kunde/Lieferant zur Verfügung. Wie oben auch sind in dem benutzten System die Customizing-Einstellungen schon komplett, sodass die Voraussetzungen zum Ausführen des Reports nicht gegeben sind. Somit stehen hier keine Selektionsmöglichkeiten zur Verfügung.

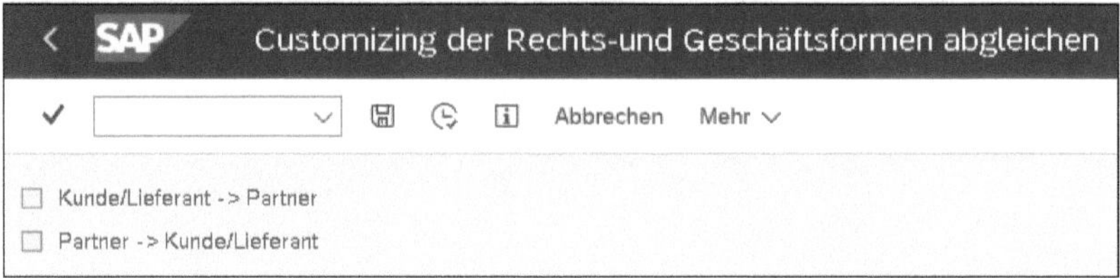

Abbildung 9.32 Customizing der Rechts- und Geschäftsformen abgleichen

Customizing der Branchen abgleichen

Report FSBP_IND_SECTOR_MAPPING_CHECK

Mit dem Report FSBP_IND_SECTOR_MAPPING_CHECK können Sie Customizing-Einträge für die Branchenzuordnungen im Rahmen der Customer-Vendor-Integration erzeugen. Zusätzlich können Sie bereits vorhandene oder fehlende Zuordnungseinträge auswerten. Die Einträge werden in der Zuordnungstabelle TP038M1 (**Mapping Branchen SAP-GP --> TR GP/Debitor + Kreditor**) für das ausgehende Branchen-Mapping und in der Zuordnungstabelle TP038M2 (**Mapping Branchen TR GP/Debitor/Kreditor --> SAP GP**) für das eingehende Branchen-Mapping eingestellt. Um passende Einträge zu finden, zieht das Programm zunächst die Umsetzungstabelle TP17U (Geschäftspartner: Branchen Umsetzung) heran. Sind in der Tabelle TP17U Branchen-Mapping-Informationen hinterlegt, wird aus diesen Informationen automatisch das Customizing der Tabelle TP038M1 und der Tabelle TP038M2 aufgebaut.

Sollten in der Tabelle TP17U keine Einträge vorhanden sein, versucht das Programm im nächsten Schritt, Zuordnungen über Namensgleichheit der Branchenschlüssel im Debitor-/Kreditoren-Customizing (Tabelle T016) und SAP-GP-Branchen-Customizing (Tabelle TB038A) zu erstellen. Sie können einen Testlauf durchführen und ein Protokoll erstellen lassen, das Sie darüber informiert, welche Änderungen im Customizing durch den Report durchgeführt würden.

Da das Customizing der Branchen etwas komplexer als das der übrigen Attribute ist, empfehlen wir bei der Ausführung dieses Reports in jedem Fall, zuerst einen Testlauf durchzuführen. Abbildung 9.33 zeigt einen Ausschnitt des Testprotokolls. Sie sehen, dass das ausgehende Branchen-Mapping (Tabelle TP038M2) im Customizing noch nicht gepflegt ist und durch das Ausführen des Reports die entsprechenden Einträge erzeugt würden.

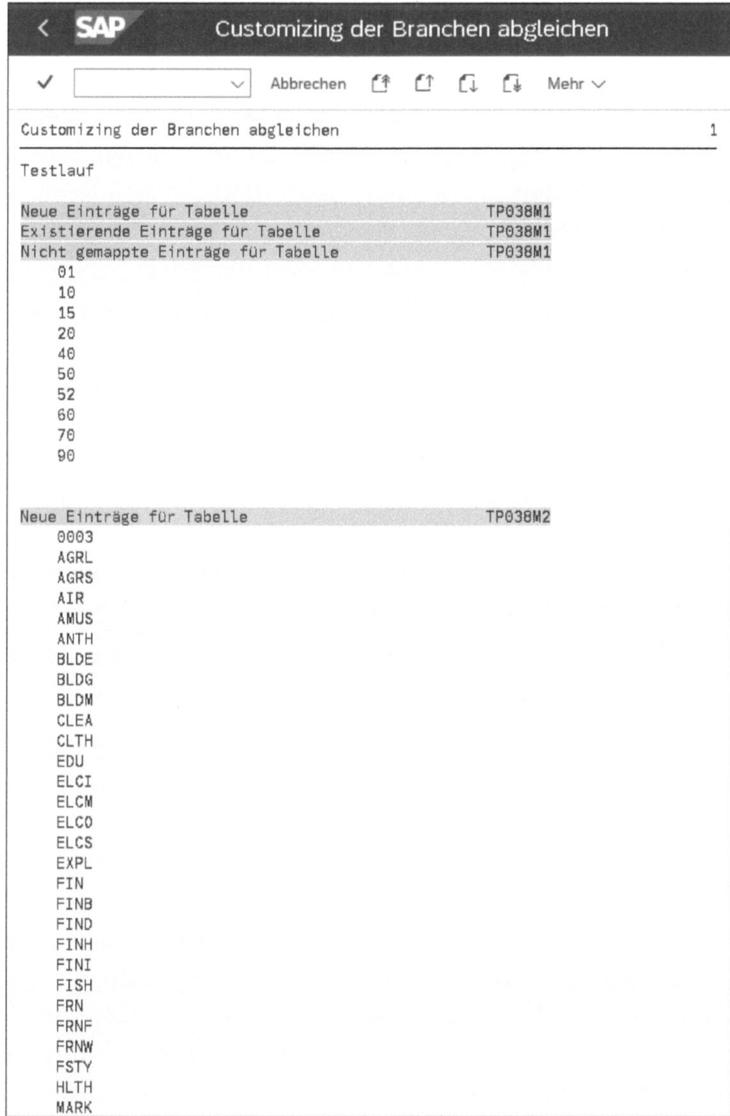

Abbildung 9.33 Testprotokoll des Branchenabgleichs

Auch hier gilt wieder der Hinweis, dass keine Umschlüsselung bei Verwendung des Reports möglich ist.

Customizing-Prüfung für die Synchronisation

Report CVI_CUSTOMIZING_RESOLVE_REPORT

Wie in den vorangegangenen Abschnitten beschrieben, kann die Automatisierung des Zuordnungs-Customizings die Konfiguration der CVI deutlich vereinfachen. Wenn Sie im Zuge der CVI keine Umschlüsselung der Attribute vornehmen müssen, ist es sinnvoll, die beschriebenen Programme zu verwenden. Oft müssen Sie aber die Attribute der Debitoren/Kreditoren in abweichende Einträge am Geschäftspartner mappen, was nur durch manuelles Customizing erfolgen kann. Um das und eventuell notwendige Fehlerkorrekturen während der Stammdatensynchronisation zu vereinfachen, empfehlen wir Ihnen den Einbau von SAP-Hinweis 3133069 (Vereinfachung der Customizing-Synchronisationsoption in der Transaktion MDS_LOAD_COCKPIT).

Durch diesen SAP-Hinweis können Sie mit der Transaktion MDS_LOAD_COCKPIT den Report zum Abgleich des gesamten Customizings einblenden, den Sie schon aus dem CVI-Cockpit kennen. Diesen Punkt haben wir bereits in Abschnitt 3.3, »Synchronisation«, beschrieben. Mit dem Report `CVI_CUSTOMIZING_RESOLVE_REPORT` haben Sie während der Synchronisation der Stammdaten direkt die Möglichkeit, fehlerhaftes Customizing zu überprüfen und manuell anzupassen. Die Durchführung der CVI wird zwar nicht behindert, wenn Sie den SAP-Hinweis nicht einbauen. Wir empfinden die Option allerdings als komfortabel.

9.2.5 Steuerung der juristischen Person

Personen und Geschäftspartner-Typen

Wenn Sie in Ihren Kreditoren-/Debitorenstammsätzen Elemente haben, die Personen darstellen, dann ist es sinnvoll, diese Stammsätze während der CVI auch zu Geschäftspartnern des Typs **Person** zu machen. Sie haben z. B. eine Kontengruppe definiert, die Sie nutzen, um Ihre Mitarbeiter*innen als Kreditoren oder Debitoren zu führen.

Im SAP-Standard nutzt die CVI ein Customizing, das über die Anreden der Geschäftspartner definiert, welcher Geschäftspartner-Typ während der Synchronisation erzeugt wird. In Abschnitt 4.10, »Anreden«, haben wir Ihnen bereits die Zusammenhänge der möglichen Geschäftspartner-Anreden erläutert. Hier greifen wir das Thema nochmals auf. Wenn Sie im Customizing der Anreden Einstellungen treffen, die eine eindeutige Zuordnung zu einem Geschäftspartner-Typ ermöglichen, so wird die CVI diese nutzen, um bei der Synchronisation einen Geschäftspartner-Typ zu vergeben.

In Abbildung 9.34 zeigen wir ein beispielhaftes Customizing für die Steuerung des Geschäftspartner-Typs, abhängig von den vorhandenen Anreden. Sie können hier pro Anrede wählen, für welche Geschäftspartner-Typen sie verwendet werden kann. Zusätzlich können Sie je Anrede ein Geschlecht vergeben. Bei diesen Einstellungen wird ein Debitorenstamm mit der Anrede **Herr** mit einem Geschäftspartner-Typ **Person** synchronisiert werden. Ein

Debitor mit der Anrede **Firma** wird zu einer **Organisation**. Für den Fall, dass zu einer Anrede mehr als ein Geschäftspartner-Typ im Customizing aktiviert wurde, wird durch die CVI immer ein Geschäftspartner vom Typ **Organisation** angelegt.

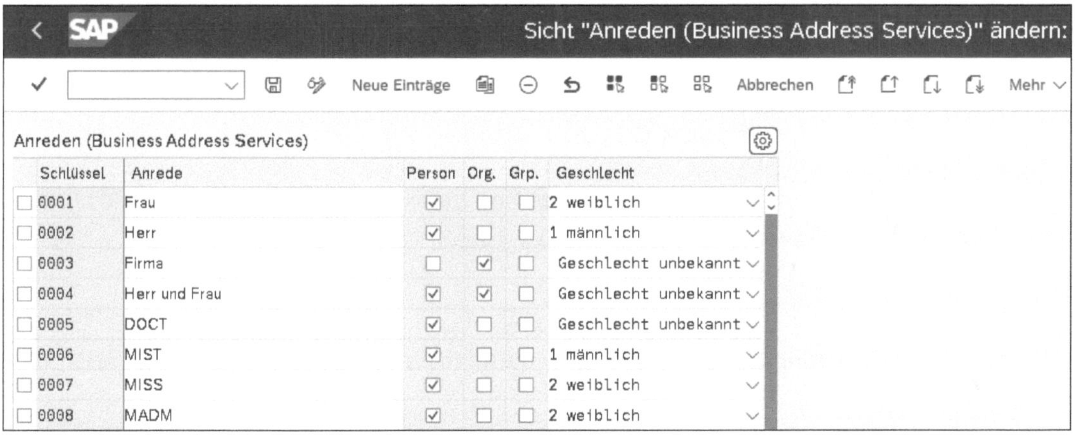

< SAP Sicht "Anreden (Business Address Services)" ändern:

Neue Einträge Abbrechen Mehr

Anreden (Business Address Services)

Schlüssel	Anrede	Person	Org.	Grp.	Geschlecht
0001	Frau	☑	☐	☐	2 weiblich
0002	Herr	☑	☐	☐	1 männlich
0003	Firma	☐	☑	☐	Geschlecht unbekannt
0004	Herr und Frau	☑	☑	☐	Geschlecht unbekannt
0005	DOCT	☑	☐	☐	Geschlecht unbekannt
0006	MIST	☑	☐	☐	1 männlich
0007	MISS	☑	☐	☐	2 weiblich
0008	MADM	☑	☐	☐	2 weiblich

Abbildung 9.34 Customizing der Anreden zum Geschäftspartner

CVI_MAP_LEGAL_ENTITY

Möglicherweise möchten Sie während der CVI aber eine gesonderte Logik zur Vergabe des Geschäftspartner-Typs verwenden. Hierzu können Sie eine Implementierung im BAdI CVI_CUSTOM_MAPPER nutzen. In diesem finden Sie die Erweiterungsimplementierung CVI_MAP_LEGAL_ENTITY. Über diese Erweiterungsstellen können Sie Ihre individuelle Lösung implementieren. In Listing 9.1 zeigen wir ein Beispiel, bei dem aus Ansprechpartnern des Kundenstamms während der CVI ein Geschäftspartner vom Typ **Person** erzeugt wurde und bei dem die Variablentabelle TVARVC (Tabelle der Variantenvariablen) genutzt wurde, um den Geschäftspartnern eine definierte Geschäftspartner-Rolle zuzuordnen.

```
METHOD IF_EX_CVI_CUSTOM_MAPPER~MAP_CUST_CONT_TO_BP_AND_REL
~~~~~~~~~~~~~~~~~~~~~~~~~~~~~~~~~~~~~~~~~~~~~~~~~~~~~~~~~~~~~~~~~~~~~~~~
    " Basierend auf SAP-
OSS: 2546894: CVI Synchronization does not add Role 'BUP001' to the c
ontact person
~~~~~~~~~~~~~~~~~~~~~~~~~~~~~~~~~~~~~~~~~~~~~~~~~~~~~~~~~~~~~~~~~~~~~~~~

    ASSERT ID Z_cvi SUBKEY 'MAP_CUST_CONT_TO_BP_AND_REL'
                          FIELDS   i_customer_contact
                                   c_partner
                          CONDITION 1 = 2.
```

```
* Hier kann die Rolle für den Ansprechpartner mittels Eintrag in der
Tabelle TVARVC  hinzugefügt werden.
    DATA: ls_role TYPE bus_ei_bupa_roles.
    zcl_stvarvc=>get_param(
      EXPORTING
        i_pname = 'ZCVI_CREATE_ADD_ROLE'    " Parametername
        i_quali = 'BU_ROLE'                 " Qualifier
      IMPORTING
        e_param = ls_role-data_key
    ).
    IF ls_role-data_key IS NOT INITIAL.
      APPEND  ls_role  TO c_person-central_data-role-roles .
    ENDIF.
  ENDMETHOD.
```

Listing 9.1 Beispielcoding für die Methode MAP_CUST_CONT_TOBP_AND_REL

9.2.6 Weitere Business Add-ins

Individualisierung durch BAdIs

Im letzten Punkt in diesem Customizing-Abschnitt beschreiben wir kurz fünf BAdIs, die Sie verwenden können, um das Verhalten der Customer-Vendor-Integration individuell anzupassen:

- **BAdI: Datenzuordnung GP ←→ Debitoren/Kreditoren/Ansprechpartner**
  Bei diesem BAdI handelt es sich um das schon mehrfach angesprochene BAdI CVI_CUSTOM_MAPPER. Es stellt die zentrale Stelle dar, um eigene Logik in die Stammdatensynchronisation der CVI zu bringen. Im SAP-Standard ist dieses BAdI nicht aktiv.
- **BAdI: Datenzuordnung der Bankverbindungen GP ←→ Debitor/Kreditor**
  Mit diesem BAdI können Sie die Feldzuordnungen der Bankdaten in der Customer-Vendor-Integration ändern und erweitern. Insbesondere können Sie die Zuordnungen zwischen den Bankverbindungen des Geschäftspartners und den Bankverbindungen des Debitoren-/Kreditorenstammsatzes anpassen. Im SAP-Standard ist dieses BAdI aktiv, das Standardcoding wird ausgeführt. Das bedeutet, dass Bankverbindungen nach der Standardlogik von SAP zwischen Kunden, Lieferanten und Geschäftspartnern ausgetauscht werden. Ist die Standardlogik für diesen Austausch für Ihre Bedürfnisse unpassend, können Sie an dieser Stelle eingreifen.

- **BAdI: Datenzuordnung der Zahlungskarten GP ←→ Debitor**
  Mit diesem BAdI können Sie die Feldzuordnungen der Debitorenintegration ändern und erweitern. Insbesondere können Sie die Zuordnungen zwischen den Zahlungskarten des Geschäftspartners und den Zahlungskarten des Debitorenstammsatzes anpassen. Im SAP-Standard ist die Implementierung `CVI_MAP_CRESIT_CARDS` aktiv, das SAP-Standardcoding wird durchlaufen.
- **BAdI: Datenzuordnung der Anreden von Debitor/Kreditor**
  Mit diesem BAdI können Sie die Feldzuordnungen der Customer-Vendor-Integration ändern und erweitern. Insbesondere können Sie die Zuordnungen zwischen den Anreden des Geschäftspartners und den Anreden des Debitoren-/Kreditorenstammsatzes anpassen. Diese Erweiterung ist nur für die Synchronisationsrichtung vom Debitor/Kreditor zum Geschäftspartner hin möglich. Im SAP-Standard ist die Implementierung `CVI_MAP_TITLE _DIRECT` aktiv, das Standardcoding wird durchlaufen.
- **BAdI: Vorbelegung für Datenanlage GP nach Debitor/Kreditor**
  Mit diesem BAdI können Sie synchronisationsrelevante Felder der Debitoren-/Kreditorenintegration, wie z. B. die allgemeinen Daten des Debitors und buchungskreisabhängige Daten des Debitors bei Datenanlagen in der Richtung Geschäftspartner nach Debitor/Kreditor vorbelegen. Das BAdI wird z. B. bei Neuanlage eines Geschäftspartners, Buchungskreises, Vertriebsbereichs oder der Einkaufsorganisation aufgerufen. Im SAP-Standard ist die BAdI-Implementierung `CVI_DEFAULT_VALUES_CLASSIC` aktiv. Das Standardcoding wird automatisch ausgeführt.

9.3 Fazit

Auf den letzten Seiten haben Sie kennengelernt, welche Customizing-Aktivitäten Sie für die Stammdatensynchronisation während der CVI durchführen müssen. Im ersten Abschnitt haben wir Ihnen die allgemeingültigen Einstellungen wie die Synchronisationsoptionen und das PPO beschrieben. Im zweiten Teil haben wir die für die eigentliche CVI notwendigen Einstellungen erläutert. Sie sollten nun einen Eindruck davon gewonnen haben, welche Einstellungen Sie vornehmen müssen, um Ihre Kunden und Lieferanten gezielt in Geschäftspartner zu überführen. Sie sind in der Lage, die definierten Geschäftspartner-Gruppierungen und deren Nummernkreise so zuzuordnen, dass Ihre Stammdaten mit den gewünschten Quellobjekten synchronisiert werden. Dabei werden ebenfalls die wichtigen Attribute wie die Branchen passend zu Ihren Anforderungen übernommen und gegebenenfalls in eine neue Struktur überführt. Anschließend haben wir Ihnen einige nützliche Hilfsmittel für automatisiertes Customizing und die wichtigsten Erweiterungsmöglichkeiten für Ihre CVI nahegebracht. Mit diesem Wissen können Sie die Stammdatensynchronisation für Ihre CVI konfigurieren.

Kapitel 10
Customizing der Stammdatensynchronisation bei Nutzung des Geschäftspartners

Nachdem wir im vorherigen Kapitel das Customizing der Stammdatensynchronisation beschrieben haben, das Sie durchführen müssen, um Kunden und Lieferanten zu Geschäftspartnern zu überführen, folgen nun die Einstellungen für die Synchronisation von Geschäftspartnern hin zu Kunden und Lieferanten.

Obwohl in diesem Kapitel das Customizing beschrieben wird, das für die Stammdatensynchronisation vom Geschäftspartner hin zu Kunde und Lieferant notwendig ist, sprechen wir weiterhin von der Customer-Vendor-Integration (CVI). Die Stammdatensynchronisation bei Nutzung des Geschäftspartners ist zwar nicht mehr Teil des Projekts, in dem Sie bestehende Kunden- und Lieferantendaten synchronisieren und in einen Geschäftspartner überführen, die technische Vorgehensweise der Customer-Vendor-Integration ist jedoch weiterhin relevant. Es wirken auch hier die Mechanismen, die wir schon in Kapitel 9, »Customizing der Stammdatensynchronisation für die Customer-Vendor-Integration«, beschrieben haben.

Wir beschränken uns auch in diesem Kapitel auf die CVI-relevanten Prozesse. An Stellen, an denen die Customizing-Einstellungen deckungsgleich zu denen in Kapitel 9 sind, verweisen wir auf die entsprechenden Abschnitte dort. Das Post Processing Office (PPO) beschreiben wir an dieser Stelle nicht noch einmal. Wir erläutern aber, warum es vorteilhaft ist, das PPO in den hier vorgestellten Szenarien nicht zu aktivieren. Nachdem wir in Abschnitt 10.1, »Synchronisationssteuerung und vorbereitende Schritte«, die allgemeinen Einstellungen der Stammdatensynchronisation beschreiben, wird in Abschnitt 10.2, »Customizing der Customer-Vendor-Integration« das eigentliche Customizing der Stammdatensynchronisation bei Nutzung des Geschäftspartners als führendes Stammdatenobjekt beschrieben.

Auch in diesem Kapitel werden die Einstellungen für die Debitoren- und die Kreditorenintegration voneinander unterschieden. Für die beiden Objekte finden Sie jeweils zuerst die generellen Einstellungen, wie die Zuordnung des Geschäftspartner-Rollentyps zur Kontengruppe. Darauffolgend finden Sie die sogenannten Feldzuordnungen, die sich in die Zuordnungen von Schlüsseln und Attributen unterscheiden. Die Einstellungen der Stammdatensynchronisation finden Sie im IMG über den Pfad **Anwendungsübergreifende Komponenten • Stammdatensynchronisation**.

10.1 Synchronisationssteuerung und vorbereitende Schritte

Auch bei der Stammdatensynchronisation für den Einsatz des Geschäftspartners müssen Sie zunächst einige allgemeingültige Einstellungen vornehmen. Dazu gehört z. B., dass Sie die zu synchronisierenden Objekte definieren und für die Synchronisation aktivieren müssen. Die dazu notwendigen Customizing-Aktivitäten beschreiben wir in den folgenden Abschnitten.

10.1.1 Vorbereitende Schritte für die Stammdatensynchronisation

Notwendige Berechtigungsobjekte

Anders als in der Vorbereitung zu einem CVI-Projekt müssen die Berechtigungsrollen der Anwender*innen bei der Nutzung des Geschäftspartners in einem größeren Umfang angepasst werden. Wenn Sie die Benutzerrollen für das SAP-S/4HANA-System planen und vorbereiten, müssen nicht nur die neuen Berechtigungsobjekte und Transaktionen zugeordnet werden, durch die Einführung von SAP Fiori verändert sich auch die Berechtigungsstruktur. Auch dies müssen Sie berücksichtigen. Eine detailliertere Darstellung dieses Themas finden Sie in Kapitel 14, »Berechtigungen und Schnittstellen«.

10.1.2 Synchronisationssteuerung

In den Customizing-Aktivitäten der Synchronisationssteuerung legen Sie fest, welche Stammdatenobjekte an der Synchronisation teilnehmen sollen. Hier können Sie sich an den allgemeinen Einstellungen für die Vorbereitung der Stammdatensynchronisation orientieren, die wir in Abschnitt 9.1.1, »Vorbereitende Schritte für die Stammdatensynchronisation«, beschrieben haben.

Post Processing Office

Anders als in einem CVI-Projekt, bei dem massenhaft Kunden- und Lieferantendaten synchronisiert werden, ist der Einsatz eines aktivierten PPO im normalen Tagesbetrieb und bei Nutzung des Geschäftspartners, egal ob unter SAP S/4HANA oder noch unter SAP ERP, nicht sinnvoll. Bei der Verwendung des Geschäftspartners als führende Stammdatenentität werden in der Regel einzelne Geschäftspartner-Stammsätze durch Anwender bearbeitet. Die Customer-Vendor-Integration soll bei der Bearbeitung dieser Stammsätze im Hintergrund für eine Synchronität der Daten des Geschäftspartners und der korrespondierenden Daten des Debitors/Kreditors sorgen. Abbildung 10.1 zeigt eine schematische Darstellung der CVI-Schnittstellen. In der Verbindung zwischen Save und CVI, die in der Abbildung als Pfeil dargestellt ist, die im SAP-System aber eine interne Schnittstelle darstellt, findet die Synchronisation der Geschäftspartner-Daten und die Verbuchung von Kreditor/Debitor statt.

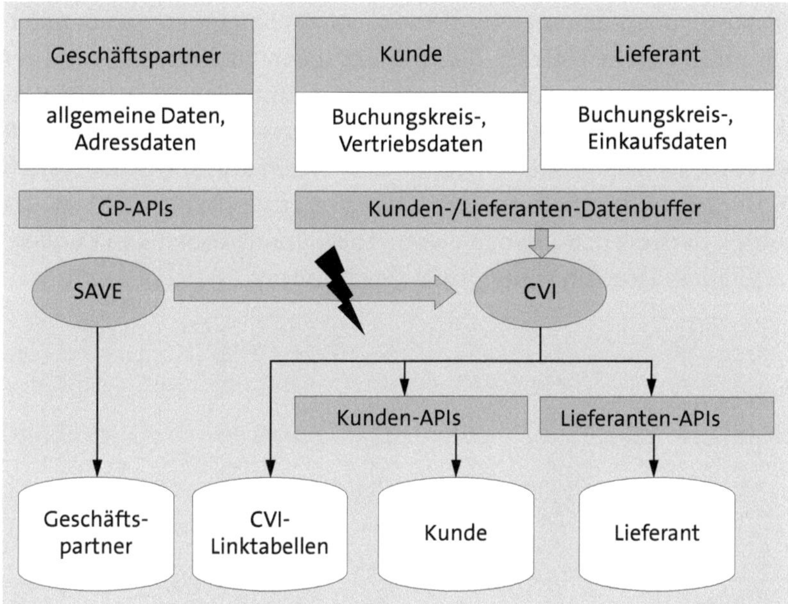

Abbildung 10.1 Schematische Darstellung der internen CVI-Schnittstellen

Kommt es bei dieser Verbuchung zu einem Fehler, spielt das PPO eine entscheidende Rolle. Ist das PPO aktiv und es kommt in der Synchronisation wegen nicht konsistenter Feldsteuerung zu einem Fehler, können Sie die Bearbeitung des Geschäftspartners zwar abschließen und den Geschäftspartner sichern. Die vorgenommenen Änderungen werden aber nicht an die Verbuchung des Debitors oder Kreditors weitergegeben. Stattdessen wird ein Nachbearbeitungsauftrag im PPO erstellt. Solange Sie diesen Nachbearbeitungsauftrag nicht manuell bearbeiten und dafür sorgen, dass die Änderungen, die Sie am Geschäftspartner vorgenommen haben, auch in das Zielobjekt übernommen werden, ist das Stammdatenpaar inkonsistent.

Ist das PPO hingegen nicht aktiv, erhalten Sie beim Sichern des Geschäftspartners eine Fehlermeldung. Sie sind dann nicht in der Lage, den Geschäftspartner zu sichern. Mit diesem Verhalten garantiert das System die Konsistenz Ihrer Stammdaten.

Daher empfehlen wir Ihnen, das PPO nach dem erfolgreichen Abschluss des CVI-Projekts zu deaktivieren und vor allem in SAP-S/4HANA-Systemen nicht zu reaktivieren. Wenn Sie das PPO dennoch in Ihrem SAP-S/4HANA-System aktivieren müssen, sollten Sie einen Blick in die Hinweise in Abschnitt 9.1.2, »Synchronisationssteuerung«, werfen, in dem wir die notwendigen Einstellungen beschreiben.

Synchronisationsobjekte aktivieren

In der IMG-Aktivität legen Sie fest, welche der definierten Synchronisationsobjekte an der Stammdatensynchronisation teilnehmen sollen. Abbildung 10.2 zeigt die vier Einträge, die im Zusammenhang mit der CVI und der Stammdatensynchronisation von Kunden, Lieferanten und Geschäftspartnern stehen. In Abbildung 10.2 sind nur die beiden Kennzeichen **CUSTOMER** und **VENDOR** als Zielobjekte aktiviert, was in einem SAP-S/4HANA-System üblich ist. Bei der Bearbeitung von Geschäftspartner-Daten, die hier das Quellobjekt darstellen, werden in diesem Fall die entsprechenden Kunden- und Lieferantendaten im Hintergrund synchronisiert.

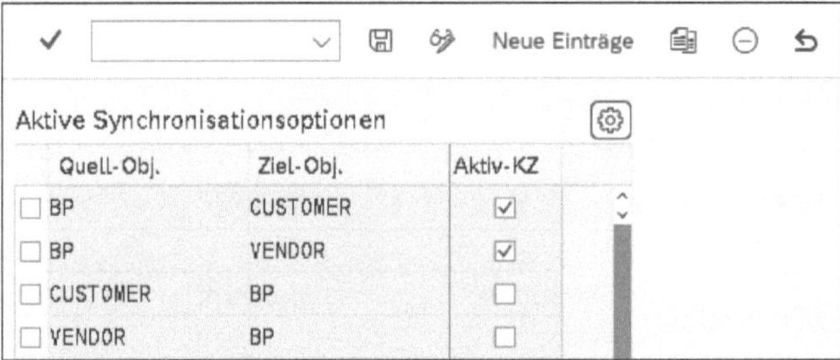

Abbildung 10.2 Aktivierte Synchronisationsobjekte in SAP S/4HANA

Neben dem in Kapitel 11, »Durchführung der Stammdatensynchronisation«, beschriebenen Beispiel für die gleichzeitige Nutzung aller vier Synchronisationsobjekte haben wir auch schon mit allen vier Optionen in einem SAP-S/4HANA-System gearbeitet. Der häufigste Grund für diese Vorgehensweise waren Schnittstellen für Kundendaten aus externen Systemen, die nicht so konzipiert waren, dass Geschäftspartner-Daten direkt angelegt werden konnten. So wurden über solche Schnittstellen reine Debitorendaten an das SAP-S/4HANA-System übergeben. Das Customizing der Stammdatensynchronisation, wie in Kapitel 9, »Customizing der Stammdatensynchronisation für die Customer-Vendor-Integration«, beschrieben, führt bei Aktivierung aller vier Kennzeichen dazu, dass im Hintergrund die entsprechenden Geschäftspartner-Daten angelegt werden.

Nachbearbeitungsnachrichten Empfänger festlegen

Im Normalfall empfehlen wir den Einsatz des PPO und die Erstellung von Nachbearbeitungsaufträgen in einem SAP-S/4HANA-System nicht. Manchmal kann es aber von Vorteil sein, das PPO auch hier zu aktivieren, z. B. wenn Sie bei der Aktivierung von neuen Schnittstellen die Daten in das SAP-System spielen. Die hierzu relevanten Einstellungen sind ebenfalls in Abschnitt 9.1.2, »Synchronisationssteuerung«, beschrieben.

10.2 Customizing der Customer-Vendor-Integration

Nachdem wir die allgemeingültigen und notwendigen Einstellungen zur Stammdatensynchronisation in SAP S/4HANA für die Verwendung des Geschäftspartners betrachtet haben, gehen wir in den nächsten Abschnitten auf die für die Synchronisation der Stammdaten direkt relevanten Einstellungen ein. Die Customizing-Einstellungen für die CVI finden Sie über den folgenden IMG-Pfad:

Anwendungsübergreifende Komponenten • Stammdatensynchronisation • Customer-Vendor-Integration

10.2.1 Unterdrückung der Feldprüfungen aktivieren

Die Unterdrückung der Feldprüfung wird während eines CVI-Projekts vor allem in Entwicklungs- und Testsystemen verwendet. Wie in Abschnitt 9.2.1, »Unterdrückung der Feldprüfungen aktivieren«, beschrieben, wird in der Regel das BAdI `CVI_CUSTOM_MAPPER` verwendet, um die Feldprüfung zu beeinflussen. Wir empfehlen die verwendeten BAdI-Implementierungen spätestens in SAP S/4HANA wieder zu deaktivieren.

10.2.2 Vorbereitende Schritte für die Customer-Vendor-Integration

Interne Schnittstellen

Für die Customer-Vendor-Integration in SAP S/4HANA benötigen Sie zur Synchronisation der Stammdaten interne Schnittstellen. Dabei werden die gleichen Funktionsbausteine verwendet, die wir in Abschnitt 9.2.2, »Vorbereitende Schritte für die Customer-Vendor-Integration«, beschrieben haben.

Überlegungen zur Feldsteuerung

In SAP S/4HANA unterscheiden sich die Überlegungen zur Feldsteuerung in Zusammenhang mit der Synchronisation der Stammdaten von den Erwägungen im Vorfeld eines CVI-Projekts. Wenn Sie auch in SAP S/4HANA weiterhin eine Feldsteuerung an Ihren Kontengruppen der Debitoren- und Kreditorendaten vorhalten wollen, muss diese zu den Einstellungen passen, die Sie an Ihren Geschäftspartnern vornehmen. Achten Sie darauf, dass alle in Ihren Kontengruppen definierten Mussfelder auch durch das Quellobjekt **Geschäftspartner** versorgt werden. Um den Sachverhalt an einem Beispiel zu verdeutlichen: In Ihrem Debitoren-Customizing ist ein Feld der allgemeinen Daten als Mussfeld definiert. Das korrespondierende Feld in der Geschäftspartner-Rolle selbst ist jedoch nur als Kannfeld definiert. Es ist dabei möglich, dass das Feld bei der Pflege des Geschäftspartners nicht mit dem korrekten Wert gefüllt ist. In diesem Fall wird die Synchronisation des Debitorenstamms fehlerhaft beendet werden (siehe Abbildung 10.3).

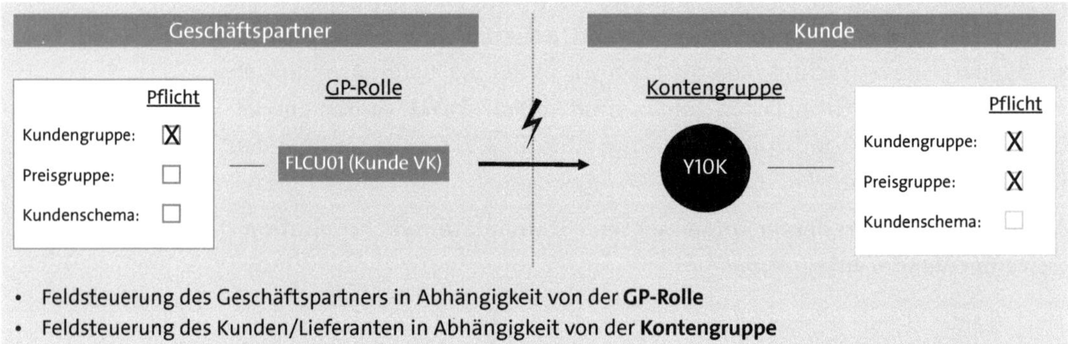

Abbildung 10.3 Feldsteuerung während der Stammdatensynchronisation

Ansätze zur Steuerung der Feldmodifikation

In Abschnitt 5.7, »Feldmodifikation«, haben wir bereits die Möglichkeiten der Feldmodifikation am Geschäftspartner beschrieben. Hier sollen die Zusammenhänge wieder aufgegriffen werden. Die am häufigsten verwendete Option zur Einstellung der Feldmodifikation am Geschäftspartner ist die Geschäftspartner-Rolle. Uns wird oft die Frage gestellt, ob man die Feldmodifikation der Geschäftspartner-Rollen im Auslieferungszustand von SAP belassen und die Feldsteuerung der Kontengruppen der Debitoren und Kreditoren nutzen kann. Alle Felder werden im Auslieferungszustand des Customizings von SAP mit der Ausprägung »nicht spezifiziert« bereitgestellt. Abbildung 10.4 zeigt das Feldmodifikations-Customizing der Geschäftspartner-Rolle FLCU00 (Debitor) für die Feldgruppe **Buchungskreis**. Wie Sie sehen, wird die Feldsteuerung aller Felder als **nicht spezifiziert** ausgewiesen.

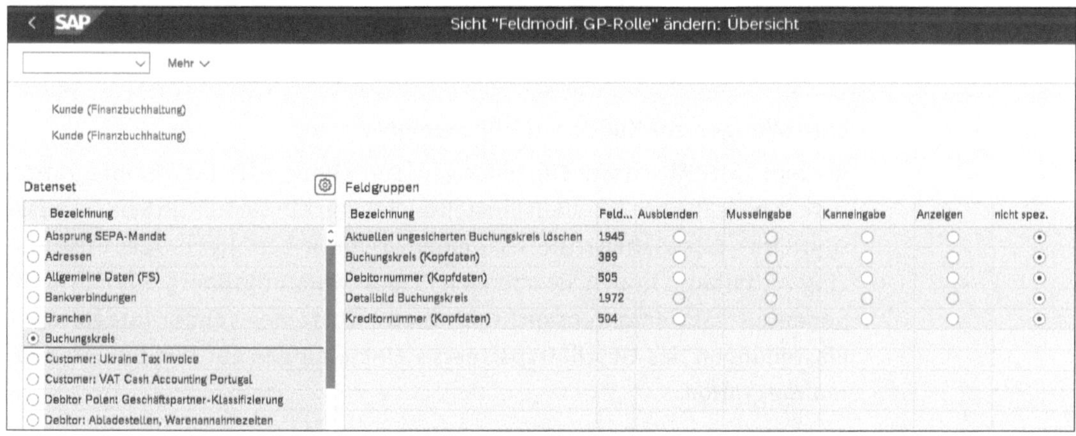

Abbildung 10.4 Feldmodifikation für die Änderung der Geschäftspartner-Rolle

Verwendung der Feldsteuerung Ihrer Kontengruppen

Belassen Sie die Customizing-Einstellung so, wie von SAP ausgeliefert, wird das Feldsteuerungs-Customizing der Kontengruppen der Debitoren und Kreditoren im Geschäftspartner verwendet. Das gilt allerdings nur für spezifische Felder des Debitoren- oder Kreditorenstamms. Das bedeutet, Sie finden die Feldsteuerung im Geschäftspartner nur in den Sichten, die in direktem Zusammenhang mit einer Kunden- oder Lieferantenrolle des Geschäftspartners stehen.

Möchten Sie aber beispielsweise die Feldsteuerung der allgemeinen Daten des Geschäftspartners anpassen, können Sie das nicht über Einstellungen an Kontengruppen vornehmen. Diese Daten lassen sich nur über das Customizing der Feldmodifikation zum Geschäftspartner anpassen. Wollen Sie die Möglichkeit nutzen und Ihre Feldsteuerung der Kontengruppen oder des Buchungskreises verwenden, sind Sie gezwungen, ein Customizing an zwei unterschiedlichen Stellen vorzunehmen und zu dokumentieren. Wir empfehlen daher, in SAP S/4HANA die Feldmodifikation über die in Abschnitt 5.7, »Feldmodifikation«, beschriebenen Möglichkeiten einzustellen. Außerdem hat es sich bewährt, die Feldsteuerung der Kontengruppen durchgängig auf die Option **Kann** einzustellen. Damit vermeiden Sie Probleme bei der Pflege Ihrer Geschäftspartner während der Synchronisation.

10.2.3 Einstellungen des Geschäftspartners

Unter den Einstellungen des Geschäftspartners konfigurieren Sie die Stammdatensynchronisation Ihrer Kunden-, Lieferanten- und Geschäftspartner-Daten. An vielen Stellen ist das Customizing identisch mit dem in Kapitel 9, »Customizing der Stammdatensynchronisation für die Customer-Vendor-Integration«, beschriebenen Weg. An diesen Stellen verweisen wir auf den passenden Abschnitt in Kapitel 9.

Einstellungen zur Kunden-/Debitorenintegration

In dem IMG-Abschnitt **Einstellungen zur Kunden-/Debitorenintegration** nehmen Sie die spezifischen Einstellungen vor, die Sie für die Synchronisation eines Geschäftspartners zu einem Debitor benötigen. Alle Customizing-Aktivitäten finden Sie über den Pfad **Anwendungsübergreifende Komponenten • Stammdatensynchronisation • Customer-Vendor-Integration • Einstellungen des Geschäftspartners • Einstellungen zur Kunden-/Debitorenintegration.**

Rollentyp Geschäftspartner nach Debitor einstellen

In der Customizing-Aktivität **Geschäftspartner-Rollentyp für Richtung Geschäftspartner nach Debitor einstellen** legen Sie fest, welche Geschäftspartner-Rollentypen die Debitorenintegration anstoßen. Sie können über das Customizing steuern, wie Sie Geschäftspartner bearbeiten oder neu anlegen können oder wie das Update eines Debitorenstammsatzes erfolgen soll. Weitere Informationen zum Geschäftspartner-Rollentyp finden sie in Abschnitt 4.3.3, »Geschäftspartner-Rollentyp«. In der Customizing-Aktivität **Geschäftspartner-Rollentyp für Richtung Geschäftspartner nach Debitor einstellen** werden debitorische Geschäftspartner-Rollen verwendet. Erfolgt die Bearbeitung eines Geschäftspartners in einer der in Abbildung 10.5 eingetragenen Rollen, wird die Debitorenintegration berücksichtigt.

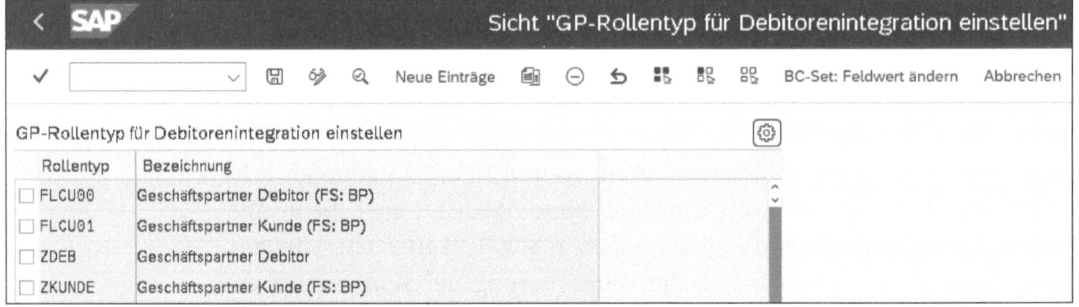

Abbildung 10.5 Geschäftspartner-Rollentyp für die Debitorenintegration einstellen

Steuerungsmöglichkeiten der Debitorenintegration

Sie können zu jeder eingetragenen Rolle weitere Einstellungen vornehmen (siehe Abbildung 10.6). Sie können festlegen, ob ein Geschäftspartner-Rollentyp obligatorisch **Debitorisch** oder **Fakultativ debitorisch** behandelt wird. Bei obligatorisch debitorischen Rollentypen wird durch die Debitorenintegration automatisch ein Debitor angelegt, wenn Sie einen Geschäftspartner mit einer solchen Rolle erzeugen. Bei fakultativ debitorischen Geschäftspartner-Rollen können Sie bei der Geschäftspartner-Bearbeitung festlegen, ob Sie einen korrespondierenden Debitor mit anlegen möchten. Des Weiteren können Sie über zwei Felder die Anlage von korrespondierenden Debitoren steuern.

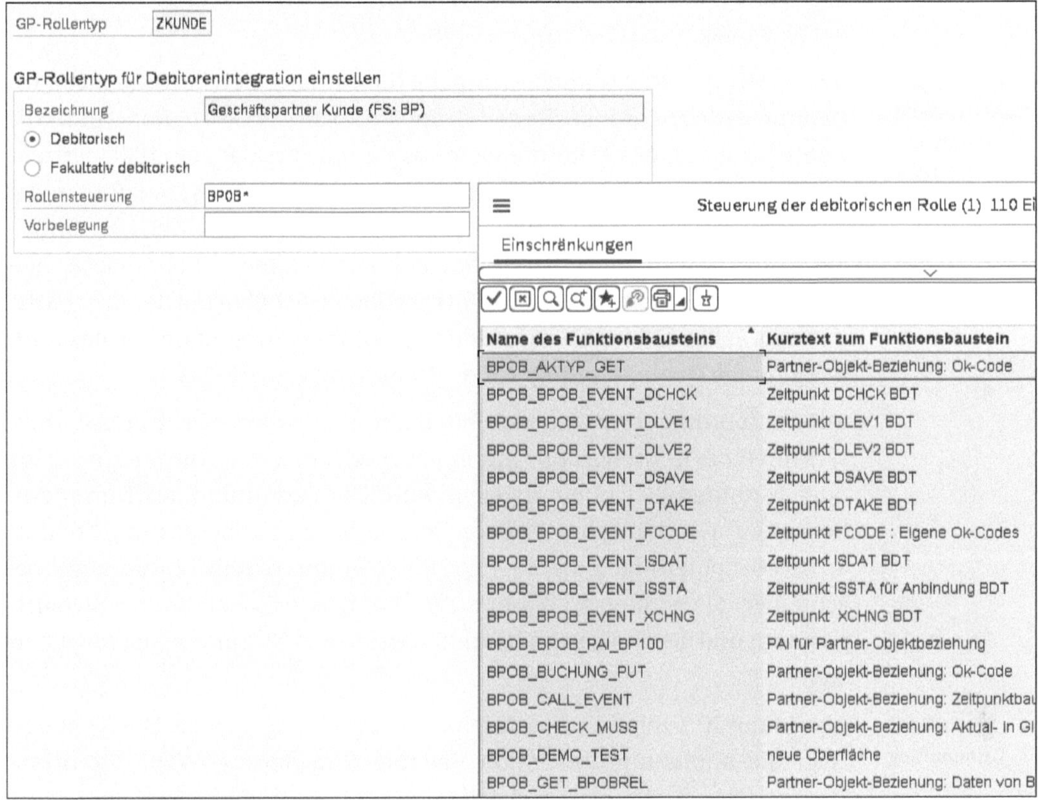

Abbildung 10.6 Zusatzdaten eines Geschäftspartner-Rollentyps für die Debitorenintegration einstellen

Individuelle Rollensteuerung

Wenn Sie im Feld **Rollensteuerung** einen geeigneten Funktionsbaustein (z. B. den Funktionsbaustein BPOB_TRD001_DEB_ROLLE) eingeben, nimmt dieser Funktionsbaustein für die entsprechenden Geschäftspartner-Rollentypen die gewünschte Einstellung zur Debitorenintegration vor. Sie können z. B. mit einer Schnittstelle zu einem Webshop, die Kundendaten im SAP-System anlegt, steuern, wann aus einem Interessenten ein Debitor wird. Sie können außerdem für Darlehensverträge abhängig vom Vertragsstatus und Buchungskreis festlegen, zu welchem Zeitpunkt ein Debitor zu einem Geschäftspartner angelegt werden soll. Geeignete Funktionsbausteine werden nur bei fakultativ debitorischer Rollensteuerung eingetragen.

Feldvorbelegungen bei der Debitorenintegration

Wenn Sie im Feld **Vorbelegung** einen geeigneten Funktionsbaustein eintragen (z. B. den Funktionsbaustein `BPOP_TRD001_VORBEL_DEB`), übernimmt dieser Funktionsbaustein die Vorbelegung der Daten im Debitorenstamm. Sie können Daten des allgemeinen Teils des Kundenstamms, Buchungskreisdaten und Mahndaten vorbelegen lassen. Diese Vorbelegungen werden bei der Neuanlage eines Debitors verwendet.

Nummernvergabe Geschäftspartner nach Debitor festlegen

In der IMG-Aktivität **Nummernvergabe für Richtung Geschäftspartner nach Debitor festlegen** ordnen Sie den Gruppierungen des Geschäftspartners die Kontengruppen des Debitorenstamms zu, um bei der Geschäftspartner-Bearbeitung die gleichzeitige Fortschreibung des Debitors im Rahmen der Debitorenintegration zu ermöglichen. Diese Customizing-Aktivität finden Sie unter **Anwendungsübergreifende Komponenten • Stammdatensynchronisation • Customer-Vendor-Integration • Einstellungen des Geschäftspartners • Einstellungen zur Kunden-/Debitorenintegration • Feldzuordnung für die Debitorenintegration • Zuordnung von Schlüsseln**.

Mit der Zuordnung von Schlüsseln wählen Sie aus, ob der Debitorenstammsatz mit einer Kontengruppe mit interner oder externer Nummernvergabe oder Nummerngleichheit angelegt wird. Die Zuordnung des Nummernkreises zur Geschäftspartner-Gruppierung haben wir bereits in Abschnitt 4.7.2, »Gruppierungen definieren und Nummernkreise zuordnen«, beschrieben. Sie können an dieser Stelle ebenfalls zwischen Ihren Geschäftspartnern und den korrespondierenden Debitoren Nummerngleichheit herstellen.

Variable Gruppierung

Abbildung 10.7 zeigt die beschriebene Customizing-Tabelle. Des Weiteren zeigt die Abbildung die Option **Variable Gruppierung**. Wenn Sie dieses Kennzeichen setzen, können Sie die variable Verwendung von Kontengruppen und Debitorennummern aktivieren. Sie können Nummerngleichheit und variable Gruppierung nicht gleichzeitig auswählen. Wenn Sie die Option **Nummerngleichheit** wählen, muss der Kontengruppe ein Nummernkreis mit einem Intervall mit externer Nummernvergabe zugeordnet sein und die Nummernkreisintervalle von Geschäftspartner-Gruppierung und debitorischer Kontengruppe müssen deckungsgleich sein.

Außerdem erfordert diese Option die strikte Zuordnung einer Gruppierung zu einer Kontengruppe. Wählen Sie **Variable Gruppierung**, wird bei der Anlage eines Geschäftspartners das Feld zur Zuordnung der Kontengruppe als eingabebereit angezeigt. Es muss mit einem Wert gefüllt werden. Haben Sie zur eingegebenen Kontengruppe eine externe Nummernvergabe definiert, müssen Sie ebenfalls eine Debitorennummer eingeben.

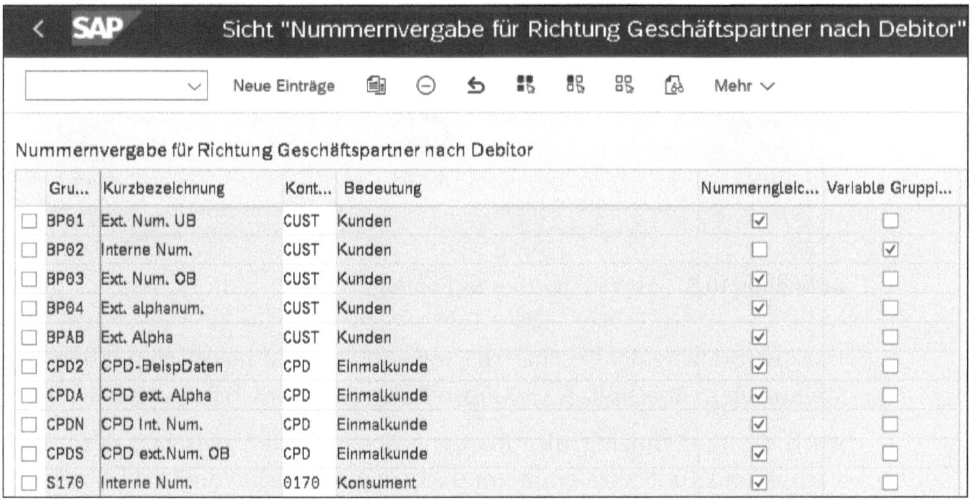

Sicht "Nummernvergabe für Richtung Geschäftspartner nach Debitor"

Neue Einträge Mehr

Nummernvergabe für Richtung Geschäftspartner nach Debitor

Gru...	Kurzbezeichnung	Kont...	Bedeutung	Nummerngleic...	Variable Gruppi...
BP01	Ext. Num. UB	CUST	Kunden	☑	☐
BP02	Interne Num.	CUST	Kunden	☐	☑
BP03	Ext. Num. OB	CUST	Kunden	☑	☐
BP04	Ext. alphanum.	CUST	Kunden	☑	☐
BPAB	Ext. Alpha	CUST	Kunden	☑	☐
CPD2	CPD-BeispDaten	CPD	Einmalkunde	☑	☐
CPDA	CPD ext. Alpha	CPD	Einmalkunde	☑	☐
CPDN	CPD Int. Num.	CPD	Einmalkunde	☑	☐
CPDS	CPD ext.Num. OB	CPD	Einmalkunde	☑	☐
S170	Interne Num.	0170	Konsument	☑	☐

Abbildung 10.7 Nummernvergabe für Richtung Geschäftspartner nach Debitor

Customizing der Ansprechpartnerattribute

Das Customizing der Ansprechpartnerattribute ist identisch mit den Einstellungen in Abschnitt 9.2.3, »Einstellungen des Geschäftspartners«. Bei der Pflege von Ansprechpartnern in einem SAP-S/4HANA-System legen Sie zwei Geschäftspartner an. Als Erstes definieren Sie Ihren Debitor oder Kreditor, den Sie entsprechend Ihren Anforderungen mit Buchungskreis und Vertriebs- oder Einkaufsdaten ausstatten. Im zweiten Schritt legen Sie einen Geschäftspartner an, der den Ansprechpartner darstellt.

Meist sind diese Geschäftspartner als Geschäftspartner-Typ **Person** definiert. Der dritte Schritt ist das Erstellen der Beziehung der beiden Geschäftspartner zueinander. Diesen Schritt haben wir in Abschnitt 7.2.2, »Anlage von Ansprechpartnern und Herstellung von Beziehungen«, beschrieben. Das Customizing steuert das Systemverhalten und das Mapping der einzelnen Attribute für die Integration der Ansprechpartnerdaten. Wenn die Ansprechpartnerzuordnung aktiviert ist, findet eine Synchronisation der Daten des Geschäftspartners, der den Ansprechpartner darstellt, und der Beziehung statt. Ein Ansprechpartner mit Zuordnung zu einem Debitor oder Kreditor wird als Eintrag in der Tabelle KNVK (Kundenstamm Ansprechpartner) erstellt. Dieser Prozess erfolgt beim Sichern der Beziehung der beteiligten Geschäftspartner zueinander. Abbildung 10.8 zeigt nochmals schematisch das Beziehungsnetz eines Geschäftspartners. Auf der rechten Seite ist die Zuordnung zu einem Geschäftspartner des Typs **Person** dargestellt. Dieser stellt den Ansprechpartner dar.

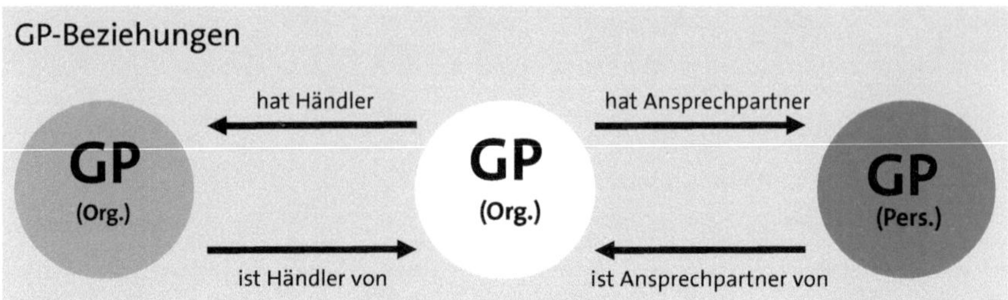

Abbildung 10.8 Geschäftspartner-Beziehung

Das Customizing der Geschäftspartner-Attribute ist identisch mit den Einstellungen in Abschnitt 9.2.3, »Einstellungen des Geschäftspartners«.

Auch das Customizing zum Mapping der Branchen zwischen Geschäftspartner und Kunde/Lieferant unterscheidet sich nicht von den in Abschnitt 9.2.3 beschriebenen Einstellungen.

Ausgehendes Branchen-Mapping

Für das Projekt der CVI ist, wie in Abschnitt 9.2.3 beschrieben, das eingehende Branchen-Mapping zuständig. In dem in diesem Kapitel beschriebenen Fall ist das ausgehende Branchen-Mapping relevant. Mit dem ausgehenden Branchen-Mapping steuern Sie die Übergabe der Branchen aus dem Geschäftspartner an den Debitoren- oder Kreditorenstamm.

Sie können während der Debitoren-/Kreditorenintegration genau eine Branche des Geschäftspartners in den Debitoren-/Kreditorenstammsatz übernehmen. Bei der Synchronisation wird die Standardbranche des Standardbranchensystems des Geschäftspartners verwendet. Ist im Geschäftspartner keine Standardbranche festgelegt, wird bei der Debitoren-/Kreditorenintegration keine Branche in den Debitor/Kreditor übertragen, oder es wird eine bestehende Branche gelöscht.

Abbildung 10.9 zeigt die Bearbeitung eines Geschäftspartners in der debitorischen Rolle FLCU00 (**Kunde**) ❶. In den Daten zur **Identifikation** ❷ des Debitors wurden zwei Branchen eingegeben. Die Branche mit dem Schlüssel 02 ist in diesem Fall als **Standardbranche** ❸ definiert.

Beim Sichern dieses Geschäftspartners wird das System das Customizing prüfen und in diesem Fall die Branche mit dem Schlüssel 02 dem Debitorenstamm zuordnen (siehe Abbildung 10.10).

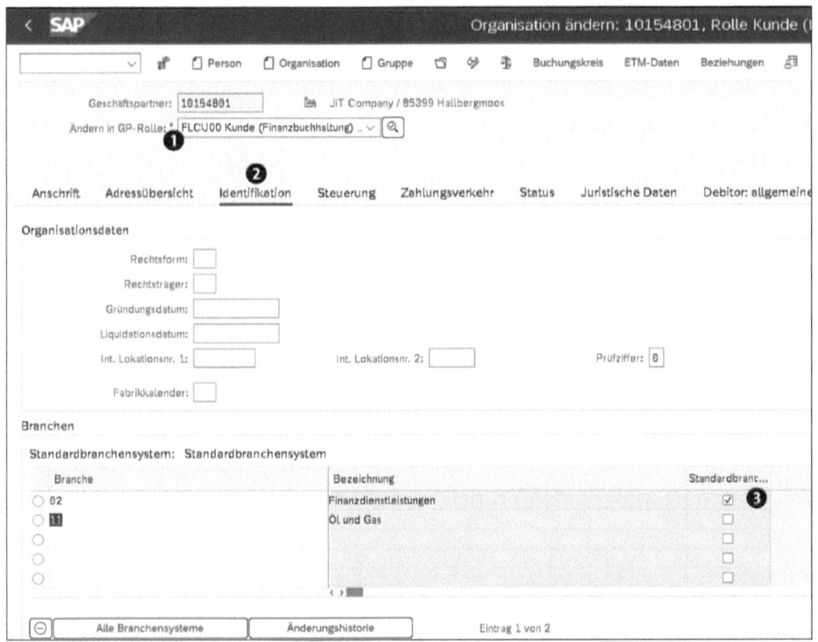

Abbildung 10.9 Geschäftspartner-Bearbeitung zur Pflege von Branchen

SAP Sicht "Ausgehendes Branchen-Mapping definieren" ändern: Üb

Neue Einträge Mehr

Dialogstruktur
- Branchensystem auswählen
  - Ausgehendes Branchen-Mappin
  - Eingehendes Branchen-Mapping

Branchensystem: 0001

Ausgehendes Branchen-Mapping definieren

Branche	Bezeichnung	Branche	Branchenschlüssel
01	Div. Holding-Gesell.	01	Diversifiz. Holdings
02	Finanzdienstleist.	02	Finanzdienstleist.
03	Immobilien	03	Immobilien
10	Energie	10	EnergVers./-verteil.
11	Öl und Gas	11	Öl und Gas
12	Rohstoffe	12	Rohstoffe

Abbildung 10.10 Ansicht des ausgehenden Branchen-Mappings

Einstellungen zur Lieferanten-/Kreditorenintegration

Allgemeingültige Einstellungen

Die Definition der Mappings für die Ansprechpartnerattribute und das Customizing der Branchen-Mappings, ebenso wie die allgemeine Synchronisationssteuerung, gelten generell und sind auch für die Integration der Kreditoren anzuwenden. Darauf gehen wir in den folgenden Abschnitten nicht nochmals ein. Es werden nur die Einstellungen gezeigt, die für Ihre Geschäftspartner-Integration zum Lieferanten notwendig sind.

Geschäftspartner-Rollentyp für Richtung Geschäftspartner nach Kreditor

In der Customizing-Aktivität **Geschäftspartner-Rollentyp für Richtung Geschäftspartner nach Kreditor einstellen** legen Sie fest, welche Geschäftspartner-Rollentypen die Kreditorenintegration anstoßen. An dieser Stelle können Sie steuern, auf welche Weise bei der Bearbeitung und Neuanlage von Geschäftspartnern die Anlage oder das Update eines Kreditorenstammsatzes erfolgen soll. Weitere Informationen zum Geschäftspartner-Rollentyp finden Sie in Abschnitt 4.3.3, »Geschäftspartner-Rollentyp«, und in Abschnitt 5.2.1, »Geschäftspartner-Rollen definieren«.

In der Customizing-Aktivität **Geschäftspartner-Rollentyp für Richtung Geschäftspartner nach Kreditor einstellen** werden nur kreditorische Geschäftspartner-Rollen verwendet. Erfolgt die Bearbeitung eines Geschäftspartners in einem der in Abbildung 10.11 eingetragenen **Rollentyp**, wie z. B. dem Rollentyp `FLVN00` (**Geschäftspartner Kreditor**) oder dem Rollentyp `FLVN01` (**Geschäftspartner Lieferant**), wird die Kreditorenintegration berücksichtigt.

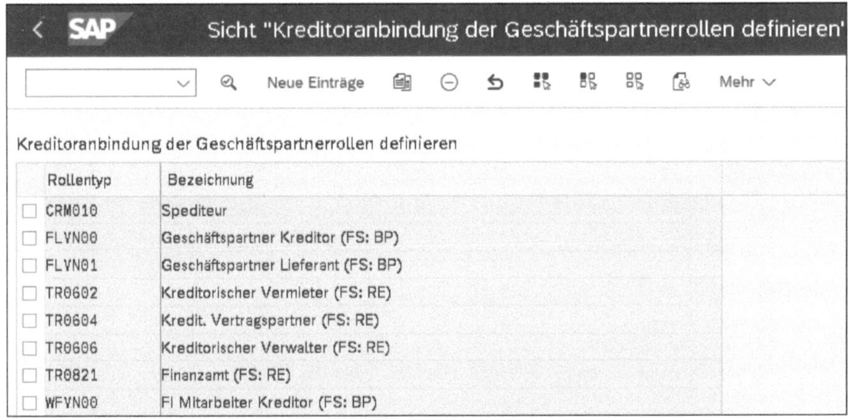

Rollentyp	Bezeichnung
CRM010	Spediteur
FLVN00	Geschäftspartner Kreditor (FS: BP)
FLVN01	Geschäftspartner Lieferant (FS: BP)
TR0602	Kreditorischer Vermieter (FS: RE)
TR0604	Kredit. Vertragspartner (FS: RE)
TR0606	Kreditorischer Verwalter (FS: RE)
TR0821	Finanzamt (FS: RE)
WFVN00	FI Mitarbeiter Kreditor (FS: BP)

Abbildung 10.11 Kreditorenanbindung der Geschäftspartner definieren

Analog zu den Einstellungen des Debitors können Sie auch hier für die kreditorischen Rollentypen weitere Einstellungen vornehmen. Sie können festlegen, ob ein Geschäftspartner-Rollentyp obligatorisch **Kreditorisch** oder **Fakultativ kreditorisch** behandelt wird. Bei obligatorisch kreditorischen Rollentypen wird durch die Kreditorenintegration automatisch ein Kreditor angelegt, wenn Sie einen Geschäftspartner mit solch einer Rolle erzeugen. Bei fakultativ kreditorischen Geschäftspartner-Rollen können Sie bei der Geschäftspartner-Bearbeitung festlegen, ob Sie einen korrespondierenden Kreditor mit anlegen möchten. Des Weiteren haben Sie die Möglichkeit, über zwei Felder die Anlage von korrespondierenden Kreditoren zu steuern.

Wenn Sie im Feld **Rollensteuerung** einen geeigneten Funktionsbaustein eingeben, nimmt dieser Funktionsbaustein für die entsprechenden Geschäftspartner-Rollentypen die gewünschte Einstellung zur Kreditorenintegration vor.

Wenn Sie im Feld **Vorbelegung** einen geeigneten Funktionsbaustein eintragen, übernimmt dieser Funktionsbaustein die Vorbelegung der Daten im Kreditorenstamm.

Nummernvergabe Geschäftspartner nach Kreditor

In der IMG-Aktivität **Zuordnung von Schlüsseln** ordnen Sie den Geschäftspartner-Gruppierungen die Kontengruppen Ihrer Kreditoren zu, um bei der Geschäftspartner-Bearbeitung die gleichzeitige Fortschreibung des Kreditors im Rahmen der Kreditorenintegration zu ermöglichen. Diese Customizing-Aktivität finden Sie unter **Anwendungsübergreifende Komponenten • Stammdatensynchronisation • Customer-Vendor-Integration • Einstellungen des Geschäftspartners • Einstellungen zur Lieferanten-/Kreditorenintegration • Feldzuordnung für die Kreditorenintegration • Zuordnung von Schlüsseln**.

Sie können durch die Zuordnung von Schlüsseln auswählen, ob der Kreditorenstammsatz mit einer Kontengruppe mit interner oder externer Nummernvergabe oder Nummerngleichheit angelegt wird. Die Vorgehensweise bei der Zuordnung des Nummernkreises zur Geschäftspartner-Gruppierung können Sie in Abschnitt 4.7.2, »Gruppierungen definieren und Nummernkreise zuordnen«, nachlesen. Sie können in dieser Customizing-Aktivität außerdem zwischen Ihren Geschäftspartnern und den korrespondierenden Kreditoren Nummerngleichheit herstellen. Dazu müssen Sie der Kontengruppe einen Nummernkreis mit einem Intervall mit externer Nummernvergabe zuordnen, und die Nummernkreisintervalle von Geschäftspartner-Gruppierung und kreditorischer Kontengruppe müssen deckungsgleich sein.

Abbildung 10.12 zeigt die Customizing-Tabelle TBC001, in der Sie Ihren Geschäftspartner-Gruppierungen die korrespondierenden kreditorischen Kontengruppen zuordnen. Wenn Sie das Kennzeichen **Var.Grupp.** setzen, aktivieren Sie die variable Verwendung von Kontengruppen und Kreditorennummern. Sie können Nummerngleichheit und variable Gruppierung nicht gleichzeitig auswählen. Wenn Sie das Kennzeichen **Nummerngleichheit** setzen, müssen Sie der Kontengruppe einen Nummernkreis mit einem Intervall mit externer Nummernvergabe zuordnen, und die Nummernkreisintervalle von Geschäftspartner-Gruppierung und kreditorischer Kontengruppe müssen deckungsgleich sein.

Außerdem erfordert die Option **Nummerngleichheit** die strikte Zuordnung einer Gruppierung zu einer Kontengruppe.

< SAP Sicht "Geschäftspartner: Zuordnung Gruppierung Kontengruppen" ändern

Neue Einträge Mehr

Geschäftspartner: Zuordnung Gruppierung Kontengruppen

Grp.	Kurzbezeichnung	Gruppe	Bedeutung	glNr	Var.Grupp.
0001	Interne NrVerg.	KRED	Kreditoren (int. NrVergabe)	☐	☐
0002	Externe NrVerg.	LIEF	Kreditoren (ext. NrVergabe)	☐	☐
BP01	Ext. Num. UB	SUPL	Lieferant	☑	☐
BP02	Interne Num.	SUPL	Lieferant	☑	☐
BP03	Ext. Num. OB	SUPL	Lieferant	☑	☐
BP04	Ext. alphanum.	SUPL	Lieferant	☑	☐
BPAB	Ext. Alpha	SUPL	Lieferant	☑	☐
BPEE	Int. Num. MA	EMPL	Mitarbeiter als Lieferant	☑	☐
CPD2	CPD-BeispDaten	CPD	Einmallieferant	☑	☐
CPDA	CPD ext. Alpha	CPD	Einmallieferant	☑	☐
CPDN	CPD Int. Num.	CPD	Einmallieferant	☑	☐
CPDS	CPD ext.Num. OB	CPD	Einmallieferant	☑	☐
GPEX	Externe NrVerg.	LIEF	Kreditoren (ext. NrVergabe)	☐	☐
GPIN	Interne NrVerg.	KRED	Kreditoren (int. NrVergabe)	☐	☐
MD		0001	Lieferant	☐	☑
MDG1		KRED	Kreditoren (int. NrVergabe)	☑	☐
MDG2		LIEF	Kreditoren (ext. NrVergabe)	☑	☐
S012	Hierarch. Lief.	0012	Hierarchieknoten	☐	☐
S100	Verteilzentrum	0100	Lieferant-Verteilzentrum	☑	☐

Abbildung 10.12 Zuordnung einer Gruppierung zu einer Kontengruppe

10.2.4 Automatisiertes Customizing mit Transaktion MDS_LOAD_Cockpit

Automatisiertes Attributs-Customizing

Das schon in Abschnitt 9.2.4, »Automatisiertes Customizing mit Transaktion MDS_LOAD_Cockpit«, beschriebene automatisierte Customizing kann auch für die CVI in SAP S/4HANA und für die Synchronisation von Geschäftspartnern zu Kunden und Lieferanten genutzt werden.

Die Customizing-Aktivität **Prüfung für die Geschäftspartner-Debitoren-/Kreditoren-Integration** finden Sie im IMG nur in einem SAP-S/4HANA-System als eigenen Pfad des Customizings unter **Anwendungsübergreifende Komponenten • Stammdatensynchronisation • Customer-Vendor-Integration • Prüfungen für Geschäftspartner-Debitoren-/Kreditoren-Integration**.

Individalisierung durch BAdIs

Im Rahmen dieser Customizing-Aktivität wird der Hilfsreport `CVI_CUSTOMIZING_RESOLVE` ausgeführt.

Weitere Business Add-ins

Die zur Verfügung stehenden Erweiterungsstellen und BAdIs haben wir bereits in Abschnitt 9.2.6, »Weitere Business Add-ins«, beschrieben.

10.3 Fazit

Wenn Sie vor den vergangenen Seiten ebenfalls Kapitel 9, »Customizing der Stammdatensynchronisation für die Customer-Vendor-Integration«, gelesen haben, werden Sie viele Dinge wiedergefunden haben. Das Customizing der Stammdatensynchronisation unterscheidet sich zwischen CVI und der Integration bei der Verwendung von Geschäftspartnern nur in einzelnen Punkten und häufig nur in Details. Die anzustellenden Überlegungen sind in beiden Fällen ähnlich und die Problemstellungen häufig gleich. Aus diesem Grund haben wir in diesem Kapitel viele Punkte aus Kapitel 9 wiederholt.

Kapitel 11

Durchführung der Stammdatensynchronisation

Es wird ernst: In diesem Kapitel tauchen wir tiefer in die eigentliche Synchronisation der Kunden- und Lieferantenstammdaten und in die Arbeit mit dem Synchronisationscockpit ein.

Nachdem Sie in den letzten Kapiteln die erforderlichen Vorbereitungen, Überlegungen, Entscheidungen und vor allem das relevante Customizing für die Customer-Vendor-Integration kennengelernt haben, werden wir Ihnen in den beiden folgenden Kapiteln die eigentliche *Stammdatensynchronisation* der Kunden und Lieferanten und die häufigsten dabei auftretenden Fehler und Stolperfallen aufzeigen. Dabei beziehen wir uns auf die Synchronisation der Stammdaten im Rahmen eines Vorprojekts. Auch wenn eine *Massensynchronisation* unter bestimmten Umständen erforderlich sein kann, ist sie bei einer SAP-S/4HANA-Neueinführung, wie wir sie im Folgenden beschreiben, in der Regel nicht notwendig. Wir beschreiben in den folgenden Abschnitten hauptsächlich die Synchronisationsprozesse Kunde → Geschäftspartner und Lieferant → Geschäftspartner. Der Prozess der Synchronisation selbst ist im gesamten Ablauf der CVI der Teil, mit dem Sie am wenigsten zu tun haben werden, wenn Sie dafür sorgen, dass die Stammdaten sinnvoll selektiert und die Synchronisationsläufe überwacht werden.

Da der eigentliche Integrationsprozess automatisiert und bei der Massensynchronisation üblicherweise im Hintergrund stattfindet, sind Sie während der Synchronisation selbst wenig involviert. Der Großteil der Arbeit stellt sich in der Fehlerkorrektur nach der initialen Synchronisation dar. Dieses Kapitel ist daher gemeinsam mit Kapitel 12, »Fehlerbehandlung und Besonderheiten bei der Synchronisation«, zu betrachten. Wir werden hier die Anwendung des Synchronisationscockpits nochmals ausführlicher als in Kapitel 3, »Ablauf der Customer-Vendor-Integration«, beschreiben, in dem wir Ihnen nur einen Überblick über die Anwendung gegeben haben. Wir zeigen kurz, wie Sie am besten vorgehen, wenn Sie die Stammdatensynchronisation in einem Projekt vornehmen.

Außerdem gehen wir darauf ein, wie Sie mit der Fehlerkorrektur umgehen. Anschließend werden Sie Informationen zu Prüfungen im Nachgang der initialen Stammdatensynchronisation erhalten, die Ihnen Informationen über die Vollständigkeit der Synchronisation geben und wie Sie fehlende Stammdatenobjekte gezielt nachsynchronisieren können. Wir zeigen Ihnen in Kapitel 12, »Fehlerbehandlung und Besonderheiten bei der Synchronisation«, die häufigsten Fehler und wie Sie mögliche Korrekturen vornehmen können. Zu bestimmten Fehlersituationen werden von SAP einige Korrekturprogramme zur Verfügung gestellt. Diese stellen wir Ihnen vor und beschreiben, in welchen Fällen sie zur Anwendung kommen. In Kapitel 11 und Kapitel 12 erhalten Sie kurz gesagt die Informationen, die Sie brauchen, um eine Stammdatensynchronisation im Rahmen einer Customer-Vendor-Integration durchführen zu können.

11.1 Finale Prüfung der CVI-Voraussetzungen

Vorprüfungen zur CVI

Während der vorbereitenden Tätigkeiten im CVI-Projekt haben Sie sicherlich schon mehrfach die in Kapitel 3, »Ablauf der Customer-Vendor-Integration«, beschriebenen Prüfprogramme ausgeführt. Diese Programme unterstützen Sie dabei, die notwendigen Customizing-Tätigkeiten zu kontrollieren und durchzuführen, prüfen aber auch Ihre bestehenden Stammdaten auf Konsistenz und logische Richtigkeit hin.

Dieser zweite Teil der Überprüfung ist in Zusammenhang mit der bevorstehenden Massensynchronisation besonders wichtig. Eine fehlende Customizing-Einstellung fällt Ihnen sofort bei Einzeltests auf. Wenn Sie beispielsweise einer Kontengruppe keine Geschäftspartner-Gruppierung zugeordnet haben, stellen Sie das sofort fest. In der Masse nicht korrekte Stammdaten fallen Ihnen aber ohne vorherige Prüfung erst auf, wenn diese Stammdaten eine Synchronisation verhindern und somit Einträge im PPO erzeugen.

Unserer Erfahrung nach erhöht eine im Vorfeld gewissenhaft durchgeführte Korrektur der bestehenden Stammdaten die Qualität und reduziert den Aufwand. Daher empfehlen wir Ihnen, vor dem Start der Massensynchronisation nochmals die aufgeführten Prüfungen durchzuführen und gegebenenfalls auftretende Fehler zu korrigieren. Wie Sie in Abschnitt 11.3, »Ablauf der Synchronisation«, noch lesen werden, können Fehler in der Synchronisation zu Folgetätigkeiten führen, die über die Fehlerkorrektur hinausgehen. Diese sparen Sie sich bei vorangegangener Korrektur. Sie finden die wichtigsten Vorprüfungen in der Anwendung MDS_LOAD_COCKPIT zusammengeführt. Im Folgenden greifen wir die Beschreibungen der Vorprüfungen nochmals auf und beschreiben deren Handhabung erneut.

[«]

Warum kommt es zu Fehlern durch Stammdaten?

In unseren Projekten wird uns regelmäßig die Frage gestellt, warum es zu Fehlern durch Stammdaten kommt. »Die Stammdaten funktionieren doch heute auch«, heißt es dann. Sie haben in Kapitel 1, »Grundkonzept des SAP-Geschäftspartners«, die Hintergründe zum Konzept des SAP-Geschäftspartners kennengelernt. Dort haben wir beschrieben, was hinter dem Begriff *SAP One Domain Model* steckt und welchen Weg SAP in der Zukunft mit dem Geschäftspartner beschreiten will. Da der Geschäftspartner als führende Entität für Kunden und Lieferanten angesehen und genutzt wird und aufgrund seiner produktübergreifenden Verwendung unterliegen die Daten einer sehr viel strikteren Prüfung, als Sie sie bisher aus dem Kunden- und Lieferantenstamm kennen. Aus diesem Grund fallen einige Inkonsistenzen in der täglichen Arbeit nicht auf, werden aber während der Synchronisation als Fehler ausgewiesen.

11.1.1 Vorabvalidierung zur Konsistenzprüfung der Stammdaten

Wie bereits in Abschnitt 3.3., »Synchronisation«, beschrieben, prüfen Sie mit dem Report `CVI_MIGRATION_PRECHK` die Konsistenz Ihrer Kunden- und Lieferantenstammdaten hinsichtlich der Konvertierung zum Geschäftspartner. Wenn Sie ein SAP-Retail-System nutzen, wird Ihnen beim Aufruf der Anwendung der Hinweis darauf gegeben, dass Kunden und Lieferanten, die einem Retail-Betrieb zugeordnet sind, von der Prüfung ausgeschlossen sind. Diesen Zusammenhang beschreiben wir in Kapitel 15, »Besonderheiten weiterer SAP-Systeme im Rahmen der Customer-Vendor-Integration«. Das Selektionsbild der Prüfung gibt Ihnen vielfältige Möglichkeiten, Ihre Stammdaten zu prüfen. Sie können die Ergebnislisten unter den Verantwortlichen in Ihrem Unternehmen zur Korrektur aufteilen. Abbildung 11.1 zeigt das Selektionsbild der Stammdatenprüfung. Im unteren Teil der Darstellung wird das Protokoll (Log) der Anwendung gezeigt. In unserem Fall wurden zwei Prüfungen durchgeführt, jeweils für Debitoren und Kreditoren. Alle durchgeführten Prüfungen werden im Protokoll in tabellarischer Form dargestellt. Sie können folgende betriebswirtschaftliche Kennzahlen ❶ für die Selektion der Ergebnisse nutzen (siehe Abbildung 11.1):

- **Steuerkennzeichen**
- **Postleitzahl**
- **E-Mail**

- **Bankdaten**
- **Steuerstandort**
- **Branche**
- **Transportzone**
- **Adresse**
- **Nummernkreis**

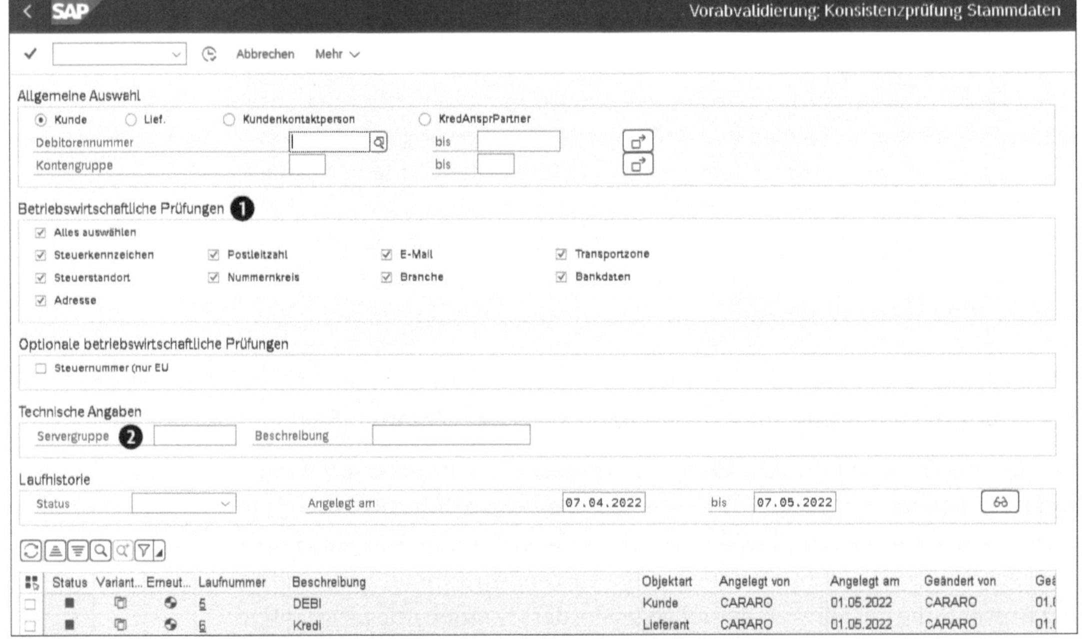

Abbildung 11.1 Selektion der Stammdatenprüfung

Da das Log der selektierten Daten durch einen Hintergrundjob erzeugt wird, muss eine **Servergruppe** ❷ ausgewählt werden (siehe Abbildung 11.1). Bei SAP-Systemen, die mit einem Windows-Betriebssystem ausgestattet sind, ist das in der Regel die Gruppe 390.

[!]

Nummernkreisobjekt CVI_PRECHK

Möglicherweise erhalten Sie beim ersten Start der Stammdatenprüfung die Fehlermeldung: »ERROR: cannot process maintain interval 01 for number range cvi_prechk.« In diesem Fall muss das Nummerkreisobjekt `cvi_prechk` manuell über die Transaktion SNUM angelegt werden. Hierzu berücksichtigen Sie bitte auch SAP-Hinweis 2963656 (Transaktion CVI_PRECHK is not working).

Auswertung der Ergebnisse bearbeiten

Die Auswertung der Daten wird anschließend in einer *ALV-Darstellung* abgebildet. Der Begriff ALV steht für *ABAP List Viewer* und ist ein SAP-Werkzeug, um verschiedene Listen, Tabellen oder Baumstrukturen darzustellen Weiterhin können Sie direkt aus der tabellarischen Darstellung in die Bearbeitung und Korrektur der Daten übergehen. Über den Button [Bearbeiten-Symbol] (**Bearbeiten**) können Sie die aufgetretenen Fehlerkategorien auswählen und somit gezielt in die Korrektur übergehen (siehe Abbildung 11.2).

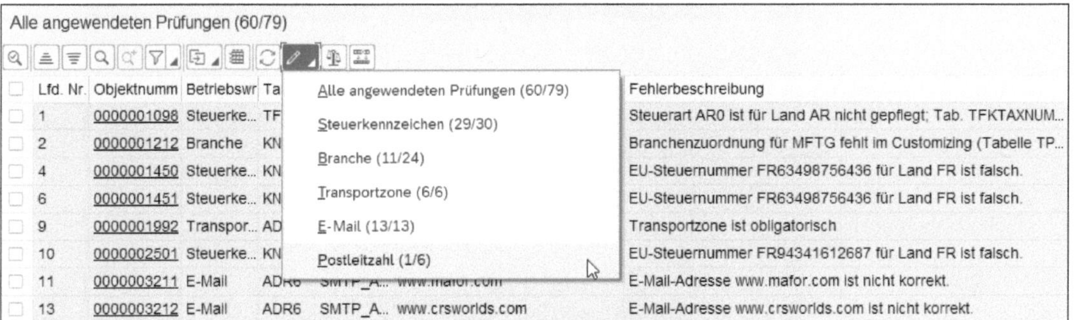

Abbildung 11.2 Ergebnis der Auswertung der Debitorenstammdaten

In Abbildung 11.3 korrigieren wir die fehlerhaften Postleitzahlen. Sie können die neuen Werte direkt in die Spalte **Neuer Wert** ❶ eintragen. Über den Button [Prüfen-Symbol] (**Prüfen**) können Sie überprüfen, ob der eingegebene Wert die Fehlersituation korrigiert ❷.

Postleitzahl (1/6) ❷ ❸

Lfd. Nr.	Objektnumm	Betriebswr	Tabell...	Feldname	Feldwert	Fehlerbeschreibung	Tabell...	Neuer Wert ❶	DB-Wert
48	0000006214	Postleitz...	ADRC	POST_C...	33221	33221 ist für Land VE nicht gültig.	80000...	3321	3321
57	0000301199	Postleitz...	ADRC	POST_C...		POST_CODE2 fehlt für Land RU.	80000...	123456	123456
59	0000301765	Postleitz...	ADRC	POST_C...	109103	109103 ist für Land US nicht gültig.	80000...	90070	109103
61	0000407856	Postleitz...	ADRC	POST_C...		POST_CODE1 fehlt für Land BR.	80000...	200000001	200000001
62	0000600080	Postleitz...	ADRC	COUNTR...		Land ist nicht gepflegt	80000...	DE	DE
79	RJ00-CLI	Postleitz...	ADRC	POST_C...	20000000	20000000 ist für Land BR nicht gültig.	80000...	200000000	200000000

Abbildung 11.3 Korrektur der Postleitzahlen

Länderspezifische Prüfungen

Viele der betriebswirtschaftlichen Kennzahlen, die hier geprüft werden, sind länderabhängig. Die im System eingestellten Prüfungen können entweder über die Tabelle T005 oder über die Ländereinstellungen im Customizing über den folgenden Pfad geprüft werden: **SAP-Netweaver • Allgemeine Einstellungen • Länder einstellen • Länderspezifische Prüfungen einstellen**. In diesem Customizing stellen Sie die Prüfregel für die Formate wichtiger betriebswirtschaftlicher Kennzahlen, wie beispielsweise die Postleitzahl, die Bankleitzahl und die Kontonummer oder die Steuernummern ein. In dem gezeigten Beispiel müssen wir noch eine für das Land USA eingetragene Postleitzahl überprüfen. Die Fehlermeldung in Abbildung 11.3 sagt aus, dass die momentan eingetragene Postleitzahl 109103 nicht der im System gepflegten Prüfregel für das Land USA entspricht. Für die USA sind unter dem genannten Customizing die in Abbildung 11.4 gezeigten Werte eingestellt.

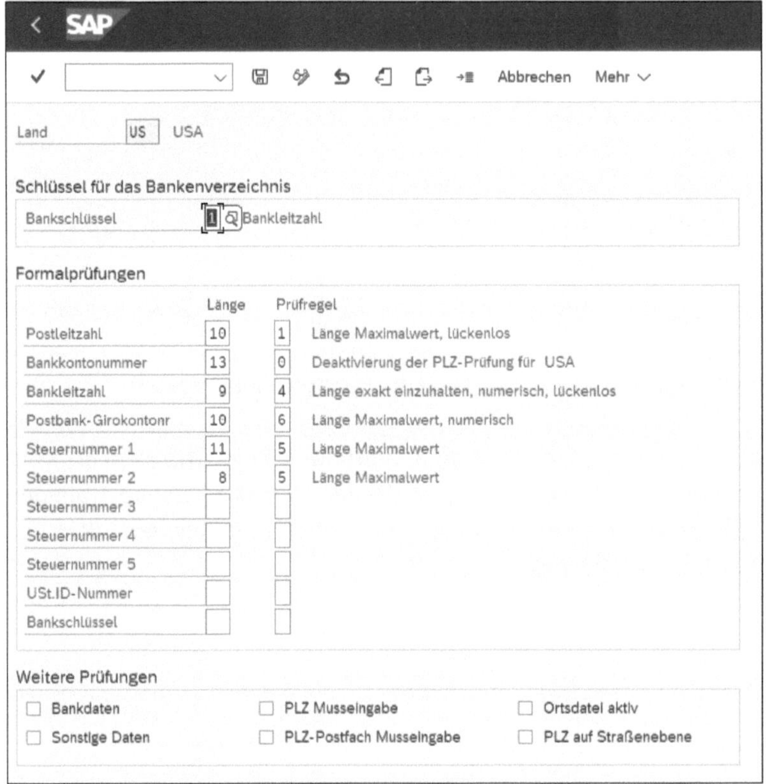

Abbildung 11.4 Länderspezifische Prüfungen für die USA

Massenkorrektur aus der Ergebnisliste

Für die Korrektur der Daten geben Sie die richtigen Werte in die dafür vorgesehene Zelle des ALV ein. Durch einen Klick auf den Button (**Sichern**) werden die geprüften Stammdaten durch die eingetragenen Daten korrigiert. Wenn Sie mehrere Sätze mit demselben Wert füllen möchten, können Sie die Funktion (**Massen Befüllung**) ❸ in Abbildung 11.3 verwenden.

Bereinigen Sie auf diese Weise vor dem Start der Massensynchronisation alle Stammdatenfehler, die diese Prüfung aufweist. Abschließend zur Vorabvalidierung der Konsistenzprüfungen möchten wir nochmals auf das Customizing zur Unterdrückung der Feldprüfungen hinweisen. In Abschnitt 9.2.1, »Unterdrückung der Feldprüfungen aktivieren«, beschreiben wir diesen Punkt des Customizings und das BAdI CVI_CUSTOM_MAPPER, das diese Funktion bereitstellt. Grundsätzlich kann die Feldprüfung unterdrückt werden, allerdings empfehlen wir dieses Vorgehen nicht für die Verwendung bei produktiven Daten.

11.1.2 Prüfung des CVI-Customizings

Customizing überprüfen

Die zweite Prüfung, die wir ebenfalls in Kapitel 3, »Ablauf der Customer-Vendor-Integration«, beschrieben haben, ist die Prüfung des CVI-Customizings. Diese Prüfung ist ebenfalls in das CVI-Cockpit eingebunden, kann aber auch separat über den Report CVI_CUSTOMIZING_RESOLVE ausgeführt werden. Mit diesem werden die wichtigsten Customizing-Einstellungen zur Stammdatensynchronisation geprüft und können gegebenenfalls direkt aus der Analyse heraus korrigiert werden. In der Auswertung der einzelnen Customizing-Aktivitäten werden Sie durch rote Ampelsymbole auf fehlerhaftes Customizing hingewiesen und können dieses über den Button (**Customizing**) korrigieren (siehe Abbildung 11.5).

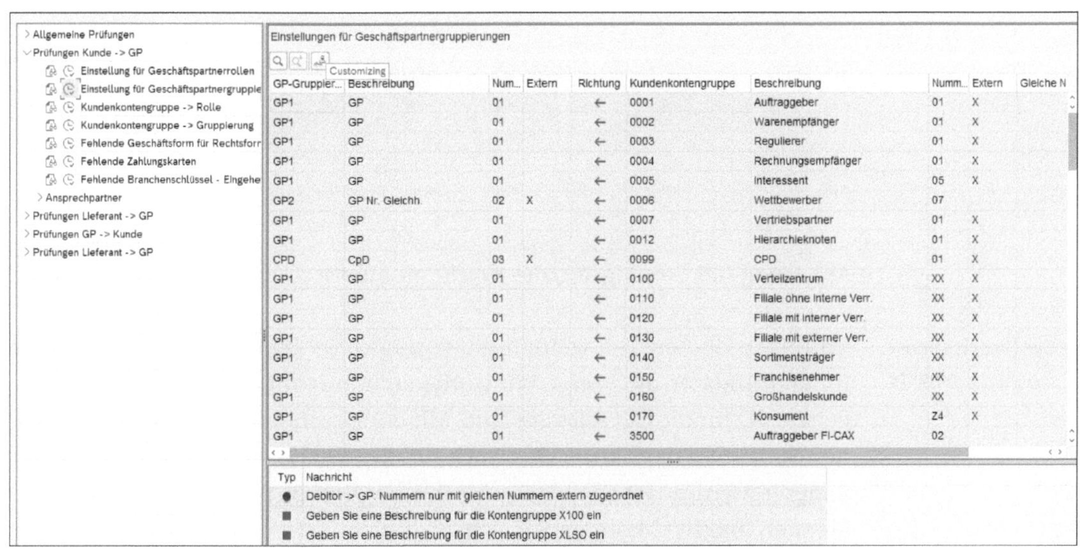

Abbildung 11.5 Prüfung durch den Report CVI_CUSTOMIZING_RESOLVE

Die einzelnen Prüfungen in diesem Report entsprechen denen in Kapitel 9, »Customizing der Stammdatensynchronisation für die Customer-Vendor-Integration«, beschriebenen Customizing-Aktivitäten zur Stammdatensynchronisation.

11.2 Arbeiten mit der Transaktion MDS_LOAD_COCKPIT

Synchronisationscockpit

Die Transaktion MDS_LOAD_COCKPIT ist die zentrale Anwendung zur Durchführung der Stammdatensynchronisation. Zusammen mit der Post Processing Workbench (`MDS_PPO2`) bildet sie den Dreh- und Angelpunkt in der Durchführung der CVI. Der Aufruf der Anwendung kann entweder aus dem CVI-Cockpit oder über den direkten Transaktionsaufruf MDS_LOAD_COCKPIT erfolgen. In manchen Systemen kann es vorkommen, dass der Selektionsscreen der Transaktion beim ersten Aufruf nicht korrekt angezeigt wird. SAP-Hinweis 3028123 (Selection screen disappeared in MDS_LOAD_COCKPIT) beschreibt die Lösung zu diesem Problem.

Nach dem Aufruf der Anwendung befinden Sie sich auf dem Selektionsbildschirm, der in drei Hauptteile unterteilt ist (siehe Abbildung 11.6).

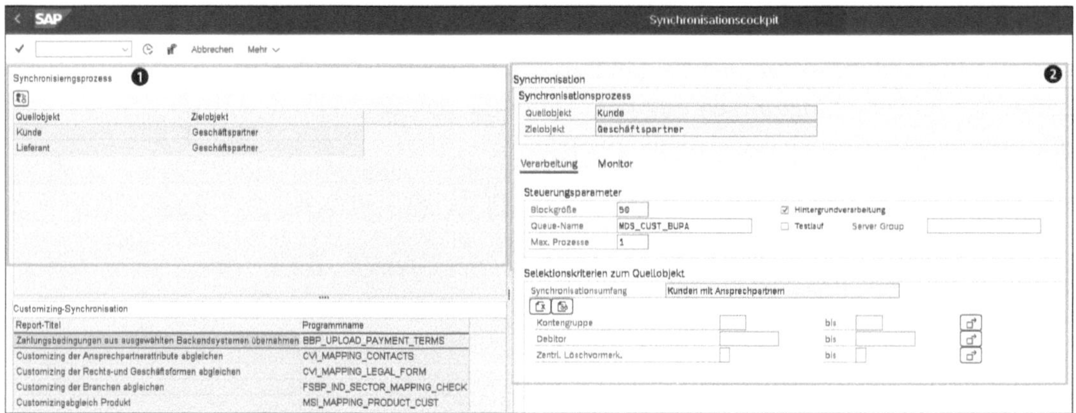

Abbildung 11.6 Einstiegsbild des Synchronisationscockpits

Synchronisationsobjekte

Im linken oberen Teil werden die verfügbaren Synchronisationsprozesse für Stammdaten angezeigt. Wir werden hier nur auf die Möglichkeiten eingehen, die für die CVI relevant sind. Mit entsprechendem Customizing können Sie diese Transaktion aber auch für die Synchronisation verschiedener anderer Stammdatenobjekte nutzen. Über den Button [icon] (**anzeigen/ausblenden Inaktive**) können Sie sich auch nicht aktive Synchronisationsprozesse anzeigen lassen. In unserem Beispiel sehen Sie nur die beiden aktiven Prozesse **Kunde → Geschäftspartner** und **Lieferant → Geschäftspartner**. Die beiden Prozesse **Geschäftspartner → Kunde** und **Geschäftspartner → Lieferant** sind zu diesem Zeitpunkt im Customizing nicht aktiviert. In Kapitel 9, »Customizing der Stammdatensynchronisation für die Customer-Vendor-Integration«, wird dieses Customizing eingehend beschrieben.

Automatischer Abgleich von Cutsomizing

Im linken unteren Teil besteht die Möglichkeit, einen automatisierten Customizing-Abgleich einiger CVI-relevanter Einstellungen vorzunehmen. Hier kann z. B. über das Programm `CVI_MAPPING_CONTACTS` das Customizing der Ansprechpartnerattribute abgeglichen und angepasst werden. Mit dem Report können die folgenden Attribute abgeglichen werden:

- Abteilungsnummern des Ansprechpartners
- Funktionen des Ansprechpartners
- Vollmachten des Ansprechpartners
- VIP-Kennzeichen des Ansprechpartners
- Familienstände

Selektion CVI_MAPPING_CONTACTS

Abbildung 11.7 zeigt die Selektionsmaske des Reports. Im gezeigten Fall haben wir in unserem System das Customizing für die Abteilungen der Geschäftspartner und das entsprechende Zuordnungs-Customizing entfernt. Die restlichen Attribute sind bereits fertig eingestellt. Sie sehen, dass die Selektion des Reports den Stand des Customizings erkennt. Da im Customizing nur noch die Definition der Abteilungen der Geschäftspartner und deren Zuordnung offen sind, wird diese Option als einzige zur Auswahl gestellt.

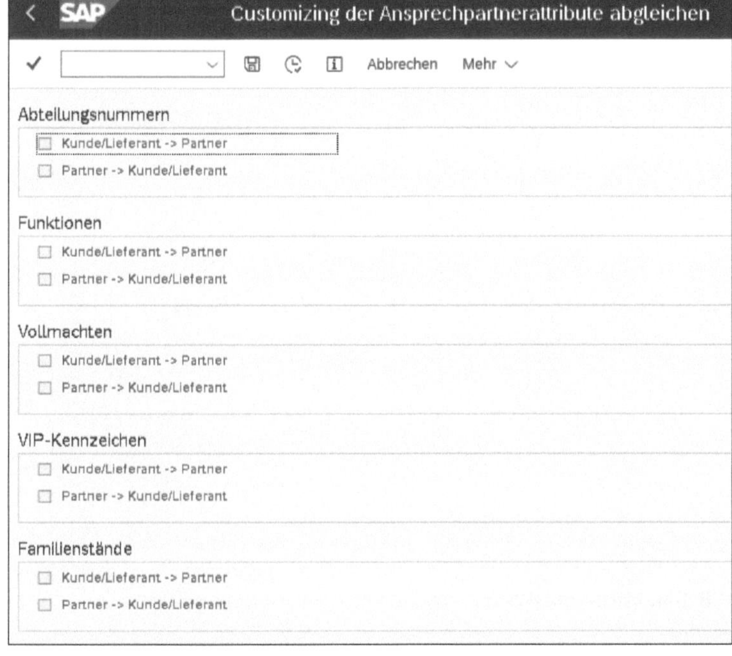

Abbildung 11.7 Abgleich von Ansprechpartnerattributen über das Programm CVI_MAPPING_CONTACTS

Voraussetzungen zur Verwendung des Reports CVI_MAPPING_CONTACTS

Diese Funktionen sind nur dann ausführbar, wenn das jeweilige Ansprechpartnerattribut des Debitorenstammsatzes oder das Ansprechpartnerattribut des Geschäftspartners im Customizing definiert ist. Das jeweils bereits eingestellte Objekt stellt Ihr Quellobjekt dar.

Außerdem müssen Sie vor Ausführung des Reports sicherstellen, dass im Zielobjekt und im Zuordnungs-Customizing noch keine Einträge vorhanden sind. Sollte das jeweilige Ansprechpartnerattribut bereits in beiden Objekten (Geschäftspartner und Debitor) oder im Zuordnungs-Customizing eingestellt sein, nehmen Sie die Zuordnung dieses Attributs manuell in den entsprechenden Customizing-Aktivitäten vor.

Mit einem Doppelklick können Sie im linken Teil ❶ in Abbildung 11.6 einen Prozess auswählen. Im rechten Teil ❷ finden Sie dann die Selektion für die Stammdatensynchronisation des ausgewählten Prozesses. Es können nur aktivierte Prozesse ausgewählt werden.

Stammdatensynchronisation Kunde → Geschäftspartner

In unserem Beispiel wurde der Prozess **Kunde → Geschäftspartner** gewählt. Dieser Prozess dient bei der CVI dazu, Ihre Kundestammdaten zu Geschäftspartnern zu konvertieren. Nach Auswahl des Prozesses werden die Felder des Selektionsbildes als eingabebereit dargestellt (siehe Abbildung 11.8). Nun können Sie auf der Registerkarte **Verarbeitung** die Selektion der zu synchronisierenden Stammdaten vornehmen.

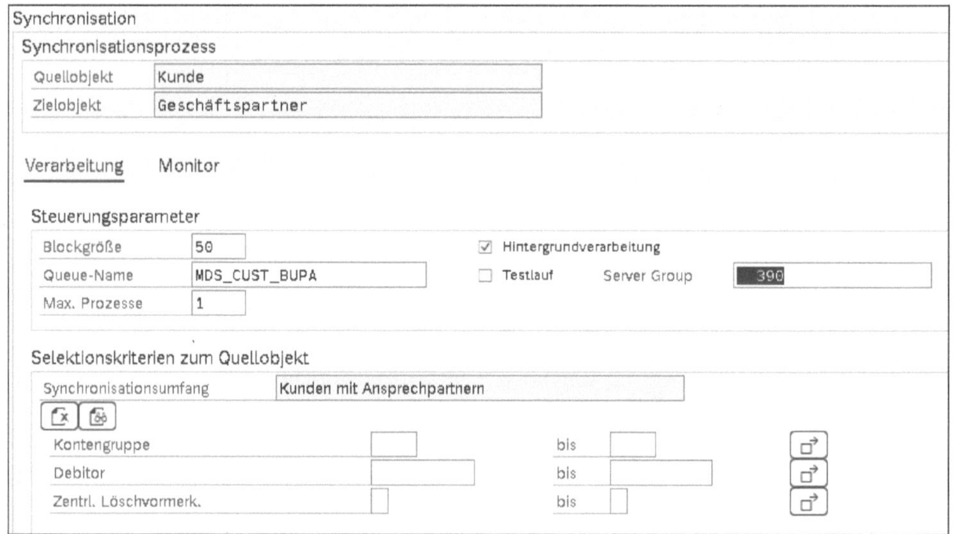

Abbildung 11.8 Selektionsmaske der Synchronisationsrichtung Kunde → Geschäftspartner

Der Abschnitt **Steuerungsparameter** enthält die Parameter zur Steuerung der Synchronisationsläufe. Hier können Sie die folgenden Parameter bearbeiten:

- **Blockgröße**: Legen Sie fest, wie viele Stammdatenobjekte pro Paket an die Hintergrundverarbeitung übergeben werden.
- **Queue-Name**: Bezeichnen Sie Ihre Synchronisationsläufe, um sie in der späteren Bearbeitung identifizieren zu können.
- **Max. Prozesse**: Legen Sie fest, wie viele Datenpakete während der Synchronisation parallel verarbeitet werden.
- **Hintergrundverarbeitung**: Definieren Sie, ob die Synchronisation im Dialog oder als Hintergrundprozess stattfinden soll. Eine Parallelisierung ist nur während der Hintergrundverarbeitung möglich.
- **Server Group**: In dem Feld definieren Sie die Servergruppe, die zur Parallelverarbeitung genutzt werden soll. Über die Servergruppe wird festgelegt, welche Applikationsserver von der Transaktion genutzt werden können. Durch die Parallelisierung wird die Last auf mehrere Applikationsserver verteilt, wodurch die Laufzeit stark reduziert wird. Wenn Sie keine Servergruppe eingeben, wird die Transaktion innerhalb eines Workprozesses ausgeführt und nicht auf mehrere verteilt.

Queue-Verarbeitung

Die *Queue-Verarbeitung* (Checkbox **Hintergrundverarbeitung** ist aktiviert) löst Dialogaufgaben und keine Batch Jobs aus. Die Hintergrundverarbeitung erzeugt eine Queue in der qRFC-Verarbeitung. Im Unterschied zu einer Standardverarbeitung per RFC (Remote Function Call), bei der jeder gesendete Funktionsaufruf genau einmal ausgeführt wird, werden die zu verarbeitenden Daten im Szenario qRFC (queued RFC) serialisiert und in der vorgegebenen Reihenfolge verarbeitet. Die beiden für unseren Fall relevanten Queues sind `CVI_CUST_BUPA*` und `CVI_VEND_BUPA*`. Die Zusammenhänge dieser Verarbeitung werden in SAP-Hinweis 1579728 (SMQR – Erläuterung der Einstellungen für den »Inbound Queue Scheduler«) genau beschrieben. Ebenso beschreibt dieser SAP-Hinweis die Zusammenhänge der verschiedenen Verarbeitungsmodi. In manchen Fällen kann es vorkommen, dass auch nach der Registrierung einer Hintergrund-Queue über die Transaktion MDS_LOAD_COCKPIT die Verarbeitung nicht startet. In diesem Fall können Sie die Einstellungen über die Transaktion prüfen und nach SAP-Hinweis 2448409 (Background Processing in MDS_LOAD_COCKPIT does not work) die beiden relevanten Queues manuell registrieren. Dieses Vorgehen führt unserer Erfahrung nach dazu, dass in der Folge die Hintergrundverarbeitung funktioniert.

Selektion der zu synchronisierenden Stammdaten

Im Abschnitt **Selektionskriterien zum Quellobjekt** findet die eigentliche Selektion der Kundenstämme statt, die an der Synchronisation teilnehmen sollen. Eine Auswahl über die Kontengruppen mit den bekannten Selektionsmechanismen (z. B. Einzelwerte oder Intervalle) steht zur Verfügung. Ebenso können Sie konkrete Debitorennummern unter Verwendung der gleichen Mechanismen selektieren. Über den Button (**Download Template**) können Sie eine Microsoft-Excel-Vorlage erzeugen, die Sie anschließend entsprechend gefüllt über den Button (**Excel hochladen**) für eine Selektion von definierten Stammdaten nutzen können. Nach der Selektion der gewünschten Stammdaten starten Sie die Synchronisation über den Button (**Start Synchronisation**) oder über die Taste F8. Haben Sie sich für eine Verarbeitung im Hintergrund entschieden, erhalten Sie eine entsprechende Meldung. Durch den Wechsel auf die Registerkarte **Monitor** gelangen Sie in die Übersicht der bereits durchgeführten und momentan aktiven Synchronisationsläufe (siehe Abbildung 11.9).

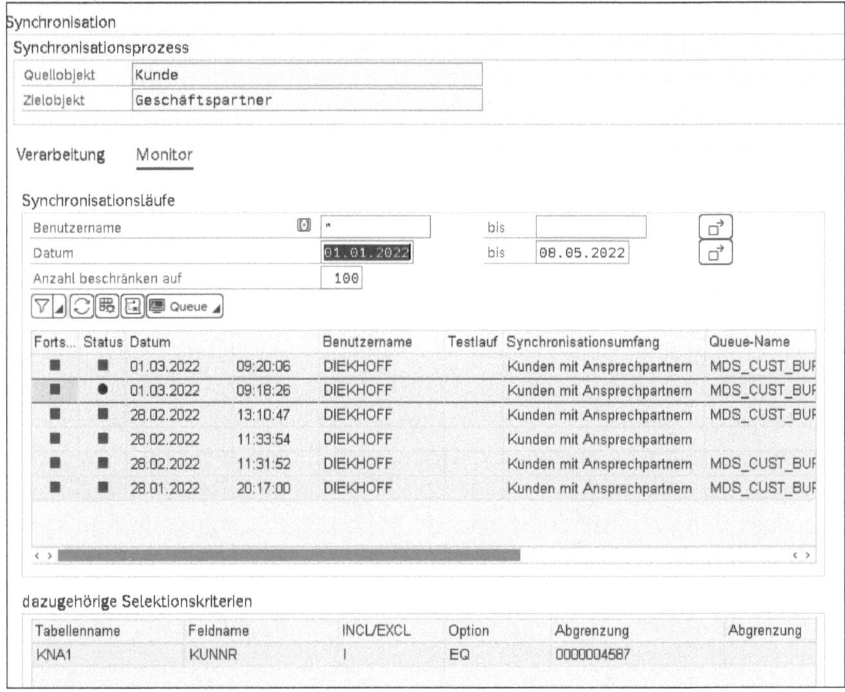

Abbildung 11.9 Monitor der Synchronisationsläufe

Die Selektion ist mit dem eigenen Benutzernamen vorbelegt. Wenn Sie Läufe anderer Benutzer sehen möchten, ändern Sie die Selektion entsprechend ab. Fehlerfreie Läufe werden mit zwei grünen Quadraten dargestellt. Läufe, bei denen es zu Fehlern während der Synchronisation kam, zeigen einen roten Punkt in der Spalte **Status**. Noch aktive Läufe werden ein gelbes Dreieck in der Spalte **Fortschritt** zeigen.

Fehlerkorrektur nach der Synchronisation

Zur Bearbeitung von fehlerhaften Synchronisationsläufen wird die Anwendung MDS_PPO2 verwendet. Wie bereits in Kapitel 3, »Ablauf der Customer-Vendor-Integration«, beschrieben, können Sie diese über das CVI-Cockpit über den Punkt **Nacharbeiten** oder direkt über den Transaktionsaufruf MDS_PPO2 aufrufen. Als dritte Möglichkeit bietet sich der Absprung direkt aus dem Monitor der Synchronisationsläufe an. Dazu verwenden Sie die Funktionstaste (**Aufruf PPO**) in der Menüleiste (siehe Abbildung 11.10), nachdem Sie einen fehlerhaften Lauf aus der Liste ausgewählt haben.

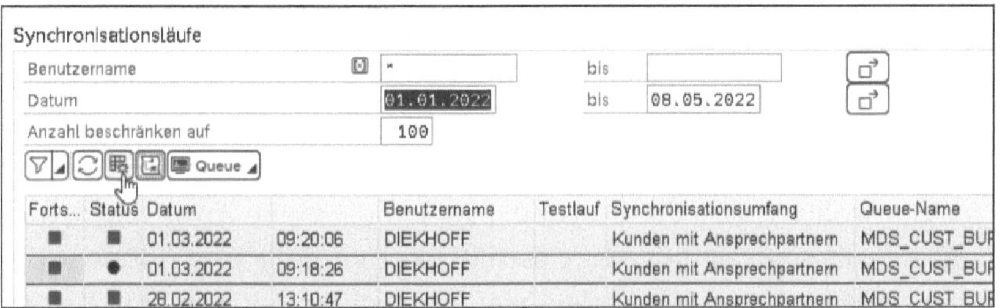

Abbildung 11.10 Aufruf des PPO aus dem Monitor der Synchronisationsläufe

Dies leitet Sie direkt zu den Fehlern des gewählten Synchronisationslaufs, die Sie dann nachbearbeiten können.

11.3 Ablauf der Synchronisation

In diesem Kapitel beschreiben wir Ihnen den Ablauf der Stammdatensynchronisation, der sich im Laufe der Zeit bei uns als Best Practice erwiesen hat. Dieser Ablauf ist kein striktes Regelwerk, bietet aber – für uns – eine Herangehensweise für einen Ablauf, durch den die einzelnen Phasen und deren Ergebnisse gut kontrollierbar und nachvollziehbar sind. Wir unterscheiden hierbei die Synchronisation der Stammdaten auf einem Sandbox-System, auf dem Entwicklungs- oder Testsystem und dem Produktivsystem. Die Unterschiede erläutern wir in den folgenden Abschnitten.

11.3.1 Synchronisation der Stammdaten auf der Sandbox

Das erste Mal synchronisieren

In diesem Fall steht der Begriff Sandbox als Synonym für die erste Synchronisation Ihrer Stammdaten. Nachdem Sie das beschriebene Customizing eingestellt haben, die Stammdaten geprüft und wenn nötig korrigiert haben, können Sie die Synchronisation Ihrer Stammdaten starten. In Abschnitt 9.2.5, »Steuerung der juristischen Person«, haben wir Ihnen ein Beispiel gezeigt, mit dem Sie die Synchronisation Ihrer Stammdaten individuell beeinflussen können. Wenn Sie in der Vorbereitung der Synchronisation solche Anpassungen vorgenommen haben, empfehlen wir Ihnen, die Datensätze, die relevant für diese Anpassungen sind, für die ersten Tests der Synchronisation zu nutzen. Sollte sich nämlich herausstellen, dass Ihre Implementierungen noch fehlerhaft sind oder vielleicht während der Synchronisation gar nicht durchlaufen werden, erzeugen Sie großen Aufwand, wenn Sie gleich zu Beginn mit einer Massensynchronisation starten und im Anschluss feststellen, dass gegebenenfalls mehrere hundert oder tausend Datensätze fehlerhaft sind. Zu Beginn der Synchronisation suchen Sie also gezielt nach Datensätzen, die für solche Anpassungen relevant sind, und selektieren von diesen einzelne Datensätze im MDS_LOAD_COCKPIT für die Synchronisation im Dialog. Für die Beispielimplementierung aus Abschnitt 9.2.5, in der wir bei der Synchronisation von Ansprechpartnern dafür sorgen wollten, dass die Geschäftspartner, die einen Ansprechpartner darstellen, mit einer definierten Geschäftspartner-Rolle und mit dem Geschäftspartner-Typ **Person** angelegt werden, suchten wir also gezielt nach Kunden, denen mindestens ein Ansprechpartner zugeordnet war. In Abbildung 11.11 zeigen wir die entsprechende Selektion.

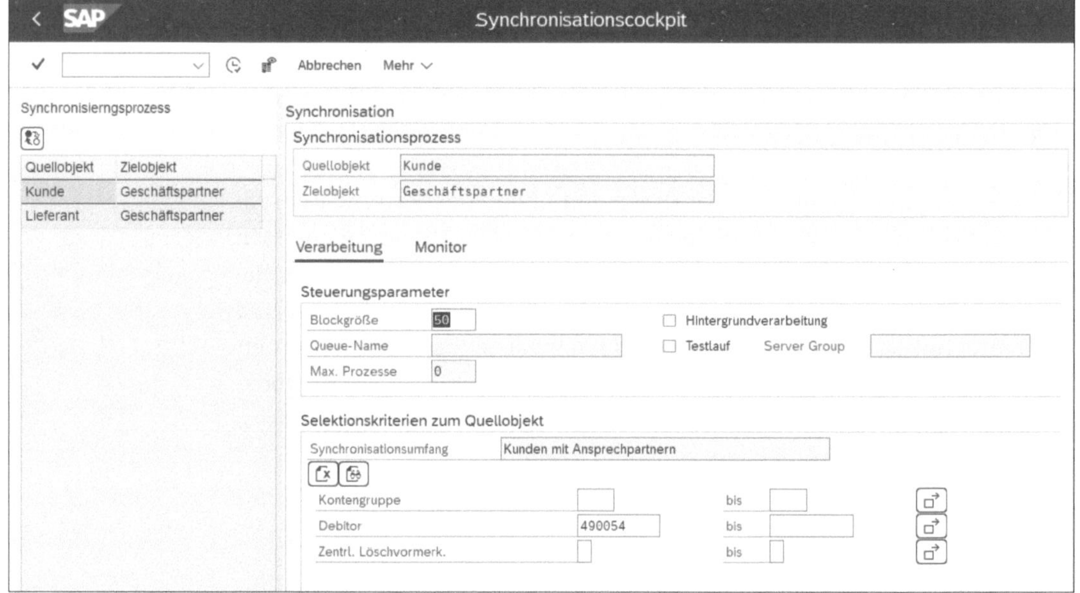

Abbildung 11.11 Selektion eines Kunden auf der Registerkarte »Verarbeitung«

Obwohl das Feld **Hintergrundverarbeitung** nicht aktiv ist, wird weiterhin die **Blockgröße** »50« als aktiv angezeigt, diese spielt aber bei der Verarbeitung im Dialog keine Rolle. Bei dieser Verarbeitungsmethode werden alle Datensätze einzeln verarbeitet, achten Sie daher bei der Selektion darauf, nicht zu viele Datensätze für die Dialogverarbeitung auszuwählen.

Erste Ergebnisse überprüfen

Nach Abschluss dieses ersten Tests prüfen Sie, ob die Synchronisation erfolgreich war. Hierzu wechseln Sie von der Registerkarte **Verarbeitung** auf die Registerkarte **Monitor**. In der Darstellung dieser Registerkarte wird Ihnen das Log aller Synchronisationsvorgänge gezeigt. Die beiden ersten Spalten zeigen den **Fortschritt** und den **Status** der einzelnen Vorgänge. Hierbei steht ein grünes Quadrat für den erfolgreichen Durchlauf der Synchronisation. Im Fortschritt bedeutet es »abgeschlossen« und im Status »fehlerfrei«. Ein roter Kreis steht für eine Fehlermeldung. Im Fortschritt ist seine Bedeutung »abgebrochen«, im Status »fehlerhaft«. Für die Fortschrittsanzeigen kann außerdem noch das Symbol eines gelben Dreiecks angezeigt werden, wenn die jeweilige Verarbeitung noch aktiv und nicht abgeschlossen ist. Des Weiteren wird Ihnen das Datum und die Uhrzeit gezeigt, an dem die jeweilige Verarbeitung gestartet wurde. Beim Aufruf der Monitorsicht ist das Ergebnis nach Ihrem eigenen Benutzernamen gefiltert. Datum, Anzahl und Benutzername können Sie in der Selektion ändern. Zusätzlich sehen Sie den Synchronisationsumfang, den Namen der RFC-Queue, die Anzahl der Prozesse (beides nur bei Hintergrundverarbeitung), und den genutzten Synchronisationsprozess. Die zuletzt gezeigten Informationen erreichen Sie durch das Verschieben der Ansicht über den Scrollbalken. Abbildung 11.12 zeigt das Log der Dialogsynchronisation.

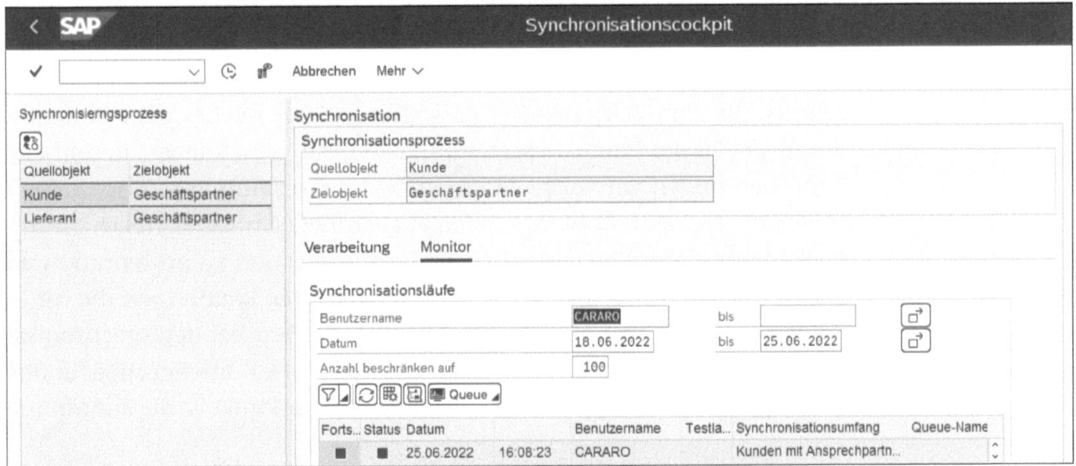

Abbildung 11.12 Selektion eines Kunden auf der Registerkarte »Monitor«

In diesem Fall wird der Fortschritt als abgeschlossen und der Status als erfolgreich dargestellt. In späteren Beispielen werden wir Ihnen weitere Zustände von Synchronisationsläufen zeigen. Wenn Synchronisationsläufe, auch Hintergrundverarbeitungen, mit dem hier gezeigten Status beendet werden, wird zu diesem Lauf kein PPO-Protokoll geschrieben. Wir gehen hier davon aus, dass der Geschäftspartner wie erwartet angelegt wurde.

Manuelle Prüfung in der Transaktion BP

Da wir in unserem Beispiel besonderes Augenmerk auf die Ansprechpartnersynchronisation gelegt haben, sollten Sie die erfolgreiche Synchronisation prüfen, indem Sie die Stammdaten des Geschäftspartners, der Geschäftspartner-Beziehung und des Ansprechpartners kontrollieren. Auf diese Weise sollten Sie vor einer Massensynchronisation alle für Sie wichtigen Punkte kontrollieren. Haben Sie beispielsweise eine eigene Logik für die Synchronisation Ihrer Bankverbindungsdaten implementiert, legen Sie in dieser Phase besonderes Augenmerk auf diese Daten und deren Synchronisation. Auch in einem Sandbox-System ist das beschriebene Vorgehen unserer Meinung nach sinnvoll. Durch die Durchführung der CVI in einem Sandbox-System sollen nicht nur die vorgenommenen Einstellungen geprüft, sondern auch Ihre Stammdaten geprüft und nach Möglichkeit korrigiert werden. Daher ist es sinnvoll, auch die Synchronisation der Sandbox-Daten ernst zu nehmen und sie zu nutzen, um auch das Vorgehen der Stammdatenkorrektur auf Erfolg zu prüfen. Nachdem Sie diese erste Phase der Synchronisation abgeschlossen haben, können Sie dazu übergehen, Ihre Stammdaten massenhaft zu synchronisieren. Wir benutzen hierfür vorrangig die Selektion nach Kontengruppe. Der Grund für dieses Vorgehen ist vor allen Dingen das Thema des Zusammenführens von Kunden und Lieferantenstammdaten in einen Geschäftspartner. Diese Möglichkeit haben wir bereits in Abschnitt 2.2, »Zusammenführung von Kunden und Lieferanten«, beschrieben. Ebenso haben wir in Abschnitt 3.3, »Synchronisation«, die zum Zeitpunkt der Entstehung dieses Buches neue Funktion des Abgleichs der Daten dieser Stammdatenpaare beschrieben. In sehr vielen Fällen finden wir solche Stammdaten, die zusammengeführt werden sollen, in separaten Kontengruppen angeordnet. Um das korrekte Zusammenführen dieser Pärchen nach der Synchronisation zu prüfen und weil gerade in diesen Fällen spezifische Fehler auftreten können, auf die wir in Kapitel 12, »Fehlerbehandlung und Besonderheiten bei der Synchronisation«, genauer eingehen, hat sich die Selektion nach Kontengruppe für uns als ein gutes Vorgehen herausgestellt. Ein weiterer Punkt ist die Zuordnung der Fehlerprotokolle im PPO. Bei der Fragestellung, wer die Fehler korrigiert, stellt sich häufig heraus, dass bestimmte Kontengruppen in die Zuständigkeit definierter Fachbereiche fallen. Im folgenden Beispiel zeigen wir unser Vorgehen, um diese Zuordnung zu ermöglichen. Wie in Abbildung 11.13 zu sehen, nutzen wir nun das Selektionsfeld **Kontengruppe**. Des Weiteren ist die Option der **Hintergrundverarbeitung** aktiviert, und wir haben die Anzahl der parallelen Prozesse auf zwei festgelegt. Außerdem haben wir den Queue-Namen um den Schlüssel der Kontengruppe, in diesem Fall KUNA erweitert. Das ist im weiteren Verlauf bei der Selektion der Fehlerprotokolle im PPO hilfreich.

Abbildung 11.13 Selektion nach Kontengruppe und Vergabe eines Queue-Namens

Hintergrundsynchronisation starten

Wie in Abschnitt 11.2, »Arbeiten mit der Transaktion MDS_LOAD_COCKPIT«, beschrieben, nutzt das System für die Hintergrundverarbeitung keine Batch-, sondern Dialogprozesse. Sie sollten also darauf achten, die Anzahl der hier eingetragenen Prozesse auf die für Ihre Systemkonfiguration passende Anzahl zu beschränken. Die hierzu relevanten Informationen können Sie durch den Aufruf der Transaktion SM51 erhalten, in der Sie je Applikationsserver die Anzahl der zugeordneten Prozesse ermitteln können (siehe Abbildung 11.14). In dem von uns verwendeten System stehen nur zehn Dialogprozesse (Typ DIA) zur Verfügung, aus diesem Grund beschränken wir die Anzahl auf zwei.

Workprozesse der AS-Instanz

Aktive Workprozesse Abbrechen Mehr

Zeit 25.06.2022, 17:50:42
Gesamtanzahl Workprozesse 16
Dialog 10 / 9 (gesamt / frei) , durchschnittliche Last = (0,002 / 0,013 / 0,031)
Verbuchung 1 / 1 (gesamt / frei)
Hintergrund 3 / 3 (gesamt / frei) , durchschnittliche Last = (0,002 / 0,001 / 0,013)
Spool 1 / 1 (gesamt / frei)
Verbuchung 2 1 / 1 (gesamt / frei)
Konfigurierbar 30

Nr.	Typ	Prozess-ID	WP-Status	Info Hält	WP-A...	Gesp. Sem.	Ange. ...	CPU-Zeit	Dauer	Priorität	Programm welches gerade vom WP ausgeführt wird	Man	Benutzer-ID
0	DIA	12.688	wartet					00:08:11					
1	DIA	12.689	wartet					00:12:39					
2	DIA	12.690	läuft					00:14:56		Hoch	CL_SERVER_INFO================CP	800	CARARO
3	DIA	12.691	wartet					00:15:48					
4	DIA	12.692	wartet					00:19:39					
5	DIA	12.693	wartet					00:19:56					
6	DIA	12.694	wartet					00:23:52					
9	DIA	12.697	wartet					00:22:29					
17	DIA	12.705	wartet					00:25:43					
18	DIA	12.706	wartet					00:27:20					
20	UPD	12.708	wartet					00:00:07					
22	BTC	12.710	wartet					00:08:56					
23	BTC	12.711	wartet					00:09:53					
24	BTC	12.712	wartet					00:10:09					

Abbildung 11.14 Übersicht der Dialogprozesse mittels der Transaktion SM51

Mögliche Optimierung der Parallelverarbeitung

Für die Synchronisation von Produktivsystemen besteht aber häufig die Möglichkeit, die Anzahl der zur Verfügung stehenden Dialogprozesse für den Zeitraum der Synchronisation, beispielsweise am Wochenende, durch die Systemadministration maximieren zu lassen, sodass Sie hier mit deutlich mehr parallelen Prozessen arbeiten können. Dadurch erhöht sich der Durchsatz während der Synchronisation deutlich. Jedoch müssen Sie ebenfalls ein ausgewogenes Verhältnis zwischen Dialog- und Verbuchungsprozessen (Typ UPD) im Auge behalten. In unserem gezeigten Beispiel ist ein Prozess vom Typ UPD zugeordnet, in diesem Fall würde eine Erhöhung der Dialogprozesse keinen Sinn machen, da diese zwar die Synchronisation der Stammdaten beschleunigen würden, die Verbuchung der Daten aber immer wieder auf den einzigen UPD-Prozess warten müsste. In der Praxis hat sich hier ein Verhältnis von 1 : 4 als tauglich herausgestellt. Nach erfolgter Selektion, wie in Abbildung 11.13 gezeigt, starten Sie die Synchronisation wie im vorherigen Beispiel über den Button (**Start Synchronisation**). Sie sollten die Meldung aus Abbildung 11.15 erhalten.

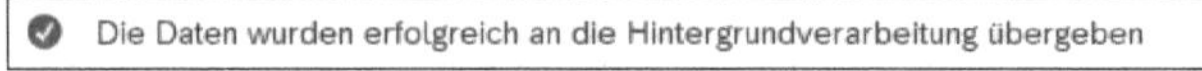

Abbildung 11.15 Start der Hintergrundverarbeitung

Registrierung der Hintergrund-Queues

Starten Sie in Ihrem System die Hintergrundverarbeitung der Stammdatensynchronisation erstmalig, wird in der Regel zwar die RFC-Queue erzeugt und auf der Registerkarte **Monitor** des MDS_LOAD_COCKPIT im Log angezeigt, jedoch weist sie meist den Status inaktiv auf. Sie können über den Button **Queue registrieren und aktivieren** die Verarbeitung der RFC-

Queue starten (siehe Abbildung 11.16). Weitere technische Zusammenhänge zu qRFC haben wir in Abschnitt 11.2, »Arbeiten mit der Transaktion MDS_LOAD_COCKPIT«, erläutert.

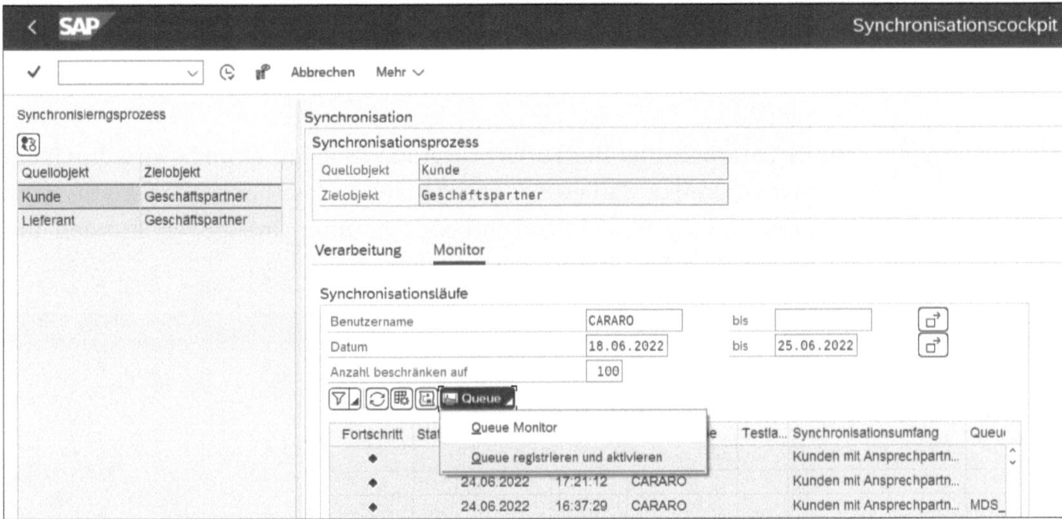

Abbildung 11.16 Registrieren und Aktivieren einer RFC-Queue in MDS_LOAD_COCKPIT

Einzelne Synchronisationsläufe auswerten

In der Regel ist dieser Schritt pro Standard-Queue-Name nur einmalig notwendig. Während der Stammdatensynchronisation einer CVI werden die beiden Queues `MDS_CUST_BUPA` und `MDS_VEND_BUPA` für Kunden und Lieferanten verwendet. Für weitere Hintergrundverarbeitungen starten die RFC-Queues normalerweise automatisch, abhängig von der momentanen Auslastung der Applikationsserver jedoch manchmal um einige Sekunden zeitversetzt. Eine wiederholte Verwendung der Funktion **Queue registrieren und aktivieren** ist aber problemlos möglich. Wie schon bei unserem Beispiel der Einzelsynchronisation angedeutet, werden Ihnen auf der Registerkarte **Monitor** die Logs aller Synchronisationsläufe angezeigt. In Abbildung 11.17 sehen Sie das Log nach einigen Testläufen und dem Start der Hintergrundverarbeitung der Selektion aus Abbildung 11.13. Wie Sie sehen können, wurden einige Testsynchronisationen im Dialog gestartet. Das erkennen Sie daran, dass der jeweiligen Zeile der Eintrag in der Spalte **Name einer RFC-Queue** fehlt. Einträge, bei denen ein Queue-Name zu sehen ist, wurden per Hintergrundverarbeitung gestartet. Ebenso werden drei unterschiedliche Ausprägungen für den Fortschrittsgrad gezeigt:

- **Vollständig**: Der Fortschrittsgrad »vollständig« wird durch ein grünes Quadrat dargestellt. Das bedeutet, dass alle durch die Selektion eingeschlossenen Datensätze verarbeitet wurden.

- **Inaktiv**: Der Fortschrittsgrad »inaktiv« wird durch eine kleine blaue Raute dargestellt. Das bedeutet, dass diese Verarbeitung noch nicht gestartet ist. Entweder ist die RFC-Queue, wie oben beschrieben, nicht aktiviert oder bei der Selektion wurden Datensätze ausgewählt, die nicht verarbeitet werden können. Diese Fehlersituation beschreiben wir in Kapitel 12, »Fehlerbehandlung und Besonderheiten bei der Synchronisation«, genauer.
- **In Verarbeitung**: Der Fortschrittgrad »in Verarbeitung« wird durch ein gelbes Dreieck dargestellt. Das bedeutet, dass bei der Selektion vieler Daten das System einige Zeit benötigt, unter Umständen Stunden, um alle selektierten Daten zu verarbeiten.

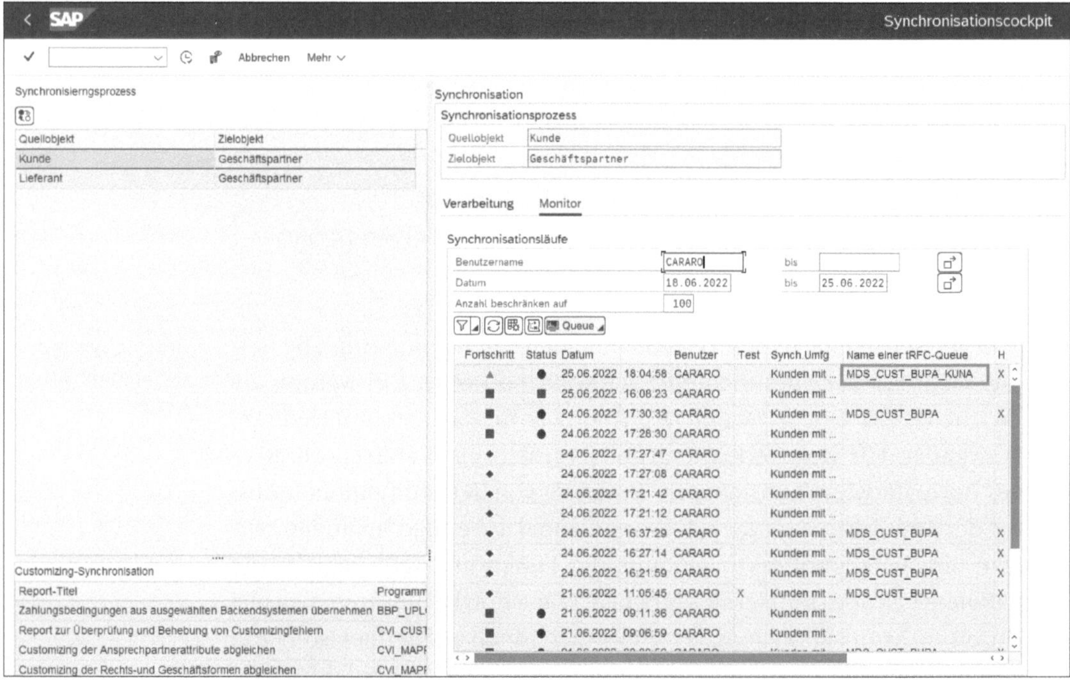

Abbildung 11.17 Logeinträge der Synchronisationsläufe

Die nächste Spalte des Logs zeigt den Status der Verarbeitung. Hier kommen zwei Ausprägungen vor:

- **Korrekt**: Dieser Status wird durch ein grünes Quadrat gekennzeichnet und bedeutet, dass alle verarbeiteten Daten korrekt synchronisiert und verbucht wurden.

- **Fehlerhaft**: Dieser Status wird durch den roten Kreis symbolisiert und bedeutet, dass bei fehlerhafter Verarbeitung mindestens ein Datensatz der Selektion nicht in einen Geschäftspartner überführt werden konnte. Da wir, wie in Kapitel 9, »Customizing der Stammdatensynchronisation für die Customer-Vendor-Integration«, beschrieben, das PPO aktiviert haben, werden diese fehlerhaften Datensätze in ein PPO-Protokoll geschrieben, das in der Folge bearbeitet werden muss, um dafür zu sorgen, dass diese Fehlersituationen aufgelöst werden.

Fehlerkorrektur und Nachbearbeitung organisieren

Wie zuvor beschrieben, haben wir bei der Selektion der Massensynchronisation der Kontengruppe KUNA den Queue-Namen um den Schlüssel der Kontengruppe ergänzt. Dieser Name der Hintergrundverarbeitung ist im Log verfügbar. Wir nutzen diese Nomenklatur für die Zuordnung der Nachbearbeitungsaufträge des PPO zu Fachbereichen oder sonstigen Zuständigkeiten. Mit dem beschriebenen Vorgehen werden nun nach und nach alle Stammdaten selektiert und im Hintergrund verarbeitet. Obwohl wir uns in den Beispielen auf die Prozesse der Kundensynchronisation beschränkt haben, ist die Verarbeitung der Lieferantendaten identisch. In der Regel entstehen, gerade bei der ersten Iteration einer CVI auf der Sandbox viele PPO-Protokolle. Die hier dokumentierten Fehler müssen korrigiert und die fehlgeschlagenen Synchronisationen wiederholt werden. Die Handhabung des PPO und die verschiedenen Möglichkeiten der Nachsynchronisation zeigen wir in Abschnitt 11.4.

11.3.2 Stammdatensynchronisation in Entwicklungs- und Testsystemen

Produktiv- und Testdaten unterscheiden

Die Stammdatensynchronisation der produktiven Daten ist von höchster Wichtigkeit. Da die Sandbox bei dem beschriebenen Vorgehen den produktiven Datenbestand enthält und vor allem dazu dienen soll, den Ablauf der Synchronisation der Daten im Produktivsystem vorgängig zu verifizieren, ist eine sehr sorgfältige Abarbeitung der Synchronisation auch in der Sandbox zu empfehlen. In vielen Systemlandschaften gibt es aber auch Systeme, die ebenfalls Kunden- und Lieferantendaten enthalten, die aber nicht einem produktiven Bestand entsprechen und das auch nicht müssen. Wenn diese Systeme auch bei der SAP-S/4HANA-Konvertierung berücksichtigt werden, müssen Sie auch in all diesen Systemen für eine vollständige CVI sorgen. Allerdings ist es aus unserer Sicht nicht immer notwendig, auch für die inhaltliche und sachliche Richtigkeit der synchronisierten

Daten zu sorgen. In diesen Systemen setzen wir vermehrt die schon in Kapitel 9, »Customizing der Stammdatensynchronisation für die Customer-Vendor-Integration«, beschriebene Funktion der Unterdrückung der Feldprüfungen ein. Durch diese können Sie viele der Fehler verhindern, die wir in Kapitel 12, »Fehlerbehandlung und Besonderheiten bei der Synchronisation«, beschreiben. Sie müssen bei der Verwendung dieser Funktion aber darauf achten, dass sie über das Customizing aktiviert und per Transportauftrag transportiert werden muss. Daher ist es wichtig, dass Sie sicherstellen, dass dieser Customizing-Transport nicht bis in Ihr produktives System transportiert wird. Hier möchten wir auch nochmals auf das BAdI `CVI_CUSTOM_MAPPER` mit der Implementierung `CVI_MIGRATION_SUPPRESS_CHK` hinweisen, mit der Sie die Unterdrückung der Feldprüfung individuell beeinflussen können.

[»]

Generalprobe

Für das letzte System, das in Ihrer Landschaft vor dem Produktivsystem angesiedelt ist, empfehlen wir die Durchführung einer Generalprobe. Hierzu versorgen Sie dieses System nach Möglichkeit vor dem Import der CVI-relevanten Transportaufträge mit einer aktuellen Systemkopie Ihres Produktivsystems. Wenn Sie anschließend die Synchronisation durchführen, haben Sie ein sehr gutes Bild davon, welche Fehler Sie gegebenenfalls noch auf dem Produktivsystem vorfinden werden, und können außerdem abschätzen, welchen Zeitbedarf die Synchronisation der Stammdaten in Anspruch nehmen wird.

Die Funktionen und Herangehensweisen sind aber identisch zu denen im Sandbox-System.

11.3.3 Synchronisation im Produktivsystem

Planung im Produktivsystem

Die Durchführung der massenhaften Stammdatensynchronisation in Produktivsystemen sollten Sie bereits in der Projektplanung berücksichtigen und analysieren, welche Abhängigkeiten es zu Umsystemen und Schnittstellen geben kann. Es empfiehlt sich, Schnittstellen im Bereich der Kunden- und Lieferantenstammdaten während der initialen Massensynchronisation zu deaktivieren. Werden während der Synchronisation betroffene Stammdaten durch Schnittstellen verarbeitet, führt das in der Regel zum Abbruch der Synchronisationsläufe und dann häufig zu Inkonsistenzen, die einer zusätzlichen Korrektur bedürfen. Ansonsten sollte die Synchronisation der Stammdaten in Ihrem Produktivsystem problemlos verlaufen. Mit unserem Standardvorgehen haben Sie, bei sogfältiger Fehlerkorrektur, dafür gesorgt, dass alle Ihre Stammdaten weitgehend fehlerfrei sind, oder eine individuelle Lösung für nicht vermeidbare Konstellationen geschaffen. Im Anschluss der Stammdatensynchronisation Ihrer produktiven Daten sollten Sie dafür sorgen, möglichst zeitnah alle noch aufgetretenen Fehler zu korrigieren und anschließend das PPO zu deaktivieren. Diesen Punkt werden wir in Kapitel 12, »Fehlerbehandlung und Besonderheiten bei der Synchronisation«, nochmals aufgreifen und die Hintergründe weiter erläutern.

11.4 Handhabung des PPO und Nachsynchronisation

Bearbeitung der PPO-Protokolle

Wie bereits in Abschnitt 3.4, »Das Synchronisationscockpit (Transaktion MDS_LOAD_COCKPIT)«, beschrieben, müssen Sie während der CVI für eine vollständige Integration Ihrer Kunden- und Lieferantenstammdaten in den Geschäftspartner sorgen. Die während der Synchronisation fehlerhaft abgebrochenen Stammdatensätze werden, wie bereits beschrieben, im PPO-Protokoll abgelegt und stehen dort für die weitere Bearbeitung zur Verfügung. Sie haben die Möglichkeit, die Nachbearbeitungsaufträge, die pro Protokoll erzeugt werden, automatisiert an definierte Stellen in Ihrem Unternehmen zu verteilen. In diesem Abschnitt geht es jedoch um die direkte Bearbeitung und die Handhabung der Anwendung. Nachdem Ihre Stammdaten zum ersten Mal den Synchronisationsprozess durchlaufen haben, werden Sie anschließend Einträge im PPO haben, die Sie bearbeiten müssen. Wir beschreiben im Folgenden den Aufruf der Fehlerprotokolle direkt aus der Synchronisations-Workbench heraus. Anschließend gehen wir noch kurz auf den direkten Aufruf der Transaktion MDS_PPO2 ein.

11.4.1 Nachbearbeitung im PPO

Aufrufen des PPO aus der Transaktion MDS_LOAD_COCKPIT

Sie können direkt aus der Ansicht des Synchronisationslogs in der Anwendung MDS_LOAD_COCKPIT über die Auswahl eines Logeintrags, der Fehler aufweist, in die Nachbearbeitung der fehlerhaften Datensätze abspringen. Hierzu wählen Sie eine Zeile mit fehlerhaftem Status aus und öffnen das PPO-Protokoll über den Button (**Aufruf PPO**; siehe Abbildung 11.18).

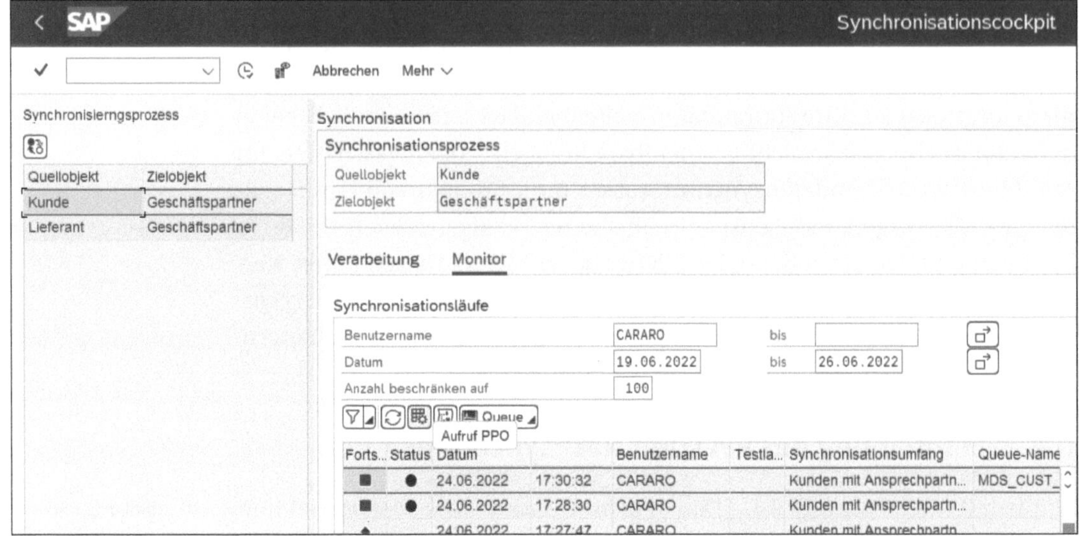

Abbildung 11.18 Aufruf des PPO aus dem Log von MDS_LOAD_COCKPIT

Spezifische Selektion von Fehlern

Durch diese Herangehensweise weisen die gezeigten Einträge im Protokoll genau auf die Fehler des jeweiligen Synchronisationslaufs hin. Außerdem führt diese Selektion und die beschriebene Abgrenzung der Daten nach Kontengruppen dazu, dass die Fehlerkorrekturen spezifisch den verantwortlichen Stellen im Unternehmen zugewiesen werden können. Wir empfehlen, die Fehlerkorrektur während eines Sandbox-Durchlaufs zweistufig durchzuführen. Zuerst werden die Fehler in der Sandbox identifiziert und korrigiert. Führt die Korrektur zu einer erfolgreichen Nachsynchronisation werden die gleichen Stammdaten auch im Produktivsystem korrigiert. Auf diese Weise wird sichergestellt, dass diese Fehler weder bei einem zweiten Sandbox-Durchlauf noch später im Produktivsystem erneut auftreten. Nach dem Aufruf des PPO-Protokolls werden die im jeweiligen Synchronisationslauf aufgetretenen Fehler tabellarisch angezeigt.

[»]

Download von PPO-Protokollen

Für die Fehleranalyse und Dokumentation kann es sinnvoll sein, die Liste der Fehlermeldungen aus dem PPO herunterzuladen. Es gibt keine eingebaute Funktionalität zum Herunterladen der Nachrichten als Tabellenkalkulation wie in anderen ALV-Views. Sie können die Nachrichten als Tabellenkalkulation erhalten, indem Sie die folgenden Schritte ausführen:

- Öffnen Sie die Transaktion MDS_PPO2, und öffnen Sie die Nachbearbeitungsaufträge über die Taste F8.

- Um das Layout der Ausgabe nach Ihren Wünschen zu ändern (z. B. Felder **Nachrichtenklasse** und **Nachrichtennummer** einfügen), klicken Sie auf das kleine Dreieck rechts neben dem Button (**Layout auswählen**) und wählen **Layout ändern**.
- Öffnen Sie das Druckmenü, indem Sie das kleine Dreieck rechts neben dem Button (**Druckansicht**) klicken und **Druckansicht der gesamten Hierarchie** wählen.
- Wählen Sie im Vorschaufenster **System • Liste • Speichern • Lokale Datei**, und speichern Sie die Datei als Textdatei (siehe Abbildung 11.19).

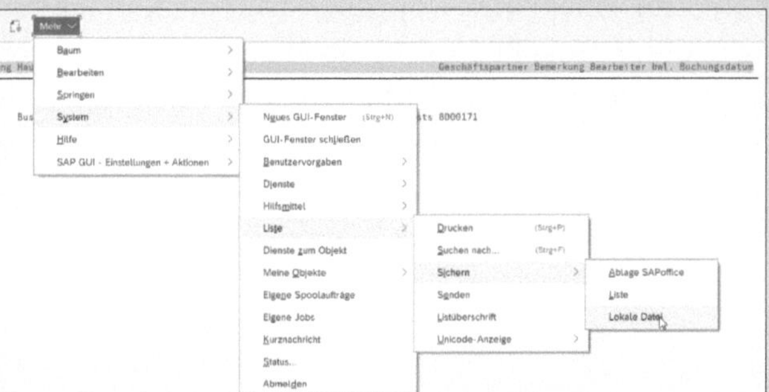

Abbildung 11.19 Export der PPO-Fehlerliste

- Importieren Sie die Textdatei in Microsoft Excel, indem Sie die erzeugte Textdatei in Microsoft Excel öffnen und über den Konvertierungsassistenten in ein Tabellenblatt übernehmen.

In Abbildung 11.20 sehen Sie das PPO-Protokoll des zuvor beschriebenen Synchronisationslaufs.

Meldung | Filter

Hauptobjekt / Schl...	Status	Prozess	Prozessbezeichnung	Hauptmeldung	Geschäftspartner
Kunde					
10203	○○■	CVI_01		Steuernummerntyp US0 ist nicht vorhanden	8000186
1098	●○○	CVI_01		Steuernummerntyp AR0 ist nicht vorhanden	8000172
1700	○○■	CVI_01		Geschlecht 'Männlich' paßt nicht zur Anrede 'Frau'	Neues Objekt
1700	●○○	CVI_01		Business Partner with GUID 4DEEBE0A9BB9D511859000902761A739 already exists	8000171
3410	●○○	CVI_01		Steuernummerntyp US0 ist nicht vorhanden	8000173
3411	●○○	CVI_01		Steuernummerntyp US0 ist nicht vorhanden	8000174
3415	●○○	CVI_01		Steuernummerntyp RU0 ist nicht vorhanden	8000175
3510	●○○	CVI_01		Steuernummerntyp US0 ist nicht vorhanden	8000180
3555	●○○	CVI_01		Geben Sie eine Branche an	8000177
3558	●○○	CVI_01		Geben Sie eine Branche an	8000178
4300	●○○	CVI_01		Geben Sie eine Branche an	8000179
4301	●○○	CVI_01		Geben Sie eine Branche an	8000176
4302	●○○	CVI_01		Geben Sie eine Branche an	8000181
4303	●○○	CVI_01		Geben Sie eine Branche an	8000182
6000	●○○	CVI_01		Steuernummerntyp US0 ist nicht vorhanden	8000183
6002	●○○	CVI_01		Steuernummerntyp US0 ist nicht vorhanden	8000185
6006	●○○	CVI_01		Steuernummerntyp US0 ist nicht vorhanden	8000184

Abbildung 11.20 PPO-Protokoll mit einzelnen Nachbearbeitungsaufträgen

Im Folgenden beschreiben wir die Korrektur einiger aufgetretenen Fehler und geben Hinweise auf die Fehlerursachen. Eine Übersicht der häufigsten Fehler erhalten Sie in Kapitel 12, »Fehlerbehandlung und Besonderheiten bei der Synchronisation«.

Beispiel einer Fehlerkorrektur

In der ersten Zeile des gezeigten Protokolls wird die Fehlermeldung **Steuernummertyp US0 ist nicht vorhanden** ausgegeben. Weiterführende Informationen zu den Steuernummern und dem Steuernummertyp am Geschäftspartner erhalten Sie in Abschnitt 4.11, »Steuernummer«. An dieser Stelle zeigen wir den Weg der Analyse direkt über das Fehlerprotokoll und eine mögliche Korrektur. Über einen Doppelklick auf die Kundennummer in der ersten Spalte des Protokolls werden Sie in eine weitere Ansicht des PPO geleitet, in der Sie den Auftrag bearbeiten können (siehe Abbildung 11.21).

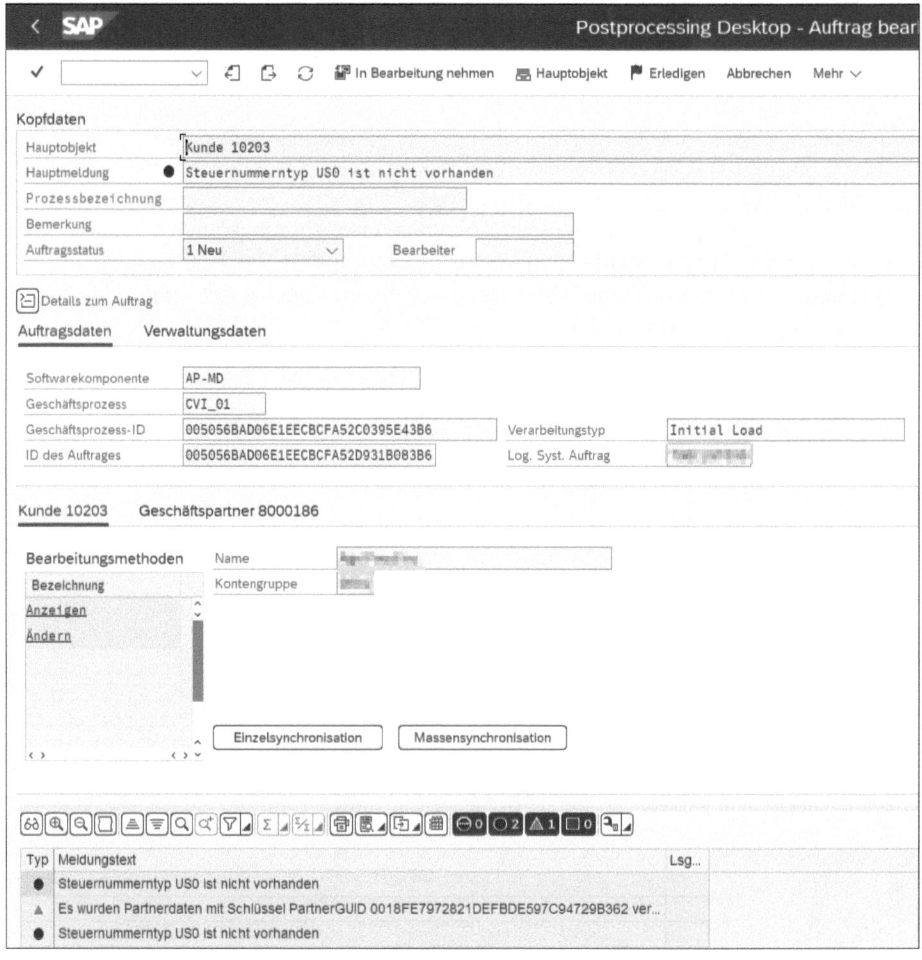

Abbildung 11.21 Ansicht »Auftrag bearbeiten« im PPO

In der Ansicht **Auftrag bearbeiten** erhalten Sie detailliertere Informationen zu der Fehlersituation. In den Kopfdaten werden Ihnen Informationen zu dem Objekt gegeben, bei dem die Fehlersituation auftrat. Im Abschnitt **Auftragsdaten** erhalten Sie Informationen zum Prozess, der zur Verarbeitung der Daten verwendet wurde. Darunter finden Sie den Bereich, in dem die Analyse und Korrektur der Fehlersituation stattfindet. Unten wird ein erweitertes Protokoll des Fehlers ausgewiesen. Im Bereich, in dem die Kunden- und Geschäftspartner-Daten gezeigt werden, haben Sie die Möglichkeit, über die beiden Funktionen **Anzeigen** und **Ändern** in die Pflegetransaktionen zu dem jeweiligen Objekt abzuspringen.

Fehlerursache Steuernummertyp

Welches Problem führt nun zu der Fehlermeldung **Steuernummertyp US0 ist nicht vorhanden**? Dazu zeigen wir in Tabelle 11.1 nochmals die Logik, nach der die Steuernummertypen den Steuernummerfeldern des Kunden- und Lieferantenstamms zugeordnet werden. In Abschnitt 4.11, »Steuernummer«, haben wir dies ausführlich erklärt.

Steuernummertyp (XX steht für das jeweilige Landeskürzel)	Feld (Tabelle KNA1/LFA1) Kunden- und Lieferantenstamm allgemeiner Teil
XX0	STCEG USt-Identifikationsnummer
XX1	STCD1 Steuernummer 1
XX2	STCD2 Steuernummer 2
XX3	STCD3 Steuernummer 3
XX4	STCD4 Steuernummer 4
XX5	STCD5 Steuernummer 5

Tabelle 11.1 Logik des Steuernummertyps und der Steuernummer

Einzelne Datensätze ändern

Da in der Fehlermeldung der Steuernummertyp US0 als Ursache ausgewiesen wurde, ist davon auszugehen, dass der Debitor den Länderschlüssel US aufweist und im Feld STCEG (Umsatzsteuer-Identifikationsnummer) der Wert für die amerikanische Steuernummer eingetragen wurde. Um das zu kontrollieren und zu korrigieren, können Sie die Funktion **Ändern** nutzen. Abbildung 11.22 bestätigt, dass der Länderschlüssel des Debitors US ist. In Abbildung 11.23 sehen Sie, dass die Steuernummer falsch gepflegt wurde. Die US-Steuernummer ist im Debitorenstamm im Feld STCEG gepflegt, dieses Feld ist den Umsatzsteuer-Identifikationsnummern der EU vorbehalten. Das müssen Sie korrigieren. Die US-Steuernummer müssen Sie in ein Steuernummerfeld eintragen, dem auch ein Steuernummertyp zugeordnet ist.

Im Pflegeview `V_TFKTAXNUMTYPEC` können Sie prüfen, welche Felder hier für das jeweilige Land gepflegt sind und somit verwendet werden können. In unserem Beispiel nutzen wir das Feld **Steuernummer 1**.

Abbildung 11.22 Debitor ändern aus dem PPO-Fehlerprotokoll zur Adresse

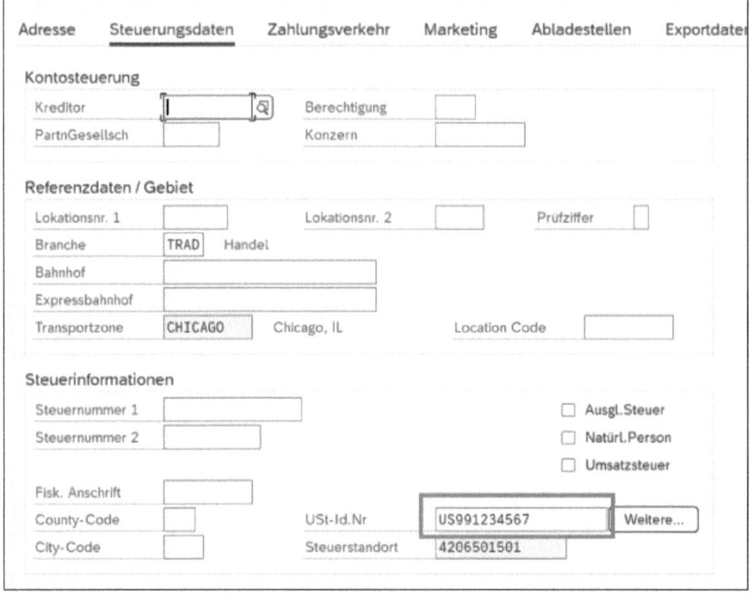

Abbildung 11.23 Debitor ändern – Kontrolle der gepflegten Steuernummern

Nach der Änderung der Stammdaten können Sie die Funktionen **Einzelsynchronisation** oder **Massensynchronisation** verwenden, um die korrigierten Stammdaten erneut zu synchronisieren. (siehe Abbildung 11.24).

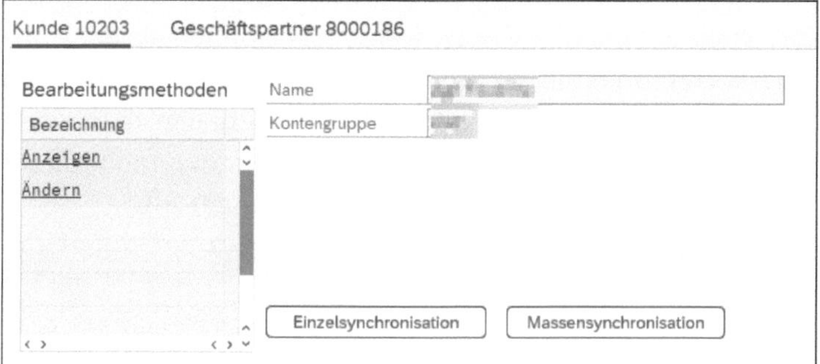

Abbildung 11.24 Einzel- oder Massensynchronisation nach Stammdatenkorrektur

Korrektur durch Massensynchronisation aus dem PPO-Protokoll

Die Option **Massensynchronisation** wird alle Fehler des PPO-Protokolls nachsynchronisieren, die dieselbe Fehlerklasse aufweisen wie der gerade in Bearbeitung befindliche Fehler. Abbildung 11.25 zeigt die Auswahl aller aufgetretenen Fehler zum Steuernummertyp für unser PPO-Protokoll.

Die Verwendung der Funktion der Massensynchronisation ist für alle Fälle sinnvoll, in denen die Korrektur eines Fehlers durch die Änderung des Customizings gelöst wurde. Angenommen, wir hätten uns im vorangegangenen Beispiel dazu entschieden, den Steuernummertyp US0 im Customizing nachzupflegen – das wäre sachlich falsch, soll hier aber nur als Beispiel dienen –, würde die Massensynchronisation dafür sorgen, dass die vier Zeilen mit dem Typ US0 in der Abbildung aufgelöst und technisch korrekt synchronisiert werden würden.

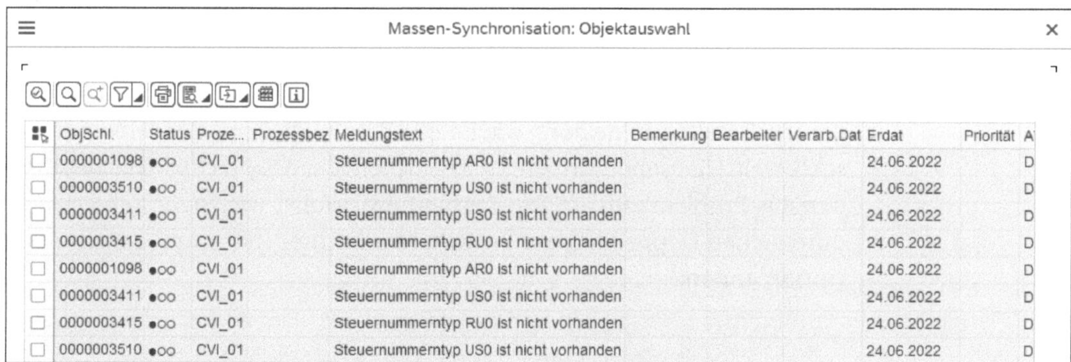

Massen-Synchronisation: Objektauswahl

ObjSchl.	Status	Proze...	Prozessbez	Meldungstext	Bemerkung	Bearbeiter	Verarb.Dat	Erdat	Priorität	A
0000001098	●○○	CVI_01		Steuernummerntyp AR0 ist nicht vorhanden				24.06.2022		D
0000003510	●○○	CVI_01		Steuernummerntyp US0 ist nicht vorhanden				24.06.2022		D
0000003411	●○○	CVI_01		Steuernummerntyp US0 ist nicht vorhanden				24.06.2022		D
0000003415	●○○	CVI_01		Steuernummerntyp RU0 ist nicht vorhanden				24.06.2022		D
0000001098	●○○	CVI_01		Steuernummerntyp AR0 ist nicht vorhanden				24.06.2022		D
0000003411	●○○	CVI_01		Steuernummerntyp US0 ist nicht vorhanden				24.06.2022		D
0000003415	●○○	CVI_01		Steuernummerntyp RU0 ist nicht vorhanden				24.06.2022		D
0000003510	●○○	CVI_01		Steuernummerntyp US0 ist nicht vorhanden				24.06.2022		D

Abbildung 11.25 Objektauswahl Massensynchronisation im PPO

Nachhalten der Korrekturen

Nach der erneuten Synchronisation der korrigierten Fehlersituationen werden alle Einträge, die durch die Synchronisation aufgelöst wurden, im PPO-Protokoll durch eine grüne Ampel dargestellt. Der Übersichtlichkeit halber sollten Sie während der Bearbeitung darauf achten, dass alle bearbeiteten Sätze eines Protokolls auf **erledigt** gesetzt werden. So können Sie den Fortschritt der Fehlerkorrekturen messen und protokollieren. Sie können auch nicht erneut synchronisierte Sätze des Protokolls als erledigt markieren, indem Sie in der Übersicht des PPO-Protokolls das Statussymbol dieser Sätze per Doppelklick auf erledigt setzen (siehe Abbildung 11.26).

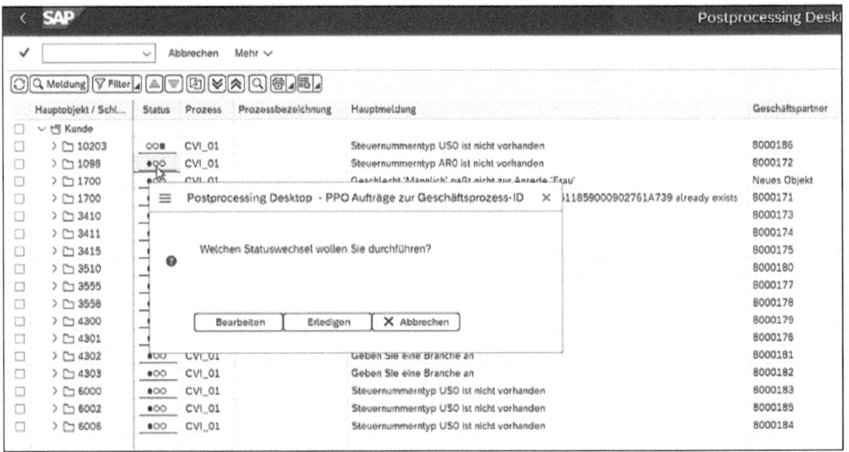

Abbildung 11.26 PPO-Status »erledigt«

Der Status des bearbeiteten Fehlers ist bereits durch die Nachsynchronisation auf »erledigt« gesetzt worden. Die Abbildung zeigt ebenfalls das Dialogfenster für die manuelle Änderung eines Status.

Korrektur falscher Zuordnung von Anrede und Geschlecht

Ein weiterer Fehler, der häufig auftritt, ist eine falsche Geschlechterzuordnung eines Kundenansprechpartners mit der Fehlermeldung **Geschlecht 'Männlich' paßt nicht zur Anrede 'Frau'** (siehe Abbildung 11.27). Wenn Sie die oberste Ebene der Fehlermeldung aufklappen, indem Sie sie anklicken, werden die Details zur Meldung wie im Bild der Bearbeitung des Fehlers aufgeschlüsselt. Hier sehen Sie bereits, in welchem der Ansprechpartner des Kunden das Problem auftritt. Die Bearbeitung erfolgt, wie zuvor beschrieben, durch einen Doppelklick auf die Kundennummer selbst und dann auf die Option **Ändern**.

1700	●○○	CVI_01	Geschlecht 'Männlich' paßt nicht zur Anrede 'Frau'	Neues Objekt
000001			Es wurden Partnerdaten mit Schlüssel PartnerGUID 3E4A730B9BB9D51185900090...	
000002			Geschlecht 'Männlich' paßt nicht zur Anrede 'Frau'	
000003			KNVK-PARNR 0000000058	

Abbildung 11.27 Detailansicht der Fehlermeldungen im PPO-Protokoll

Korrektur der Anrede

In unserem Fall sehen Sie in den Ansprechpartnerdaten des Debitors Frau Charles Duvalier (siehe Abbildung 11.28). Um den Fehler zu korrigieren, müssen Sie nun entweder die Anrede von Frau auf Herr ändern, oder Sie müssen das Geschlecht ändern. Aufgrund des Namens entscheiden wir uns für die Änderung der Anrede.

Abbildung 11.28 Ansprechpartnerdetails mit geänderter Anrede

11.4.2 Gezielte Nachsynchronisation durch eine Microsoft-Excel-Datei

Microsoft-Excel-Upload

Neben der direkten Nachsynchronisation aus der Fehlerkorrektur heraus haben Sie auch die Möglichkeit, eine gezielte Nachsynchronisation bestimmter Kunden- oder Lieferantenstammdaten anzustoßen. Es besteht im System an zwei Stellen die Möglichkeit, Microsoft-Excel-Vorlagen herunterzuladen (über den Button, **Download Template**) und anschließend wieder in die Selektion der Transaktion MDS_LOAD_COCKPIT hochzuladen (über den Button, **Excel hochladen**). Beide Vorgehen werden in den folgenden Abschnitten beschrieben.

Microsoft-Excel-Vorlage in der Transaktion MDS_LOAD_COCKPIT

In der Selektionsmaske der Transaktion MDS_LOAD_COCKPIT können Sie eine Microsoft-Excel-Vorlage herunterladen, indem Sie den Button (**Download Template**) nutzen, den Sie anschließend selbst mit Daten füllen und an gleicher Stelle über den Button (**Excel hochladen**) wieder in die Selektionsmaske übernehmen können. Beachten Sie, dass Sie entweder nur Kunden oder nur Lieferanten in einer Datei führen können. Beim Aufruf der Transaktion MDS_LOAD_COCKPIT entscheiden Sie sich im Vorfeld für einen Prozess, Kunde → GP oder Lieferant → GP. Die jeweiligen Dateien müssen zum Prozess passende Daten enthalten. Die beiden Buttons sehen Sie in Abbildung 11.29.

Abbildung 11.29 Download und Upload einer Microsoft-Excel-Vorlage in der Transaktion MDS_LOAD_COCKPIT

Sollten diese beiden Funktionen in Ihrem System nicht zur Verfügung stehen, beachten Sie bitte SAP-Hinweis 2399368 (Microsoft-Excel-Upload-Option in MDS_LOAD_COCKPIT). In Tabelle 11.2 sehen Sie die Spaltenüberschriften aus der Microsoft-Excel-Vorlage. Diese müssen so in den Excel-Dateien zum Upload in die Transaktion MDS_LOAD_COCKPIT verwendet werden, damit die Daten beim Einlesen korrekt erkannt werden.

Excel-Upload über SAP-Hinweis einbauen

Field Name	Incl/Excl	Option	Lower limit	Upper limit
KUNNR	I	EQ	101	

Tabelle 11.2 Überschriften der Microsoft-Excel-Vorlage aus der Transaktion MDS_LOAD_COCKPIT

Die Vorlage füllen Sie mit den Daten, die Sie gezielt synchronisieren möchten, und laden sie anschließend über die Upload-Funktion wieder hoch. Starten Sie nun die Synchronisation.

Microsoft-Excel-Datei aus der Vollständigkeitsprüfung

Nachsynchronisation mit dem Ergebnis der Vollständigkeitsprüfung

Wie in Kapitel 3, »Ablauf der Customer-Vendor-Integration«, beschrieben, bietet das CVI-Cockpit eine Vollständigkeitsprüfung. Diese nutzen Sie, um während der CVI im Laufe der Fehlerkorrektur und Nachsynchronisationen die Vollständigkeit der Integration Ihrer Kunden- und Lieferantendaten zu überprüfen.

Sie können die Prüfung aus dem CVI-Cockpit oder direkt über die Transaktion CVI_COMPL_CHK aufrufen. Abbildung 11.30 zeigt das Ergebnis unserer Auswertung. Sie sehen vier Datenbereiche mit Kunden- bzw. Lieferantennummern, zu denen es keine Verknüpfung mit einem Geschäftspartner gibt. Über die Funktion **Exporterg.** wird der Export der vier Datenbestände in separaten Microsoft-Excel-Dateien gestartet. Diese werden im lokalen Verzeichnis **C:\Temp\CVI** abgelegt. Sie müssen bei der Verwendung dieser Funktion also darauf achten, dass Ihre Unternehmensrichtlinien dies nicht verhindern.

Die erzeugten Dateien können anschließend, wie im vorherigen Abschnitt beschrieben, wieder über die Upload-Funktion in das MDS_LOAD_COCKPIT hochgeladen werden.

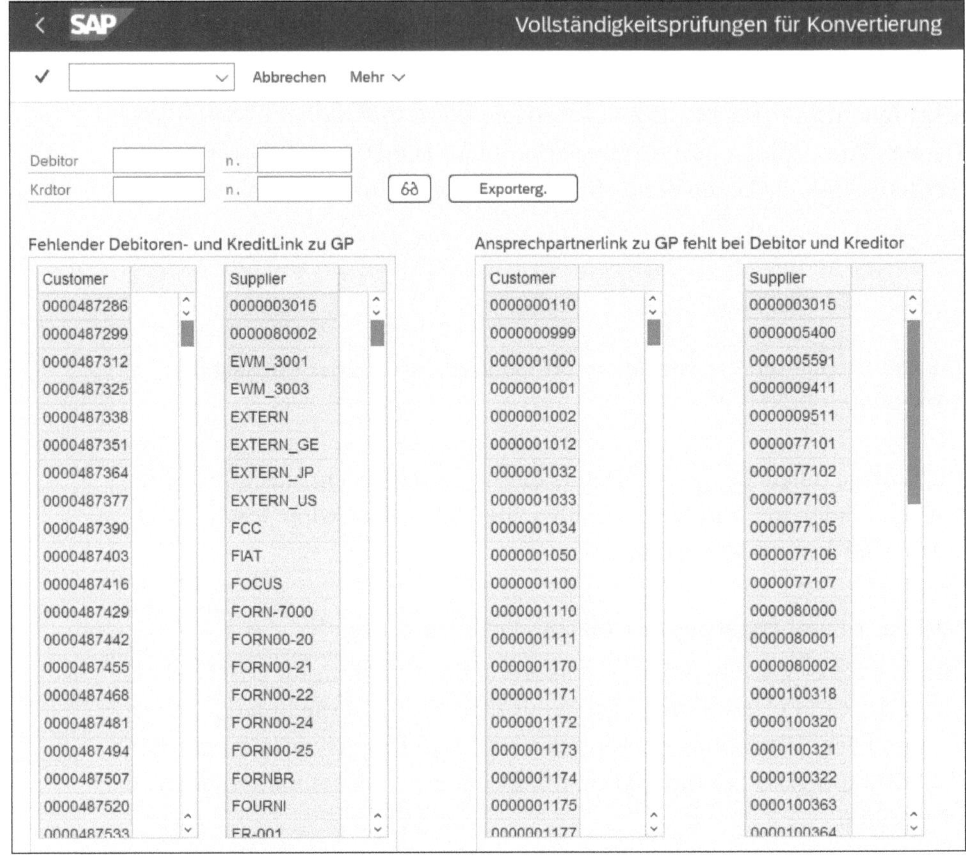

Customer	Supplier
0000487286	0000003015
0000487299	0000080002
0000487312	EWM_3001
0000487325	EWM_3003
0000487338	EXTERN
0000487351	EXTERN_GE
0000487364	EXTERN_JP
0000487377	EXTERN_US
0000487390	FCC
0000487403	FIAT
0000487416	FOCUS
0000487429	FORN-7000
0000487442	FORN00-20
0000487455	FORN00-21
0000487468	FORN00-22
0000487481	FORN00-24
0000487494	FORN00-25
0000487507	FORNBR
0000487520	FOURNI

Customer	Supplier
0000000110	0000003015
0000000999	0000005400
0000001000	0000005591
0000001001	0000009411
0000001002	0000009511
0000001012	0000077101
0000001032	0000077102
0000001033	0000077103
0000001034	0000077105
0000001050	0000077106
0000001100	0000077107
0000001110	0000080000
0000001111	0000080001
0000001170	0000080002
0000001171	0000100318
0000001172	0000100320
0000001173	0000100321
0000001174	0000100322
0000001175	0000100363

Abbildung 11.30 Ergebnis der Vollständigkeitsprüfung

11.5 Fazit

Obwohl vielleicht mit Spannung erwartet, stellt sich die Tätigkeit bei der eigentlichen Synchronisation Ihrer Stammdaten als unspektakulär dar. Sie haben nun unser Vorgehen und die von uns verwendeten Funktionen während der Stammdatensynchronisation kennengelernt. Der Großteil der Arbeit in dieser Phase der CVI liegt in der Analyse und Korrektur der Stammdaten, die während der Synchronisation zu Fehlern geführt haben. Hierzu haben wir beispielhaft zwei Fehler einer Hintergrundverarbeitung analysiert und korrigiert. Ebenso haben wir Ihnen unterschiedliche Vorgehensweisen für die Nachsynchronisation der korrigierten Stammdaten erläutert. An dieser Stelle möchten wir nochmals darauf hinweisen, dass wir es für sehr wichtig erachten, dass die identifizierten Fehler zuerst auf der Sandbox korrigiert werden, um zu prüfen, ob der Lösungsweg zu einer erfolgreichen Synchronisation führt. Anschließend raten wir Ihnen dringend zu einer zeitnahen Korrektur der gleichen Daten im Produktivsystem. Standardmäßig verwenden wir nach der erfolgten Korrektur und der vollständigen Synchronisation der Daten auf der Sandbox eine weitere Systemkopie des Produktivsystems für einen zweiten Durchlauf auf der Sandbox. Für diesen sollte ein Systemstand des Produktivsystems genutzt werden, der bereits alle Fehlerkorrekturen enthält. Auf diese Weise überprüfen Sie nicht nur den Lösungsweg, sondern auch die Korrektur Ihrer produktiven Daten.

Kapitel 12
Fehlerbehandlung und Besonderheiten bei der Synchronisation

In unseren CVI-Projekten sind wir immer wieder auf die unterschiedlichsten Fehler gestoßen. In diesem Kapitel sammeln wir all diese Fehlermeldungen und stellen Ihnen erprobte Lösungsansätze vor.

Im Folgenden finden Sie eine Sammlung aller Fehlermeldungen mit den dazu passenden Lösungen, die wir während unserer langjährigen Projektarbeit bisher angetroffen haben. Einige dieser Fehlermeldungen stammen aus Projekten, die schon einige Jahre zurückliegen und zum Teil auch recht individuell sind. Wir hoffen, dass Ihnen dieses Kompendium dennoch bei Schwierigkeiten, die in Ihren Projekten auftreten können, weiterhelfen wird.

Zu Abschnitt 12.4, »Fehlermeldungen bei Zusammenführung von Debitor und Kreditor in einen gemeinsamen Geschäftspartner«, möchten wir anmerken, dass viele Probleme durch die Funktion CVI_LEDH, die in Kapitel 3, »Ablauf der Customer-Vendor-Integration«, beschrieben ist, behoben werden. Dennoch haben wir die uns bekannten Probleme ebenfalls in dieses Kapitel aufgenommen. In Abschnitt 12.5 erläutern wir Ihnen die optionale Nutzung des PPO nach der durchgeführten Customer-Vendor-Integration (CVI).

12.1 Fehlermeldung aufgrund des CVI-Customizings

Fehler aufgrund von Customizing-Einstellungen

Im Vorfeld der Stammdatensynchronisation haben Sie das dafür notwendige Customizing, wie in Kapitel 9, »Customizing der Stammdatensynchronisation für die Customer-Vendor-Integration«, beschrieben ist, vorgenommen. Dennoch kann es sein, dass aufgrund fehlerhafter Customizing-Einstellungen Fehlermeldungen bei Ihnen auftreten. Die gängigsten Fehlermeldungen sowie Lösungsansätze beschreiben wir in den folgenden Abschnitten.

12.1.1 Fehlende Steuernummertypen

Steuernummertyp

Erhalten Sie in den PPO-Meldungen den Hinweis, dass Steuernummertypen für ein Land fehlen, lesen Sie SAP-Hinweis 201073 (Hinzufügen weiterer Steuernummertypen zum Geschäftspartner).

Sie sollten in diesem Fall die neuen Einträge im View `V_TFKTAXNUMTYPE` mittels Transaktion SM30 anlegen und anschließend das Customizing der Tabelle `TFKTAXNUMTYPEC` um die neuen Einträge vervollständigen. Wenn die Steuernummern für den Datenaustausch mit dem SAP-ERP-Kundenstamm relevant sein sollen, ist darauf zu achten, dass der neue Steuernummertyp folgenden Regeln entspricht:

- Die ersten beiden Stellen des Steuernummertyps entsprechen dem zweistelligen ISO-Code des Landes, für das er gültig ist.
- An der dritten Stelle folgt eine Nummer zwischen 0 und 4:
  - 0 = europäische Umsatzsteueridentifikationsnummer, wird beim Austausch mit dem ERP-Kundenstamm ins Feld **Umsatzsteueridentifikationsnummer** geschrieben.
  - 1–4 = Steuercode 1–4, wird beim Austausch mit dem ERP-Kundenstamm in das der Nummer entsprechende Feld Steuercode 1–4 geschrieben (also etwa in Steuercode 1 bei einer 1 an der dritten Stelle).

Prüfbaustein BUPA_TAX_NUMBER_CHECK

- Im Feld **Funktionsname** tragen Sie für Nummern von 1–4 den Prüfbaustein `BUPA_TAX_NUMBER_CHECK` ein. Achten Sie darauf, dass für neu hinzugefügte Steuernummern nur die allgemeinen Formatprüfungen aktiviert werden können, nicht aber die länderspezifischen Schablonen.

Das Vorgehen zur Ergänzung der fehlenden Steuernummertypen haben wir bereits in Abschnitt 4.11, »Steuernummer«, beschrieben. Außerdem haben wir diese Fehlermeldung in Abschnitt 11.4.1, »Nachbearbeitung im PPO«, anhand eines Beispiels im Detail betrachtet.

12.1.2 Anrede für Organisationen (Fehler R1231)

Fehlermeldung aufgrund der Anrede

Bei der Fehlermeldung »Kunde → Geschäftspartner Anrede XX ist für Organisation nicht vorgesehen« (Fehler R1231) beachten Sie die folgenden SAP-Hinweise:

- 1767277 (R1231: Form of address 0001 not designated for organizations)
- 2000099 (CVI fails with error R1231: »Form of address &1 not designated for organizations«)

Wie bereits in Abschnitt 9.2.6, »Weitere Business Add-ins«, beschrieben, werden durch das BAdI `CVI_MAP_TITLE` zwei Implementierungen von SAP ausgeliefert.

Per Default ist die Implementierung `CVI_MAP_TITLE_DIRECT` aktiv, die den Geschäftspartner-Typ nicht berücksichtigt und immer den Geschäftspartner-Typ **Organisation** verwendet.

Die Implementierung `CVI_MAP_BP_CATEGORY` verwendet den Geschäftspartner-Typ **Person**, wenn ein Titel im Debitor/Kreditor gepflegt ist. Werden alle Debitoren/Kreditoren als **Organisation** (Geschäftspartner-Typ 2) angelegt, so muss das Customizing unter folgendem IMG-Pfad angepasst werden: **Anwendungsübergreifende • Komponenten • SAP-Geschäftspartner • Geschäftspartner Grundeinstellungen • Anreden • Anreden pflegen.**

12.1.3 »Geschlecht XXX passt nicht zur Anrede YYY« (Fehler R1 1124)

12

Fehlermeldung aufgrund des Geschlechts

Die Fehlermeldung »Geschlecht **XXX** passt nicht zur Anrede YYY« (Fehler R1 1124) haben wir in Abschnitt 11.4.1, »Nachbearbeitung im PPO«, beschrieben und führen sie hier der Vollständigkeit halber nochmals auf.

Beachten Sie SAP-Hinweis 2344905 (BP cannot be created from Customer due to error R11124). Der Fehler entsteht, wenn dem Debitor Ansprechpartner zugeordnet sind. Zusätzlich zu der in Kapitel 11, »Durchführung der Stammdatensynchronisation«, beschriebenen Lösung kann dieser Fehler auch bei Problemen mit der Nummernvergabe der Geschäftspartner-Ansprechpartner auftreten. Diese werden im SAP-Standard durch die Synchronisation mit der Gruppierung angelegt, die für die Nummernvergabe das Kennzeichen **interner Standard** aufweist (siehe Abschnitt 4.7.2, »Gruppierungen definieren und Nummernkreise zuordnen«).

Standardgruppierung

Als Erstes prüfen Sie, ob eine Standardgruppierung für interne Nummernvergabe definiert ist. Wenn ja, prüfen Sie anschließend, ob sich dieses Nummernintervall mit dem Nummernintervall der Zielgruppierung für Debitoren und Kreditoren überschneidet.

Lautet die Antwort ebenfalls ja, dann muss das Nummernintervall der internen Standardgruppierung dahingehend geändert werden, dass das neue Intervall außerhalb der Nummernintervalle der Gruppierungen Debitoren bzw. Kreditoren liegt. Außerdem prüfen Sie SAP-Hinweis 2551836 (Error R11 124 and R1 475/R1 474 during synchronization).

12.1.4 »Eine Branche angeben«

Fehlermeldung aufgrund der Branche

Die Ursache für die Fehlermeldung »Eine Branche angeben« besteht darin, dass die Branche des Kunden (kann1-BRSCH) oder Lieferanten (LFA1-BRSCH) im Branchensystem nicht konfiguriert wurde.

Es müssen jedoch alle Branchen gepflegt werden, die für Kunde/Lieferant auch für Geschäftspartner verwendet werden und umgekehrt. Das Customizing des Branchensystems haben wir in Abschnitt 4.13.1, »Branchensystem«, und das Customizing für die Zuordnung in Abschnitt 9.2, »Customizing zur Customer-Vendor-Integration«, beschrieben

12.1.5 »Telefon-/Faxcode für Landesvorwahl XX ist nicht gepflegt«

Fehlermeldung aufgrund der Landesvorwahl

Bei der Fehlermeldung »Telefon-/Faxcode für Landesvorwahl XX ist nicht gepflegt« fehlt das Customizing für die Ländereinstellungen. Um das Problem zu beheben, sind die länderspezifischen Telefonnummern unter dem in Abbildung 12.1 gezeigten Customizing zu pflegen.

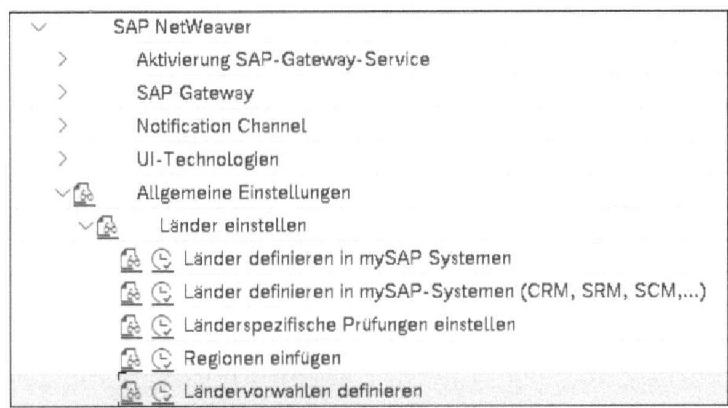

Abbildung 12.1 Ländervorwahlen definieren

12.2 Fehlermeldung aufgrund von inkonsistenten Stammdaten

Inkonistente Stammdaten

Stammdatenfehlermeldungen basieren oft auf Stammdatenuploads mit falschen Datenformaten, deaktivierten Standardprüfungen oder der Verwendung von individuellen Programmen zur Pflege/Aktualisierung von Stammdaten. Andere Quellen können geänderte Konfigurationseinstellungen ohne Anpassung der abhängigen Stammdatensätze sein (z. B. Änderung von Transportzonen).

12.2.1 »Der dem Kunden yyyy zugeordnete Handelspartner xxx existiert nicht«

Fehlermeldung aufgrund der Partnergesellschaft

Die Fehlermeldung »Der dem Kunden yyyy zugeordnete Partner xxx existiert nicht« tritt auf, wenn die im Feld KNA1-VBUND (siehe Abbildung 12.2) angegebene Partnergesellschaft (**PartnGesellsch**) in der Tabelle T880 nicht existiert. Das Gleiche gilt analog für Lieferanten, LFA1-VBUND.

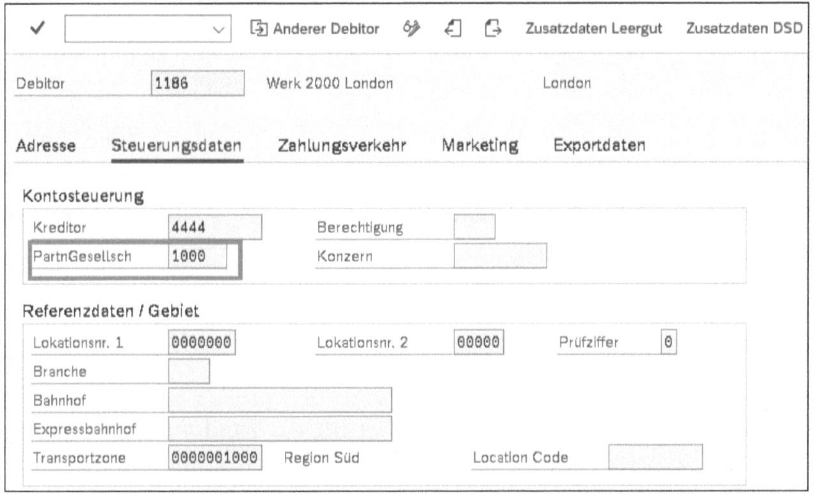

Abbildung 12.2 Partnergesellschaft im Debitor

Partnergesellschaften werden im Customizing über den Pfad **Unternehmensstruktur • Definition • Finanzwesen • Gesellschaft definieren** gepflegt, wie in Abbildung 12.3 zu sehen ist.

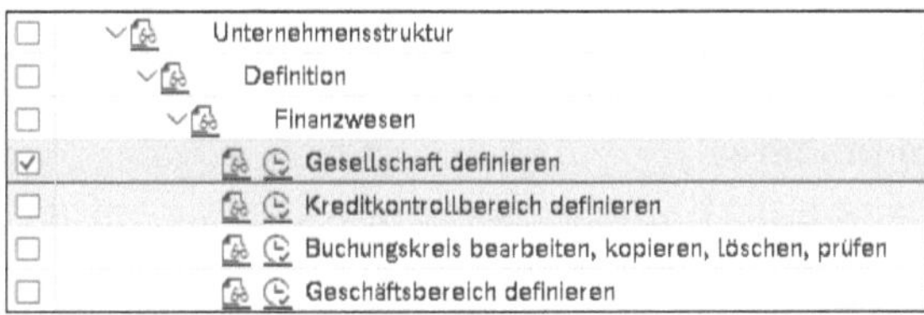

Abbildung 12.3 Customizing Gesellschaft definieren

Dieser Fehler kann auftreten, wenn Stammdaten als Tabellenspeicher ins System geladen und das Feld VBUND mit einem falschen Format übertragen wurde. Das Format des Feldes muss sechsstellig numerisch sein (Felddefinition ist CHAR 6, aber nur sechsstellige numerische Werte sind zulässig).

Wenn die Werte im Feld VBUND falsch sind, müssen diese manuell mit den Transaktionen XD02 im Bereich Debitoren oder bei den Kreditoren mit

XK02 korrigiert werden. Wenn das Format der Werte im Feld **PartnGesellsch** korrekt ist, aber die ID in der Tabelle T880 fehlt, ist der fehlenden Eintrag zu pflegen.

12.2.2 »Geben Sie die Bankkontonummer mit der Länge xx an«

Fehlermeldung aufgrund der Bankkontonummer

Wenn Sie die Fehlermeldung »Geben Sie die Bankkontonummer mit der Länge xx an« erhalten, sollten Sie überprüfen, ob die Bankkontonummer des Stammsatzes (Kunde: KNBK-BANKN, Lieferant: LFBK-BANKN) zu den Einstellungen der länderspezifischen Prüfungen passt.

Wenn das Format der Werte im Feld BANKN korrekt ist, sollten Sie die Ländereinstellungen überprüfen. Einstellungen finden Sie im Customizing unter **SAP NetWeaver • Allgemeine Einstellungen • Länder einstellen • Länderspezifische Prüfungen einstellen**.

12.2.3 »Bankschlüssel xxx ist für das Land yy nicht vorhanden« (Fehler BF00210)

Fehlermeldung aufgrund des Bankschlüssels

Die Fehlermeldung »Bankschlüssel xxx ist für das Land yy nicht vorhanden« (Fehler BF00210) kann zwei Gründe haben. Entweder ist ein Bankschlüssel in den Debitoren-/Kreditorenstammdaten fehlerhaft, oder der Schlüssel im Bankenstamm fehlt.

Wenn der Bankschlüssel in der Bankverbindung falsch ist, muss dieser manuell in den Transaktionen XD02 oder XK02 korrigiert werden. Um die Bankenstammdaten zu ändern, sind Transaktion FI01 (Bank anlegen) oder Transaktion FI02 (Bank ändern) zu verwenden.

12.2.4 »Fehlender Kontoinhaber«

Fehlermeldung aufgrund des Kontoinhabers

Die Ursache für die Fehlermeldung »Fehlender Kontoinhaber« liegt darin, dass die Kontoinhaberinformationen (Kunde: KNBK-KOINH, Lieferant: LFBK-KOINH) nicht angegeben sind. Diese sind jedoch unter Umständen für das Land der Bank notwendig. Um die Werte im Feld zu ändern, nutzen Sie die Transaktionen XD02 oder XK02.

12.2.5 »Postleitzahl (Postfach) muss die Länge xx oder yy haben«

Fehlermeldung aufgrund des Postfachs

Grund für die Fehlermeldung »Postleitzahl (Postfach) muss die Länge xx oder yy haben« ist, dass das Format der Postleitzahl (Postfach) von dem in den Ländereinstellungen definierten Format abweicht.

Falsche Postleitzahlangaben können sowohl in den Tabellen KNA1 und LFA1 als auch in der Tabelle ADRC vorkommen. In den Tabellen KNA1 und LFA1 werden die folgenden Felder verwendet:

- PSTLZ Postleitzahl
- PSTL2 Postfach Postleitzahl
- PFACH Postfach

In der Tabelle ADRC werden die folgenden Felder verwendet:

- POST_CODE1 Postleitzahl
- POST_CODE2 Postfach Postleitzahl
- PO_BOX Postfach

Wenn die Werte im Feld falsch sind, müssen diese manuell mit den Transaktionen XD02 oder XK02 korrigiert werden.

12.2.6 »Steuerkennzeichen n ist nicht gültig«

Fehlermeldung aufgrund des Steuerkennzeichens

Grund für die Meldung »Steuerkennzeichen n ist nicht gültig« (n = 1 oder n = 2) sind ungültige Steuernummern in den Feldern STCD1 oder STCD2, entweder in den Kunden- (Tabelle KNA1) oder den Lieferantenstammdaten (Tabelle LFA1). Wenn die Werte im Feld falsch sind, müssen sie manuell über die Transaktionen XD02/XK02 korrigiert werden.

12.2.7 »Steuerstandort ist nicht gültig«

Fehlermeldung aufgrund des Steuerstandortes

Die Fehlermeldung »Steuerstandort ist nicht gültig« ist darin begründet, dass der in den Stammdaten des Kunden/Lieferanten (Kunde: KNA1-TXJCD, Lieferant: LFA1-TXJCD) hinterlegte Steuerstandort von dem im Customizing definierten Format abweicht.

Als Erstes ist das Customizing über den Pfad zu prüfen: **Finanzwesen • Grundeinstellungen • Finanzwesen • Umsatzsteuer • Steuerstandorte definieren**. Wenn die Werte im Feld falsch sind, korrigieren Sie sie manuell mit den Transaktionen XD02 und XK02.

12.2.8 »Die Steuernummer für den Steuernummertyp XXX ist bereits gepflegt« (Fehler BUPA_TAX200)

Fehlermeldung aufgrund des Steuernummertyps

Grund für die Fehlermeldung »Die Steuernummer für den Steuernummertyp **XXX** ist bereits gepflegt« (Fehler BUPA_TAX200) bei bereits vorhandener Steuernummer ist die doppelte Pflege der Umsatzsteuer-Identifikationsnummer. Die Umsatzsteuer-Identifikationsnummer können Sie im Kunden-/Lieferantenstamm in den Feldern KNA1-STCEG (**Kunde**) oder LFA1-STCEG (**Lieferant**) pflegen. Sie können weitere Umsatzsteuer-Identifikationsnummern eingeben, indem Sie auf den Button **Weitere...** drücken (siehe Abbildung 12.4). Es öffnet sich ein Pop-up-Fenster, wo Sie weitere Eingaben in den Feldern KNAS-STCEG (**Kunde**) oder LFAS-STCEG (**Lieferant**) pflegen können.

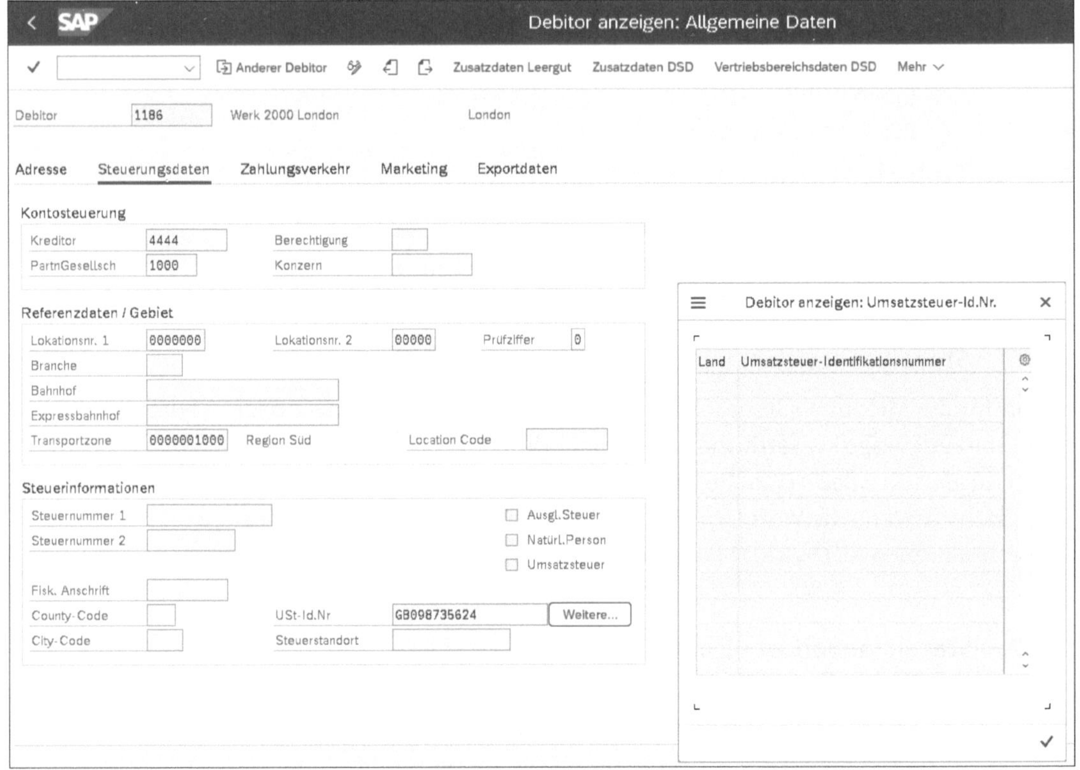

Abbildung 12.4 Debitorenstamm mit weiteren USt-ID-Nummern

Um die Werte in dem Feld zu ändern, verwenden Sie die Transaktion XD02 oder die Transaktion XK02. Beachten Sie hierzu auch SAP-Hinweis 2232604 (Error BUPA_TAX200 when replicate vendor or customer to business partner).

12.2.9 »Die Eingabe im Feld Steuerkennzeichen n ist länger als XX Zeichen« (Fehler AR103)

Fehlermeldung aufgrund der Länge der Steuernummer

Bisher gab es in jedem Projekt immer wieder Fehler aufgrund der Steuernummern, die in den Stammdaten hinterlegt sind. In Abschnitt 4.11, »Steuernummer«, sind die Mapping-Methoden für die Steuernummertypen beschrieben. Die Länge des Feldes STCD1 ist mit 16 Zeichen und des Feldes STCD2 mit 11 Zeichen definiert. Der Funktionsbaustein BUPA_TAX_NUMBER_CHECK prüft die Länge dieser beiden Felder. Wenn das Steuerkennzeichen mehr als 11 Zeichen lang ist, tritt der Fehler AR103 auf.

In SAP ERP ist es möglich, ein Steuerkennzeichen mit mehr als 11 Zeichen in das Feld **Steuerkennzeichen 1** des Kunden/Lieferanten einzugeben. Vergleichen Sie hierzu auch die beiden folgenden SAP-Hinweise:

- 2098239 (Entry in field tax code 2 is longer than 11 characters)
- 958424 (BP:Error message for tax code 2 customized)

12.2.10 »Verweise auf nicht existierende Kunden/Lieferanten«

Fehlermeldung aufgrund nicht existierender Stammdaten

Grund für die Fehlermeldung »Verweise auf nicht existierende Kunden/Lieferanten« sind referenzierte Lieferanten in den Kundenstammdaten (KNA1-LIFNR) oder referenzierte Kunden in den Lieferantenstammdaten (LFA1-KUNNR), die nicht existieren. Um die korrekte Synchronisation zu gewährleisten, sollte vorher eine zusätzliche Prüfung auf das Vorhandensein eines referenzierten Kunden/Lieferanten durchgeführt werden. Um die Werte im Kunden-/Lieferantenstamm zu ändern, nutzen Sie die Transaktionen XD02 oder XK02. Des Weiteren steht die Anwendung CVI_LEDH zur Verfügung, weitere Infos hierzu erhalten Sie in Abschnitt 3.3, »Synchronisation«.

12.2.11 »Falsche Kreditkartennummern vergeben«

Fehlermeldung aufgrund der Kreditkartenummer

Grund für die Fehlermeldung »Falsche Kreditkartennummern vergeben« ist eine Kreditkartennummer, die nicht zu den Einstellungen im Customizing der Kreditkartenart passt.

Kreditkartendaten werden in der Tabelle VCNUM gespeichert. Die Zuordnung von Kreditkarten zu Kunden ist in der Tabelle VCKUN hinterlegt. In beiden Tabellen wird das Feld CCNUM verwendet, um die Kreditkartennummer zu speichern. Das Customizing der Kreditkartenarten überprüfen Sie über den in Abbildung 12.5 gezeigten Pfad **Vertrieb • Fakturierung • Zahlungskarten • Kartentyp pflegen**.

Um die Werte im Kunden-/Lieferantenstamm zu ändern, sind die Transaktionen XD02 oder XK02 zu verwenden.

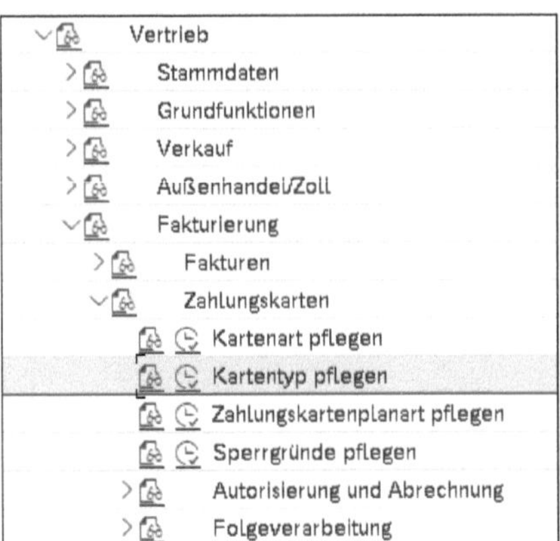

Abbildung 12.5 Customizing von Zahlungskarten

12.2.12 »Inkonsistente Besuchszeiten in der KNVK-Tabelle (Nicht erlaubter Überlauf)«

Fehlermeldung aufgrund inkonsistenter Besuchszeiten

Grund für die Fehlermeldung »Inkonsistente Besuchszeiten in der KNVK-Tabelle (Nicht erlaubter Überlauf)« (Meldung BC428) ist wie folgt: Sobald Besuchszeiten für den Ansprechpartner genutzt werden, müssen eine Anfangs- und eine Endzeit für die Zeitintervalle Vormittag und Nachmittag definiert werden. Dieser Fehler tritt auf, wenn nur die Anfangszeit oder nur die Endzeit gepflegt ist:

- `KNVK-MOAB1` Beginn des Morgenintervalls
- `KNVK-MOBI1` Morgendliches Intervallende
- `KNVK-MOAB2` Beginn des Nachmittagsintervalls
- `KNVK-MOBI2` Nachmittag Intervallende

Um die Werte im Kunden-/Lieferantenstamm zu ändern, verwenden Sie die Transaktionen XD02 oder XK02. Dort können Sie z. B. die Zeiten entsprechend vollständig ergänzen oder bei Bedarf löschen.

12.2.13 »Fehlende Webadresse im Kundenstamm«

Fehlermeldung aufgrund der Webadresse

Grund für die Fehlermeldung über die fehlende Webadresse im Kunden-/Lieferantenstamm ist ein Kommunikationseintrag vom Typ HPG (Homepage) ohne gültige URL. Im Allgemeinen tritt dieser Fehler auf, wenn eine Kommunikationsart ohne Identifier gepflegt wurde. Die Kommunikationsarten und Identifikatoren werden in der Tabelle `ADR12` gespeichert und verwenden hauptsächlich die folgenden Felder:

- ADR12-URI_TYPE Identifikator
- ADR12-URI_SRCH Kurzfassung
- ADR12-URI_ADDR Adresse

Um die Werte im Kunden-/Lieferantenstamm zu ändern, können Sie die Transaktionen XD02 oder XK02 verwenden. Dort können Sie z. B. alle Einträge ohne URL löschen.

12.2.14 »Land vom Geschäftspartner nicht definiert«

Fehlermeldung aufgrund des Landes

Die Ursache für die Fehlermeldung »Land vom Geschäftspartner nicht definiert« besteht darin, dass dieses Land nicht im Kunden-/Lieferantenstamm gepflegt ist. Stattdessen ist ein Pflichteintrag im Geschäftspartner gepflegt. Um die Werte im Kunden-/Lieferantenstamm zu ändern, ist die Transaktion XD02 oder XK02 zu verwenden.

12.2.15 »Die Transportzone XX ist für das Land XX nicht definiert«

Fehlermeldung aufgrund der Transportzone

Die Fehlermeldung »Die Transportzone XX ist für das Land XX nicht definiert« wird durch eine in den Stammdaten eingetragene Transportzone hervorgerufen, die im Customizing nicht mehr existiert. Prüfen Sie das Customizing der Transportzonen über folgenden Pfad:

SAP-NetWeaver • Application Server • Basis-Services • Adressverwaltung • Transportzonen pflegen.

Um die Werte im Kunden-/Lieferantenstamm zu ändern, ist die Transaktion XD02/XK02 zu verwenden.

12.2.16 »Die Verwendung der letzten X-Zeichen im Feld XYZ ist eingeschränkt (XX von YY)«

Fehlermeldung aufgrund eingeschränkter Länge

Grund für die Meldung »Die Verwendung der letzten X-Zeichen im Feld XYZ ist eingeschränkt (XX von YY)« sind Kunden-/Lieferantennamen und Adressdaten, die so lang sind, dass sie in einigen Szenarien abgeschnitten werden. Dieses Phänomen tritt vor allem bei Datenübertragungen per ALE, EDI oder bei einem Druck der Adresse auf. In diesen Fällen verwendet das System nur die ersten 35 Zeichen der Namensfelder, der Felder **Straße**, **Ort**, **Bezirk** und die ersten 10 Zeichen des Feldes **Suchbegriff 1**.

Das Problem der nicht vollständigen Übertragung tritt bereits auch vor der Einführung der CVI auf, wird aber weder an Kunden- noch Lieferantenstammdaten geprüft. Daher fällt dieser Fehler unter Umstände erst durch die erweiterten Prüfungen am Geschäftspartner auf.

12.2.17 »Kein Geocode für das Land ... ist im System gepflegt«

Fehlermeldung aufgrund des Geocodes

Die Fehlermeldung »Kein Geocode für das Land ... ist im System gepflegt« kann bei einem Kunden oder Lieferanten auftreten, dem keine Adresse (und auch kein Land) zugeordnet ist. Dieser Zustand tritt häufig bei CPD-Stammdaten auf (siehe Abbildung 12.6). Sie müssen dann ein Land in den Stammdaten zuordnen.

Abbildung 12.6 CPD-Debitor ohne Adresse

Beachten Sie in diesem Zusammenhang auch SAP-Hinweis 2949294 (Schlechte Performance von MDS_LOAD_COCKPIT beim Unterdrücken von Geokodierungs-/Geolokationsservices).

12.2.18 »Unzulässiger Überlauf« (Fehler BC428)

Unzulässiger Überlauf

Für die Fehlermeldung »Unzulässiger Überlauf« (Fehler BC428) sind im Ansprechpartner gepflegte Besuchszeiten verantwortlich. Sie müssen diese Besuchszeiten entweder vollständig pflegen in der Transaktion XD02 oder in der Transaktion XK02 auf der Registerkarte **Ansprechpartner** oder sie, falls Sie diese nicht nutzen, komplett löschen. Beachten Sie hierzu auch SAP-Hinweis 2962251 (Error Invalid overflow while synchronizing customer to BP).

12.3 Fehlermeldung aufgrund unterschiedlicher Ursachen

Neben den Meldungen, die durch fehlerhaftes Customizing oder aufgrund der Qualität der Stammdaten zustande kommen, gibt es noch weitere mögliche Ursachen.

12.3.1 »Überlauf der Sperrtabellen«

Überlauf Sperrtabellen

Es ist möglich, während des Synchronisationsprozesses einen Überlauf der Sperrtabelle zu erhalten. Dies ist auf eine technische Einschränkung zurückzuführen, die durch den Parameter `enque/table_size` verursacht wird. Gegebenenfalls ist der Wert des Parameters `enque/table_size` deutlich (z. B. 4–10 GB, abhängig von Systemkonfiguration und Stammdatenvolumen) zu erhöhen. Überläufe von Sperrtabellen können zu Inkonsistenzen in Verknüpfungstabellen von Stammdaten führen. Tritt dieses Phänomen auf, beachten Sie bitte diese beiden SAP-Hinweise:

- 974504 (Inkonsistenzen in Verknüpfungstabellen der Stammdatensynchronisation)
- 1958471 (Tabelle CVI_VEND_CT_LINK enthält inkonsistente Einträge)

12.3.2 »Aktualisierungsfehler (ADRNR)«

Nummernkreisobjekt ADRNR

Der Synchronisationsprozess kann aufgrund des erschöpften Nummernkreisobjekts ADRNR abbrechen. Daraufhin erhalten Sie die Fehlermeldung »Aktualisierungsfehler (ADRNR)«.

Durch das Anlegen neuer Geschäftspartner entstehen auch viele neue Adressen. Tritt der Fehler auf, so ist vor dem erneuten Start des CVI-Massenlaufs das aktuelle Nummernkreisintervall zu prüfen und gegebenenfalls zu erweitern. Das hierfür notwendige Customizing finden Sie über den Pfad **SAP-NetWeaver • Application Server • Basis Services • Adressverwaltung • Nummernkreis für Adressen und Personen pflegen**.

Von SAP werden die Nummernkreise `01` und `10` ausgeliefert. Der Nummernkreis `10` wird für Belegadressen im SD verwendet und sollte nicht verändert werden. Bei Bedarf können die Intervallgrenzen des Nummernkreisintervalls `01` verändert werden.

[«]

Eigenschaft Nummernkreisintervall

Die Eigenschaft des Nummernkreisintervalls `01` darf nicht auf **Externe Nummernvergabe** geändert werden. Das System unterstützt keine externe

Nummernvergabe für Adressen. Alternativ können Sie die Transaktion SNRO mit dem Nummernkreisobjekt ADRNR aufrufen oder die Transaktion SA01 verwenden.

12.3.3 »Bank XXX zum Löschen im Land YY markiert«

Fehlermeldung aufgrund einer Löschvormerkung

Der in den Stammdaten des Kunden/Lieferanten verwendete Bankschlüssel (Kunde: KNBK-BANKL, Lieferant: LFBK-BANKL) ist bei der Fehlermeldung »Bank **XXX** zum Löschen im Land YY markiert« zum Löschen vorgemerkt (z. B. mit Transaktion FI06).

Die Nachricht mit der Nachrichtennummer BF00210 ist standardmäßig als Fehlermeldung definiert, daher schlägt die Synchronisation fehl. Sie können die Fehlermeldung mit der Transaktion OBA5 ausschalten. Um eine neue benutzerspezifische Nachrichtensteuerung zu definieren, wählen Sie den Anwendungsbereich BF00 und pflegen in der Übersicht einen neuen Eintrag. Hierzu wählen Sie die Nachrichtennummer 210 und als Nachrichtentyp für die Online- und Batch-Input-Verarbeitung **Nachricht ausschalten** aus, wie in Abbildung 12.7 zu sehen ist.

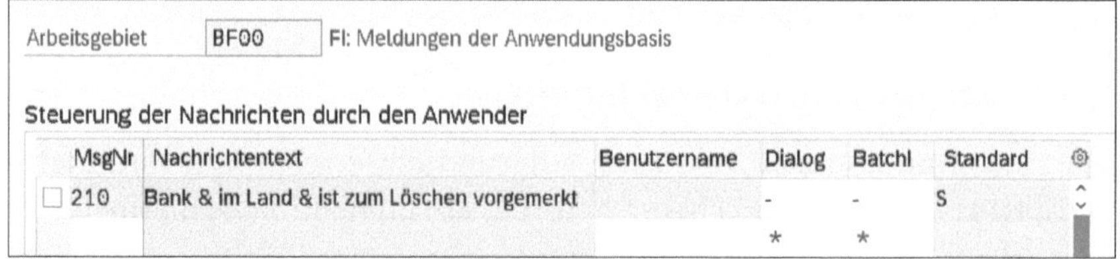

Abbildung 12.7 Nachrichten Nr. 210 ausschalten

12.3.4 »S:FSBP_ECC:025« in Verbindung mit der Fehlermeldung »Die Daten des Geschäftspartners sind fehlerhaft«

Fehlermeldung aufgrund mehrerer Ansprechpartner

Die Fehlermeldung »S:FSBP_ECC:025« in Verbindung mit der Fehlermeldung »Die Daten des Geschäftspartners sind fehlerhaft« tritt bei der Synchronisation von Debitoren mit einem Ansprechpartner auf. Der Fehler erscheint jedoch nur, wenn mehrere Debitoren mit Ansprechpartner gleichzeitig synchronisiert werden. Die Ansprechpartner des ersten Debitors laufen dabei fehlerfrei durch. Für alle weiteren Ansprechpartner gibt das System die Fehlermeldung aus. Beachten Sie hierzu SAP-Hinweis 2650983 (BP_CVI: Kontaktperson anlegen in MK02 führt zu Fehler FSBP_ECC 025 keine aktuelle Standardadresse).

12.3.5 »Geschäftspartner bereits vorhanden«

Fehlermeldung aufgrund des Geschäftspartners

Der übliche Grund der Fehlermeldung »Geschäftspartner bereits vorhanden« ist in Abschnitt 12.4.2, »»Geschäftspartner mit GUID xxxxxxx ist nicht vorhanden««, beschrieben.

Der Fehler kann aber noch eine andere Ursache haben: Häufig tritt er auf, wenn eine RFC-Queue in der Hintergrundverarbeitung eines CVI-Laufs mit einen `SYSFAIL` abgebrochen ist. Bei diesem Umstand wurden für einige Kundenstammsätze zwar Geschäftspartner erstellt, die Tabelle `CVI_CUST_LINK` jedoch nicht gefüllt. Beachten Sie zur Problembehebung SAP-Hinweis 2373665 (Fehlende Verknüpfung in der CVI-Tabelle bei Nummerngleichheit von Objekten).

12.3.6 »Interner Fehler – Einfügen in sortierte Tabelle IXADRCOMC mit AM897«

Fehlermeldung Tabelle IXADRCOMC

Die Fehlerursache AM897 »Interner Fehler – Einfügen in sortierte Tabelle IXADRCOMC mit AM897« hat folgende Ursache: Beim Hinzufügen von Kommunikationsdaten (Telefon, Fax, E-Mail, etc.) zu einer Adresse erhält man beim Speichern die Fehlermeldung »Interner Fehler – Einfügen in sortierte Tabelle IXADRCOMC mit AM897«.

Es gibt eine Inkonsistenz in der Tabelle ADRCOMC für die zugehörige Adressnummer. Detaillierte Informationen erhalten Sie in SAP-Hinweis 2631166 (internal error – insert in sorted tabl IXADRCOMC with – AM897).

Die folgenden SAP-Hinweise verhindern, dass das Problem in Zukunft im System auftritt:

- 2625827 (Hoher Wert der CONSNUMBER, die gelöscht wird, wenn Sie sich auf der Basisversion 701 oder 702 befinden)
- 2436246 (Fehler beim Datenaustausch von Kommunikationsdaten, wenn das System sich auf Basis-Release 700, 710-751 befindet)

Anschließend ist der Report `Z_OSSNOTE_1070798_NEW` aus SAP-Hinweis 1070798 (Reparieren der laufenden Nummer in Kommunikationstabellen) auszuführen, um die bereits in Tabelle `ADRCOMC` vorhandenen inkonsistenten Einträge zu korrigieren.

12.4 Fehlermeldungen bei Zusammenführung von Debitor und Kreditor in einen gemeinsamen Geschäftspartner

Viele der folgenden Fehlermeldungen werden bei Verwendung der Funktion CVI_LEDH (siehe Kapitel 3, »Ablauf der Customer-Vendor-Integration«) behoben oder werden überhaupt nicht mehr auftreten. Wir haben uns aber dafür entschieden, die Beschreibungen der Vollständigkeit halber dennoch aufzuführen.

12.4.1 »Bankverbindung mit ID X existiert bereits«

Fehlermeldung aufgrund der Bankverbindung

Die Ausgangssituation für die Fehlermeldung »Bankverbindung mit ID X existiert bereits« ist wie folgt: Debitor X wurde zum Geschäftspartner X synchronisiert. Nun wird versucht, Kreditor Y in denselben Geschäftspartner zu synchronisieren.

Damit dieser Fehler vermieden wird, muss folgende Bedingung für die Bankverbindung des Debitors und Kreditors erfüllt sein: Hat die Bankverbindung des Debitors und Kreditors denselben Partnerbanktyp, so müssen auch die restlichen Informationen dieser Bankverbindungen übereinstimmen.

Oder umgekehrt formuliert: Unterschiedliche Bankverbindungen dürfen nicht denselben Partnerbanktypen haben.

12.4.2 »Geschäftspartner mit GUID xxxxxxx ist nicht vorhanden«

Die Fehlermeldung R1124 »Geschäftspartner mit GUID xxxxxxx existiert nicht« kann zwei mögliche Ursachen haben.

Falsche Nummernkreiseinstellung für Ansprechpartner

Zum einen ist es möglich, dass falsche Nummernkreiseinstellungen für Ansprechpartner gepflegt sind. Bei der CVI wird durch die Nutzung der Transaktion MDS_LOAD_COCKPIT eine interne Geschäftspartner-Nummer dem Objekt **Kontaktperson** zugeordnet. Dies ist der Fall, wenn eine Synchronisation der Ansprechpartner erfolgen soll. Das hier genutzte Nummernintervall ist das Nummernintervall der internen Standardgruppierung (z. B. 0001). Wenn sich dieses Nummernintervall mit dem Nummernintervall der Zielgruppierung für Debitoren- und Kreditoren überschneidet, wird die Fehlermeldung R1124 »Geschäftspartner mit GUID xxxxxxx existiert nicht« ausgegeben. Ändern Sie das Nummernintervall der internen Standardgruppierung dahingehend, dass das neue Intervall außerhalb der Nummernintervalle der Gruppierungen Debitoren bzw. Kreditoren liegt.

Dateninkonsistenz in den Tabellen CVI_CUST_LINK und CVI_VEND_LINK

Zum anderen kann eine Dateninkonsistenz in den Tabellen CVI_CUST_LINK und CVI_VEND_LINK bestehen. Dieser Fehler kann nur bei der Zusammenführung von Debitor und Kreditor in einen gemeinsamen Geschäftspartner auftreten. Zum Zeitpunkt der Fehlermeldung war für Debitor X bereits der Geschäftspartner X erstellt worden. Das heißt, in der Tabelle CVI_CUST_LINK gab es schon einen Eintrag für Debitor in Verbindung mit der GUID des verknüpften Geschäftspartners. Nun wurde versucht, auch Kreditor X zu synchronisieren. Beim ersten Synchronisationslauf tauchte diese Fehlermeldung nicht auf. Da es jedoch andere Fehler gab, wurde der gleiche CVI-Lauf erneut gestartet. Dabei kam dieser Fehler hoch. Die Fehlermeldung entsteht, da der Tabelleneintrag des Kreditors X in der Tabelle CVI_VEND_LINK eine andere GUID besitzt als der des Debitors X in der Tabelle CVI_CUST_LINK. Charakteristisch für diesen Fehler ist, dass er erst auftritt, sobald ein Debitor/Kreditor zum zweiten Mal in einen Synchronisationslauf selektiert wird. Diesem Fehler geht oftmals die Fehlermeldung »Dateninkonsistenz« voraus. Aufgrund dieser Dateninkonsistenz kann der Kreditor nicht mit derselben GUID verknüpft werden. Hier beachten Sie bitte SAP-Hinweis 974504 (Inkonsistenzen in Verknüpfungstabellen der Stammdatensynchronisation).

12

12.4.3 »Geschäftspartner bereits vorhanden«

Zusammenführen nummerngleicher Stammdaten

Der Fehler »Geschäftspartner bereits vorhanden« tritt bei der Zusammenführung nummerngleicher Debitoren und Kreditoren in einen gemeinsamen Geschäftspartner auf. Der Fehler tritt auf, da Kunden- und Lieferantenstammsatz nicht miteinander verknüpft sind.

Ein Beispiel: Kunde 1000 und Lieferant 1000 sollen in den Geschäftspartner 1000 synchronisiert werden. Die beiden Quellstammdaten sind jedoch nicht miteinander verknüpft. Kunde 1000 wird als Erstes synchronisiert, es entsteht der GP 1000. Im nächsten Schritt wird Lieferant 1000 synchronisiert. Da Kunde und Lieferant nicht verknüpft sind, versucht das System, einen neuen GP anzulegen. Da aber Nummerngleichheit eingestellt ist, möchte das System auch für den Lieferanten 1000 den GP 1000 anlegen. Da dieser schon existiert, wird die Fehlermeldung ausgegeben.

12.4.4 »Business Partner with GUID 0050568400091ED1A8E17CB4F4B11C1F already exists«

Fehlermeldung aufgrund eines Geschäftspartners mit falschen GUIDs

Die Fehlermeldung R1908 »Business Partner with GUID 005056840009 1ED1A8E17CB4F4B11C1F already exists« kann mehrere Ursachen haben, beachten Sie hierzu die beiden folgenden SAP-Hinweise (die angegebene GUID ist hier beispielhaft zu sehen):

- 2659091 (Ansprechpartnerzuordnung zu unterschiedlichen Geschäftspartnern in CRM nicht korrekt an ERP- und SAP-S/4HANA-Systeme repliziert)
- 2283695 (Synchronisationscockpit generiert Geschäftspartner mit falschen GUIDs durch Ignorieren der CRM-Zuordnungstabellen)

Die Abhängigkeiten eines CRM-Systems im Zuge der CVI haben wir in Kapitel 15, »Besonderheiten weiterer SAP-Systeme im Rahmen der Customer-Vendor-Integration«, beschrieben.

12.4.5 »CVI consistency error«

Fehlermeldung Consistency error

Die Lösung für die Fehlermeldung R1367 »CVI: Consistency error« finden Sie in SAP-Hinweis 2363892 (Verknüpfung von Kunden und Lieferanten mit einem einzelnen Geschäftspartner bei der Erstdatenübernahme vor dem Upgrade auf S/4). Die in diesem Hinweis beschriebenen Voraussetzungen sind nicht erfüllt. Prüfen Sie in diesem Fall, ob die beiden Stammdaten miteinander verknüpft sind und die gleiche Bankverbindung sowie die gleiche Adresse haben. Weitere Informationen können Sie außerdem SAP-Hinweis 2716945 (CVI: Consistency error – Message no. R1367) entnehmen. In diesem Hinweis finden Sie die weiteren 69 Felder, die SAP bei der Zusammenführung prüft.

12.5 Nutzung des PPO nach Abschluss der CVI

Post Processing Office nach abgeschlossener CVI

Die Aktivierung des Post Processing Office (PPO) nach Abschluss der CVI haben wir an mehreren Stellen im Buch erwähnt. Wie bereits in Abschnitt 11.4, »Handhabung des PPO und Nachsynchronisation«, beschrieben, dient das PPO dazu, Fehler, die während der Synchronisation zwischen Kunden und Lieferanten und den Geschäftspartnern auftreten, zu dokumentieren und Ihnen zur Nachbearbeitung zur Verfügung zu stellen. Wenn Sie das PPO aktiviert haben, entsteht im Fehlerfall jedoch auch eine Inkonsistenz Ihrer Stammdaten. Somit sind Sie gezwungen, die Fehlersituationen aufzulösen und damit dafür zu sorgen, dass die zuerst fehlgeschlagene Synchronisation fehlerfrei stattfinden kann und auf diese Weise auch die Inkonsistenz bereinigt wird.

Für die Massensynchronisation in einem CVI-Projekt ist das PPO ein unverzichtbares Werkzeug, da jeder Fehler in der Synchronisation ohne die Aktivierung des Protokolls zu einem Verbuchungsabbruch im System führt. Für die Arbeit im System nach Abschluss der Massensynchronisation ist es sinnvoll, diesen Mechanismus auf den Prüfstand zu stellen.

Nach der Aktivierung der CVI und nachdem Sie alle Ihre Kunden- und Lieferantendaten synchronisiert und somit die Geschäftspartner angelegt haben, führt jede Änderung in den Stammdaten der Kunden und Lieferanten sowie eine Neuanlage von Stammdaten zu einer im Hintergrund automatisch durchgeführten Synchronisation. Dabei werden die entsprechenden Geschäftspartner-Daten verbucht. Kommt es bei einer dieser Änderungen und weiterhin aktivem PPO zu einer Unregelmäßigkeit, die z. B. einen der eingangs aufgeführten Fehler hervorruft, wird Ihr Quellobjekt nach der Änderung gesichert. Dabei findet aber keine Synchronisation des entsprechenden Geschäftspartners statt. Solange Sie das Fehlerprotokoll nicht abarbeiten und den Zustand korrigieren, weisen die Daten des Quellobjekts und die Daten des zugehörigen Geschäftspartners Inkonsistenzen auf.

Tritt dieselbe Situation bei deaktiviertem PPO auf, versucht das System, die Daten zu verbuchen. Das Sichern des Quellobjekts führt zur Aktivierung der internen CVI-Schnittstelle, die die Geschäftspartner-Daten in einem sogenannten On-Commit-Prozess verbucht. Im Fall der Stammdatensynchronisation bedeutet On-Commit, dass beim Sichern des Hauptprozesses die Verbuchung angestoßen wird. Legen Sie z. B. einen Debitor an oder ändern Sie diesen, wird die Verbuchung des Debitors zunächst auf **Halt** gesetzt, bis die Verbuchung des Geschäftspartners abgeschlossen ist. Erst danach wird der Debitor verbucht. Wenn hier eine entsprechende Fehlersituation auftritt, bricht diese On-Commit-Verbuchung ab. Das verhindert wiederum die Verbuchung des Quellobjekts.

Den Anwender*innen wird eine Abbruchmeldung ausgewiesen, und weder das Quellobjekt noch der Geschäftspartner sind mit den aktualisierten Daten versorgt. Wir empfehlen, das PPO nach einem erfolgreichen CVI-Projekt schnellstmöglich abzustellen, um mögliche Dateninkonsistenzen gar nicht erst auftreten zu lassen. Sollten Sie die Entscheidung treffen, das PPO auch weiterhin aktiv zu nutzen, um z. B. den Mitgliedern der Fachabteilung keine Verbuchungsabbrüche zuzumuten, sollten Sie sorgfältig auf ein Monitoring des PPO und eine zeitnahe Abarbeitung der anfallenden Nachbearbeitungsaufträge achten.

12.6 Fazit

In diesem Kapitel haben wir Ihnen einen Einblick in unsere Praxiserfahrung gegeben: Die Sammlung an Fehlermeldungen stammt aus der Dokumentation von Fehlersituationen aus vergangenen CVI-Projekten. Wir selbst nutzen diese Sammlung immer wieder als Nachschlagewerk.

Vermutlich werden Sie viele der Fehlermeldungen in Ihrem eigenen System nie vorfinden. Wenn aber doch, helfen Ihnen manche der Hinweise aber möglicherweise dabei, viel Zeit bei der Lösungsfindung zu sparen.

Außerdem möchten wir durch selbst gemachte Erfahrung nochmals dazu anregen, über die Verwendung oder eben die Nicht-Verwendung eines aktiven PPO nachzudenken. Unsere Empfehlung lautet ganz klar: ausschalten.

Kapitel 13
Der Geschäftspartner bei einer Neueinführung von SAP S/4HANA

Wir zeigen Ihnen, worauf zu achten ist, welche Möglichkeiten des Customizings Sie haben und wie Sie Altdaten über das SAP-Fiori-Migrationscockpit übernehmen können.

Im Rahmen einer Brownfield-Migration, inklusive der vorbereitenden CVI, unterliegen Sie einigen Einschränkungen bzw. Vorgaben, die sich aus dem existierenden SAP-ERP-System ergeben. Sie müssen z. B. dafür sorgen, dass sämtliche Stammdaten korrekt in den Geschäftspartner überführt werden. Dabei müssen Sie alle bestehenden Kontengruppen berücksichtigen und sich mit veralteten Datenbeständen herumschlagen, die nicht mehr benötigt werden.

Bei einer Neueinführung von SAP S/4HANA hingegen stehen Ihnen alle Optionen offen. Dabei gehen wir z. B. im Detail auf die Nummernvergabe in Abschnitt 13.1, »Nummernvergabe bei einer Neueinführung«, ein oder auf die Kontengruppen in Abschnitt 13.1.1, »Customizing für Nummerngleichheit im Geschäftspartner«.

In einem SAP-S/4HANA-System legen Sie Stammdaten zuerst als Geschäftspartner an. Anhand der angelegten Geschäftspartner-Rollen werden durch die Synchronisation in Folge die Kunden- und/oder Lieferantenstammdaten angelegt.

13.1 Nummernvergabe bei einer Neueinführung

Nummernvergabe frei gestalten

Zur Nummernvergabe, also der Definition, welche Nummern Sie in welcher Form zu Ihren Geschäftspartnern und auch für Ihre Kunden und Lieferanten anlegen möchten, sind einige Überlegungen anzustellen. Wir werden mögliche Vorgehen bei einer Neueinführung betrachten. Wenn Sie Ihren bestehenden Kunden- und Lieferantenstamm aus einem beliebigen ERP-System nach SAP S/4HANA migrieren, können Sie die Nummernvergabe

Ihrer Kunden, Lieferanten und des Geschäftspartners frei gestalten. Grundsätzlich stehen Ihnen verschiedene Optionen zu Verfügung: Die Nummern können sich unterscheiden oder Sie können die von SAP empfohlene Nummerngleichheit von Anfang an in Ihrem neuen System einstellen. In Abschnitt 2.3, »Nummernvergabe«, finden Sie detaillierte Informationen zu den einzelnen Möglichkeiten der Nummernvergabe.

Grundsätzlich ist es für die praktische Arbeit in den Fachabteilungen von Vorteil, wenn der Geschäftspartner, der Kunde und der Lieferant die gleiche Nummer haben. So entfällt die Frage, ob in einer App, einer Transaktion oder einem Report die Geschäftspartner-Nummer oder die Kunden- oder Lieferantennummer eingegeben werden muss. In Abbildung 13.1 sehen Sie ein Beispiel für Nummerngleichheit. In diesem Fall haben sowohl der Geschäftspartner als auch der Kunde und der Lieferant dieselbe Nummer (10000001).

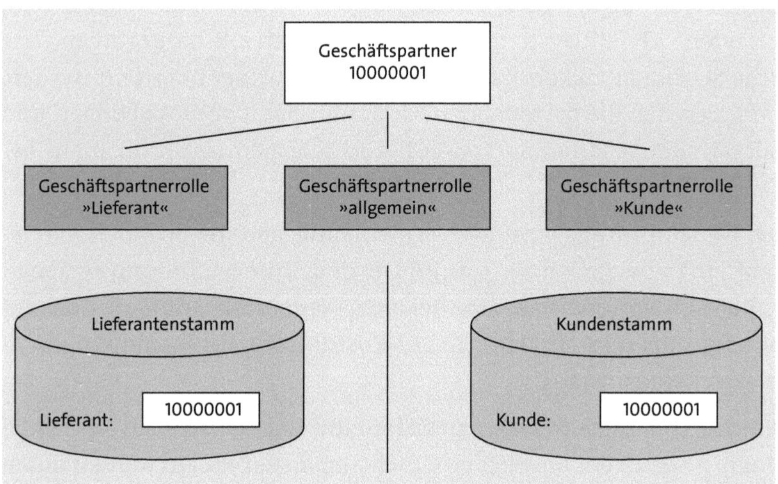

Abbildung 13.1 Beispiel einer Nummerngleichheit zwischen einem Geschäftspartner und einem Lieferanten- bzw. Kundenstamm

In den folgenden Abschnitten werden alle Customizing-Schritte beschrieben, die bearbeitet werden müssen, um eine Nummerngleichheit herzustellen.

13.1.1 Customizing für Nummerngleichheit im Geschäftspartner

Nummerngleichheit zwischen Geschäftspartner und Kunde/Lieferant

Bereits in Abschnitt 2.3, »Nummernvergabe«, haben wir die unterschiedlichen Optionen der Nummernvergabe im Detail beschrieben. An dieser Stelle beschreiben wir das Customizing, das Sie durchführen müssen, um Nummerngleichheit herzustellen.

Zunächst ist es notwendig, im Customizing des Geschäftspartners einen Nummernkreis sowie eine Geschäftspartner-Gruppierung einzustellen. Die Einstellungen dafür finden Sie über den Pfad **Anwendungsübergreifende Komponenten • SAP Geschäftspartner • Geschäftspartner Grundeinstellungen • Nummernkreise und Gruppierungen**. Um für das Nummernkreisobjekt BU_PARTNER (Zentraler Geschäftspartner) Ihre gewünschten Nummernkreise zu hinterlegen, öffnen Sie den Pfad **Anwendungsübergreifende Komponenten • SAP Geschäftspartner • Geschäftspartner Grundeinstellungen • Nummernkreise und Gruppierungen • Nummernkreise definieren** (siehe Abbildung 13.2).

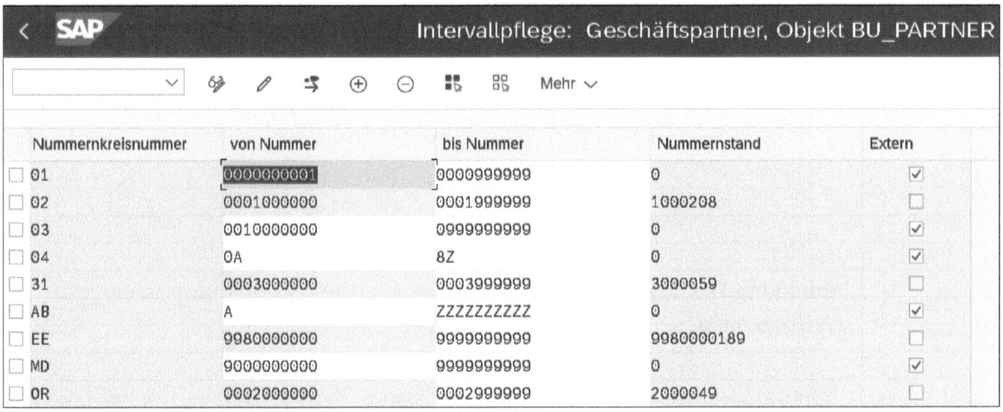

SAP Intervallpflege: Geschäftspartner, Objekt BU_PARTNER

Mehr

Nummernkreisnummer	von Nummer	bis Nummer	Nummernstand	Extern
01	0000000001	0000999999	0	☑
02	0001000000	0001999999	1000208	☐
03	0010000000	0999999999	0	☑
04	0A	8Z	0	☑
31	0003000000	0003999999	3000059	☐
AB	A	ZZZZZZZZZZ	0	☑
EE	9980000000	9999999999	9980000189	☐
MD	9000000000	9999999999	0	☑
OR	0002000000	0002999999	2000049	☐

Abbildung 13.2 Intervallpflege des Nummernkreisobjekts »Zentraler Geschäftspartner«

Gruppierung und Nummernkreis zuordnen

In unserem Beispiel verwenden wir den Nummernkreis 02. Für die angestrebte Nummerngleichheit darf an dieser Stelle nicht der Haken bei **Extern** gesetzt werden. Im Customizing-Abschnitt **Anwendungsübergreifende Komponenten • SAP Geschäftspartner • Geschäftspartner Grundeinstellungen • Nummernkreise und Gruppierungen • Gruppierungen definieren und Nummernkreise zuordnen** legen wir die entsprechende neue **Gruppierung** an und ordnen den **Nummernkreis** 02 zu. Grundsätzlich sind in diesem Punkt die folgenden Einstellungen möglich:

- Kürzel der **Gruppierung**
- **Kurzbezeichnung**
- **Bezeichnung**
- **Nummernkreis**
- **Extern**
- **Interner Standard**
- **Externer Standard**
- **Ausblenden**

Um einen Eintrag neu anzulegen, klicken Sie auf den Button **Neue Einträge** und geben **Gruppierung** (den Schlüssel der Gruppierung, die **Kurzbezeichnung**, die **Bezeichnung** und den **Nummernkreis** ein (siehe Abbildung 13.3).

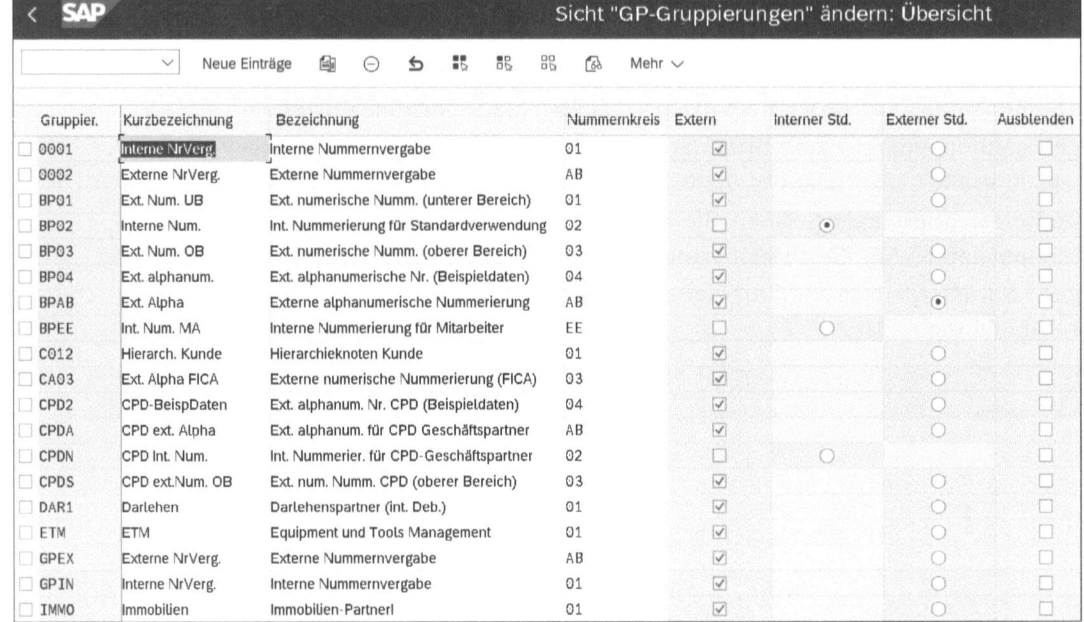

Gruppier.	Kurzbezeichnung	Bezeichnung	Nummernkreis	Extern	Interner Std.	Externer Std.	Ausblenden
0001	Interne NrVerg.	Interne Nummernvergabe	01	☑		○	☐
0002	Externe NrVerg.	Externe Nummernvergabe	AB	☑		○	☐
BP01	Ext. Num. UB	Ext. numerische Numm. (unterer Bereich)	01	☑		○	☐
BP02	Interne Num.	Int. Nummerierung für Standardverwendung	02	☐	◉		☐
BP03	Ext. Num. OB	Ext. numerische Numm. (oberer Bereich)	03	☑		○	☐
BP04	Ext. alphanum.	Ext. alphanumerische Nr. (Beispieldaten)	04	☑		○	☐
BPAB	Ext. Alpha	Externe alphanumerische Nummerierung	AB	☑		◉	☐
BPEE	Int. Num. MA	Interne Nummerierung für Mitarbeiter	EE	☐	○		☐
C012	Hierarch. Kunde	Hierarchieknoten Kunde	01	☑		○	☐
CA03	Ext. Alpha FICA	Externe numerische Nummerierung (FICA)	03	☑		○	☐
CPD2	CPD-BeispDaten	Ext. alphanum. Nr. CPD (Beispieldaten)	04	☑		○	☐
CPDA	CPD ext. Alpha	Ext. alphanum. für CPD Geschäftspartner	AB	☑		○	☐
CPDN	CPD Int. Num.	Int. Nummerier. für CPD-Geschäftspartner	02	☐	○		☐
CPDS	CPD ext.Num. OB	Ext. num. Numm. CPD (oberer Bereich)	03	☑		○	☐
DAR1	Darlehen	Darlehenspartner (int. Deb.)	01	☑		○	☐
ETM	ETM	Equipment und Tools Management	01	☑		○	☐
GPEX	Externe NrVerg.	Externe Nummernvergabe	AB	☑		○	☐
GPIN	Interne NrVerg.	Interne Nummernvergabe	01	☑		○	☐
IMMO	Immobilien	Immobilien-Partnerl	01	☑		○	☐

Abbildung 13.3 Zuordnung einer Geschäftspartner-Gruppierung zu einem Nummernkreis

Interner Standard

Es ist notwendig, eine Gruppierung als **Interner Standard** zu kennzeichnen. Diese Einstellung bewirkt im Beispiel aus Abbildung 13.3, dass die Gruppierung BP02 für die Anlage eines Geschäftspartners herangezogen wird, falls in der Transaktion BP weder eine Nummer noch eine Gruppierung angegeben wird.

13.1.2 Definition der Kontengruppen Debitor und Kreditor und deren Nummernvergabe

Abhängige Kontengruppen

Neben den zuvor beschriebenen Einstellungen im Bereich Geschäftspartner ist es notwendig, die entsprechenden Nummernkreise für Debitoren und Kreditoren zu definieren. Diese Einstellungen finden Sie über den Pfad **Finanzwesen • Debitoren und Kreditorenbuchhaltung • Debitorenkonten • Stammdaten • Anlagen der Debitorenstammdaten vorbereiten • Kontengruppe mit Bildaufbau definieren.**

Um eine Kontengruppe neu anzulegen, klicken Sie auf den Button **Neue Einträge** und geben den bis zu vierstelligen Schlüssel der Kontengruppe sowie die Bedeutung an. Setzen Sie das Kennzeichen **CPD-Konto**, um eine Kontengruppe als Conto pro Diverse zu kennzeichnen. Im allgemeinen Sprachgebrauch wird CPD auch als Einmalkunde benannt. Das sind Stammdaten, die verwendet werden können, um Geschäftsbelege zu Partnern anzulegen, die nicht mit einem Kundenstamm im System angelegt sind. Bei der Verwendung eines CPD-Kunden müssen Sie beispielsweise die Adressdaten während der Auftragserfassung manuell eingeben. Ein Nachrichtenschema, mit dem Sie die Ausgabesteuerung für Belege in Richtung Kunde steuern, können Sie in dem gleichnamigen Feld hinterlegen. Außerdem können Sie die Feldmodifikation im Abschnitt **Feldstatus** (siehe Abbildung 13.4) in dieser Customizing-Aktivität vornehmen.

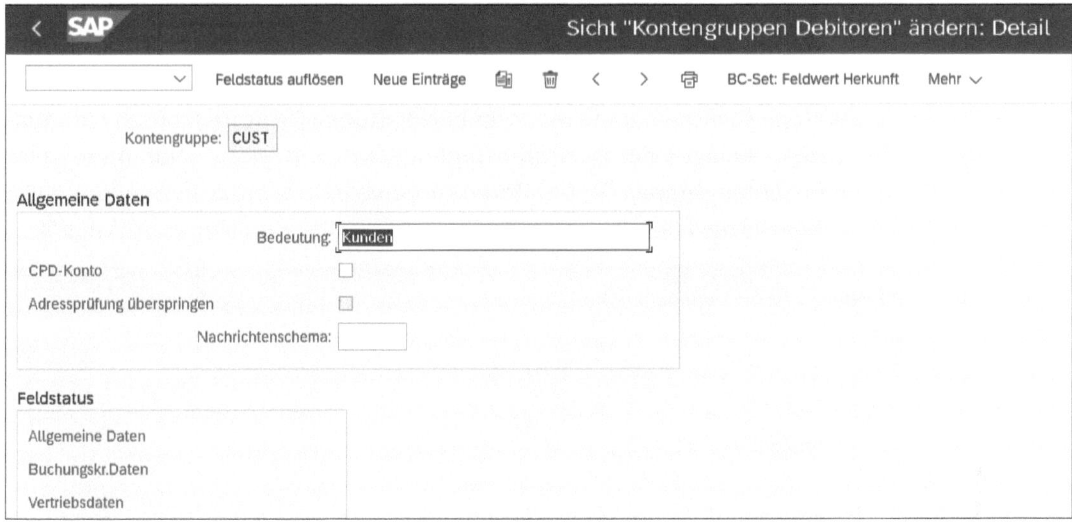

Abbildung 13.4 Neuanlage einer Kontengruppe »Kunde«

Nummernkreis Debitor

Nachdem die Kontengruppe angelegt ist, müssen Sie den Nummernkreis für das Nummernkreisobjekt **Debitor** anlegen (siehe Abbildung 13.5). Folgen Sie dazu dem Pfad **Finanzwesen • Debitoren und Kreditorenbuchhaltung • Debitorenkonten • Stammdaten • Anlagen der Debitorenstammdaten vorbereiten • Nummernkreise für Debitoren anlegen**. Sie gelangen in das Pflegebild für die Nummernkreisintervalle. Wählen Sie in der Spalte **Nummernkreisnummer** den zweistelligen Schlüssel durch Markieren des Kennzeichens aus. Pflegen Sie die Spalten **von Nummer** und **bis Nummer**. Hierbei ist es wichtig, den Haken bei **Extern** zu setzen. Nur mit dieser Einstellung ist Nummerngleichheit möglich, da in diesem Fall die Geschäftspartner-Nummer eins zu eins in den Debitor übernommen wird.

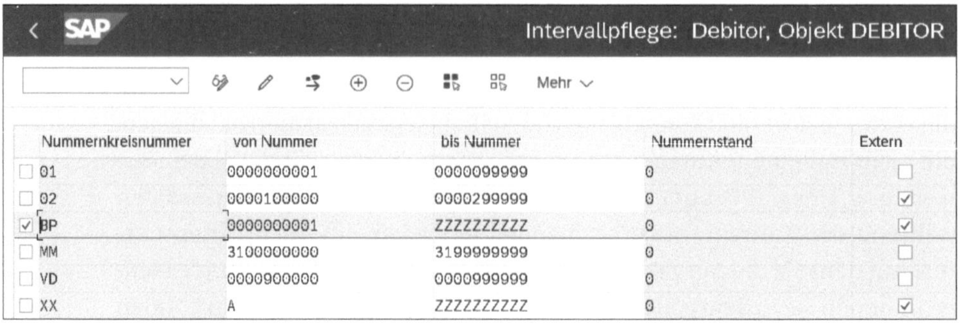

Intervallpflege: Debitor, Objekt DEBITOR

Nummernkreisnummer	von Nummer	bis Nummer	Nummernstand	Extern
01	0000000001	0000099999	0	☐
02	0000100000	0000299999	0	☑
BP	0000000001	ZZZZZZZZZZ	0	☑
MM	3100000000	3199999999	0	☐
VD	0000900000	0000999999	0	☐
XX	A	ZZZZZZZZZZ	0	☑

Abbildung 13.5 Nummernkreisintervallpflege eines Debitors

Zuordnung Nummernkreis zur Kontengruppe

Als Nächstes müssen Sie Ihren soeben angelegten Nummernkreis der gewünschten Kontengruppe zuordnen. Diese Zuordnung des angelegten Nummernkreises zur Kontengruppe können Sie über den Pfad **Finanzwesen • Debitoren und Kreditorenbuchhaltung • Debitorenkonten • Stammdaten • Anlagen der Debitorenstammdaten vorbereiten • Nummernkreise den Kontengruppen für Debitoren zuordnen** vornehmen. In Abbildung 13.6 sehen Sie die Zuordnung der Kontengruppe CUST zum Nummernkreis BP.

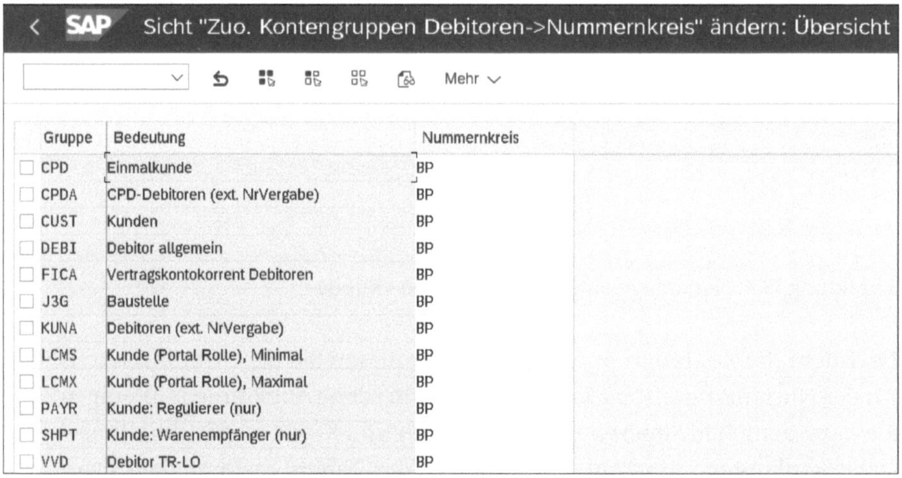

Sicht "Zuo. Kontengruppen Debitoren->Nummernkreis" ändern: Übersicht

Gruppe	Bedeutung	Nummernkreis
CPD	Einmalkunde	BP
CPDA	CPD-Debitoren (ext. NrVergabe)	BP
CUST	Kunden	BP
DEBI	Debitor allgemein	BP
FICA	Vertragskontokorrent Debitoren	BP
J3G	Baustelle	BP
KUNA	Debitoren (ext. NrVergabe)	BP
LCMS	Kunde (Portal Rolle), Minimal	BP
LCMX	Kunde (Portal Rolle), Maximal	BP
PAYR	Kunde: Regulierer (nur)	BP
SHPT	Kunde: Warenempfänger (nur)	BP
VVD	Debitor TR-LO	BP

Abbildung 13.6 Zuordnung einer Kontengruppe Debitor und Nummernkreis

Pflege der Kreditorenkontengruppen und Nummernkreise

Die Einstellungen für die Kreditoren sind analog für die Debitoren vorzunehmen. Sie finden die Einstellungen unter den folgenden Pfaden im Customizing: **Finanzwesen Debitoren und Kreditorenbuchhaltung • Kreditorenkonten • Stammdaten • Anlagen der Kreditorenstammdaten vorbereiten • Kontengruppe mit Bildaufbau definieren**. Legen Sie zunächst die relevante Kontengruppe für Kreditoren an. In diesem Beispiel ist das die Kontengruppe mit dem Schlüssel SUPL und der Bedeutung **Lieferant** (siehe

Abbildung 13.7). Auch für die kreditorischen Kontengruppen können Sie die Feldmodifikation im Abschnitt **Feldstatus** in dieser Customizing-Aktivität vornehmen.

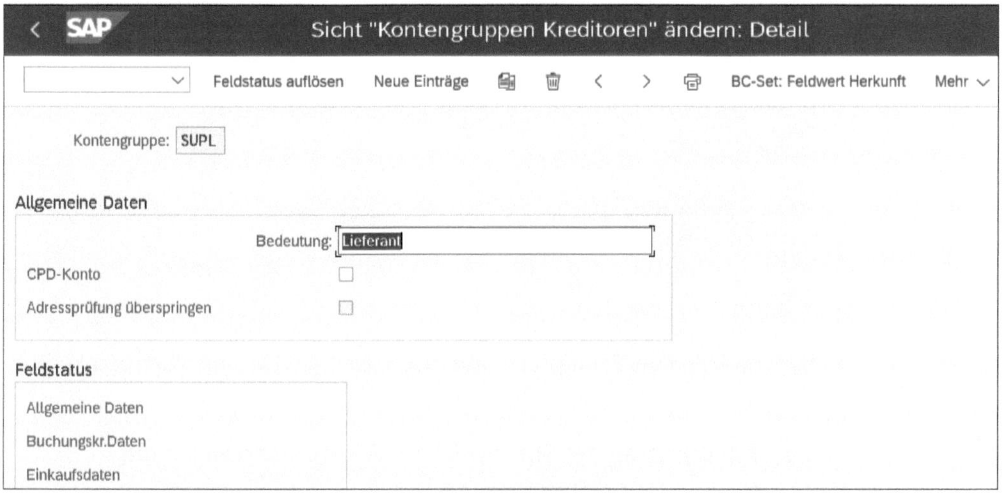

Abbildung 13.7 Neuanlage einer Kontengruppe Kreditor

Die Nummernkreise legen Sie über den Pfad **Finanzwesen • Debitoren und Kreditorenbuchhaltung • Kreditorenkonten • Stammdaten • Anlagen der Kreditorenstammdaten vorbereiten • Nummernkreise für Kreditoren anlegen** an, in diesem Beispiel für das Nummernkreisobjekt Kreditor also den Nummernkreis BP mit der Kennzeichnung **Extern** (siehe Abbildung 13.8).

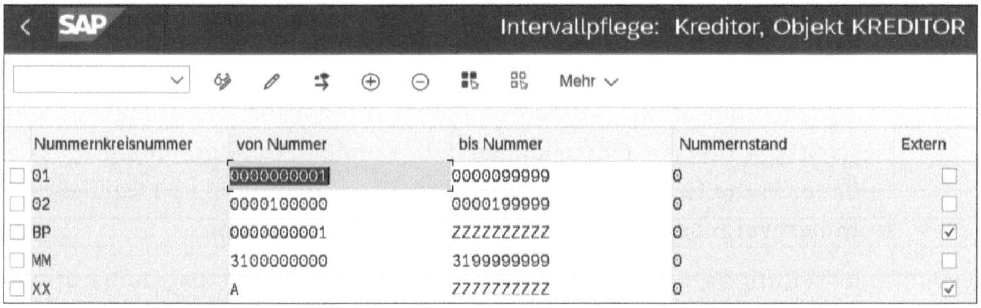

Abbildung 13.8 Nummernkreisintervallpflege eines Kreditors

Zuordnung Nummernkreis zur Kontengruppe

Die Zuordnung des angelegten Nummernkreises zur Kontengruppe können Sie über den Pfad **Finanzwesen • Debitoren und Kreditorenbuchhaltung • Kreditorenkonten • Stammdaten • Anlagen der Kreditorenstammdaten vorbereiten • Nummernkreise den Kontengruppen für Kreditoren zuordnen** vornehmen (siehe Abbildung 13.9).

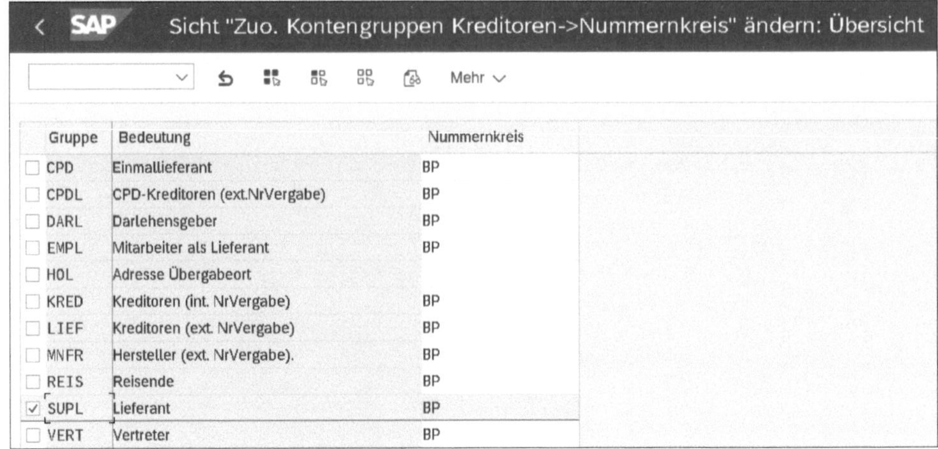

Gruppe	Bedeutung	Nummernkreis
CPD	Einmallieferant	BP
CPDL	CPD-Kreditoren (ext.NrVergabe)	BP
DARL	Darlehensgeber	BP
EMPL	Mitarbeiter als Lieferant	BP
HOL	Adresse Übergabeort	
KRED	Kreditoren (int. NrVergabe)	BP
LIEF	Kreditoren (ext. NrVergabe)	BP
MNFR	Hersteller (ext. NrVergabe).	BP
REIS	Reisende	BP
SUPL	Lieferant	BP
VERT	Vertreter	BP

Abbildung 13.9 Zuordnung einer Kontengruppe Kreditor zum Nummernkreis

13.1.3 Customizing der Stammdatensynchronisation für die Nummerngleichheit

Nachdem Sie die Nummernkreise für den Geschäftspartner, den Debitor sowie den Kreditor eingerichtet haben, beschreiben wir die notwendigen Einstellungen im Customizing der Stammdatensynchronisation für die Nummerngleichheit. In diesem Abschnitt gehen wir nur auf die Einstellungen ein, die Auswirkungen auf die Nummernvergabe sowie die Kontengruppen haben. Das Customizing für die Nummernvergabe finden Sie in Abschnitt 10.2.3, »Einstellungen des Geschäftspartners«.

Die Customizing-Einstellungen zur Stammdatensynchronisation finden Sie über den Pfad **Anwendungsübergreifende Komponenten • Stammdatensynchronisation • Customer-Vendor-Integration • Einstellungen des Geschäftspartners • Einstellungen zur Kunden-/Debitorenintegration • Feldzuordnung für die Debitorenintegration • Zuordnung von Schlüsseln • Nummernvergabe für Richtung GP nach Debitor festlegen.**

Zuordnung der Geschäftspartner-Gruppierungen zu Kontengruppen

In Abbildung 13.10 sehen Sie die Zuordnung der Geschäftspartner-Gruppierungen zu jeweils einer Kontengruppe. Setzen Sie einen Haken in der Spalte **Nummerngleichheit**, wird im Rahmen der CVI bei Anlage der Debitorenstammdaten die Geschäftspartner-Nummer in den Debitorenstamm übernommen. Nehmen Sie die Einstellungen auch im Bereich **Kreditoren** vor (siehe Abbildung 13.11).

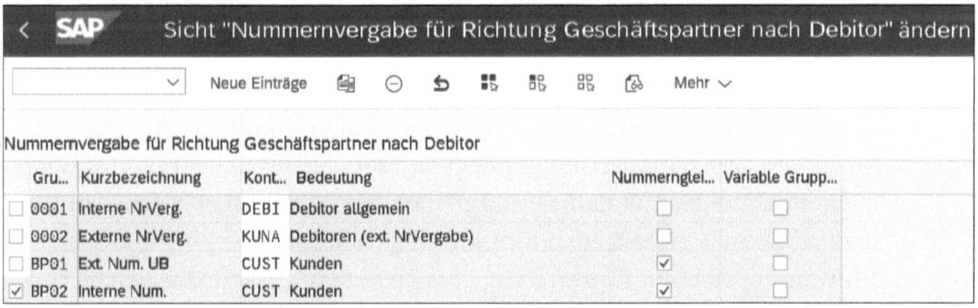

< SAP Sicht "Nummernvergabe für Richtung Geschäftspartner nach Debitor" ändern

Neue Einträge Mehr

Nummernvergabe für Richtung Geschäftspartner nach Debitor

	Gru...	Kurzbezeichnung	Kont...	Bedeutung	Nummernglei...	Variable Grupp...
☐	0001	Interne NrVerg.	DEBI	Debitor allgemein	☐	☐
☐	0002	Externe NrVerg.	KUNA	Debitoren (ext. NrVergabe)	☐	☐
☐	BP01	Ext. Num. UB	CUST	Kunden	☑	☐
☑	BP02	Interne Num.	CUST	Kunden	☑	☐

Abbildung 13.10 Nummerngleichheit und Zuordnung einer Gruppierung zu einer Kontengruppe im Debitorenbereich

Über den Pfad **Anwendungsübergreifende Komponenten • Stammdatensynchronisation • Customer-Vendor-Integration • Einstellungen des Geschäftspartners • Einstellungen zur Lieferanten-/Kreditorenintegration • Feldzuordnung für die Kreditorenintegration • Zuordnung von Schlüsseln • Nummernvergabe für Richtung GP nach Kreditor festlegen** können Sie die entsprechenden Einstellungen im Customizing vornehmen. Ordnen Sie die Geschäftspartner-Gruppierungen **Grp.** jeweils einer Kontengruppe **Gruppe** zu. Setzen Sie einen Haken in der Spalte **glNr**, um die Nummerngleichheit einzustellen, wird im Rahmen der CVI bei Anlage der Kreditorenstammdaten die Geschäftspartner-Nummer in den Kreditorenstamm übernommen (siehe Abbildung 13.11).

< SAP Sicht "Geschäftspartner: Zuordnung Gruppierung Kontengruppen" ändern:

Neue Einträge Mehr

Geschäftspartner: Zuordnung Gruppierung Kontengruppen

	Grp.	Kurzbezeichnung	Gruppe	Bedeutung	glNr	Var.Grupp.
☐	0001	Interne NrVerg.	KRED	Kreditoren (int. NrVergabe)	☐	☐
☐	0002	Externe NrVerg.	LIEF	Kreditoren (ext. NrVergabe)	☐	☐
☐	BP01	Ext. Num. UB	SUPL	Lieferant	☑	☐
☐	BP02	Interne Num.	SUPL	Lieferant	☑	☐

Abbildung 13.11 Nummerngleichheit und Zuordnung einer Gruppierung zu einer Kontengruppe im Kreditorenbereich

Ergebnis der Synchronisation bei Nummerngleichheit

Betrachten wir nun das Ergebnis, nachdem Sie einen Geschäftspartner mit Nummerngleichheit mit den Geschäftspartner-Rollen im System angelegt haben. Bei der Synchronisation wurde ein Kunde mit Buchungskreisdaten und Vertriebsbereichsdaten angelegt. Da wir für den gleichen Geschäftspartner die Rollen Kreditor und Lieferant angelegt haben, hat das System einen voll ausgeprägten Lieferanten mit Buchungskreisdaten und der Einkaufssicht mit der gleichen Stammsatznummer erstellt.

Wenn Sie Ihren Geschäftspartner mit der Transaktion BP aufrufen, sehen Sie das Ergebnis der zuvor beschriebenen Einstellungen (siehe Abbildung 13.12). Bei der Anlage wurde der Geschäftspartner mit der Nummer 100204 erzeugt. Da sowohl die Geschäftspartner-Rollen Kunde als auch Lieferant für diesen Geschäftspartner gepflegt wurden, haben die vorgenommenen Einstellungen der CVI dafür gesorgt, dass beim Sichern ebenfalls ein Kunden- und ein Lieferantenstamm angelegt wurden. Die Einstellungen zur Nummerngleichheit führen dazu, dass diese Stammsätze die gleiche Nummer wie der Geschäftspartner erhalten haben.

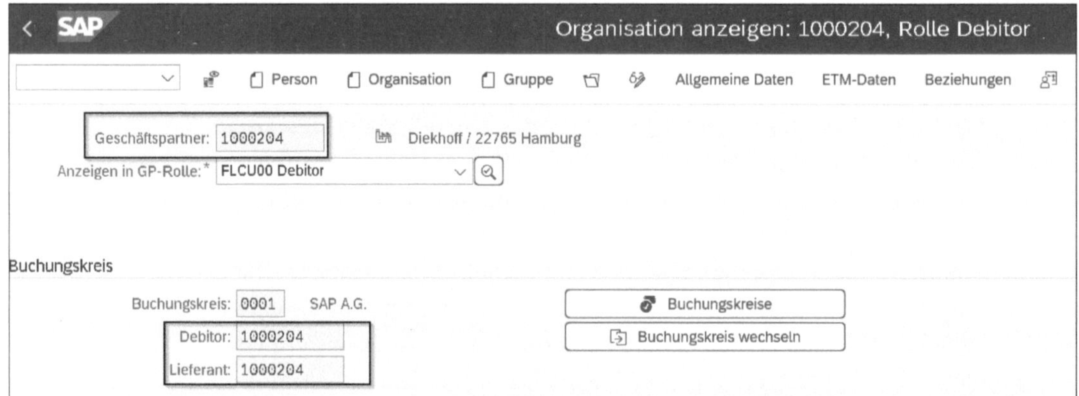

Abbildung 13.12 Nummerngleichheit zwischen Geschäftspartner, Debitor und Lieferant

SAP-Fiori-App »Geschäftspartnerstammdaten verwalten«

Da Sie in Ihrem SAP-S/4HANA-System in der Regel mit den SAP-Fiori-Apps arbeiten, können Sie sich diesen Geschäftspartner über die SAP-Fiori-App **Geschäftspartnerstammdaten verwalten** anzeigen lassen. Dort können Sie den Geschäftspartner bei Bedarf auch bearbeiten (siehe Abbildung 13.13).

Abbildung 13.13 Anzeige der SAP-Fiori-App »Geschäftspartnerstammdaten verwalten«

Im oberen Bereich dieser App können Sie gezielt anhand von verschiedenen Filtern nach Geschäftspartnern suchen. Sie können nach den folgenden Kriterien filtern:

- **Bearbeitungsstatus**
- **Rolle**
- **Geschäftspartner**
- **Nachname/Name1**
- **Vorname/Name2**
- **Straße**
- **Ort**
- **Land/Region**

In Abbildung 13.14 sehen Sie, dass wir exemplarisch einen Filter in dem Feld **Ort** gesetzt haben. Wenn Sie nun auf den Button **Start** klicken, werden Ihnen alle Geschäftspartner aus Hamburg angezeigt.

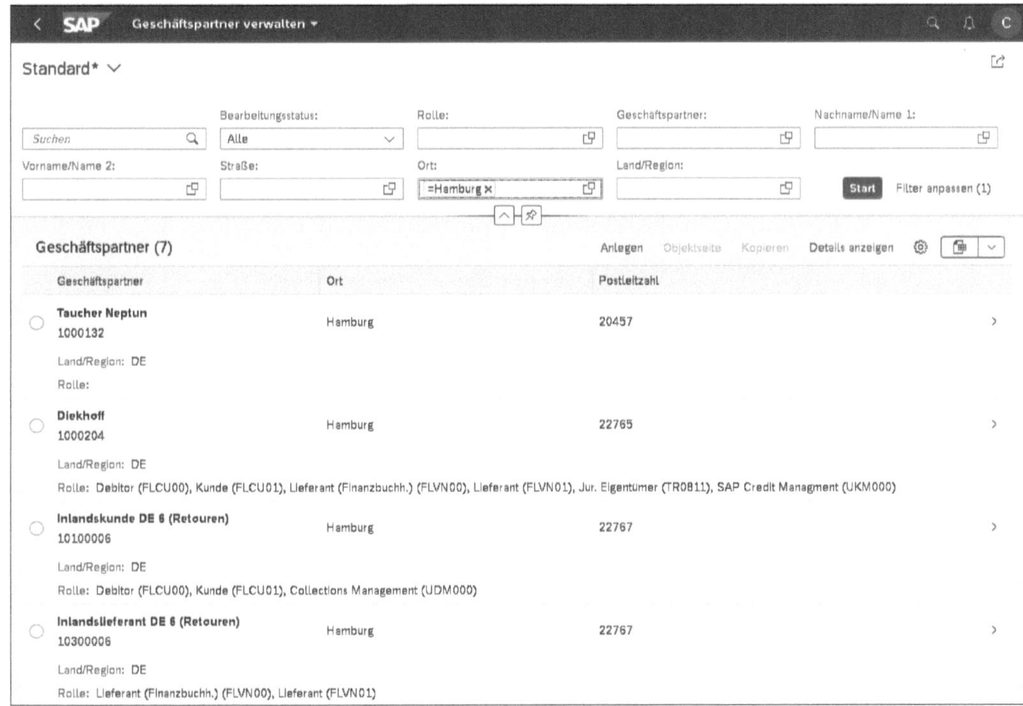

Abbildung 13.14 Anzeige aller Geschäftspartner, nach Ort gefiltert

Detailanzeige des Geschäftspartners

Auf dieser Liste der Geschäftspartner nach Ort erscheint auch der Geschäftspartner, der mit Nummerngleichheit angelegt wurde. Sie sehen neben der Nummer und dem Namen auch die für diesen Geschäftspartner angelegten Rollen. Mit dem Pfeil rechts [>] verzweigen Sie in die Detailanzeige des ausgewählten Geschäftspartners (siehe Abbildung 13.15).

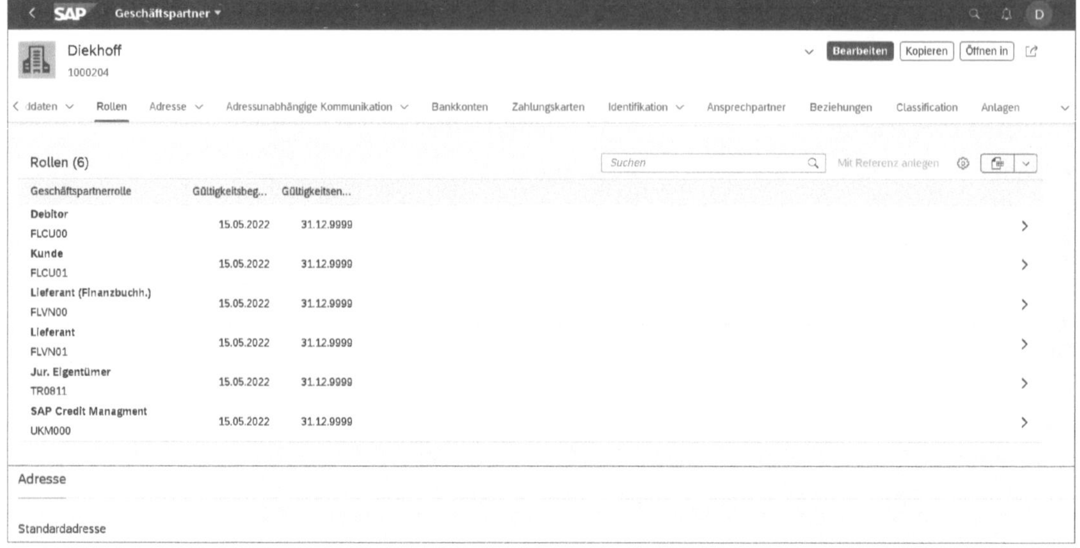

Abbildung 13.15 Detailansicht des ausgewählten Geschäftspartners

Hier finden Sie alle relevanten Informationen der einzelnen Registerkarten zum Geschäftspartner:

- Grunddaten
- Rollen
- Adresse
- Adressunabhängige Kommunikation
- Bankkonten
- Zahlungskarten
- Identifikation
- Ansprechpartner
- Beziehungen
- Classification
- Anlagen

13.1.4 Variable Geschäftspartner-Gruppierung

Variable Geschäftspartner-Gruppierung

Die Geschäftspartner-Nummer muss, wie eingangs erwähnt, jedoch nicht zwingend nummerngleich zu Debitor und Kreditor sein. Eine unterschiedliche Nummernvergabe erreichen Sie, indem Sie die relevanten Nummernkreisintervalle im Geschäftspartner und bei den Kontengruppen Debitor und Kreditor unterschiedlich einstellen. Außerdem setzen Sie keinen Haken im Kennzeichen **Nummerngleichheit** bei der Zuordnung der Nummernkreise zur Geschäftspartner-Gruppierung (siehe Abschnitt 13.1.3, »Customizing der Stammdatensynchronisation für die Nummerngleichheit«). Das System lässt die Konstellation aus unterschiedlichen Nummernkreisen und dem Kennzeichen **Nummerngleichheit** technisch nicht zu.

An der Stelle möchten wir auf die Möglichkeit der variablen Gruppierung hinweisen. Die Möglichkeit, eine variable Gruppierung einzustellen, finden Sie über den Pfad **Anwendungsübergreifende Komponenten • Stammdatensynchronisation • Customer-Vendor-Integration • Einstellungen des Geschäftspartners • Einstellungen zur Lieferanten-/Kreditorenintegration • Feldzuordnung für die Kreditorenintegration • Zuordnung von Schlüsseln • Nummernvergabe für Richtung GP nach Kreditor festlegen.**

Setzen Sie das Kennzeichen **Var.Grupp.**, um die variable Gruppierung von Geschäftspartnern einzustellen (siehe Abbildung 13.16).

Grp.	Kurzbezeichnung	Gruppe	Bedeutung	glNr	Var.Grupp.
0001	Interne NrVerg.	KRED	Kreditoren (int. NrVergabe)	☐	☑
0002	Externe NrVerg.	LIEF	Kreditoren (ext. NrVergabe)	☐	☐

Abbildung 13.16 Zuordnung Gruppierung, Kontengruppe Kreditor und variable Gruppierung

Systemverhalten bei der Nutzung von variablen Gruppierungen

Dadurch wird die variable Handhabung von Kontengruppen und Kreditorennummerierung aktiviert. Bei Setzen des Kennzeichens **Var.Grupp.** ändert sich das Systemverhalten wie folgt. Bei der Pflege eines Geschäftspartners wird die **Kontengruppe** als änderbar angezeigt. Die Debitoren- und Kreditorenintegration akzeptiert abweichende Werte für die Kontengruppe. Dies gilt ebenso für die Kreditoren- und Debitorennummer. Diese Werte werden dann nicht auf die im Customizing definierten Werte zurückgeändert. In Abbildung 13.17 sehen Sie die Bearbeitung eines Geschäftspartners in der Transaktion BP. Das Feld **Kontengruppe** ist hier eingabebereit. Der Wert KRED wird aus dem Customizing (siehe Abbildung 13.16) übernommen, kann aber bei Bedarf geändert werden.

Diese Einstellungen der variablen Gruppierung können Sie bei Bedarf analog im Debitorenbereich vornehmen.

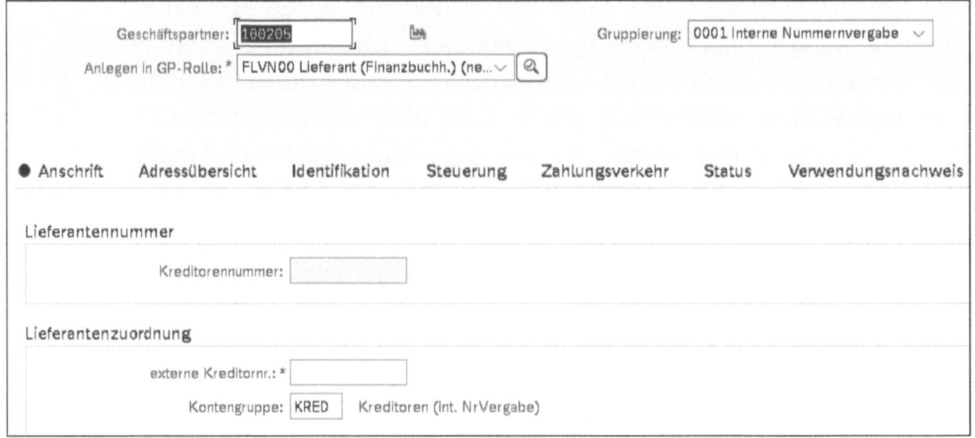

Abbildung 13.17 Pflege eines Geschäftspartners bei Verwendung der variablen Gruppierung

Nummerngleichheit vs. variable Gruppierung

Die Einstellungen **Nummerngleichheit** und **Variable Gruppierung** können nicht gleichzeitig ausgewählt werden. Die Nummerngleichheit erfordert die strikte Zuordnung der Geschäftspartner-Gruppierung zur kreditorischen bzw. debitorischen Kontengruppe.

13.2 Geschäftspartner für das SAP Credit Management

Das *SAP Credit Management* in SAP S/4HANA unterstützt Sie bei der Bewertung, Kontrolle und Überwachung der offenen Forderungen gegenüber Ihren Kunden. Sie können in diesem Rahmen z. B. Kreditlimits vergeben, Bonitätsprüfungen durchführen oder Ihre Kunden nach Risikoklassen klassifizieren.

Bereits in einem SAP-ERP-System gibt es das klassische Kreditmanagement im Rahmen der Komponente FI-AR-CR. Mit Einführung von SAP S/4HANA ist es zwingend erforderlich, auf das SAP Credit Management in SAP S/4HANA zu wechseln.

Beachten Sie, dass in Bezug auf die CVI als Vorprojekt für eine Brownfield-Migration keine Geschäftspartner-Rolle für das SAP Credit Management angelegt wird, sondern die Anlage erst bei dem technischen Übergang Ihres SAP-ERP-Systems zum SAP-S/4HANA-System erfolgt. Diese Aussage trifft nicht zu, wenn Sie bereits in SAP ERP die Komponente SAP FSCM nutzen.

Bei einer Neuimplementierung hingegen werden Sie im Rahmen der Migration diese explizite Rolle für das SAP Credit Management anlegen. SAP liefert hier die Vorlagerolle UKM000 (SAP Credit Management) aus, die Sie bei Bedarf in Ihren Namensraum kopieren können.

Rolle für das neue SAP Credit Management vergeben

13.2.1 Customizing für das SAP Credit Management

Das Customizing für das SAP Credit Management finden Sie über den Pfad **Finanzwesen • Financial Supply Chain Management • Credit Management**.

Kreditsegment

An dieser Stelle können wir nicht das komplette Customizing beschreiben und beschränken uns daher auf eine grundlegende Neuerung, und zwar die Einführung des Kreditsegments.

Das Kreditsegment ist eine frei wählbare organisatorische Einheit, die Sie nach Ihren Bedürfnissen anlegen können. Sie können Ihre Kunden z. B. nach Geschäftsfeld, Produktart oder einer anderen Sparte in Bezug auf Kreditvergabe und Kreditkontrolle klassifizieren. Das Kreditsegment steht dabei in gleichem Verhältnis zum Geschäftspartner wie der Buchungskreis. Das bedeutet, dass ein Geschäftspartner zu mehreren Kreditsegmenten Stammdaten haben kann.

Die Kreditsegmente dienen der Ermittlung des Kreditlimits in der jeweiligen Währung. Nehmen wir z. B. an, ein Geschäftspartner betreibt in mehreren Ländern Tochterunternehmen und Sie möchten das Limit pro Land vergeben. In diesem Fall können Sie für jedes Land ein Kreditsegment anlegen und hierüber das Kreditlimit pro Land vergeben. Daneben können Sie auch ein länderübergreifendes Limit vergeben. In diesem Fall legen Sie das Kreissegment 0000 für ein globales übergreifendes Limit an.

13.2.2 Arbeiten mit der Rolle UKM000 (SAP Credit Management)

Kundenspezifische Rolle für das SAP Credit Management

Damit Sie für Ihren Geschäftspartner ein Kreditlimit vergeben können, müssen Sie die Rolle UKM000 (**SAP Credit Management**) anlegen. Falls Sie im Vorfeld bereits eine solche Rolle angelegt haben, können Sie mit Ihrer kundenspezifischen Rolle arbeiten. In Abschnitt 4.4.1, »Kopie einer Geschäftspartner-Rolle«, zeigen wir, wie Sie vorhandene Geschäftspartner-Rollen in Ihren kundenspezifischen Namensraum kopieren können.

Bei der Neunanlage eines Kreditlimits ist es wichtig, ein Segment auszuwählen (siehe Abbildung 13.18). Hierzu wählen Sie in der Transaktion BP im Feld **Ändern in GP-Rolle** die Geschäftspartner-Rolle UKM000 aus. Über den Button **Kreditsegmentdaten** erreichen Sie die Kreditsegmentdaten. In dieser Ansicht können Sie über das Eingabefeld **Kreditsegment** die verfügbaren Kreditsegmente auswählen.

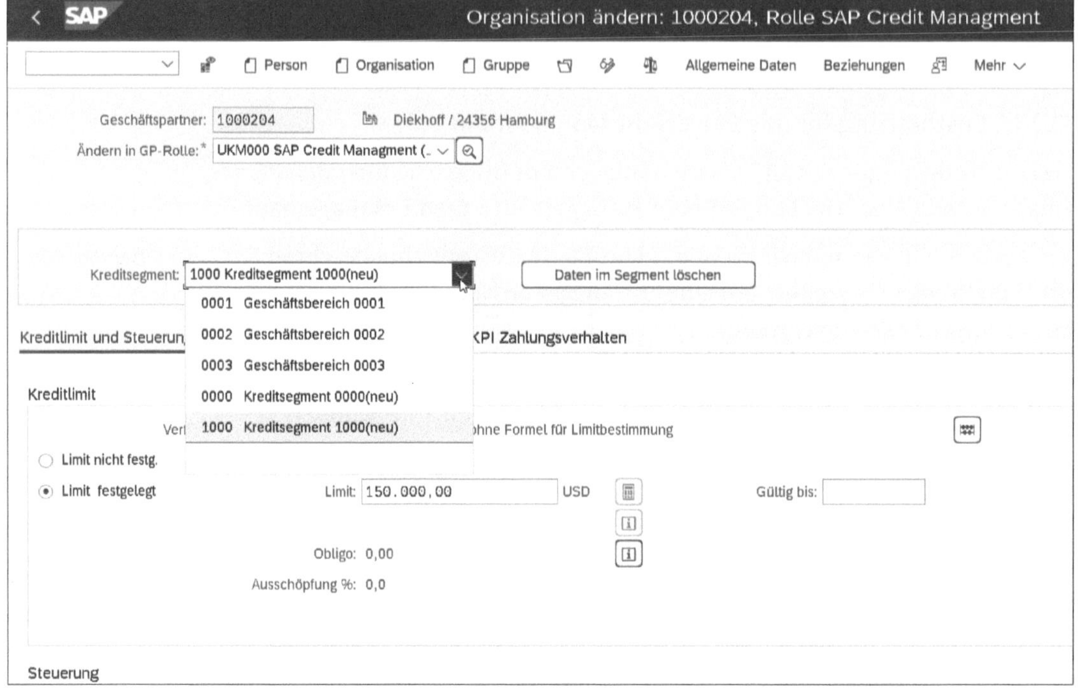

Abbildung 13.18 Transaktion BP mit Rolle SAP Credit Management

Wählen Sie ein **Kreditsegment** aus, und tragen Sie das gewünschte **Limit** ein. Wie in Abbildung 13.19 zu sehen ist, ist das Limit zunächst nur angefordert.

Abbildung 13.19 Transaktion BP mit Kreditlimit

Klicken Sie auf den Button ☑ (**Limit freigeben**), um Ihre Eingaben zu bestätigen. Sie erhalten die Meldung, dass das Limit erhöht wurde und ab sofort entsprechend den eingestellten Customizing-Regeln z. B. bei der Auftragserfassung geprüft wird.

13.2.3 SAP-Fiori-App »Kreditkonten verwalten«

SAP-Fiori-App »Kreditkonten verwalten«

Im Bereich der Überwachung Ihrer Kunden steht Ihnen mit der SAP-Fiori-App **Kreditkonten verwalten** (App-ID F4596) ein neues Auswertungs- und umfangreiches Bearbeitungstool zur Verfügung. Mit dieser App können Sie die Kreditdaten Ihrer Kunden anzeigen, bearbeiten oder aktualisieren.

Im Kreditprofil erhalten Sie Informationen zur Bonität über alle Kreditsegmente hinweg. Sie erhalten detaillierte Informationen z. B. zu gesperrten Verkaufsbelegen, Kreditlimitanträgen und Obligo-Informationen. Im Detail bietet diese App folgende Funktionen:

- Navigieren Sie zu den globalen Kreditdaten eines Geschäftspartners.
- Bearbeiten Sie Kreditdaten, und berechnen Sie die Bonität neu (inklusive einer Aktualisierung der Daten).
- Pflegen Sie externe Bewertungen manuell.
- Berechnen Sie das Kreditlimit pro Segment.
- Pflegen Sie das Kreditprofil zur Bonitätsermittlung, Risikoklasse und Regeln für das SAP Credit Management.
- Hinterlegen Sie Kreditversicherungen, Sicherheiten, negative Kreditergebnisse und Prüfausnahmen.
- Löschen Sie bei Bedarf das Kreditsegment.
- Fügen Sie einen Kreditsachbearbeiter den Segmenten hinzu.
- Lassen Sie sich Informationen über gesperrte Aufträge oder über einen einzelnen Auftrag anzeigen.
- Lassen Sie sich offene Kreditanträge über alle Segmente hinweg anzeigen.
- Lassen Sie sich Kreditversicherungen sowie hinterlegte Sicherungen anzeigen.
- Lassen Sie sich Negativmerkmale und Prüfausnahmen anzeigen.
- Suchen Sie Details zu Obligo, Limit und Kontensteuerung auf Segmentebene.

- Lassen Sie sich überfällige Beträge aus Vertriebsbelegen pro Periode anzeigen.
- Lassen Sie sich den zuständigen Sachbearbeiter pro Segment anzeigen.
- Erhalten Sie Informationen zum Zahlungsverhalten, zu Mahnstufen, zur letzten Zahlung und dem ältesten offenen Posten.
- Prüfen Sie die Kennzahlen wie DSO (Days Sales Outstanding), Skonti und die Verkäufe der letzten zwölf Monate.
- Fügen Sie Notizen auf globaler Ebene oder auf Segmentebene hinzu.

Filteroptionen in der App

In Abbildung 13.20 sehen Sie den Einstieg in die App. Mithilfe des Filters können Sie gezielt nach einzelnen Geschäftspartnern, Kreditsegmenten und Kreditsachbearbeitern suchen. Nach Ausführen über den Button **Start** erhalten Sie eine Übersicht der selektieren Geschäftspartner.

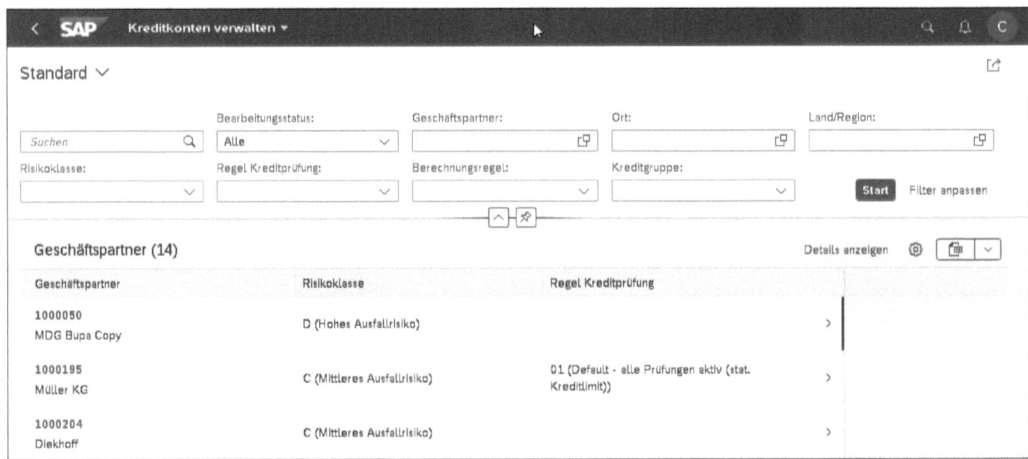

Abbildung 13.20 SAP-Fiori-App »Kreditkonten verwalten«

Wenn Sie auf einen Geschäftspartner klicken, können Sie z. B. in die SAP-Fiori-App **Forderungen bearbeiten** (App-ID F0106A) und weitere Apps verzweigen. Wenn Sie am rechten Bildrand auf das Symbol [>] (**Details**) klicken, verzweigen Sie in die Detailansicht des ausgewählten Geschäftspartners (siehe Abbildung 13.21).

An dieser Stelle stehen Ihnen alle zuvor aufgeführten Möglichkeiten zur Bearbeitung der Daten zu Verfügung.

Abbildung 13.21 Detailansicht auf Ebene des Geschäftspartners

13.2.4 Transaktionen im SAP Credit Management

Im SAP Credit Management verwendete Transaktionen

Neben der SAP-Fiori-App **Kreditkonten verwalten** (App-ID F4596) stehen Ihnen mit der Umstellung auf das SAP Credit Management unter SAP S/4HANA eine ganze Reihe neuer Transaktionen im System zu Verfügung. Tabelle 13.1 zeigt eine Auswahl an neuen Transaktionen.

Transaktionscode	Beschreibung
UKM_BP	Geschäftspartnerstammdaten
UKM_BLACK_WHITE	Schwarze und weiße Listen
UKM_MALUS_DSP	Liste Kreditlimitausschöpfung
UKM_MASS_DSP1	Anzeige Kreditdaten des Geschäftspartners
UKM_MASS_DSP2	Anzeige Stammdaten zum Kreditkonto
UKM_VECTORS	Kennzahlen zum Zahlungsverhalten
UKM_MY_DCDS	Meine dokumentierten Kreditentscheidungen
UKM_COMMITMENTS	Obligo
UKM_BP_DISPLAY	Stammdatenliste
UKM_LOGS_DISPLAY	Protokolle

Tabelle 13.1 Auswahl an Transaktionen des SAP Credit Managements

Transaktionscode	Beschreibung
UKM_MASS_UPD1	Massenänderung externer Kreditauskünfte
UKM_MASS_UPD2	Massenänderung interne Bonität
UKM_MASS_UPD3	Massenänderung Kreditlimit
UKM_MASS_UPD4	Massenänderung Verfahren und Prüfregel
UKM_MONITOR	Nachträge zur externen Kreditauskunft
UKM_MASS_UPD5	Rolle SAP Credit Management einem Geschäftspartner zuordnen
UKM_MASS_SHOW	Extrakte anzeigen

Tabelle 13.1 Auswahl an Transaktionen des SAP Credit Managements (Forts.)

Im Anwendungsmenü finden Sie alle relevanten Transaktionen über den Pfad **Financial Supply Chain Management • Credit Management • Stammdaten** und **Financial Supply Chain Management • Credit Management • Listanzeigen**.

13.3 Migration der Geschäftspartner-Daten

Datenübernahme aus Altsystemen

Für die Migration auf Ihr SAP-S/4HANA-System stehen Ihnen verschiedene Optionen zur Verfügung. In diesem Abschnitt liegt der Schwerpunkt auf den Möglichkeiten für die Migration des Geschäftspartners.

Im Rahmen der Neuimplementierung Ihres SAP-S/4HANA-Systems stehen Sie vor der Herausforderung, Ihre bestehenden Stammdaten und Bewegungsdaten in das neue System zu migrieren.

Die Migration von Geschäftspartnern kann auf unterschiedliche Weise erfolgen. Welche der zur Verfügung stehenden Mittel Sie wählen, hängt von Ihren kundenindividuellen Anforderungen ab.

SAP-Fiori-App »Migrieren Sie Ihre Daten«

Im Folgenden beschreiben wir die unterschiedlichen Möglichkeiten, die Ihnen die SAP-Fiori-App **Migrieren Sie Ihre Daten** (App-ID F3473) mithilfe von **Staging-Tabellen** bietet. Unter dem Begriff *Staging* versteht man eine temporäre Datenhaltung. Im Bereich dieser temporären Datenhaltung können die so gespeicherten Daten bereinigt, transformiert oder reorganisiert werden. Nach der Bearbeitung werden die Daten aus dem Staging-Bereich in die Zieldatenbank verschoben. Weitere Optionen der Migration möchten wir an dieser Stelle nur kurz anreißen. Eine manuelle Übernahme wäre nur für sehr wenige Datensätze sinnvoll und ist uns bisher in der Praxis noch nicht begegnet.

Da die Qualität Ihrer Stammdaten ausschlaggebend für alle nachfolgenden Prozesse ist, sollten Sie der Migration die entsprechende Zeit und Aufmerksamkeit widmen.

Transaktion LTMC vs. SAP-Fiori-App

Das SAP-S/4HANA-Migrationscockpit, das Sie mittels der Transaktion LTMC aufrufen können, wurde seitens SAP abgekündigt und steht ab Release 2021 für die Neuanlage nicht mehr zur Verfügung. Daher werden wir in diesem Abschnitt die Migration mittels der SAP-Fiori-App **Migrieren Sie Ihre Daten** (App-ID F3473) beschreiben.

Falls Sie mit der Transaktion LTMC in der Vergangenheit Projekte angelegt haben, stehen Ihnen diese weiterhin zur Verfügung. Momentan ist es allerdings nicht mehr möglich, darüber neue Objekte anzulegen.

Im Zuge der Einführung der SAP-Fiori-Apps hat SAP die *SAP Fiori Apps Reference Library* geschaffen. Über den Link *https://fioriappslibrary.hana.ondemand.com* können Sie diese aufrufen. Auf der Seite finden Sie SAP-Fiori-Apps über alle Geschäftsprozesse und Anwendungen hinweg. Für jede App stehen Ihnen tiefgehende Informationen zu Konfiguration, Installation, Rollen, Dokumentation etc. zur Verfügung.

Migrationscockpit

In Abbildung 13.22 sehen Sie die SAP-Fiori-App **Migrieren Sie Ihre Daten** (App-ID F3473), mit der Sie genau das tun können. Dieses Migrationscockpit bietet Ihnen verschiedene Vorteile, die wir nachfolgend für Sie zusammengefasst haben:

- Der ausgelieferte Inhalt umfasst alle Best-Practice-Migrationsobjekte von Stamm- und Bewegungsdaten.
- Es findet ein automatisiertes Mapping der Quell- und Zielstrukturen statt.
- Die Migrationsprogramme werden automatisch generiert. Hierbei sind keine Entwicklerkenntnisse notwendig.
- Es können Standard-APIs verwendet werden, um die Daten in das neue SAP-S/4HANA-System zu bringen.

Migrieren Sie Ihre Daten
Migrationscockpit
7
Migrationsprojekte a...

Abbildung 13.22 SAP-Fiori-App »Migrieren Sie Ihre Daten«

SAP Fiori Apps Reference Librabry

Damit Ihnen diese App auf Ihrem SAP Fiori Launchpad zur Verfügung steht, beachten Sie die Vorgaben und Installationshinweise, die Sie in der SAP Fiori Apps Reference Library zu dieser App finden. Die App finden Sie in dem Businesskatalog `SAP_CA_BC_MIG_DATA` (Data Migration) und der dazugehörenden Rolle `SAP_BR_CONFIG_EXPERT_DATA_MIG` (Configuration Expert – Data Migration). Schematisch ist der Ablauf einer Migration mit dieser App einfach. Zuerst extrahieren Sie die zu migrierenden Daten aus Ihrer Datenquelle, die meist ein Altsystem ist. Nach der Extraktion importieren Sie die Daten in das Migrationscockpit. Sind die Daten in den Staging-Tabellen enthalten, können Sie sie dort bearbeiten und anschließend in das Zielsystem, in unserem Fall ein SAP-S/4HANA-System, laden.

Das Migrationscockpit ist für eine Erstdatenübernahme konzipiert. Es ist nicht für ein kontinuierliches Hochladen oder eine dauerhafte Synchronisation von Daten vorgesehen. Es werden Standard-APIs (Application Programming Intefaces) zum Anlegen der Daten im SAP-S/4HANA-System verwendet. Es ist grundsätzlich nicht für das Laden von historischen Daten vorgesehen. Das Tool bietet Ihnen Mapping-Funktionen und eine Simulationsfunktion an.

Migration von einem in ein anderes SAP-S/4HANA-System

Das SAP-S/4HANA-Migrationscockpit unterstützt keine Migration von Daten von einem SAP-S/4HANA-System in ein anderes SAP-S/4HANA-System.

Modellierungsschicht LTMOM

Neben der Ausführungsschicht (Migrationscockpit) ist auch eine Modellierungsschicht verfügbar (*Migrationsobjektmodellierer*). Hier können Sie die Selektion beeinflussen und Migrationsobjekte anlegen oder bearbeiten. Der Aufruf erfolgt über die Transaktion LTMOM (Migrationsobjektmodellierer).

Für die Verwendung des Migrationsobjektmodellierers ist im SAP-S/4HANA-System die Rolle `SAP_CA_DMC_MC_DEVELOPER` erforderlich.

In Abbildung 13.23 sehen Sie eine Übersicht der bereits vorhandenen Migrationsprojekte im System. Es werden der Name des jeweiligen Migrationsprojekts, der Name des Bearbeiters und der Status angezeigt. In dem Feld **Migrationssatz** erkennen Sie das jeweilige Szenario, d. h., wie die Datenübernahme erfolgt ist. Es wird zwischen einer direkten Datenübernahme (SAP ERP nach SAP S/4HANA) und einer Migration per Staging-Tabellen unterschieden. Als Letztes erhalten Sie Informationen über die Verbindung zum Quellsystem. In der Regel handelt es sich hierbei um RFC-Verbindungen.

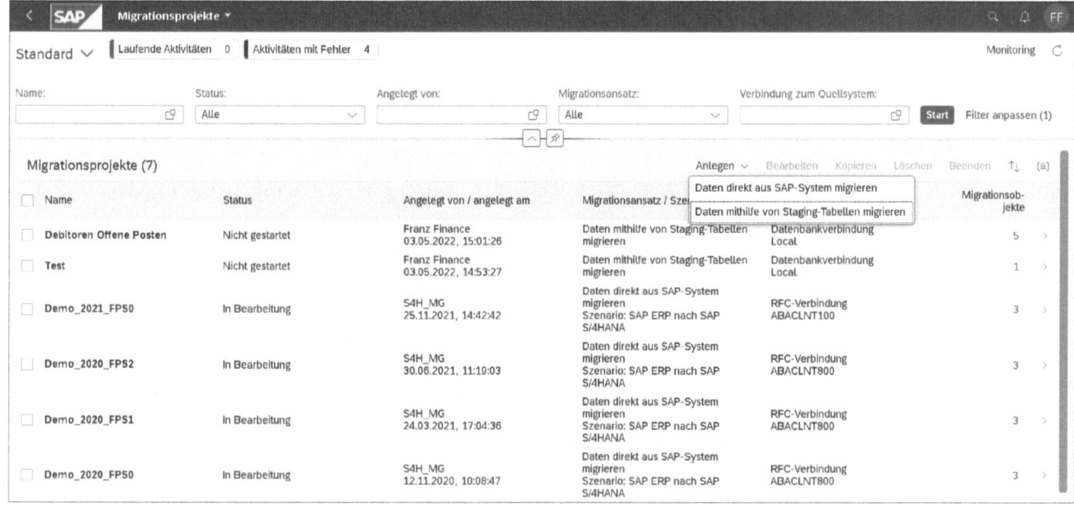

Abbildung 13.23 Gesamtübersicht der vorhandenen Migrationsprojekte

13

Für die Neuanlage eines Projekts klicken Sie auf den Button **Anlegen**. Sie können anschließend in dem Pop-up-Fenster auswählen, ob Sie die Daten direkt aus dem System migrieren wollen oder die Migration mithilfe von Staging-Tabellen durchführen möchten. In den folgenden Abschnitten beschreiben wir die beiden Optionen, die Sie für die Datenmigration haben.

13.3.1 SAP-Fiori-App »Migrieren Sie Ihre Daten« mittels Staging-Tabellen konfigurieren

Staging-Tabellen

Wenn Sie Staging-Tabellen verwenden, um zu migrieren, legt das Migrationscockpit diese Tabellen für die für Sie relevanten Migrationsobjekte an. Für jedes Objekt werden XML-Vorlagedateien zur Verfügung gestellt. In diesen Vorlagedateien können Sie die Staging-Tabellen mit Daten befüllen. Alternativ können die Daten mit anderen Tools, wie z. B. *SAP Data Services*, befüllt werden. SAP Data Services ist Teil der Plattform SAP Data Management und stellt Funktionen für die Analyse von Daten zur Verfügung. Dazu gehören sowohl Datenintegrations- als auch Datenqualitätsfunktionen.

Für die Anlage von Staging-Tabellen müssen Sie einen Speicherort angeben. Wenn Sie die Option **Lokales SAP S/4HANA-Datenbankschema** verwenden, generiert das Cockpit die Staging-Tabellen im lokalen ABAP-Schema.

Wenn Sie die Option **Remote-SAP-HANA-Datenbankschema** verwenden, geben Sie die entsprechende Verbindung zu einem Remote-SAP-HANA-System an. In diesem Fall generiert das Cockpit die Staging-Tabellen in diesem Schema.

Benutzerrollen für das Migrationscockpit

Für das Übertragen der Daten mittels des Migrationscockpits ist im SAP-S/4HANA-System ein Benutzer mit der Rolle `SAP_CA_DMC_MC_USER` erforderlich. Dieser Benutzer muss für den Frontend-Server außerdem über die Rolle `SAP_BR_CONFIG_EXPERT_DATA_MIG` verfügen. In Abbildung 13.24 sehen Sie den Ablauf der Migration in Verbindung mit Staging-Tabellen.

In groben Zügen werden folgende Schritte bei der Migration mit Staging-Tabellen durchlaufen:

1. Wählen Sie Ihre Migrationsobjekte aus. Das SAP-System legt für jedes ausgewählte Objekt automatisch eine Staging-Tabelle an.
2. Zu den angelegten Staging-Tabellen werden Ihnen passende Vorlagedateien zur Verfügung gestellt, die Sie mit den Quelldaten füllen.
3. Sie übertragen die Daten aus den Vorlagen in die Staging-Tabellen im SAP-System.
4. Sie bearbeiten die Mapping-Informationen, um sicherzustellen, dass die Daten aus den Staging-Tabellen korrekt in die Zielstrukturen übernommen werden.
5. Simulieren Sie die Migration. Sie können die Funktionsbausteine, die die Daten aus den Staging-Tabellen in die Datenbanktabellen des SAP-Systems übertragen, im Testmodus ausführen, um zu kontrollieren, ob Probleme auftreten.
6. Im letzten Schritt migrieren Sie Ihre Daten.

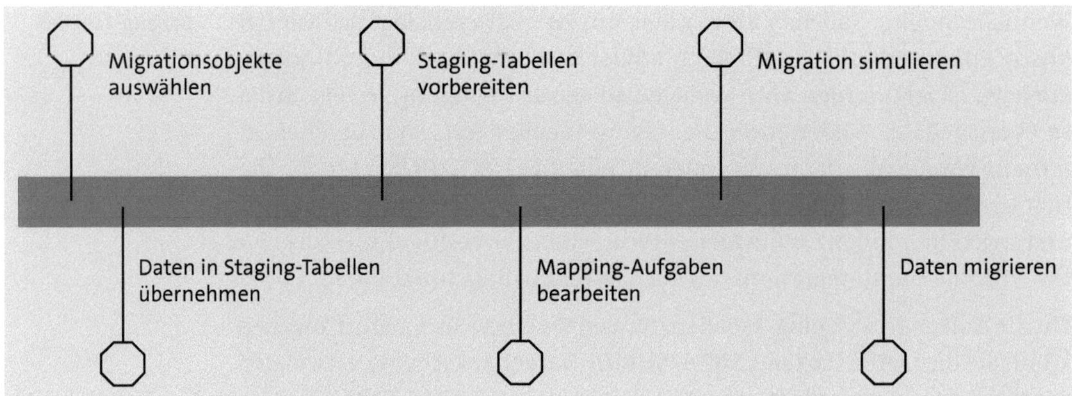

Abbildung 13.24 Schritte des Migrationsprozesses (Quelle: SAP)

Um ein neues Migrationsprojekt anzulegen, müssen Sie die folgenden Angaben in drei Schritten vornehmen:

Allgemeine Daten pflegen

1. Im ersten Schritt **Allgemeine Daten** pflegen Sie allgemeine Informationen über Ihr neues Projekt ein. Im Feld **Migrationsansatz** wurde bereits **Daten mithilfe von Staging-Tabellen migrieren** festgelegt und ist an dieser Stelle ausgegraut. Das Feld kann nicht geändert werden. Geben Sie den Namen für Ihr Projekt an, und ändern Sie bei Bedarf die Eingabe im Feld **Massenübernahme-ID**. Wählen Sie zudem, ob Sie für die Datenbankverbindung **Lokales SAP S/4HANA-Datenbankschema** oder **Remote-SAP-HANA-Datenbankschema** verwenden möchten (siehe Abbildung 13.25).

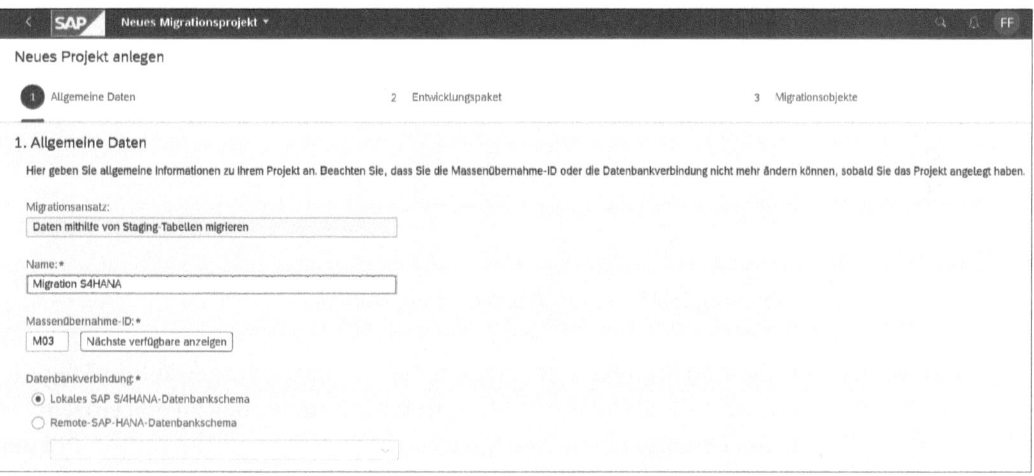

Abbildung 13.25 Allgemeine Daten pflegen

Auswahl eines Entwicklungspakets für das Migrationsprojekt

2. In Abbildung 13.26 sehen Sie den zweiten Schritt **Entwicklungspaket**. An dieser Stelle können Sie festlegen, welches Entwicklungspaket verwendet werden soll. Zur Auswahl stehen an dieser Stelle nur im Vorfeld angelegte Pakete. Ein Entwicklungspaket stellt ein Strukturelement der ABAP-Software dar. Jedes Entwicklungsobjekt, beispielsweise ein Report, eine globale Klasse oder ein Datenelement, ist einem Paket zugewiesen.

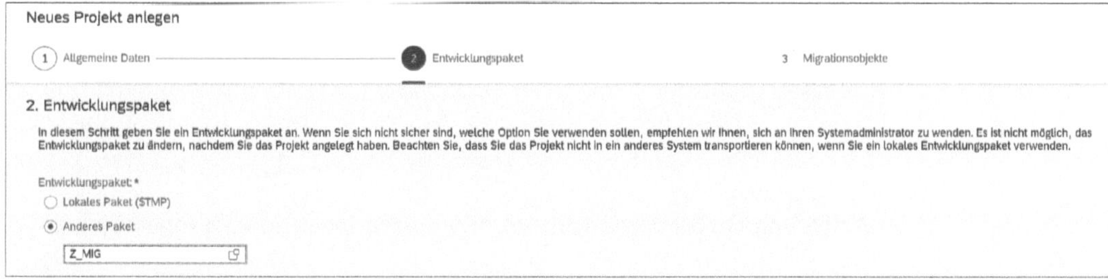

Abbildung 13.26 Ein Entwicklungspaket festlegen

Migratiosnobjekte auswählen

3. Im dritten Schritt **Migrationsobjekte** wählen Sie die Migrationsobjekte aus, die Sie migrieren möchten. Setzen Sie hierzu bei den gewünschten Objekten den Haken, und übernehmen Sie diese mithilfe des Buttons [>] (siehe Abbildung 13.27).

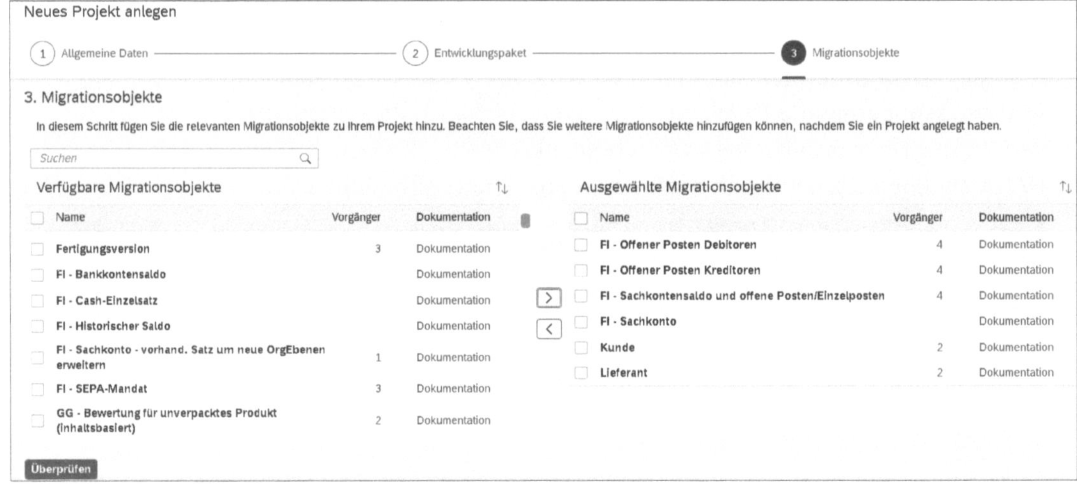

Abbildung 13.27 Migrationsobjekte auswählen

Ausgewählte Objekte auf Vollständigkeit hin prüfen

Auf der rechten Seite erscheinen die von Ihnen ausgewählten Migrationsobjekte. Falls Sie an dieser Stelle mehr Informationen zu den einzelnen Objekten benötigen, erhalten Sie diese über den jeweiligen Button **Dokumentation**.

Wenn Sie auf den Button **Überprüfen** klicken, prüft das System, ob es für Ihre ausgewählte Selektion relevante Vorgängerobjekte gibt. Ist dies der Fall, erscheint ein Pop-up-Fenster (siehe Abbildung 13.28).

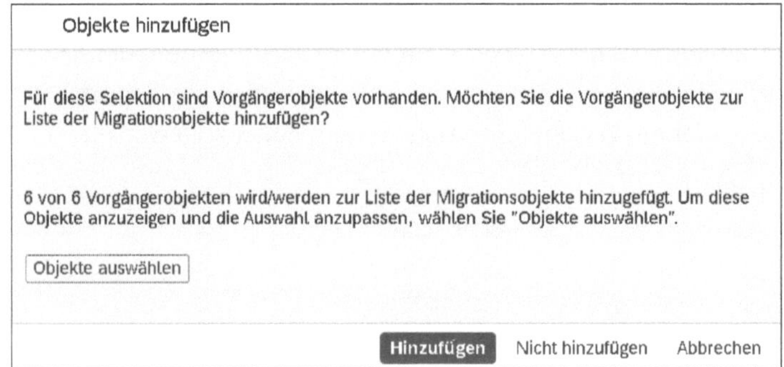

Abbildung 13.28 Pop-up-Fenster mit Informationen zu Vorgängerobjekten

Klicken Sie auf den Button **Objekte auswählen**, zeigt Ihnen das System die relevanten Vorgängerobjekte. Über einen Klick auf den Button **Hinzufügen** fügen Sie die ausgewählten Objekte hinzu (siehe Abbildung 13.29).

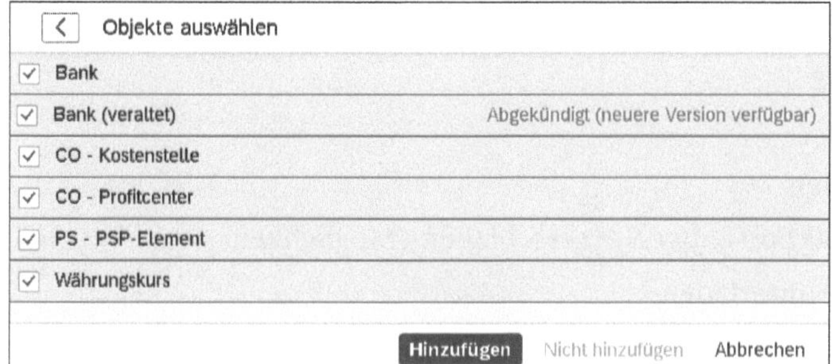

Abbildung 13.29 Übersicht der Vorgängerobjekte

Über den Button **Projekt anlegen** legen Sie Ihr Projekt an. Dieses steht Ihnen dann in der Gesamtübersicht zur Verfügung (siehe Abbildung 13.30).

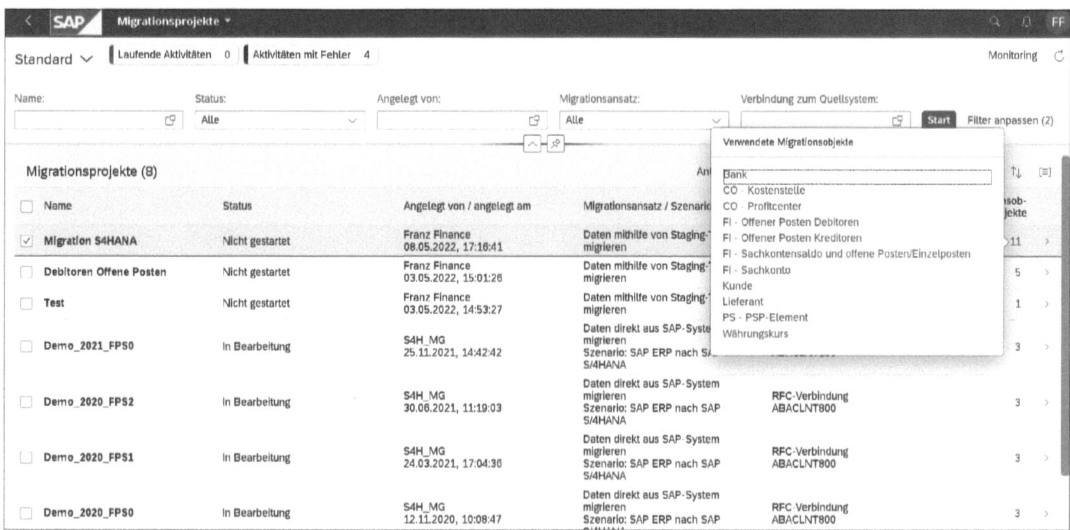

Abbildung 13.30 Neu angelegtes Projekt in der Gesamtübersicht

Übersicht der Migrationsprojekte

In der Übersicht erhalten Sie Informationen zu den einzelnen Projekten. Es wird z. B. der Status angezeigt, wer das Projekt angelegt hat, wie die Verbindung zum Quellsystem aussieht, und über die Spalte **Migrationsobjekte** können Sie in die einzelnen ausgewählten Objekte verzweigen.

Außerdem können Sie ein Projekt bearbeiten, löschen oder bei Bedarf auch beenden. Zur weiteren Bearbeitung auf Detailebene klicken Sie rechts auf den Pfeil. In der Übersicht sehen Sie alle von Ihnen ausgewählte Objekte und können den Fortschritt monitoren (siehe Abbildung 13.31). Im oberen Bereich stehen Ihnen die folgenden Optionen zur Verfügung:

- **Monitoring**
- **Mapping-Aufgaben**
- **Jobverwaltung**
- **Einstellungen**
- **Projekt beenden**
- In der Spalte **Aktion** haben Sie verschiedene Möglichkeit:
  - **Vorlage herunterladen**
  - **Datei hochladen**
  - **Mapping Aufgaben**
  - **Vorbereiten**
  - **Simulieren**
  - **Migrieren**
  - **Korrekturdatei anlegen**

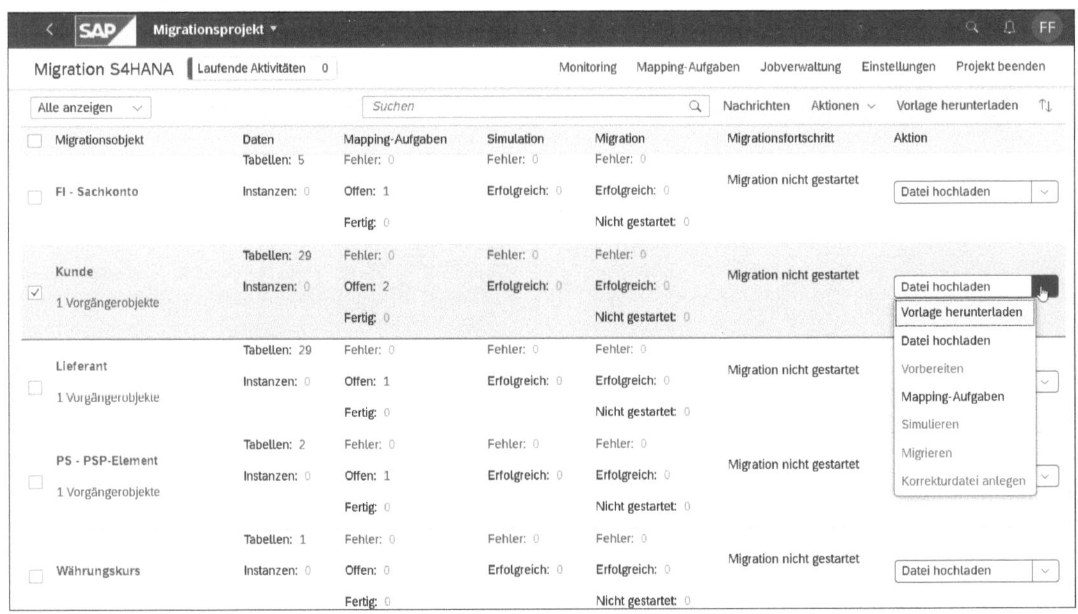

Abbildung 13.31 Zur Verfügung stehende Optionen pro Objekt

An dieser Stelle können wir Ihnen nur einen ersten Einstieg und die Grundlagen und Möglichkeiten dieser App aufzeigen. Eine komplette Beschreibung der Datenübernahme würde an dieser Stelle den Rahmen sprengen.

[«]

Auf Mapping achten

Denken Sie von Anfang an in Ihrem Projekt an die Umschlüsselungen, die sich aus Ihren neuen Customizing-Einstellungen ergeben. Gerade wenn Sie zuvor mit einem SAP-ERP-System gearbeitet haben, werden Sie für einen Großteil der Felder in allen Stammdaten zum Teil neue Werte haben und diese müssen bei der Migration entsprechend umgesetzt werden.

13.3.2 Direkte Datenübertragung aus einem SAP-System

Direkte Datenübernahme

Die zweite Option, die Sie für die Migration Ihrer Daten verwenden können, ist die direkte Datenübertragung aus einem SAP-System.

Weitere Informationen erhalten Sie über SAP-Hinweis 2973957 (SAP-S/4HANA-Migrationscockpit: Sammelhinweis für direkte Datenübernahme aus SAP-System – aus SAP ERP oder SAP AFS in SAP S/4HANA). Dieser Hinweis gibt Ihnen ein Gesamtüberblick über die notwendigen technischen Voraussetzungen und weitere relevante Hinweise.

An dieser Stelle werden wir auf diese Option nicht im Detail eingehen, da dies den Rahmen sprengen würde.

13.3.3 Datenmigration mit der Legacy System Migration Workbench (LSMW)

LSMW

Die *Legacy System Migration Workbench* (LSMW), die Sie mit der Transaktion LSMW aufrufen können, ist eine weitere Option, um Ihre Daten zu migrieren. Sie ist Bestandteil Ihres SAP-S/4HANA-Systems und beinhaltet eine integrierte Entwicklungsumgebung zur Datenmigration aus Fremdsystemen.

Die LSMW ist eine anwendungsübergreifende Komponente und kann plattformunabhängig eingesetzt werden. Mit der LSMW können Sie Massendaten mit den folgenden Methoden migrieren:

- Batch Input (Datenverarbeitung mittels Batch Input)
- Direct Input (direktes Schreiben in Tabellen)
- BAPI (Business Application Programming Interface)
- IDoc (Intermediate Document), z. B. DEBMAS und CREMAS

Abbildung 13.32 zeigt den Ablauf der Migration mit seinen verschiedenen Bearbeitungsmöglichkeiten.

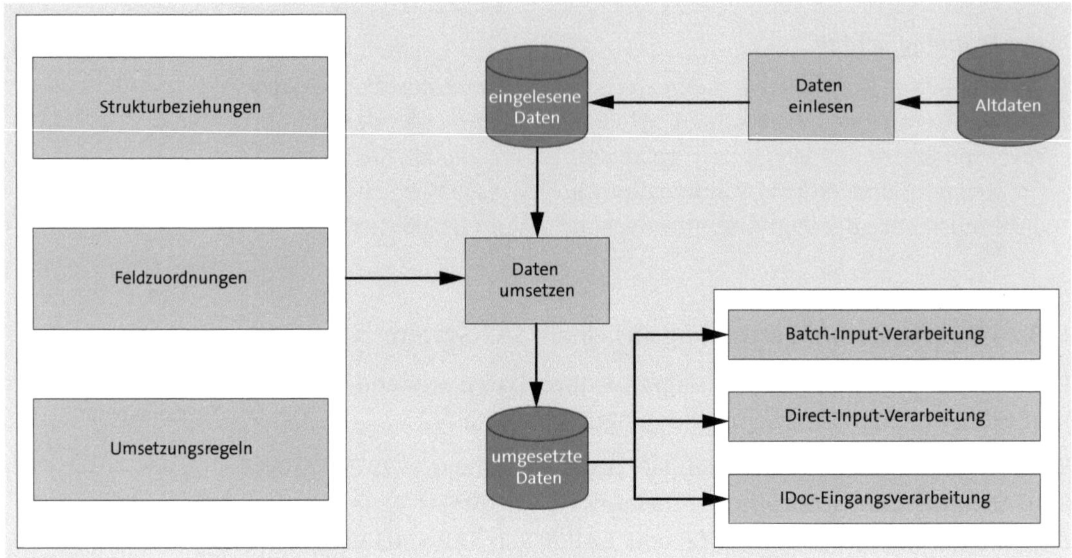

Abbildung 13.32 Prozess der Migration mit der LSMW

LSMW nicht mehr das Mittel der Wahl, aber möglich

Die LSMW war in der Vergangenheit in einem SAP-ERP-System das Mittel der Wahl, um Daten aus Fremdsystemen zu migrieren. Mit SAP S/4HANA wurde der Nachfolger der LSMW das *Legacy Transfer Migration Cockpit* (LT-MC) eingeführt. Mittlerweile wird das LTMC durch das Migrationscockpit abgelöst. Die LSMW wird von SAP nicht mehr unterstützt. Sie kann auch in einem SAP-S/4HANA-System für die Migration genutzt werden, solange sie dort noch zur Verfügung steht.

[»]

Kein Batch Input für Kunden und Lieferanten

In einem SAP-S/4HANA-System steht für das IDoc Cremas und das IDoc Debmas keine Batch-Input-Verarbeitung mehr zur Verfügung. Weitere Informationen dazu finden Sie in SAP-Hinweis 2492904 (S4TWL – Batch-Input für Kundenstamm/Lieferantenstamm). Nutzen Sie hier die APIs `VMD_EI_API` (Vendor Processing API) und `CMD_EI_API` (Customer Processing API).

13.4 Fazit

Im Rahmen der Neuimplementierung Ihres SAP-S/4HANA-Systems stehen Ihnen unterschiedliche Optionen der Nummernvergabe offen. In diesem Kapitel haben wir Ihnen die Einstellungen für Nummerngleichheit im Detail beschrieben. Grundsätzlich haben Sie aber auch die Option, eine andere

Konstellation der Nummernvergabe zu wählen, wenn Ihr Geschäftsmodell das erfordert.

Der Geschäftspartner bietet Ihnen an dieser Stelle vielfältige Möglichkeiten. Da in einem SAP-S/4HANA-System das neue SAP Credit Management verpflichtend ist, haben wir Ihnen an dieser Stelle einen Einblick in das Customizing sowie in die neue SAP-Fiori-App zur Bearbeitung des Kundenstamms in diesem Bereich gegeben.

Ein nicht zu unterschätzendes Thema ist die Migration Ihrer Stammdaten aus Ihrem Altsystem. Wir haben Ihnen einen Überblick der technischen Möglichkeiten aufgezeigt, die Ihnen SAP bietet. Wenn Sie von einem SAP-ERP-System Ihre Daten migrieren, empfehlen wir von Anfang an, die Umschlüsselung der neuen Customizing-Einstellungen zu berücksichtigen.

TEIL IV

Weitere Einstellungen und Empfehlungen

Kapitel 14
Berechtigungen und Schnittstellen

In diesem Kapitel beschreiben wir die wichtigsten Berechtigungsobjekte im Bereich des Geschäftspartners. Sie erfahren, worauf Sie bei der Nutzung der Transaktion BP (Geschäftspartner bearbeiten) achten müssen und welche Einstellungen bei SAP-Fiori-Apps zum Bearbeiten des Geschäftspartners in Ihrem SAP-S/4HANA-System vorzunehmen sind.

Mit Berechtigungen und Rollen wird der Zugriff auf Daten in Ihrem SAP-System geregelt. Anwender*innen bzw. SAP-User sollten die Berechtigungen und Rollen erhalten, die ihrem jeweiligen Aufgabengebiet entsprechen.

Mit der neuen Stammdatenentität Geschäftspartner ist es notwendig, dass Sie Ihr Berechtigungskonzept anpassen. Das gilt im Rahmen der Customer-Vendor-Integration (CVI) sowohl für die Durchführung in Ihrem SAP-ERP-System als auch in einem SAP-S/4HANA-System, in dem Sie Ihre Stammdaten grundsätzlich als Geschäftspartner anlegen. Insbesondere, wenn Sie in Ihrem SAP-S/4HANA-System mit dem SAP Fiori Launchpad arbeiten und dort die entsprechenden SAP-Fiori-Apps verwenden möchten, ist es wichtig, dass Sie Ihr Berechtigungskonzept anpassen.

14.1 Berechtigungskonzept

In den folgenden Abschnitten beschreiben wir im Detail die Möglichkeiten bzw. die relevanten Berechtigungsobjekte rund um das Thema Geschäftspartner und die CVI selbst. Wir werden Ihnen die verschiedenen Arten von Berechtigungen vorstellen. Außerdem gehen wir auf spezielle Berechtigungen für SAP Credit Management und für das CVI-Cockpit ein. Anschließend erläutern wir noch Berechtigungen in Zusammenhang mit SAP Fiori.

14.1.1 Grundsätzliche Einstellungen

In diesem Abschnitt gehen wir auf die grundlegenden Einstellungen ein, die Sie benötigen, wenn Sie die Transaktion BP (Geschäftspartner bearbeiten) und SAP-Fiori-Apps nutzen möchten. Anhand verschiedener Beispiele erläutern wir Ihnen, welche Möglichkeiten Sie haben, Ihr Berechtigungskonzept anzupassen.

Berechtigung Transkation BP

Wie bei allen Transaktionsaufrufen wird auch für den Aufruf der Transaktion BP (Geschäftspartner bearbeiten) gegen das Berechtigungsobjekt `S_TCODE` (Transaktionscodeprüfung bei Transaktionsstart) geprüft. Ein Berechtigungsobjekt ist Prüfgegenstand des ABAP-Kommandos `AUTHORITY-CHECK` und damit zentrales Element des SAP-Berechtigungskonzepts. Es enthält bis zu zehn Berechtigungsfelder, die die zu prüfenden Kenngrößen definieren, um Datenzugriffe in ABAP-Anwendungen zu schützen. Für den Fall der Transaktion BP wird im Berechtigungsfeld des Berechtigungsobjekts `S_TCODE` der Wert BP eingetragen. Somit ist der grundsätzliche Aufruf der Transaktion BP berechtigt.

Steuerung nachgelagerter Objekte

Erst wenn diese Prüfung erfolgreich durchgeführt wurde, werden die nachgelagerten Prüfungen durchlaufen. Die Steuerung, bei der nachgelagerte Objekte geprüft werden, findet in der Transaktion SU24 (Pflege der Berechtigungsvorschlagswerte) statt. In der Standardselektion der Transaktion SU24 können Sie Einstellungen zu den Feldern **Typ der Anwendung**, **Transaktionscode** und **Bereichsmenü** vornehmen. Abbildung 14.1 zeigt **1 Transaktion** in Kombination mit dem Transaktionscode **BP**.

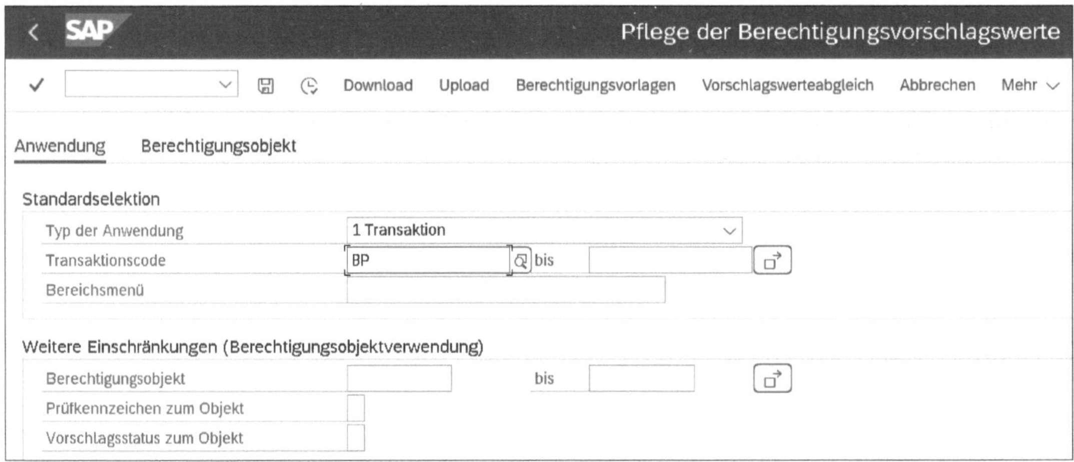

Abbildung 14.1 Berechtigungsvorschlagswerte in der Transaktion SU24 für den Transaktionscode BP pflegen

Wenn Sie über den Button (**Ausführen**)oder über die Taste F8 die Anwendung ausführen, erhalten Sie eine Übersicht der **Berechtigungsobjekte** für die Transaktion BP (siehe Abbildung 14.2).

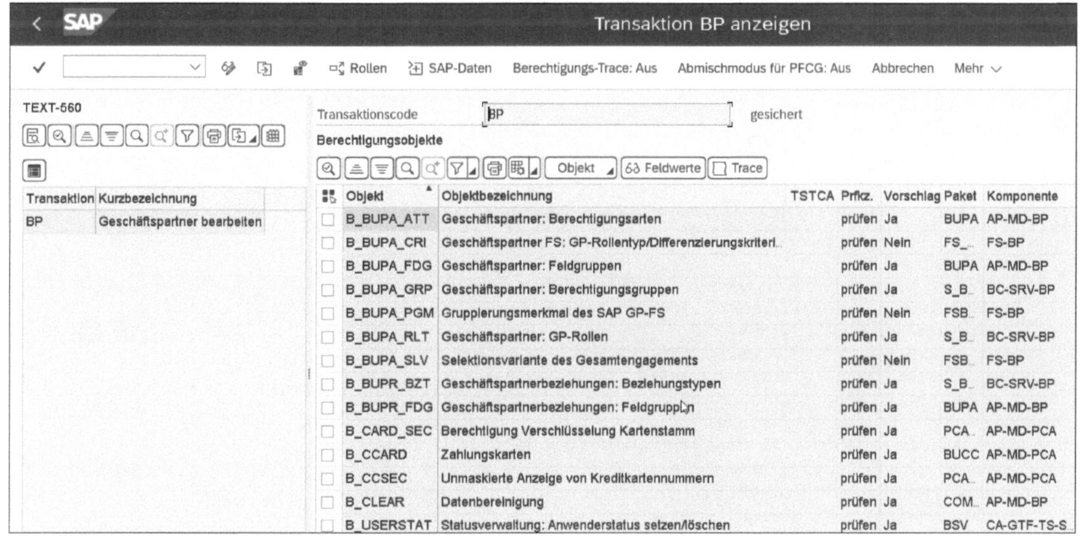

Abbildung 14.2 Übersicht der Berechtigungsobjekte für die Transaktion BP

Prüfkennzeichen im Berechtigungsobjekt

Jedes Berechtigungsobjekt besitzt ein Prüfkennzeichen. Über dieses Kennzeichen wird definiert, ob die Berechtigungsprüfung zu diesem Berechtigungsobjekt während der Ausführung der Transaktion stattfindet oder nicht. Die möglichen Werte sind:

- **Prüfen**: In diesem Fall findet die Berechtigungsprüfung statt.
- **Nicht prüfen**: In diesem Fall findet keine Berechtigungsprüfung statt.

Transaktion SU53

Fehlende Berechtigungen werden durch eine Systemmeldung in der Statusleiste oder ein entsprechendes Pop-up-Fenster angezeigt. Eine genauere Analyse, welche Berechtigungen fehlen, können Sie mit der Transaktion SU53 (Berechtigungsdaten von Benutzer **XXX** anzeigen) durchführen. Abbildung 14.3 zeigt ein Beispiel für den User TEST_BP_ADI ❶, der keine Berechtigung für den Transaktionscode BP ❷ hat. Das System hat hier für den User beim Aufruf der Transaktion BP geprüft, ob für das Berechtigungsobjekt S_TCODE, in dessen Berechtigungsfeld der Wert BP eingetragen ist, eine Berechtigung besteht. Das war in diesem Fall nicht gegeben, daher zeigt das Protokoll der Transaktion SU53 dies als fehlerhaft an.

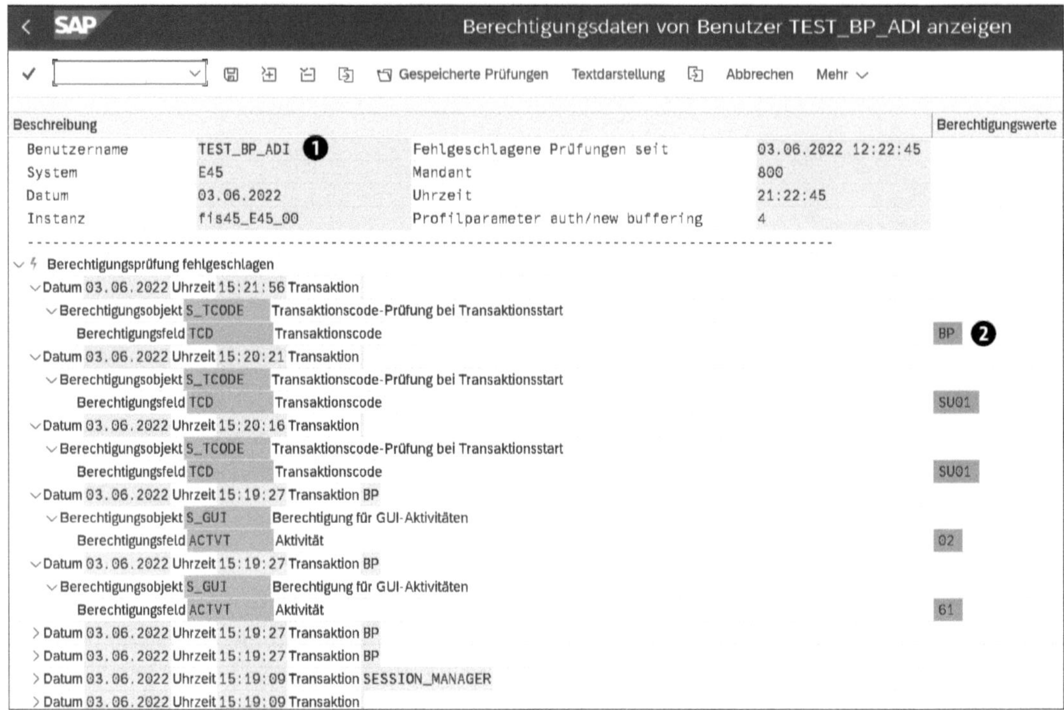

Abbildung 14.3 Auswertung der fehlenden Berechtigungen mit der Transaktion SU53

Profilgenerator

Eine weitere Funktion der Transaktion SU24 ist die Weitergabe der hier definierten Objekte an den Profilgenerator zur Rollenerstellung. Der Profilgenerator ist ein Werkzeug, das Sie bei der Erstellung von Rollen systemseitig unterstützt. Die Berechtigungsobjekte, die den Transaktionen in der Transaktion SU24 zugeordnet werden, stehen automatisch bei der Rollenerstellung mit dem Profilgenerator zur Verfügung. Sie können an dieser Stelle den Vorschlagswert pro Berechtigungsobjekt ändern. Dabei können Sie zwischen den folgenden Werten wählen:

- Status auf **Ja** setzen
- Status auf **Ja (ohne Werte)** setzen
- Status auf **Nein** setzen
- Status auf **Neu/Ungepflegt** setzen

In dem Beispiel in Abbildung 14.4 haben wir für das Berechtigungsobjekt B_BUPA_ATT (**Geschäftspartner: Berechtigungsarten**) den Vorschlagswert **Ja** gesetzt und die entsprechenden Berechtigungsvorschlagswerte gesetzt. Wenn Sie den Status **Ja** wählen, werden alle hier eingestellten Werte bei der Rollenerstellung mit in die Rolle übernommen.

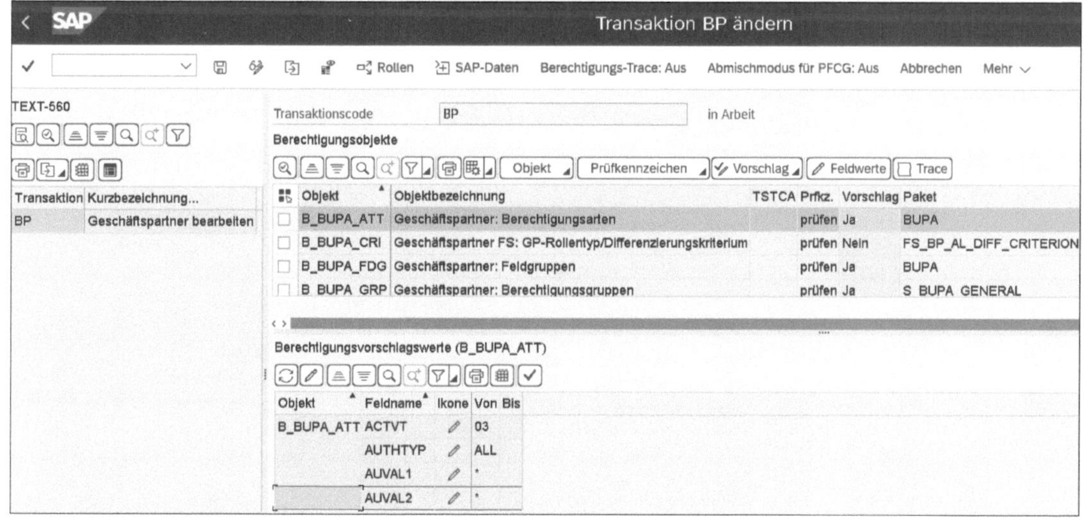

Abbildung 14.4 Mögliche Werte für den Vorschlagswert

Transaktion SU56

Die Summe der Berechtigungsobjekte und Transaktionen aller dem Benutzer zugewiesenen Rollen werden bei der Anmeldung am System in den *Benutzerpuffer* gelesen. Der Benutzerpuffer ist einzigartig und wird für jeden User erstellt, wenn er sich in einem SAP-System anmeldet. Sie sehen hier alle Berechtigungsobjekte mit den zugehörigen Feldwerten, die dem User zugewiesen sind, sortiert in Berechtigungsklassen. Bei Bedarf können die Berechtigungen pro User mit der Transaktion SU56 (Eingetragene Berechtigungen im Puffer des Benutzers **XXX**) geprüft werden.

In der Transaktion SU21 (Pflege der Berechtigungsobjekte) sind alle im System vorhandenen Berechtigungsobjekte definiert. Die Objekte sind hier nach Objektklassen sortiert. Außerdem können Sie hier die Definition und die Objektdokumentation pro Objekt einsehen. Abbildung 14.5 zeigt exemplarisch die Detailansicht in der Transaktion SU21 für das Objekt B_BUPA_ATT (**Geschäftspartner: Berechtigungsarten**).

Drücken Sie den Button **Dokumentation zum Objekt anzeigen**, erhalten Sie die Dokumentation zum ausgewählten Objekt. Die Dokumentation beschreibt die Verwendung des jeweiligen Objekts, dessen Felder und deren mögliche Ausprägungen. Außerdem erhalten Sie eine kurze Anleitung zur Pflege des Berechtigungsobjekts. Über den Button **Zulässige Aktivitäten** werden Ihnen die zulässigen Werte für das Feld ACTVT (**Aktivität**) angezeigt (siehe Abbildung 14.6). Im Fall der **Aktivität** sind das **Hinzufügen oder Erzeugen**, **Ändern** und **Anzeigen**.

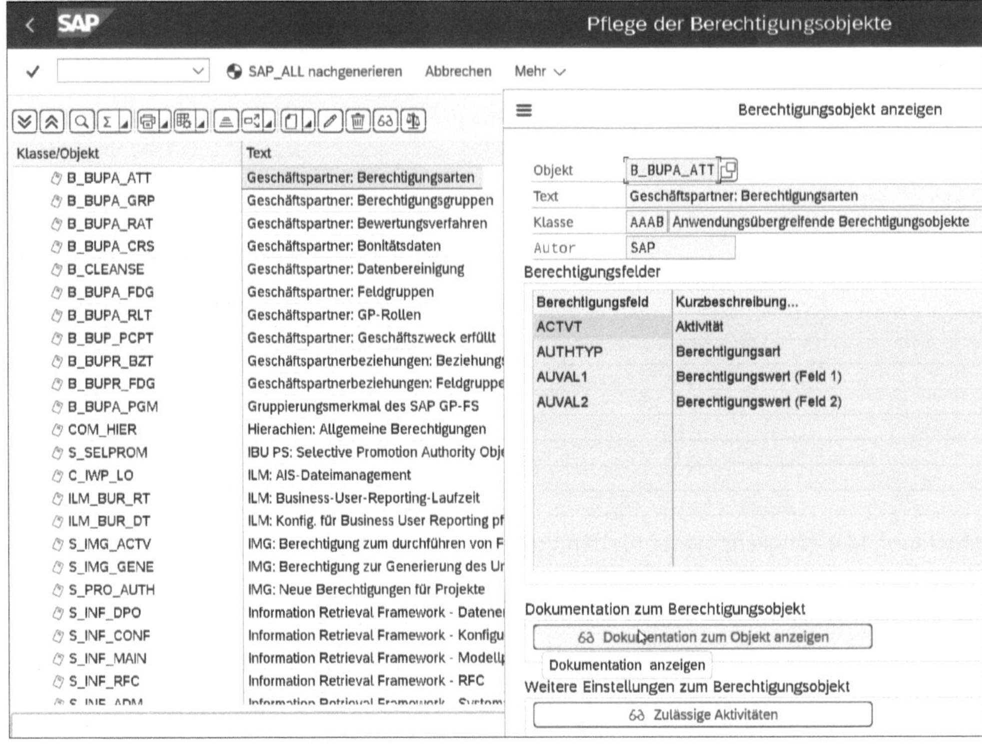

Abbildung 14.5 Detailansicht für das Objekt B_BUPA_ATT

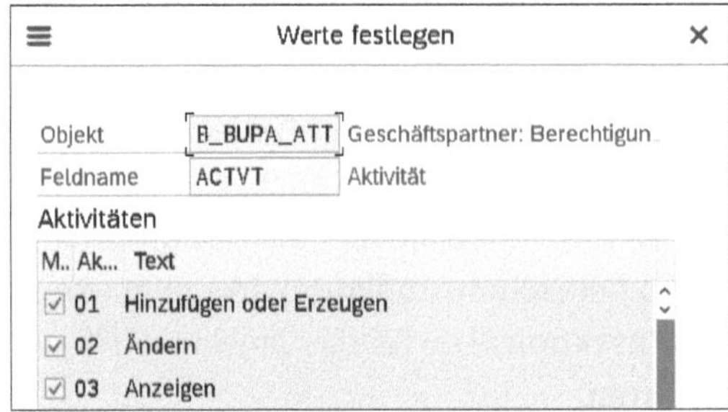

Abbildung 14.6 Zulässige Aktivitäten für das Objekt B_BUPA_ATT

14.1.2 Berechtigungsarten

Berechtigungsobjekt B_BUPA_ATT

Mit der *Berechtigungsart* können Sie flexible Berechtigungen über Geschäftspartner-Felder definieren. Die Berechtigungen dazu werden über das Berechtigungsobjekt B_BUPA_ATT gepflegt. Im Rahmen der CVI sind an dieser Stelle keine Einstellungen notwendig.

Auf Ihrem SAP-S/4HANA-System haben Sie die Option, gewisse Felder im Geschäftspartner-Stammsatz mit Berechtigungen zu steuern. Die Berechtigungsart verweist auf ein Feld im Geschäftspartner-Stammsatz. In Abbildung 14.7 beziehen wir uns exemplarisch auf das Feld Geschäftspartner-Art (siehe Abschnitt 4.3.5, »Geschäftspartner-Art«). Grundsätzlich können fast alle Felder aus dem Geschäftspartner mit einer Berechtigungsart versehen werden.

Abbildung 14.7 Neuanlage einer Berechtigungsart

Die Einstellungen im Customizing finden Sie über den Pfad **Anwendungsübergreifende Komponenten • SAP-Geschäftspartner • Geschäftspartner • Grundeinstellungen Berechtigungsverwaltung • Berechtigungsarten pflegen**.

Für die Neuanlage einer Berechtigungsart klicken Sie auf den Button **Neue Einträge**. An dieser Stelle können Sie die folgenden Werte hinterlegen:

- ein vierstelliges Kürzel für die **Berechtigungsart**
- **Bezeichnung**
- Aktivkennzeichen
- **Dynprofeld 1**
- **Dynprofeld 2**

Technischer Name eines Feldes

Den technischen Namen eines Feldes können Sie aus den technischen Informationen des Feldes entnehmen. Positionieren Sie den Cursor im Stammsatz auf das gewünschte Feld, drücken Sie die Taste [F1] und klicken Sie dann auf den Button **Technische Informationen**.

Berechtigungsart der Rolle zuordnen

Nachdem Sie eine Berechtigungsart angelegt haben, ist es in einem weiteren Schritt notwendig, die entsprechende Rolle mit der Berechtigung auszustatten. Dies können Sie in der Transaktion PFCG (Rollenpflege) durchführen.

In unserem Testbeispiel in Abbildung 14.8 hat der User die Berechtigung erhalten, alle Geschäftspartner mit dem Feldwert der Geschäftspartner-Art Y001 zu ändern ❶. Die relevanten Geschäftspartner-Arten müssen Sie im Vorfeld im Customizing entsprechend definieren.

Berechtigungsprüfung und Feldsteuerung

Beachten Sie, dass Stammsätze, in denen das Feld **Geschäftspartnerart** nicht gefüllt ist, nicht explizit geschützt sind und weiterhin bearbeitet werden können. Hier empfehlen wir das Feld, das explizit mit Berechtigung ausgestattet wird, über die Feldmodifikation als Mussfeld einzustellen. Infolgedessen erzwingt das System die Pflege des Feldes **Geschäftspartnerart**.

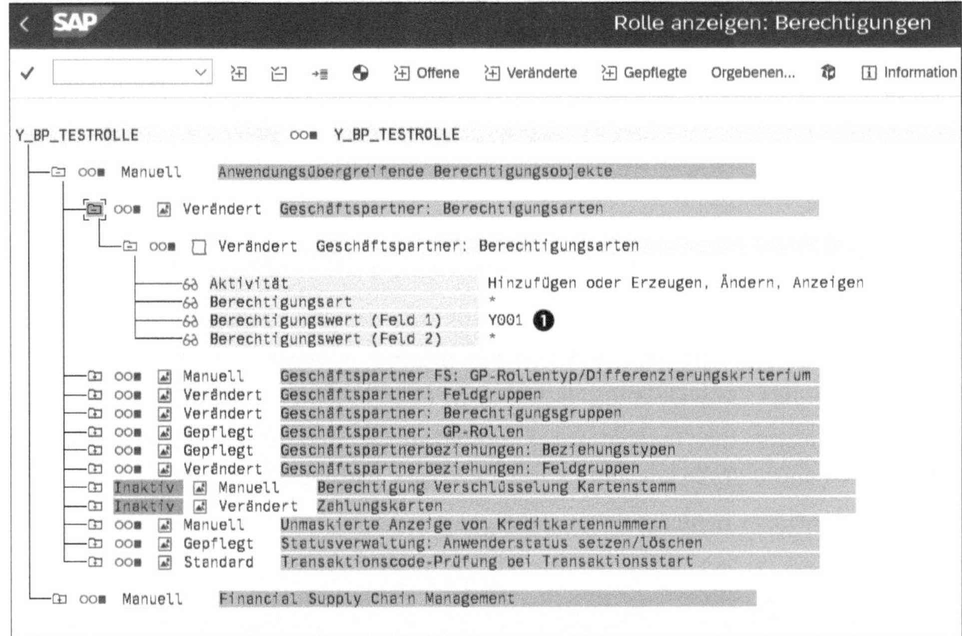

Abbildung 14.8 Beispiel von Berechtigungsarten in der Transaktion PFCG

Berechtigung für Feldgruppen

Neben der Berechtigung auf Ebene von einzelnen Feldern haben Sie die Möglichkeit, Berechtigungen auf Ebene von Feldgruppen mittels des Objekts B_BUPA_FDG zu vergeben.

Die Werte für die zulässigen Feldgruppen stellen Sie im Vorfeld über das Customizing ein. Über den Pfad **Anwendungsübergreifende Komponenten • SAP-Geschäftspartner • Geschäftspartner • Grundeinstellungen •Berechtigungsverwaltung •Berechtigungsrelevante Feldgruppen festlegen** können Sie Feldgruppen definieren.

Mit dem Objekt B_BUPA_FDG können Sie einzelne Felder aus dem Geschäftspartner-Stammsatz zu einer Gruppe zusammenfassen und dieser Gruppe von Feldern Berechtigungen zuweisen.

Feldgruppe »Bankverbindung«

Im folgenden Beispiel werden wir die Feldgruppe **Bankverbindungen** explizit berechtigen. Für neue Einträge klicken Sie auf den Button **Neue Einträge** und drücken in dem Feld **Fldgr.** die Taste F4. Es werden Ihnen alle möglichen Feldgruppen angezeigt. Wählen Sie mit einem Doppelklick die gewünschte Gruppe aus und sichern Sie Ihre Angaben (siehe Abbildung 14.9).

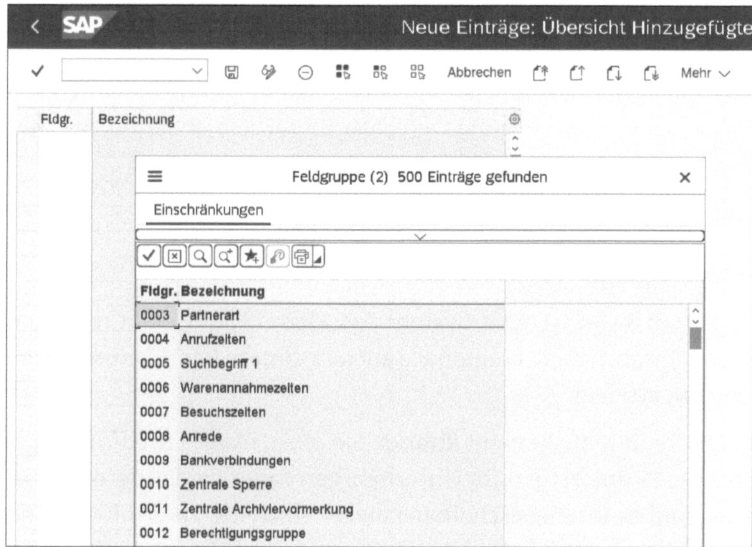

Abbildung 14.9 Auswahl der zulässigen Feldgruppen

Wechseln Sie dann wieder in die Transaktion PFCG (Rolle ändern: Berechtigungen), um die entsprechende Rolle mit der ausgewählten Berechtigung zu versehen. In Abbildung 14.10 sehen Sie die Testrolle Y_BP_TESTROLLE, nachdem die Berechtigung zum Anzeigen für die Feldgruppe 0009 eingefügt wurde.

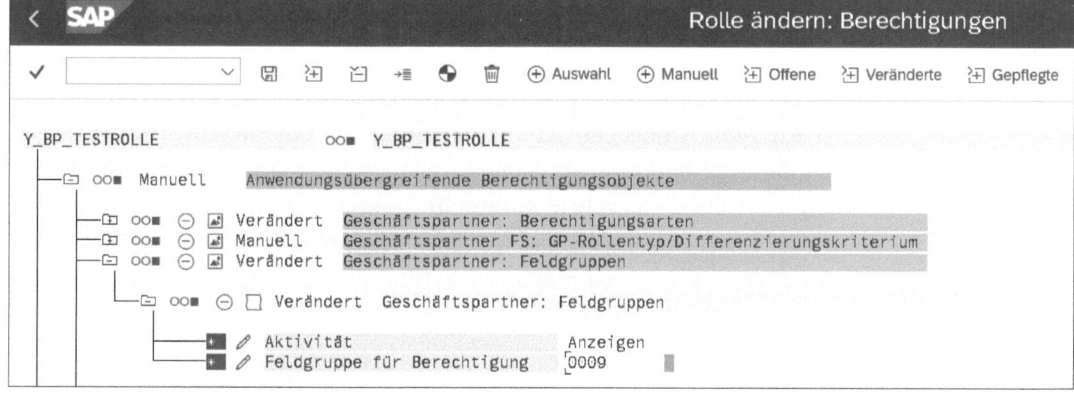

Abbildung 14.10 Rolle mit Berechtigung für die Feldgruppe 0009 »Bankverbindungen« mit der Aktivität »Anzeigen«

Angepasste Berechtigungen testen

Das Einfügen der Berechtigung zum Anzeigen der Feldgruppe 0009 in die Testrolle in Abbildung 14.10 führt dazu, dass im Änderungsmodus in der Transaktion BP (Geschäftspartner bearbeiten) die Bankverbindung nur angezeigt wird und nicht geändert werden kann, da als Aktivität nur 03 (**Anzeigen**) für diese Rolle bzw. diesen User erlaubt ist.

Feldgruppen in das Customizing aufnehmen

Alle Felder, die nicht in der Tabelle der Feldgruppen eingetragen sind, können nach wie vor geändert werden. Die Felder sind erst geschützt, wenn die Feldgruppen im Customizing definiert wurden.

14.1.3 Berechtigungen für SAP Credit Management

Spezifische Berechtigungen für FSCM

Falls Sie in Ihrem SAP-S/4HANA-System das Modul FSCM SAP Credit Management im Einsatz haben, können Sie auch in diesem Bereich zusätzliche Berechtigungen erteilen.

Mit dem SAP Credit Management können Sie ein zentrales Kreditmanagement betreiben. Es unterstützt Ihr Unternehmen dabei, das Forderungsausfallrisiko gegenüber Ihren Geschäftspartnern frühzeitig zu ermitteln und Kreditentscheidungen effizient und teilweise automatisiert zu treffen.

GP-Rolle UKM000

Damit ein Geschäftspartner relevant für das zentrale Kreditmanagement wird, muss ihm eine explizite Geschäftspartner-Rolle UKM000 (**GPartner Creditmanagement**) zugeordnet werden. Nähere Informationen zu diesem Thema finden Sie in Abschnitt 13.2.2, »Arbeiten mit der Rolle UKM000 (SAP Credit Management)«. Eine weitere Neuerung gegenüber SAP ERP ist die Einführung des Kreditsegments. Im folgenden Beispiel gehen wir auf das entsprechende Berechtigungsobjekt F_UKM_SGMT (**FSCM Creditmanagement Berechtigung für Kreditsegment**) ein.

Mit dem Kreditsegment oder auch mehreren Kreditsegmenten gruppieren Sie die Geschäfte Ihres Unternehmens hinsichtlich der Kreditvergabe und der Kreditkontrolle. Die Segmente werden im Customizing entsprechend definiert. In Abbildung 14.11 sehen Sie einen Geschäftspartner in der Transaktion BP, bei dem im Feld **Ändern in GP-Rolle** die Rolle UKM000 ausgewählt wurde. Anschließend haben wir im Feld **Kreditsegment** den Wert **0000 Haupt-Kreditsegment (neu)** ausgewählt. In dieser Sicht sind die Daten für das vergebene Kreditlimit des Kunden im Kreditsegment 0000 hinterlegt.

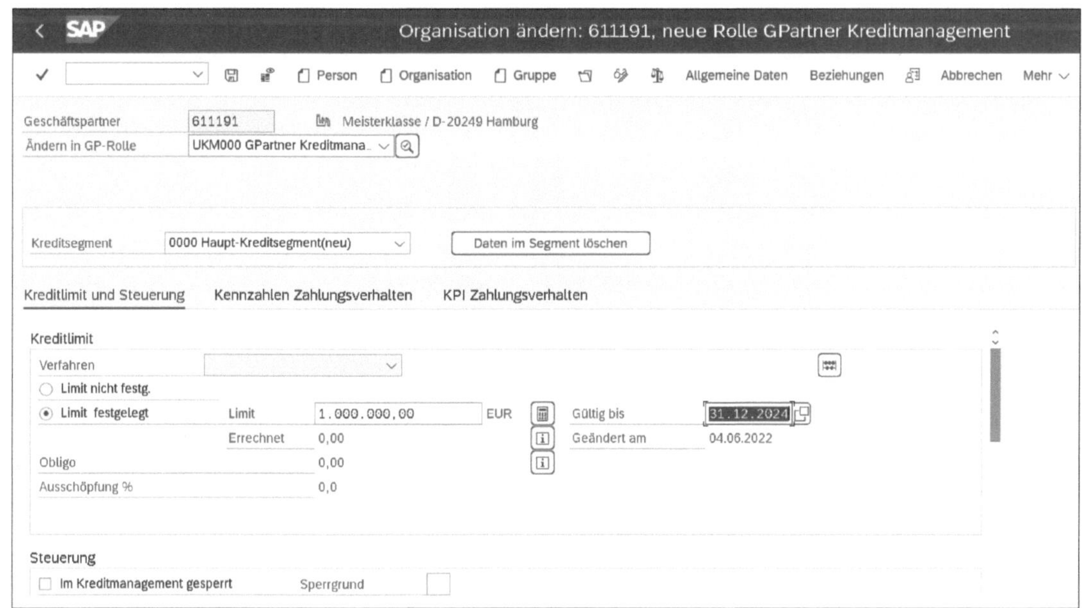

Abbildung 14.11 Transaktion BP mit der Rolle UKM000 für das SAP Credit Management

Berechtigungsobjekt Kreditsegment

Mit dem Objekt F_UKM_SGMT (**FSCM Creditmanagement Berechtigung für Kreditsegment**) aus der Berechtigungsklasse FSCM (Financial Supply Chain Management) können Sie die Berechtigung für die Bearbeitung der kreditsegmentbezogenen Daten im Geschäftspartner steuern. Hierzu pflegen Sie die Feldwerte des Berechtigungsobjekts in der Transaktion PFCG entsprechend Ihren Bedürfnissen.

Abbildung 14.12 zeigt in der Transaktion SU21 (Berechtigungsobjekt anzeigen) die Detailansicht des Berechtigungsobjekts F_UKM_SGMNT (**FSCM Creditmanagement Berechtigung für Kreditsegment**) mit seinen beiden Berechtigungsfeldern ACTVT und UKM_SGMNT. Wie bereits im Zusammenhang mit Abbildung 14.5 beschrieben, können Sie sich über den Button **Dokumentation zum Objekt anzeigen** detaillierte Informationen zu dem Berechtigungsobjekt anzeigen lassen. Über diese Berechtigung können Sie pro Segment festlegen, ob die Daten angezeigt oder bearbeiten werden können.

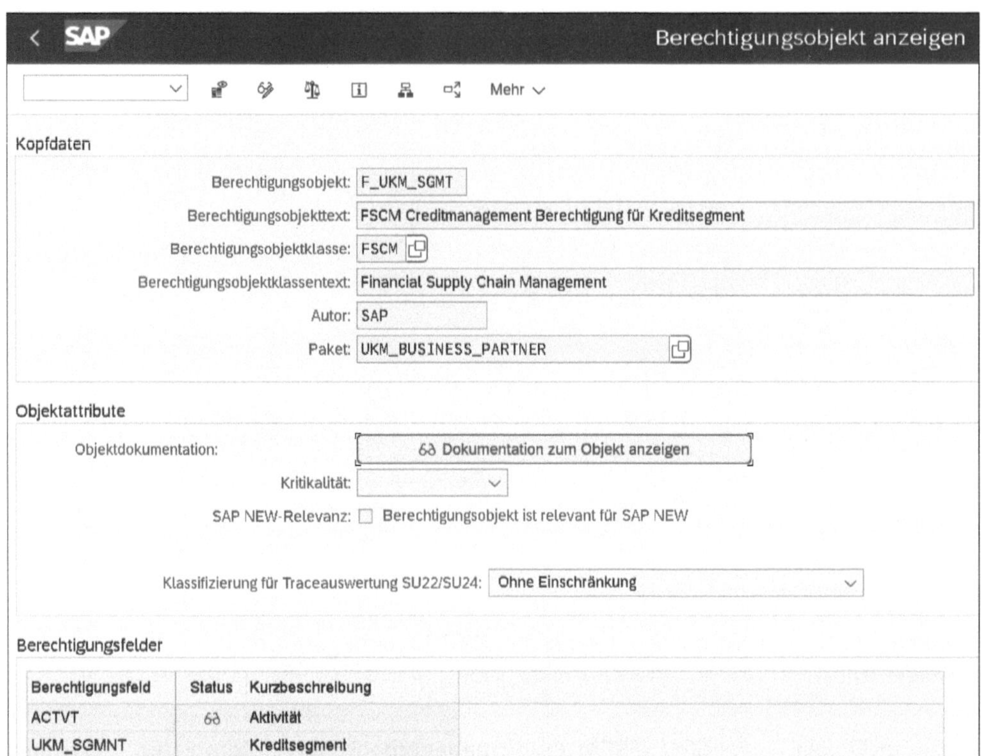

Abbildung 14.12 Detailansicht des Berechtigungsobjekts F_UKM_SGMT

14.1.4 Berechtigungen für das CVI-Cockpit

Transaktion SU22

Für die Transaktion CVI_Cockpit, die wir in Kapitel 11, »Durchführung der Stammdatensynchronisation«, beschrieben haben, liefert SAP mit SAP-Hinweis 3139888 (Erweiterungen für CVI-Cockpit Berechtigungsprofile) neue Berechtigungsobjekte aus, diese sehen Sie in Abbildung 14.14. Um alle relevanten Berechtigungsobjekte zu sehen, rufen Sie die Transaktion SU22 (Pflege der Berechtigungsvorschlagswerte) auf und wählen im Feld **Transaktionscode CVI_COCKPIT** aus (siehe Abbildung 14.13). Über den Button (**Ausführen**) starten Sie die Selektion.

Wenn Sie über den Button (**Ausführen**) oder die Taste F8 die Anwendung ausführen, erhalten Sie eine Übersicht der Berechtigungsobjekte für den Transaktionscode CVI_COCKPIT (siehe Abbildung 14.14).

Pflege der Berechtigungsvorschlagswerte (SAP)

Download Upload Abbrechen Mehr

Standardselektion

Typ der Anwendung: 1 Transaktion
Transaktionscode: CVI_COCKPIT
Bereichsmenü

Weitere Einschränkungen (Berechtigungsobjektverwendung)

Berechtigungsobjekt bis
Prüfkennzeichen zum Objekt
Vorschlagsstatus zum Objekt

Weitere Einschränkungen (Objektkatalogeintrag)

Originalsystem bis
Paket bis
Verantwortlicher bis

Abbildung 14.13 Berechtigungsvorschlagswerte mit dem Transaktionscode CVI_COCKPIT in der Transaktion SU22 pflegen

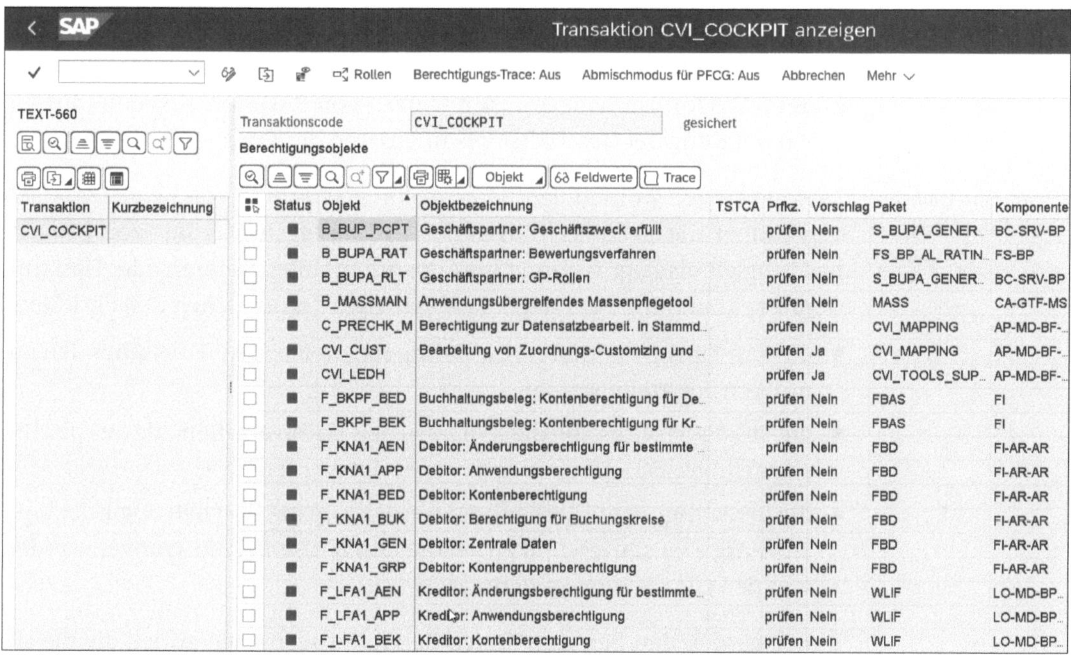

Status	Objekt	Objektbezeichnung	TSTCA	Prfkz.	Vorschlag	Paket	Komponente
■	B_BUP_PCPT	Geschäftspartner: Geschäftszweck erfüllt		prüfen	Nein	S_BUPA_GENER...	BC-SRV-BP
■	B_BUPA_RAT	Geschäftspartner: Bewertungsverfahren		prüfen	Nein	FS_BP_AL_RATIN...	FS-BP
■	B_BUPA_RLT	Geschäftspartner: GP-Rollen		prüfen	Nein	S_BUPA_GENER...	BC-SRV-BP
■	B_MASSMAIN	Anwendungsübergreifendes Massenpflegetool		prüfen	Nein	MASS	CA-GTF-MS
■	C_PRECHK_M	Berechtigung zur Datensatzbearbeit. in Stammd...		prüfen	Nein	CVI_MAPPING	AP-MD-BF-...
■	CVI_CUST	Bearbeitung von Zuordnungs-Customizing und ...		prüfen	Ja	CVI_MAPPING	AP-MD-BF-...
■	CVI_LEDH			prüfen	Ja	CVI_TOOLS_SUP...	AP-MD-BF-...
■	F_BKPF_BED	Buchhaltungsbeleg: Kontenberechtigung für De...		prüfen	Nein	FBAS	FI
■	F_BKPF_BEK	Buchhaltungsbeleg: Kontenberechtigung für Kr...		prüfen	Nein	FBAS	FI
■	F_KNA1_AEN	Debitor: Änderungsberechtigung für bestimmte ...		prüfen	Nein	FBD	FI-AR-AR
■	F_KNA1_APP	Debitor: Anwendungsberechtigung		prüfen	Nein	FBD	FI-AR-AR
■	F_KNA1_BED	Debitor: Kontenberechtigung		prüfen	Nein	FBD	FI-AR-AR
■	F_KNA1_BUK	Debitor: Berechtigung für Buchungskreise		prüfen	Nein	FBD	FI-AR-AR
■	F_KNA1_GEN	Debitor: Zentrale Daten		prüfen	Nein	FBD	FI-AR-AR
■	F_KNA1_GRP	Debitor: Kontengruppenberechtigung		prüfen	Nein	FBD	FI-AR-AR
■	F_LFA1_AEN	Kreditor: Änderungsberechtigung für bestimmte...		prüfen	Nein	WLIF	LO-MD-BP...
■	F_LFA1_APP	Kreditor: Anwendungsberechtigung		prüfen	Nein	WLIF	LO-MD-BP...
■	F_LFA1_BEK	Kreditor: Kontenberechtigung		prüfen	Nein	WLIF	LO-MD-BP...

Abbildung 14.14 Übersicht der Berechtigungsobjekte für die Transaktion CVI_COCKPIT

14.2 Berechtigungen für SAP-Fiori-Apps

SAP NetWeaver Application Server for ABAP

Die Mechanismen zur Benutzerverwaltung und zu den Berechtigungskonzepten für die SAP-Fiori-Apps werden vom *SAP NetWeaver Application Server for ABAP* (SAP NetWeaver AS for ABAP) zur Verfügung gestellt. Für die Apps gelten die gleichen Sicherheitsempfehlungen und -richtlinien wie für die Benutzerverwaltung und -berechtigung, die auch im Sicherheitsleitfaden für SAP NetWeaver AS for ABAP beschrieben werden. Der SAP NetWeaver AS for ABAP stellt die komplette Technologie und Infrastruktur zur Ausführung von ABAP-Anwendungen zur Verfügung. Der Server ist direkter Nachkomme von SAP Basis, die wiederum den abgetrennten technischen Anteilen des SAP R/3 entspricht In diesem Abschnitt gehen wir auf die Informationen ein, die speziell für die Benutzer- und Rollenverwaltung und zum Berechtigungskonzept in Verbindung mit SAP-Fiori-Apps gelten. Für die Verwendung von SAP-Fiori-Apps benötigen Benutzer*innen die folgenden App-spezifischen Entitätstypen:

- **UI (User Interface)**: Die SAP-Fiori-UI-Entitäten definieren, welche SAP-Fiori-Apps den Benutzern angezeigt werden. Die Apps werden mithilfe von Katalogen und Gruppen organisiert.
- **Berechtigungen**: Die Berechtigungen benötigen Sie für die Verwendung des SAP Fiori Launchpads, zum Starten von SAP-Fiori-Apps und für die Verwendung der Geschäftslogik und Daten der Apps.

SAP Fiori Launchpad als Einstiegspunkt

Diese Entitäten werden den Benutzer*innen mithilfe von *Benutzer-Rollen* zugeordnet, die Sie in der Transaktion PFCG pflegen. Das SAP Fiori Launchpad fungiert als Zugriffspunkt für Apps auf mobilen Geräten oder Desktop-Geräten. Abbildung 14.15 zeigt die Abhängigkeiten zwischen den Entitäten:

- die SAP-Fiori-UI-Entitäten, die definieren, welche SAP-Fiori-Apps den Benutzern angezeigt werden
- die OData-Services, die die dynamischen Daten abrufen, die aus der Geschäftslogik für SAP-Fiori-Apps angezeigt werden
- die Berechtigungen, die benötigt werden, um die Geschäftslogik der SAP-Fiori-Apps zu starten und zu verwenden (Diese Berechtigungen werden von den OData-Services definiert.)

Dabei werden den Benutzer*innen Benutzerrollen zugeordnet, die die UI-Entitäten **Katalog** und **Gruppe** enthalten. Über diese beiden Elemente wird gesteuert, welche SAP-Fiori-Anwendungen zur Verfügung gestellt werden. Über die technischen Bestandteile der OData-Services **Modellanbieter** und **Datenanbieter** findet die Verknüpfung der SAP-Fiori-Anwendungen zu den Berechtigungsobjekten in den Benutzerrollen statt.

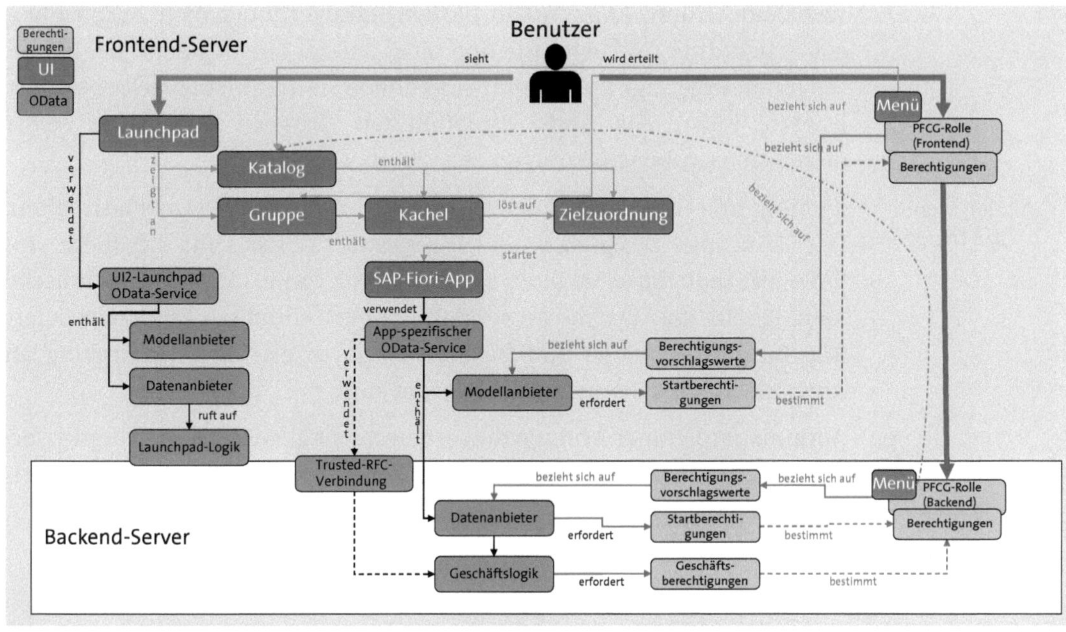

Abbildung 14.15 Abhängigkeiten zwischen den SAP-Fiori-Entitäten

14.2.1 SAP-Fiori-UI-Entitäten

Die Apps, die den Benutzer*innen angezeigt werden, werden mithilfe der folgenden SAP-Fiori-UI-Entitäten organisiert:

- **Katalog**
  Ein *Katalog* ist ein Set von Apps, das Sie für Ihre Benutzer*innen zur Verfügung stellen und zulassen möchten. Die Benutzer*innen können den Katalog durchsuchen, Apps aus dem Katalog auswählen, und diese der Einstiegsseite ihres SAP Fiori Launchpads hinzufügen.
- **Ziel-Mappings**
  Ziel-Mappings verweisen auf die eigentlichen Navigationsziele. Zum Starten von Apps entweder über eine Kachel oder über die Navigation aus einer anderen App benötigen Benutzer ein Ziel- Mapping. Es wird empfohlen, die Kacheln und die zugehörigen Ziel-Mappings demselben Katalog hinzuzufügen.
- **Gruppe**
  Gruppen definieren die Einstiegsseite des SAP Fiori Launchpads. Bei den Apps in der Gruppe handelt es sich um eine Teilmenge an Apps, die einem oder mehreren Katalogen zugeordnet sind. Welche Kacheln auf der Einstiegsseite angezeigt werden, hängt von den Kategorien und Gruppen ab, die den Rollen der Benutzer*innen zugeordnet sind.

Wenn eine Gruppe Apps enthält, die den Benutzer*innen nicht nach Katalogen zugeordnet sind, wird die App nicht auf der Einstiegsseite der Benutzer*innen angezeigt. Darüber hinaus können Sie die Einstiegsseite personalisieren, indem Sie Apps vordefinierten Gruppen oder einer selbst definierten Gruppe hinzufügen oder aus diesen entfernen.

SAP Fiori Launchpad Designer

Kataloge und Gruppen können Sie im *Fiori Launchpad Designer* bearbeiten. Der Launchpad Designer ist das Webbrowsertool, das für die Pflege von SAP-Fiori-Launchpad-Inhalten zur Verfügung steht. SAP liefert technische Kataloge aus, die Apps pro Anwendungsbereich enthalten. Zusätzlich liefert SAP Business-Kataloge und Business-Gruppen als Mustersammlung an Apps, die für eine Benutzerrolle relevant sind.

Administrator*innen können die technischen Kataloge als Speicherort verwenden, um Ihre eigenen rollenspezifischen Business-Kataloge und Business-Gruppen anzulegen.

14.2.2 Aufbau von SAP-Fiori-Benutzerrollen

Rollenmenü, Kataloge, Gruppen und Berechtigungen

Durch das Hinzufügen der Kataloge zum Rollenmenü stellen Sie den Benutzer*innen die Apps zur Verfügung, die im Katalog enthalten sind. Durch das Hinzufügen von Gruppen definieren Sie die Einstiegsseite des SAP Fiori Launchpads.

Zum Starten der App benötigen Benutzer*innen die Startberechtigungen für den Modellanbieter der aktivierten OData-Services. Um diese Startberechtigungen zu erhalten, fügen Sie die OData-Services dem PFCG-Rollenmenü hinzu. Das passiert automatisch, wenn Sie dem Rollenmenü einen SAP-Fiori-App-Katalog hinzufügen. Hierzu verwenden Sie die Transaktion PFCG. Nachdem Sie im Einstiegsbild der Transaktion die entsprechende Rolle im Feld **Rolle** ausgewählt haben (siehe Abbildung 14.16), aktivieren Sie die Bearbeitung der Rolle über den Button (**Bearbeiten**).

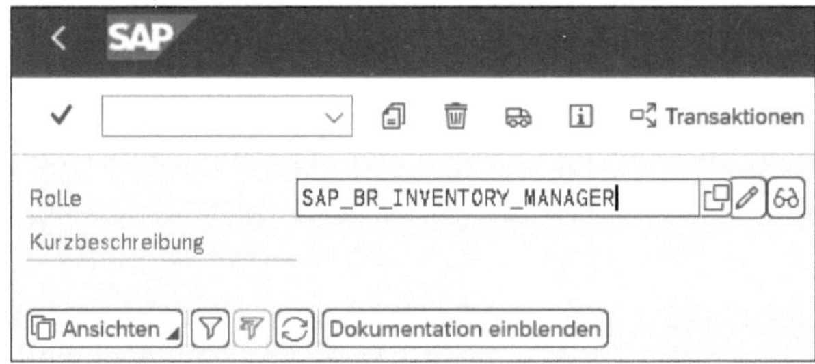

Abbildung 14.16 Rollenauswahl in der Transaktion PFCG

Im Bearbeitungsmodus wechseln Sie auf die Registerkarte **Menü** der Rolle und wählen dort über die Auswahlfunktion des Buttons **+ Transaktion • SAP Fiori Launchpad • Launchpad-Katalog** (siehe Abbildung 14.17).

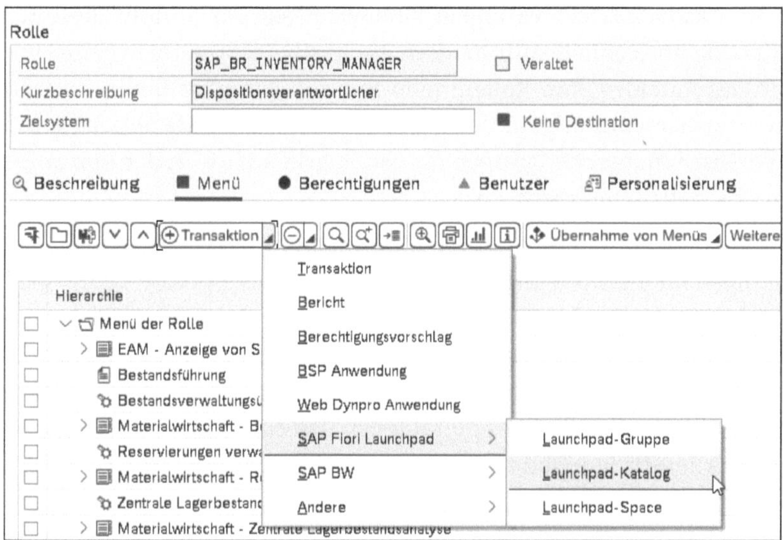

Abbildung 14.17 Einfügen eines SAP-Fiori-Launchpad-Katalogs in eine Benutzerrolle

Im folgenden Auswahlbild wählen Sie im Feld **Katalog-ID** den gewünschten SAP-Fiori-Katalog aus und bestätigen die Auswahl über den Button ✓ (**Bestätigen**; siehe Abbildung 14.18).

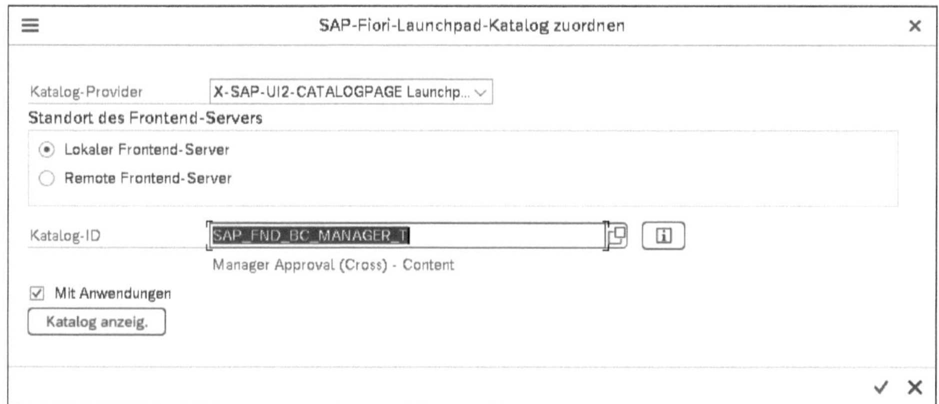

Abbildung 14.18 Auswahl des SAP-Fiori-Katalogs

Weitere Informationen zu den OData-Services, die die SAP-Fiori-Apps verwenden, erhalten Sie in der SAP Fiori Apps Reference Library unter *https://fioriappslibrary.hana.ondemand.com/sap/fix/externalViewer/*.

Wenn die OData-Services verfügbar sind, ermittelt das System diese für einen Katalog und schließt automatisch die Startberechtigungen beim Hinzufügen des Katalogs zum Rollenmenü mit ein. Benutzer*innen müssen über die Startberechtigung für den Datenanbieter des OData-Service sowie über alle Geschäftsberechtigungen für den Zugriff auf die in der App angezeigten Geschäftsdaten verfügen.

Berechtigungen für SAP-Fiori-Suchanbindungen

Für Objektseiten enthalten die Berechtigungsvorschlagswerte auch die Berechtigungen für die SAP-Fiori-Suchanbindungen. Das SAP Fiori Launchpad bietet eine unternehmensweite Suchfunktion, die sogenannte *Enterprise Search*, die alle Anwendungen und Geschäftsobjekte, wie z. B. Materialien, Kunden, oder Belege wie Lieferantenbestellungen durchsucht. Die OData-Services enthalten die von SAP empfohlenen Berechtigungsvorschlagswerte. Um diese Berechtigungen zu erhalten, fügen Sie die OData-Services dem PCFG-Rollenmenü hinzu. Dadurch erhalten Sie die Startberechtigungen und die Berechtigungsvorschlagswerte für die Geschäftsberechtigungen der Anwendungen in der Rolle. Wir empfehlen Ihnen, den Katalog dem Rollenmenü hinzuzufügen, damit die in dem Katalog enthaltenen OData-Services automatisch bestimmt werden. Somit können Sie die Aktualisierung der Berechtigungen bei Katalogänderungen organisieren.

14.2.3 Einbinden der SAP-Fiori-App »Kundenstamm verwalten« in eine Rolle

SAP-Fiori-App einbinden

In diesem Abschnitt beschreiben wir die zuvor angeführte Theorie des Einbindens einer SAP-Fiori-Anwendung in eine Benutzerrolle anhand eines Beispiels. Wir stellen einem Benutzer SAP-Fiori-Apps zur Geschäftspartner-Pflege zur Verfügung. Dafür nutzen wir Standardrollen, die in einem SAP-S/4HANA-System durch SAP ausgeliefert werden. In Abschnitt 14.2.1, »SAP-Fiori-UI-Entitäten«, und in Abschnitt 14.2.2, »Aufbau von SAP-Fiori-Benutzerrollen«, haben wir Ihnen die Elemente, die für die Zuordnung von Benutzerrollen notwendig sind, vorgestellt. Wir wollen einem Benutzer nun die SAP-Fiori-App **Kundenstammdaten verwalten** (App-ID F0850A) zur Verfügung stellen. Anhand der Informationen, die wir zu dieser App in der SAP Fiori Apps Reference Library finden, erläutern wir die Zusammenhänge. Nachdem Sie die App über die Suchfunktion ❶ selektiert haben ❷, stehen Ihnen die notwendigen Informationen im rechten Anzeigeteil zur Verfügung (siehe Abbildung 14.19).

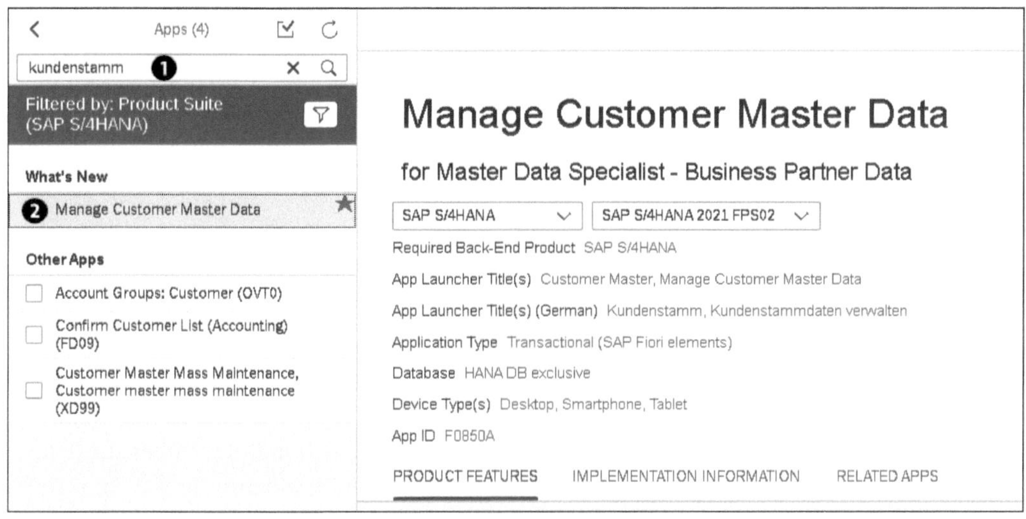

Abbildung 14.19 Auswahl der App »Kundenstamm verwalten«

Die notwendigen Informationen für die Rollenzuordnung finden Sie in der SAP Fiori Apps Reference Library auf der Registerkarte **Implementation Information**. Klicken Sie nun auf **Configuration** (siehe Abbildung 14.20).

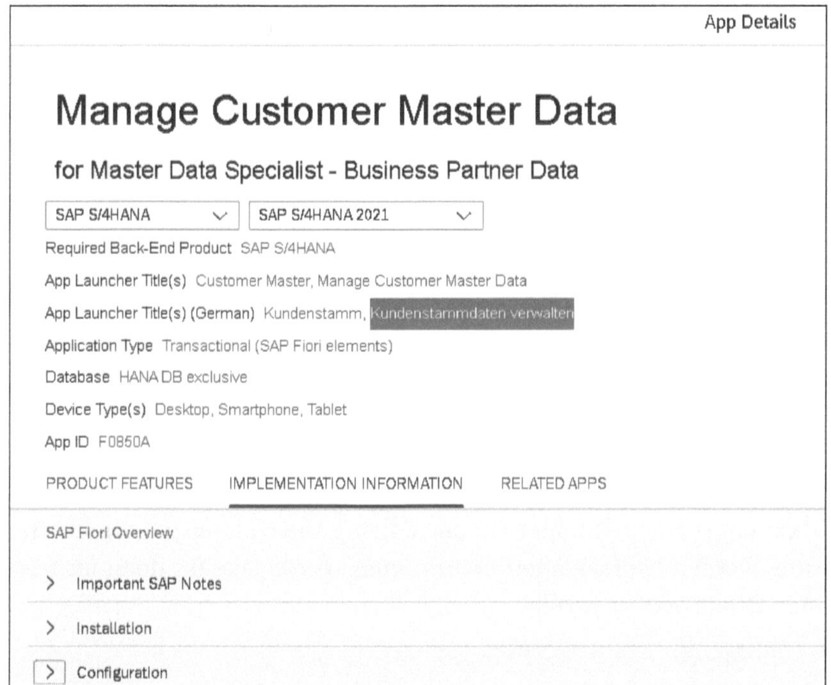

Abbildung 14.20 Detailansicht der SAP Fiori App Reference Library

Es öffnet sich ein neues Fenster. Dort finden Sie die SAP-Standardrollen, mit denen die jeweiligen Apps ausgeliefert werden. Wir entscheiden uns in unserem Beispiel für die Rolle `SAP_BR_BUPA_MASTER_SPECIALIST` (Abbildung 14.21).

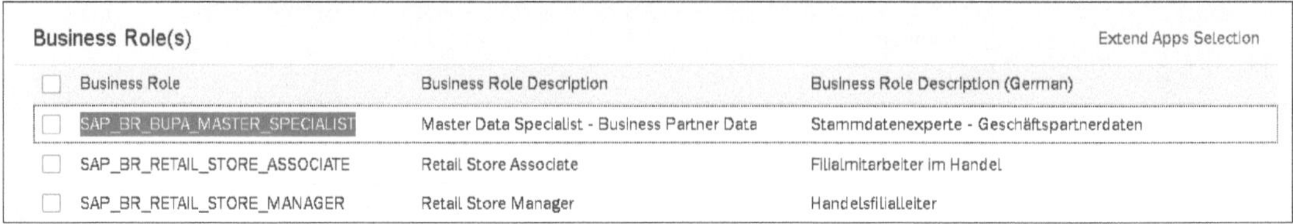

Business Role(s) — Extend Apps Selection

Business Role	Business Role Description	Business Role Description (German)
SAP_BR_BUPA_MASTER_SPECIALIST	Master Data Specialist - Business Partner Data	Stammdatenexperte - Geschäftspartnerdaten
SAP_BR_RETAIL_STORE_ASSOCIATE	Retail Store Associate	Filialmitarbeiter im Handel
SAP_BR_RETAIL_STORE_MANAGER	Retail Store Manager	Handelsfilialleiter

Abbildung 14.21 Auswahl an SAP-Standardrollen

Ausgewählte Rolle einem Benutzer zuordnen

Diese Rolle ordnen Sie wie gewohnt einem SAP-Benutzer über die Transaktion SU01 zu. Sie können den Rollennamen direkt aus der SAP Fiori Apps Reference Library in die Rollenzuordnung des Benutzers kopieren (siehe Abbildung 14.22).

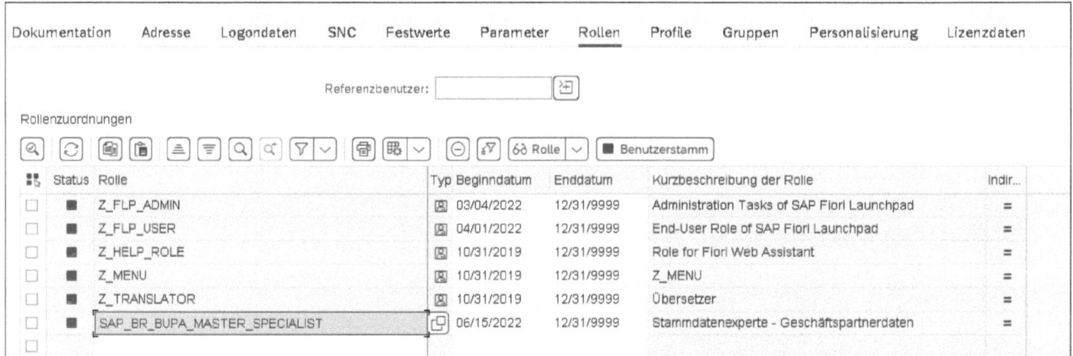

Status	Rolle	Typ	Beginndatum	Enddatum	Kurzbeschreibung der Rolle	Indir...
■	Z_FLP_ADMIN		03/04/2022	12/31/9999	Administration Tasks of SAP Fiori Launchpad	=
■	Z_FLP_USER		04/01/2022	12/31/9999	End-User Role of SAP Fiori Launchpad	=
■	Z_HELP_ROLE		10/31/2019	12/31/9999	Role for Fiori Web Assistant	=
■	Z_MENU		10/31/2019	12/31/9999	Z_MENU	=
■	Z_TRANSLATOR		10/31/2019	12/31/9999	Übersetzer	=
■	SAP_BR_BUPA_MASTER_SPECIALIST		06/15/2022	12/31/9999	Stammdatenexperte - Geschäftspartnerdaten	=

Abbildung 14.22 Rollenzuordnung durch die Transaktion PFCG

Das Menü der zugeordneten Rolle sehen Sie in Abbildung 14.23. Wie Sie in den Bearbeitungsmodus einer Benutzerrolle und dort in die Menübearbeitung abspringen, haben wir bereits in Abschnitt 14.2.2, »Aufbau von SAP-Fiori-Benutzerrollen«, beschrieben.

In diesem Rollenmenü sieht man die Zuordnung der beiden UI-Entitäten (**Katalog**) und (**Gruppe**). Für den Katalog **Anwendungsjobs Geschäftspartner** werden die folgenden Berechtigungsvorschläge für den hier relevanten OData-Service gezeigt:

- `R3TR IWSG ZAPJ_JOB_MANAGEMENT_SRV_0001`
- `R3TR IWSV APJ_JOB_MANAGEMENT_SRV 0001`

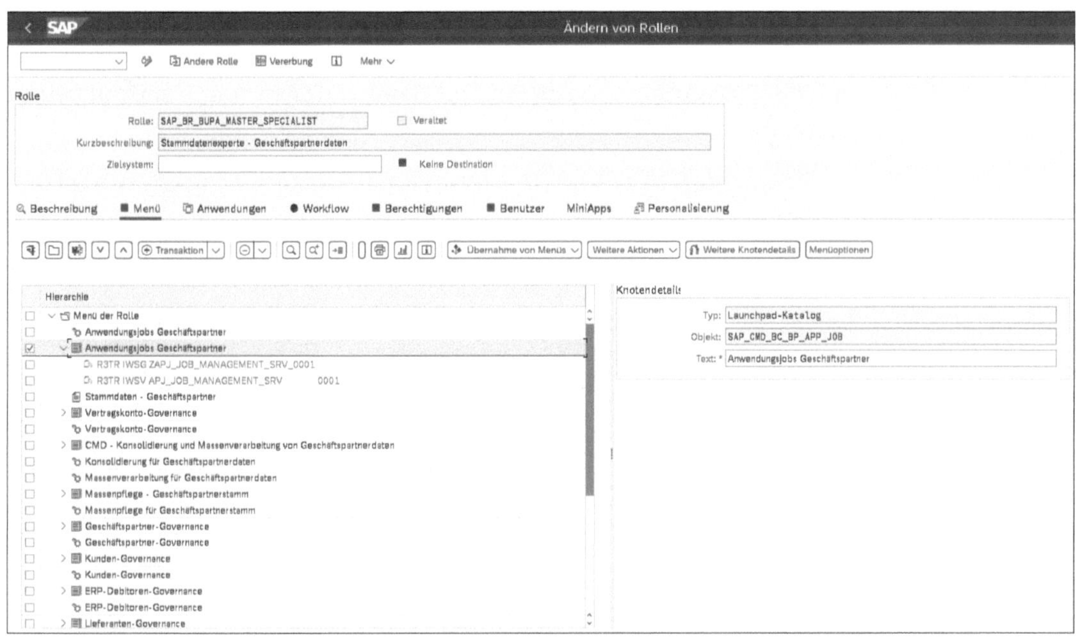

Abbildung 14.23 Anzeige des Rollenmenüs SAP_BR_BUPA_MASTER_SPECIALIST

Berechtigungsvorschläge für das Starten und das Ausführen von OData-Services

Berechtigungsvorschläge mit dem Term IWSG (Frontend Service) müssen Sie an Ihre Benutzer*innen vergeben, um sie für das Starten von OData-Services zu berechtigen. Die Berechtigungsvorschläge IWSV (Backend Service) berechtigt anschließend die Aktionen, die der entsprechende Service ausführen soll, wie das Sammeln von Daten und deren Anzeige in der App oder die Verbuchung einer Änderung an den Stammdaten eines Geschäftspartners. Das Berechtigungsobjekt, dem diese einzelnen Vorschläge zugeordnet werden, ist S_SERVICE.

14.3 Fazit

Grundsätzlich müssen Sie mit der Einführung des Geschäftspartners auch Ihr Berechtigungskonzept entsprechend anpassen. Auf Ihrem SAP-ERP-System ist es wichtig, dass die Kollegen*innen aus der Stammdatenabteilung den Geschäftspartner nicht nur anzeigen dürfen. Ebenso benötigen sie die Berechtigung zur Anlage von neuen Geschäftspartnern und, falls Sie Ansprechpartner verwenden, die Berechtigung, Beziehungen zwischen den Geschäftspartnern anzulegen. Im Anhang dieses Buches finden Sie die relevanten Berechtigungsobjekte für die Transaktion BP. Sobald Sie SAP Fiori einsetzen, ändern sich die Berechtigungsrollen Ihrer Benutzer allerdings grundlegend. Da die Einführung von SAP Fiori nicht nur die Stammdatenpflege, sondern auch Prozesse verändern kann, halten wir es für sinnvoll, mit der Einführung von SAP Fiori die Benutzerrollen von Grund auf neu zu erstellen.

Kapitel 15

Besonderheiten weiterer SAP-Systeme im Rahmen der Customer-Vendor-Integration

Im Rahmen der CVI ist es unerlässlich, alle Ihre Subsysteme zu betrachten, insbesondere, wenn Sie z. B. mit einem SAP-Retail-System, einem angebundenen SAP-CRM-System oder einem SAP-HR-System arbeiten. Daher behandeln wir in diesem Kapitel alle Aspekte, die für die Verwendung weiterer SAP-Systeme relevant sind.

In den vorangegangenen Kapiteln haben wir uns mit der Customer-Vendor-Integration (CVI) und Geschäftspartnern in einem SAP-ERP-System und in einem SAP-S/4HANA-System beschäftigt. Sie haben dabei das Customizing und den ein oder anderen Fallstrick kennengelernt. In diesem Kapitel werden wir auf die Besonderheiten eingehen, die Sie berücksichtigen müssen, wenn Sie mit weiteren Subsystemen arbeiten. Im Einzelnen schauen wir uns dazu in Abschnitt 15.1 an, welche Besonderheiten Sie in einem SAP-Retail-System erwarten. Anschließend klären wir in Abschnitt 15.2, welche Voraussetzungen vor der CVI beim Einsatz von HCM-Systemen erfüllt sein sollten. Außerdem zeigen wir Ihnen in Abschnitt 15.3, was Sie beachten sollten, wenn Sie mit einem CRM-System arbeiten.

15.1 Betriebsstämme in SAP Retail

Zuordnung zu einem Betriebsstamm

Von einem SAP-ERP-System können Sie nur mit vollständiger CVI auf SAP S/4HANA wechseln. Um eine erfolgreiche Umstellung zu gewährleisten, müssen alle Kunden und Lieferanten im System in Geschäftspartner umgewandelt werden.

Der *Betriebsstamm* in SAP Retail ist von dieser Datenmodellharmonisierung betroffen. Das liegt daran, dass ein Betrieb immer die Rolle eines Kunden hat und optional auch die Rolle eines Lieferanten haben kann. Im Sinne des Datenmodells ist einem Betrieb somit ein Kundenstammsatz und optional ein Lieferantenstammsatz zugeordnet. Die Integration von Geschäftspartner-Daten der Kunden und Lieferanten, die einem Betrieb zugeordnet sind, wird in einem SAP-ERP-System nicht unterstützt. In einem SAP-S/4HANA-System ist sie jedoch obligatorisch. Bei der Integration müssen Kunden und Lieferanten einem Betriebsstamm zugeordnet sein, da während der SAP-S/4HANA-Konvertierung Geschäftspartner erstellt werden. Dieser Schritt ist in Abbildung 15.1 dargestellt.

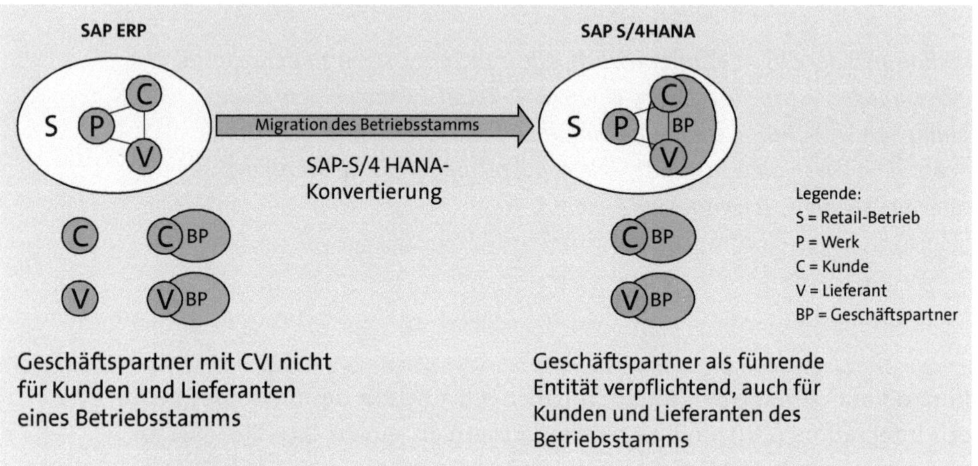

Abbildung 15.1 Konvertierung von Betriebsstämmen in der SAP-S/4HANA-Konvertierung

Der zentrale SAP-Hinweis für die Umstellung der Betriebsstämme ist 2310884 (SAP S/4HANA Conversion für Betriebsstamm). In diesem Hinweis finden Sie die wichtigsten Informationen für die Konvertierung der Kunden und Lieferanten, die einem Betriebsstamm zugeordnet sind. Des Weiteren enthält dieser SAP-Hinweis zwei Dokumente, die Sie bei den notwendigen Tätigkeiten zur Umstellung der Betriebsstämme unterstützen.

SAP Site Master Conversion Guide

In den folgenden Abschnitten gehen wir auszugsweise auf die beiden Dokumente ein. Für die tatsächliche Arbeit an Ihren Systemen empfehlen wir immer, die aktuelle Version der Dokumente zu nutzen. Beide werden regelmäßig durch SAP im zuvor genannten Hinweis aktualisiert.

Das erste Dokument ist **1709_v2.1_SiteMasterConversionGuide.pdf**. Der Site Master Conversion Guide beschreibt die notwendigen Schritte für die Migration von Betriebsstammdaten von SAP ERP nach SAP S/4HANA. Er beschreibt den Prozess der Umstellung auf SAP S/4HANA und die Auswirkungen des Geschäftspartner-Ansatzes auf Vorgänge, die Betriebsstammdaten betreffen. Dieser Leitfaden besteht aus zwei großen Abschnitten:

- einer Anleitung zur Umstellung der Kunden- und Lieferantenstammdaten, die einem SAP-Retail-Betriebsstamm zugeordnet sind bei der SAP-S/4HANA-Konvertierung
- Hinweisen zu Customizing-Einstellungen in Bezug auf die Betriebsstämme, die angepasst werden müssen
- Beide Abschnitte erläutern wir nachfolgend genauer.

15.1.1 Anleitung zur Umstellung der Kunden und Lieferanten

In diesem Abschnitt des Leitfadens werden die für die Umstellung von SAP ERP auf SAP S/4HANA notwendigen Schritte beschrieben. Diese Schritte sind:

1. Vorbereitungen für die Umstellung
2. Umstellung
3. Vorbereitung der Vorgänge nach der Umstellung

Bei Kunden und Lieferanten, die keinem Betrieb zugeordnet sind, muss die Geschäftspartner-Umstellung vor der eigentlichen Migration auf SAP S/4HANA durchgeführt werden. Kunden und Lieferanten, die einem Betrieb zugeordnet sind, sind von diesem Schritt ausgenommen. Das heißt, es werden keine Geschäftspartner erstellt. In der Vorbereitung der SAP-S/4HANA-Migration empfehlen wir die Bereinigung der Betriebsstammdaten und des relevanten Customizings. Dafür entfernen Sie nach Möglichkeit veraltete Daten aus Ihrem System und archivieren Betriebe und die zugehörigen Kunden und Lieferanten. Analysieren Sie Ihre Stammdaten, und bereinigen Sie erkannte Inkonsistenzen und fehlende Pflichtdaten.

Prüfreport zur Betriebsmigration

An dieser Stelle möchten wir vor allem den Report `PERFORM_CHK_SMBP_FOR_S4_SIC` hervorheben, der die Voraussetzungen für die Migration der Betriebe prüft. Abbildung 15.2 zeigt das Ergebnis eines mandantenspezifischen Prüflaufs dieses Reports auf einem noch nicht vorbereiteten Testsystem. In der Spalte **Site** sehen Sie die Nummer des Retail-Betriebs. Die Spalten **Customer** und **Vendor** zeigen die dem Betrieb zugeordneten Kunden und Lieferanten. Außerdem werden noch der **Status** in Bezug auf die CVI, die Kontengruppen von Kunde und Lieferant und die zukünftigen Geschäftspartner-Gruppierungen laut Customizing gezeigt. In der letzten Spalte werden die Beschreibungen zu den Statusmeldungen ausgegeben.

Client	Site	Status	Customer	Cust. Acc. Grp.	Vend...	Vend. Acc. Grp.	BP Grouping	Changed via BAdI	Check Area	Msg. Type	Msg. Number	Description
		○▲○						☐		W	061	Sites exist in your system; please ...
800		●○○						☐	MDS_SYNC	E	051	Synchronization direction BP to c...
800		●○○						☐	MDS_SYNC	E	052	Synchronization direction BP to v...
800	9999	●○○	R3002	KUNA	R3003	LIEF	GP1	☐	CVI_BP_ROLE	E	017	No BP role cat. for dir. BP to vend...
800	9999	●○○	R3002	KUNA	R3003	LIEF	GP1	☐		E		Site 9999 cannot be migrated due...
800	9999	●○○	R3002	KUNA	R3003	LIEF	GP1	☐	CVI_ATTR_CP	E	043	Department 0002 for contact pers...
800	R100	●○○	R100	0100	R100	0100	GP1	☐	CVI_BP_ROLE	E	017	No BP role cat. for dir. BP to vend...
800	R100	●○○	R100	0100	R100	0100	GP1	☐		E		Site R100 cannot be migrated du...
800	R101	●○○	R101	0100	R101	0100	GP1	☐		E		Site R101 cannot be migrated du...
800	R101	●○○	R101	0100	R101	0100	GP1	☐	CVI_BP_ROLE	E	017	No BP role cat. for dir. BP to vend...
800	R110	●○○	R110	0120			GP1	☐	CVI_ATTR_CP	E	043	Department 0002 for contact pers...
800	R110	●○○	R110	0120			GP1	☐		E		Site R110 cannot be migrated du...
800	R111	●○○	R111	0120			GP1	☐	CVI_ATTR_CP	E	043	Department 0002 for contact pers...
800	R111	●○○	R111	0120			GP1	☐		E		Site R111 cannot be migrated du...
800	R112	●○○	R112	0120			GP1	☐	CVI_ATTR_CP	E	043	Department 0002 for contact pers...
800	R112	●○○	R112	0120			GP1	☐		E		Site R112 cannot be migrated du...

Abbildung 15.2 Ergebnis des Reports PERFORM_CHK_SMBP_FOR_S4_SIC

15.1.2 Notwendiges Customizing zu Betriebstämmen in SAP S/4HANA

Betriebsstämme ändern

Im zweiten Teil des Dokuments **1709_v2.1_SiteMasterConversionGuide.pdf** werden die Änderungen von Betrieben in SAP S/4 HANA und die dafür notwendigen Customizing-Aktivitäten beschrieben.

Beispielsweise ist es notwendig, den Kunden und Lieferanten, die einem Betriebsstamm zugeordnet sind, eine Geschäftspartner-Rolle zuzuordnen, die den Geschäftspartner-Rollentyp BPSITE besitzt (siehe Abbildung 15.3). Der Rollentyp BPSITE ist die Grundlage für die Definition von Geschäftspartner-Rollen, die dazu dienen, einen Geschäftspartner (debitorisch oder kreditorisch) einem SAP-Retail-Betrieb zuzuordnen. Weitere Informationen zu Geschäftspartner-Rollentypen finden Sie in Abschnitt 4.3.3, »Geschäftspartner-Rollentyp«.

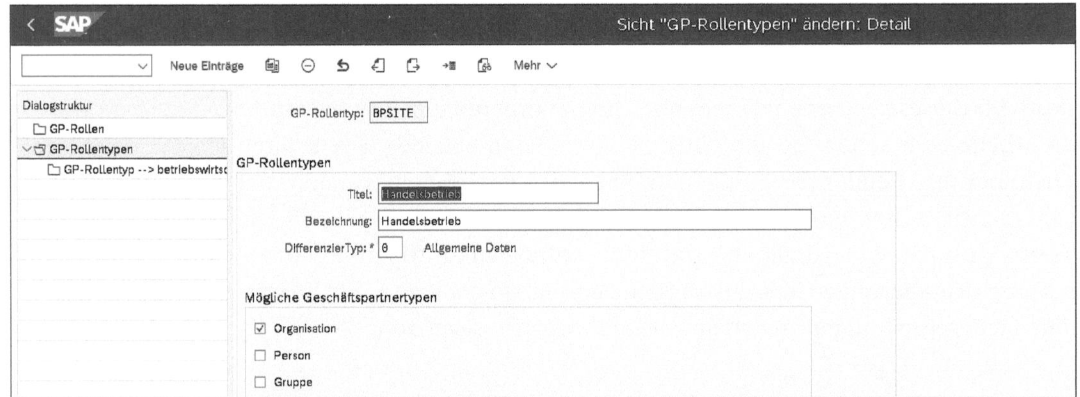

Abbildung 15.3 Ansicht des Geschäftspartner-Rollentyps BPSITE

Der Rollentyp BPSITE wird für die Erstellung neuer Geschäftspartner, die mit Betrieben verknüpft werden, während des Konvertierungsprozesses benötigt. Daher wird dieser Rollentyp während der Konvertierung in jedem Mandanten mithilfe des Betriebsmigrationsberichts erstellt. Dazu können Sie das BAdI BADI_CHANGE_BP_NUMBER (Methode CHANGE_BP_ROLE_NAME_BPSITE) verwenden.

Der neue Geschäftspartner-Rollentyp wird über Tabelle TB003A ausgeliefert. Wenn für einen Betrieb eigene Geschäftspartner-Rollen verwendet werden, ist es wichtig, dass in diesen Geschäftspartner-Rollen der Geschäftspartner-Rollentyp BPSITE verwendet wird.

Data Replication Framework

Eine weitere wichtige Änderung in Bezug auf Betriebe ist deren Verteilung in andere Mandanten oder andere SAP-Systeme. Sie können beispielsweise einen zentral angelegten neuen Betriebsstammsatz in andere Systeme verteilen, die für die Anzeige/Änderung, aber nicht für das Anlegen von Stammsätzen eingerichtet sind. Die Transaktion WBTIMEX und die Transaktion WBTIMEX_CUST sind in SAP S/4HANA nicht mehr verfügbar. Die Verteilung der Betriebe findet hier durch das *Data Replication Framework* (DRF) statt. Das Framework kann zum Austausch von Daten zwischen SAP-Systemen verwendet werden. Mit dem Data Replication Framework können Sie zentral durchgeführte Stammdatenänderungen entweder manuell oder automatisch im Hintergrund replizieren. Die notwendigen Einstellungen sind ebenfalls im Dokument **1709_v2.1_SiteMasterConversionGuide.pdf** beschrieben.

15

Simplification Item für Handelsbetriebe

Wir verweisen an dieser Stelle auf SAP-Hinweis 2339008 (S4TWL – Geschäftspartner für Handelsbetriebe). Dieser SAP-Hinweis beschreibt das Vereinfachungselement in Bezug auf Handelsbetriebe. Hier sind weitere Anwendungen aufgeführt, die in SAP S/4HANA nicht mehr verfügbar sind. Diesen Hinweis sollten Sie in Bezug auf die Berechtigungsrollen in SAP S/4HANA berücksichtigen.

15.1.3 Auflistung aller Meldungen des Prüfreports zur Betriebsmigration

Weitere Prüfreports zur Betriebsmigration

Das zweite Dokument ist **1709_Table_Pre-Checks.pdf**. In diesem Dokument werden alle Prüfungen aufgeführt, die durch den Report PERFORM_CHK_SMBP_FOR_S4_SIC ausgeführt werden. Wenn Sie den Vorbereitungsreport verwenden, um die Prüfungen vor der Konvertierung durchzuführen, können Sie in der Tabelle nach weiteren Informationen über die ausgegebenen Meldungen nach Meldungsnummer suchen. Sie können die Informationen in dieser Tabelle auch zur Vorbereitung der Konvertierung verwenden, bevor Sie die Vorabprüfung oder den Vorbereitungsreport ausführen.

15.2 CVI beim Einsatz von HCM-Systemen

Wenn SAP ERP HCM (Human Capital Management) oder SAP SuccessFactors mit Ihrem SAP-ERP-System und damit ein Lieferant mit einem Mitarbeiterstamm verbunden ist, müssen einige Voraussetzungen erfüllt sein, bevor Sie die CVI-Synchronisierung durchführen können. Die wichtigsten Punkte erläutern wir in den folgenden Abschnitten.

15.2.1 Vorbereitungen der CVI

Kreditoren, die einen Mitarbeiter darstellen

Zuerst sollten Sie das BAdI `CVI_MAP_TITLE` implementieren. Andernfalls werden Kreditorenstammdaten, bei denen das Feld `LFB1-PERNR` gefüllt ist, bei denen es sich also um Mitarbeiterkreditoren handelt, während der CVI mit einem Geschäftspartner vom Typ **Organisation** synchronisiert.

Berücksichtigen Sie zusätzlich SAP-Hinweis 2539457 (CVI & Mitarbeiter-Kreditoren in der falschen BP-Kategorie). Mit diesem wird die Implementierung `HCM_CVI_MAP_BP_CATEGORY` für das BAdI `CVI_MAP_TITLE` ausgeliefert, um sicherzustellen, dass die Mitarbeiterkreditoren mit einem Geschäftspartner vom Typ **Person** synchronisiert werden.

Wenn Sie während der CVI dafür sorgen möchten, dass Kreditor und Mitarbeiter in einen einzelnen Geschäftspartner zusammengeführt werden, berücksichtigen Sie auch SAP-Hinweis 2542175 (CVI & Wiederverwendung eines existierenden Mitarbeiter-Geschäftspartners). Durch diesen SAP-Hinweis wird die neue Implementierung `HCM_CVI_MAP_BP` für das BAdI `CVI_CUSTOM_MAPPER` ausgeliefert. Außerdem sollten Sie den Folgehinweis 2869343 (CVI & Wiederverwendung eines existierenden Mitarbeiter-Geschäftspartners [2]) beachten. Dieser SAP-Hinweis steuert die Aktivierung dieser Implementierung.

15.2.2 HR-Integration nach der SAP-S/4HANA-Konvertierung

Business Function /SHCM/EE_BP_1

Seit dem Release SAP S/4HANA 2020 existiert die neue Business Function /SHCM/EE_BP_1 (Neues Mitarbeiter-Geschäftspartner-Modell in SAP S/4HANA). Die relevanten Informationen in Bezug auf die CVI finden Sie auf der Hilfeseite von SAP unter dem folgenden Link: *https://help.sap.com*. Dort finden Sie die Informationen über den Pfad **Startseite SAP • SAP S/4HANA • Anwendungsübergreifende Enterprise Business Functions • Neues Mitarbeiter-Geschäftspartnermodell in SAP S/4HANA**.

Funktionsumfang der Business Function

Im Folgenden beschreiben wir die wichtigsten Funktionen der Business Function /SHCM/EE_BP_. Sie ist für die Nutzung von Mitarbeiterdaten in SAP S/4HANA verfügbar und wird dort eingestellt und eingesetzt. Über diese Business Function aktivieren Sie das neue Integrationsmodell für Beschäftigte in SAP S/4HANA. Damit werden die folgenden Voraussetzungen geschaffen:

- neue separate Geschäftspartner-Instanzen
- neue Geschäftspartner-Rollen
- neue Geschäftspartner-Identifikationsarten
- ein neuer Geschäftspartner-Beziehungstyp
- eine neue Adressverwendungsart

Im neuen Geschäftspartner-Modell wird jede Beschäftigung P/PERNR, die im SAP-Personalstamm zur Personalnummer angelegt wird, durch einen separaten Geschäftspartner mit der Rolle **Beschäftigung** wiedergegeben und direkt mit dem entsprechenden Geschäftspartner in der Rolle **Mitarbeiter** verknüpft.

In den bisherigen Integrationsszenarien kam es immer wieder zu Problemen, wie einer fehlenden Flexibilität bei der Geschäftspartner-Verarbeitung in der Rolle **Mitarbeiter** oder einer fehlenden Funktion zum Angeben einer Hauptpersonalnummer in der Geschäftspartner-Rolle **Mitarbeiter**.

Alte vs. neue Geschäftspartner-Integration in HR

Tabelle 15.1 ist ein Auszug aus dem Text der Hilfeseite von *https://help.sap.com*. Sie zeigt den Vergleich der alten und der neuen Geschäftspartner-Integration zu Mitarbeiterdaten.

Merkmale alter Geschäftspartner-Modelle (Standardmodell, Modelle VMODE1 und VMODE2)	Merkmale des neuen Geschäftspartner-Modells
keine Rolle **Beschäftigung**	bestehende Rolle **Beschäftigung**
Pro Mitarbeiter existiert eine gemeinsame Geschäftspartner-Instanz für die Rollen **Mitarbeiter** und **Lieferant** (Ausnahme: VMODE2); diese Instanz muss immer mit der zugeordneten Personalnummer in den Lieferantenstammdaten (LFB1-PERNR) synchronisiert werden.	Mitarbeiter und Lieferant werden immer getrennt; für jede Personalnummer sind separate Geschäftspartner-Beschäftigungsinstanzen in unterschiedlichen Rollen möglich.
Der Mitarbeiter-Geschäftspartner wird durch die niedrigste Personalnummer dargestellt, die beim Anlegen des Geschäftspartners aktiv war (obwohl diese Personalnummer jetzt inaktiv und eine andere aktiv ist). Dies kann zur Anzeige/Synchronisierung veralteter Daten für den Mitarbeiter-Geschäftspartner führen.	Die aktuelle Hauptbeschäftigung wird mit dem Mitarbeiter-Geschäftspartner synchronisiert, was zu einer angemessenen, aktuellen Wiedergabe der Privatadresse, Arbeitsplatzadresse und Bankverbindung führt.
indirekte Beziehung zwischen Mitarbeiter-/Lieferanten-Geschäftspartner und HR-Mitarbeiter über Lieferantenstammdaten (LFB1-PERNR)	direkte Beziehung zwischen Mitarbeiter-Geschäftspartner-Instanzen und den entsprechenden Mitarbeiter-Geschäftspartnern mit Lieferantenrolleninstanzen

Tabelle 15.1 Vergleich altes und neues Geschäftspartner-Modell (Quelle: https://help.sap.com)

Bekannte Funktionen der HR-Integration erneuert

Schon vor der Umstellung auf das neue Geschäftspartner-Modell gab es die beiden folgenden Reports für die Integration von Personaldaten in Geschäftspartner:

- Report /SHCM_RH_SYNC_BUPA_EMPL_SINGLE
- Report /SHCM/RH_SYNC_BUPA_FROM_EMPL

Mit der Änderung auf das neue Geschäftspartner-Modell wurden die Reports erweitert. Nach der Aktivierung der Business Function werden Geschäftspartner sowohl in der Rolle **Mitarbeiter** als auch in der Rolle **Beschäftigung** angelegt oder aktualisiert. Zudem werden auch die notwendigen Geschäftspartner-Beziehungen in der Tabelle BUT050 angelegt. Hierzu wird durch die Business Function der neue Geschäftspartner-Beziehungstyp HCM001 (**hat Arbeitsvertrag**) verfügbar gemacht.

Details zur Verwendung des neuen Integrationsmodells entnehmen Sie der SAP-Hilfe, die wir zuvor in diesem Abschnitt verlinkt haben.

Beachten Sie außerdem SAP-Hinweis 2340095 (Arbeitsvorratseintrag für die Umstellung auf SAP S/4HANA – Konvertierung der Mitarbeiter zu Geschäftspartnern). In diesem werden die für die Umstellung auf SAP S/4HANA notwendigen Tätigkeiten für die unterschiedlichen HCM-Implementierungsszenarien beschrieben.

15.3 CVI bei der Live-Integration von SAP Customer Relationship Management

Live-Integration

Dieser Abschnitt ist für Sie relevant, wenn Sie mit einem SAP-System arbeiten bei dem SAP Customer Relationship Management (CRM) per Live-Integration mit SAP ERP verbunden ist. In SAP CRM wird im Gegensatz zu SAP ERP mit Geschäftspartnern gearbeitet, auch ohne, dass Sie in Ihrem SAP-ERP-System eine CVI durchgeführt haben. Sie müssen daher darauf achten, dass die Geschäftspartner des CRM-Systems, die vor der CVI in SAP ERP als Kunden bzw. Lieferanten angelegt werden, während der Massensynchronisation der CVI so mit den erzeugten Geschäftspartnern im SAP ERP verknüpft werden, dass alle Stammdaten konsistent und synchron sind.

In diesem Szenario wird der konsistente Austausch der Geschäftspartner-Daten zwischen dem SAP-CRM- und dem SAP-ERP-System durch die Geschäftspartner-GUID, einen eindeutigen Schlüssel eines Geschäftspartners, gesteuert. Um sicherzustellen, dass die Daten in SAP ERP und SAP CRM synchron sind, werden Geschäftspartner, die der gleichen rechtlichen Einheit angehören, in beiden Systemen mit der gleichen Geschäftspartner-GUID angelegt. Standardmäßig wird aber bei der CVI jeder neue Geschäftspartner, der während der Synchronisation erzeugt wird, mit einer eigenen neuen GUID angelegt.

CRM-Mapping

Die Geschäftspartner-GUID lässt sich im Nachgang nicht ändern. Des Weiteren finden die Mapping-Informationen, die in den CRM-Zuordnungstabellen CRMKUNNR, CRMPARNR und CRMLIFNR enthalten sind, keine Anwendung. Infolgedessen ist der Datenaustausch mit SAP CRM mit Blick auf diese neu generierten Geschäftspartner nicht möglich. Sie müssen also im Vorfeld der CVI dafür sorgen, dass die Geschäftspartner-GUIDs der bereits im SAP-CRM-System erzeugten Geschäftspartner bei der Synchronisation der

Stammdaten aus dem SAP-CRM-System in das SAP-ERP-System übernommen und an die jeweiligen Geschäftspartner übergeben werden. Für das BAdI `CVI_CUSTOM_MAPPER` steht eine Erweiterungsimplementierung zur Verfügung, in der die bereits beschriebene Logik umgesetzt wird.

Über SAP-Hinweis 2283695 (Synchronisationscockpit generiert Geschäftspartner mit falschen GUIDs durch Ignorieren der CRM-Zuordnungstabellen) können Sie die Implementierung `PI_BP_SET_BP_GUID_FROM_CRM` zur Verfügung stellen. Bevor Sie die CVI aktivieren und die Massensynchronisation von Kundenstamm- oder Lieferantenstammdaten zur Generierung von Geschäftspartnern gestartet wird, müssen Sie unbedingt SAP-Hinweis 2283695 implementieren. Wenn Sie die Synchronisation vorher starten, geht das Mapping zwischen Geschäftspartnern, das in einem Integrationsszenario mit SAP-CRM verwendet wird, unwiederbringlich verloren. Ebenso ist ein Vorprüfreport für dieses Szenario verfügbar.

Vorprüfreport

Über den SAP-Hinweis 2304337 (Beschreibungshinweis für Vorabprüfungsklasse zur BAdI-Implementierung CVI_MAPPER) können Sie diesen in Ihrem System implementieren. Zusätzlich zu den eigentlichen Geschäftspartner-GUIDs werden beim Generieren von Geschäftspartnern aus dem Kunden- oder Lieferantenstamm nach der CVI-Aktivierung über das Synchronisationscockpit die Geschäftspartner mit neuen Adress-GUIDs generiert. Dies kann zu Problemen führen, wenn der Datenaustausch mit einem angeschlossenen CRM-System aktiv ist.

Um dieses Problem zu beheben, hat SAP mit SAP-Hinweis 2420959 (Adress-GUID-RFC-BAdI für CVI_MAPPER) eine weitere Implementierung für das BAdI `CVI_CUSTOM_MAPPER` zur Verfügung gestellt. Beachten Sie, dass es bei großen Datenmengen zu Performanceproblemen kommen kann, da nach Einbau der Implementierung `PI_BP_GET_BP_ADDRGUID_FROM_CRM` jedes Mal bei der Synchronisation ein RFC-Aufruf zwischen SAP ERP und SAP CRM stattfindet. Die zuvor genannte Implementierung nutzen Sie daher am besten als Beispiel und individualisieren sie nach Bedarf.

15.4 Fazit

In diesem recht technischen und theoretischen Kapitel haben wir die wichtigsten, uns bekannten Punkte im Zusammenhang mit den SAP-Produkten SAP for Retail, SAP HCM und SAP CRM beschrieben. Gerade für die beiden Produkte SAP HCM und SAP CRM sind die Lösungen unserer Erfahrung nach meist sehr individuell. Beachten Sie daher die beschriebenen SAP-Hinweise, berücksichtigen Sie alle weiteren, in diesem Kapitel genannten Korrekturen, und prüfen Sie individuell, welche Schritte für Sie relevant sind. Das Vorgehen zu Betriebsstämmen bei Einsatz eines SAP-Retail-Systems ist klar beschrieben, die Lösung, die wir in Abschnitt 11, »Durchführung der Stammdatensynchronisation«, erläutert haben, beruht auf dem genannten Leitfaden und sollte unserer Erfahrung nach befolgt werden.

Kapitel 16
Projektplan für ein CVI-Projekt

Ein CVI-Projekt ist kein reines IT-Projekt und ebenso kein Projekt, in dem ein Beratungshaus zur Umsetzung einfach auf einen Knopf drückt. Für ein CVI-Projekt sollten Sie daher einen Projektplan über alle Phasen hinweg erstellen. In diesem Kapitel zeigen wir Ihnen, worauf es bei der Planung des Projekts ankommt.

CVI-Projekte können sich, was die zeitliche Dauer und den Aufwand betrifft, sehr stark voneinander unterscheiden. Je nach Größe und Umfang kann ein derartiges Projekt für Sie eine Laufzeit von zwei bis drei oder aber auch von sechs und mehr Monaten bedeuten. Folgende Faktoren spielen für die Laufzeit des Projekts eine wesentliche Rolle:

- die Anzahl der Kontengruppen
- die Anzahl der Stammdaten
- die Anzahl der zusammengehörenden Stammdaten
- die Qualität der Stammdaten
- das Alter Ihrer Systeme
- die Komplexität der Systemlandschaft
- die Anzahl der beteiligten Stammdatenabteilungen in verschiedenen Ländern und Zeitzonen

Im Prinzip kann man sagen: Je mehr Kontengruppen und Stammdaten sich im Laufe der Jahre im System angesammelt haben, desto höher ist der Aufwand. Ebenso müssen Sie die Synchronisation auf jedem Ihrer Systeme durchführen. Je komplexer Ihre Systemlandschaft ist, desto höher wird auch hier der Aufwand ausfallen, dies können wir aus Praxiserfahrung sagen.

Wenn Sie im Vorfeld ein Archivierungsprojekt aufgesetzt oder bereits Ihre Dubletten im System bereinigt haben, hat das positive Auswirkungen auf Ihren Zeitplan, da jeder Stammsatz, egal, wie alt er ist, synchronisiert werden muss.

16.1 Vorbereitung

Vorbereitende Maßnahmen für die CVI

Wie bereits beschrieben, können der Umfang und die Komplexität eines CVI-Projekts sehr unterschiedlich ausfallen. Grundsätzlich empfehlen wir, bei größeren Projekten die CVI als Projekt im Sinne des Projektmanagements zu behandeln und alle relevante Projektphasen miteinzubeziehen.

Zu Beginn sollten die Aufgaben und das Ziel des Projekts klar definiert werden. Fragen Sie sich, ob es z. B. um die rein technische Umsetzung der Stammdaten geht oder ob zum Umfang auch ein Bereinigungskonzept der vorhandenen Stammdaten gehört. Mit dieser Festlegung können Sie ein Projektumfeld-Portfolio erstellen. Dabei geht es zum einen darum, herauszufinden, welche Personen benötigt werden und miteinbezogen werden müssen (Stakeholder), wie z. B. Mitarbeiter*innen aus den Fachabteilungen. Zum anderen sollten Sie herausfinden, welche sachlichen Rahmenbedingungen Sie beachten müssen.

Projketvorbereitung

Weiterhin ist es notwendig, Projektteammitglieder aus den Fachbereichen zu benennen und eine Projektorganisation aufzubauen. Hierbei sollten Sie auch die Aufgaben, Pflichten und den zeitlichen Bedarf jedes Mitglieds des Projektteams benennen. Mit den Informationen zum gewünschten Umfang und der zeitlichen Verfügbarkeit des Projektteams können Sie nun einen Projektplan erstellen. Zur Vorbereitung empfehlen wir, neben den zuvor genannten Punkten ebenso einen oder mehrere initiale Workshops durchzuführen. Die Themen Geschäftspartner und Stammdatensynchronisation sind für alle Beteiligten normalerweise eine Neuerung, weshalb hier mehr Unterstützung hilfreich sein kann.

Konzeptionelle Workshops

Die Workshops schaffen bei allen Beteiligten das Verständnis für den Geschäftspartner und die dazugehörende Stammdatensynchronisation im Rahmen des Projekts und sind Grundlage für das weitere Vorgehen. Insbesondere die Mitwirkenden aus den Fachabteilungen, die im Projekt für die Prüfung und Korrektur der Stammdaten zuständig sind, sollten Sie einbeziehen. Die Korrektur der Stammdaten kann ein zeitraubender Faktor in einem CVI-Projekt sein. Auch das sollte entsprechend berücksichtigt werden.

Abbildung 16.1 zeigt die Phasen eines CVI-Projekts in der von uns benutzten Vorlage eines Projektplans. Unter anderem sehen Sie auch die Meilensteine, die Sie für ein CVI-Projekt festlegen sollten. In der Abbildung sind das alle Zeilen mit einer Dauer von 0 Tagen. Folgende Meilensteine könnten auch für Ihr Projekt relevant sein:

- Sandbox-System freigegeben
- Entwicklungssystem freigegeben

- Qualitätssicherungssystem freigegeben
- Geschäftspartner-Go-live durchgeführt

Neben den Meilensteinen teilen wir ein CVI-Projekt in Phasen ein, die die einzelnen Systeme widerspiegeln. In unserer Vorlage sind das das Sandbox-System, auf dem wir zwei Iterationen der CVI durchführen. Im Anschluss erfolgt die Phase im Entwicklungssystem, dann im Qualitätssicherungssystem und zuletzt im Produktivsystem.

2	**◢ Customer Vendor Integration**	**42 Tage?**	**Die 16.02.21**	**Mit 14.04.21**
3	**◢ Sandbox**	**20 Tage?**	**Die 16.02.21**	**Mon 15.03.2**
4	**▷ Vorbereitung Sandbox System**	**3 Tage?**	**Die 16.02.21**	**Don 18.02.21**
9	**▷ Sandbox 1. Iteration**	**11 Tage?**	**Die 16.02.21**	**Die 02.03.21**
22	**▷ Sandbox 2. Iteration**	**9 Tage?**	**Mit 03.03.21**	**Mon 15.03.2**
36	Freigabe Sandbox durch Kunde	0 Tage	Fre 12.03.21	Fre 12.03.21
37	**▷ Entwicklungssystem**	**7 Tage?**	**Mon 15.03.2**	**Die 23.03.21**
47	Freigabe Entwicklungssytem durch Kunde	0 Tage	Mon 22.03.21	Mon 22.03.21
48	**▷ Qualitätssicherungssystem**	**9 Tage?**	**Die 23.03.21**	**Fre 02.04.21**
60	Integrationstest durch Kunde	1 Tag?	Fre 02.04.21	Fre 02.04.21
61	Abnhame und Freigabe zum Einzug ins PROD durch Kunde	0 Tage	Fre 02.04.21	Fre 02.04.21
62	**▷ Produktivsystem**	**8 Tage?**	**Mon 05.04.2**	**Mit 14.04.21**
74	Abnahme PROD durch Kunde, Go Live BP	0 Tage	Die 13.04.21	Die 13.04.21

Abbildung 16.1 Meilensteine eines CVI-Projektplans

Der in Abbildung 16.1 gezeigte Projektplan wurde mit der Software Microsoft Project erstellt. Projektmanagementwerkzeuge wie MS Project bieten in der Regel die Möglichkeit, aus einem Projektplan auch ein Gantt-Diagramm zu erstellen. Ein Gantt-Diagramm ist ein Instrument aus dem Projektmanagement. In dem Diagramm wird die zeitliche Abfolge von Aktivitäten grafisch in Form von Balken auf einer Zeitachse darstellt. Wir nutzen das Gantt-Diagramm für die Darstellung der Abhängigkeiten der einzelnen Vorgänge im Projekt zueinander.

16.2 Aufbau des Sandbox-Systems

Sandbox zum Projektstart bereitstellen

Neben der Durchführung des Projekt-Kick-offs sollten Sie zu Projektstart die Projektsysteme geplant und zur Verfügung gestellt haben. Wir bevorzugen für die Durchführung eines CVI-Projekts die Verwendung eines *Sandbox-Systems*. Wenn Sie sich für Ihre CVI ebenfalls für den Einsatz einer Sandbox entscheiden, planen Sie deren Bereitstellung frühzeitig, sodass das System zu Projektstart zur Verfügung steht.

Wenn Sie z. B. die Stammdaten auf Ihrem SAP-ERP-System bereits im Vorfeld mittels der Reports, die in Abschnitt 2.5, »Mögliche Vorabvalidierung«, beschrieben sind, geprüft haben, haben Sie bereits eine Vorstellung davon, wie es um die Qualität Ihrer Stammdaten bestellt ist. Ansonsten wird Ihnen die erste Stammdatensynchronisation hier Klarheit verschaffen. Ziel der Sandbox ist es, alle Fehler aus dem Produktivsystem zu erkennen, um sie auf dem Produktivsystem korrigieren zu lassen.

Neben der Kopie ist es wichtig, die Kollegen, die die synchronisierten Geschäftspartner prüfen sollen, mit den entsprechenden Berechtigungen auszustatten.

16.2.1 Customizing des Sandbox-Systems

Customizing für SAP-Geschäftspartner und Stammdatensynchronisation

Das notwendige Customizing für die CVI haben wir in Kapitel 9, »Customizing der Stammdatensynchronisation für die Customer-Vendor-Integration«, beschrieben. Auf der Sandbox stellen Sie das komplette Customizing ein, das Sie für die CVI benötigen. Das gilt für die beiden Bereiche SAP-Geschäftspartner und die Stammdatensynchronisation.

In Abbildung 16.2 sehen Sie die Vorgänge in unserem Template-Projektplan. Dazu gehört auch das Durchführen des Customizings zum Geschäftspartner, das wir in Kapitel 4 beschrieben haben, und auch das Customizing zur Stammdatensynchronisation, das wir in Kapitel 9 beschrieben haben.

3	**◢ Sandbox**	**20 Tage?**	**Die 16.02.21**	**Mon 15.03.2**
4	**◢ Vorbereitung Sandbox System**	**3 Tage?**	**Die 16.02.21**	**Don 18.02.21**
5	Umgebung Vorbereiten (Beschaffung, Bereitsstellung, Installation)	1 Tag?	Die 16.02.21	Die 16.02.21
6	Systemkopie PROD -->SBX	1 Tag?	Mit 17.02.21	Mit 17.02.21
7	User und Berechtigungen bereitstellen	1 Tag?	Don 18.02.21	Don 18.02.21
8	Netzwerkkonfiguration	1 Tag?	Mit 17.02.21	Mit 17.02.21
9	**◢ Sandbox 1. Iteration**	**11 Tage?**	**Die 16.02.21**	**Die 02.03.21**
10	**◢ Konfiguration CVI**	**7 Tage?**	**Die 16.02.21**	**Mit 24.02.21**
11	Abstimmungsworkshop zu Kontengruppen, NR Kreisen, GP Rollen	1 Tag?	Die 16.02.21	Die 16.02.21
12	Aktivierung Business Funktions	1 Tag?	Fre 19.02.21	Fre 19.02.21
13	Einbau relevanter SAP Hinweise	1 Tag?	Mon 22.02.2:	Mon 22.02.2:
14	Grundcustomizing CVI nach Ergebnis Abstimmworkshop	1 Tag?	Die 23.02.21	Die 23.02.21
15	Prüfung Customizing	1 Tag?	Mit 24.02.21	Mit 24.02.21
16	**◢ Synchronisation Sandbox 1. Iteration**	**4 Tage?**	**Don 25.02.21**	**Die 02.03.21**
17	Prüfungen der CVI Voraussetzungen	1 Tag?	Don 25.02.21	Don 25.02.21
18	MDS Load Cockpit	1 Tag?	Fre 26.02.21	Fre 26.02.21
19	inhaltliche Prüfung der synchroniserten Daten	1 Tag?	Mon 01.03.21	Mon 01.03.21
20	Fehlerbereinigung	1 Tag?	Mon 01.03.2:	Mon 01.03.2:
21	Sicherung aller erzeugten Transportaufträge	1 Tag?	Die 02.03.21	Die 02.03.21
22	**▷ Sandbox 2. Iteration**	**9 Tage?**	**Mit 03.03.21**	**Mon 15.03.2**

Abbildung 16.2 Projektplan zur Vorbereitung und ersten Iteration, dem Sandbox-System

16.2.2 Synchronisation des Sandbox-, Entwicklungs- und Qualitätssicherungssystems

Stammdaten-korrektur

Aus dem Ergebnis der ersten Synchronisation im Sandbox-System ergeben sich Folgeaktivitäten. Ist die Qualität Ihrer Stammdaten so gut, dass nur wenige Fehler aufgetreten sind, können Sie diese direkt auf der Sandbox bereinigen und die Synchronisation im ersten Durchgang erfolgreich für alle Stammdaten durchführen. Ein zweiter Durchgang ist dann nicht mehr notwendig.

Das kommt in der Praxis allerdings nur sehr selten vor. Da die erste Synchronisation auf der Sandbox alle Fehler, die auf Ihrem System auftreten, erkennt, ist eine Bereinigung der Fehler auf diesem System meist sehr aufwendig. Zu diesem Zeitpunkt ist es wichtig, dass Sie die Fachabteilungen miteinbeziehen, damit diese auch in der Lage sind, die Fehler auf dem Produktivsystem zu bereinigen.

Schulung planen

Sorgen Sie dafür, dass die zuständigen Personen im Vorfeld eine Einweisung in die Transaktion BP (Geschäftspartner bearbeiten) erhalten und somit in der Lage sind, die bereits synchronisierten Daten stichprobenartig zu prüfen. In Abbildung 16.3 sehen Sie die wichtigsten Schritte, die Sie bei der ersten Iteration durchführen müssen.

3		**◢ Sandbox**	**20 Tage?**	**Die 16.02.21**	**Mon 15.03.2**
4		**◢ Vorbereitung Sandbox System**	**3 Tage?**	**Die 16.02.21**	**Don 18.02.21**
5		Umgebung Vorbereiten (Beschaffung, Bereitsstellung, Installation)	1 Tag?	Die 16.02.21	Die 16.02.21
6		Systemkopie PROD -->SBX	1 Tag?	Mit 17.02.21	Mit 17.02.21
7		User und Berechtigungen bereitstellen	1 Tag?	Don 18.02.21	Don 18.02.21
8		Netzwerkkonfiguration	1 Tag?	Mit 17.02.21	Mit 17.02.21
9		**◢ Sandbox 1. Iteration**	**11 Tage?**	**Die 16.02.21**	**Die 02.03.21**
10		**▷ Konfiguration CVI**	**7 Tage?**	**Die 16.02.21**	**Mit 24.02.21**
16		**◢ Synchronisation Sandbox 1. Iteration**	**4 Tage?**	**Don 25.02.21**	**Die 02.03.21**
17		Prüfungen der CVI Voraussetzungen	1 Tag?	Don 25.02.21	Don 25.02.21
18		MDS Load Cockpit	1 Tag?	Fre 26.02.21	Fre 26.02.21
19		Inhaltliche Prüfung der synchroniserten Daten	1 Tag?	Mon 01.03.21	Mon 01.03.21
20		Fehlerbereinigung	1 Tag?	Mon 01.03.2	Mon 01.03.2
21		Sicherung aller erzeugten Transportaufträge	1 Tag?	Die 02.03.21	Die 02.03.21

Abbildung 16.3 Projektplan mit erster Iteration der Sandbox

Nachdem das Customizing auf der Sandbox eingerichtet ist, überprüfen Sie alle Einstellungen nochmals mithilfe der in Abschnitt 3.3, »Synchronisation«, vorgestellten Prüfprogramme. Anschließend synchronisieren Sie Ihre Kunden und Lieferanten mit der Transaktion MDS_LOAD_COCKPIT. Nach Abschluss der Synchronisation werden die erzeugten Geschäftspartner stichprobenartig inhaltlich geprüft, z. B. ob Bankverbindungen korrekt übertragen wurden oder Ansprechpartner korrekt angelegt wurden. Die während der Synchronisation aufgetretenen Fehler müssen korrigiert werden. Da in der Sandbox üblicherweise das PPO aktiviert ist, erhalten Sie zu diesen Fehlern entsprechende Nachbearbeitungsaufträge über das PPO.

Nachdem Sie die Stammdaten auf dem Sandbox-System synchronisiert und die Fehler analysiert haben, sollten Sie diese Fehler auch parallel zum Sandbox-System in Ihrem Produktivsystem korrigieren. Für eine zweite Iteration der CVI auf der Sandbox sollten Sie eine neue Kopie des Produktivsystems verwenden. Bevor Sie die neue Systemkopie auf dem Sandbox-System einspielen, sichern Sie Ihre in der Sandbox erzeugten Transportaufträge. Diese können Sie nach dem Neuaufbau des Sandbox-Systems wieder einspielen, um die Einstellungen der ersten Iteration wieder im System zur Verfügung zu stellen.

Sichern der Transportaufträge

Sichern Sie die Transportaufträge, die Sie zum Sichern der Einstellungen der ersten Iteration der Sandbox genutzt haben, vor dem Neuaufbau der Sandbox. So können diese später in alle weiteren Systeme eingespielt werden.

Prüfung der Fehlerkorrektur

Da in der neuen Kopie des Produktivsystems, mit der die zweite Iteration durchgeführt wird, die zuvor aufgetretenen Fehler korrigiert sein sollten, kann die Stammdatensynchronisation erfolgreich durchgeführt werden.

Das Ziel sollte es sein, in dieser zweiten Iteration alle Stammdaten erfolgreich zu synchronisieren. Falls an dieser Stelle weitere Fehler auftreten, können Sie diese korrigieren. Die Stammdatensynchronisation kann beliebig oft durchgeführt werden. Falls die Qualität Ihrer Stammdaten weiterhin zu schlecht ist und viele Fehler auftreten, sollten Sie eine dritte Iteration durchführen.

Übernahme der Einstellungen in das Entwicklungssystem

Ist der Meilenstein »Abnahme der Sandbox« erreicht, werden die Transporte auf Ihr Entwicklungssystem gespielt. In der Regel ist die Sandbox ein separates System, das auch nicht in die Transportlandschaft Ihrer SAP-Systeme eingebunden ist. In diesem Fall müssen Sie die in der Sandbox erzeugten Transportaufträge manuell in Ihr Entwicklungssystem einspielen und importieren. Auf Ihrem Entwicklungs- und Qualitätssicherungssystem müssen Sie die gleichen Schritte abarbeiten wie auf der Sandbox.

16.3 Prüfung und Integrationstest

Nachdem das Entwicklungssystem freigegeben wurde, transportieren Sie alle CVI-relevanten Einstellungen in Ihr Qualitätssicherungssystem. Wenn Sie unserer Empfehlung folgen, haben Sie im Vorfeld eine weitere Systemkopie Ihres Produktivsystems erstellt und diese in Ihr Qualitätssicherungssystem eingespielt. Nun können Sie in diesem System eine Generalprobe durchführen, letzte Fehler identifizieren und auf dem Produktivsystem korrigieren. Die wichtigste Aufgabe, die Sie während der CVI auf dem Qualitätssicherungssystem durchführen sollten, ist der Integrationstest. Während Sie im Sandbox-System vorranging geprüft haben, ob die Synchronisation technisch und inhaltlich korrekt gelaufen ist, sollten Sie die CVI auf dem Qualtitätssicherungssystem für einen umfassenden Test nutzen. Prüfen Sie, ob Ihre Prozesse wie gewohnt laufen. Legen Sie ein besonderes Augenmerk auf alle Schnittstellen, die Kunden- und Lieferantenstammdaten verwenden. Außerdem sollten Sie testen, ob die Benutzerrollen korrekt um die notwendigen Berechtigungsobjekte zum Geschäftspartner erweitert wurden. Neben allen Tests müssen Sie auf dem Qualitätssicherungssystem auch sicherstellen, dass sämtliche Kunden- und Lieferantenstammdaten synchronisiert und mit einem Geschäftspartner verknüpft sind.

Synchronisierte Geschäftspartner prüfen

Auch wenn Sie in Ihrem SAP-ERP-System den Geschäftspartner nicht produktiv nutzen, ist es dennoch wichtig, die synchronisierten Geschäftspartner sehr gründlich zu prüfen. Sie bilden die Grundlage Ihres zukünftigen SAP-S/4HANA-Systems. Die Qualität der Stammdaten ist entscheidend für alle nachfolgenden Prozesse.

Am Ende dieser Schritte steht ein weiterer Meilenstein, und zwar die Freigabe Ihres Q-Systems. Führen wir ein CVI-Projekt bei einem unserer Kunden durch, beinhaltet diese Freigabe ein offizielles Dokument. Das bedeutet, wir lassen uns die Freigabe des Qualitätssicherungssystems und die erfolgreiche Abnahme der Integrationstests bestätigen. Dieser Meilenstein ist deshalb auch wichtig, da er gleichzeitig auch den Start der Go-live-Vorbereitungen einleitet. Ist dieser Meilenstein erreicht, starten Sie mit den Vorbereitungen für Ihr Produktivsystem.

16.4 Synchronisation des Produktivsystems

Start der Go-live-Vorbereitungen

Nachdem alle vorangegangenen Meilensteine erfolgreich abgenommen wurden, können die Transporte in Ihr Produktivsystem eingespielt werden. Damit schaffen Sie die Grundlage für die Synchronisation Ihres Produktivsystems.

Wie bereits auf den Vorsystemen müssen Sie die folgenden Schritte ausführen, bis alle Stammdaten erfolgreich als Geschäftspartner angelegt wurden:

- Spielen Sie alle CVI-relevanten Transporte in das Produktivsystem ein.
- Pflegen Sie die Nummernkreise zu den Geschäftspartner-Gruppierungen.
- Sorgen Sie dafür, dass Ihre Benutzerrollen mit den erforderlichen Berechtigungen bereitgestellt sind.
- Überprüfen Sie ein letztes Mal das CVI-Customizing.
- Synchronisieren Sie alle Kunden- und Lieferantenstammdaten mit der Transaktion MDS_LOAD_COCKPIT.
- Prüfen Sie die synchronisierten Geschäftspartner stichprobenartig.
- Finden Sie noch Fehler während der Synchronisation, analysieren Sie diese, und korrigieren Sie sie, so schnell es Ihnen möglich ist.

Wiederholen Sie die Synchronisation so oft, bis alle Stammdaten erfolgreich synchronisiert wurden. Das Ergebnis einer erfolgreichen CVI ist im CVI-Cockpit oder über die Transaktion CVI_COMPL_CHK ersichtlich, weitere Informationen finden Sie in Abschnitt 3.3, »Synchronisation«.

Der Go-live der CVI kann bei Bedarf in mehreren Schritten erfolgen. Es ist nicht unbedingt erforderlich, die CVI auf einmal komplett durchzuführen.

Ein extra Blick auf Schnittstellen

Achten Sie (falls vorhanden) auf Ihre Schnittstellen im Bereich der Stammdaten. Diese sollten entsprechend vorübergehend ausgesetzt werden.

16.5 Nachbearbeitung

PPO-Nacharbeiten nach dem Go-live

In Abschnitt 11.4, »Handhabung des PPO und Nachsynchronisation«, sind wir bereits auf das Post Processing Office (PPO) eingegangen. Nachdem alle Geschäftspartner erfolgreich angelegt wurden, sollten Sie das PPO ausschalten. Die Einstellung können Sie im Customizing über den Pfad **Anwendungsübergreifende Komponenten • Stammdatensynchronisation • Synchronisationssteuerung • PPO Aufträge für Plattformobjekte im Dialog aktivieren** vornehmen.

Die Aktivierung des PPO dient dazu, Kurzdumps zu verhindern, wenn die Synchronisation nicht erfolgreich ist. Das PPO ermöglicht es außerdem, fehlerhafte Stammdaten zu analysieren und zu korrigieren, damit diese erfolgreich als Geschäftspartner angelegt werden können.

Aktives PPO

Natürlich steht Ihnen die Option offen, das PPO in Ihrem System aktiv zu lassen. Das hat den Vorteil, dass die Fachabteilungen Ihre Stammdaten erfolgreich anlegen können. Der Nachteil besteht darin, dass in diesem Fall nicht auffällt, dass im Hintergrund der Geschäftspartner nicht angelegt wurde. Falls Sie diese Option wählen, sollten Sie das PPO mittels der Transaktion MDS_PPO2 regelmäßig tracken, um Fehler aufzudecken. Falls Sie Schnittstellen für Ihren Go-live vorübergehend abgeschaltet haben, müssen Sie diese wieder aktivieren.

16.6 Fazit

Egal, ob Sie ein eher kleineres oder ein sehr umfangreiches CVI-Projekt durchführen, sollten Sie die grundlegenden Regeln des Projektmanagements beachten. Je größer der Umfang und die Komplexität sind, desto mehr Zeit müssen Sie auch in die Vorbereitung des Projekts investieren.

Wichtig, wie bei jedem Projekt, ist es, alle Stakeholder zu informieren und miteinzubeziehen. Alle beteiligten Mitarbeitenden sollten sich über ihre Aufgaben in diesem Projekt klarwerden. Zu Beginn und im weiteren Verlauf Ihres CVI-Projekts sind Workshops und Schulungen notwendig, um die verantwortlichen Mitarbeitenden auf ihre Aufgaben vorzubereiten und die Grundlagen zu schaffen, um Entscheidungen treffen zu können.

Die synchronisierten Geschäftspartner-Daten aus der Customer-Vendor-Integration sind der Grundstock für Ihr zukünftiges SAP-S/4HANA-System und sollten daher mit der größtmöglichen Qualität und Sorgfalt angelegt werden.

Anhang A
Übersichtstabellen

A.1 Transaktionscodes

Transaktionscode	Bezeichnung
CVI_COCKPIT	CVI Cockpit
MDS_LOAD_COCKPIT	Synchronization Cockpit
MDS_PPO2	PPO for Master Data Synchronization
CVI_LEDH	Data Harmonization: Legal Entity Pre-Checks
CVI_PRECHK	CVI: Stammdaten Konsistenzprüfung
CVI_CUST_CHECK	Prüfung des CVI Customizing
BP	Geschäftspartner pflegen
BUA1	Person anlegen Rolle Ansprechpartner
BUA2	Person ändern Rolle Ansprechpartner
BUA3	Person anzeigen Rolle Ansprechpartner
BUPA_DEL	Löschen von GP (Verwendung nicht empfohlen)
BUPA_PRE_DA	GP Lösch- u. Archiviervormerkung setzen
BUPT	Geschäftspartner Arbeitsmenü
BUSM	Differenzierungstypen ändern
BUSN	BDT-Aktivitätstypen ändern
BUS0	Anwendungsobjekte ändern
BUSP	BDT Trägerdynpros für Bilder generieren
BDT_COMPARE	BDT Vergleich und Transport von Steuerungstabellen
S_ABA_72000164	BDT Analyzer
BUSI	Aktivitäten

Transaktionscode	Bezeichnung
BUS1	Anwendungen
BUS23	Datensets
BUSG	Tabellen
BUS2	Feldgruppen
BUS3	Sichten
BUS4	Abschnitte
BUS5	Bilder
BUS6	Bildfolgen
BUS7	Business Data Toolset
BUS8	Standardfunktionen
BUS9	Zusatzfunktonen
BUPA_EVENTS	SAP-Geschäftspartner
BUSB	Zuordnung Dynprofeld zu Datenbankfeld
BUSB_DI	Zuordnung Direkt Input Feld zu Datenbankfeld
BUSC	Feldmodifikationskriterien
BUSJ	Feldmodifikation pro Aktivität
BUSO	Feldmodifikation je GP-Typ
BUSH	Fremdanwendungen
BUS_HDRID	Header IDs
BUSD	GP-Sichten
BUSE	GP-Rollengruppierungen
BUS10	Suchhilfe
BUSF	Anwendungstransaktionen
AOBJ	Archivierung
BUPMASS	Massenänderungen
BUB1	GP-Beziehungen anlegen
BUB2	GP-Beziehungen ändern

Transaktionscode	Bezeichnung
BUB3	GP-Beziehungen anzeigen
BUB4	GP-Rollenfindung anlegen
BUB5	GP-Rollenfindung ändern
BUB6	GP-Rollenfindung anzeigen
BUBX	Aktivtäten
BUBD	Anwendungen
BUBM	Tabellen
BUBN	Bildaufbau Feldgruppen
BUBE	Bildaufbau Sichten
BUBF	Bildaufbau Abschnitte
BUFG	Bildaufbau Bilder
BUBH	Bildfolgen
BUBI	Zeitpunkte
BUBJ	GUI Standardfunktionen
BUBK	GUI Zusatzfunktionen
BUBL_DI	Zuordnung Direkt Input Feld zu Datenbankfeld
BUBL	Zuordnung Dynpro zu Datenbankfeld
BUBO	Feldmodifikationskriterien
BUBY	Feldmodifikation je Aktivität
BUBZ	Fremdanwendungen
BUBA	Beziehungstypen
BUBB	Rollenfindungstypen
LSMW	Legacy System Migration Workbench
LTMOM	Migrationsobjektmodellierer
SWDD	Workflow Builder
WBTIMEX	Import und Export von Betrieben
WBTIMEX_CUST	Transporte für Betriebsstamm anpassen

Transaktionscode	Bezeichnung
SNRO	Nummernkreisobjektpflege
SA01	Intervallpflege: Adressverwaltung, Objekt ADRNR
SM51	Application Server Instanzen des SAP-Systems

A.2 SAP-Fiori-Apps

SAP-Fiori-App-ID	Bezeichnung
F3163	GP Stammdaten verwalten
F0850A	Kundenstammdaten verwalten
F4596	Kreditkonten verwalten
F1053A	Lieferantenstammdaten verwalten
F3473	Migrationscockpit

A.3 Tabellen

Tabelle	Bezeichnung
CVI_CUST_LINK	Zuordnung zwischen Kunde und Geschäftspartner
CVI_VEND_LINK	Zuordnung zwischen Lieferant und Geschäftspartner
CVI_CUST__CT_LINK	Verbindung zwischen Beziehung und Kontaktpartner des Kunden
CVI_VEND_CT_LINK	Verbindung zwischen Beziehung und Kontaktpartner des Lieferanten
CVI_PRECHK_SUP	Unterdrückung von Prüfungen aktivieren
CVIC_CCID_LINK	Verbindung Zahlungskarten-ID (GP <> Debitor)
CVIC_CP1_LINK	Abteilungsnummern Ansprechpartner (Kunde/Lieferant → GP)
CVIC_CP2_LINK	Funktionen des Ansprechpartners (Kunde/Lieferant → GP)
CVIC_CP3_LINK	Vollmachten des Ansprechpartners (Kunde/Lieferant → GP)

Tabelle	Bezeichnung
CVIC_CP4_LINK	VIP-Kennzeichen des Ansprechpartners (Kunde/ Lieferant → GP)
CVIC_CUST_TO_BP1	Einstellung der Nummerierung für Kunde nach Geschäftspartner
CVIC_CUST_TO_BP2	Rollenzuordnung für Kunde nach Geschäftspartner
CVIC_LEGFORM_LNK	Rechtsform Geschäftsform für Debitorenintegration zuordnen
CVIC_VEND_TO_BP1	Einstellung der Nummerierung für Lieferant Geschäftspartner
CVIC_VEND_TO_BP2	Rollenzuordnung für Lieferant nach Geschäftspartner
CRMC_BUT_CALL_FU	Festlegung FBs für Datenaustausch BP
DFKKBPTAXNUM	Steuernummern zum Geschäftspartner
ADRC	Adressen (Business Address Services)
BUT000	GP: Allgemeine Daten I
BUT001	GP: Allgemeine Daten II
BUT020	GP: Adressen
BUT021	GP: Adressverwendungen
BUT021_FS	Zeitabhängige Adressverwendungen
BUT050	GP-Beziehungen/GP-Rollenfindungen: Allgemeine Daten
BUT051	GP-Beziehung: Ansprechpartnerbeziehung
BUT052	GP-Beziehung: Adressen
BUT0BANK	Geschäftspartner: Bankdaten
BUT0BK	GP: Bankverbindungen
BUT0CC	GP: Zahlungskarten
BUT0ID	GP: Identifikationsnummern
BUT0IS	GP: Branchen
BUT100	GP: Rollen
BP001	Allgemeine FS-Attribute; Organisation

Tabelle	Bezeichnung
BP1013	Differenzierte Attribute
TB039A	GP-Identifikationsarten
TBZ3R	BDT-Feldgruppe → BDT-Feld Zuordnung
TBZ3*	Business Data Toolset Tabellen
BUTADRSEARCH	Massensuchhilfe Geschäftspartner
KNA1	Kundenstamm (allgemeiner Teil)
KNB1	Kundenstamm (Buchungskreis)
KNB5	Kundenstamm (Mahndaten)
KNBK	Kundenstamm (Bankverbindungen)
KNVV	Kundenstamm Vertriebsdaten
KNVK	Kundenstamm Ansprechpartner
KNVP	Kundenstamm Partnerrollen
LFA1	Lieferantenstamm (allgemeiner Teil)
LFB1	Lieferantenstamm (Buchungskreis)
LFBK	Lieferantenstamm (Bankverbindungen)
LFB5	Lieferantenstamm (Mahndaten)
LFM1	Lieferantenstamm Einkaufsorganisationsdaten
LFM2	Lieferantenstamm: Einkaufsdaten
NRIV	Nummernkreisintervalle
T005	Länder
T016	Branchen
T077D	Kontengruppen Debitoren
T077K	Lieferantenkontengruppen
TB003A	GP-Rollentypen
TB038A	GP-Branchenschlüssel
TPFK	Ansprechpartner: Funktionen
TVPV	Ansprechpartner: Vollmachten

Tabelle	Bezeichnung
TVIP	Ansprechpartner: VIP-Kennzeichen
TP038M1	Mapping Branchen SAP-GP → TR GP/Debitor + Kreditor
TP038M2	Mapping Branchen TR GP/Debitor/Kreditor → SAP GP
TP17U	Geschäftspartner: Branchen Umsetzung
TVARVC	Tabelle der Variantenvariablen (mandantenabhängig)
VCNUM	Kreditkartenstamm
VCKUN	Zuordnung Kunde-Kreditkarte
ADRCOMC	Zähler für lfd. Nummern bei Komm.daten (Bus. Addr. Services)

A.4 BAdIs

BAdI	Bezeichnung
BADI_CHANGE_BP_NUMBER	Die dem neuen Geschäftspartner zugeordnete Nummer ändern
CVI_CUSTOM_MAPPER	Datenzuordnung GP-Debitor/Kreditor Ansprechpartner
CVI_CHECKS_EXTENSION	Zusätzliche Prüfungen für CVI
CVI_CUSTOM_PRECHK	Zusätzliche Prüfung Customizing
CVI_DEFAULT_VALUES	Vorbelegungen für Debitor-/Kreditor-Integration
CVI_LE_DATA_HARMONIZATION	CVI Legal Entity Data Harmonization
CVI_MAP_BANKDETAILS	Datenzuordnung der Bankverbindung GP → Debitor
CVI_MAP_CREDIT_CARDS	Datenzuordnung der Zahlungskarten GP<->Debitor
CVI_MAP_TITLE	Datenzuordnung der Anrede von Debitor/Kreditor nach GP

BAdI	Bezeichnung
CVI_SYN_TYPE	BAdI: Zum Ermitteln der Synchronisierungsart
CVIS_SEPA_INTEGRATION	BAdI-Methoden zur SEPA-Absprung-Lösung aus dem GP
VENDOR_EXTENSION_CHECK	VENDOR_EXTENSION_CHECK
VENDOR_EXTENSION_OUTBOUND	VENDOR_EXTENSION_OUTBOUND
VENDOR_EXTENSION_INITIALIZE	VENDOR_EXTENSION_INITIALIZE
VENDOR_EXTENSION_UPDATE	VENDOR_EXTENSION_UPDATE
VENDOR_EXTENSION_COMPLETE	VENDOR_EXTENSION_COMPLETE
CUSTOMER_EXTENSION_CHECK	CUSTOMER_EXTENSION_CHECK
CUSTOMER_EXTENSION_OUTBOUND	CUSTOMER_EXTENSION_OUTBOUND
CUSTOMER_EXTENSION_INITIALIZE	CUSTOMER_EXTENSION_INITIALIZE
CUSTOMER_EXTENSION_UPDATE	CUSTOMER_EXTENSION_UPDATE
CUSTOMER_EXTENSION_COMPLETE	CUSTOMER_EXTENSION_COMPLETE

A.5 BAPIs

BAPI	Bezeichnung
BAPI_BUPA_CREATE_FROM_DATA	SAP-GP, BAPI: Geschäftspartner anlegen
BAPI_BUPA_CENTRAL_CHANGE	SAP-GP, BAPI: Zentrale Daten ändern
BAPI_BUPA_CENTRAL_GETDETAIL	SAP-GP, BAPI: Zentrale Daten lesen
BAPI_BUPA_CENTRAL_GETLIST	SAP-GP, API: Zentrale GP-Daten eines Zeitabschnittes lesen
BAPI_BUPA_CENTRAL_MAINT_PERIOD	SAP-GP, BAPI: Zentrale Daten ändern
BAPI_BUPA_ADDRESSES_GET	SAP-GP, BAPI: Alle Adressen ermitteln
BAPI_BUPA_ADDRESS_ADD	SAP-GP, BAPI: Adresse hinzufügen
BAPI_BUPA_ADDRESS_CHANGE	SAP-GP, BAPI: Adresse ändern

BAPI	Bezeichnung
BAPI_BUPA_ADDRESS_GETDETAIL	SAP-GP, BAPI: Adresse lesen
BAPI_BUPA_ADDRESS_GET_NUMBERS	SAP-GP, BAPI: Adressnummern lesen
BAPI_BUPA_ADDRESS_REMOVE	BAPI_BUPA_ADDRESS_REMOVE
BAPI_BUPA_BANKDETAIL_ADD	SAP-GP, BAPI: Bankverbindung hinzufügen
BAPI_BUPA_BANKDETAIL_CHANGE	SAP-GP, BAPI: Bankverbindung ändern
BAPI_BUPA_BANKDETAIL_GETDETAIL	SAP-GP, BAPI: Bankverbindung lesen
BAPI_BUPA_BANKDETAIL_NUMBERS	SAP-GP, BAPI: Bankverbindungs-nummern lesen
BAPI_BUPA_BANKDETAIL_REMOVE	SAP-GP, BAPI: Bankverbindung löschen
BAPI_BUPA_BANKDETAILS_GET	SAP-GP, BAPI: Alle Bankverbindungen ermitteln
BAPI_BUPA_PCARD_ADD	SAP-GP, BAPI: Zahlkarte hinzufügen
BAPI_BUPA_PCARD_CHANGE	SAP-GP, BAPI: Zahlungskarten-verbindung ändern
BAPI_BUPA_PCARD_GETDETAIL	SAP-GP, BAPI Zahlkarte lesen
BAPI_BUPA_PCARD_GETDETAILS	Lesen aller Kartenverbindungen zu einem GP
BAPI_BUPA_PCARD_REMOVE	Zahlkartenzuordnung löschen
BAPI_BUPA_PCARD_SETDEFAULT	Zahlkartenzuordnung löschen
BAPI_BUPA_ROLES_GET_2	SAP-GP, BAPI: Alle Rollen ermitteln
BAPI_BUPA_ROLE_ADD_2	SAP-GP, BAPI: GP-Rolle hinzufügen
BAPI_BUPA_ROLE_CHANGE	SAP-GP, BAPI: GP-Rolle ändern
BAPI_BUPA_ROLE_EXIST_CHECK_2	SAP-GP, BAPI: GP-Rolle auf Existenz prüfen
BAPI_IDENTIFICATIONDETAILS_GET	SAP-GP, BAPI: Identifikations-nummern ermitteln
BAPI_IDENTIFICATION_ADD	SAP-GP, BAPI: Identifikations-nummer hinzufügen

BAPI	Bezeichnung
BAPI_IDENTIFICATION_CHANGE	SAP-GP, BAPI: Identifikationsnummer ändern
BAPI_IDENTIFICATION_GET_DETAIL	SAP-GP, BAPI: Identifikationsnummern lesen
BAPI_IDENTIFICATION_REMOVE	SAP-GP, BAPI: Identifikationsnummer löschen
BAPI_BUPA_STATUS_ADD	Geschäftspartner: Status hinzufügen
BAPI_BUPA_STATUS_GETDETAIL	Geschäftspartner: Status hinzufügen
BAPI_BUPA_STATUS_REMOVE	Geschäftspartner: Status löschen
BAPI_INDUSTRYSECTORDETAILS_GET	SAP-GP, BAPI: Branchen ermitteln
BAPI_INDUSTRYSECTOR_ADD	SAP-GP, BAPI: Branchen hinzufügen
BAPI_INDUSTRYSECTOR_CHANGE	SAP-GP, BAPI: Branchen ändern
BAPI_INDUSTRYSECTOR_GET_DETAIL	SAP-GP, BAPI: Branchendaten lesen
BAPI_INDUSTRYSECTOR_REMOVE	SAP-GP, BAPI: Branchendaten löschen
BAPI_PARTNER_GET_BY_IDNUMBER	Partner ermitteln aufgrund einer ID-Nummer
BAPI_BUPA_HOURS_ADD	Anlegen einer Terminregel zu einem GP
BAPI_BUPA_HOURS_CHANGE	Ändern einer Terminregel zu einem GP
BAPI_BUPA_HOURS_GETDETAIL	Lesen einer Terminregel zu einem GP
BAPI_BUPA_HOURS_REMOVE	Löschen einer Terminregel zu einem GP
BAPI_BUPA_EXISTENCE_CHECK	SAP-GP, BAPI: Geschäftspartner auf Existenz prüfen
BAPI_BUPA_GET_NUMBERS	SAP-GP, BAPI: Geschäftspartnernummern lesen
BAPI_BUPA_SEARCH_2	SAP-GP, BAPI: Suchen Geschäftspartner nach Telefon, E-Mail, Adresse
BAPI_BUPA_GET_EMPLOYEE_FROM_BP	SAP GP: ermitteln Mitarbeiternummer zur Geschäftspartnernummer

A.6 Funktionsbausteine

Funktionsbaustein	Bezeichnung
MERGE_BUPA_CENTRAL	Abmischen von Geschäftspartnerdaten: Zentrale Daten
MERGE_BUPA_FINSERV	Abmischen von Geschäftspartnerdaten: Financial Services
MERGE_BUPR_CENTRAL	Abmischen von Daten zu Geschäftspartnerbeziehungen: Zentrale Daten
MDS_BUPA_OUTBOUND	Controller-Aufruf
BPOB_TRD001_DEB_ROLLE	Check Whether the Role is Debit-Sided
BPOB_TRD001_VORBEL_DEB	Read the Default Data for the Customer
BUPA_TAX_NUMBER_CHECK	Steuernummerprüfbaustein
CVIC_BUPA_EVENT_FMOD2	Feldmodifikationen für Debitorenfelder

A.7 Lightweight Business Functions

Lightweight Business Function	Bezeichnung
BPCUSTOMER_MULTIPLE_ADDRESSES	Handhabung mehrere Adressen für Kundenstammdaten im GP
Q2C_MULTIPLE_BP_ADDRESSES	Handhabung mehrere Adressen für Kundenstammdaten im Vertrieb

A.8 Reports

Report	Bezeichnung
CVI_LE_DATA_HARMONIZATION	Datenharmonisierungsreport
CVI_MIGRATION_PRECHK	Vorabvalidierung Konsistenzprüfung Stammdaten
CVI_CUSTOMIZING_CHECK	Prüfung des CVI-Customizing

Report	Bezeichnung
CVI_CUSTOMIZING_RESOLVE	Customizing Prüfungen für die Synchronisation
CVI_COMPLETENESS_CHECK	Programm für CVI-Vollständigkeits-prüfung
CVI_COCKPIT	Cockpit der Debitoren-/Kreditoren-integration
MDS_LOAD_COCKPIT	Synchronisationscockpit
CVI_LINKS	Verknüpfte/synchronisierte Objekte (Customer-Vendor-Integration)
CVI_MAPPING_CONTACTS	Customizing der Ansprechpartner-attribute abgleichen
CVI_MAPPING_LEGAL_FORM	Customizing der Rechts- und Geschäftsformen abgleichen
/SHCM/RH_SYNC_BUPA_EMPL_SINGLE	SAP-S/4HANA-GP-Synchronisierung
/SHCM/RH_SYNC_BUPA_FROM_EMPL	SAP-S/4HANA-GP-Synchronisierung
PERFORM_CHK_SMBP_FOR_S4_SIC	Voraussetzung. für Betriebsmigra-tion in SAP-S/4HANA-Konvertierung prüfen (SIC)

A.9 Berechtigungsobjekte

Berechtigungsobjekt	Bezeichnung
CVI_CUST	Bearbeitung von Zuordnungs- Customizing und Abgleichreporten
CVI_LEDH	RE-Datenharmonisierungsreport
C_PRECHK_M	Berechtigung zur Datensatzbearbeitung Stamm-datenkonsistenz
MDS_LOAD	Synchronisation Einzel- und Massenpflege
B_MASSMAIN	Anwendungsübergreifendes Massenpflegetool
B_BUPA_CRI	Geschäftspartner FS: GP-Rollentyp/Differenzierungs-kriterium
B_BUPA_ATT	Geschäftspartner: Berechtigungsarten

Berechtigungsobjekt	Bezeichnung
B_BUPA_GRP	Geschäftspartner: Berechtigungsgruppen
B_BUPA_RAT	Geschäftspartner: Bewertungsverfahren
B_BUPA_CRS	Geschäftspartner: Bonitätsdaten
B_CLEANSE	Geschäftspartner: Datenbereinigung
B_BUPA_FDG	Geschäftspartner: Feldgruppen
B_BUPA_RLT	Geschäftspartner: GP-Rollen
B_BUPA_SLV	Selektionsvariante des Gesamtengagements
B_BUPA_PCPT	Geschäftspartner: Geschäftszweck erfüllt
B_BUPA_BZT	Geschäftspartnerbeziehungen: Beziehungstypen
B_BUPA_FDG	Geschäftspartnerbeziehungen: Feldgruppen
B_BUPA_PGM	Gruppierungsmerkmal des SAP GP-FS
B_CARD_SEC	Berechtigung Verschlüsselung Kartenstamm
B_CCARD	Zahlungskarten
B_CCSEC	Unmaskierte Anzeige von Kreditkartennummern
B_CLEAR	Datenbereinigung
B_USERSTAT	Statusverwaltung: Anwenderstatus setzen/löschen

Das Autorenteam

Antje Diekhoff ist bei der FIS Informationssysteme und Consulting GmbH als SAP-Beraterin im Bereich Finanzwesen tätig. Seit 2022 ist sie dort Mitglied des Transition-Teams mit dem Aufgabenschwerpunkt SAP-S/4HANA-Migrationen. Hier betreut sie verschiedene Umstellungsprojekte, unter anderem nach dem Brownfield-Ansatz. Zu ihren Aufgaben gehören dabei auch die Customer-Vendor-Integration und die Geschäftspartnereinführung. Ihre Arbeit in der SAP-Beratung begann Antje Diekhoff bereits 2001. Seit 2015 hat sich ihr fachlicher Schwerpunkt immer mehr in Richtung SAP S/4HANA bewegt. Sie können Antje Diekhoff unter der folgenden E-Mail-Adresse kontaktieren: *a.diekhoff@fis-gmbh.de*.

Mathias Cararo ist seit 2011 als SAP-Berater tätig. Bei der FIS Informationssysteme und Consulting GmbH ist er Teil eines Teams mit dem Schwerpunkt SAP-S/4HANA-Transition und betreut dort in unterschiedlichen Rollen und Aufgabengebieten Umstellungsprojekte. An der Georg-August-Universität Göttingen hat er BWL und Sportwissenschaften studiert. Sie können Mathias Cararo unter der folgenden E-Mail-Adresse kontaktieren: *m.cararo@fis-gmbh.de*.

Index

T

U

V

W

Z